Handbuch

der

Eisenhüttenkunde

von

Dr. C. J. B. Karsten.

Vierter Theil.

Die Bereitung und Verfeinerung des Stabeisens und die Stahlfabrikation.

Dritte, ganz umgearbeitete Ausgabe.

Berlin.
Gedruckt und verlegt bei G. Reimer.
1841.

Inhalt

des vierten Bandes.

Fünfter Abschnitt. Stabeisen.

Erste Abtheilung. Von der Darstellung des Stabeisens.

Vom Zugutemachen der Stabeisenabgänge und des alten Stabeisens.

Von der Benutzung der Frischschlacken.

Von der Verbesserung des kalt- und rothbrüchigen Eisens.

Zweite Abtheilung. Von der Verfeinerung des Stabeisens.

A. Die Anfertigung der feineren Eisenarten.

a. Die Anfertigung feiner Eisensorten unter Hämmern.

b. Die Anfertigung der feineren Eisensorten unter Walzwerken.

Sechster Abschnitt. Stahl.

Vom Härten des Stahls.

Vom damascirten Stahl.

Handbuch

der

Eisenhüttenkunde.

Vierter Theil.

Fünfter Abschnitt.

Stabeisen.

---

§. 850.

Die Darstellung des Stabeisens aus den Eisenerzen kann auf dem unmittelbaren, oder auf dem mittelbaren Wege geschehen (§. 461). Soll das Stabeisen aus den Erzen unmittelbar dargestellt werden, so genügt es nicht, die Reduktion derselben durch Kohle zu bewirken, sondern es muß auch noch Sauerstoff hinzutreten können, um die entstandene Verbindung von Eisen mit Kohle wieder zu zerstören. Man bezweckt dies dadurch, daß man die Erze in weiten Räumen durch Kohle reducirt, daß man die Reduktion nur unvollständig erfolgen läßt, also ein Gemenge von reducirtem Eisen, von Eisen, welches bereits Kohle aufgenommen hat, und von noch nicht zur Reduktion gelangtem oxydirtem Eisen erhält, und daß man die theilweise reducirte Masse dem Luftstrom aussetzt, ohne den Grad der Temperatur so sehr zu erhöhen, daß das schon mit Kohle verbundene Eisen flüssig wird, und sich den Wirkungen des Luftstroms, folglich auch des noch nicht reducirten Eisens, zu schnell entzieht. Niedrige Oefen mit verhältnißmäßig weiten Schmelzräumen sind folglich die Bedingungen zur unmittelbaren Darstellung des Stabeisens aus den Erzen: niedrig müssen sie seyn, damit das Eisen nicht zu früh reducirt wird und bei der zu diesem Prozeß durchaus erforderlichen niedrigen Temperatur Versetzungen in den obern Schachthöhen veranlaßt; eine große Weite des Schmelzraums ist nothwendig, damit die theilweise reducirte Masse nicht plötzlich dem koncentirten Windstrom vor der Form ausgesetzt und dadurch theils verschlackt, theils in Roheisen umgeändert wird. Die Vorrichtungen, in denen die Reduktion der Eisenerze zu Stabeisen vorgenommen wird, nennt man entweder Stücköfen oder Heerde, je nachdem die theilweise Reduktion schon über der Form, oder vor und unter derselben erfolgt. Der Stücköfen und des Stückofenbetriebs ist schon oben (§§. 630. 631) gedacht. Die Heerde, welche auch Feuer genannt werden, unterscheiden sich von den Oefen dadurch, daß die zu reducirenden Erze nicht in einzelnen Gichten oder Sätzen, wie bei den Oefen, vor dem Windstrom nieder gehen, sondern daß das mit Kohle gemengte Erz vor der Form und unter derselben reducirt und geschmolzen wird. Bei den Oefen wird die Beschaffenheit des Produktes daher mehr durch den Grad der Temperatur bestimmt, welcher in der Hauptsache wieder von dem Verhältniß des Erzes zu den Kohlen und von deren Beschaffenheit abhängig ist; bei den Heerden kommt das augenblickliche Verhältniß des Erzes zu den Kohlen weniger in Betracht, sondern der Zustand des theilweise reducirten Erzes entscheidet, ob die Schmelzmasse längere oder kürzere Zeit vor und unter dem Windstrom zu bearbeiten ist. Bei den Oefen findet keine Bearbeitung der theilweise reducirten Masse in dem Schmelzraum statt, wie es bei den Heerden nothwendig ist, sondern der Erfolg bleibt von dem Verhältniß des reducirten und theilweise schon mit Kohle verbundenen Eisens, zu dem noch nicht zur Reduktion gelangten und verschlackten Eisenerz abhängig, wogegen es bei der Arbeit in den Heerden der Prüfung des jedesmaligen Zustandes der Schmelzmasse bedarf, ob durch die Einwirkung des Luftstroms noch mehr oxydirtes

Eisen gebildet werden muß, wenn die Reduktion zu weit vorgeschritten seyn sollte und daher keine Trennung des reducirten Eisens von der Schlacke erfolgen will, oder ob die Schmelzmasse der Einwirkung des Luftstroms durch neue Kohlenzusätze zu entziehen ist. Aus diesem Arbeitsverfahren in den Heerden oder Feuern geht aber auch hervor, daß sie nicht, wie die Oefen, durch einen natürlichen Luftstrom genährt werden können, sondern daß zu ihrem Betriebe nothwendig ein Gebläse erforderlich ist. Wo sich also Spuren von Heerden auffinden lassen, da muß auch der Gebrauch der Gebläse schon bekannt gewesen seyn.

§. 851.

Zum Unterschied von anderen Heerden und Feuern, nennt man die Heerde, in denen Stabeisen unmittelbar aus Eisenerzen erzeugt wird, Rennfeuer, Rennheerde, Luppenfeuer, Luppenheerde. Ihre Einrichtung ist im Allgemeinen gleich, indem sie aus einer Feuergrube bestehen, in welche durch eine Formöffnung ein künstlicher Windstrom geleitet wird Weil die Heerde in bedeckten Gebäuden oder Hütten stehen müssen, um die Arbeiter nicht der Witterung Preis zu geben, so stellt man die Heerde unter eine Esse, und befördert dadurch den Abzug der Funken, welche in der Hütte nachtheilig werden würden.

§. 852.

Geschieht die Darstellung des Stabeisens aus den Eisenerzen nicht unmittelbar, sondern wird aus den Erzen zuerst Roheisen erzeugt, und dieses zu Stabeisen verarbeitet, so muß die Abscheidung der Kohle des Roheisens durch Verbrennen, folglich durch den Zutritt von Sauerstoff, oder auch durch die Einwirkung des wieder gebildeten oxydirten (verschlackten) Eisens auf das Kohle haltende Eisen, bewirkt werden. Diese Abscheidung der Kohle, oder das Verfrischen des Roheisens, geschieht entweder in Heerden (oder Feuern) oder in Flammenöfen. Die Heerde haben im Allgemeinen dieselbe Konstruction wie die Luppenheerde, man nennt sie aber zum Unterschied von diesen: Frischheerde, Frischfeuer, zuweilen auch wohl Zerrennheerde. Die Flammenöfen sind von denen, worin das Roheisen umgeschmolzen wird, wesentlich nicht verschieden; der Sauerstoff tritt hier zugleich mit den anderen glühenden Gasen an das geschmolzene oder in der hohen Temperatur erweichte Eisen, wogegen er in den Heerden durch die Form aus dem Gebläse einströmt, die Kohlen entzündet, und durch das Verbrennen der Kohlen die Schmelzung des Roheisens, die theilweise Oxydation desselben und dadurch zugleich die Entkohlung bewirken soll.

§. 853.

Das Stabeisen kann in der Temperatur, in welcher es in den Heerden und Oefen dargestellt wird, nicht geschmolzen, d. h. nicht tropfbar flüssig werden. Mit dem abnehmenden Kohlegehalt nimmt die Strengflüssigkeit des Eisens zu; es verliert den flüssigen Zustand, in welchem es sich als Roheisen befand, und zieht sich zu einer festen Masse zusammen. Diese Eigenschaft des Eisens, in dem reinen und von Kohle befreiten Zustande so strengflüssig zu seyn, daß es auch in den höchsten Temperaturen, welche sich in den Schmelzöfen und Schmelzheerden hervorbringen lassen, nicht geschmolzen werden kann, ist es, welche die Darstellung des Stabeisens schwierig und verwickelt macht; wenigstens wird dadurch der große Metallverlust herbeigeführt, welcher immer unvermeidlich bleibt, man mag das Stabeisen unmittelbar aus den Erzen darstellen, oder zuerst die vollständige Reduktion der Erze zu Roheisen bewirken und dieses dann in Stabeisen umändern. In beiden Fällen wird nämlich ein großes Uebermaaß von oxydirtem Eisen erfordert, um auf das mit dem abnehmenden Kohlegehalt immer weniger Oberfläche darbietende Eisen einzuwirken.

Die feste Stabeisenmasse nimmt aber in der Glühhitze alle

Eindrücke an, welche ihr von außen gegeben werden, und mehre Massen lassen sich durch Schweißen aufs vollkommenste mit einander verbinden. Bei den verschiedenartigen Methoden, welche man zur Erzeugung des Stabeisens anwendet, wird die dargestellte Stabeisenmasse eine sehr verschiedene äußere Gestalt erhalten. Man nennt diese Massen Deul, Luppe, Frischstück, Stück, Wolf u. s. f., und läßt sie oft zu einem Gewicht von drei Centnern und darüber anwachsen, wogegen sie zuweilen nur einige zwanzig Pfund schwer seyn können. In dieser unförmlichen Gestalt würde das Eisen zum gewöhnlichen Gebrauch in den Fabrik-Werkstätten nicht füglich angewendet werden können, weil es unbequem und kostbar seyn würde, jedesmal große Massen von Eisen zu erhitzen, wenn oft nur von geringen Quantitäten Gebrauch gemacht werden soll.

Nicht deshalb allein, sondern weil das Eisen durch einen starken mechanischen Druck auch mehr gereinigt, nämlich von den mechanisch anhängenden Schlackentheilen befreit wird und eine größere Festigkeit erhält (§§. 45. 321.), schlägt oder drückt man die erhaltene Stabeisenmasse entweder unter großen Hämmern, oder zwischen zwei Walzen zusammen, und giebt ihr eine bestimmte Gestalt. Schön geschmiedetes Eisen gewährt nicht allein ein gefälliges Ansehen, sondern eine schöne Schmiedung ist, — mit Ausnahme des durch Phosphor kaltbrüchigen Eisens, welches sich weich und gut schmieden läßt und Stäbe von dem vortrefflichsten äußeren Ansehen liefert, — auch fast jedesmal ein Beweis von der Güte des Eisens, weil schlecht gefrischtes Eisen sich nicht gut schmieden läßt, sondern liecht Schiefer, oder sogenannte unganze Stellen und Brüche bekommt. Wiederholte Schweißhitzen, verbunden mit einem darauf erfolgenden Ausstrecken (das sogenannte Gerben oder Raffiniren des Stabeisens), verbessern außerdem die Güte des Stabeisens, vorzüglich des roh gefrischten und des von Silicium noch nicht ganz befreiten Eisens, theils wegen der chemischen Einwirkung der Schweißhitze auf das Eisen, welche jeder Ausstreckarbeit zu Stäben vorangehen muß, theils weil durch das mechanische Zusammenpressen der reinen Eisentheile durch äußere Kraft, die fremdartigen Gemengtheile (Schlakken), welche zwischen den Eisentheilchen mechanisch eingeschoben bleiben und den Zusammenhang der Eisentheile aufheben, folglich die Cohäsion vermindern würden, ausgepreßt und entfernt werden.

§. 854.

Die von der Rennfeuerarbeit oder auch vom Verfrischen des Roheisens erhaltenen Stabeisenmassen werden, wenn sie groß sind, im weißglühenden Zustande unter dem Hammer durch das Setzeisen zerschroten, nämlich in mehre Stücken getheilt, von denen ein jedes die Größe erhält, um Stabeisenstäbe von begehrter Länge, Breite und Stärke durch das weitere Ausschmieden oder Auswalzen dieser Stücken — Kolben — zu erhalten. Geschieht die Bearbeitung des Eisens unter Walzen, so werden die einzelnen Abtheilungen der Eisenmasse nicht größer gemacht, als es die Größe eines Kolbens jedesmal erfordert.

Das Zusammenpressen der bei der Stabeisenfabrikation erhaltenen Eisenmasse, das Zertheilen derselben zu Kolben, und das Ausschmieden oder Auswalzen der Kolben zu Stäben, ist daher ein wesentlicher Theil der Stabeisenfabrikation. Die Form der Stäbe richtet sich nach dem davon zu machenden Gebrauch. Im Allgemeinen unterscheidet man Quadrateisen und flaches Eisen. Je kleiner die Dimensionen sind, welche das Eisen erhalten soll, desto mehr Zeit wird zur Schmiedung erfordert. Bei manchen Frischmethoden, bei welchen das Ausschmieden des erhaltenen Stabeisens, und die Erzeugung desselben, in einem und demselben Heerde geschehen muß, würde man bei sehr feinen Eisensorten mit der Schmiedung nicht fertig werden; auch erfordern die feineren Eisensorten leichtere Hämmer oder anders eingerichtete Walzen, und deshalb pflegt man die Anfertigung der feineren Eisensorten als eine Verfeinerungsmethode des Stabeisens zu betrachten.

Die Benennung des Eisens nach den Dimensionen der Stäbe ist in den verschiedenen Ländern verschieden, so wie die Dimensionen selbst oft mehr durch Gewohnheit, als durch einen gewissen Zweck bestimmt werden. Die Dimensionen der Dicke bei den Quadratstäben, und die der Breite und Stärke bei den flachen Stäben, sind außerordentlich abweichend; es versteht sich daher von selbst, daß man sich bei der Fabrikation nach der Sitte des Landes, oder auch nach dem Gebrauch, der von dem Eisen gemacht werden soll, zu richten hat.

§. 855.

Das Zusammenschlagen der Stabeisenmasse, das Zertheilen derselben in Kolben, und das Ausrecken der Kolben zu Stäben, geschieht bei denjenigen Frischprozessen, bei welchen das Roheisen bei Holzkohlen in den Frischheerden verfrischt wird, größtentheils unter großen Hämmern. Wo aber die Frischarbeit bei Steinkohlen, auf Flammofenheerden eingeführt ist, da geht die Arbeit zu rasch, als daß das dargestellte Stabeisen, durch Schmieden unter Hämmern, in die Form von Stäben gebracht werden könnte. Das gefrischte Stabeisen wird dann gewöhnlich unter Walzen ausgestreckt. Indeß trifft man auch häufig gemischte Verfahrungsarten an, indem man sich zum ersten Zusammenschlagen der gefrischten Eisenmasse und zum Zertheilen derselben zu Kolben, der Hämmer, zu der weiteren Bearbeitung der Kolben aber der Walzen bedient.

Vom Ausrecken des Stabeisens unter Hämmern.

§ 856.

Nach der Art, wie die Hämmer durch die an den Hebekränzen befindlichen Hebedaumen oder Hebelatten in die Höhe gehoben wird, unterscheidet man drei verschiedene Arten von Hämmern, nämlich Aufwerfhämmer, Schwanzhämmer und Stirnhämmer. Die Hebeeinrichtung des Hammers mag seyn, welche sie will, so besteht der Mechanismus des Schmiedens doch immer darin, daß das zu schmiedende Eisen auf einen Amboß gelegt, und durch die wiederholten Schläge des auf den Amboß fallenden Hammers zusammengedrückt und ausgedehnt wird. Der Amboß ist gewöhnlich von Gußeisen, der Hammer aber aus geschmiedetem Eisen angefertigt, und hat eine verstählte Bahn.

Die Hammergerüste oder die Vorrichtungen, in denen die Hämmer liegen und bewegt werden, haben nach der Beschaffenheit der Hämmer selbst eine verschiedene Beschaffenheit.

Die Aufwerfhämmer sind als einarmige Hebel anzusehen, bei denen die Last der Hammer ist, und die Kraft an einem Punkt des Hebels zwischen der Last und dem Ruhe- oder Drehungspunkt des Hebels wirkt. Wenn die ganze Länge des Hebelarms oder des Hammerhelms in drei Theile getheilt wird, so läßt man die Kraft, oder die Daumen — Frösche — des Hebekranzes gewöhnlich auf den dritten Theil der Länge des Helms, vom Hammer an gerechnet, angreifen. Je näher der Angriffspunkt dem Hammer ist, desto geringer wird die zu überwindende Last, aber auch desto geringer die Hubhöhe des Hammers, folglich desto geringer seine Wirksamkeit seyn. Die Hubhöhe des Hammers, oder die größte Entfernung der Amboßbahn von der Hammerbahn, beträgt zwischen 25 und 30 Zoll, und um so viel muß der Hammer durch die Frösche des Hebekranzes gehoben werden. Je näher sich der Angriffspunkt der Frösche oder der Daumen des Hebekranzes, an dem Ruhepunkt des Helmes befindet, desto kürzer können die Daumen seyn, um eine gleiche Hubhöhe hervorzubringen. Durch die kürzeren Daumen wird zwar der Hebel an der Wasserradwelle ebenfalls verkürzt, folglich die vom Wasserrade zu überwindende Last vermindert; allein in demselben Verhältniß wächst die Last, welche die Daumen zum Heben des Hammers zu überwinden haben. Die vom Wasserrade bewegten Daumen sind nämlich als Hebelsarme anzusehen, welche zu einem zweiarmigen Hebel gehören, dessen Ruhepunkt die Axe des Rades oder der Welle ist. Je kleiner daher der Arm, an welchem die Last wirkt, im Vergleich gegen den zweiten Arm, an welchem die Kraft wirksam ist, seyn kann, desto weniger Last würde das Wasserrad zu überwinden haben, wenn der Arm dieses zweiarmigen Hebels nicht wieder auf einen einarmigen Hebel wirken müßte, dessen Last um so schwerer zu überwinden ist, je näher die Kraft an seinem Umdrehungspunkt wirkt. Deshalb macht man die Hebelsarme an der Wasserradwelle lieber etwas länger, um dieselbe Hubhöhe herauszubringen, wenn der Angriffspunkt am Helm mehr nach dem Hammer zu gerückt wird.

Den Ruhe= oder Drehungspunkt des Hammerhelms bildet die sogenannte Hülse, durch welche der Helm gesteckt ist. Die Hülse wird mit ihren beiden Zapfen in die für sie bestimmten Zapfenlager eingekeilt, so daß sie sich nicht verrücken kann, sondern bloß die auf= und niedergehende Bewegung des Hammers zuläßt. Es ist einleuchtend, daß der Hammerhelm der Wasserradwelle so nahe als möglich liegen muß, um den durch die Frösche des Hebekranzes gebildeten Hebel nicht unnöthig zu verlängern. Deshalb muß auch der der Wasserradwelle zugekehrte Zapfen der Hülse so kurz als möglich seyn.

Die Hubhöhe des Hammers wird durch den Reitel, nämlich durch ein Stück Holz, gegen welches der Kopf des Hammers schlägt, wenn er seine größte Höhe erreicht hat, bestimmt. Dies Anschlagen gegen den Reitel ist nothwendig: theils weil der Hammer bei einem sehr raschen Gange des Wasserrades zu hoch in die Höhe geschnellt werden könnte, und erst wieder niederfallen würde, wenn der folgende Hebedaumen den Helm schon wieder ergreift, wodurch der Hammer gefangen werden würde, und gar nicht auf den Amboß niederfallen könnte; theils damit er durch die Elasticität des Reitels eine neue Schnellkraft erhält, und mit desto größerer Kraft auf den Amboß schlägt. Reitel und Helm müssen daher auch aus dem besten Rothbuchenholz (oder in Ermangelung desselben aus gutem Birkenholz) angefertigt, und der Helm durch ein eisernes Blech gegen die zu starke Abnutzung von den Fröschen des Hebekranzes geschützt werden.

Ein gewöhnliches hölzernes Hammergerüst zu einem Aufwerfhammer besteht daher nothwendig aus zwei Säulen, zwischen denen sich die Hülse des Hammers bewegt, und aus zwei hinter einander stehenden Säulen, durch welche der Reitel gesteckt ist. Durch das beständige Heben des Hammers und durch das starke Anschlagen gegen den Reitel, würden die verschiedenen Säulen aber auch bei der stärksten Grundbefestigung bald locker werden, weshalb man sie durch ein großes schweres Stück Holz — den sogenannten Drahmbaum — mit welchem die Säulen in Verbindung gesetzt sind — niederdrückt. Der Drahmbaum ruht auf drei Säulen, von denen die eine, dem Wasserrade zunächst gelegene, die Drahmsäule, die zweite die Reitelsäule, und die dritte die Hüttensäule heißt. Durch die Drahm- und Reitelsäule wird zugleich der Reitel in der gehörigen Höhe festgekeilt. Die Säulen, zwischen denen sich die Hülse bewegt, sind mit dem Drahmbaum verbunden, und stehen zu beiden Seiten der Reitelsäule, jedoch so, daß diese die drehende Bewegung der Hülse nicht hindert. Man nennt sie Büchsensäulen, weil sie in der Höhe, in welcher der Hammer, oder vielmehr die Hülse desselben eingelegt wird, eine Vertiefung haben, in welche gegossene eiserne Büchsen, nämlich vertiefte halbkugelförmige Zapfenlager, in welchen sich die Zapfen der Hülse bewegen, eingekeilt werden.

Im Zustande der Ruhe muß der Helm des Hammers vollkommen horizontal liegen, wonach sich also, bei einer gegebenen Höhe des Amboßes und des Hammers, die Höhe richten muß, in welcher die Büchsen in den Büchsensäulen eingekeilt werden.

Die Hammerbahn liegt nicht parallel mit der Welle, auf welcher sich der Hebekranz befindet, sondern der Hammer ist etwas schief auf dem Helm festgekeilt, damit beim Schmieden langer Stäbe diese nicht von den Fröschen ergriffen werden. Ganz korrespondirend mit der Hammerbahn muß natürlich auch die Lage der Amboßbahn seyn. (§. 901.)

Dem Amboß muß eine feste Unterlage gegeben werden, damit er den Schlägen des Hammers nicht nachgiebt. Wo das Terrain nicht felsig und nicht fest genug ist, wird ein sogenannter Hammer- oder Amboßstock, welcher 6 bis 7 Fuß lang, und 3 bis 4 Fuß im Durchmesser stark ist, auf ein eingerammtes Pfahlwerk gestellt, so daß er nur 19 Zoll über der Hüttensohle hervorragt. In dem Hammerstock wird oben eine eiserne Chavotte, oder ein Gehäuse für den Amboß, befestigt, und in der Chavotte der Amboß selbst festgekeilt. Durch diese Einrichtung kann man der Amboßbahn jede beliebige Richtung geben, und dem Amboß zugleich völlige Unverrückbarkeit mittheilen. Die früher gebräuchlich gewesenen elastischen Hammerstöcke sind jetzt wegen ihrer Kostbarkeit, und weil die Amboßbahn dadurch zu oft verrückt wird, allgemein verworfen.

Die eben erwähnte, ist eine ziemlich allgemein gebräuchliche Einrichtung der hölzernen Aufwerfhammergerüste. Man hat indeß verschiedene Modifikationen dabei eingeführt, welche sich aus den Zeichnungen Taf. XXVIII und XXIX. ergeben und in den Erklärungen zu den Kupfertafeln vollständig erläutert sind.

Ein hölzernes Hammergerüst erfordert eine große Menge von Holz, sowohl unter als über der Erde. Man fing zuerst an, die Büchsensäulen zu gießen, dann folgte man mit der Reitelsäule, und endlich hat man an mehren Orten ganz gegossene Hammergerüste eingeführt.

Die Zeichnungen Taf. XXX und XXXI, — deren vollständige Erklärung in den Erläuterungen der Kupfertafeln nachzusehen ist, stellen ein paar eisern Aufwerfhammergerüste dar, welche sich in der Anwendung sehr bewährt gezeigt haben.

Den Aufwerfhämmern, welche ein Gewicht von 4 bis 5 Centnern besitzen, pflegt man keine größere Geschwindigkeit als die von 80 bis 90 Hüben oder Schlägen in der Minute zuzutheilen. Die Hubhöhe, oder die größte Entfernung der Hammerbahn von der Amboßbahn, beträgt gewöhnlich 22, auch wohl 24 Zoll. Den Kränzen, an welchen sich die Hebedaumen befinden, giebt man in der Regel fünf Arme oder Hebedaumen, weil die Last, bei einer geringeren Anzahl von Hebedaumen, zu ungleich am Wasserrade vertheilt seyn und starke Erschütterungen desselben hervorbringen würde.

§. 857.

Einfacher ist die Konstruktion der Schwanzhammergerüste. Der Schwanzhammer ist als ein doppelarmiger Hebel anzusehen, dessen einer Arm durch die Hebedaumen niedergedrückt wird, wodurch sich der am Ende des andern Armes befindliche Hammer in die Höhe hebt. Das Verhältniß der Länge beider Aerme zu einander bestimmt die Größe der Last, welche der Hebedaumen zu überwinden hat, aber auch zugleich die Hubhöhe, welche, bei einerlei Hebelslänge der Hebedaumen, hervorgebracht werden kann. Um bei den Schwanzhämmern einen raschen Gang hervorzubringen, pflegt man die Länge des Hebelarms, auf welchen die Hebedaumen drücken, möglichst zu verkürzen, damit der Daumen nur einen kurzen Hub thun darf. Dadurch wird aber, bei schweren Hämmern, die Last sehr vergrößert; und wollte man das Verhältniß beider Hebelsarme wie bei den Aufwerfhämmern einrichten, so würde man, bei derselben Hubhöhe des Hammers, zwar dieselbe Geschwindigkeit bewirken, allein der Schwanzhammer würde doch nicht dieselben Dienste leisten, wie der Aufwerfhammer, weil die Wirkungen des letzteren durch den Reitel verstärkt werden. Etwas Aehnliches sucht man bei den Schwanzhämmern zwar durch den

Prellklotz zu bewirken, gegen welchen der Schwanzring schlägt: theils um nicht tiefer niedergedrückt zu werden und ein Fangen des Hammers zu veranlassen, theils um den Helm durch das Anprellen mit größerer Geschwindigkeit zurück zu schnellen; allein je geringer das Verhältniß des kleineren Hebelsarms zu dem größeren ist, desto geringer ist auch der Einfluß, den dies Anprellen auf die Beschleunigung der niedergehenden Bewegung des Hammers äußert. Deshalb, und um das Fangen des Schwanzhammers bei einem raschen Gange zu verhüten, theilt man auch dem Helm, vom Angriffspunkt der Daumen bis zur Hülse, nicht gern eine geringere Länge, als den dritten Theil der Länge zu, welche der zweite Hebelsarm des Helms, von der Hülse bis zum Hammer erhalten hat, so daß der ganze Helm in vier Theile getheilt ist, von denen der eine Hebelsarm höchstens drei Theile erhält. Die Schwanzhämmer haben vor den Aufwerfhämmern darin einen Vorzug, daß man den Hämmern vermöge der Construction eine größere Geschwindigkeit zutheilen kann und daß der Hammer von allen Seiten frei steht, die Schmiedearbeit also durch die Hebekränze nicht behindert wird. Weil die Schwanzhämmer aber nicht füglich ein größeres Gewicht als das von 3 — 3½ Centnern erhalten können, so bedient man sich derselben gewöhnlich nur in solchen Gegenden, wo es nicht üblich ist, schwerere Luppen als von einem Gewicht von etwa 2 Centnern darzustellen. Schwerere Luppen erfordern Aufwerfhämmer, um die Eisenmasse kräftiger durchzuwirken. — Ein Schwanzhammer von 3 — 3½ Centnern erhält eine Hubhöhe von 18 — 20 Zoll und kann bei dieser Hubhöhe 150 — 180 Hübe oder Schläge in der Minute machen.

Die Schwanzhammergerüste bestehen eigentlich nur aus ein Paar Büchsensäulen, welche mit einem Grundwerk fest verbunden sind. Die Büchsen müssen möglichst fest zusammengekeilt werden können, und sich doch, wenigstens auf der einen

Seite, bequem herausnehmen und wieder einsetzen lassen. Bei den eisernen Schwanzhammergerüsten sucht man dies zuweilen durch einen beweglichen langen eisernen Hebelsarm, welcher die Büchsensäule vorstellt, und in welchem die Büchse liegt, zu bewirken. Die Helme der Schwanzhämmer sind häufig von geschmiedetem Eisen.

Auf den Zeichnungen Taf. XXXIV bis XXXVII sind verschiedene hölzerne und eiserne Schwanzhämmer dargestellt, worüber die Erläuterung in der Erklärung der Kupfertafeln nachzusehen ist. Die leichten Schwanzhämmer dienen zur Verfeinerung des Stabeisens und werden auch Reckhämmer (weil das Stabeisen unter diesen Hämmern ausgereckt wird) genannt, wie demnächst weiter erörtert werden wird.

In einigen Gegenden, namentlich in der Grafschaft Mark, sind hölzerne Hammergerüste im Gebrauch, welche zwischen den Schwanz- und Aufwerfhammergerüsten in der Mitte stehen. Diese Gerüste (Taf. XXXIV) sind im Allgemeinen wie die Aufwerfhammergerüste konstruirt, nur daß keine besondere Drahmsäule vorhanden ist, sondern der Drahmbaum von der Hüttensäule und von den beiden Büchsensäulen getragen wird. Die beiden Reitelsäulen stehen vor den Büchsensäulen; der Reitel wird durch ein geschmiedetes Eisen zwischen beiden Reitelsäulen getragen, und zwischen den Büchsensäulen sowohl als zwischen den Reitelsäulen, durch Keile, welche von oben nach unten gegen das Auflageeisen wirken, befestigt. Unter dem Reitel ist die Büchse in den Büchsensäulen befestigt, und durch die Büchse der Hammerhelm nach Art der Schwanzhämmer durchgesteckt. Ein häufiges Keilen ist bei diesen Gerüsten ganz unvermeidlich.

§. 858.

Der Stirnhammer ist ein Aufwerfhammer, welcher vorn beim Kopf oder bei der Stirn gehoben wird, und welcher sich von gewöhnlichen 4 bis 5 Centner schweren Aufwerfhämmern durch ein sehr großes Gewicht von 80 bis 120 Centnern unterscheidet. Der Hammer ist von gegossenem Eisen und bewegt sich mit seinen beiden Zapfen in zwei Pfannen seines Gerüstes. Dieser Hammer erhält nur etwa 6 Zoll Hub; er hat weder Reitel noch Prellstock, weil er durch sein Gewicht eine hinreichende Wirkung hervorbringt. Man bedient sich dieser Hämmer zum Zusammenschlagen der Luppen, welche beim Verfrischen des Roheisens in Flammenöfen dargestellt werden, und theilt ihnen 65 bis 70 Hübe in der Minute zu. Die kleinen Luppen werden unter einem solchen schweren Hammer zuerst etwas dicht geschlagen, ehe man sie unter die Vorbereitungswalzen bringt und unter denselben zu dicken Quadratstäben und sodann zu starken flachen Stäben ausstreckt. Die Zeichnung Taf. XXXII zeigt vollständig die Construction eines Stirnhammers.

Sehr zweckmäßig ist die in neueren Zeiten in England getroffene Einrichtung, diese 80 bis 120 Ctr. schweren gegossenen eisernen Hämmer nicht vorn am Kopfe, sondern durch Hebedaumen von unten, in die Höhe heben zu lassen, wie aus der Zeichnung Taf. XXXIII hervorgeht. Der Amboß wird dadurch von allen Seiten frei, indem die Hebedaumen kein Hinderniß verursachen. Solche Hämmer kann man nicht eigentlich mehr Stirnhämmer nennen, sondern sie sind wirkliche Aufwerfhämmer, welche aber nicht seitwärts, sondern von unten von den Hebedaumen ergriffen und gehoben werden. Die hebende Kraft wirkt möglichst nahe am Kopfe des Hammers, dessen Hub nur 9 bis 10 Zoll beträgt. Vor den eigentlichen Stirnhämmern haben diese Hämmer zwar den schon erwähnten Vorzug; allein sie erfordern geübte Arbeiter, um die zusammenzuschlagenden Eisenmassen nicht von dem Amboß abgleiten zu lassen, wodurch sie leicht in die für die Hebedaumen bestimmte Vertiefung fallen und eine Störung im Betriebe veranlassen.

Bei diesen schweren Hämmern ist die Hammerbahn im Kopf des Hammers eingelassen und festgekeilt, um die Bahn, wenn sie schadhaft geworden ist, herausnehmen und gegen eine andere umtauschen zu können. Man giebt der Bahn, sowohl der Hammerbahn, als der korrespondirenden Bahn des Ambosses, die Gestalt eines Kreuzes, um das darunter zu bearbeitende Eisen nicht bloß zusammenschweißen, sondern nach Umständen auch etwas ausrecken zu können.

Ueber die Construction der Hämmer und der Hammergerüste ist nachzusehen: Annalés des arts et manufactures. XVIII. 205—221. 292—307. Ueber Stirnhämmer, ebendas. XI. 274. u. Jars Reisen I. 360.

§. 859.

Statt der schweren eisernen Hämmer fängt man jetzt an, sich der sogenannten Quetschwerke (Taf. XXXIII) zu bedienen. Zwar sind die Meinungen sehr getheilt, ob sie den Hämmern, oder diese jenen vorzuziehen sind, indeß verschaffen sich diese Quetschwerke immer mehr Eingang, weil sie weniger geübte Arbeiter erfordern und weil kein Grund vorhanden zu seyn scheint, weshalb sie die Eisenmasse nicht mit derselben Kraft wie die Hämmer zusammendrücken und die Schlacken auspressen sollten.

Von einer noch anderen Vorrichtung zum Zusammendrücken der gefrischten Eisenmassen, von dem sogenannten Preßwerk, giebt die Zeichnung auf Taf. XXXIII eine nicht genügende allgemeine Vorstellung. Die Zeichnung ist aus dem Atlas zur metallurgischen Reise der Herren Dufrénoy, E. de Beaumont, Coste und Perdonnet in England entnommen, indeß gewährt dieselbe eben so wenig als die Beschreibung (Voyage. II. 60.) eine deutliche Uebersicht. Gegen die dauerhaftere Construction der Quetschwerke dürfte die der Preßwerke wohl sehr zurückstehen, obgleich die Wirkungsart beider Vorrichtungen dieselbe ist.

Vom Ausrecken des Stabeisens unter Walzen.

§. 860.

Seitdem man zuerst in England den langsamen Proceß des Verfrischens des Roheisens in Heerden, mit dem schnelleren Frischproceß in Flammenöfen vertauscht hat, war man genöthigt, sich auch schneller wirkender Mittel zum Bearbeiten und Ausrecken des gefrischten Eisens zu bedienen. Die Walzwerke hatte man früher nur zum Ausbreiten des Stabeisens zu Blechen angewendet; es lag daher, als man mit dem Ausrecken des gefrischten Eisens unter Hämmern nicht mehr gleichen Schritt mit dem Frischproceß halten konnte, sehr nahe, auch das gefrischte Eisen unter Walzwerken auszustrecken, indem man den Walzen Einschnitte zutheilte, welche mit der anfänglichen Gestalt des gefrischten Eisens, und mit den Dimensionen der Breite und Stärke, welche die Stäbe endlich erhalten sollten, genau übereinstimmten. Die Vorurtheile, welche man früher auf dem Continent gegen das gewalzte Stabeisen gehegt hat, sind längst verschwunden und der Ueberzeugung gewichen, daß das Stabeisen durch die Bearbeitung unter den Walzwerken an Festigkeit, Dichtigkeit, Gleichförmigkeit und Gleichartigkeit in einem ungleich höheren Grade gewinnt als durch das Schmieden unter den Hämmern.

Die Gerüste, in welchen die Walzen umlaufen, sind entweder Ständergerüste (Laminoirs à cages) oder Pilarengerüste (Laminoirs à colonnes). Die letzteren, deren man sich jetzt nur noch bei der Fabrikation der Bleche bedient, obgleich sie auch hier schon theilweise durch die Ständergerüste verdrängt sind, bestehen selten aus vier gegossenen eisernen, häufiger und gewöhnlich aus geschmiedeten eisernen Pilaren oder Säulen, welche in starke eiserne Sohlplatten eingelassen werden und darin so befestigt sind, daß sie sich nicht verrücken können. Zwischen zwei und zwei von diesen Pilaren werden die Walzenlager eingeschoben, auf welchen sich die Walzen mit ihren Zapfen umdrehen. Oben werden die zusammen gehörenden beiden Pilaren durch starke gegossene eiserne Sättel (Kappen) zusammengehalten. — Bei den Ständergerüsten, die jetzt bei der Bereitung der gröberen und der feineren Stabeisensorten nur noch allein in Anwendung kommen, indem man sich der Pilarengerüste zu diesem Zweck nicht mehr bedient, sind die Ständer, welche die Stelle der Pilaren vertreten, mit der Sohlplatte, und häufig auch mit dem Sattel, aus einem Stück gegossen, so daß ein solches Gerüst aus zwei gegossenen Ständern besteht. Nur bei den kleineren Ständergerüsten für feinere Eisensorten, wendet man bewegliche Kappen oder Sättel an, um schneller eine Auswechselung der Walzen vornehmen zu können. — Die Pilarengerüste sind ungleich kostbarer als die Ständergerüste, indeß bedient man sich derselben noch bei der Blechfabrikation, weil sie, besonders bei feinen Blechsorten, eine etwas bequemere und genauere Stellung der Walzen gestatten.

Bei allen Walzgerüsten ist dahin zu sehen, die Sohlplatten für die Ständer oder für die Pilaren mit dem Fundament oder Grundwerk so fest zu verbinden, daß sie nach keiner Seite nachgeben können. Hölzerne Fundamente sind daher nicht zu empfehlen. Bei den Walzwerken zum Stabeisenwalzen kommt es außerdem noch auf die Genauigkeit an, mit welcher die Walzen in einander greifen.

Immer ist es vortheilhaft, die Einrichtung so zu treffen, daß das eine Pilaren-Paar, oder daß einer von den beiden Ständern mit Leichtigkeit verschoben, d. h. dem anderen Pilaren-Paar oder dem anderen Ständer näher gerückt, oder weiter von ihm entfernt werden kann, um nach Umständen kürzere oder längere Walzen einlegen oder ein und dasselbe Gerüst zu Walzen von verschiedener Länge anwenden zu können. Es muß auf diesen sehr wesentlichen Umstand sogleich bei der Fundamentirung Rücksicht genommen werden, welches bei den älteren

Walzwerkseinrichtungen nicht geschehen ist. Bei den Blechwalzwerken ist es von Wichtigkeit, für die Bleche von den gewöhnlichen und üblichen Dimensionen, nur Walzen von der erforderlichen Länge anzuwenden, und die theureren längeren Walzen alsdann einzulegen, wenn breitere Bleche angefertigt werden sollen. Aber auch das Stabeisen wird von sehr verschiedenen Dimensionen in der Stärke und Breite verlangt, und man kommt daher oft in den Fall, längere und kürzere Walzen einlegen zu müssen. Wo Façoneisen angefertigt wird, läßt sich die Länge der Walzen häufig im Voraus nicht bestimmen, indem nach der verlangten Gestalt des Eisens zuweilen viele Einschnitte in den Walzen erforderlich sind, welche das Eisen nach und nach durchlaufen muß, ehe es die begehrte Gestalt erhält. Die Ständer müssen daher nothwendig verschiebbar eingerichtet werden. Nur bei denjenigen Walzgerüsten, welche als Luppenwalzen, nämlich zum Zusammendrücken des gefrischten Eisens und zugleich dazu dienen, das unter dem Stirnhammer oder zwischen den Walzen zusammengedrückte Eisen in die Gestalt von Kolben und von flachen Plattinen zu bringen, welche demnächst wieder zu Kolben zusammengeschweißt werden, ist die Verschiebbarkeit der Ständer gerade keine wesentliche Bedingung.

Die zur Bereitung des Eisenblechs, oder auch zum Walzen der gröberen Eisensorten bestimmten Walzgerüste sind nur mit zwei Walzen versehen, so daß das zu Stäben oder zu Blechen auszustreckende Materialeisen, wenn es durch die Walzen gegangen ist, von den Arbeitern, die dasselbe nach dem Durchgange in Empfang genommen haben, wieder zurück gegeben wird, um es, auf der entgegengesetzten Seite des Walzwerks, von denselben Arbeitern, welche das Hindurchführen des Eisens durch die Walzen besorgen, abermals durch die Walzen gehen zu lassen. Dieses Durchführen und Zurückgeben zum neuen Durchführen wird so lange fortgesetzt, bis der Kolben die verlangte Dimension erhalten hat. Bei starken Eisensorten kann der fertige Stab noch eine sehr starke und fast an Weißglühhitze reichende Rothglühhitze besitzen, obgleich er oft 6, 7 und mehre Einschnitte zwischen den Walzen in dem vorbereitenden Quadrateisen-Gerüst, und zuweilen eben so viele Einschnitte zwischen den Walzen in dem vollendenden Gerüst für das flache Eisen hat passiren, und durch einige Einschnitte auch wohl zwei male hat hindurchgehen müssen. Wenn aber langes und dabei sehr dünnes Eisen gewalzt werden soll, so nimmt die Glühhitze, wegen der großen Oberfläche im Verhältniß zur Masse des Eisens, bei dem öfteren Durchlassen und Zurückgeben der Stäbe sehr ab. Zum Walzen von so schwachen Eisensorten muß man den Walzen nicht allein eine große Umlaufsgeschwindigkeit, — von wenigstens 150 mal in der Minute, — zutheilen, sondern die Walzwerksgerüste auch mit drei untereinander liegenden Walzen versehen, so daß das durchgegangene Eisen nicht wieder zurückgegeben werden darf, sondern auf beiden Seiten des Walzwerks zwischen die Walzen gebracht und gestreckt werden kann, um die Arbeit zu beschleunigen.

Obgleich die untere Walze, welche mit der bewegenden Kraft in Verbindung steht, die obere Walze durch die Friktion, welche das auszustreckende Eisen verursacht, in Bewegung setzen würde; so ist es doch nothwendig, beide Walzen gleichförmig sich um ihre Axen drehen zu lassen, damit beide in gleichen Zeiträumen den Umlauf vollenden. Dies ist vorzüglich bei den Gerüsten zum Walzen des flachen Eisens erforderlich. Beide Walzen werden deshalb auch durch Kuppelungsräder und Kuppelungswellen mit einander verbunden.

Die untere Walze erhält schon von selbst eine feste Lage, indem ihre Zapfen in dem Lager ruhen, welches zwischen den Pilaren oder Ständern eingeschoben ist und welchem die Sohlplatte, mittelbar oder unmittelbar, zur Grundlage dient. Die obere Walze hat keine so feste Unterlage, sondern sie muß ihre feste und unverrückbare Lage durch zwei Zapfenlager erhalten, von denen das untere die Zapfen der oberen Walze aufnimmt und trägt, das obere aber dazu dient, den vermittelst einer Schraube, oder auch wohl eines Keiles, erhaltenen Druck, auf den Walzenzapfen, folglich auf die Walze selbst fortzupflanzen. Das untere Lager zum Tragen der Zapfen für die obere Walze muß selbst wieder getragen werden, welches besonders in dem Fall nöthig ist, wenn die obere Walze nicht fest gegen die untere angekeilt oder angeschraubt wird, sondern sich mit ihren Lagern in dem Augenblick etwas heben soll, wenn das zu streckende Eisen zwischen den Walzen durchgeführt wird. Diese Vorrichtungen zum Tragen des unteren Lagers der oberen Walze, dienen indeß nur dazu, die obere Walze mit ihren beiden Lagern nicht aus der richtigen Lage zu bringen, wenn die obere Walze etwas gehoben wird; aber nicht dazu, die Walze selbst mit ihren Lagern zu unterstützen oder wirklich zu tragen.

Bei den Walzwerken zum Stabeisenwalzen so wenig, als bei den Bandeisenwalzwerken und bei den Schneidewerken, ist es nöthig, die obere Walze zu unterstützen, oder zu heben, damit sie nicht mit dem vollen Gewicht wieder zurückfällt, wenn sie beim Durchgehen des Eisens zwischen den Walzen gehoben worden ist. Es findet nämlich hier entweder gar kein Heben der oberen Walze statt, indem dieselbe vermittelst der Stellschraube, oder eines Keils, so fest gegen die untere Walze gedrückt wird, daß sie sich nicht heben kann; oder wenn wirklich ein Heben der oberen Walze statt findet, — wie dies bei den Walzen zur Anfertigung der flachen stärkeren Eisensorten wirklich der Fall ist, indem sich nur auf solche Weise flache Stabeisensorten von einerlei Dimensionen in der Breite, und von verschiedenen Dimensionen in der Stärke, bei einem und denselben Einschnitten der Walzen, darstellen lassen, — so beträgt die Hebung doch immer nur sehr wenig und das Gewicht der oberen Walze ist dabei so wenig bedeutend, daß man es füglich wagen kann, die Walze mit ihrem ganzen Gewicht wieder zurückfallen zu lassen, wenn das Eisen die Walzen verlassen hat. Aber bei den Blechwalzen muß sich die obere Walze jedesmal mehr oder weniger heben, wenn das Materialeisen oder der Sturz durch die Walzen gesteckt wird, und diese Höhe, bis zu welcher sie gehoben wird, ist eine veränderliche, welche sich nach den Dimensionen richtet, die das Materialeisen, oder der Sturz bereits erhalten haben. Sie muß durch durch die Stellschrauben, welche auf die oberen Lager der Walze drücken, bestimmt, und fast bei jedem erneuerten Durchstecken des Sturzes, durch stärkeres Anziehen der Schrauben oder des Keiles, regulirt werden. So wie das auszubreitende Eisen durch die Walzen hindurchgegangen ist, würde die gehobene obere Walze mit ihrem vollen Gewicht auf die untere Walze zurückfallen und dadurch um so leichter Brüche und Beschädigungen verursachen, je größere und schwerere Walzen man anzuwenden genöthigt ist. Man muß daher die Wirkungen des Zurückfallens der oberen Walze, durch Anbringung eines Gegengewichtes, unschädlich machen. Dieses Gegengewicht steht mit dem unteren Zapfenlager in Verbindung. Die Verbindung kann auf verschiedene Weise bewerkstelligt werden.

Das Zapfenlager für die untere Walze, so wie die Lager für die Zapfen der obern Walze, müssen zwischen den Pilaren oder Ständern so eingeschoben seyn, daß die Mittelpunkte der Zapfen von der obern und von der untern Walze in einer Vertikalebene liegen, weil sonst ein Seitendruck der einen Walze gegen die andere statt finden und ein Brechen der Zapfen oder der Walzen selbst, nicht zu vermeiden seyn würde. — Aber auch ein Verschieben der einen oder der anderen Walze in horizontaler Richtung würde nur bei den Blechwalzen ohne großen Nachtheil für die darzustellenden Bleche geschehen können; bei den Walzwerken zum Walzen des Stabeisens würde die horizontale Verschiebung immer den nachtheiligen Erfolg haben, daß eine starke Friction zwischen den Flächen der Kaliber entsteht und in anderen Fällen (wo die Kaliber sich theils in der oberen, theils in der unteren Walze befinden) würde das Eisen die verlangte Gestalt, wegen der verschobenen Kaliber, gar nicht erhalten können. Deshalb müssen die Lager (oder wenigstens doch das Lager für die untere Walze) vermittelst Schrauben, oder auf andere Weise, sobald die Walzen eingelegt sind, genau gestellt werden können.

Die Lager sind zwar ebenfalls von gegossenem Eisen, allein die gußeisernen Zapfen der Walzen dürfen nicht auf Gußeisen laufen, weil sie sich sonst zu schnell abnutzen würden. Man wendet Pfannen von Kupfer (auch wohl von Messing) an, welche in die Lager hineingeschoben werden. Kupferplatten von der Stärke eines halben Zolles, womit die Lager ausgefüttert werden, sind schon hinreichend.

Die Stellschrauben, durch welche das Heben der oberen Walze verhindert, oder nur bis zu einer gewissen Höhe gestattet wird, kommen, bei den Walzgerüsten zum Stabeisenwalzen, zum Zustellen des Walzwerks oder zum festen Andrücken der oberen gegen die untere Walze, in Anwendung. Zur eigentlichen Stellung dienen sie nur in dem Fall, wenn flache Stabeisensorten von einerlei Dimensionen in der Breite, oder von verschiedenen Stärken, unter demselben Walzenpaar angefertigt werden sollen. Statt der Schrauben könnte man sich zwar der Keile bedienen; allein die Schraube ist die einfachste und vollkommenste Vorrichtung, welche man zu diesem Zweck wählen kann.

Bei den Blechwalzwerken findet ein ununterbrochenes Stellen der oberen Walze statt, weshalb die Stellschrauben bei diesen Walzwerken mit vorzüglicher Genauigkeit gearbeitet seyn müssen. Bei den Stabeisenwalzwerken kann man sich füglich der Stellschrauben aus gegossenem Eisen bedienen und den Windungen ein starkes Steigen geben, wenn es nur darauf ankommt, die Schraube gegen das obere Lager der obern Walzenzapfen zu drücken, so daß die Schraube durch den Stoß beim Heben der Walze nicht zu leiden hat. Auch die Schraubenmuttern können aus diesem Grunde aus Gußeisen angefertigt werden, nur müssen sie so fest in den Ständern eingekeilt seyn, daß sie sich nicht verrücken können. Muttern von Messing oder aus anderem Metall sind daher weniger nothwendig. Bei den Blechwalzwerken leiden aber die Gewinde der Schrauben und der Muttern durch den Stoß, den sie beim Heben der oberen Walze, und zum Theil auch bei dem Zurückfallen derselben nach erfolgtem Durchgange des Eisens durch die Walzen, erhalten. Schon wegen der erforderlichen genauen Stellung ist es nöthig, nicht zu flach eingeschnittene und zu hohe Gewinde anzuwenden. Bei diesen Walzwerken müssen die Schrauben aus Stabeisen und die Muttern aus Metall (Messing, oder Kupfer, auch hat man sich schon der Muttern aus gegossenem Zink bedient) angefertigt werden. Wo man Pilarengerüste anwendet und die Pilaren aus gegossenem Eisen bestehen läßt, sind die Schrauben in den Pilaren selbst geschnitten, also ebenfalls aus Gußeisen.

Alle Ständergerüste erhalten nur zwei Stellschrauben, nämlich für jeden der beiden Zapfen der oberen Walze eine, welche in der Mitte des oberen Lagers, nämlich in der Vertikalebene der Mittelpunkte der beiden Walzenzapfen, den Druck ausübt. Auch den Ständergerüsten zur Anfertigung von Band- und Schneide-Eisen giebt man nur zwei Schrauben (welche in derselben Art wie bei allen Ständergerüsten wirken), obgleich man jene Gerüste gern mit beweglichen Kappen (Sätteln) einrichtet, um die Lager, Walzen und Schneiden leicht und schnell herausnehmen und wieder einlegen zu können, so daß diese Gerüste gewissermaaßen einen Uebergang der Ständer- zu den Pilarengerüsten bilden. Dagegen theilt man den Pilarengerüsten vier Stellschrauben zu und bewirkt die Stellung dann nicht durch die Schrauben, sondern durch die Muttern, welche zu diesem Ende mit Schlüsseln versehen sind. Der Druck der Muttern wird durch die Satteleisen auf das obere Zapfenlager der obern Walze fortgepflanzt. Die Hängeeisen, welche das untere Zapfenlager für die obere Walze zu tragen bestimmt sind, werden zuweilen nicht unmittelbar an den Sätteln, sondern an besonderen Trageeisen befestigt, so daß beim Heben der oberen Walze, durch den Druck des zu walzenden Eisens, die Walze mit ihren vier Lagern, mit den beiden Sätteln und mit den beiden Trageeisen gehoben wird. Beim Stellen der Walzen ist weiter nichts nöthig, als die Muttern stärker oder schwächer anzuziehen.

Die Konstruktion der Walzen richtet sich nach dem Zweck, zu welchem sie bestimmt sind. Die Walzen zur Anfertigung von Blechen sind glatt und sauber abgedreht. Außer von der Sauberkeit und von der Genauigkeit der Arbeit, hängt die größere Brauchbarkeit der Walzen auch von der Beschaffenheit des Roheisens, welches zum Walzenguß angewendet worden ist, sehr wesentlich ab. Die feineren flachen Stabeisensorten (und die zur Verzinnung bestimmten Eisenbleche) müssen ihre letzte Vollendung durch Hartwalzen erhalten, die nicht allein sauber abgedreht, sondern auch polirt seyn sollten. Außerdem müssen bei diesen Hartwalzen, unter welchen die feinsten flachen Stabeisensorten (Bandeisen) ihre Vollendung erhalten, Vorrichtungen zum Reinigen der Oberfläche des Eisens von Glühspan (Abschabevorrichtungen) angebracht seyn.

Die Größe der Blechwalzen ist von der Größe der darzustellenden Bleche abhängig. Die Länge der Walzen steigt von 18 Zollen bis zu 8 Fußen und darüber, und die Dicke, oder der Durchmesser, weicht von 12 bis zu mehren zwanzig Zollen ab. Nach aller Erfahrung strecken Walzen von geringerem Durchmesser stärker als die starken Walzen.

Diejenigen Walzen, welche als Luppenwalzen dienen, unter welchen nämlich die gefrischten Luppen zusammengedrückt oder zuerst in die Gestalt von vierkantigen Kolben gebracht, und aus diesen wieder zu flachen und starken Plattinen ausgestreckt werden, bedürfen keines sauberen Abdrehens. Jedes Walzwerk, welches zur Stabeisenbereitung dient, besteht aus zwei Gerüsten, von denen das eine das vorbereitende und das zweite das vollendende für die bestimmte Arbeit ist, zu welcher die Gerüste angewendet werden. Bei den Luppenwalzwerken befinden sich in dem einen Gerüst die Walzen zum Zusammendrücken des gefrischten Eisens (zum Zängen der einzelnen Luppenstücken, in so fern diese Arbeit nicht, wie gewöhnlich, vorher unter einem schweren Stirnhammer verrichtet wird) und zum Ausziehen der Luppen zu Kolben und zuletzt zu groben Quadratstäben; in dem zweiten Gerüst liegen die Walzen, welche die groben Quadratstäbe zu breiten und starken Plattinen ausbreiten. Dieser Luppenwalzwerke bedarf man nur bei der eigentlichen Frischarbeit in Flammenöfen. Zuweilen wendet man zwar wohl nur ein einziges Gerüst an und versieht die Luppenwalzen nicht allein mit den Einschnitten zu den Kolben und zu den groben Quadratstäben, sondern auch zugleich mit den Einschnitten zu den starken breiten Plattinen. Dann müssen die Walzen aber eine bedeutende Länge erhalten, wodurch häufig Brüche entstehen, weshalb es vorzuziehen ist, zwei Walzwerksgerüste anzuwenden. — Wo man schon fertige (bei Holzkohlen, in Heerden gefrischte und unter Aufwerfhämmern abgeschmiedete) Kolben zu Stabeisen auswalzen will, da hat der Hammer schon die Stelle der Luppenwalzen vertreten und die fertigen Kolben werden dann unmittelbar an das Grobeisenwalzwerk abgegeben. Von den Luppenwalzen erhält man folglich in der Regel nicht vierkantige Kolben, sondern breite Plattinen, welche nach der verschiedenen Bestimmung des darzustellenden Stabeisens, in größerer oder geringerer Anzahl über einander gelegt, im Schweißofen durch Zusammenschweißen die Kolben bilden, welche an das Grobeisenwalzwerk abgeliefert werden.

Die für die Kolben und zu den groben Quadratstäben bestimmten Einschnitte in der untern und in der obern Walze des vorbereitenden Walzwerksgerüstes der Luppenwalzen, correspondiren völlig mit einander. Man dreht sie nicht aus, sondern gießt die Luppenwalzen gleich mit den Oeffnungen in abnehmender Größe, weil es nicht auf die Sauberkeit der Oberfläche, sondern bloß auf das Zusammenpressen und Ausstrecken ankommt, so daß die Rauheit der Flächen der Einschnitte sogar den Zweck befördert, den man erreichen will. Die korrespondirenden Einschnitte in der obern und untern Walze müssen aber genau zusammenpassen und beide Walzen daher nach einem Modell gearbeitet seyn. — Die Walzen in dem zweiten oder in dem vollendenden Gerüst der Luppenwalzen, unter welchem die dicken Quadratstäbe zu starken flachen Plattinen ausgewalzt werden, erhalten eingedrehte Einschnitte in der unteren Walze, in welche die Rippen der oberen Walze genau passen. — Unter den Walzen des ersten Gerüstes streckt man das Stabeisen gewöhnlich zu 4zölligen Quadratstäben aus, und wendet so viele Einschnitte an, als erforderlich sind, um die Luppe bis zu dieser Stärke zusammenzupressen. Größere Luppen erfordern daher mehr Einschnitte, indem die Querschnittsfläche von einem Einschnitt zum andern etwa in dem Verhältniß von 5 zu 4 abnehmen muß. Nehmen die Einschnitte in einem geringeren Verhältniß ab, so verliert man an Zeit; wendet man stärker abnehmende Verhältnisse an, so hat man zu befürchten, daß das Eisen von den Walzen nicht ergriffen wird. Den Einschnitten in den Walzen des vollendenden Gerüstes, welches die dicken Quadratstäbe breiten soll, theilt man am zweckmäßigsten eine ganz gleiche Breite, — etwa von 4 Zollen, — zu, und wendet Abstufungen in der Höhe dieser Einschnitte an, so daß die Stärke des Quadratstabes die künftige Breite der flachen Plattine bleibt und das Eisen nur der Länge nach gestreckt wird. Um einen vierzölligen Quadratstab zu einer 4 Zoll breiten und $\frac{1}{2}$ Zoll starken Plattine auszuziehen, würde man ihn durch 7 bis 9 Einschnitte von 4 Zoll Breite und von abnehmender Höhe durchgehen lassen müssen.

Auch die Grobeisenwalzwerke bestehen aus zwei Gerüsten,

einem vorbereitenden und einem vollendenden, indem unter den Walzen des ersten Gerüstes die Paquete, welche aus den Platinen oder Rohschienen vom Luppenwalzwerk gebildet werden, zu Quadratstäben ausgezogen, und unter den Walzen des zweiten Gerüstes die Quadratstäbe zu flachen Stäben ausgereckt werden müssen, wenn flache Eisensorten angefertigt werden sollen. Bei den Walzen zum Quadrateisenwalzen befinden sich die Einschnitte in beiden Walzen und müssen genau mit einander korrespondiren. Das vollkommene Abdrehen der Walzen und das genaue Einschneiden der Oeffnungen, sind nothwendige Bedingungen, um einen saubern Quadrateisenstab durch die Walzarbeit darzustellen.

Die Walzen in dem vollendenden Gerüst des Grobeisenwalzwerks, zur Bereitung des flachen Eisens aus den vorgewalzten vierkantigen Stäben, müssen genau abgedreht und die Oeffnungen und Rippen (Caliber) mit der größten Sorgfalt eingeschnitten werden, weil die Stäbe sonst nicht bloß das bestimmte Maaß nicht erhalten, sondern auch keine scharfen Kanten bekommen. Immer erhält die untere Walze die Einschnitte (Matricen) und die obere die Rippen (Patricen), welche mit den Einschnitten korrespondiren. Einschnitte und Rippen müssen vollkommen genau in einander greifen. Am zweckmäßigsten ist es, den wirkenden Flächen (also für die untere Walze den Einschnitten, und für die obere Walze den mit den Einschnitten korrespondirenden Rippen) einen gleichen Durchmesser zuzutheilen. Jede flache Eisensorte bedarf mehrer Einschnitte (Caliber) in der Walze, um den vorgewalzten Quadratstab nach und nach zur flachen Schiene zusammen zu drücken. Wenn das Eisen die nöthige Stärke unter den Vorbereitungs- oder Quadrateisenwalzen erhalten hat, so müssen die noch weißglühenden Stäbe unter den Flachwalzen, durch mehre Einschnitte gleicher Breite aber abgestufter Höhe, bis zu der verlangten Dimension zu flachen Stäben ausgezogen werden.

Eisenhütten, welche viele Sorten von flachem Eisen, nämlich viele Eisensorten von verschiedener Breite, anzufertigen haben, befinden sich in der Nothwendigkeit, eine bedeutende Menge von Garnituren von Flachwalzen anschaffen zu müssen.

Auch die Walzwerke zur Anfertigung der feineren Eisensorten bestehen immer aus einem Gerüst, worin sich die Vorbereitungswalzen befinden, und aus einem zweiten, welches die Vollendungswalzen enthält.

Auf der Seite des Walzwerkes, auf welcher das zu walzende Eisen durchgesteckt und zwischen die Walzen geführt wird, bringt man Vorlagen an, welche den Arbeitern das Kaliber bezeichnen, damit kein Irrthum statt finden kann. Diese Vorlagen dienen aber nicht bloß dazu, ein unrichtiges Durchstecken des Eisens, und dadurch ein leicht mögliches Brechen an der Maschinerie zu verhindern; sondern auch dem Stabe die gerade Richtung zu geben. Die Vorlagen auf der anderen Seite des Walzwerkes haben die Bestimmung, das durch die Walzen gegangene Eisen aufzunehmen. Bei der Blechbereitung sind diese Vorlagen besonders nothwendig, wenn starke und schwere Bleche angefertigt werden. — Nächstdem müssen aber an der Seite des Walzwerksgerüstes, wo das Eisen zwischen den Walzen wieder hervortritt, sogenannte Abstreifmeißel angebracht werden. Diese Meißel greifen in die Einschnitte (Kaliber) der Walze, um das Eisen, welches sich leicht in den Walzeneinschnitten festklemmen könnte und dann nothwendig zum Brechen der Walzen Anlaß geben würde, abzustreifen. Das Einklemmen des Eisens findet besonders alsdann sehr leicht statt, wenn die Einschnitte eine zu schnelle Abnahme in der Höhe haben, also unrichtig konstruirt sind.

Bei der Stabeisenwalzarbeit ist es immer nothwendig, daß das unter die Walzen zu bringende Eisen den höchsten Grad der Schweißhitze erhalten hat, damit der fertige Stab noch mehr weiß- als rothglühend vom Walzwerk kommt.

Bei der Arbeit unter den Stabeisenwalzen muß stets für einen Wasserzufluß zur Abkühlung der Walzen und der Walzenzapfen gesorgt werden. Durch diesen Wasserzufluß wird auch die blaue Färbung der Eisenstäbe befördert. Stäbe, die ohne einen Zufluß an Wasser gewalzt werden, erhalten eine unansehnliche rothe, glanzlose und matte Oberfläche, weil der Glühspan sich stärker oxydirt und durch die Walzen in die Eisenmasse des Stabes eingepreßt wird. Das zufließende Wasser bewirkt einen lockeren, leicht abfallenden Glühspan.

Die fertig gewalzten Stäbe müssen in der Temperatur, in welcher sie vom Walzwerk kommen, noch gerade gerichtet werden, welches auf einfache Weise vermittelst eines Handhammers und einer gegossenen eisernen Richtplatte geschieht.

Hinsichtlich des Details bei den Walzwerken wird auf die Zeichnungen Taf. **LII** bis **LVIII** und Taf. **LXI** bis **LXIII** und auf deren Erläuterung verwiesen.

§. 861.

Es ist von großer Wichtigkeit, einzelne Theile eines Walzwerkes auf eine einfache, dauerhafte und bequeme Weise schnell mit einander in Verbindung zu setzen, oder diese Verbindung wieder aufzuheben. Die dazu, also auch zugleich zur Fortleitung der Bewegung und zur Unterbrechung derselben abzweckenden Vorrichtungen, werden im Allgemeinen **Kuppelungen** (für besondere Fälle auch Ein- und Ausrückzeug) genannt. Die gewöhnlich vorkommenden Kuppelungen finden sich auf den Zeichnungen Taf. **XXXVII** und **XXXVIII**, auf welche, so wie auf deren Erläuterungen, hier Bezug genommen wird.

§. 862.

Nicht allein das zur weiteren Bearbeitung bestimmte Stabeisen, sondern auch zuweilen die dargestellten fertigen Stäbe, immer aber die unter den Hämmern oder Walzwerken bereiteten fertigen Eisenbleche, müssen zerschnitten, oder verschnitten, oder beschnitten werden. Zu diesem Zweck bedient man sich der

Scheeren. Nach der verschiedenen Stärke der Stäbe oder der Bleche müssen diese Scheeren verschiedene Einrichtungen erhalten. Die Zeichnungen auf den Tafeln LI und LII zeigen die gewöhnlichen in Anwendung kommenden Scheeren-Einrichtungen, worüber die Details in den Erläuterungen zu den Kupfertafeln nachzusehen sind.

§. 863.

Bei der Bearbeitung des Stabeisens unter den Hämmern erhalten die Stäbe durch das lange kalte Hämmern eine schöne Farbe, und ein blankes, glattes Ansehen; allein das Eisen wird dadurch spröde, und hält die gewöhnlichen Proben nicht aus. Deshalb darf das Hämmern nicht bis zur völligen Erkaltung der Stäbe fortgesetzt werden; indeß kommt doch, besonders bei langen Stäben und bei dem Schmieden auf dem sogenannten Wechsel (beim Anschweißen zweier Eisenstäbe) oft der Fall vor, daß ein Stab kalt, d. h. nur noch braunwarm geschmiedet wird, wodurch das beste Stabeisen spröder wird, und sich bei der Probe schlechter verhält, als es wirklich ist. Diese Sprödigkeit läßt sich aber durch Erhitzung wieder heben, wogegen die durch die schlechte Beschaffenheit des Eisens bewirkte Zersprengbarkeit desselben, durch Erhitzen nicht vermindert wird. Im russischen Reich ist es daher auch sehr gewöhnlich, daß die fertigen Eisenstäbe in besonderen Glühöfen, nämlich in Flammenöfen, welche mit Holz gefeuert werden, und in welchen 500 bis 1500 Ctr. Stabeisen mit Einemmal eingesetzt werden können, ausgeglühet werden, damit das Eisen die Sprödigkeit verliert und von Nichtkennern nicht für schlechtes Eisen gehalten wird. Bei den Eisenblechen ist ein solches Ausglühen überall üblich.

Herrmann's Beschreibung des Uralischen Erzgebirges. I. 428 u. f.

§. 864.

Die unendlichen Verschiedenheiten in der Beschaffenheit und in dem Verhalten des Stabeisens, welche durch beigemischte fremde Bestandtheile veranlaßt werden, die außer der Kohle noch zu wenig bekannt sind, aber größtentheils wohl nur Silicium, Phosphor und Schwefel zu seyn scheinen, haben Gelegenheit gegeben, zähes, hartes, weiches, mürbes, steifes, starkes, sprödes, wildes Eisen u. s. f. zu unterscheiden. Alle diese Verschiedenheiten lassen sich auf die mehr oder weniger große Härte des Eisens, also auf das Verhalten zum Kohlenstoff, und auf die zufälligen Beimischungen des Eisens, wodurch dasselbe eine mehr oder weniger große Sprödigkeit erhält, zurückführen. Alle Stabeisenvarietäten können daher unter folgende Abtheilungen gebracht werden:

I. Hartes Eisen. Es giebt den äußeren Eindrücken nicht leicht nach, und behält beim Schmieden länger die körnige Textur.

1) Hartes und festes Eisen (auch wohl zähes oder derbes Eisen genannt) läßt sich kalt und warm nach allen Richtungen biegen. Dieses vorzüglich gute Eisen verdankt bloß dem Kohlenstoff seine Härte. Es ist unter allen Eisensorten die festeste.

2) Hartes und sprödes Eisen; es läßt sich schlecht schmieden, zerspringt auch in der Kälte sehr leicht. So verhält sich in der Regel das rohe, noch nicht völlig gaar gefrischte Eisen, obgleich außer der Kohle auch noch andere Körper dem Eisen diese Sprödigkeit mittheilen können.

3) Hartes und mürbes Eisen; es läßt sich in der Hitze sehr gut schmieden, auch nach allen Richtungen biegen, zerspringt aber in der Kälte. So verhält sich das durch Phosphor kaltbrüchige Eisen.

4) Hartes und wildes Eisen; in der Kälte läßt es sich biegen und besitzt oft einen hohen Grad von Festigkeit, zerfährt aber in der Rothglühhitze. Außer dem Schwefel können auch andere Körper dem Eisen den Fehler des Rothbruchs mittheilen. In hohem Grade rothbrüchi-

ges Eisen ist, wegen der Kantenbrüche, auch in der Kälte nicht haltbar.

II. Weiches Eisen. Es giebt den äußeren Eindrücken leicht nach, und verliert beim Schmieden bald seine körnige Textur.

1) Weiches und zähes Eisen; läßt sich nach allen Richtungen kalt und warm biegen. Dies Eisen steht in der Festigkeit dem harten und festen Eisen nach, weil es sehr geneigt ist, sich zu dehnen; auch widersteht es der Abnutzung durch Reibung weniger als dieses.

2) Weiches und spröde Eisen; ist in der Hitze biegsam, aber in der Kälte zerspringt es bei geringen Schlägen. Das sogenannte verbrannte oder überhitzte Eisen verhält sich zwar so, allein es erlangt durch starkes mechanisches Zusammenpressen wieder eine größere Festigkeit. Dagegen läßt sich die Sprödigkeit nicht heben, wenn sie durch Beimischungen von fremden Substanzen, wohin ganz vorzüglich das Silicium gehört, veranlaßt wird.

3) Weiches und mürbes Eisen; ist in der Hitze und zum Theil auch in der Kälte biegsam, hält aber keine starken Schläge aus. Das im geringeren Grade kaltbrüchige Eisen gehört hierher, noch mehr aber das Eisen, von welchem das Silicium beim Verfrischen nicht rein abgeschieden ist.

Das weiche Eisen ist zwar ein vollkommeneres Stabeisen als das harte, indeß pflegt man, bei gleichen Graden der Zähigkeit, dem harten Eisen den Vorzug deshalb zu geben, weil es durch das wiederholte Glühen in den Schmiedeheerden oder in den Flammenfeuern immer besser und weicher wird, wogegen das weiche Eisen leichter geneigt ist, mürbe zu werden. Dazu kommt noch, daß das harte Eisen stets dichter ist als das weiche, vorzüglich wenn dieses zu dünnen Stücken ausgetrieben wird; auch widersteht das harte Eisen der Abnutzung mehr als das weiche. Bei dem harten Eisen wird aber eine fremde Beimischung des Eisens sich auffallender äußern, weil die Härte schon an sich eine größere Sprödigkeit mit sich bringt, folglich dieselbe durch einen fremden Bestandtheil noch mehr vergrößert wird.

Das weiche Eisen ist weniger zur Sprödigkeit geneigt, und deshalb muß es, wenn es sich mürbe zeigt, für ein besonders schlechtes Eisen gehalten werden. Je kürzer und dunkler die Sehnen des weichen Eisens sind, desto schlechter ist es zu nennen.

In England pflegt man einmal, zweimal und dreimal geschweißtes Eisen zu unterscheiden. Letzteres ist dasjenige, welches zu Gegenständen verwendet wird, von welchen man die größte Festigkeit verlangt. Das einmal geschweißte, oder das gewöhnliche Stabeisen, hat nur eine einmalige Bearbeitung unter den Walzen erhalten, oder ist nur einmal raffinirt, indem die von dem Vorbereitungswalzwerk erhaltenen flachen Schienen nur einmal zerschnitten, zusammengelegt, geschweißt und ausgewalzt worden sind. Das zweimal geschweißte Eisen hat die Bearbeitung zum zweiten mal erfahren.

§. 865.

Das Probiren des Stabeisens ist sehr nothwendig, obgleich übertriebene Proben dem Eisen nachtheilig sind und dem äußeren Ansehen der Stäbe schaden. Stabeisen, welches folgende Proben ausgehalten hat, ist vollkommen gut zu nennen, und muß keinen wiederholten Proben unterworfen werden:

1. Lange Stäbe werden mit beiden Händen bis über den Kopf gehoben, und in der Mitte mit möglichster Schnelligkeit auf einen schmalrückigen Amboß, oder auf ein anderes, dazu vorgerichtetes scharfkantiges Stück hartes Eisen geworfen, und hiernächst an jedem Ende auf dem Punkte, wo beim Ausschmieden der Kolben ein Wechsel entstanden ist, krumm und wieder gerade gebogen.

2. Sehr schwere Stäbe, welche sich nicht heben lassen, werden hohl gelegt und in der Mitte und an beiden Enden mit einem scharfkantigen Schlägel krumm und wieder gerade geschlagen. Diese Probe ist indeß schärfer als die vorige.

3. Auf Hütten, wo das Anlaufenlassen stattfindet, dürfen die aus dem Anlauf geschmiedeten schwachen Eisensorten (Hufeisen oder Schlossereisen) nicht erst probirt werden, wenn die aus der Luppe geschmiedeten Stäbe die Proben bestanden haben. Sollen sie aber doch probirt werden, so kann dies entweder durch Werfen und Biegen, oder durch einen Schlag auf der hohen Kante über den schmalrückigen Amboß geschehen.

4. Zerspringen die Stäbe bei diesen Proben in mehre Stücken, so ist das Eisen schlecht; wenn aber nur hin und wieder ein Stab in zwei Stücken zerspringt, so kann das Eisen noch von der besten Güte seyn, und nur auf der gesprungenen Stelle einen zufälligen Fehler in der Schmiedung gehabt haben, oder auch kalt geschmiedet worden seyn. Die Stücken des Stabes müssen dann durch Biegen und Werfen genauer untersucht werden.

Bei der in früherer Zeit sehr berühmt gewesenen Osemund-Eisenfabrikation in der Grafschaft Mark, nämlich bei demjenigen Stabeisen, welches bei der Osemundfrischerei erhalten wird, fand in früheren Zeiten gesetzmäßig folgende Probirmethode statt, welche durch den verstorbenen Assessor v. Stockenstroem nach Schweden gebracht und dort eingeführt worden ist. Die Eisenstäbe werden, einer nach dem andern, durch die Oeffnung eines vertikal aufgerichteten Pfahls gesteckt und einige male in viertel Kreisen hin und her gebogen. Die Oeffnung war gerade so groß, daß sie einen vorschriftsmäßig starken und breiten Stab aufnahm und mußte, wenn der Pfahl selbst nicht von Eisen war, mit starkem Eisenblech ausgefuttert seyn, sich auch nur in der Höhe über der Hüttensohle befinden, daß der zu dem Probirgeschäft bestimmte Arbeiter seine volle Kraft bei dem Hin- und

Herbiegen des Stabes unter einem Drehungswinkel von 90 Graden ausüben konnte.

§. 866.

Das eigentliche Geschäft der Stabeisenbereitung erstreckt sich nur darauf, das Stabeisen unmittelbar aus den Erzen oder aus dem Roheisen darzustellen, und es in Stäben von nicht zu geringen Dimensionen abzuliefern. Die Verarbeitung des Stabeisens zu Blechen, zu Drath und zu feinen Eisensorten, wird in besonderen Werkstätten vorgenommen, obgleich häufig dieselben mechanischen Vorrichtungen, deren man sich bei der Stabeisenfabrikation bedient, auch bei der weiteren Verfeinerung des Stabeisens in Anwendung kommen. In der ersten Abtheilung dieses Abschnitts wird daher von der Darstellung des Stabeisens, und in der zweiten von der Verfeinerung, oder von der weiteren Verarbeitung desselben, gehandelt werden.

Erste Abtheilung.

Von der Darstellung des Stabeisens.

§. 867.

Da das Stabeisen entweder unmittelbar aus den Erzen, oder aus dem Roheisen dargestellt werden kann, so zerfällt das Verfahren bei der Stabeisenbereitung in die Rennarbeit und in die Frischarbeit.

I. Von der Frischarbeit.

§. 868.

Die verschiedenen Methoden der Frischarbeit lassen sich auf die beiden Hauptabtheilungen des Verfrischens des Roheisens in Feuern oder in Heerden (Foyers), wobei das Roheisen mit Holzkohlen eingeschmolzen wird, und auf das Verfrischen in Flammenöfen, ohne Zutritt von Holzkohlen, zurückführen. Weil das Wesen der Frischarbeit darin besteht, dem Roheisen die Kohle zu entziehen, so muß das Frischen in Flammenöfen ein vollkommnerer Prozeß seyn, als das Frischen in Heerden, weil das Roheisen auf dem Heerde des Flammenofens mit Kohlen nicht in Berührung gebracht wird. Beim Verfrischen in Heerden sollen die Kohlen als Mittel zum Schmelzen des Roheisens dienen, und zugleich die durch den Windstrom oxydirten Eisentheile wieder reduciren. Unvollkommen wird diese Frischarbeit aber immer bleiben, weil sich die reine Abscheidung der Kohle eben so wenig bewerkstelligen als es sich verhindern läßt, daß das Eisen, durch langes Verweilen zwischen den Kohlen, nicht von neuem wieder Kohlenstoff aufnimmt. Eine mechanische Geschicklichkeit und ein gewandtes Verfahren, so wie ein geübtes Auge, müssen bei den Verfrischungsmethoden in Heerden mehr thun, als alle Theorie anzugeben vermag.

Das Verfrischen in Flammenöfen würde dann vollkommen zu nennen seyn, wenn der Kohlenstoff vollständig vom Eisen abgeschieden werden könnte. Dies ist aber auch nicht vollkommen der Fall, und da die Erfahrung lehrt, daß das mit aller Sorgfalt im Heerde gefrischte Stabeisen vorzüglicher ist als das im Flammenofen gefrischte, so ist vorauszusetzen, daß die dem Roheisen beigemischten fremdartigen Substanzen, die Erdbasen, Schwefel und Phosphor, vielleicht auch andere Metalle, durch den Luftstrom des Gebläses bei dem häufigeren Durcharbeiten in Heerden, vollständiger oxydirt und daher auch vollkommner abgeschieden werden. Man weiß, daß kaltbrüchiges und rothbrüchiges Stabeisen, durch wiederholtes Oxydiren und Reduciren im Frischheerd, zuletzt sehr gutes Stabeisen gegeben haben, indem die fremden Bestandtheile des Eisens, welche leichter oxydirbar oder schwerer reducirbar sind, als das Eisen und dessen Oxydul, durch die wiederholten Operationen vollständiger abgeschieden worden sind. Man kann daher in den Frischheerden aus schlechtem Roheisen mit einem geringeren Verlust an Eisen, wenn auch nicht an Zeit und an Brennmaterial, wie in den Flammenöfen, gutes Stabeisen liefern.

§. 869.

Je reiner von fremden Bestandtheilen das Roheisen ist, welches in die Frischarbeit gegeben wird, desto schneller und mit desto geringerem Verbrauch an Zeit, Eisen und Brennmaterial, wird die Umwandlung desselben in Stabeisen geschehen. Roheisen, welches aus Kupferkies enthaltenden Eisenerzen erblasen ist, und daher kleine Quantitäten Kupfer aufgenommen hat, wird, weil das Kupfer noch weniger oxydabel ist, als das Eisen, weder durch die Frischarbeit in Heerden, noch durch die Flammenofenfrischerei, in ein untadelhaftes geschmeidiges Eisen umgeändert werden können.

Aus dem Verhalten des weißen und des grauen Roheisens, welche beide gleich viel Kohle enthalten können, geht hervor, daß das weiße Roheisen leichtflüssiger ist, aber nicht vollkommen tropfbar flüssig wird, und daß es in der Schmelzhitze früher in den Zustand der Geschmeidigkeit übergeht, weil es durch Eisenoxyde, zwar weniger auffallend, aber in gleichen Zeiten und unter übrigens gleichen Umständen schneller verändert wird, als das graue Roheisen, welches eine höhere Temperatur zum Schmelzen erfordert, alsdann aber auch tropfbar flüssig wird, so daß die Einwirkung des oxydirten Eisens auf das tropfbar flüssige Roheisen nur langsam erfolgen kann, indem das flüssige Eisen, dem Winde sowohl als dem oxydirten Eisen nur die Oberfläche als Berührungsfläche darbietet, folglich die chemische Einwirkung des Sauerstoffs auf das geschmolzene graue Roheisen nicht von allen Seiten stattfinden kann, obgleich das graue Roheisen durch die Einwirkung des Eisenoxydes eine auffallendere Veränderung als das weiße erleidet, indem es sich dem Zustande des letzteren immer mehr nähert. Das graue Roheisen muß also erst in den Zustand des weißen übergehen, wenn es es sich in Stabeisen umändern soll. Dieser Uebergang kann nur durch den Sauerstoff der Gebläseluft, oder des zugesetzten oxydirten Eisens bewirkt werden. Beim weißen Roheisen ist der Zusatz des oxydirten Eisens in vielen Fällen von geringerem Nutzen; denn obgleich dadurch der Uebergang zum Stabeisen ebenfalls beschleunigt wird, so muß man ihn doch in der Regel zu verzögern suchen, weil die Umwandlung, wenn sie plötzlich geschieht, eine unvollkommene Abscheidung der fremden Bestandtheile des Eisens nach sich ziehen würde. Bei dem Verfrischen des grauen Roheisens läßt sich folglich von dem oxydirten Eisen, welches bei der Operation stets erhalten wird, eine ausgedehntere Anwendung machen, und dies ist vorzüglich die Ursache, warum beim Verfrischen des grauen Roheisens in Heerden weniger Eisenverlust durch Verschlackung stattfindet, als beim Verfrischen desjenigen weißen Roheisens, bei welchem man, wegen der Beimischung von Silicium, dessen Abscheidung durch den Frischprozeß ebenfalls bewirkt werden soll, den Uebergang in den stabeisenartigen Zustand nicht zu sehr beschleunigen darf. Das Spiegeleisen erleidet indeß bei dem Frischprozeß keinen größeren Eisenverlust, als das graue Roheisen, ohne daß bei jenem Roheisen die Zusätze von oxydirtem Eisen (gaaren Schlakken) von besonderem Einfluß wären. Es scheint daher, daß der Graphit das Frischen erschwert und daß ein großer Gehalt an gebundener Kohle, das Eisen in einem beträchtlichen Grade gegen die Oxydation in der Schmelzhitze zu schützen vermag.

Das weiße Roheisen ist zum Verfrischen mehr als das graue geeignet. Bei gutartigen Eisenerzen und bei der Schmelzung mit Holzkohlen, wird man sich daher mit Erfolg des weißen Roheisens zum Verfrischen bedienen, in so fern der Gang des Ofens dabei nicht in Gefahr kommt. Bei der Schmelzung mit Koaks, oder bei der Verarbeitung nicht gutartiger Erze, welche roth- oder kaltbrüchiges Eisen zu geben geneigt sind, wird man aber für die Frischarbeit in Heerden das Roheisen recht grau, jedoch bei einer möglichst leichtflüssigen Beschickung, in nicht zu hohen und zu engen Obergestellen erblasen, anwenden müssen, wenn es die Absicht ist, gutes Stabeisen darzustellen. Beim Verfrischen in Flammenöfen wird dieses Roheisen ebenfalls anwendbarer seyn, als das weiße, wenn es vor dem Verfreischen durch einen besonderen Prozeß weiß gemacht worden ist. Das weiße Roheisen würde zwar in allen Fällen schneller in den Zustand des Stabeisens übergehen, allein man würde genöthigt seyn, diesen Uebergang zu verzögern, um die Abscheidung der fremden Bestandtheile vollkommener geschehen lassen zu können und kein fehlerhaftes Stabeisen zu erhalten.

A. Von der Frischarbeit in Heerden.

§. 870.

Die Heerde, in welchen die Umänderung des Roheisens in Stabeisen, oder der Frischprozeß, vorgenommen wird, werden **Frischfeuer**, **Frischschmieden**, im südlichen Deutschland auch **Walloß**- oder **Wallaßhämmer** (Wälschhämmer) und **Weichzerrennhämmer** genannt.

Herkömmlicher Gebrauch, Gewohnheit, lokale Verhältnisse und Beschaffenheit des Roheisens, haben eine Menge von verschiedenen Frischmethoden entstehen lassen, welche sich zwar in der Hauptsache alle in Einem Punkte, nämlich in der Abscheidung der Kohle des Roheisens durch den Sauerstoff des durch die Einwirkung des Gebläses sich bildenden oxydirten Eisens (Subsilikates) vereinigen, aber doch in der Anwendung der Mittel etwas von einander abweichen. Die sämmtlichen bekannten Frischmethoden in Heerden lassen sich folgendergestalt eintheilen:

I. Verfrischen mit Einmaligem Einschmelzen des Roheisens.

1) Mit einem die Vorbereitung des Roheisens vertretenden Einmaligem Einschmelzen und Ein- oder mehrmaligem Aufbrechen der eingeschmolzenen Masse.

Die deutsche Frischschmiede, mit allen ihren Varietäten, und zwar:

α. Die But- oder Klumpschmiede.

β. Die Kleinfrischschmiede.

γ. Die Frischschmiede.

δ. Die Suluschmiede.

ε. Die Halbwallonenschmiede.

ζ. Die Anlaufschmiede.

2) Mit Einmaligem Einschmelzen ohne alle Vorbereitung des Roheisens durch Aufbrechen.

a. Die Wallonenschmiede, bei welcher jedesmal nur so viel Roheisen, als zu einem Kolben erforderlich ist, angewendet, und das Ausschmieden in besonderen Reckheerden vorgenommen wird.

b. Die Löschfeuerschmiede, bei welcher das Ausschmieden in demselben Heerde geschieht.

c. Die Steyersche Einmalschmelzerei.

d. Die Siegensche Einmalschmelzerei.

e. Die Osemundschmiede, bei welcher wenig Roheisen sogleich gaar niedergeschmolzen und ausgeschmiedet wird.

3) Mit einmaligem Einschmelzen, und mit Vorbereitung des Roheisens.

Die Bratfrischschmiede.

II. Verfrischen mit zweimaligem Einschmelzen des Eisens.

1) Mit zweimaligem Einschmelzen in derselben Feuergrube, aber in demselben Frischheerde.

a. Die Müglafrischschmiede.

b. Die Brechschmiede.

c. Der Sinterproceß.

2) Mit zweimaligem Einschmelzen in zwei besonderen Feuern.

a. Die Weich- und Hart-Zerrennfrischarbeit.

b. Die Kortitsch- oder Kartitscharbeit.

Diese Eintheilung paßt indeß nicht ganz für die in Frankreich üblichen Methoden des Verfrischens des Roheisens in Heerden, und man kann für diese, folgende vier Verfahrungsarten unterscheiden:

1) **Affinage comtois.** Heerdfrischerei bei Holzkohlen zu Kolben (**massiaux**), welche in demselben Heerde, während des Einschmelzens des Roheisens zu der nächstfolgenden Operation, unter Hämmern ausgeschmiedet werden. Die Methode von Comté umfaßt das Verfahren bei der deutschen Frischschmiede und die Variationen, welche die Löschfeuerschmiede, die Siegensche und Steyersche Einmalschmelzerei und die Osemundschmiede darbieten.

2) **Affinage wallon.** Die Kolben werden in einem Frischheerd, wie bei der Methode der Comté dargestellt, aber in einem besonderen Heerde (**Feu de chaufferie**) ausgeschmiedet.

3) **Affinage bergamasque.** Die Umänderung des Roheisens in Stabeisen erfolgt in zwei von einander getrennten Operationen, nämlich durch das Umschmelzen des Roheisens in dem Heerde (**mazéage**) und durch das Frischen des durch Umschmelzen vorbereiteten Eisens (**fonte mazée**) in demselben Heerde. Das Ausschmieden der Kolben findet während des zweiten Theils der Operation statt, nämlich während der eigentlichen Frischarbeit.

4) **Affinage nivernais.** Dies Verfahren unterscheidet sich von dem vorigen nur allein dadurch, daß die Operationen der Vorbereitung des Roheisens durch das Einschmelzen (**mazéage**) und das Frischen des vorbereiteten Eisens nicht in einem und demselben, sondern in zwei besonderen Heerden stattfinden.

§. 871.

Alle diese Frischmethoden weichen so wenig von einander ab, daß man mit dem Wesen derselben bekannt ist, wenn man sich mit der schwierigsten derselben, nämlich mit der deutschen Frischarbeit, bekannt gemacht hat. Die Frischarbeit selbst ist für alle Methoden dieselbe, und größtentheils bestehen die Abweichungen nur in der verschiedenen Art, wie der mechanische Theil der Arbeit, — das Ausstrecken des gefrischten Eisens zu Stäben, — mit der eigentlichen Frischarbeit in Verbindung gesetzt wird. Andere Abweichungen haben in der Natur und Beschaffenheit des Roheisens, wodurch der Frischprozeß beschleunigt werden kann oder verzögert werden muß, oder auch wohl darin ihren Grund, ob das Roheisen schon vor der Bearbeitung im Frischheerde eine Vorbereitung erhält, durch welche der Frischprozeß beschleunigt werden kann. Die deutsche Frischmethode ist deshalb die schwierigste, weil sie Roheisen von der verschiedenartigsten Beschaffenheit verarbeiten muß, wogegen die übrigen Frischmethoden durchaus ein gutartiges und mehrentheils ein weißes, oder weiß gemachtes Roheisen erfordern. Man kann daher die deutsche Frischmethode als die eigentliche und wesentliche Frischmethode in Heerden ansehen, und alle übrigen Verfahrungsarten nur als Abarten, oder als Verkürzungen der deutschen Frischerei betrachten, welche durch die gutartige Beschaffenheit des Roheisens und durch eine dadurch möglich werdende Abkürzung des Frischprozesses ausführbar werden. Einem mit der deutschen Frischerei vertrauten Arbeiter wird es leicht seyn, die übrigen Frischmethoden, welche gutes Eisen erfordern, bald zu erlernen, wogegen ein Frischarbeiter, der nur gutes Roheisen zu verarbeiten gewohnt ist, aus nicht gutartigem Roheisen nicht leicht gutes Stabeisen erzeugen würde. Die deutsche Frischschmiede soll daher hier auch ausführlich betrachtet werden, weil es alsdann leicht seyn wird, die übrigen Frischmethoden mit ihr zu vergleichen.

1. Die deutsche Frischschmiede.

§. 872.

Diese Frischarbeit ist fast in dem ganzen nördlichen Deutschland, so wie auch in einem großen Theil von Frankreich (namentlich in der Franche Comté) eingeführt.

Ein Frischfeuer nennt man das Hüttengebäude, worin sich ein Frischheerd mit dem Gebläse und die zum Schmieden des ausgebrachten Eisens gehörige Vorrichtung, sie sey ein Hammer oder ein Walzwerk, befindet. Der Frischheerd ist ein gewöhnlicher, etwa 6 Fuß im Lichten langer und 3 Fuß breiter Heerd, welcher unter einer auf Gewölben, oder besser auf Säulen ruhenden Esse steht, und sich 12 bis 15 Zoll über der Hüttensohle erhebt. Der Heerd ist mit eisernen Platten belegt, und hat in der Ecke, welche die vordere lange Seite des Heerdes mit der einen kurzen Seite desselben bildet, eine Oeffnung, oder den zum Verfrischen des Roheisens bestimmten Raum, in welchem das sogenannte Feuer eingebaut wird; der übrige mit Platten belegte Raum des Heerdes dient zum Aufbringen des Roheisens und um Raum zur Arbeit mit den Brechstangen zu gewinnen. Die vordere Seite des Heerdes bleibt, so weit als die eigentliche Feuergrube reicht, offen, und wird erst beim Einbau des Feuers geschlossen. Das Fundament des Frischheerdes muß stark genug seyn, um die Esse, welche mit ihren Gewölben oder Säulen auf dem Heerde ruht, tragen zu können.

Die Esse führt man nicht unmittelbar über dem Heerde in die Höhe, sondern stellt sie hinter der einen Seite (gewöhnlich hinter der Formseite) des Heerdes, um dadurch einen Funkenfang zu erhalten. Die Verbindung des Arbeitsraums, oder des eigentlichen Frischfeuers mit der Esse, findet durch den Essenmantel statt.

Das Gebläse kann, wenn es groß genug ist, für mehre Frischfeuer dienen. Alsdann erhält jedes Feuer eine besondere Windleitung nebst Windsperrungskasten.

§. 873.

Bei den Frischheerden dient die Esse nicht zur Beförderung des Luftzuges, wie bei den Flammenöfen, sondern bloß zur Ableitung der aus dem Frischheerde sich erhebenden glühenden Gase, Funken und Dämpfe. Deshalb legt man auch häufig zwei Frischfeuer an eine gemeinschaftliche Esse und verbindet sie durch einen gemeinschaftlichen Essenmantel mit der Esse. Die Zeichnungen auf den Kupfertafeln XXXIX, XL und XLI stellen einfache und Doppel-Heerde mit gemeinschaftlicher Esse und gemeinschaftlichem Essenmantel, nach verschiedenen Constructionen, dar. Erst in der neueren Zeit ist man bemüht gewesen, die aus dem Frischheerd entweichenden glühenden Gasarten auf die Weise zu benutzen, daß man sie entweder nur allein zur Erhitzung der Gebläseluft anwendet, oder daß man die Flamme, ehe sie durch die Esse abgeführt wird, in abgeschlossene Räume leitet, welche dadurch erhitzt und dann gewöhnlich zur Vorbereitung des zu verfrischenden Roheisens angewendet werden.

§. 874.

Die Kenntniß der Beschaffenheit des zu verfrischenden Roheisens ist von großer Wichtigkeit, weil sich nach der Verschiedenheit desselben die Verfahrungsart beim Verfrischen richtet. Aber auch die äußere Gestalt des Roheisens ist nicht gleichgültig. Es darf nicht zu stark seyn, weil es zu schwer abschmelzen würde, wovon ein Verlust an Kohle und an Zeit die Folge seyn würde; es darf aber auch nicht zu dünn seyn, weil es zu schnell schmelzen und zu flüssig in den Heerd gelangen würde. Um das Roheisen, wenn der der Form zugekehrte Theil weggeschmolzen ist, bequemer nachrücken zu können, giebt man demselben sogleich beim Abstechen aus dem Ofen die Gestalt der sogenannten Gänze. Auf die Länge derselben kommt es nicht an; man macht sie nicht gern länger als 6 Fuß; ihre Dicke und Breite sind dagegen zu berücksichtigen. Breiter als höchstens 9 Zoll sollten sie nicht seyn, weil sie bei einer größeren

Breite nicht überall vom Windstrom ergriffen werden können. Eine größere Dicke als 1½ Zoll ist unvortheilhaft, weil dann nicht zwei Roheisengänze von verschiedener Beschaffenheit über einander gelegt werden können, welches oft sehr nützlich ist.

Beim Hohofenbetriebe, besonders in Verbindung mit einer Gießerei, fallen Brucheisen, Eingüsse und mißrathene Gußstücke, ab, die entweder auf die Gänze, oder unmittelbar in den Heerd gelegt werden, wie es der Gang im Feuer erfordert.

§. 875.

Das gaare oder graue Roheisen erfordert zum Schmelzen zwar eine größere Hitze, als das weiße vom übersetzten Gange des Ofens; allein es wird im Heerde zu einer völlig flüssigen Masse, oder zu flüssigem Roheisen, wogegen das grelle zwar früher schmelzt, aber nur eigentlich schaalen- und nicht tropfenweise, also in einem breiartigen Zustande, in den Heerd gelangt, und nicht wieder ganz flüssig wird. Nur das Spiegeleisen und das demselben zunächst stehende weiße Roheisen (weißgaare Eisen), dem zwar die Spiegelflächen fehlen, welches aber noch bei einem völlig gaaren Ofengange erblasen ist, erlangen bei schnellem Einschmelzen noch völlige Flüssigkeit.

Außer dieser Verschiedenheit beim Einschmelzen zeigen beide Roheisenarten auch bei dem eigentlichen Verfrischen sehr wesentliche Abweichungen im Verhalten. Man versteht nämlich unter Frischen die Vereinigung des geschmeidig werdenden Roheisens zu einer Eisenmasse. Geschieht diese Vereinigung schnell, so geht es gaar im Feuer; will sich aber das Eisen im Heerde nicht leicht zu einer Masse vereinigen, so geht es roh. Ein großer Gaargang muß bei Roheisen, welches viele fremde Bestandtheile enthält, noch sorgfältiger vermieden werden, als ein großer Rohgang, weil in jenem Fall schlechtes und in diesem nur wenig Eisen erhalten wird. Nach der Beschaffenheit des Roheisens, müssen die Windführung und die Dimensionen des

Frischfeuers daher entweder auf den Gaar = oder auf den Rohgang mehr oder weniger eingerichtet werden.

Das gaare und graue Roheisen, welches beim Einschmelzen ganz flüssig wird, frischt schwerer als das grelle Roheisen. Das erstere verursacht also im Feuer einen rohen, das letztere einen gaaren Gang. Beides ist für den Erfolg des Prozesses nachtheilig, weil im ersten Fall zuweilen zwar viel, oft vielleicht auch gutes Stabeisen aus dem Roheisen ausgebracht, die Arbeit aber sehr erschwert wird, und in einer gewissen Zeit nur wenig Stabeisen gemacht werden kann. Im letzten Fall wird in derselben Zeit zwar viel Stabeisen dargestellt werden können, allein es wird mürbe, und es ist ein bedeutender Verlust an Roheisen zu befürchten, wenn dasselbe nicht aus gutartigen Erzen bei einer leichtflüssigen Beschickung erblasen war. Daraus wird es einleuchtend, daß das Feuer, wenn sich das Eisen im Heerde zum Gaargange neigt, auf den Rohgang, und wenn es im Heerde nur schwer frischen will, auf den Gaargang eingerichtet werden muß. Das gaare Roheisen ist also für den Frischprozeß rohschmelzig, und das grelle oder rohe Roheisen ist gaarschmelzig. Diese Begriffe von gaar und roh dürfen nicht mit einander verwechselt werden.

Es tritt zuweilen der Fall ein, daß man den Feuerbau nicht auf einen gaaren Gang einrichten darf, wenn gleich das Roheisen im Feuer roh geht. Graues Koakroheisen z. B., vorzüglich dasjenige, welches bei einem hitzigen Gange und bei strengflüssiger Beschickung erblasen ist, giebt zu einer starken Schlackenbildung Veranlassung, deren Absonderung nicht gehörig erfolgen würde. Man muß sich daher gewöhnlich erst durch mehre Versuche von der besten Einrichtung des Feuers belehren, wenn das Verhalten des Roheisens im Frischheerde nicht bekannt ist.

Die Menge des Roheisens, welche für eine Frischoperation eingeschmolzen wird, läßt sich nicht immer bestimmt angeben, weil man durch das gleichzeitige Ausschmieden des Eisens, vorzüglich wenn sehr schwache Eisensorten verlangt werden, oft länger einzuschmelzen genöthigt ist, als gewöhnlich. In der Regel werden aber zu einem Frischen 2½ bis 3 Preuß. Centner Roheisen eingeschmolzen.

§. 876.

Die Beschaffenheit der Holzkohlen hat auf den guten Erfolg des Frischprozesses einen großen Einfluß. Kohlen von hartem Holz erfordern ein stärkeres Gebläse, aber sie gewähren auch eine stärkere und anhaltendere Hitze; Kohlen aus weichen Holzarten bedürfen keines starken Gebläses, weil sie oft nur zu schnell verbrennen, aber deshalb auch keine hohe Temperatur hervorbringen. Die harten Kohlen erfordern eine besondere Berücksichtigung beim Feuerbau. Durch die höhere Temperatur, welche sie beim Verbrennen entwickeln, wird das Roheisen nämlich sehr flüssig oder es schmelzt roher ein und frischt langsamer, weshalb der Feuerbau bei harten Kohlen mehr auf den Gaargang eingerichtet werden muß, als bei Kohlen aus weichem Holz. Unter den weichen Kohlen haben die kiefernen den Vorzug vor den tannenen und fichtenen. Gute tannene und fichtene Kohlen sind zum Betriebe der Frischfeuer auch sehr anwendbar, wenn sie nicht durch anhaltende Regengüsse naß geworden sind und lange im Freien gelegen haben.

Die in den Rissen und Spalten befindlichen Kiesel- und Sandkörner solcher Kohlen, welche in der Köhlerei nicht mit Wasser, sondern mit Sand gelöscht worden sind, können oft besondere Erscheinungen bei der Frischarbeit hervorbringen, indem sie, bei demselben Roheisen, demselben Feuerbau und unter denselben Umständen, oft einen außerordentlich rohen Gang im Feuer veranlassen. Diesem Uebel ist durch den Feuerbau nicht abzuhelfen; denn wird derselbe auf einen größeren Gaargang eingerichtet, so würde man schlechtes Stabeisen erhalten. Die Menge des Sandes, welche sich auf diese Weise in den

Kohlen befinden kann, ist oft sehr bedeutend und eine nicht gehörig beachtete Ursache des schlechten Erfolges mancher Frischarbeit.

Werden die Kohlen bei gutem trocknem Wetter aus der Köhlerei angefahren, so fällt der Sand durch das Rütteln beim Transport größtentheils heraus; geschieht die Anfuhr aber bei nassem Wetter, so bleiben die Unreinigkeiten nicht allein fest in den Kohlen zurück, sondern sie erhalten auch einen schwarzen Ueberzug, so daß sie kaum zu erkennen sind. Man muß sich dann darauf beschränken, die gröbsten Unreinigkeiten auszuklauben. In zu großen Stücken dürfen die Kohlen zum Verfrischen nicht angewendet werden, weil der Wind dann zu große Lücken findet und das Eisen kalt bläst; zu klein müssen sie aber auch nicht genommen werden, weil sie der Luft keinen Durchgang zum Roheisen gestatten würden. Die beste Größe ist die einer Faust oder eines Hühnereies. Größere Stücken zerschlägt man mit der Schaufel im Heerde. Bei fichtenen und tannenen Kohlen ist dies nur bei sehr großen Stücken nöthig, weil die weichen Kohlen im Feuer sehr bald zerplatzen; harte und gute kieferne Kohlen erfordern eine sorgfältigere Auswahl in der Größe.

§. 877.

Zuschläge werden bei der Frischarbeit eigentlich nicht angewendet. Nur kaltbrüchiges Eisen sucht man durch einen Zusatz von 2 bis 10 Procent fein gepochten Kalk zu verbessern. Wirklich ist reiner Kalkstein ein gutes Verbesserungsmittel für das Eisen, welches Schwefel oder Phosphor enthält. Vielleicht befördert der Kalk auch die Abscheidung anderer mit dem Eisen verbundener Substanzen; wenigstens haben eigene Erfahrungen gezeigt, daß das Eisen durch einen geringen Kalkzusatz von 2 bis 3 Procent niemals schlechter, häufig aber besser ausfällt; nur muß der Kalk nicht kurz vor dem Herausnehmen des gaaren Eisens, sondern gleich nach dem erfolgten Einschmelzen und bei der beginnenden Frischoperation zugesetzt werden. Ein Kalkzusatz ist vorzüglich bei rohschmelzendem Roheisen sehr zu empfehlen, weil der Kalk zugleich das Gaarwerden des Eisens befördert, aus welchem Grunde er auch bei gaarschmelzendem Roheisen nicht anzurathen ist.

§. 878.

Versteht man unter Zuschlägen auch diejenigen Mittel, welche anzuwenden sind, um einen zu gaaren oder zu rohen Gang zu vermeiden, so gehören gaare Schlacke und Hammerschlag auf der einen, und Sand auf der anderen Seite hierher. Geht es im Feuer roh, so lassen sich häufig Hammerschlag und gute gaare Schlacke (Eisenoxydul-Subsilikat) mit Vortheil anwenden, um einen mehr gaaren Gang zu erhalten, wobei zugleich der darin befindliche Eisengehalt benutzt und an Eisen gewonnen wird. Geht es im Feuer sehr gaar, so sieht man sich, um einen roheren Gang zu erhalten, zuweilen genöthigt, reinen Sand in den Heerd zu bringen. Die Benutzung dieses Zuschlags ist indeß mit Zeit- und Eisenverlust verbunden und deutet immer auf ein schlechtes Frischverfahren.

Auch das Wasser, womit das Feuer von Zeit zu Zeit begossen wird, kann gewissermaaßen zu den Zuschlägen gerechnet werden. Der eigentliche Zweck des Begießens ist zwar, das schnelle Verbrennen der Kohlen, besonders wenn sie sehr trocken und leicht verbrennlich sind, zu verhindern; allein wenn es sehr roh im Feuer geht, so leistet das Begießen des aufgebrochenen Eisens mit Wasser ebenfalls gute Dienste, weil das Eisen nicht allein etwas abgekühlt wird und nicht so leicht herunterschmelzt, folglich dem Winde vor der Form länger ausgesetzt bleibt, sondern weil sich das Wasser auf dem glühenden Eisen auch zum Theil zersetzt und wahrscheinlich das Eisen oxydirt.

§. 879.

Die zum Verfrischen erforderliche Luftmenge richtet sich nicht allein nach den verschiedenen Arbeiten in den verschiedenen

Zeitperioden des Verfrischungsprozesses, sondern bei einer und derselben Formöffnung auch nach der Beschaffenheit des einzuschmelzenden Roheisens, indem das weiße oder gaarschmelzige Roheisen, bei gleichen Formöffnungen, einen stärkeren Wind erfordert, als das graue.

Auch die Beschaffenheit der Kohlen hat, bei einerlei Formöffnung, auf die Menge des Windes Einfluß, weil bei besseren Kohlen mehr, bei schwächeren und schlechteren Kohlen weniger Luft in den Heerd gebracht werden muß. Deshalb sowohl, als weil ein stets gleich bleibender Windstrom, den der Hohofenbetrieb verlangt, beim Frischfeuerbetrieb nicht anwendbar ist, folglich bei einerlei Düsenöffnung in den verschiedenen Zeitperioden des Frischprozesses ein schwächerer und ein stärkerer Wind gefordert wird, muß es dem Arbeiter überlassen bleiben, das Gebläse stärker oder schwächer wechseln zu lassen, oder das Ventil des Windsperrungskastens mehr oder weniger zu öffnen. Auch durch das Arbeitsverfahren der Arbeiter wird der stärkere oder schwächere Luftzutritt häufig veranlaßt, indem ein Arbeiter das Roheisen lieber roh einschmilzt, und deshalb beim Einschmelzen einen heftigeren Wind anwendet, als ein anderer, der das Eisen schon beim ersten Einschmelzen etwas zur Gaare bringt.

Beim eigentlichen Frischen ist die Beschaffenheit des aufgebrochenen Eisens sehr zu berücksichtigen, indem man beim Gaargange einen stärkeren Windstrom hervorbringen muß, als beim rohen Gange, weil im ersten Fall das schnellere Niederschmelzen befördert, im letzten aber verhindert werden soll. Auch ist die Menge der Luft, welche bei den verschiedenen Perioden des Verfrischens in den Heerd gelangen muß, verschieden, weil zu Anfange des Frischens nicht so viel Luft erforderlich, als zu Ende des Prozesses. Beim Anlaufen, wo dasselbe eingeführt ist, wird ein starker und schneller Windstrom erfordert, der das fast schon gaare Eisen in einen gewissen Zustand von Flüssigkeit zu versetzen im Stande ist.

Zum Einschmelzen werden bei einem guten, gaaren, rohschmelzenden Roheisen in einer Minute 140 bis 150 Kubikfuß Luft von atmosphärischer Dichtigkeit erfordert. Ist das Eisen weiß, oder gaarschmelzend im Heerde, so können znm Einschmelzen 160 bis 180 Kubikfuß verwendet werden. Bei der eigentlichen Frischarbeit sind, nach der verschiedenen roh- oder gaarartigen Beschaffenheit des aufgebrochenen Eisens, zu Anfange 200 bis 210 Kubikfuß, gegen das Ende des Prozesses aber 240 bis 250 Kubikfuß erforderlich. Beim Anlaufen können oft 400 Kubikfuß in der Minute verwendet werden.

§. 880.

Der Raum, in welchem der Frischprozeß vorgenommen nird, oder der eigentliche Heerd, auch das Feuer genannt, wird aus gegossenen eisernen Platten zusammengesetzt, die einen länglicht viereckigen Kasten bilden. Es gehören hierzu eine Bodenplatte und drei oder vier Seitenplatten, je nachdem die vordere Seite auch mit einer besonderen Platte (Schlackenzacken) eingeschlossen, oder dadurch geschlossen wird, daß sich die sogenannte Vorheerdplatte, welche den ganzen Frischheerd an der vorderen Seite begränzt, bis an das Ende der Feuergrube erstreckt. Die Seitenplatten stehen auf der hohen Kante gegen einander. Jede derselben hat einen besonderen Namen. Die Bodenplatte nennt man den Frischboden oder auch den Boden. Die Seitenplatten führen insgesammt den gemeinschaftlichen Namen der Zacken oder Frischzacken. Die vordere, von der Vorheerdplatte des Frischheerdes begränzte Seite, heißt die Vorder- oder Arbeitsseite; die ihr gegenüber stehende die Hinter- oder Aschenseite, und der dort das Feuer begränzende Zacken der Hinterzacken. Der an der Formseite befindliche Zacken führt den Namen des Formzackens; die der Formseite gegenüber stehende Seite, oder die Gichtseite, wird von dem dritten Frischzacken, oder dem sogenannten Gichtzacken, begränzt.

Auf dem Hinterzacken steht noch eine Platte, um die durch die Flamme in den Funkenfang getriebene Asche, Sand u. s. w. zurückzuhalten, und zu verhindern, daß sie nicht in den Heerd zurückfällt. Man bedient sich hierzu gewöhnlich eines alten schon gebrauchten Hinterzackens, der auf den eigentlichen Hinterzacken lose aufgesetzt und Aschenzacken genant wird. Dieser Aschenzacken dient auch vorzüglich noch dazu, beim Einschmelzen und Ausschmieden die Kohlen, und bei der Frischarbeit die aufgebrochenen größeren und kleineren Eisenbrocken und die Kohlen, zusammen zu halten, und zu verhindern daß sie sich nicht außer dem eigentlichen Feuerraum zerstreuen.

Ist ein besonderer Schlackenzacken vorhanden, so befindet sich in demselben entweder eine große Oeffnung, oder es sind mehre über einander liegende Löcher zum Ablassen der Schlacke darin angebracht, welche mit Kohlenlösche zugestopft und von Zeit zu Zeit geöffnet werden. Ist kein besonderer Schlackenzacken vorhanden, so muß in dem mit der Mitte des Feuers korrespondirenden Theil der Vorheerdplatte ein länglicht viereckiger Ausschnitt vorhanden seyn, der zum Ablassen der Schlacke dient und deshalb auch das Schlackenloch heißt.

Ueber der Vorheerdplatte liegt eine andere gegossene eiserne Platte, die sogenannte Schlackenplatte, welche 8 bis 10 Zoll breit ist, und zum bequemeren Manipuliren im Heerde, so wie zum Zusammenhalten des Eisens und der Kohlen im Feuer dient.

§. 881.

Weil bei einer ununterbrochenen Arbeit im Heerde die Zacken und der Boden zuletzt so heiß werden, daß sich das zu verfrischende Eisen ansetzen und sich mit ihnen vereinigen würde, so müssen sie, besonders der Frischboden, der am stärksten erhitzt wird, abgekühlt werden. Dies geschieht durch eine unter dem Frischboden befindliche ausgemauerte Oeffnung (Tümpelloch), welche mit einer gegossenen eisernen Röhre in Verbindung steht, durch welche Wasser in das erwähnte Tümpelloch-gebracht werden kann.

Das Abkühlen des Feuers geschieht nach dem Frischen, wenn das Feuer ziemlich leer und der Grad der Hitze am schwächsten ist. Ob, und wann es nöthig ist, die Abkühlung vorzunehmen, erkennt man theils an der Luppe, wenn sie unten sehr heiß ist, besser aber daran, daß die Frischzacken rothglühend werden. Das Wasser im Tümpelloch benäßt die untere Fläche des Frischbodens, und kühlt ihn durch Verdampfung ab. Es ist Vorsicht nothwendig, damit der Boden durch die zu schnelle Veränderung der Temperatur nicht springe. Ein gesprungener Boden, durch dessen Sprünge die Wasserdämpfe aus dem Tümpelloch in das Feuer treten und nicht aus der Röhre entweichen, läßt das Eisen im Heerd beständig roh, und es ist nicht möglich, dasselbe zur Gaare zu bringen, — eine Erscheinung, die nur durch den ununterbrochenen Wechsel der Oxydation und Desoxydation des Eisens durch Wasserdampf und Kohle, theils aber auch durch die zu große Abkühlung des Feuers, wodurch die Temperatur so erniedrigt wird, daß keine Einwirkung des oxydirten auf das Kohle haltende Eisen stattfinden kann, zu erklären ist.

Eine feuchte oder wohl gar nasse Lage der Feuer ist möglichst zu vermeiden, weil sie dadurch zu sehr abgekühlt werden.

§. 882.

Die Entfernung der Vorderseite von der Hinterseite des Feuers ist größer, wie die der Formseite von der Gichtseite, weshalb man die erstere die Länge, die letztere die Breite des Feuers nennt.

Alle Zacken haben ihre bestimmte Größe und Entfernung von einander; sie dürfen sich beim Arbeiten im Heerd nicht verrücken, weil sonst der ganze Feuerbau verändert würde. Deshalb werden sie so festgekeilt, daß sie nicht ausweichen können.

Beim Einbauen des Feuers erhalten zuerst die Frischzacken eine feste Stellung gegen einander; dann wird der Boden auf weichem Lehm eingelegt, auch der bei unzureichender Größe des Bodens etwa übrig bleibende Raum, welcher vom Boden, sowohl gegen den Gichtzacken als gegen den Vorheerd zu, nicht bedeckt wird, mit weichem Lehm ausgeklebt und mit einer Schiene Stabeisen, oder mit schmalen Gußstücken ausgefüllt. An dem Form- und Hinterzacken muß der Boden jedesmal genau anschließen; der zwischen dem Frischboden und der Vorderseite gebliebene Raum kann mit Lehm ausgestampft werden, weil der ganze Raum doch mit Kohlenlösche ausgefüllt wird. Beim Höher- oder Tieferlegen des Frischbodens wird von dem Lehmboden, auf welchem der Boden liegt, etwas abgenommen oder es wird noch Lehm aufgetragen.

Der Form- und Gichtzacken stehen weiter in den hinteren Theil der Esse hinein, als die Länge des Feuers beträgt, und lehnen sich beide mit der einen Seite am Mauerwerk des Frischheerdes. Diese beiden Zacken nehmen den Hinterzacken in die Mitte, der sich hinten ebenfalls an der Mauer des Frischheerdes lehnt, unten aber, so wie auch die beiden vorhin genannten Zacken (wenigstens der Formzacken) genau an dem Boden anschließt. Durch diese Einrichtung können die drei Frischzacken so fest unter einander verkeilt werden, daß es unmöglich ist, sie zu verrücken. Man treibt nämlich einen Keil zwischen der Umfassungsmauer des Frischheerdes und dem Theil des Formzackens, der weiter in den hinteren Theil der Esse hineinreicht, als die Länge des Feuers beträgt. Durch diesen Keil wird nicht allein der Hinterzacken gegen den Gichtzacken, sondern auch der vordere Theil des Formzackens gegen den vorderen Theil der Formseite der Umfassungsmauer des Frischheerdes gepreßt. Damit letzteres nicht zu sehr geschieht, und der Formzacken nicht von der Seitenfläche des Frischbodens nach vorne abweicht, treibt man einen zweiten Keil zwischen der Umfassungsmauer des Heerdes und dem vorderen Theil des Formzackens, wodurch die Lage dieses Zackens völlig bestimmt ist.

Um den Hinterzacken zu befestigen und dem Gichtzacken zugleich die gehörige Lage zu ertheilen, wird ein dritter Keil zwischen dem Theil des Gichtzackens, der weiter in den hinteren Theil des Frischheerdes hineinsteht, als die Länge des Feuers beträgt, und der Mauer des Frischheerdes geschlagen. Dieser Keil treibt den Gichtzacken gegen den Hinterzacken, und diesen gegen den Formzacken, so daß der Hinterzacken dadurch seine Lage erhält und so fest zwischen Gicht- und Formzacken verkeilt ist, daß er nicht ausweichen kann. Der Gichtzacken kann aber durch diesen Keil auch bei der Vorderseite nicht ausweichen und sich aus dem Heerd herausbegeben, weil er gegen die Mauer des Frischheerdes drückt, welche ihn nicht verrücken läßt. Ist es nothwendig, bloß Einen Zacken auszuwechseln, so werden die Keile gelöst, der schadhafte Zacken ausgewechselt, und dann wieder befestigt.

Die gewöhnliche Länge des Heerdes ist 32 Zoll, die Breite 24 bis 26 Zoll Auf beide Entfernungen kommt es nicht wesentlich an, weil der eigentliche Feuerraum mit Kohlenlösche ausgelegt wird. Die Entfernungen können daher auch etwas größer oder kleiner seyn, als die hier angegebenen. Eine größere Länge als Breite erhält der Heerd, um das eingescholzene Eisen mit großen Brechstangen bequem aufbrechen zu können, welches bei einer geringeren Länge nur schwierig seyn würde, indem man die Brechstangen fast senkrecht in das Feuer hineinführen müßte.

Wichtiger für den Gang im Heerd ist die Neigung der Frischzacken, besonders die Lage des Frischbodens, und die Entfernung desselben von der Form. Der Gicht- und Hinterzacken stehen selten senkrecht, sondern neigen sich gewöhnlich aus dem Heerde. Diese Dossirung beider Zacken dient nur zur Erleichterung beim Herausbrechen der Luppe. Auf den Gang im

Feuer hat diese Veränderung der Lage keinen Einfluß, und sie kann zum Roh- und Gaargang nichts beitragen. Das Einwärtshängen dieser beiden Frischzacken würde aber beim Herausbrechen der Luppe sehr hinderlich seyn. Der Formzacken erhält die entgegengesetzte Neigung. Er steht selten senkrecht, sondern neigt sich in den Heerd. Dies Hineinhängen des Formzackens in den Heerd trägt zum besseren und vortheilhafteren Verfrischen aus mehren Gründen bei: theils wird dadurch das schnelle Anwärmen dieses Zackens verhütet und die Hitze mehr in den Heerd gebracht, indem es ohnedies zunächst bei der Form immer am stärksten gaart, theils kann der Form dadurch eine angemessenere Lage gegeben werden. Durch das Hineinhängen dieses Zackens läßt es sich nämlich bewirken, daß die Form etwas aus der Heerdgrube zurückgelegt werden kann, oder daß sie nicht so weit über dem Formzacken in den Heerd hineinreichen darf, als es bei einer senkrechten Stellung des Zackens nöthig seyn würde, wodurch das Heben der Form beim Ausbrechen des Eisenklumpens, oder der gefrischten Luppe, vermieden wird.

Der Frischboden liegt mehrentheils ganz horizontal; bei dieser Lage läßt sich wenigstens jedes gute Eisen am besten verfrischen. Geht es im Heerd sehr roh, oder ist das Roheisen sehr rohschmelzend, so bewirkt man, außer den andern Mitteln, die zur Beförderung eines gaareren Ganges zu ergreifen sind, auch dadurch einen größeren Gaargang, daß man den Boden beim Gichtzacken etwas höher legt als beim Formzacken. Der Boden kann oft einen ganzen Zoll beim Gichtzacken höher liegen, oft aber auch weniger. Verhält sich das Eisen im Heerd zu gaar, oder will man absichtlich einen Rohgang bewirken, so wird der Boden bei der Gichtseite niedriger gelegt als bei der Form. Dies ist aber ein nicht lobenswerthes Verfahren, weil das Eisen bei der Gichtseite, welches ohnehin immer schlechter ausfällt, dadurch noch um so schlechter wird.

§. 883.

Von der Führung des Windes in den Heerd hängt der Erfolg des Frischprozesses ganz vorzüglich ab. Durch die gehörige Leitung des Windes läßt sich die Arbeit nicht allein sehr erleichtern, sondern auch ein besseres und mehr Eisen erzeugen, als bei einer weniger zweckmäßigen Windleitung. Unter Windführung versteht man die Stärke und Richtung des Windstroms, welche durch die Beschaffenheit und Lage der Form und der Düsen bestimmt werden.

Um den Wind aus dem Gebläse in die Form zu leiten, bedient man sich jetzt fast allgemein einer Düse. Nur bei älteren Frischfeuern, die noch mit Balgengebläsen versehen sind, trifft man zuweilen noch zwei Düsen an. Viele praktische Metallurgen sind jedoch noch jetzt der Meinung, daß zwei Düsen eine bessere und vortheilhaftere Frischarbeit bewirken, weil es dazu eines sich kreuzenden Windes bedürfe. Dies Kreuzen des Windes ist aber eher schädlich als überflüssig, weil sich der eigentliche Schmelzpunkt doch nur an Einem Punkt befindet, und dort unaufhörlich absetzt. Ein großer Theil des Windes wird dabei in dem offenen Heerd ungenutzt verloren gehen. Daß man dem Winde durch zwei Düsen eine bestimmtere Richtung, z. B. nach einer Ecke geben könne, kann den Vorzug, welchen zwei Düsen gewähren sollen, nicht begründen, weil der Windstrom dahin nicht gelangen, sondern in der Mitte des Heerdes bleiben soll. Die noch rohen Stücke sollen dem Winde zugeführt werden, und es darf nicht dem Zufall überlassen bleiben, ob der Wind die noch ungaaren Theile ergreift. Eine Düse gewährt vielmehr verschiedene Vorzüge, einmal daß der Schmelzpunkt stets an derselben Stelle bleibt, ohne abzusetzen; sodann daß beim Manipuliren im Heerd mehr Raum bei der Form gewonnen wird: und endlich daß sich die Lage Einer Düse während der Operation bequemer verändern läßt, wenn dem Windstrom eine mehr oder weniger geneigte Richtung zugetheilt werden soll.

Daß die Düse eine mit der Formmündung korespondirende Lage erhalten muß, und nicht etwa den Windstrom gegen eine Ecke der Formöffnung leiten darf, versteht sich von selbst. Die Düsen liegen 2½ bis 3½ Zoll in der Form zurück, weil sie zugleich die Form abkühlen, und gegen das Verbrennen schützen müssen.

§. 884.

Die Form liegt auf der nach ihr benannten Seite des Heerdes, theils in dem sogenannten Formkasten (in einem aus eisernen gegossenen Platten bestehenden Behälter), theils unmittelbar auf dem Formzacken. Weil der Windstrom in der Regel eine Neigung in den Heerd erhält, so neigt sich auch der Formzacken in den Heerd, damit man der Form die erforderliche Neigung um so bequemer ertheilen kann. Hat die Form die gehörige Richtung erhalten, so wird sie im Formkasten festgemauert, und die Düse auf dem Blatt der Form festgekeilt, nachdem auch jene vorher gehörig gerichtet ist. Weil die Form beim Manipuliren im Heerd viele Stöße zu erleiden hat, so muß sie möglichst sorgfältig befestigt werden, damit sie nicht aus ihrer Lage gebracht wird, wodurch der ganze Feuerbau eine wesentliche Veränderung erleiden würde. Sie wird deshalb, um sich nicht zurückzuschieben, häufig noch mit den sogenannten Formschwänzen, nämlich mit 2 eisernen Klammern festgehalten, die auf einer Seite gegen das Blatt der Form drücken, und auf der anderen im Formkasten befestigt sind.

Die Formen von Kupfer sind am vorzüglichsten, weil oft Veränderungen an der Mündung derselben vorgenommen werden müssen, welche den kupfernen Formen leicht und bequem durch das Formeisen zugetheilt werden können. Das Formeisen, welches die innere Gestalt der Form besitzt, kann gegossen oder geschmiedet seyn. Soll eine Form umgeändert werden, so wird sie rothwarm gemacht, auf das Formeisen geschoben, und mit einem glatten Hammer fest an dasselbe geschlagen. Weil sie sich auf das Formeisen so weit schieben läßt, als es nöthig ist, so läßt sich der Form dadurch die verlangte Dimension bei der Mündung zutheilen. Das Formeisen muß also nicht allein genau die Gestalt einer Form besitzen, sondern es muß auch recht eben geschliffen seyn, um die inneren Flächen der Form ganz glatt zu erhalten. Sollte die Form durch das Formeisen noch nicht völlig glatt geworden seyn, so muß sie mit der Feile glatt gefeilt werden. Gut ist es, wenn die Kupferstärke der Form nicht zu groß ist, weil man ihr dann die Neigung gegen den Horizont mit größerer Genauigkeit zutheilen kann.

Die zum Frischen gebräuchlichen Formen haben seltener eine kreisrunde, gewöhnlich eine halbrunde Mündung. Die Größe der Mündung ist von der Beschaffenheit des zu verfrischenden Eisens und der anzuwendenden Kohlen abhängig. Weißes ungaares, oder gaarschmelzendes Eisen erfordert eine engere, ein gaares oder rohschmelzendes Roheisen eine weitere Form. Im ersten Fall ist sie höchstens 1¾ Zoll breit, und 1⅛ Zoll hoch, im letzten Fall kann sie 2 Zoll breit und 1¼ Zoll hoch seyn.

Ob es möglich seyn würde, den Frischprozeß durch die Anwendung größerer Gebläse und verhältnißmäßig größerer Formen zu beschleunigen, so daß zwar die Quantität des Windes vermehrt, aber nicht die der Beschaffenheit des Eisens und der Kohlen zustehende Geschwindigkeit desselben verstärkt wird, ist noch zu wenig geprüft. Die Frischarbeit mit zwei neben einander liegenden Formen hat kein günstiges Resultat gegeben. Dagegen hat man sich mit besserem Erfolge zweier einander gegenüber stehender Formen (zu Rohnitz in Ungarn) bedient, um in gleichen Zeiten größere Quantitäten Stabeisen darzustellen. Die Anwendung zweier Formen ist jedoch mit anderen Unbequemlichkeiten, besonders beim Einschmelzen des Roheisens, verbunden, auch scheint es nicht, daß ein Minderverbrauch an

Brennmaterial dadurch bewirkt worden wäre. Deshalb sowohl, als auch weil man mit zwei Frischfeuern bedeutend mehr leistet, als mit einem großen Feuer, welches mit zwei Formen versehen ist, und weil sich die Zeit des Ausschmiedens großer Quantitäten von Eisen, mit der Zeit des Einschmelzens nicht gut in Uebereinstimmung bringen läßt, hat die Anwendung von zwei gegenüber stehenden Formen keine Nachfolge gefunden.

§. 885.

Zu berücksichtigen ist noch das Verhältniß der Größe der Düsenöffnung zur Formöffnung. Der Wind strömt mit einer bestimmten Pressung aus der Düse und sucht sich überall auszudehnen, obgleich der Hauptstrom durch den starken Druck der nachfolgenden Luft die Richtung behält, welche der Düse gegeben wird. So stark dieser Druck auch ist, so wird der Windstrom sich doch nach allen Richtungen um so stärker ausdehnen, je weiter er sich von der Mündung der Düse entfernt. Nun erst trifft der Windstrom die Mündung der Form, durch welche er gehen soll, und muß sich hier nothwendig schon stärker ausgedehnt haben, als unmittelbar vor der Düsenmündung. Deshalb ist es besser, die Düse, um allen Wind zu benutzen, nicht zu weit in der Form zurück zu legen. Die Entfernung sollte höchstens nur 2½ Zoll betragen; geringer kann sie nicht füglich seyn, um die Form durch den Wind abzukühlen. Auch sollte der Düsenöffnung immer die Gestalt der Formöffnung zugetheilt werden; sie dürfte daher nur dann, wie gewöhnlich, rund seyn, wenn die Formöffnung ebenfalls rund und nicht halbrund ist. Außerdem muß die Mündung der Düse nicht größer seyn als die Formöffnung, um nicht viel Wind unbenutzt zu verlieren.

Zuweilen wird den Formen eine Obermündung, eine Untermündung, oder eine Hintermündung gegeben, je nachdem entweder von der unteren Lippe (so daß die obere mehr hervorsteht), oder von der oberen Lippe (so daß die untere hervorsteht), oder von der Seite der Mündung, die nach dem Vorheerd gerichtet ist (um die hintere hervorstehen zu lassen), etwas weggefeilt wird.

Eine Untermündung sowohl wie eine Obermündung sind für die Frischarbeit nicht zuträglich und sollten vermieden werden. Die letztere wendet man an, wenn die Kohlen sehr leicht sind und schnell wegbrennen, ohne auf das Eisen zu wirken. Der Wind wird dadurch mehr in den Heerd auf das eingeschmolzene Eisen geleitet, wodurch der Kohlenverbrand etwas gemindert wird. Was hierbei an Kohlen gewonnen wird, geht aber an Zeit wieder verloren. Eine Untermündung wird angewendet, wenn das Eisen sehr langsam abschmelzt; der Wind wird alsdann mehr gegen das einzuschmelzende Roheisen als in den Heerd geleitet, und die Folge ist ein stärkerer Kohlenaufwand, und ein minder gutes Stabeisen. Auch bei harten, schwer verbrennlichen Kohlen wendet man wohl eine Untermündung an, und sucht das Verbrennen derselben dadurch zu befördern. Eine Hintermündung wird der Form bei einem starken Gaargange gegeben, oder wenn der Windstrom zu sehr nach dem Hinterzacken gerichtet ist, übrigens die Neigung der Form und der ganze Feuerbau dem zu verfrischenden Roheisen angemessen sind Der Wind wird hierdurch mehr nach der Vorderseite geleitet, und dies verursacht dann einen roheren Gang, welcher sich indeß leichter dadurch erlangen läßt, daß man die Form etwas mehr vom Hinterzacken entfernt. Je weiter nämlich die Form vom Hinterzacken entfernt, oder je näher sie der Vorderseite ist, desto roher pflegt, bei übrigens gleichen Umständen, der Gang im Heerd zu seyn. Im entgegengesetzten Fall tritt ein größerer Gaargang ein. Beides muß vermieden werden; letzteres auch deshalb, weil die ganze Schmelzarbeit dadurch mehr nach dem Hinterzacken geleitet, und dem Frischer die Arbeit sehr erschwert wird. Die gewöhnliche Entfernung der Form vom Hinterzacken ist 9 Zoll.

Eben dies gilt auch von der Richtung der Form nach

dem Hinterzacken, oder nach der Arbeitsseite. Eine Richtung der Form nach dem Hinterzacken sollte nie stattfinden, weil man durch andere, vorzüglichere, Mittel einen größeren Gaargang bewirken kann. Die Richtung nach dem Vorheerd läßt sich nicht immer vermeiden, wenn ein roherer Gang bezweckt wird, weil dies durch andere Mittel oft nur mit Zeitverlust und mit Erzeugung von schlechterem Stabeisen bewirkt werden kann. Die Richtung der Form in den Vorheerd hat auch überdies noch den Nutzen, daß das Ablaufen der Schlacke dadurch befördert wird, und man dem Winde mehr Wirksamkeit verschafft, indem sich die Lösche durch das Begießen und Abkühlen des Vorheerdes sehr festsetzt und die Wirkung des Windstroms hemmt.

Das Maaß des Hineinragens der Form in den Heerd bestimmt sich keinesweges nach der Beschaffenheit des zu verfrischenden Roheisens, indem sich das Roheisen beim Einschmelzen der Form nach Belieben näher rücken, und weiter von derselben entfernen läßt. Auch beim eigentlichen Frischen scheint dieser Umstand auf die Güte des zu erzeugenden Stabeisens nicht von bedeutendem Einfluß zu seyn, weil das Eisen bei einer kürzer in den Heerd ragenden Form eben so gut ausfallen kann, als wenn sie etwas länger oder weiter in den Heerd hinein reicht. Weil aber die Hitze beim Formzacken immer am größten ist, weshalb das Eisen hier auch am ersten gaart, so würde dieser Zacken durch eine kurze Form stark erhitzt und sehr angegriffen werden, weshalb man den Schmelzpunkt etwas vom Formzacken zu entfernen sucht. Wird die Form aber zu weit in den Heerd geschoben, so würde sie bei der Arbeit sehr hinderlich seyn, und, besonders beim Aufbrechen, sehr leicht verrückt werden. Deshalb darf sie weder zu weit noch zu kurz (gewöhnlich 3 bis $3\frac{1}{2}$ Zoll) in den Heerd hineinragen. Die Behauptung, daß bei einer kürzer in den Heerd ragenden Form ein schlechteres Eisen erfolge, ist ohne Grund.

§. 885.

Unter Tiefe des Feuers versteht man die Entfernung des Bodens von der Oberfläche des Formzackens. Soll das Feuer beim Umbau eine größere oder geringere Tiefe erhalten, so geschieht dies durch Höher- oder Tieferlegen des Bodens. Auf die Lage des Bodens oder auf die Tiefe des Feuers ist ein großes Gewicht zu legen, weil dadurch mehrentheils die Menge des in einer gewissen Zeit zu erhaltenden Stabeisens und die Güte desselben bestimmt wird; sie ist aber ganz von der Beschaffenheit des zu verfrischenden Roheisens abhängig Im Allgemeinen ist anzunehmen: je tiefer das Feuer ist, desto roher, und je flacher es ist, desto gaarer ist der Gang im Heerd. Deshalb erfordert ein ungaares weißes und gaarschmelzendes Eisen einen tieferen, ein gaares, rohschmelzendes Roheisen einen flacheren Feuerbau Von dieser allgemein gültigen Regel muß jedoch aus anderen Gründen abgewichen werden.

Ein tieferes Feuer bringt zwar immer einen größeren Rohgang hervor, welcher bei gaarschmelzendem Eisen sehr zu statten kommt; allein in gleichen Zeiträumen wird weniger und schlechteres Eisen dargestellt und es werden mehr Kohlen verbraucht, obgleich der Verlust an Eisen vermindert werden wird. Dieser Vortheil wird indeß durch jene Nachtheile nicht aufgewogen, und sollte nie einen Grund zu einem tieferen Feuerbau abgeben, wenn durch andere Mittel ein größerer Rohgang auf eine vortheilhaftere Weise bewirkt werden kann. Die Tiefe muß bei nicht fehlerfreiem Roheisen nicht über 9 Zoll betragen. Nur fehlerfreies und gaarschmelzendes Roheisen könnte eine Tiefe des Heerdes von 10 Zoll zuläßig machen. Rohschmelzendes Roheisen, welches durch fremdartige Beimischungen nicht verunreinigt ist, kann in flacheren Heerden verfrischt werden, wobei an Zeit und an Kohle gewonnen, an Eisen jedoch in der Regel verloren wird. Ein tieferes Feuer verzögert stets das Gaarwerden des Eisens, weshalb man für alles Roheisen, welches ein roth- oder kaltbrüchiges Stabeisen liefert, kein flaches Feuer wählen darf, sondern den Boden tiefer legen muß, um einen roheren Gang herbeizuführen, als dem Kohlegehalt und dem Verhalten des Roheisens beim Schmelzen sonst wohl angemessen seyn würde, obgleich dabei immer an Zeit und Kohlen verloren, aber an Eisen gewonnen, und vorzüglich besseres Stabeisen geliefert wird. Bei zwar rohschmelzendem, übrigens aber gutem Roheisen, kann die Tiefe des Feuers sogar wohl nur 7 Zoll betragen; bei nicht fehlerlosem gaarem Roheisen muß es aber gegen 8 Zoll tief seyn. Bei einem zu tiefen Feuer würde man wieder in den entgegengesetzten Fehler fallen, und außer einem merklichen Zeit- und Kohlenverlust ein schlechtes Stabeisen liefern, wenn auch der Verlust an Eisen dadurch vermindert wird.

Rohschmelzendes Roheisen, aus welchem sich beim Verfrischen im flachen Feuer kein gutes Stabeisen darstellen läßt, liefert beim Verfrischen gewöhnlich viele und sehr rohe Schlacken. Um diesen im Heerd Platz zu verschaffen, ist man oft genöthigt, den Heerd tiefer zu legen, als es sonst wohl erforderlich wäre; dies darf indeß nicht auf Unkosten der Güte des Stabeisens geschehen, weshalb auf beide Umstände bei dem Feuerbau Rücksicht zu nehmen ist.

Für alles Eisen, welches zum Kalt- oder zum Rothbruch geneigt ist, darf eben so wenig ein zu flacher, als ein zu tiefer Feuerbau gewählt werden. Ist es gaarschmelzend, so dürfte der Heerd eigentlich nie tiefer wie 9 Zoll seyn, weil sonst schon schlechtes Stabeisen erfolgt; flacher darf es wegen des zu schnellen Gaarens auch nicht seyn, sondern der erforderliche Rohgang muß durch eine stärkere Neigung der Form in den Heerd herbeigeführt werden. Ist das Roheisen rohschmelzend, so darf das Feuer ebenfalls nicht zu flach, sondern höchstens nur $7\frac{1}{2}$ Zoll tief seyn; oft muß es indeß wegen der sich bildenden vielen Schlacke 8 Zoll tief gebaut werden. Ein halbirtes Eisen würde sich bei einem Feuer, dessen Tiefe 8½ Zoll beträgt, am vortheilhaftesten verfrischen lassen.

Ein anderer wichtiger Umstand bei der Stellung der Form im Feuer, ist die Neigung der Form gegen den Horizont (oder das sogenannte Stechen der Form), wodurch das Einfallen des Hauptwindstroms in den Heerd bestimmt wird. Im Allgemeinen wird der Wind zwar nicht gerade den bestimmten Weg nehmen, der durch die Richtung der Form bezeichnet wird, sondern er wird sich nach allen Richtungen im Heerd ausdehnen; allein der eigentliche Windstrom wird doch der Richtung folgen, welche der Form selbst zugetheilt worden ist. Um den Neigungswinkel der Form gegen den Horizont genau zu bestimmen, muß man sich einer Formwage bedienen. Ganz horizontal sollte man den Wind nie, oder allenfalls nur bei einem von allen fremden Beimischungen freien Roheisen führen, weil, außer einem größeren Kohlenaufwand, das Eisen zu gaar in den Heerd gelangt, und ein Theil des Windes, der sich nach oben verbreitet, verloren geht. Die Anwendung eines nach den vorhandenen Umständen sich abändernden Neigungswinkels der Form ist das vorzüglichste Mittel, den Gaar- oder Rohgang im Heerde so zu bewirken, daß das zu erzeugende Stabeisen gut ausfällt. Je größer die Neigung der Form ist, desto roher geht es im Feuer, je geringer die Neigung, desto gaarer ist der Gang. Das gaarschmelzende Eisen wird also eine geneigtere, das gaare rohschmelzende Eisen eine weniger geneigte Form erfordern.

§. 886.

Zwischen der Tiefe des Feuers und der Neigung der Form oder der Richtung des Windstroms, findet ein gewisses von einander abhängiges Verhältniß statt.

Gaarschmelzendes Roheisen erfordert einen tiefen Feuerbau, welcher aber bei Roheisen, welches fremdartige Beimischungen enthält, nicht zu tief seyn darf, weshalb man den erforderlichen

Rohgang durch eine größere Neigung der Form vortheilhafter, als durch ein tieferes Feuer bewirkt. Wenn gleich hierdurch an Zeit, Kohlen und Eisen nicht gewonnen werden sollte, so wird durch einen solchen Feuerbau doch ein besseres Stabeisen dargestellt werden. Der Feuerbau für gaarschmelzendes, nicht fehlerloses Roheisen kann so beschaffen seyn, daß das Feuer 8½ bis 9 Zoll tief ist, und die Form eine Neigung von 10 Graden erhält.

Ist das Eisen minder gaarschmelzend, so würde es vorzuziehen seyn, den Boden etwas höher zu legen, als der Form eine geringere Neigung zuzutheilen. Ein gutes, gaares, rohschmelzendes Roheisen läßt sich bei einem flachen Feuer am besten verfrischen. Würde die Neigung der Form dann aber ebenfalls auf den Gaargang eingerichtet, d. h. machte sie keinen Winkel gegen den Horizont, so würde das Eisen sehr gaar in den Heerd gelangen; man würde mit Gewinn an Zeit und Kohlen, mit Verlust an Eisen arbeiten, und — wenn das Roheisen nicht von ganz vorzüglicher Beschaffenheit war — schlechtes Stabeisen darstellen. Deshalb ist ein geringer Rohgang durchaus erforderlich. Ist das Roheisen an sich gut, so bewirkt man den Rohgang lieber durch eine geneigte Form, als durch ein flacheres Feuer. Das Feuer könnte in diesem Fall 7 Zoll tief seyn und die Form eine Neigung von 7 Graden erhalten. Dieser Feuerbau würde jedoch nur für ein tadelloses gaarschmelzendes Roheisen geeignet seyn. Bei der Anwendung von grauem Koakroheisen ist man, — zum Theil wegen der vielen Schlacke, — genöthigt, den Heerd tiefer zu bauen und den Gang roher einzurichten, um gutes Stabeisen zu erhalten. Die Tiefe des Heerdes hat aber ihre Gränzen, denn obgleich dadurch auf der einen Seite der Rohgang des Eisens befördert wird, so würde doch andererseits das Eisen dadurch der Einwirkung des Windstroms zu sehr entzogen werden. Deshalb darf die Tiefe des Heerdes bei rohschmelzendem aber nicht gutartigem Roheisen nur höchstens 8 Zoll betragen, und man bewirkt den erforderlichen Rohgang bei solchem Roheisen durch eine stärkere Neigung der Form, welche oft 10 Grad, wie beim gaarschmelzenden Roheisen, betragen muß. Sondert sich aus dem übrigens rohschmelzenden Eisen, z. B. aus dem bei Koaks erblasenen Roheisen, viele und rohe Schlacke ab, enthält es also viele fremde Bestandtheile (Silicium), welche beim Verfrischen abgeschieden werden müssen; so ist es wohl zuweilen nothwendig, der Form, um das Feuer nicht zu tief zu bauen, eine Neigung von 12 bis 13 Graden zu geben. Durch eine stärkere Neigung der Form soll also immer die Absicht erreicht werden, ein flacheres Feuer anwenden zu können.

§. 887.

Die Regeln des Feuerbaues würden hiernach etwa in folgenden Sätzen enthalten seyn.

Ein flaches Feuer (von 7 Zoll) und ein flacher Wind setzen ein äußerst vortreffliches gaares, rohschmelzendes Roheisen voraus. Bei etwas geringerer Güte des Roheisens muß die Form eine Neigung von 6 bis 7 Graden in den Heerd erhalten, welche auch bei gutem Roheisen rathsam ist, um weniger Eisen zu verlieren.

Bei einem 7¾ bis 8 Zoll tiefen Feuer und sehr geneigtem Windstrom läßt sich ein nicht fehlerloses und rohschmelzendes Roheisen zu recht gutem Stabeisen verarbeiten. Der Gaargang des flachen Feuers wird durch die Neigung der Form wieder aufgehoben, und in einen minder gaaren Gang umgeändert.

Ein tiefes (aber höchstens doch nur 9½ Zoll tiefes) Feuer und flacher Wind setzen ein gutes gaarschmelzendes Roheisen voraus. Vorzuziehen ist es jedoch, ein minder (z. B. 8½ bis höchstens 9″) tiefes Feuer und eine geneigte Form (von 9 bis 10 Graden) zu wählen, wenn man recht gutes Stabeisen gewinnen will. Ein tiefes Feuer (in dem vorigen Verstande) und geneigter Windstrom, sind zu einem nicht fehlerlosen gaarschmelzenden Eisen erforderlich. Es läßt sich auf diesem Feuerbau auch das mehrste halbirte Roheisen mit Vortheil verfrischen, in so fern der Zweck die Erzeugung eines guten Stabeisens ist.

Müßte bei einer stark geneigten Form ein noch tieferes Feuer (von 9½ bis 10 Zoll oder darüber) angewendet werden, so würde das Eisen sehr gaarschmelzend seyn müssen. Gestattet es die vorzügliche Eigenschaft des Roheisens, so können bei einer gaarschmelzenden Beschaffenheit desselben ein tiefes Feuer und flacher Wind in Anwendung kommen.

§. 888.

Die Werkzeuge, deren man sich beim Verfrischen bedient, bestehen aus folgenden Stücken:

a. Die Brechstangen, worunter
   1) eine große von 30 bis 36 Pfund, die durch ihr Gewicht die Arbeit des Aufbrechens erleichtert;
   2) eine Mittelbrechstange, womit kleinere Stücke, auch der Schwahl aufgebrochen, und an ihren gehörigen Ort gebracht werden;
   3) ein Schlackenspieß zum Ablassen der Schlacke. Er wird auch angewendet, um den Zustand des eingeschmolzenen Eisens zu untersuchen.

b. Einige Anlaufstangen. Diese sind mit hölzernen Handgriffen versehen, um sie, wenn sie sehr kurz geworden sind, besser angreifen zu können.

c. Eine Kohlenschaufel.

d. Eine Heerdschaufel. Große Kohlen werden mit derselben zerschlagen, und die aus dem Feuer gesprungenen Stücken wieder in den Schmelzraum gescharrt. Sie dient auch zum Auftragen der Hammerschlacke 2c.

e. Der Formhaken. Er dient, die Form rein zu erhalten und sie von schlackigen Anwüchsen zu befreien.

f. Der Luppenhaken, welcher zum Herausziehen der Luppe aus dem Feuer angewendet wird, und aus einem in Form eines rechten Winkels gebogenen, mit einem hölzernen Handgriff versehenen Eisen besteht.

§. 889.

Der Verfrischungsprozeß zerfällt in zwei Abtheilungen, in das Einschmelzen des zu verfrischenden Roheisens, und in die eigentlichen Frischarbeit. Während des Einschmelzens des Roheisens werden zugleich die Kolben von der vorigen Luppe gewärmt und ausgeschmiedet.

§. 890.

Von den Schlacken und Abgängen, welche bei dem Frischprozeß gebildet werden, hat man die folgenden zu unterscheiden:

1) Rohschlacke. Sie entsteht beim Einschmelzen, und wenn der Gang sehr roh ist, auch noch in ziemlicher Menge nach dem Aufbrechen des schon halbgaaren Eisens. Im Heerd läßt sie sich mit dem Schlackenspieß flüssig anfühlen, erstarrt schnell an der Brechstange, und fällt bald von derselben ab. Aus dem Schlackenloch fließt sie äußerst flüssig, mit einer mehr oder weniger dunkelrothen Farbe, und erstarrt sehr bald. Nach dem Erkalten bekommt sie eine schwarzgraue Farbe, ist metallisch-glänzend, löcherig und nicht sonderlich schwer. Sie fließt im Heerd sehr dünn, und verhindert das Frischen des Eisens, wenn sie in großer Menge vorhanden ist, weil sie auf die Kohle des Eisens nicht wirkt, aber das Roheisen überall umgiebt, und dadurch die Einwirkung der Luft auf das Eisen verhindert. Man wendet sie auch beim größten Gaargange nicht an, sondern bedient sich anderer Mittel, um einen Rohgang hervorzubringen, weil sie in der Regel ein schlechtes Eisen liefern würde. Sie befindet sich immer oben im Heerd über dem Eisen, und muß daher hoch abgelassen werden, weil das schwerere Eisen sie in die Höhe drängt. Hoch muß sie vorzüglich deshalb abgelassen werden, weil sonst das Eisen mit

herauslaufen würde, indem es beim Einschmelzen noch sehr flüssig ist. Durch den Wind wird sie, nach dem Rohaufbrechen, oft in großer Menge, in Gestalt kleiner rother oder blauer Sternchen, die sehr bald erstarren (noch ehe sie die Erde berühren), aus dem Feuer getrieben. Die ganz rohe Schlacke ist völlig unbrauchbar; aus einer weniger rohen Frischschlacke gewinnt man den bedeutenden Eisengehalt theils durch Verschmelzen in Hohöfen, theils, aber weniger vortheilhaft, durch Verarbeitung der Schlacke in Schlackenheerden.

2) Gaare Schlacke. Sie entsteht, wenn sich das Eisen im Heerd schon zum Gaaren neigt, also kurz vor dem Gaaraufbrechen und nach demselben, und zwar so lange, als sich das Eisen noch im Heerd befindet. Im Feuer zieht sie sich ganz auf den Boden, weil sie durch das aufgebrochene Eisen nicht verdrängt wird; sie muß daher tief abgelassen werden. Dies geschieht aber nur dann, wenn sie sich in zu großer Menge angehäuft hat, und beim Anlaufen hinderlich seyn würde. Am besten ist es, sie gar nicht abzulassen, sondern sie, durch Aufbrechen beim Gichtzacken, nach demselben hinzuleiten, weil bei dem Ablassen dieser Schlacke mehrentheils etwas Eisen verloren wird. Wenn sie sich zu sehr im Heerd angehäuft hat, muß sie indeß durch das Schlackenloch entfernt werden, und dann fließt sie langsam mit hellweißer Farbe und erstarrt nicht so schnell wie die rohe Schlacke. Der Wind treibt sie als silberweiße Sternchen (Zünder) aus dem Heerde. Nach dem Erstarren hat sie eine eisengraue Farbe, besitzt nicht das geflossene Ansehen der Rohschlacke, sondern nimmt allerlei äußere Gestalten an, ist schimmernd, von Halbmetallglanz und schwer. Sie enthält zwischen 80 und 90 Procent Eisenoxydul, und ist der beste und vortrefflichste Zuschlag, der sich beim Rohgang beim Einschmelzen anwenden läßt, weil sie nicht allein das Gaarwerden des Eisens befördert, sondern dabei auch zugleich den Eisenverlust durch Reduction eines Theils ihres eigenen Eisengehalts

vermindert. Sie muß sorgfältig ausgehalten und von der Rohschlacke gesondert werden, weil diese nur das Haufwerk im Heerde vermehren, aber zum schnelleren Gaaren des Eisens nichts beitragen würde, indem das einmal verglasete Eisenoxydul-Silikat den Sauerstoff nur schwer wieder abgiebt.

3) Schwahl ist nichts weiter, als die im Heerde zurückgebliebene gaare Schlacke, welche sich auf dem Boden des Heerdes und an der unteren so wie an den Seitenflächen der Luppe ansetzt, und beim Herausbrechen der Luppe von derselben abgestoßen werden muß. Dieser Schwahl, oder die zusammengesinterte Gaarschlacke ist beim Ausbrechen der Luppe nicht aus dem Heerd zu nehmen, sondern alle darin befindliche gaare Schlacke muß zusammengeschoben, in der Mitte des Heerdes zusammengebracht und dann das einzuschmelzende Roheisen theilweise darauf gelegt werden, indem der Schwahl sowohl als die gaare Schlacke sehr wirksame Mittel zum Gaaren des Eisens sind, und dies in einem um so höheren Grade, je weniger sie durch einen Gehalt an Kieselerde schon in Verschlackung übergegangen sind.

4) Hammerschlag Er entsteht beim Zusammenpressen (Zängen) der Luppe und beim Ausschmieden der Kolben und der Stäbe auf dem Hammerstock. Die Menge desselben ist oft nicht unbedeutend, besonders fallen bei der ersten Bearbeitung der Luppe unter dem Hammer häufig große Brocken ab. Mit dem Glühspan oder Schmiedesinter der Kleinschmiede kommt er völlig überein. Weil er fast gänzlich aus reinem Eisenoxydul-Oxyd besteht und aus sehr feinen Blättchen zusammengesetzt ist, so benutzt man ihn seltener beim Einschmelzen, als beim Frischen selbst, um das Gaaren des Eisens zu befördern.

Die Kenntniß von der Zusammensetzung der Frischschlacken hat für die Theorie des Frischprozesses ein großes Interesse. Alles Roheisen, welches viel Silicium enthält, giebt eine rohere Frischschlacke als das weniger Silicium enthaltende Roheisen.

Das bei Koaks, bei einem sehr hitzigen Gange und bei strengflüssiger Beschickung erblasene graue Roheisen, und das bei einem gaaren, aber kalten Gange des Koakofens entstehende weiße, körnige Roheisen, geben beim ersten Einschmelzen im Frischheerd zuweilen eine so rohe Schlacke, daß dieselbe das Ansehen einer Hohofenschlacke von etwas übersetztem Gange erhält. Solche Schlacken enthalten immer mehr Kieselerde als ein Silikat, so daß sie zwischen einem Silikat und Bisilikat in der Mitte stehen. Mit der Zeit vermindert sich der Kieselerdegehalt der Schlacke und die alsdann folgende erhält das Ansehen und die Zusammensetzung der gewöhnlichen Rohschlacke. Diese nähert sich im Allgemeinen der Zusammensetzung eines Silikates; indeß ist der Gehalt an Kieselerde ziemlich veränderlich, bald größer, bald geringer, als zur Zusammensetzung eines bestimmten Silikates erfordert wird. Die zuerst entstehende Schlacke ist immer roher, d. h. reicher an Kieselerde, als die später sich bildende, und so geht die Rohschlacke nach und nach in Gaarschlacke über, deren Kieselerdegehalt zuletzt so geringe wird, daß sie nicht mehr in Fluß kommt, oder sich wenigstens nicht mehr verglast, sondern nur eine gesinterte Masse (den Schwahl) bildet. Es giebt also keine bestimmte Gränze zwischen Roh- und Gaarschlacke, sondern das äußere Ansehen der Schlacke entscheidet über die Anwendbarkeit oder Unbrauchbarkeit derselben als gaarender Zuschlag beim Frischprozeß. Dieses äußere Ansehen ist in der Zusammensetzung der Schlacke begründet und man wird diejenige Frischschlacke, deren Eisenoxydul schon größer ist, als zur Bildung eines einfachen Silikates erfordert wird, eine Gaarschlacke nennen können, weil sie die Dienste einer solchen verrichtet, indem sie den überschüssigen Theil Oxydul abgiebt und nur so viel davon zurückhält, als zu einem einfachen Silikat erforderlich ist.

§. 891.

Da das geschmolzene, oder wenigstens in einem breiartigen Zustande befindliche Roheisen, als eine, in der Hauptsache aus Eisen und Kohle bestehende Verbindung anzusehen ist, so würde die Abscheidung der Kohle durch den Luftstrom nicht anders als durch gleichzeitige Oxydation des Eisens erfolgen können, mit welchem die Kohle verbunden war. In einer schwachen Glühhitze wird die Entkohlung sehr langsam stattfinden und der Kohlegehalt des Eisens selbst, wird die Reduktion des oxydirten Eisens in jedem Augenblick wieder bewirken können. Deshalb läßt sich das weiße Roheisen durch das bloße anhaltende Glühen, unter schwachem Luftzutritt, oder mit Substanzen, welche in der Glühhitze Sauerstoff abtreten, nach und nach in geschmeidiges Eisen umändern, ohne sich zu oxydiren. Befindet sich das Roheisen aber in einem flüssigen, oder in einem demselben nahe kommenden Zustande, und wird es dann von einem starken Luftstrom getroffen, so kann die Reduktion des gleichzeitig oxydirten Eisens durch den Kohlegehalt des Roheisens selbst nicht mehr stattfinden, weil die Oxydation, theils wegen der mehr erhöheten Temperatur, theils wegen des in größerer Menge hinzuströmenden freien Sauerstoffes, zu schnell erfolgt. Deshalb wird auch sogar beim Glühen des Roheisens, wenn man dabei eine hohe Temperatur anwendet, oder wenn ein starker Luftzutritt stattfindet, ein großer Theil des Eisens, wenigstens an der Oberfläche, oxydirt und in Glühspan umgeändert, welcher häufig die Dicke von mehren Linien erreicht. Es ist also klar, daß die Entkohlung des Roheisens in der Schmelzhitze durch freien Sauerstoff, d. h. durch die Gebläseluft, nicht anders, als durch gleichzeitige Oxydation des Eisens, erfolgen kann.

Andere Erscheinungen werden sich darbieten, wenn es nicht mehr der freie, sondern der an einer Base gebundene Sauerstoff ist, welcher auf das in der Schmelzhitze befindliche Roheisen wirkt. Dieser gebundene Sauerstoff wird auf die Kohle des Roheisens einwirken können, ohne an das Eisen, mit welchem die Kohle verbunden war, überzugehen. Es giebt zwar viele oxydirte Körper, welche in der erhöheten Temperatur auch durch das Eisen zersetzt werden, indem sie dasselbe oxydiren und sich im metallischen Zustande mit dem übrigen Eisen verbinden, oder sich verflüchtigen u. s. f.; allein die Einwirkung dieser Körper wird gewöhnlich sehr geschwächt, wenn sie nicht im freien, sondern in einem schon gebundenen Zustande angewendet werden. Die Kieselerde z. B., welche das Eisen in einer hohen Temperatur oxydirt und sich selbst in Silicium umändert, besitzt diese Eigenschaft in einem ungleich geringeren Grade, wenn sie schon mit einer Basis, z. B. mit einem Alkali zu Glas, oder mit Eisenoxydul zu einem Silikat, verbunden ist. Andere oxydirte Körper, z. B. Kalkerde, Manganoxydul, Bleioxyd, wirken theils sehr schwach, theils gar nicht auf das reine Eisen in der Schmelzhitze, und ebenso leuchtet es ein, daß auch das oxydirte Eisen, wenigstens das Eisenoxydul, ohne alle Wirkung auf das in der Schmelzhitze befindliche reine Eisen seyn muß. Die Frischschlacken werden daher ebenfalls auf das Eisen nicht wirken können, weil die Kieselerde schon an dem Eisenoxydul gebunden ist. Nur bei solchen Schlacken (Rohschlacken), bei welchen das Verhältniß der Kieselerde sehr groß ist, so daß sie sich der Zusammensetzung eines Bisilikates nähern, würde man eine Einwirkung auf das Eisen befürchten können Wirklich sind diese sehr rohen Schlacken auch dem Gaarwerden des Eisens hinderlich, weshalb sie, wenn sie sich gebildet haben, aus dem Schmelzraum entfernt werden müssen. — Wenn dagegen das Eisen noch mit Kohle verbunden ist, so werden die Frischschlacken nicht ohne Wirkung bleiben. Das oxydirte Eisen, welches in der Schmelzhitze auf das reine Eisen keine Wirkung äußert, wirkt auf die Kohle des Roheisens, indem es ihr den Sauerstoff abtritt. Deshalb ist das Eisenoxyd das kräftigste und zugleich das vortheilhafteste Mittel, die Kohle aus dem Roheisen in der Schmelzhitze zu entfernen, indem dadurch nicht allein das Eisen nicht oxydirt, sondern vielmehr der Antheil Eisen im Oxyd, welcher seinen Sauerstoff an die Kohle des Roheisens abtritt, gleichzeitig reducirt wird und die Menge des reinen Eisens vermehrt, wenngleich diese Gewichtszunahme nicht von Bedeutung ist und am wenigsten die Menge des Eisens, welche der Luftstrom oxydirt, ersetzen kann.

Die Frischschlacke ist jedoch niemals ein reines Eisenoxydul, sondern eine Verbindung desselben mit Kieselerde. Wird durch diese Verbindung auf der einen Seite die nachtheilige Einwirkung der Kieselerde auf das Eisen geschwächt oder auch unmöglich gemacht; so veranlaßt sie doch auch auf der andern Seite eine verminderte Einwirkung des Eisenoxyduls auf die Kohle im Roheisen. Diese Einwirkung wird in demselben Verhältniß schwächer, als der Kieselerdegehalt der Frischschlacke zunimmt, und es muß bei der Temperatur, wie sie im Frischheerd stattfindet, ein Verbindungsverhältniß des Eisenoxyduls mit Kieselerde vorhanden seyn, bei welchem keine Wirkung des Oxyduls der Schlacke auf die Kohle des Roheisens mehr erfolgen kann. Dies Verbindungsverhältniß ist nach aller Erfahrung dasjenige, bei welchem die Schlacke ein einfaches Sillikat wird. In höheren Temperaturen wird sich die Wirkung noch bis zum Bisillikatzustande erstrecken, indeß sind dazu eine länger fortdauernde Einwirkung und unmittelbare Berührung beider Körper und günstigere Umstände zur Beförderung der wechselseitigen Zerlegung erforderlich, als im Frischheerd angetroffen werden.

Es folgt daraus, daß eine Frischschlacke, welche sich im Zustand des Silikates befindet, oder sogar noch mehr Kieselerde enthält, keine entkohlende Wirkung auf das Roheisen beim Frischprozeß ausübt. In diesem Zustand ist sie ihrem Verhalten nach eine wirkliche Rohschlacke. Je mehr der Gehalt an Eisenoxydul in der Frischschlacke zunimmt, desto mehr wird sie in der Schmelzhitze auf das Roheisen entkohlend wirken, indem sie so lange Eisenoxydul abtreten kann, bis sie wieder in den Zustand des Silikates gelangt ist. Die Eisenoxydul-Subsilikate sind daher wahre Gaarschlacken, wei sie zum Gaarwerden des Roheisens, d. h. zur Abscheidung der Kohle um so mehr beitragen, je mehr der Gehalt an Eisenoxydul denjenigen übertrifft, welcher dem einfachen Eisenoxydulsilikat zukommt. Deshalb sind auch alle Frischschlacken, welche gegen das Ende des Frischprozesses erhalten werden, mehr geeignet als gaarende Zuschläge angewendet zu werden, wie diejenigen gaaren Frischschlacken, welche sich in der ersten Periode des Frischens bilden.

§. 892.

Die Umänderung des Roheisens im Frischeisen beim Prozeß des Verfrischens, es sey in Heerden oder in Flammenöfen, wird also nur durch die Einwirkung des Eisenoxyduls in der gaaren Frischschlacke auf die Kohle im Roheisen hervorgebracht. Der Windstrom des Gebläses, oder auch der natürliche Luftstrom bei den Flammenöfen, wirken zu stark, indem dadurch nicht bloß das Verbrennen der Kohle, sondern auch das Oxydiren des Eisens veranlaßt wird. Das auf solche Art sich bildende Eisenoxydul ist es aber, durch welches der eigentliche Frischprozeß eingeleitet und beendigt wird. Ließe es sich durch irgend ein Mittel bewerkstelligen, bei der eigentlichen Frischperiode nicht mehr Eisenoxydul entstehen zu lassen, als zum Verbrennen der Kohle im Roheisen erfordert wird, so würde der geringste Eisenverlust herbeigeführt werden. Aber auch bei der größten Vorsicht wird es nicht zu verhindern seyn, mehr Eisen zu oxydiren, oder zu verschlacken, als zur Umänderung des Roheisens in Stabeisen nöthig ist. Ein solches Verhältniß kann nur durch ein abgewogenes Gemenge von Roheisen und Eisenoxydul herbeigeführt werden, welches in verschlossenen

Tiegeln im Großen zu schmelzen und auf solche Weise das Stabeisen aus dem Roheisen darzustellen, mit ökonomischen Vortheilen nicht ausführbar ist.

Man hat, zur Ersparung des Brennmaterials und zur Verminderung des Eisenverlustes, den Vorschlag gemacht, das flüssige Roheisen unmittelbar aus dem Hohofen in ein Bad von geschmolzener Frischschlacke auf den Heerd eines Flammenofens zu leiten. Es läßt sich nicht bezweifeln, daß sich auf solche Art ein gefrischtes Eisen darstellen läßt, und wirklich wird dies Verfahren auch nicht selten zur Verminderung des Kohlegehaltes des Eisens angewendet; allein das Roheisen enthält, außer der Kohle, noch andere Bestandtheile, deren Abscheidung nicht minder der Zweck der Frischarbeit ist. Der an dem Eisenoxydul (in der Gaarschlacke) gebundene Sauerstoff wirkt, nach aller Erfahrung, zu schwach auf das Silicium, Mangan u. s. f. in dem Roheisen, so daß diese Beimischungen in großer Menge in dem entstehenden gefrischten Eisen zurück bleiben und zur Bildung eines mürben und brüchigen Stabeisens Veranlassung geben würden. Obgleich diese Beimischungen oxydirbarer sind als das Eisen, so scheint es doch, daß sie einen freien und ungebundenen Sauerstoff zur Oxydirung und Verschlackung erfordern, und daß das Schmelzen mit Eisenoxydul (Gaarschlacke) zur Abscheidung derselben von dem Eisen nicht zureicht. Man würde daher auch nur ein vollkommen reines, z. B. ein durch Schmelzen von Stabeisen mit Kohle künstlich bereitetes, Roheisen durch jene Behandlung in brauchbares Stabeisen umändern können. Das durch den Schmelzprozeß im Großen erzeugte Roheisen muß daher, wenn gutes und festes Stabeisen dargestellt werden soll, immer die unmittelbare Einwirkung des Luftstroms in der Schmelzhitze erfahren, nicht um die Kohle, sondern um das Silicium, das Mangan u. s. f. abzuscheiden.

Aus dem Vorgange bei dem Frischprozeß ergiebt sich, daß

die beim ersten Einschmelzen des Roheisens entstehende Schlacke am rohesten seyn, d. h. am wenigsten Eisenoxydul enthalten muß. Das Silicium, das Mangan, der Phosphor u. s. f. sind ungleich oxydabler als das Eisen, und deshalb werden diese Substanzen auch vorzugsweise zuerst oxydirt und bilden die Rohschlacke. Erst später trifft der Luftstrom das von jenen Substanzen mehr befreite Eisen und so bildet sich bei nach und nach abnehmendem Siliciumgehalt des Eisens, die Gaarschlacke, welche dann den eigentlichen Frischprozeß einleitet. — Roheisen, welches in einzelnen Tropfen vor der Form in Frischheerden niederschmelzt, wird die oxydirenden Wirkungen des Windstroms vollständiger erfahren, als dasjenige Roheisen, welches nur in einem breiartigen Zustande niedergeht, und darin ist der Grund zu suchen, warum das graue und an sich unreinere, d. h. mit mehr Silicium und Mangan verbundene Roheisen, beim Verfrischen in Heerden ein besseres Stabeisen giebt, als das aus denselben Erzen erblasene weiße und gaarschmelzende Roheisen, wenn dasselbe nicht mit vorzüglicher Sorgfalt behandelt wird.

§. 893.

Wie bei allen krystallisirten Mineralsubstanzen ein festes und unabänderliches Mischungsverhältniß der Bestandtheile angetroffen wird, so findet sich ein solches auch unbezweifelt bei den krystallisirten Frischschlacken. Hr. Mitscherlich hat eine solche krystallisirte, beim Verfrischen des Roheisens in Heerden entstandene Frischschlacke untersucht und dieselbe in 100 Theile zusammengesetzt gefunden, aus:

Eisenoxydul	—	67,24
Kieselerde	—	31,16
Bittererde	—	0,65
		99,05.

Diese Zusammensetzung entspricht fast genau der eines Eisenoxydulsilikates, welches nach der Berechnung aus 68,84 Eisen-Oxydul und 31,16 Kieselerde bestehen würde. Sie hat dieselbe Zusammensetzung wie der Chrysolith, so wie auch Hr. **Hausmann** die Uebereinstimmung in der Zusammensetzung dieser krystallisirten Eisenfrischschlacke mit dem Hyalosiderit nachgewiesen hat. — Eine solche Frischschlacke ist folglich eine **Rohschlacke**, auch ist es nicht wahrscheinlich, daß man eine krystallisirte Gaarschlacke jemals antreffen wird, weil das im Ueberschuß darin befindliche Eisenoxydul in sehr unbestimmten Verhältnissen vorkommt. Würde eine krystallisirte Gaarschlacke wirklich einmal angetroffen, so würde dieselbe ohne Zweifel ein basisches Eisenoxydulsilikat, oder ein Eisenoxydulsubsilikat seyn müssen.

Die nicht krystallisirten Frischschlacken, die Rohschlacken sowohl als die Gaarschlacken, werden eine sehr verschiedenartige Zusammensetzung zeigen, je nachdem sie mehr zu Anfange oder gegen das Ende des Prozesses gefallen sind. Analysen von sehr rohen Frischschlacken, welche sich in der Zusammensetzung der eines Bisilikates nähern, und welche nur beim Verfrischen des Koak-Roheisens in Frischheerden, und zwar zum Anfange des Prozesses, beim Einschmelzen, zuweilen gebildet werden, wenn graues Roheisen von sehr strengflüssiger Beschickung, oder weißes, körniges Roheisen von gaarem Ofengange verfrischt werden, sind nicht bekannt, und würden auch nur wenig Interesse gewähren. Aus den hier folgenden Analysesk verschiedener Frischschlacken geht die große Verschiedenheit in der Zusammensetzung derselben näher hervor.

	a	b	c	d	e	f	g	h
Kieselerde	16,4	8,8	32,959	32,346	7,60	38,55	28,0	11,10
Eisenoxydul	79,0	84,0	61,235	62,042	82,10	44,48	61,2	84,30
Bittererde	--	1,0	1,896	1,404	2,80	—	2,4	1,05
Kalkerde	3,0	2,2	—	—	—	3,13	0,9	0,13
Thonerde	1,2	2,0	1,560	—	1,10	3,15	0,2	0,09
Manganoxydul	0,6	2,5	1,301	2,645	6,80	11,05	6,7	2,80
Kali	—	—	0,204	0,285	—	—	Spur	Spur
	100,2	100,5	99,155	98,722	100,40	100,36	99,4	99,47

a. Schlacke von der Frischhütte Frettevale (Loire- und Cher-Departement). Die Analyse ist von Hrn. Berthier. Die Schlacke ist nach der Zusammensetzung einer Gaarschlacke.

b. Schlacke von Guérigny (Nièvre). Die Analyse von Hrn. Berthier. Die Schlacke ist noch gaarer wie a.

c. Schlacke von der Frischhütte bei Dax in den Pyrenäen. Die Analyse von Hrn. Walchner. Die Schlacke ist nach der Zusammensetzung eine Rohschlacke.

d. Schlacke von Bodenhausen (Harz). Die Analyse ebenfalls von Hrn. Walchner. Auch diese Schlacke ist eine Rohschlacke.

e. Schlacke von Wärd zu Skebo. Die Analyse von Hrn. Sefström. Die Schlacke ist nach ihrer Zusammensetzung eine sehr gaare Gaarschlacke.

f. Schlacke von Skebo. Die Analyse ebenfalls von Hrn. Sefström. Nach der Zusammensetzung ist diese Schlacke eine sehr rohe Rohschlacke, indem der Sauerstoffgehalt der Kieselerde 20,015, und der der Basen nur 14,401 beträgt.

g. Schlacke von Rybnick in Oberschlesien, beim Verfrischen von grauem Koak-Roheisen gefallen. Die Analyse ist von mir. Die Schlacke ist eine gewöhnliche Rohschlacke.

h. Schlacke eben daher, bei demselben Frischversuch in einer späteren Periode gefallen. Die Analyse ist ebenfalls von mir. Die Schlacke ist eine Gaarschlacke.

Berthier, Archiv f. Bergbau VII. 364. — Walchner, Archiv VIII. 191. — Sefström, Archiv XIV. 202. — Karsten, Archiv VIII. 255. — Mitscherlich, Archiv VII. 239. — Hausmann, im Notizenblatt des Göttingischen Vereins bergmännischer Freunde. Nr. 28 (1840). S. 2.

§. 894.

Nach dieser theoretischen Untersuchung des Frischprozesses werden sich die Erscheinungen bei dem praktischen Verfahren leicht erklären lassen.

Wenn auch der Frischheerd so gebaut ist, wie es die Beschaffenheit des zu verfrischenden Roheisens erfordert, so hat man doch auf das Einschmelzen des Roheisens noch große Sorgfalt zu verwenden. Das Eisen verhält sich bald roh- bald gaarschmelzender; oft finden sich auffallende Verschiedenheiten in einem und demselben Stück. Es ist daher nöthig, sich beim Einschmelzen von der Art des Ganges zu überzeugen, welches durch häufiges Untersuchen des Feuers mit einer kleinen Brechstange oder mit dem Schlackenspieß geschieht. Verhält sich das Eisen im Heerd sehr flüssig, und kann man mit dem Spieß sogar den Boden fühlen, so ist dies ein Zeichen eines sehr rohen Ganges. Zeigt das Eisen einen weichen, teigartigen Zustand, wobei sich mit dem Spieß der Frischboden kaum fühlen läßt, so deutet dies auf einen guten, nicht zu rohen Gang. Am besten ist es, wenn man durch das Eisen, wie durch einen dicken Teig, stechen kann, der zwar etwas widersteht, sich aber nicht zu hart anfühlen läßt. Dies ist ein sicheres Zeichen eines guten Ganges, der weder zu roh noch zu gaar ist.

Kann man aber mit dem Spieß nicht mehr durch die Eisenmasse dringen, sondern fühlt sich das eingeschmolzene Eisen hart an, und wiedersteht es zu sehr, so giebt dies Verhalten einen zu gaaren Gang zu erkennen. Man muß sich indeß nicht täuschen lassen, wenn sich das Eisen gegen das Ende des Einschmelzens hart anfühlen läßt, indem es unten im Heerd sehr roh seyn und nur oben durch den Wind eine etwas gaare Beschaffenheit angenommen haben kann.

§. 895.

Ehe das Roheisen in den Heerd gerückt wird, hat man sich durch die Beschaffenheit der vorigen Luppe, besonders aber durch den Grad der Hitze der Zacken, zu unterrichten, ob es nöthig ist, Wasser in den Tümpel zu leiten, und den Heerd abzukühlen. Dann wird der ganze Vorheerd mit Lösche umstellt. Der Schwahl und die Gaarschlacke von der vorigen Luppe werden nach Beschaffenheit des Roheisens entweder theilweise herausgenommen oder sämmtlich im Heerd gelassen, und der Frischboden wird ebenfalls mit den kleineren Kohlen vom vorigen Frischen belegt, so daß der Heerd durch Lösche und durch kleine Kohlen begränzt wird. Dies geschieht, theils um den Heerdraum zu concentriren, und dem Wind mehr Wirksamkeit zu verschaffen, theils um den Kohlenaufwand zu vermindern. Damit die Lösche vom Wind nicht fortgetrieben wird, muß sie mit Wasser begossen und feucht gehalten werden. Nach diesen Vorrichtungen wird die Ganz, welche auf dem Gichtzacken der Form gegenüber liegt, in den Heerd gerückt. Weil der Windstrom nicht gerade gegen das Roheisen gerichtet seyn, sondern mehr unter demselben in den Heerd fallen muß, so wird die Ganz auf Rollen oder Walzen gelegt, und so der Form in gehöriger Entfernung genähert. Bei grauem, gaarem Eisen liegt die Ganz 6 Zoll, bei weißem Eisen von übersetztem Ofengange etwas weiter von der Form entfernt. Weiß man aus Erfahrung, daß das Eisen zum Rohgange geneigt ist, so werden der Schwahl und die gaare Schlacke von der vorigen Luppe sämmtlich benutzt, indem man nichts davon aus dem Heerd nimmt, sondern das Roheisen darauf niederschmelzen läßt. Verhält sich das Eisen aber sehr gaar, und hat man Grund, das Feuer nicht umzubauen, so setzt man ein Stück Eisen von 20 bis 30 Pfund, wozu sich das Brucheisen sehr gut anwenden läßt, in den mit gaarer Schlacke versehenen Heerd, um es schnell einschmelzen zu lassen, wodurch es etwas roher bleibt. Soll noch mehr Brucheisen beim Verschmelzen mit angewendet werden, so wird es auf die Ganz gelegt, und mit derselben zugleich eingeschmolzen. Oft ist man indeß, des schnelleren Einschmelzens wegen, genöthigt, ein Stück Eisen in den Heerd zu bringen, wenn gleich der Gang des zu verfrischenden Roheisens auch nicht zur Gaare geneigt ist. Dies geschieht z. B. wenn nur Kolbeneisen geschmiedet wird, und die Zeit des gewöhnlichen Einschmelzens zu sehr überschritten werden würde. Alsdann muß das eingeschmolzene Eisen auf andere Art zum Gaargange gebracht werden, in so fern nicht Gaarschlacke und Schwahl in gehöriger Menge im Feuer befindlich seyn sollten. Wäre das Eisen beim Einschmelzen zu sehr zum Gaargange geneigt, ohne daß diesem Gange durch zugesetztes Roheisen abgeholfen werden könnte, und hat man Ursache wegen der Beschaffenheit des Roheisens einen solchen Gang zu vermeiden, so muß man zu dem äußersten Mittel schreiten, nämlich Sand in den Heerd bringen. Bei einem zweckmäßigen Feuerbau wird man indeß selten dazu genöthigt seyn.

Ist die Ganz in den Heerd gerückt, und nach Beschaffenheit des Roheisens mehr oder weniger davon unmittelbar auf der Gaarschlacke und auf dem Schwahl in den Heerd gesetzt worden, so werden Kohlen über das Feuer gestürzt, und das Gebläse angelassen. Verfrischt man weißes gaarschmelzendes Roheisen, so muß mehr Wind mit größerer Geschwindigkeit in den Heerd geführt werden, als wenn gaares rohschmelzendes Roheisen verarbeitet wird. Alsdann ist darauf zu sehen, daß der Wind die Lösche im Vorheerd nicht auseinander treibt, weshalb diese befeuchtet werden muß; daß die rohe Schlacke nicht zu sehr anwächst (wovon man sich durch Untersuchen mit der Brechstange, oder durch das Ansehen durch die Form überzeugt, und die Schlacke abläßt); daß der Wind die Kohlen im Heerde nicht auseinander treibt, weshalb man sie mit der Heerdschaufel zusammenhalten, und wenn es nöthig ist, begießen muß; daß endlich die Ganz mit der Brechstange nachgeschoben wird, wenn der vor die Form gerückte Theil weggeschmolzen ist. Die Schlacke darf nicht zu tief abgelassen werden, weil es im Feuer sonst zu trocken geht, und ein größerer Eisenverlust entsteht. Von Zeit zu Zeit, besonders gegen das Ende des Einschmelzens, untersucht man die Beschaffenheit des eingeschmolzenen

Eisens. Sollte es von sehr gaarer Beschaffenheit seyn, so vermehrt man die Stärke des Windstroms; ist es sehr roh geblieben, so wird es mit einer großen Brechstange beim Gichtzacken etwas aufgebrochen, d. h. man schiebt die Brechstange bis auf den Boden des Gichtzackens, stützt sich mit derselben auf die Schlackenplatte, und hebt so das eingeschmolzene Eisen in die Höhe. Sollte sich auch dies Mittel nach einigen Minuten noch nicht wirksam genug gezeigt haben, so wird beim Gichtzacken gaare Schlacke oder Schwahl in den Heerd gesetzt, und das Aufbrechen, wenn es nöthig seyn sollte, wiederholt.

Immer muß man es durch diese Mittel dahin zu bringen suchen, daß das eingeschmolzene Eisen gegen das Ende des Einschmelzens nicht zu roh, aber auch nicht zu gaar sey, sondern sich wie ein Teig anfühlen läßt, weil dadurch die folgende Arbeit erleichtert und mit größerem und vortheilhafterem Erfolge ausgeführt wird.

§. 896.

Ist das zur folgenden Luppe bestimmte Roheisen auf diese Weise eingeschmolzen, so nimmt die eigentliche Frischarbeit ihren Anfang. Dieser Prozeß zerfällt in das Rohaufbrechen des eingeschmolzenen Eisens, und in das Gaaraufbrechen des halbgaaren Eisens. Sobald die Einschmelzarbeit eingestellt worden ist, wird, bei ununterbrochenem Gange des Gebläses, die Lösche vom Vorheerde weggeräumt (der zum Ausschmieden der Stäbe an der Schlackenplatte mit einem Haken befestigten Schmiedeklotz aus dem Heerde genommen), und das eingeschmolzene Eisen, nachdem die Schlacke vorher abgelassen worden ist, von Kohlen entblößt. Dann stößt man den Schwahl, welcher sich im Schlackenloch befindet und mit dem ungefrischten Eisen in Verbindung steht, ferner den zwischen dem Gichtzacken und dem eingeschmolzenen Eisen befindlichen Schwahl, vermittelst einer großen Brechstange ab, und schreitet zum Rohaufbrechen.

Zu diesem Zweck wird, eine große Brechstange beim Gichtzacken bis auf den Boden nieder geführt, um die eingeschmolzene Masse in die Höhe zu heben, und wenn dies geschehen ist, die Eisenmasse dadurch noch mehr zu lüften, daß man die Brechstange in der Ecke, wo sich Vorheeroplatte und Formzakken vereinigen, gegen die eingeschmolzene Masse setzt, und die Brechstange dann in dieser diagonalen Richtung unter die Eisenmasse zu bringen sucht. Dadurch wird das Eisen vom Formzacken abgelöst, und mehr nach dem Gichtzacken gerückt, wodurch die Form frei wird und die Eisenmasse nun nach allen Richtungen gekehrt und gewendet werden kann.

Das weitere Verfahren richtet sich nach der Beschaffenheit des eingeschmolzenen Eisens. Es lassen sich hier drei Fälle unterscheiden: das Eisen war entweder zu gaar oder zu roh, oder gehörig gaar eingeschmolzen. Weil die für diese drei verschiedenen Fälle zu ergreifenden Maaßregeln bei der weiteren Behandlung des eingeschmolzenen Eisens, etwas abgeändert werden müssen, so hat man (sehr unnöthig) das Klumpfrischen, das Durchbrechfrischen und das kombinirte Frischen als die verschiedenen Arten der deutschen Frischschmiede unterscheiden zu müssen geglaubt.

War das Roheisen zu gaar in den Heerd gelangt, so wird es beim Aufbrechen nur einen einzigen Klumpen bilden. (Dies geschieht zwar auch oft, wenn das Eisen roh eingeschmolzen ist, und wenn man es vor dem Aufbrechen erkalten läßt, indeß ist dies Verfahren [§. 897] von dem hier zu beschreibenden wesentlich verschieden). In diesem Fall wird die Brechstange beim Gichtzacken unter das eingeschmolzene Eisen geschoben und die ganze zusammenhängende Masse umgekehrt und zugleich umgewendet, so daß die Seite der Eisenmasse, welche vorhin oben war, jetzt unten auf die Kohlen, mit welchen der Frischheerd von Neuem angefüllt wird, zu liegen kommt, und die der Form vorhin zugewendete Seite jetzt beim Gichtzacken liegt. Unter solchen Verhältnissen ist zwar die Arbeit im Heerde sehr leicht, weil man nur dafür zu sorgen hat, das Eisen über den Kohlen zu erhalten, und das Feuer darunter anzufachen, bis das erstere den Grad der Gaare erhalten hat, daß es völlig heruntergeschmolzen werden kann; allein man verliert dabei an Zeit, Kohlen und Eisen, und kann auch in der Folge nicht so viel Anlaufeisen erhalten. Unter solchen Umständen darf nur ein schwacher Windstrom angewendet werden, und das Eisen muß mit einigen Kohlen bedeckt bleiben, um es möglichst lange über der Form zu erhalten und die Abkühlung durch die Kohlendecke zu verhindern, indem sie die äußere Luft abhalten, wodurch das Eisen erkalten würde. Wenn die unter dem Eisen befindlichen Kohlen verbrannt sind, lassen sich die auf der Eisenmasse liegenden Kohlen, welche sich entzündet haben, dazu benutzen, sie unter die Eisenmasse zu bringen, um das Feuer unten nicht zu sehr zu erkälten, welches bei der Hinzufügung von ganz frischen Kohlen geschehen würde. Durch das zu frühe Gaaren würde man zwar eine völlig zusammenhängende Luppe erhalten, allein das erzeugte Eisen würde schlecht und unganz ausfallen, und sich nicht ausschmieden lassen. Ein schwacher Wind und häufiges Bedecken des Eisens mit Kohlen sind die einzigen Mittel, das zu gaare Eingehen des Eisens zu verhindern.

Die Schlacke, welche sich hierbei im Heerde sammelt, wird abgelassen, aber nicht gänzlich, damit das herunterschmelzende Eisen nicht unmittelbar den Boden berührt. Wenn das eingeschmolzene Roheisen noch sehr roh ist, — welches gewöhnlich bei der ersten Luppe in der Woche der Fall zu seyn pflegt, weil das Feuer dann ganz abgekühlt ist, — sammelt sich die rohe Schlacke oft in so großer Menge, daß man sie nach dem Abräumen der Kohlen durch das Schlackenloch gänzlich ablassen muß, ehe man zum Rohaufbrechen schreitet. Dabei findet dann ein dem vorigen entgegengesetztes Verfahren statt. Die Eisenmasse theilt sich nämlich beim Ausbrechen in mehre kleine Stükken, die oft nur die Größe einer Faust oder eines Hühnereies haben. Alsdann bringt man erst die bei der Gicht befindlichen Eisenmassen mit der Brechstange in die Höhe, schafft sie gänzlich aus dem Heerde, rückt darauf mit der Brechstange weiter in den Heerd, bricht in der Mitte auf, schafft auch die dort befindlichen Eisenklumpen aus dem Feuer, und nähert sich endlich der Formseite, wo das Eisen die gaarste Beschaffenheit erhalten hat. Auch hier wird dann aufgebrochen und das aufgebrochene Eisen aus dem Heerd gebracht, der auf solche Weise gänzlich gereinigt wird. Nun werden frische Kohlen ins Feuer gebracht, diejenige Eisenmasse, welche vorhin bei der Gicht aufgebrochen ward, nach der Formseite gerückt, und umgekehrt das vorhin bei der Form befindlich gewesene Eisen nach der Gichtseite geschafft, weil es schon eine mehr gaare Beschaffenheit wie das erstere erhalten hat. Ist ein Stück sehr gaar, so legt man es ganz aus dem Bereich des Windstroms, über die Form, um es erst beim zweiten Rohaufbrechen — oder wenn dies nicht nöthig seyn sollte — beim Gaaraufbrechen mit durchgehen zu lassen. Ist alles Eisen auf diese Weise in die Höhe gehoben und auf Kohlen gelegt, so kann man allenfalls gaare Schlacken oder Schwahl (zu viel von diesen Zuschlägen darf indeß nicht angewendet werden, weil das Eisen sonst zu gaar werden, und sich zu einem Klumpen vereinigen würde, ehe es es niederschmelzt) bei der Gichtseite ansetzen, und das Gebläse zuerst langsam wirken lassen, damit sich die Theile mit einander vereinigen. Diese Vereinigung sucht man durch Arbeiten mit der Brechstange oder mit der Heerdschaufel zu befördern, damit keine Zwischenräume bleiben, durch die der Wind einen Ausweg findet. Man darf jedoch die entstehenden Lücken und Zwischenräume nicht mit Kohlen ausfüllen, weil das Eisen dadurch noch mehr zum Rohgange veranlaßt werden würde. Sind die Eisenklumpen mehrentheils mit einander in Verbindung gebracht, so muß der Windstrom verstärkt werden, um eine höhere Temperatur zu erregen, welche das nun schon gaarer gewordene Eisen, zur

Absonderung der Kohle durch das sich bildende Eisenoxydul erfordert. Man gestattet dem Windstrom bei der Gichtseite eine Oeffnung, durch welche die sich bildende flüssige und rohe Schlacke oft in sehr starken Strömen, als rothe oder blaue, schnell erkaltende Sternchen weggetrieben wird. Entsteht nicht zu viele Schlacke, so ist dies Mittel hinreichend, dieselbe wegzuschaffen, und es ist nicht nothwendig, sie abzulassen, welches während der Frischperiode immer mit Eisenverlust verbunden ist. Auf diese Weise sucht man die ganze Eisenmasse niederzuschmelzen und setzt nach Erfordern auch noch wohl eine Schaufel voll Hammerschlag bei der Gichtseite in den Heerd.

Das Verfahren, die einzelnen Stücken durch ein langsameres Gebläse und Zusammenbringen aus den Kohlen zu einem Klumpen zu schmelzen, erfordert nicht allein viel Zeit, sondern veranlaßt auch einen beträchtlichen Kohlenverbrauch, obgleich sich gutes Eisen dabei darstellen läßt und durch die Anwendung der Gaarschlacke der Eisenverlust vermindert wird.

Am vortheilhaftesten ist es jedoch, wenn das Eisen gehörig gaar eingeschmolzen wird. In diesem Fall läßt sich das eingeschmolzene Eisen beim Aufbrechen in 3 bis 4 Theile zertheilen, welche von der Gebläseluft gehörig durchgewirkt, und in der kürzesten Zeit auf die vortheilhafteste Weise zur Gaare gebracht werden können. Man verfährt dabei auf folgende Weise. Zuerst wird beim Gichtzacken aufgebrochen, die dort aufgebrochene Masse aus dem Feuer (auf den Frischheerd hinter dem Gichtzacken) gebracht; dann auch in der Mitte, und endlich beim Formzacken aufgebrochen, das Eisen ebenfalls aus dem Heerde geschoben, und eine Quantität frischer Kohlen in das Feuer gebracht. Die Stücken, welche vor der Form lagen, haben schon eine ziemliche Gaare erhalten: deshalb werden sie über die Form gelegt, um dem Winde nicht ferner ausgesetzt zu seyn. Die noch roheren Stücken, welche sich vor dem Aufbrechen beim Gichtzacken befanden, werden vor die Form, oder dem Windstrom gegenüber gebracht, damit sie eben so gaar werden, wie die ersteren. Alsdann verstärkt man die Menge des Windes, und setzt, wenn der Gang noch etwas roh seyn sollte, eine Schaufel voll Hammerschlag in den Heerd. Die Schlacke sollte bei diesem Gange nicht abgelassen, sondern auf die vorhin erwähnte Weise durch den Wind des Gebläses beim Hinterzacken aus dem Heerde getrieben werden. Die Zwischenräume (außer denen, durch welche der Schlackenstrom getrieben wird) müssen durch Kohlen verstopft werden, welches besonders dann sehr nützlich ist,. wenn das Eisen einen mehr gaaren wie rohen Gang annehmen sollte, um dadurch die Bildung des Eisenoxyduls mehr zu verhindern; ist aber letzteres der Fall, so dürfen nicht zu viele Kohlen mit dem Eisen in Berührung kommen, weil dadurch nicht allein überflüssiger Kohlenaufwand veranlaßt, sondern auch ein langsameres Gaaren des Eisens bewirkt werden würde. — Das in die Höhe gehobene Eisen schmelzt auf diese Weise ganz in den Heerd hinunter.

Der Vorheerd muß bei diesem Theil des Frischprozesses ebenfalls mit gehörig befeuchteter Lösche geschlossen seyn, um dem Winde den Ausgang zu erschweren, und die Kohlen zusammen zu halten und nicht ohne Wirkung verbrennen zu lassen.

Auf solche Weise ist also alles in die Höhe gehobene Eisen einmal vor der Form niedergeschmolzen. Bemerkt man, daß das im Heerd befindliche Eisen noch roh ist, so wird zum zweitenmal roh aufgebrochen. Dies Verfahren ist jedoch einfacher, wie die Arbeit bei dem ersten Rohaufbrechen, weil sich das Eisen in den meisten Fällen nicht in mehr als in 2 bis 3 Theile theilt, die, eben so wie auf die zuletzt beschriebene Weise, behandelt und zum zweitenmal niedergeschmolzen werden

Ist das Roheisen sehr rohschmelzend, so wird vielleicht ein drittes Rohaufbrechen erforderlich, wobei das Eisen eben so wie vorhin auf Kohlen gesetzt und niedergeschmolzen wird. Bei einem solchen Gange kann aber nur wenig Stabeisen in einer gewissen Zeit dargestellt werden, und es ist ein großer Kohlenverbrauch nicht zu vermeiden, obgleich der Verlust an Eisen nicht bedeutender als bei einem weniger rohen Gange seyn wird, weil viele gaare Zuschläge in Anwendung kommen können. Sollte ein viertes Rohaufbrechen nothwendig seyn, so würde entweder ein unrichtiger Feuerbau, oder ein fehlerhaftes Verfahren bei der Arbeit stattfinden.

§. 397.

Auf einigen Frischhütten findet das Verfahren statt, das Roheisen ganz roh eingehen zu lassen, so daß es sich nicht aufbrechen läßt, ohne vorher abgekühlt worden zu seyn. Das Verfahren bei dieser Kaltfrischmethode besteht darin, das Gebläse sogleich einzustellen, sobald die Ganz aus dem Heerde gerückt ist, und Lösche und Kohlen vom eingeschmolzenen Roheisen abgeräumt sind. Das Erstarren des Eisens wird durch Begießen mit Wasser befördert und dennoch muß die Eisenmasse 10 Minuten, zuweilen eine halbe Stunde lang, im Heerde stehen, ehe aufgebrochen werden kann. Während der Zeit des Erstarrens wird mit der Heerdschaufel stets die Schlacke weggenommen, welche sich über dem Eisen befindet und früher erstarrt, womit so lange fortgefahren wird, bis sich keine Schlacke mehr zeigt, worauf man zum Rohaufbrechen schreitet. Das Eisen ist durch das Abkühlen zu einem einzigen Klumpen erstarrt, der eben so umgekehrt wird, als wenn gaarschmelzendes Eisen hätte aufgebrochen werden müssen. — Dies ist eine sehr verwerfliche Methode, weil nicht allein die Zeit vom Einstellen des Windzutritts bis zum Rohaufbrechen verloren geht, sondern auch das Feuer durch das Abkühlen so erkaltet, daß eine geraume Zeit verstreicht, ehe es wieder eine höhere Temperatur annimmt; weil ferner mit dem Abtragen der Schlacke unvermeidlich auch etwas Eisen verloren geht; weil sich das ohnedies sehr rohe Eisen zu Einem Stück verbindet, wodurch die Zeit des Frischens verlängert wird, indem der Wind nur auf

Einer Stelle und ungleichförmig wirken kann, und weil durch dies Verfahren eine längere Frischarbeit und ein größerer Kohlenverbrand nicht vermieden werden können. Von dieser Kaltbläserarbeit muß man aber das Verfahren unterscheiden, welches man bei demjenigen Roheisen anzuwenden genöthigt ist, welches viele rohe Schlacke giebt. Auch dieses pflegt man nach dem Einschmelzen mit Wasser zu begießen, um die Schlacke zum Erstarren zu bringen, und mit der Schaufel oben abzunehmen; dies muß aber schnell geschehen, und es wird damit kein Abkühlen des Eisens beabsichtigt.

Roheisen, welches viel Phosphor enthält, kann jedoch schwerlich auf eine andere Weise als durch ein sehr rohes Einschmelzen behandelt werden, weil der größte Theil des Phosphors beim Einschmelzen in Phosphorsäure verwandelt und auf solche Weise fortgeschafft werden muß. Von der Behandlung dieses Eisens wird weiter unten noch besonders die Rede seyn.

Bei der Anwendung von Roheisen, welches durch fremde Beimischungen nicht sehr verunreinigt ist, wird es selten erforderlich seyn, mehr wie ein- oder zweimal roh aufzubrechen, weil sich auch beim rohesten Gange schon beim Einschmelzen die vorhin erwähnten Mittel anwenden lassen, damit das Eisen nicht zu roh in den Heerd gelangt.

Die Nothwendigkeit, mehremal aufzubrechen, erkennt man bei guten trockenen Kohlen an der Flamme im Heerde. Eine weiße Flamme deutet auf einen guten Gang, bei dem ein neues Rohaufbrechen nicht mehr erforderlich ist; eine bläuliche Flamme aber auf einen rohen Gang, der ein ferneres Rohaufbrechen nothwendig macht. Die Beschaffenheit des Eisens liefert ferner die erforderlichen Kennzeichen. Hat es sich noch nicht zu einem Klumpen im Heerde gebildet, und besitzt es eine röthlich weiße oder wohl gar eine rothe Farbe, so muß noch einmal roh aufgebrochen werden; hat es sich aber zu einem Klumpen gebildet, und besitzt es eine gelblich weiße Farbe, so bedarf es des Rohaufbrechens nicht weiter. Wirft der Wind silberweiße Funken aus, die oxydirtes Eisen sind, so ist dies der sicherste Beweis, daß ein ferneres Rohaufbrechen nicht stattfinden darf.

§. 898.

Bei einem nicht ganz fehlerlosen Eisen ist der nun folgende Prozeß des Gaaraufbrechens durchaus nothwendig, wenn es auch scheinen sollte, daß das Eisen schon durch das Niederschmelzen beim ersten Rohaufbrechen eine völlig gaare Beschaffenheit angenommen habe. Es würde eine große Zeit- und Materialien-Ersparung seyn, wenn das Eisen schon beim ersten Einschmelzen eine gute gaare Beschaffenheit bekäme, wie es bei leicht frischendem und gutartigem Roheisen der Fall ist; allein die Erfahrung zeigt, daß sich das aus nicht gutartigem Roheisen nach Art der Einmalschmelzarbeit dargestellte gefrischte Eisen, zwar unter dem Hammer zusammenpressen (zängen) und auch zu Kolben zerhauen, aber nicht ausschmieden läßt.

Wenn gaar aufgebrochen werden soll, muß der ganze Eisenklumpen mit einer großen Brechstange ganz in die Höhe über die Form gehoben, aber nicht auf frische, kalte Kohlen gesetzt werden, weil es dadurch abgekühlt werden würde. Es dürfen bei dem Heben der Eisenmasse nur diejenigen schon glühenden Kohlen in den Heerd und unter die Eisenmasse gebracht werden, welche sich bereits im Feuer befinden. Sie sind schon entzündet, und begeben sich von selbst durch das Heben des Eisens in das Feuer, wo sie die Hitze erzeugen, welche bei dem nun erfolgenden Niederschmelzen erfordert wird. Der Windstrom muß gänzlich unter dem Eisenklumpen wegstreichen, das Niederschmelzen desselben veranlassen und gleichsam das Bette bereiten, welches das Eisen beim Niedergehen einnehmen soll. Damit das schmelzende Eisen und die sich bildende Luppe sich in dem Heerde niedersenken können, muß der Boden gereinigt und der auf demselben befindliche Schwahl aufgehoben werden.

Man untersucht deshalb den Boden mit der Brechstange, fährt mit derselben zuerst unter die Form, dann längs dem Vorheerd und endlich kreuzweise von der Vorheerd- und Formzackenecke nach der entgegengesetzten Ecke, welche die Gicht- und Hinterzacken bilden, so wie auch von der Vorheerd- und Gichtzackenecke nach der Ecke, die durch das Zusammentreffen des Hinter- und Formzackens entsteht. Bemerkt man irgend eine angesetzte Masse, so wird dieselbe losgestoßen und in die Höhe gehoben.

Ist das Eisen aus der Frischgrube in die Höhe gebracht, sind statt dessen die schon im Feuer vorhandenen Kohlen darin angesammelt und die Eisenmasse wieder auf die in Gluth befindlichen Kohlen gelegt, so wird sie mit frischen Kohlen beschüttet und mit Wasser begossen, um sie länger über der Form zu erhalten, welches besonders bei einem etwas rohen Gange nothwendig ist. Weil das Eisen wieder vollständig vor der Form niedergeschmolzen werden muß, so darf es keine zu gaare Beschaffenheit haben, weil es dann nur schwierig niederschmelzen und weil das Anlaufen schlecht von statten gehen würde. Der Vorheerd ist mit Lösche belegt, die gehörig feucht gehalten wird. Ein starker Windstrom ist jetzt erforderlich, um eine sehr hohe Temperatur zu erregen, die theils das Eisen in einen wallenden und halb flüssigen Zustand versetzen, theils die völlige Abscheidung der Schlacke bewirken soll. Das Eisen geräth in eine kochende Bewegung, und schmelzt vor der Form in das für die Luppe bestimmte Bette nieder. Die äußerst hohe Temperatur, bei der dies geschieht, und die durch ein starkes Gebläse unterhalten werden muß, bringt das Eisen in einen fast flüssigen Zustand, der dem Winde die meisten Berührungspunkte darbietet, weshalb die Abscheidung der Kohle und Schlacke nun auch am vollkommensten geschehen kann. Das Eisen geht also in einem gaaren Zustande nieder, und wird von der abgeschiedenen Schlacke umgeben. Der Eisenklumpen darf nicht zu langsam niederschmelzen, welches stattfinden würde, wenn das aufgebrochene

Eisen schon zu gaar war, in welchem Fall man es fleißig mit frischen Kohlen bedecken muß; aber er darf auch nicht zu schnell niedergehen, welches bei einer noch rohen Beschaffenheit des Eisens der Fall seyn würde, weshalb es dann häufig mit Wasser befeuchtet werden muß. In beiden Fällen würde das herunterschmelzende Eisen dem Windstrom nicht gehörig ausgesetzt werden können; bei einer zu gaaren Beschaffenheit des Eisens würde der Wind fast unwirksam seyn und einen starken Eisenverbrand veranlassen, weshalb dann auch kein Anlaufeisen genommen werden kann; bei einer noch zu rohen Beschaffenheit des Eisens gelangt dasselbe nicht völlig gaar in den Heerd und besitzt dann noch nicht die Eigenschaft anzulaufen. Immer ist bei dem Niederschmelzen des fast gaaren Eisens (Gaareingehen) eine sehr hohe Temperatur erforderlich, durch welche das Eisen in einen fast flüssigen Zustand versetzt wird. Dieser Theil der Frischoperation erfordert daher auch kräftig wirkende Gebläse, ohne welche überhaupt auf die Darstellung eines guten Stabeisens verzichtet werden muß. Die gaare Schlacke, welche hierbei im Heerde entsteht, umgiebt den gaaren Eisenklumpen. Sollte sie in zu großer Menge vorhanden seyn, so muß sie abgelassen werden, weil sie beim Anlaufnehmen hinderlich seyn würde; übrigens bildet sie den Schwahl und kann mit größerem Vortheil im Heerde zurück bleiben, wenn sie sich nicht zu sehr anhäuft.

§. 899.

Zum Anlaufnehmen oder Anlaufenlassen wird geschritten, wenn das Eisen schon niederzuschmelzen anfängt und in eine kochende Bewegung geräth. Dies Anlaufnehmen wird nicht überall ausgeübt, wo die deutsche Frischmethode eingeführt ist, weil man glaubt, daß dem Eisen dadurch der beste Theil entzogen wird, und daß das Luppeneisen daher schlechter ausfällt. Es ist gegründet, daß das Anlaufeisen immer eine vorzügliche Beschaffenheit besitzt und das Luppeneisen an Güte übertrifft;

allein daraus folgt eben so wenig, daß letzteres durch das Anlaufenlassen, nämlich durch die Methode des Anlaufenlassens, schlechter geworden wäre, als daß es vorzüglicher ausgefallen seyn würde, wenn das Anlaufnehmen nicht stattgefunden hätte. Die Anlaufmethode gewährt folgende Vortheile:

1) Man gewinnt bedeutend an Zeit, folglich ist die Production größer.
2) Es werden weniger Kohlen verbraucht, weil das Ausschmieden der Luppe in kürzerer Zeit bewirkt werden kann.
3) Man gewinnt durch das Anlaufeisen ein vorzüglich gutes Stabeisen, indem bei der Anlaufmethode auch sogar das Luppeneisen besser ausfällt.

Sobald das Eisen bei dem Gaareingehen in eine kochende Bewegung geräth und herunterzuschmelzen anfängt, so bewegt man eine Brechstange, von der Schlackenplatte bis nach dem Hinterzacken, nach verschiedenen Richtungen unter der Eisenmasse, aber immer in der Horizontalebene der Form. Zeigt sich beim Herausziehen an der Spitze der Brechstange eine milchweiße Schaale, welche nur mit Mühe abgeschlagen werden kann, und die dann aus gutem gaarem Eisen besteht, so sucht man eine Pfanne oder eine Höhlung zu bilden, in welche man den Anlaufstab ungehindert wieder hineinschieben kann, ohne damit in das niederzuschmelzende Eisen zu gerathen; auch erhält man dadurch den nöthigen Raum zum Umdrehen des Anlaufstabes. Diese Pfanne bildet man bloß mit der Brechstange, und zwar unter dem niederschmelzenden Eisen gerade vor der Form, weil das Eisen hier die stärkste Hitze erhält, und am reinsten von der Schlacke geschieden wird.

Ist die Pfanne fertig, so wird ein Anlaufstab hinein gehalten und von Zeit zu Zeit umgedreht. Wenn sich etwas Eisen angesetzt hat, welches sich leicht dadurch zu erkennen giebt, daß der Stab sich nicht leicht herausziehen läßt, so nimmt man ihn aus der Pfanne, kühlt das Eisen im Wasser ab, um es von der Lösche zu befreien, schweißt es unter dem Hammer durch einige Schläge aus, kühlt es wieder ab, um das schnellere Anhäufen des Eisens zu befördern, welches sich an kaltem Eisen stärker ansetzt, und wiederholt dies so oft, bis der Anlaufkolben sein bestimmtes Gewicht (16 bis 20 Pfund) erhalten hat. Dieser Kolben wird dann nach dem verlangten Maaß ausgeschmiedet, und von dem Anlaufstabe abgehauen. Während des Ausschmiedens des ersten, hält man einen zweiten Anlaufstab ein, mit dem eben so wie mit dem ersten verfahren wird. Von Zeit zu Zeit sucht man die Pfanne, welche sich leicht verschüttet, auszubessern. Ist der zweite Anlaufkolben fertig, so wird er ebenfalls ausgeschmiedet, und man nimmt den ersten, vom Kolben schon abgehauenen Stab von Neuem, und hält ihn in die Pfanne. Auf diese Weise wechselt man so lange mit beiden Stäben, bis alles Eisen niedergeschmolzen ist, und das Kochen und Anlaufen aufhört.

Die Schlacke, welche bei diesem Kochen des Eisens entsteht, muß sorgfältig weggeschafft werden, weil sie beim Anlaufen hinderlich seyn würde. Wenn es ausführbar ist, behält man sie im Heerde und macht ihr durch Aufbrechen beim Gichtzacken Raum, um sich dorthin ziehen zu können. Nur wenn sie sich in zu großer Menge anhäuft (welches durch die Form leicht zu erkennen ist, indem sie in Blasen aufwallt und in die Höhe steigt), so muß sie zum Theil, aber niemals rein abgelassen werden, weil sonst das Eisen ganz entblößt werden und zu verbrennen anfangen würde, welches sich durch eine auflodernde Flamme sehr bald zeigt. Tritt ein solcher Uebelstand ein, so muß sogleich Hammerschlag in den Heerd gebracht werden. Ein häufiges Ablassen der Schlacke beim Gaareingehen deutet immer auf einen fehlerhaften Gang der Arbeit, wobei das Eisen entweder noch nicht gaar genug gewesen, oder schon übergaar geworden ist, und wieder verbrennt.

Die Menge des Anlaufeisens, welche bei jedem Frischen gewonnen wird, ist sehr verschieden, und richtet sich theils nach der Menge des eingeschmolzenen Eisens, theils nach der Beschaffenheit des gaar aufgebrochenen Eisens, theils nach der Fähigkeit der Arbeiter. Diese suchen zwar gern viel Anlaufeisen zu erzeugen, allein sie wählen nur oft nicht die rechten Mittel dazu. Werden z. B. die Anlaufstäbe tief in den Heerd, in das schon niedergeschmolzene Eisen gehalten, so erhält man nicht eigentliches Anlaufeisen, sondern Deuleisen, welches durch Drehen um den Stab gewickelt ward und welches mit größerem Nutzen für den Frischer, und mit größerem Erfolg für die Güte des Eisens, im Heerde hätte bleiben sollen. Andere Arbeiter heben das einmal geschmolzene Eisen wohl ganz wieder in die Höhe, welches Verfahren nicht allein einen Eisenverlust, sondern die Erzeugung von hartem, stahlartigem Eisen zur Folge hat. Bei diesem erzwungenen Anlaufen wird daher auch sehr viel Schlacke gebildet, welche abgelassen werden muß, weil sie den Raum im Heerde zu sehr beengen würde. Bei einem guten Arbeitsverfahren kann der vierte oder der dritte Theil des gaaren Eisens als Anlaufeisen aus dem Heerde genommen werden.

§. 900.

Nachdem das Anlaufen beendigt, und das Eisen in dem Heerde niedergeschmolzen ist, läßt man das Gebläse wieder etwas langsamer gehen, und schreitet zur Anfertigung der Luppe. Durch den starken Windstrom beim Anlaufnehmen sind nämlich hier und dort kleine Eisenstücken fortgetrieben worden, welche nicht unmittelbar mit eingeschmolzen wurden, sondern zerstreut auf dem Heerde zwischen den Kohlen liegen blieben. Diese sucht man sorgfältig hervor und bringt sie mit der Heerdschaufel auf die Oberfläche des eingeschmolzenen und von groben Kohlen entblößten Eisenklumpens, damit sie sich mit demselben verbinden

Sind alle Eisentheilchen angeschweißt, so sucht man durch Klopfen und Schlagen mit dem Deulhaken dem Eisenklumpen, oder der nunmehr fertigen Luppe, eine möglichst ebene Oberfläche zu geben, kühlt sie dann allenfalls durch Besprengen mit Wasser ab, stellt das Gebläse ein, hebt die Luppe in die Höhe, stößt den Schwahl so viel als möglich in die Heerdgrube zurück, nimmt sie aus dem Heerd, wirft sie auf den Boden der Hütte (weshalb die Hüttensohle vom Frischheerd bis zum Hammerstock mit gegossenen eisernen Platten belegt ist), und beklopft sie mit großen hölzernen Hämmern, damit sie eine ebene Oberfläche erhält, und sich unter dem Hammer bequemer behandeln läßt.

So wie die Luppe aus dem Feuer gebrochen ist, richtet man den Heerd wieder zum ferneren Einschmelzen ein, und die Arbeit nimmt von Neuem ihren Anfang.

Wenn die Luppe nach dem Herausbrechen eine länglicht runde Gestalt besitzt, so geht daraus wenigstens hervor, daß die Form weder zu sehr nach dem Hinterzacken geneigt ist, noch den Wind zu stark in die Lösche des Vorheerdes treibt, sondern daß der Schmelzraum die Mitte des Feuers eingenommen hat. Die Länge der Luppe sollte also stets mit der Entfernung vom Form- nach dem Gichtzacken, und ihre Breite mit der Entfernung vom Hinterzacken nach dem Vorheerd korrespondiren. Eine gut gefrischte Luppe muß gleich beim Herausbrechen eine milchweiße Farbe und einen Fettglanz besitzen. Beim Zängen muß sie sich von dem gaaren Schwahl und von dem Hammerschlag gleichsam abschälen, die Schläge des Hammers leicht annehmen, und nicht zu viele flüssige Schlacke entlassen.

§. 901.

Mit dem Herausbrechen der Luppe ist der chemisch-technische Theil des Stabeisenerzeugungsprozesses, oder das eigentliche Verfrischen des Roheisens, beendigt. Das Stabeisen ist jetzt fertig, und es tritt ein mechanisch-technischer Prozeß ein, wodurch dem gefrischten Eisen die äußere Form gegeben werden soll.

Weil sich die Luppe beim Herausbrechen in völliger Weißglühhitze befindet, so benutzt man diese, um ihr zuerst eine regelmäßige Gestalt zu geben, und dann in mehre Stücken zu zerhauen, welche sich in der Folge leichter verarbeiten und zu Stangen ausrecken lassen.

Bei der deutschen Frischmethode würde sich die Luppe wegen ihrer Größe nicht unter die Walzen eines Walzwerks bringen lassen, sondern sie würde entweder erst unter dem Hammer in Kolben zerhauen werden müssen, oder man würde genöthigt seyn, kleinere Luppen zu machen. Letzteres ist bei der deutschen Frischerei nicht wohl ausführbar, weshalb die erste Verarbeitung der Luppe zu Kolben, immer unter dem Hammer geschieht. Die weitere Verarbeitung der Kolben, oder das Ausstrecken derselben zu Stäben, gehört nicht zu dem Wesentlichen der Frischarbeit, und kann auf mancherlei Art bewerkstelligt werden.

Der Hammer muß mindestens $3\frac{1}{2}$ bis 4 Centner schwer seyn, damit das auszuschmiedende Eisen gehörig zusammengepreßt wird. Der Hammerhelm muß im ruhenden Zustande eine ganz horizontale Lage haben, und die Hammerbahn muß mit der Bahn des Amboßes eine und dieselbe Ebene bilden. Die Hammerbahn darf nicht zu breit seyn, weil dadurch das schnellere Ausrecken der Stäbe verhindert wird.

Der Amboß darf keine ganz horizontale Lage erhalten, sondern er muß vorn etwas höher als hinten stehen, und mit dieser Lage korrespondirend muß auch der Hammer auf dem Helm festgekeilt seyn. Je breiter die zu schmiedenden Stäbe sind, desto mehr muß diese Ebene von der Horizontalebene abweichen, weil dadurch das saubere Abschlichten der Stäbe auf der hohen Kante befördert wird. Ohne diese Lage des Amboßes würde der Hammer die Stäbe zu sehr nach hinten treffen. Der Amboß muß ferner eine ganz gerade geschliffene Bahn haben, die nicht hohl seyn darf, weil das Stabeisen sonst Langrisse bekommt.

Alle Keile, welche sich im Hammergerüst befinden, müssen oft nachgesehen und nachgekeilt werden, damit das Gerüst den gehörigen Zusammenhalt behält.

Der Hammer muß oben mit glühenden Kohlen abgewärmt werden, wenn er beim ersten Deul in der Woche wieder arbeiten soll, weil er sonst zu ungleichförmig erhitzt werden und leicht springen würde.

Die Werkzeuge, deren man sich zur Bearbeitung der Luppe bedient, sind folgende:

1) Der Deulbaum. Dies ist mehrentheils nur ein hölzerner, in der Mitte mit Blech belegter Stab; zuweilen besteht er aus einem geschmiedeten eisernen Stabe, an dessen beiden Enden zwei hölzerne Handhaben befestigt sind. Die Luppe wird auf denselben gelegt, und von der Hüttensohle auf den Amboß gehoben. Wenn die lokalen Verhältnisse es zulassen, so ist es vorzuziehen, die Luppe mittelst eines Krahns von dem Heerd zum Amboßstock zu transportiren.

2) Eine Stange, die zum Gegenhalten dient, wenn die Luppe zuerst auf den Amboß gebracht ist, und dort bearbeitet wird.

3) Zwei Setzeisen, ein größeres und ein kleineres. Sie sind von geschmiedetem Eisen, und lassen sich mit einem stumpfen Beil mit eisernem Stiel vergleichen. Man setzt sie auf die Oberfläche des Eisens, und läßt den Hammer darauf schlagen, um die Luppe zu zertheilen oder sonst von irgend einem Stück Eisen etwas abzuschroten; indem der Hammer das Setzeisen in das glühende gefrischte Eisen hineintreibt, und es so zertheilt.

4) Eine große Rampfzange mit langen Schenkeln. Mit

dieser wird die Luppe zuerst gepackt, und unter dem Hammer bearbeitet.

5) Eine kleine Rampfzange. Sie dient zur ferneren Bearbeitung der Luppe unter dem Hammer.

6) Zwei Wärmzangen. Die von der Luppe abgehauenen Stücken werden mit denselben gefaßt und im Heerde erhitzt.

7) Zwei Stauchzangen. Die erwähnten erhitzten Stücken werden mit diesen Zangen festgehalten, wenn sie ihre Form unter dem Hammer erhalten sollen.

8) Zwei Schneppelzangen. Die schon bearbeiteten Stücken werden mit denselben festgehalten und vollends unter dem Hammer zu Kolben ausgereckt.

Außerdem sind Spitzzangen zum Anfassen kleinerer Gegenstände erforderlich.

Nachdem die Luppe durch Beklopfen von dem Schwahl gereinigt und etwas geebnet ist, wird sie dergestalt auf den Amboß gehoben, daß sie die ersten Hammerschläge an dem Ende erhält, welches im Feuer dem Gichtzacken zugekehrt war, weil sie hier am wenigsten fest ist, und vielleicht noch aus mehren nicht zusammenhängenden Stücken bestehen kann. Der Hammer macht zuerst wenig Schläge, theils um die Luppe etwas niederzudrücken, theils um das Abfließen der gaaren Schlacke zu veranlassen; dann läßt man ihn schneller arbeiten, wobei die Luppe auf dem Amboß so hin und her gewendet wird, daß sie überall eine gleichförmige Gestalt erhält. Dann dreht man sie um, damit auch die andere Hälfte durch die Hammerbahn geebnet wird. Bei dem Zusammenschlagen der Luppe (Zängen) wird dem Hammer die größte Geschwindigkeit zugetheilt, die er erhalten kann. Ist die eine Seite der Luppe bearbeitet, so muß sie auf dem Amboß umgewendet werden, um auch diejenige Seite, welche zuerst auf der Amboßbahn lag, durch die Schläge des Hammers zu verdichten. Durch das Drehen der Luppe auf dem Amboß wird ihr nun überall eine ebene Oberfläche ertheilt (daher diese Arbeit auch das Abdrehen der Luppe genannt wird). Nach erfolgtem Abdrehen wird die Luppe mittelst der Setzeisen in Kolben (Schirbel) abgetheilt und zerhauen. Wenn die rohen Kolben (Schirbel) abgehauen sind, werden sie sogleich in den Frischheerd gebracht. Der zuletzt auf dem Amboß zurückgebliebene, oder der Formschirbel, wird gleich etwas geebnet, und die Ecken abgestumpft, welches auch nach und nach mit den anderen Schirbeln geschieht. Diese Arbeit heißt das Abrichten oder Abfassen; sie wird besonders deshalb vorgenommen, damit die durch das Setzeisen entstandenen Schiefern, in der Schweißhitze keinen zu starken Abbrand erleiden, und damit die Schirbel bei dem Wärmen keinen zu großen Raum im Feuer einnehmen.

Alsdann erfolgt das eigentliche Ausschmieden der Schirbel zu Stäben, nachdem die ersteren nach und nach wieder in Schweißhitze versetzt worden sind. Weil der Formschirbel am meisten abgekühlt ist, indem er gleich nach dem Abdrehen der Luppe abgerichtet oder abgefaßt ward, so kann er nicht zuerst wieder weißglühend gemacht werden; weil er aber der gaarste Schirbel der ganzen Luppe ist, so wird er über die Form gelegt, um sich nur nach und nach etwas zu erhitzen, ohne dem Winde ausgesetzt zu seyn. Der Gichtschirbel und der zunächst an demselben befindlich gewesene Mittelschirbel werden, als die rohesten, in den Heerd gebracht, wo sie dem Winde etwas ausgesetzt sind. Die beiden Mittelschirbel, welche sich zunächst am Formschirbel befanden, erhalten zuerst die Schweißhitze. Sie werden zwischen den beiden Wärmezangen in einiger Entfernung von der Form in den Heerd gehalten, damit sie weißglühend werden. Dies Wärmen erfordert Vorsicht; war die Luppe ganz gaar, so müssen die Schirbel beim Wärmen gegen die Gebläseluft durch Eintauchen in Schlacke geschützt werden; war die Luppe nicht völlig gaar, so kann man den Wind mehr auf sie wirken lassen.

Beim Wärmen sind die Zangen auch einigemal umzuwenden, damit die Schirbel von allen Seiten erhitzt werden.

Durch gute saftige Schweißhitzen läßt sich das etwas roh gebliebene Eisen vollkommen gaar machen. Das Eisen kann daher durch sorgfältiges Wärmen in der Schweißhitze niemals an Güte verlieren, oft aber ungemein gewinnen.

Ist der Schirbel, welcher zunächst bei der Form im Heerd gewärmt ward, völlig weißglühend, so wird die Zange herausgezogen, im Wasser abgelöscht, und zwischen ihre Schenkel der Formschirbel gebracht, der während des Wärmens dieser zwei Mittelschirbel auf der Form lag. Die hintere Wärmzange wird dann nach vorn gerückt, und diese letztere mit ihrem Schirbel nimmt die Stelle der ersten Zange ein.

Der erste Schirbel, welcher in voller Schweißhitze aus dem Feuer genommen war, wird nun unter dem Hammer zur Hälfte nach dem bestimmten Maaße ausgereckt. Die ausgereckte Stange wird im Wasser abgelöscht, und mit dem noch daran befindlichen Kolben (oder der Hälfte des Schirbels) so lange fortgelegt, bis alle Schirbel der Reihe nach auf diese Weise bearbeitet sind. Weil der Gichtschirbel in der Regel der roheste ist, so wird er zuletzt aus dem Heerd genommen und dann erst zur Hälfte ausgereckt, wenn dies schon mit allen übrigen geschehen ist.

Diese einfachen Kolben werden in einigen Frischhütten bis zur folgenden Luppe weggelegt, und dann erst beim Einschmelzen vollends ausgeschmiedet, wogegen die Kolben von der vorigen Luppe ganz ausgereckt werden, sobald die Schirbel der jetzt bearbeiteten Luppe zur Hälfte ausgeschmiedet sind. In anderen Frischhütten ist es eingeführt, die Schirbel von jedem Deul völlig auszuschmieden. In beiden Fällen werden die Kolben nach der angegebenen Reihefolge gewärmt und ausgereckt. Die letzte Methode ist vortheilhafter, weil man die Hitze der Kolben gleich benutzt und an Zeit erspart. Dann wird es aber nothwendig, die ausgeschmiedeten Enden mit Wasser abzulöschen, um die Kolben ins Feuer bringen zu können. Dies Ablöschen hält das schlechte brüchige Eisen nicht gut aus, welches auch der Grund ist, weshalb manche Arbeiter dies Verfahren nicht wählen.

Wenn beim Wärmen und Schmieden kein zufälliges Hinderniß eintritt, so muß der Hammer, vom Anschmieden des ersten Schirbels an bis zum völligen Ausschmieden, unaufhörlich arbeiten. Bei dem Ausstrecken der Kolben zu Stäben, sind Richtigkeit und Sauberkeit der Schmiedung ganz allein von dem Augenmaaß und von der Geschicklichkeit des Arbeiters abhängig. Trifft er beim Ausrecken bald die gehörige Stärke des Stabes, ohne oft auf der hohen Kante abschlichten zu dürfen, so kann er sich dadurch die Arbeit sehr verkürzen, und gebraucht einige hundert Schläge weniger, als ein anderer nicht so geschickter Arbeiter nöthig gehabt hätte. Nachlässige Arbeiter schmieden die Stäbe wohl so, daß nur immer zwei Seiten des Stabes die Schläge vom Hammer erhalten; sie geben sich nicht die Mühe, den Stab umzukehren, und alle vier Seiten mit der Hammer- und Amboßbahn in Berührung zu bringen. Darunter leidet aber die Schönheit der Stäbe sehr, weil die Bahn des Hammers nie so glatt ist, wie die des Amboßes. — Wenn ein Stab mit Einer Hitze nicht ganz ausgeschmiedet werden kann, weil er zu kalt wird, so muß vorne ein kleiner Kolben stehen bleiben, der demnächst wieder erhitzt und dann völlig ausgeschmiedet wird.

Das Ausschmieden während des Einschmelzens veranlaßt oft eine Verzögerung dieser Operation, weil nicht eher zum Aufbrechen geschritten werden kann, als bis alles von der vorigen Luppe erhaltene Eisen zu Stäben ausgestreckt ist.

§. 902.

Bei einer vollständigen Besetzung eines Frischfeuers für die deutsche Frischmethode sind die beim Verfrischen vorkommenden Arbeiten unter vier Arbeitern vertheilt, denen ein fünfter als Lehrling und zur außerordentlichen Hülfsleistung beigegeben wird. Je zwei Arbeiter verrichten die Arbeiten vom ersten Einschmelzen (und von dem damit verbundenen Geschäft des Ausschmiedens) bis zum Ausbrechen der fertigen Luppe, worauf sie durch die anderen beiden Arbeiter abgelöset werden. Die Arbeit fängt in der Nacht vom Sonntag zum Montag an, und geht ununterbrochen bis zum Sonnabend Abend fort.

Ueberall ist bei der deutschen Frischmethode die Gedingearbeit eingeführt, indem die Arbeiter das Lohn für ein gewisses Quantum abgeliefertes Stabeisen erhalten, welches nach festgesetzten Sätzen unter ihnen vertheilt wird. Außerdem sind sie für die Güte des Stabeisens und sehr häufig auch für den Verbrauch an Roheisen und Holzkohlen zu einer gewissen Quantität Stabeisen verantwortlich, indem sie die mehr verbrauchten Quantitäten nach verabredeten Preisen bezahlen müssen und für den Minderverbrauch Belohnungen erhalten. Der eine von diesen Arbeitern ist der Meister und der Uebernehmer des Gedinges. Dem Meister liegt speciell der Heerdbau und zuweilen die Instandhaltung des Gebläses ob; der zweite Arbeiter (Vorschmidt) ist in der Regel verpflichtet, das Hammergerüst, den Hammer und den Amboß in gutem Zustande zu erhalten, die losgegangenen Keile zu befestigen, Hammer und Amboß die gehörige Lage zu geben u. s. f. Dieser zweite Arbeiter vertritt in seiner Arbeitsschicht immer die Stelle des Meisters Eine solche Einrichtung ist besser als die, welche auf einigen Frischhütten eingeführt ist, nach welcher der Meister die Verpflichtung tung hat, mit einem Gehülfen alle Luppen zu frischen, und der Vorschmidt mit dem zweiten Gehülfen das Einschmelzen und Ausschmieden besorgen.

§. 903.

So einfach die Theorie des Verfrischens ist, so unbestimmt ist ihre Anwendung. Wäre die Abscheidung der Kohle der einzige Zweck der Frischarbeit, so würde das weiße Roheisen zum Verfrischen das anwendbarste seyn, nicht weil es weniger Kohle enthält als das graue, sondern weil es die Kohle durch die Einwirkung der Luft und des Eisenoxyduls schon in einer niedrigeren Temperatur abgiebt und daher schneller in den Zustand des Stabeisens übergeht. Durch die Frischarbeit soll aber auch die Abscheidung der zufälligen Bestandtheile des Roheisens bewirkt werden, und dieser Zweck läßt sich bei dem weißen Roheisen, ungeachtet es in der Regel weniger fremdartige Beimischungen enthält, schwieriger erreichen, weil es schneller in den stabeisenartigen Zustand übergeht, wodurch die Abscheidung der Beimischungen, mit Ausnahme der Kohle, erschwert wird, weshalb es absichtlich länger in dem roheisenartigen Zustande erhalten werden muß, welches man durch den sogenannten rohen Gang im Feuer zu erreichen sucht. Der mehr oder weniger rohe Gang hängt aber vorzüglich von dem Zustande ab, in welchem das Roheisen im Frischfeuer eingeschmolzen wird. Je schneller die Schmelzung erfolgt, und je weniger das Roheisen dabei dem Windstrom des Gebläses ausgesetzt wird, desto länger wird es den roheisenartigen Zustand behalten. Ein tiefes Feuer verhindert den Zutritt der Gebläseluft, entzieht aber zugleich dem Eisen die Einwirkung des Windes, weshalb tiefe Feuer zwar einen rohen Gang, aber dennoch die Erzeugung von schlechtem Eisen zur Folge haben. Ein geneigter Windstrom wirkt beim Einschmelzen weniger auf das Eisen, als auf die im Feuer befindlichen Kohlen, und verursacht, daß das Roheisen flüssiger und roheisenartiger in den Heerd eingeht, im Heerde aber vom Windstrom besser getroffen werden kann, als durch einen flachen Wind, der das Eisen schon beim Schmelzen mehr zur Gaare bringt. Flache, wenigstens nicht zu tiefe Heerde und ein etwa unter einem Winkel von 8—10 Graden einfallender Windstrom, sind folglich für die deutsche Frischmethode in solchen Fällen zu wählen, wenn graues Roheisen von nicht gutartiger Beschaffenheit verfrischt werden soll. Ein heftiger Wind bringt beim Einschmelzen eine größere Hitze hervor, bewirkt dadurch das schnellere Eingehen des Roheisens, und verhindert nicht allein die Abscheidung der Kohle, sondern könnte wohl sogar dazu beitragen, daß das Eisen in der hohen Temperatur noch mehr Kohle aufnimmt, weshalb harte Kohlen und heftiger Wind immer einen rohen Gang verursachen. Die vereinigten Wirkungen der Kohle und des Windes äußern sich daher auch in den verschiedenen Perioden des Frischprozesses sehr verschieden. Heftiger und geneigter Wind, welcher beim Einschmelzen einen Rohgang bewirkt, wird beim Frischen, und sobald das Eisen wirklich niedergeschmolzen ist, das Gaaren des Eisens befördern, weil Alles von dem Zustande der Flüssigkeit des Eisens, von den Verhältnissen, unter welchen sich das Eisenoxydul durch die Wirkung des Windstroms bildet, und wieder auf das Eisen einwirkt, so wie von der Art, wie es mit Kohlen umgeben ist, abhängt. Beim Frischen wird der Zusatz von Kohlen möglichst vermieden, und die Berührung des Eisens mit dem Winde, folglich auch mit dem sich bildenden Eisenoxydul, befördert; beim Einschmelzen findet das Gegentheil statt, weil es die Absicht der deutschen Frischmethode ist, das Eisen möglichst flüssig niedergehen, alsdann aber den Windstrom auf die Eisenmasse wirken zu lassen. Wollte sie das Gaaren des Eisens durch flachen und weniger heftigen Wind beim Einschmelzen befördern, so würde sie allerdings den Zweck erreichen, in kürzerer Zeit, und mit weniger Materialienaufwand gefrischtes Eisen zu liefern; allein die Abscheidung der fremdartigen Bestandtheile würde unvollkommen, und das Resultat ein faul-, kalt- oder rothbrüchiges Eisen seyn. Die Abscheidung dieser fremdartigen Bestandtheile ist es eben, welche durch den Rohgang bewirkt werden soll, und welche die Nothwendigkeit herbeiführt, bei der größten Neigung des Eisens zum Gaargange einen Rohgang zu erzwingen, und bei der Neigung des Eisens zum Rohgange, dieser Neigung nicht zu sehr entgegen zu arbeiten. Diese Schwierigkeiten sind ganz unbekannt, wenn Roheisen aus gutartigen Erzen verfrischt wird; dann ist natürlich das am meisten gaar gehende Eisen das vortheilhafteste, und es läßt sich dieser Gaargang durch Windführung und Feuerbau noch mehr befördern, ohne einen nachtheiligen Einfluß dieses Ganges auf die Beschaffenheit des Stabeisens befürchten zu dürfen.

Für den Erfolg des Frischprozesses ist es also von großer Wichtigkeit, möglichst reines Roheisen zum Verfrischen anzuwenden. Mit großem Aufwand an Zeit, Eisen und Kohlen kann eine fehlerhafte Beschaffenheit des Roheisens bei dem Verfrischen zwar weniger schädlich gemacht, aber fast nie gänzlich aufgehoben werden. Zu einer wesentlichen Verbesserung des deutschen Frischprozesses würde es folglich führen, wenn er durch die Verarbeitung von möglichst reinem und zugleich zum Gaargange geneigtem Roheisen, abgekürzt werden könnte. Das Mittel dazu besteht in der Erzeugung von gaarem und grauem Roheisen aus leichtflüssigen Beschickungen bei niedrigen Obergestellen, weil dieses unter allen Arten des grauen Roheisens zwar die mehrste Kohle, aber die wenigsten fremdartigen Beimischungen enthält; — und in der Umänderung dieses gaaren Roheisens in weißes, welches vor dem Verfrischen bei einem schwachen Luftzuge geglühet, und dann im Frischfeuer gaar eingeschmolzen wird. Wo die Erze eine so vorzügliche Beschaffenheit besitzen, daß man auch bei dem unvollkommensten Schmelzprozeß von der Güte des Roheisens überzeugt seyn kann, da läßt sich das weiße Roheisen ohne Umwege unmittelbar, und dann sogleich mit einem geringeren Kohlegehalt, aus dem Hohofen darstellen. Enthalten die Erze Schwefel, oder Phosphorsäure, so scheint keine Art der Vorbereitung des Roheisens genügend zu seyn, den Frischprozeß in Heerden durch Anwendung des weiß gemachten grauen Roheisens so abzukürzen, daß man von der Gewinnung eines fehlerfreien Stabeisens überzeugt seyn kann.

§. 904.

Die Größe des Abgangs oder des Verlustes an Roheisen bei dessen Verfrischen zu Stabeisen, ist nicht bloß von der Beschaffenheit des Roheisens, sondern auch von der Geschicklichkeit der Arbeiter abhängig. Roheisen, welches viele fremdartige Bestandtheile enthält, besonders solches, welches kalt- oder rothbrüchiges Eisen liefert, erleidet wegen des nothwendigen häufigeren Aufbrechens einen größeren Abgang, der dann oft 30 bis 40 Procent betragen kann. Bei mittelmäßig gutem grauem Roheisen findet gewönlich ein Abgang von 25 bis 28 Procent statt. Diese Zahlen bestimmen ziemlich genau die Gränzen des Gewichtsverlustes, welches sowohl das bei Holzkohlen als bei Koaks erblasene graue Roheisen, bei der deutschen Heerdfrischerei auf den Preuß. Eisenhüttenwerken erleidet. Ob aus 100 Gewichtstheilen Roheisen 75 oder 72 Theile Stabeisen erfolgen, hängt, bei einer und derselben Beschaffenheit des Roheisens, häufig nur allein von der Gewandtheit und Aufmerksamkeit des Arbeiters ab. Es ist dabei indeß wohl zu berücksichtigen, daß diese 72 — 75 Gewichtstheile Stabeisen aus gut und sauber geschmiedeten Stäben, so wie sie ein Gegenstand des allgemeinen Handelsverkehrs sind, bestehen müssen. Wenn nur Stabeisen von gröberen Dimensionen und von einer weniger sorgfältigen Streckung und Schmiedung verlangt wird, welches als Material für die weitere Verarbeitung zu feineren Eisensorten dienen soll, so lassen sich auch 77 — 78 Stabeisen aus 100 Theilen Roheisen erlangen.

Auch der Verbrauch an Holzkohlen ist von der Geschicklichkeit und Aufmerksamkeit des Arbeiters, so wie von der Beschaffenheit des Roheisens und der Kohlen, in einem solchen Grade abhängig, daß eine Zahl von allgemeiner Gültigkeit nicht angegeben werden kann. Man verwendet auf den Königl. Preuß.

Hüttenwerken nur Kohlen aus Nadelholz zum Betriebe der Frischhütten. Von diesen Kohlen schwankt der Verbrauch, bei grauem Roheisen, — sowohl für das bei Holzkohlen als bei Koaks erblasene, — zwischen 18 und 19½ Preuß. Kubikfuß zu 100 Pfund Preuß Stabeisen.

Die Größe der wöchentlichen Production an Stabeisen hängt, außer von der Geschicklichkeit des Arbeiters, von dem Zustande des Gebläses und Geschläges, von der Beschaffenheit des Roheisens und der Kohlen, von den Dimensionen, welche die Stabeisenstäbe erhalten sollen, und von den Wasserzuflüssen ab, weil bei einem durch Wassermangel oft unterbrochenen Betriebe nicht allein weniger Eisen, sondern dieses auch mit einem größeren Aufwand von Roheisen und von Holzkohlen dargestellt werden wird. Unter günstigen Umständen kann ein Frischfeuer wöchentlich 50 bis 60 Preuß. Centner fertiges Stabeisen liefern. Diese Production erscheint zwar nicht bedeutend, indeß ist zu berücksichtigen, daß das Stabeisen nicht in groben Stäben, sondern häufig zu sehr geringen Dimensionen ausgeschmiedet abgeliefert werden muß. Durch das Schmieden der dünnen Eisenstäbe geht viel Zeit verloren, und die deutsche Frischschmiede würde das angegebene Fabrikationsquantum sehr gut um die Hälfte überschreiten, wenn sie nur starke, und nicht völlig genau nach dem vorgeschriebenen Maaß abgeschmiedete Stäbe, von oft sehr schwachen Dimensionen, abzuliefern hätte.

§. 905.

Auch bei dem Frischprozeß in Heerden hat man sich mit dem besten Erfolg der erhitzten Gebläseluft bedient. Nicht auf allen Hüttenwerken will man den günstigen Einfluß des erhitzten Windes auf den Verbrauch an Brennmaterial erfahren haben; es scheint indeß, daß großentheils nur die Beibehaltung und sogar die Vergrößerung der früher bei kaltem Winde angewendeten Geschwindigkeit des Windstroms beim Einschmelzen, die Ursache des Mißlingens gewesen ist. Da die erhitzte Luft schon ohnedies einen Rohgang im Frischheerd veranlaßt, so durfte dieser durch eine vergrößerte Geschwindigkeit des Windstroms nicht noch mehr erhöhet werden. Seitdem man sich größerer Düsen- und Form-Oeffnungen bedient, hat man den Feuerbau bei der Anwendung des erhitzten Windes unabgeändert, nämlich eben so wie bei kaltem Winde, beibehalten können. Die größten Vortheile gewährt der erhitzte Wind bei dem ersten und letzten Theil des Prozesses, nämlich bei der Einschmelzarbeit und bei dem Gaareingehen der Eisenmasse nach dem Gaaraufbrechen. Ganz vorzüglich wirksam zeigt er sich bei dem, nach der deutschen Frischmethode mit der Einschmelzarbeit verbundenen Ausschweißen der Kolben und bei der Wärmarbeit für das Ausrecken derselben und für das Ausstrecken des gefrischten Eisens zu Stäben überhaupt. Die Kolben erlangen in ungleich kürzerer Zeit eine vollkommene Schweißhitze, erleiden dabei einen geringeren Gewichtsverlust und erfordern weniger Kohlen. Die Rohfrischarbeit scheint durch den erhitzten Wind etwas verzögert zu werden, und darin liegt der Grund, warum der Gewinn an Zeit bei der Einschmelzarbeit und bei der Gaarfrischarbeit, zu einer Vergrößerung der wöchentlichen Stabeisenproduktion bei der Anwendung des erhitzten Windes noch nicht geführt hat. Für das Anlaufverfahren ist die Anwendung der erhitzten Gebläseluft besonders wichtig geworden, weil sie dadurch ungemein erleichtert und beschleunigt wird.

Am überzeugendsten lassen sich die durch die Anwendung der erhitzten Luft für den deutschen Frischprozeß erhaltenen Vortheile, aus einer Zusammenstellung der Resultate ersehen, welche die Frischfeuer auf dem Malapaner Hüttenwerk in Oberschlesien, in den vier Jahren 1836, 1837, 1838 und 1839 geliefert haben. Es befinden sich auf diesem Hüttenwerk acht Frischfeuer, von welchen einige mit erhitzter, andere mit kalter Gebläseluft betrieben worden sind. Weil die Frischfeuer einerlei Roheisen und einerlei Holzkohlen zu ihrem Betriebe erhalten, so können die Resultate eine um so größere Zuversicht gewähren, als sie die Erfolge eines bedeutend langen Zeitabschnittes sind. In jenem vierjährigen Zeitraum haben die Malapaner Frischhütten geliefert:

Bei kaltem Winde. 36583 Centner 77 Pfund Preuß. (der Ctr. = 110 Pfd.) Stabeisen, aus 48920 Ctr. 54 Pfd. Roheisen mit 715712 Preuß. Kubikfuß Holzkohlen.

Bei heißem Winde. 24868 Ctr. 94 Pfd. Stabeisen, aus 31824 Ctr. 97 Pfd. Roheisen mit 455296 Kubikfuß Holzkohlen.

Aus 100 Pfd. Roheisen sind folglich dargestellt worden:
bei kaltem Winde 74,77 Pfd. Stabeisen,
bei heißem Winde 78,14 Pfd. Stabeisen.

Zu 100 Pfd. Stabeisen sind verwendet worden:
bei kaltem Winde 17,8 Kubikfuß Holzkohle,
bei heißem Winde 16,6 Kubikfuß Holzkohle.

Ein Theil der Kohlenersparung, der durch die Anwendung der erhitzten Luft bei der Einschmelz- und Schweißarbeit so wie bei der Gaarfrischarbeit bewirkt wird, scheint bei der Rohfrischarbeit wieder verloren zu gehen. Man hat daher während des Rohfrischens kalte Luft in Anwendung zu bringen vorgeschlagen, indeß bleibt dabei auch der Zustand zu berücksichtigen, in welchem sich das eingeschmolzene Eisen unmittelbar vor dem Rohaufbrechen befindet. Wenn das Roheisen in einem schon sehr vorgerückten gaaren Zustande eingeschmolzen worden ist, wird auch beim Rohfrischen die erhitzte Luft sehr gut angewendet werden können.

Wachler, über die Anwendung des heißen Windes bei Schmiede- und Frischfeuern; im Archiv für Mineral., Geogn., Bergb. u. Hüttenw. X. 703. — Derselbe, allgemeine Bemerkungen über die durch Einführung des erhitzten Windes hervorgebrachten Veränderungen bei den verschiedenen Eisen-, Schmelz- und Frisch-Prozessen. Ebendas. XI. 171.

§. 906.

Die schon vor langer Zeit angestellten und später von Zeit zu Zeit wiederholten Versuche, die Holzkohlen bei der Heerdfrischerei durch **Koaks** ganz oder theilweise zu ersetzen, haben niemals zu einem günstigen Resultat geführt. Das gefrischte Eisen behielt roheisenartige Eigenschaften und verhielt sich gewöhnlich sehr rothbrüchig. Nur bei sehr reinen und sehr leicht entzündbaren Koaks aus Backkohlen würde es vielleicht möglich seyn, die Holzkohlen bei der Heerdfrischerei zu entbehren. Backkohlen, die häufig durch Schwefelkies verunreinigt sind, würden indeß sogleich ausgeschlossen bleiben müssen, und die Anwendbarkeit der Koaks überhaupt würde durch diesen Umstand schon auf sehr wenig Steinkohlenablagerungen beschränkt seyn. Selbst die Koaks aus schwach backenden Steinkohlen haben sich für das Heerdfrischen unanwendbar gezeigt, weil sie wegen ihrer schweren Entzündbarkeit die Verbindung des Eisens mit Kohle im Frischheerd befördern. Es scheint daher, daß man auf einen Ersatz der Holzkohlen durch Koaks ganz wird verzichten müssen.

§. 907.

Wenn aber auch die Anwendung des **Torfes** bei der Heerdfrischerei bis jetzt noch keine Resultate gegeben hat, welche zur Fortsetzung der Versuche auffordern; so kann die Ursache wahrscheinlich theils in der Beschaffenheit des Torfes, theils in dem Zustande, in welchem er angewendet ward, gesucht werden. Torf, der beim Verbrennen viel Asche hinterläßt und in dessen Asche sich ein Gehalt von Phosphorsäure, — wie es häufig der Fall ist, — befindet, würde zur Heerdfrischerei wenig anwendbar seyn, theils weil er nicht die zum letzten Theil des Frischprozesses — zum Gaareingehen des Eisens — erforderliche hohe Temperatur hervorbringt, theils weil er eine sehr bedeutende Verschlackung des Eisens zur Folge haben würde. Aber ein guter, wenig Asche hinterlassender, schwarzer oder schwarzbrauner Torf, dürfte in stark gedörrtem, nicht verkohltem Zustande (§. 521.) wahrscheinlich ein für die Heerdfrischerei ganz anwendbares Material abgeben.

§. 908.

Die Anwendung des nicht verkohlten, oder vielmehr des halbverkohlten Holzes, ist zuerst in Frankreich bei der Heerdfrischerei versucht worden. Das halbverkohlte Holz soll eine gleiche Quantität Holzkohlen, — dem Volumen nach, — ersetzen, ein Resultat, welches nicht auffallend seyn kann, wenn man nur allein von der Vergleichung der Brennkräfte beider Materialien ausgeht. Hr. Bineau hat die Erfolge der auf der Hütte zu Senuc (Ardennen-Depart.) ausgeführten Frischversuche mitgetheilt; es ist aber seitdem nichts weiter darüber veröffentlicht worden. Ohne allen Zusatz von Holzkohlen (welcher im Minimo ⅓ des Volumens beträgt) scheint der Erfolg nicht günstig gewesen zu seyn. — Versuche, welche man auf verschiedenen deutschen Frischhütten angestellt hat, scheinen zu dem Resultat zu führen, daß weder das rohe, noch auch das halbverkohlte Holz (die Brände aus den Köhlereien) hinreichende Hitze im Frischheerd entwickeln, um die Einschmelz- und besonders die mit derselben verbundene Schweiß- und Streckarbeit, so wie die Gaarfrischarbeit dabei vornehmen zu können, daß sich aber die Rohfrischarbeit sowohl bei rohem als bei halbverkohltem Holz sehr gut ausführen läßt. Auch in Deutschland hat es sich gezeigt, daß das Holz ein gleiches Volumen Holzkohlen, bei dieser Art der Anwendung desselben, vollständig ersetzt; daß also die Anwendung desselben mit nicht unbedeutenden ökonomischen Vortheilen verbunden seyn wird.

Bineau, emploi du bois torréfié dans les feux d'affinerie; in den Ann. des mines, 3 Série. XIII. 304.

§. 909.

Die Benutzung der Hitze, welche die aus dem Frischheerd entweichenden glühenden Gase an andere Körper abzusetzen vermögen, ist schon vor langer Zeit durch Hrn. Berthier (Journal des mines No. 210. p. 375.) angeregt worden, ohne damals die verdiente Aufmerksamkeit zu finden. Erst die schon jetzt wichtig gewordene, und künftig eine noch größere Wichtigkeit versprechende Benutzung der Hohofengase, hat die Benutzung der aus den Frischheerden entweichenden Hitze seit einigen Jahren wieder in Erinnerung gebracht, und die Erfahrungen haben bereits ergeben, daß von dieser Benutzung noch größere Vortheile zu erwarten sind, als man voraussetzte, und daß wahrscheinlich der ganze deutsche Frischprozeß dadurch binnen kurzer Zeit eine wesentliche Modifikation erfahren wird.

Mit den glühenden Gasarten, welche aus dem Frischheerd entweichen, verhält es sich nicht so wie mit den brennbaren Gasen, welche der Hohofenprozeß liefert. Wahrscheinlich enthalten die brennenden und glühenden Gase, die aus dem Frischheerd aufsteigen, viel weniger Kohlenoxydgas als die Hohofengase, und sind daher zu einer neuen Verbrennung weniger geeignet. Verhielte es sich aber auch nicht so, und würde die im Frischheerd erzeugte Kohlensäure durch das Aufsteigen in der niedrigen Kohlensäule wirklich schon zum großen Theil wieder in Kohlenoxydgas umgeändert; so würden doch die im Heerde nothwendig vorzunehmenden mechanischen Arbeiten es nicht gestatten, die Gasarten abzufangen und den Zutritt der Atmosphäre abzuhalten. Die glühenden Gase aus den Frischheerden müssen daher unmittelbar und in dem Zustande, wie sie aus dem Heerde entweichen, in die zu erhitzenden Räume geleitet und aus diesen sodann durch eine Esse entfernt werden. Weil die Esse hier Dienste zu verrichten hat, die von denen sehr verschieden sind, welche man bei den Flammenöfen von ihr erwartet; so kann einer großen Anzahl von Frischheerden, — wenn die örtlichen Verhältnisse es zulassen, — eine gemeinschaftliche Esse zugetheilt werden, welche vermittelst besonderer

Kanäle (Füchse) mit jedem einzelnen Frischfeuer in Verbindung gesetzt wird.

§. 910.

Es kommt daher nur darauf an, zwischen dem Heerd und der Esse einen Raum zu bilden, durch welchen die glühenden Gase aus dem Frischheerd geleitet werden, ehe sie aus der Esse abziehen, um in jenem Raum den größten Theil der Hitze abzusetzen. Dies kann ganz einfach durch einen Raum geschehen, welcher die Construction eines gewöhnlichen Flammenofenheerdes erhält. Auf den Kupfertafeln XL Fig. 7 — 11 und XLI Fig. 7 — 10 sind solche Vorrichtungen für einen und für zwei Frischheerde angegeben. Es ist einleuchtend, daß es so langer Heerde für die zu erhitzenden Räume nicht einmal bedarf, wenn die örtlichen Verhältnisse es nicht gestatten, den Frischheerd von der Esse so weit, als es auf den Zeichnungen angedeutet ist, zu entfernen. Ueberhaupt ist eine solche Einrichtung so einfach, daß sie sich leicht einer jeden Oertlichkeit angemessen anpassen und abändern läßt. — Wind-Erhitzungsvorrichtungen lassen sich füglich, wie auf einer von jenen Zeichnungen angegeben ist, in der Esse selbst anbringen, weil die Esse nur die schon verbrauchten, ihrer Wärme noch nicht völlig beraubten Gasarten abführen, aber nicht, wie bei den Flammenofenessen, einen Luftzug hervorbringen soll, folglich einer bedeutenden Erwärmung nicht nothwendig bedarf; indeß wird man die Erhitzung des Windes auch auf eine einfachere Weise (§. 601) bewerkstelligen können.

Der erhitzte Raum wird, — wie es schon auf vielen Frischhütten in der Franche Comté eingeführt ist, — am zweckmäßigsten zum Ausschweißen und Ausstrecken (sey es unter dem Hammer oder unter einem Walzwerk) der Schirbel benutzt, welche die gefrischte Luppe geliefert hat. Dadurch beschränkt sich die ganze Schmiedearbeit im Frischheerd nur auf das erste Ausschweißen und Abfassen (§. 901) der Schirbel, und der wesentlichste Theil der Schmiedearbeit kann von der Arbeit des Einschmelzens ganz getrennt werden. Wenn man sich erinnert, wie sehr, bei der deutschen Frischarbeit, das Einschmelzen und dadurch zu bewirkende zweckmäßige Vorbereiten des eingeschmolzenen Roheisens zu der eigentlichen Frischarbeit, von der Schmiedearbeit abhängig ist, und, besonders bei dem zeitraubenden Ausschmieden der Stäbe nach bestimmtem Maaß und nach kleinen Dimensionen, die Arbeit des Einschmelzens verhindert; so wird diese Trennung beider Operationen, ohne Aufwendung von Brennmaterial für die Hervorbringung der zum Ausschmieden erforderlichen Temperatur, als eine große und wesentliche Verbesserung der deutschen Frischmethode erscheinen.

Aber die erhitzten Räume gewähren außerdem noch den Vortheil, daß sie, ohne einen besonderen Aufwand von Brennmaterial, zum vorläufigen Anwärmen des einzuschmelzenden Roheisens angewendet werden können und dadurch den Prozeß des Einschmelzens des Roheisens selbst beschleunigen.

So einfache Einrichtungen, mit welchen so wesentliche Vortheile verbunden sind, werden nothwendig überall bald Eingang finden.

§. 911.

Weil bei der jetzigen Einrichtung der deutschen Frischmethode das Ausschmieden des Stabeisens in demselben Feuer geschehen muß, in welchem gefrischt wird, so wird nicht allein das Einschmelzen des Roheisens, besonders wenn feine Stabeisensorten geschmiedet werden sollen, sehr verzögert; sondern das Roheisen kann auch nur selten in dem Zustande, den man zu erreichen wünscht, eingeschmolzen werden. Man hat daher schon vor der noch jetzt sehr wenig in Anwendung gekommenen Benutzung der glühenden Gase aus dem Frischheerd, wiederholt versucht, die Frischarbeit und die Schmiedearbeit von einander zu trennen, so daß im Frischfeuer nur die Schirbel abgefaßt, und in der Gestalt von Kolben zu den Reckheerden abgeliefert werden. Es hat sich dabei gezeigt, daß der Aufwand an Kohlen und Eisen mit dem Zeitgewinn nicht im Verhältniß stand, und daß auch die Güte des Eisens häufig sehr litt, weil sich im Reckheerd nicht die gute Gelegenheit darbot, den Kolben eine gute, saftige Schweißhitze zu geben, wodurch die Güte des noch etwas roh gebliebenen Eisens ungemein befördert wird. Die Ursachen, warum die Befolgung des sehr richtigen Prinzips: die Frisch- und Schmiedearbeit zu trennen, wenig günstige Resultate gegeben hat, sind also nicht der Methode, sondern der Art der Anwendung derselben zuzuschreiben. Soll die Arbeit im Frischheerd wirklich beschleunigt werden, so kann dies nur durch die Beschleunigung des Einschmelzens, oder durch die Beförderung des Gaarganges geschehen. Ist man genöthigt, roh einzuschmelzen, so kann die Zeit, welche auf das Ausschmieden verwendet wird, nicht wieder eingebracht werden, und der Kohlenverbrauch wird fast derselbe bleiben, es mag während des Einschmelzens ausgeschmiedet werden, oder nicht. Soll also eine Trennung des Frisch- und Schmiedeprozesses stattfinden, so kann an Zeit und Kohlen beim Frischen nur dann erspart werden, wenn das zum Ausrecken der Kolben in besonderen Schmiedeheerden, oder in Flammenöfen (Schweißöfen) erforderliche Brennmaterial, im Frischheerd durch die Beschleunigung der Arbeit gewonnen wird. Dies kann nur durch Verarbeitung von gaarschmelzigem Roheisen, also von weißem, oder weiß gemachtem und vorher geglühetem Roheisen geschehen. Eben so kann das Ausrecken der Kolben nur dann mit Vortheil verrichtet werden und es wird sich nur dann das zu diesem Zweck verwendete Brennmaterial wieder bezahlt machen, wenn der Prozeß in der möglichst kürzesten Zeit geschieht. Das Wärmen der Kolben in trockenen Heerden zieht einen großen Eisenverbrand nach sich, und bewirkt häufig ein durch starke trockene Hitze überwärmtes Eisen, weil die Kolben gegen den Windstrom des Gebläses nicht vollständig geschützt werden können; auch ist der Effekt der gewöhnlichen Hämmer, selbst der Stirnhämmer, zu gering, um das schnelle Ausrecken der Kolben zu bewirken. Ein gut construirter Glühofen, worin die Kolben der heftigsten Schweißhitze ausgesetzt werden können, ohne durch den Luftzug zu sehr angegriffen zu werden, und ein gut eingerichtetes Walzwerk, können nur allein zum Zweck führen.

Abgesehen von der am mehrsten vortheilhaften Anwendung der Glühgase, würde daher die vollkommenste deutsche Frischerei aus mehren Frischheerden bestehen, in welchen weiß gemachtes und geglühetes Roheisen bei Holzkohlen verfrischt und zu Kolben ausgereckt wird, die Kolben aber im Glühofen bei Steinkohlen erhitzt, und unter dem Walzwerk zu Stäben ausgestreckt werden. Die Anzahl der Frischfeuer, welche ein Walzwerk beschäftigen kann, würde sehr groß seyn; auch würden drei Feuer nur einen Hammer zur Bearbeitung der Luppe und zum Abfassen der Schirbel erfordern. — Auf dem Eisenhüttenwerk zu Rybnick in Obeschlesien ist eine solche Art von deutscher Frischmethode eingeführt. Die Frischfeuer liefern nur abgerichtete Schirbel oder Kolben, und diese werden in einer besonderen Streckhütte, in Glühöfen bei Steinkohlen, ausgeschweißt und unter einem Walzwerk zu fertigen Stäben ausgewalzt. Diese Methode ist jedoch deshalb noch unvollkommen, weil man genöthigt ist, graues und rohschmelzendes (bei Koaks erblasenes) Roheisen anzuwenden. Zwar hat man gesucht, die Frischarbeit dadurch zu beschleunigen, daß man das zu einem jedesmaligen Frischen erforderliche Roheisen, in einem besonderen Wärmeofen (bei Steinkohlen) glühend macht, und das einzuschmelzende Roheisen im hoch rothglühenden Zustande aus dem Wärmeofen unmittelbar in den Frischheerd bringt; allein der daraus entspringende Gewinn an Holzkohlen im Frischheerd steht nicht im Verhältniß mit dem Gewinn an Zeit, und folglich auch an Brennmaterial, welcher sich ergeben würde, wenn ein gaarschmelzenderes Roheisen bei diesem Frischverfahren angewendet werden könnte. Es steht demselben daher noch eine sehr wesentliche Verbesserung durch die Benutzung der Glühgase zum Anwärmen des Roheisens bevor, indem die örtlichen Verhältnisse das Ausstrecken der Kolben zu Stäben, nicht füglich auf eine andere Weise als bisher gestatten werden, wodurch zugleich ein bedeutend größeres Produktionsquantum erreicht und auf diese Art der Kostenaufwand gedeckt bleiben wird, den der Steinkohlenverbrauch in besondern Schweißöfen, zum Ausstrecken der Kolben, erfordert

§. 912.

In manchen Gegenden ist die Einrichtung getroffen, daß zwei Feuern nur ein Hammer zugetheilt ist. Dies setzt voraus, daß die Arbeiten in den beiden Feuern immer gleichen Schritt halten, und daß in dem einen Feuer gefrischt wird, während das andere mit dem Einschmelzen und Ausschmieden beschäftigt ist. Es können daraus, bei verschiedenen Fähigkeiten der Arbeiter, und durch zufällige Umstände, welche eine Beschleunigung oder Verzögerung der Arbeit in dem einen oder dem anderen Feuer zur Folge haben, manche Ungelegenheiten entstehen, die jedoch nur dann sehr merkbar werden, wenn sehr feine Stabeisensorten geschmiedet werden müssen, wobei die Zeit des Einschmelzens und Schmiedens oft länger dauert als die des Frischens.

Herrmann in v. Crell's Beitr. zu den chemischen Annal. V. 382 u. f. — Derselbe in d. mineral. Beschr. des Uralischen Erzgeb. I. 246. 250. 426. — Hausmann's Reise d. Skandinavien. II. 306 u. f. — Kohl, Erzählung eines Versuchs, die deutsche Frischmethode durch Anlegung eines besonderen Reckheerdes zu vervollkommnen; in Hausmann's norddeutschen Beitr. zur Berg- u. Hüttenkunde. I. 23 u. f. — Eversmann, Eisen- u. Stahlerzeugung auf Wasserwerken zwischen Lahn u. Lippe. 95. 424. — Jars, metallurg. Reisen. I. 235. II. 454. — Gerhard, in d. Anmerk. zu Jars Reisen. II. 702 u. f. —

Kaltfrischmethode in Schmalkalden; Quantz, Abhandlung über die Eisen- und Stahlmanipulation in der Herrschaft Schmalkalden. 120—142. — Tiemann's Versuch u. Bemerk. üb. das Eisen. Braunschw. 1799. S. 61—101. — Rinman, Gesch. des Eisens. I. 566 u. f. — Gallois, sur les mesures à observer dans les dispositions des foyers de forge et sur les instruments, qui servent aux ouvriers pour la détermination de ces mesures; in den Ann. des arts etc. XXXI. 255—266. (Vergl. Journal des mines No. 140. 141.) — Probiren des Stabeisens in Sibirien; Herrmann's Beschr. d. Ural. Erzgeb. I. 427. — Fleiß, den man auf die egale Schmiedung des Eisens in Schweden verwendet; Jars, metallurg. Reisen. I. 251. — Modus recoquendi ferrum crudum etc. Swedenborg de ferro 72 etc. — Abt, über die Anwendung der Steinkohlen bei der Darstellung des Stabeisens; Archiv u. s. f. III. 107. — K. L. Koch, Darstellung der auf den Harzer- und Weserhütten (den Königl. Hannoverschen und Herzogl. Braunschweigischen Werken) üblichen Eisenfrischprozesse; in den Studien des Göttingischen Vereins bergmännischer Freunde. II. 1.

§. 913.

Die deutsche Frischmethode ist als der Inbegriff des Verfahrens beim Verfrischen des Roheisens in Heerden anzusehen, weil sich alle übrigen Frischmethoden in Heerden darauf zurückführen lassen, indem sehr viele nur Varietäten derselben sind, deren abweichende Verfahrungsweisen theils in der Beschaffenheit des Roheisens, theils in der Fähigkeit und Gewohnheit der Arbeiter ihren Grund haben.

Bei der Butschmiede muß ein weißes, gaarschmelzendes Roheisen angewendet werden. Die Dimensionen des Feuerbaues, welche Rinman angiebt, sind unvollkommen, indem er zu bemerken vergessen hat, daß bei der Butschmiede ein durchaus flacher Wind erforderlich ist. Die Tiefe des Feuers beträgt 11 bis 12 Zoll. Das Roheisen wird zur Zeit des Ausschmiedens der Kolben zu Stangen langsam eingeschmolzen, und muß nach der Beendigung des Schmiedens zu einem halbgaaren

Klumpen (schwed. but) zusammengegangen seyn, weshalb man diese Frischmethode auch **Klump-** oder **Butschmiede** nennt. Das Eigenthümliche dieser Methode besteht also darin, daß das Roheisen nach dem Einschmelzen nur **einmal**, und zwar sogleich gaar aufgebrochen wird. Nach dem Wegräumen der Kohlen und dem Abhängen des Gebläses wird der Klumpen mit Wasser besprengt, dann aufgebrochen, umgekehrt, und auf frische Kohlen gesetzt, um gaar einzugehen. Ein fleißiger Frischer kann bei dieser Methode, wenn ihm reines Roheisen zu Gebot steht, viel und gutes Stabeisen liefern. Eine wesentliche Verbesserung würde diese Frischmethode durch flachen Feuerbau und durch geneigten Wind erhalten. Je mehr man Ursache hat, die völlige Reinheit des Roheisens von fremden Bestandtheilen zu bezweifeln, mit desto mehr Neigung würde der Wind in den Heerd zu führen seyn.

In Schweden wendet man bei der Butschmiede ein sehr gutes, leichtfrischendes Roheisen an, und schmelzt 2 bis 3 Centner mit Einemmale ein. Auf einigen wenigen Eisenhütten in Deutschland, wo diese Methode auch üblich ist, werden nur etwa 100 Pfund zu einer Luppe eingeschmolzen, weshalb man diese Frischmethode auch die **Kleinfrischarbeit** zu nennen pflegt.

Die Butschmiede, welche Luppen von 2 bis 3 Centnern liefert, ist als diejenige Varietät der deutschen Frischschmiede zu betrachten, welche, wegen der gaarschmelzenden Beschaffenheit des Roheisens, nur einmal roh aufbricht, und keinen Anlauf nimmt. Deshalb würde man die Frischarbeit, so wie sie größtentheils auch auf dem Harz ausgeübt wird, auch die Klump- oder Butschmiede nennen können.

Rinman a. a. O. I. 569 u. f. — Jern Kontorets Annaler 1824. VIII. 169.

§. 914.

Rinman führt noch die **Frischschmiede** als eine besondere Varietät der deutschen Schmiede an, von welcher sie sich dadurch unterscheiden soll, daß das eingeschmolzene Roheisen in sehr viele kleine Stücken getheilt wird, welche erst beim Rohaufbrechen mehr und mehr zusammengeschmolzen werden. Dies ist aber die gewöhnliche Erscheinung bei der deutschen Frischmethode, wenn der Gang im Feuer sehr roh ist.

Rinman a. a. O. I. 571.

§. 915.

Die Sulusschmiede ist eigentlich eine fehlerhafte deutsche Frischerei, indem sie ganz wie diese verfährt, aber die einzelnen, schon gaar gewordenen Brocken, welche sich im Feuer zeigen und durch ihr glänzend weißes Ansehen zu erkennen geben, aus dem Heerde nimmt und ausschmiedet. Rinman bemerkt mit Recht, daß diese gaaren Brocken immer stahlartig sind, und noch nicht die gehörige Gaare haben. Die Entstehung dieser gaaren Brocken beim Rohaufbrechen, oder wohl gar nach dem Einschmelzen, ist jedesmal ein Beweis von der Nachlässigkeit, oder von der Ungeschicklichkeit des Arbeiters; ein guter Frischer wird immer dahin sehen, daß alles eingeschmolzene Eisen zu gleicher Zeit gaar wird.

Rinman a. a. O. I. 572.

§. 916.

Die Halbwallonenschmiede, welche theilweise in Schweden, zum Theil auch in Frankreich, wo sie die Frischmethode von Berry genannt wird, üblich ist, unterscheidet sich von der gewöhnlichen deutschen Frischmethode dadurch, daß sie nur Schirbel oder Kolben macht, welche zur weiteren Verarbeitung abgeliefert werden, und daß das Frischeisen (das eingeschmolzene halbgaare Roheisen) nicht abgekühlt, sondern bei ununterbrochenem Gange des Gebläses aufgebrochen und gefrischt wird. Diese Frischerei kann indeß auf einen besonderen Namen nicht Anspruch machen, indem das Abkühlen des Roheisens keinesweges zum Wesentlichen der deutschen Frischarbeit gehört, welche diese Unvollkommenheit des Prozesses nur dann gestatten kann, wenn das Roheisen sehr viele Schlacke giebt. Daß die Production bei dieser Frischerei größer seyn kann als bei dem gewöhnlichen Verfahren, wobei das Stabeisen zugleich ausgeschmiedet werden muß, ist einleuchtend. Rinman giebt die Tiefe des Feuers zu 10 Zoll an, und bemerkt, daß der Form eine größere oder geringere Neigung gegeben würde, je nachdem das Roheisen weniger oder mehr gaarschmelzend ist. Die Entfernung des Hinterzackens von der Form soll 12 Zoll betragen, welches nicht zu loben ist. Die Halbwallonenschmiede verarbeitet halbirtes gutartiges Roheisen, welches sie durch eine verbesserte But- oder Klumpschmiede zweckmäßiger und vortheilhafter verarbeiten würde. Von der eigentlichen Wallonenschmiede unterscheidet sich diese Schmiedemethode nur dadurch, daß das Eisen bei derselben noch einmal aufgebrochen wird. Dies wird aber auch bei der Wallonenschmiede zuweilen vorkommen, weshalb beide Schmiedearten nicht wesentlich von einander verschieden seyn würden, wenn bei der Halbwallonenschmiede nicht große Luppen gefrischt würden, von denen eine jede mehre Kolben giebt.

Jars, metallurg. Reisen. I. 222 u. f. — Rinman a. a. O. I. 573 u. f. — Jern Kontorets Annaler 1823. VII. 120.

§. 917.

Die Anlaufschmiede führt Rinman unter dem Namen der Taucheisenschmiede oder der Eintauchschmiede als eine besondere Frischmethode auf; sie ist aber nichts weiter als die gewöhnliche deutsche Schmiede, bei welcher Anlaufeisen genommen wird. Es ist unleugbar, daß das Anlaufeisen vor dem Luppeneisen den Vorzug hat, und daß das letztere, bei welchem kein Anlauf genommen wird, oft besser ausfällt, als wenn man anlaufen läßt. Der Grund liegt vorzüglich darin, daß beim Anlaufnehmen nicht die gehörige Sorgfalt auf das niedergehende Eisen, welches nicht anläuft, verwendet wird. Den höchsten Grad der Gaare darf das Eisen nämlich vor dem

Gaareingehen nicht besitzen, weil es sonst entweder verbrennen, oder hart und stahlartig werden würde. Beides muß man dadurch verhindern, daß man es nicht zu sehr mit Kohlen in Berührung bringt, aber dem Windstrom des Gebläses auch nicht zu sehr entzieht. Diese Aufmerksamkeit läßt sich nicht in dem Grade anwenden, wenn der Arbeiter durch das Anlaufenlassen abgezogen wird, indem er dann nur bemüht seyn muß, von dem niedergehenden Eisen so viel als möglich aus dem Heerd zu nehmen, worunter die Beschaffenheit des gleichzeitig niederschmelzenden Eisens oft etwas leiden kann.

Rinman a. a. O. I. 577—582.

2. Die Wallonenschmiede.

§. 918.

Bei der Wallonenschmiede beabsichtigt man, gaarschmelzendes Roheisen möglichst gaar einzuschmelzen, dann sogleich gaar aufzubrechen und eingehen zu lassen. Diese Schmiederei unterscheidet sich von der deutschen Frischmethode dadurch, daß jedesmal nur so viel Roheisen eingeschmolzen wird, als zu einem einzigen Kolben nöthig ist, welcher unter dem Hammer zusammengeschlagen, und an einen besonderen Reckheerd oder an das Schmiedefeuer abgeliefert wird. Die Luppen wiegen 40 bis 60 Pfund, und weil das Ausschmieden derselben im Frischheerd keinen Zeitverlust verursacht, man auch sehr gaarschmelzendes Roheisen verarbeitet, so kann die Arbeit sehr rasch gehen. Ein Schmelzfeuer ist mit vier Arbeitern, zwei Meistern und zwei Gehülfen besetzt, welche sich in dreistündigen Schichten ablösen. Das Abschmelzen des Roheisens von der Ganz geschieht durch den Gehülfen, das Gaaraufbrechen des eingeschmolzenen Eisens und die Anfertigung der Luppe, durch den Meister. In einer halben Stunde muß so viel Eisen, als zu einer Luppe nöthig ist, abgeschmolzen und die Luppe gefrischt seyn, so daß in jeder dreistündigen Schicht 6 Luppen erfolgen, welche in derselben

Zeit im Schmiedefeuer zu Stäben ausgezogen werden. Zur Zeit des Einschmelzens wechselt das Gebläse langsam, beim Frischen wird aber starker Wind gegeben, um das Gaaren beim Niederschmelzen der halbgaaren Masse zu befördern. Die Entfernung der Ganz von der Form richtet sich nach der Beschaffenheit des Eisens: je weniger weiß das Roheisen ist, desto mehr wird es der Form genähert, aber nicht von der Seite des Gichtzackens, sondern über dem Aschenzacken vor die Form gelegt.

Die Dimensionen des Feuers sind nicht ganz übereinstimmend; durch eine fortgeerbte Gewohnheit setzt man die Seitenzacken in schiefen und nicht in rechten Winkeln gegen einander, so daß der Formzacken und der Hinterzacken in einem stumpfen, der Hinterzacken und der Gichtzacken in einem spitzen Winkel gegen einander stehen, und der Heerd bei der Formseite einen Zoll kürzer wird als bei der Gichtseite. Die Länge des Heerdes beträgt 31 oder 32 Zoll, die Breite 30 Zoll, und die Form ist $10\frac{1}{2}$ Zoll vom Hinterzacken entfernt. Die Tiefe des Feuers ist 7 bis $7\frac{1}{2}$ Zoll; die Form erhält gewöhnlich eine Hintermündung. Die große Länge und Breite des Feuers ist bei den kleinen Luppen sehr überflüssig, weil der Raum durch Lösche eingeengt werden muß, der Kohlenverbrand aber dadurch unnöthig vermehrt und die Hitze zerstreut, folglich das Frischen verzögert wird. Die kleinen Luppen und das häufige Durcharbeiten des Eisens im Frischheerd und im Schmiedeheerd lassen allerdings erwarten, daß das Eisen im Wallonenheerd sehr gut ausfallen muß, obgleich dieser Prozeß nicht mit haushälterischen Vortheilen verbunden ist.

Der Schmiedeheerd hat nur einen eisernen Boden und einen eisernen Formzacken, ist vom Boden bis zum Wind 8 Zoll tief, und übrigens mit Lösche eingestellt. Das Wärmen geschieht bei Holzkohlen, und vier Arbeiter wechseln sich in sechsstündigen Schichten ab.

Im Wallonenheerd und in dem mit demselben verbundenen Schmiedeheerd können 8 Arbeiter bei angestrengtem Fleiß wöchentlich 110 bis 120 Preuß. Ctr. Stabeisen liefern. Dies vermag die deutsche Frischmethode bei zwei Feuern ebenfalls, besonders wenn sie gutes Roheisen verarbeitet, ohne welches die Wallonenschmiede nicht arbeiten kann.

Bei der Wallonenschmiederei an der Niederlahn sind zwei Frischheerde mit einem Wärm- oder Schmiedefeuer verbunden. Alle drei Feuer haben einen Hammer, und können wöchentlich 160 Ctr. Stabeisen abliefern. Diese Einrichtung ist der in der Eiffel vorzuziehen, wo ein Frischheerd nur ein Wärmfeuer beschäftigt. Hier findet man gewöhnlich den Hohofen, das Frischfeuer und das Schmiedefeuer in einer langen Hütte hinter einander, und das Hammergerüst hinter dem Schmiedefeuer.

Bei sehr gaarschmelzendem Roheisen wird die Luppe oft nicht einmal gaar aufgebrochen, sondern sie ist sogleich beim ersten Niederschmelzen des Roheisens fertig: dann muß der Wind aber sehr flach geführt werden.

Zu 1000 Pfd. Stabeisen werden bei der Wallonenschmiederei an der Lahn 15 bis 16 Maaß (zu 10⅓ Preuß. Kubikf.) harte Holzkohlen, also zu 100 Preuß. Pfunden etwa 15 bis 16 Kubikf. Holzkohlen verbraucht, und der Roheisenabgang beträgt, ungeachtet der vorzüglichen Beschaffenheit des aus Rotheisenstein erblasenen Roheisens, doch 28 Prozent. In der Eiffel steigt der Abgang, besonders bei der Verarbeitung von grauem Roheisen, welches im Hohofen nicht hinlänglich geläutert worden ist, zuweilen bis zu 33 Procenten.

Seit einigen Jahren hat man auf einigen französischen und deutschen Hüttenwerken, auf welchen die Wallonenfrischerei stattfindet, die Modifikation getroffen, daß man die Kolben von sämmtlichen Frischheerden statt in den Wärm- oder Schmiedefeuern, in Schweißöfen bei Steinkohlen wärmt und unter Hämmern oder Walzwerken ausstreckt.

Eversmann a. a. O. 88 u. f. 437 u. f. — Rinman a. a. O. 562—566. — Jern Kontorets Annaler 1823. VII. 115.

3. Die Löschfeuerschmiede.

§. 919.

In der Löschfeuerschmiede wird sehr gaarschmelzendes Roheisen, mit einem Zusatz von schon fertigem Stabeisen, möglichst schnell und ohne Aufbrechen zur Gaare gebracht, und das Ausschmieden der Luppe in demselben Heerd, aber nicht gleichzeitig mit dem Einschmelzen und Frischen, verrichtet. Das Ausschmieden und das Einschmelzen geschehen also in zwei verschiedenen Zeiträumen; es werden zuerst die Schirbel und Kolben von der vorigen Luppe ausgeschmiedet, und nach dem Ausschmieden schreitet man zuerst zum Einschmelzen des Stabeisens; wenn dies geschehen ist, wird auch das Roheisen gaar niedergeschmolzen. Diese Frischmethode ist wenig gebräuchlich, und findet nur noch im Hennebergischen Kreise im Thüringer Waldgebirge statt.

Die Löschfeuer, Taf. XXXIX. Fig. 10. 11., haben weder einen Boden, noch einen Formzacken, sondern bestehen bloß aus einer Grube von Kohlenlösche, wodurch auch ohne Zweifel der Name Löschfeuer entstanden ist; denn die Ableitung von Löschen, d. h. von Begießen des Kohlentiegels mit Wasser, um das Anbrennen der Lösche zu verhindern, ist nicht wahrscheinlich.

Die Kohlengrube ist 9 bis 10 Zoll tief, die Löschsohle 4 bis 5 Zoll stark und hält 2 bis 3 Monate lang aus, ehe sie von Neuem eingestampft werden darf. Die Form steht 6 Zoll in den Heerd, und weicht nur wenig von der Horizontale ab. Die Länge und Breite der Kohlengrube sind sehr unbestimmt, indem sie eine länglich runde kesselförmige Vertiefung bildet.

Das Stabeisen, welches zum Verfrischen im Löschfeuer angewendet wird, besteht vorzüglich aus gaarem Eisen aus dem

Stückofen, welche Güsse oder Gußstücke genannt werden. In Ermangelung derselben wendet man altes Stabeisen an und setzt auch die sogenannten Stachelweichen oder Spießschaalen, welche man durch das Arbeiten des Heerdspießes im Feuer erhält, indem sich das gaare Eisen ansetzt und abgeschlagen wird, immer wieder in den Heerd. Weil die Stücköfen, wegen ihres großen Kohlenverbrauchs, sehr wenig betrieben werden, so ist man häufig auf die Benutzung des alten Stabeisens eingeschränkt.

Weil die Kolben beim Ausschmieden mit vielen gaaren Hammerbrocken bestreut werden, so sammelt sich im Heerd viele gaare Schlacke an, welche in Verbindung mit dem zuerst einzuschmelzenden Stabeisen eine gaare Grundlage für das demnächst einzuschmelzende weiße Roheisen (blumige Floßen) aus den Blauöfen, welches wegen seiner Gestalt Scheibeneisen genannt wird, bilden muß. Das gaare Eisen, welches durch das Niederschmelzen des Stabeisens mit dem Schwahl und mit den beim Schmieden aufgegebenen gaaren Hammerbrocken gebildet wird, nennt man Frischvogel, weil sich das Scheibeneisen ohne diese Grundlage von gaarem Eisen nicht frischen, sondern zu roh in den Heerd eingehen, und die Lösche als Roheisen durchbohren würde. Wenn keine Gußstücke vorhanden sind und wenn man nicht so viel altes Schmiedeeisen (Blechabschnitte, Bohr- und Drehspäne von Flintenläufen u. s. f.) herbeischaffen kann, als zur Bildung des Frischvogels nöthig ist; so wird zuerst im Löschheerd selbst ein Frischvogel, oder ein in diesem Fall so genanntes Frischstück dadurch gebildet, daß man eine Quantität von 40 bis 50 Pfd. von dem gewöhnlichen Scheibeneisen mit gaarenden Zuschlägen (Schwahl) niederschmelzt und auf solche Art zuerst eine kleine Luppe darstellt, worauf man dann eben so verfährt, als ob man den Grund zum Frischen durch Gußstücke und den daraus dargestellten Frischvogel gelegt hätte.

Beim Anfang der Arbeit wird die von aller Gaarschlacke gereinigte Grube voll Kohlen geschüttet, nachdem der Gestübbekranz vorher, besonders auf der Gicht- und Arbeitsseite, ausgebessert und festgeschlagen ist. Das Ausschmieden der Kolben von der vorigen Luppe geschieht unter reichlichem Zusatz von gaaren Zuschlägen, und nach dem Ausschmieden wird zuerst zur Bildung des Frischvogels geschritten. Bei dem Ausschmieden entsteht der Schwahl, nämlich ein mit Gaarschlacke (Lech) verunreinigtes metallisches Eisen, welches fast so gaar ist als die Gußstücke, und welches die Grundlage zu dem Frischvogel bildet. Wenn der Schwahl zu Anfang des Betriebes geschmolzen ist (oder bei der zweiten und bei den folgenden Luppen, sogleich nach beendigtem Ausschmieden), wird das zu dem Frischvogel bestimmte Eisen langsam von der Zange abgeschmolzen. Wendet man altes Eisen an, so wird dasselbe in zwei oder drei Abtheilungen ins Feuer gebracht, und wenn es die Schweißhitze erhalten hat, mit einer Schaufel zusammengedrückt und mit Kohlen bedeckt, ganz niedergeschmolzen. Werden aber Gußstücke genommen, oder muß man in Ermangelung derselben Scheibeneisen nehmen, um ein Frischstück zu bilden, so spannt man das Eisen in eine Zange, und bringt es unmittelbar vor die Form. Die Zangen lagen schon beim Ausschmieden auf der Gicht, um vorläufig erhitzt zu werden. (Eben dies geschieht mit den Zangen, worin das zur Luppe bestimmte Scheibeneisen gespannt ist, während der Zeit des Einschmelzens der Gußstücke u. s. f. bei der Bereitung des Frischvogels oder des Frischstückes). Wenn der Frischvogel gebildet ist, so schreitet man zum Einschmelzen des Scheibeneisens, indem zuerst die erste, dann die zweite, dritte Zange u. s. f. mit dem erhitzten Scheibeneisen von der Gicht nach und nach der Form näher gerückt werden, so daß sich die zweite Zange anwärmt, während die erste, der Form zunächst eingehaltene, abschmelzt u. s. f. Weil das niederschmelzende Scheibeneisen mit dem im Heerd befindlichen

Frischvogel gaares, fertiges Stabeisen geben soll, so muß man sich beim Einschmelzen des Scheibeneisens nach der Menge und Beschaffenheit des Frischvogels, und nach der Beschaffenheit des Roheisens richten. Der gaare Gang wird dadurch befördert, daß man die Zange mit dem Scheibeneisen etwas weiter von der Form entfernt; den rohen Gang befördert man durch größere Annäherung des Scheibeneisens an die Form, um dasselbe schneller zum Schmelzen zu bringen. Die Flamme im Heerd und die Spießschaalen geben dabei ein Anhalten. Je kleiner und je mehr roth gefärbt die letzteren sind, desto heißer, d. h. desto roher geht es im Heerd; je weißer ihre Farbe ist, und je fester sie sich mit dem Handspieß verbinden, desto frischer oder gaarer ist der Gang. Alles Einschmelzen geschieht über dem Wind, der fast ganz horizontal geführt wird. Unter und über der Form setzt sich die gaare Schlacke häufig an, weil sie dort erkaltet, weshalb sie von Zeit zu Zeit abgestoßen und mitten ins Feuer gebracht werden muß. Diese Schlacke wird niemals abgelassen, weil sie zum Gaaren des niederschmelzenden Roheisens nothwendig erforderlich ist, weshalb man sie im Heerd behält, aus welchem Grunde die Feuer auch gänzlich geschlossen und vorne nicht mit einer Oeffnung zum Ablassen der Schlacke versehen sind. Je mehr Roheisen man zu einer und derselben Menge Gußstückeisen oder Stabeisen anwenden kann, desto vortheilhafter ist es. Gewöhnlich werden $\frac{1}{4}$ bis $\frac{3}{8}$ Ctr. Gußstückeisen oder altes Stabeisen und $1\frac{1}{2}$ bis 2 Ctr. Scheibeneisen zu einem Deul genommen. Wenn die letzte Zange Scheibeneisen niedergeschmolzen ist, wechselt das Gebläse einige Minuten lang noch recht stark, um das zuletzt niedergeschmolzene Roheisen gaar zu machen, wobei ein Kochen oder Aufschäumen der Schlacke entsteht, die zum Theil vom Winde aus dem Heerde getrieben wird. Alsdann wird der Windstrom geschwächt, die Kohlen werden abgeräumt, und wenn sich die Oberfläche der Luppe nicht mehr weich anfühlt, wird zum Wegräumen der

Kohlenlösche auf der Arbeitsseite und zum Ausbrechen der Luppe geschritten. Fühlt sie sich oben noch weich an, so läßt man das Gebläse einige Zeit langsam gehen, nachdem man sie vorher wieder mit glühenden Kohlen bedeckt, und auf diese einige frische Kohlen gebracht hat. Je mehr Schlacke (Rinnlech) der Deul beim Zängen ausströmt, desto weicher wird das Eisen seyn, weil die Kohle des Eisens durch das Oxyd gehörig absorbirt ist.

Sobald die Luppe aus dem Feuer gehoben ist, wird auch die Schlacke (Lech), nachdem sie völlig erstarrt ist, im Heerde aufgebrochen und aus dem Feuer geschafft. Dieses ausgebrochene Lech wird gepocht und theils (die gröberen Stücken) zum Güssemachen an den Stückofen gegeben, theils (die kleineren Stücken) bei dem gewöhnlichen Blauofenbetrieb (im Hennebergischen Steinschmelzen genannt) angewendet. Rohe Frischschlacke kommt bei der Löschfeuerschmiede nicht vor; alles Lech stimmt in der Zusammensetzung mit der Gaarfrischschlacke überein. In 100 Theilen Lech fand ich:

Kieselerde	7,213
Eisenoxydul	75,930
Thonerde	1,741
Manganoxydul	11,343
Bittererde	1,243
Kalkerde	0,280
Kali	0,786
	98,536.

Während das Lech ausgebrochen und das Feuer gereinigt ist, hat auch das Zerschroten der Luppe in zwei Stücken statt gefunden. Von diesen wird das eine Stück vorläufig ins Feuer zurück gebracht, das zweite aber in so viele Stücken getheilt, als es der Bestimmung des Eisens gemäß ist. Sodann wird auch dies erste Stück aus dem Feuer genommen und wie das zweite unter dem Hammer zersetzt. Die sämmtlichen Kolben werden dann nach und nach zu Stäben ausgeschmiedet, wobei das Einwerfzeug, d. h. die beim Zängen der Luppe unter dem Hammer erhaltenen Abfälle, welche, wie gewöhnlich, aus oxydirtem Eisen und aus gaaren Eisenbrocken bestehen, mit angewendet werden. Bei diesem Ausschmieden entsteht, wie schon oben erwähnt worden, der Schwahl. Nach dem Ausschmieden geht die Arbeit von Neuem wieder an, indem der Schwahl zur Bildung des Frischvogels angewendet, alsdann das Scheibeneisen zur Luppe geschmolzen wird u. s. f.

Den Abgang an Roheisen und Stückeisen bei dieser Schmiedemethode giebt Hr. Quanz zu 25 Procent, den Kohlenaufwand aber zu 50 Kubikf. an, wobei zum Schmieden 2 bis 2½ Stunden, und eben so viel zum Schmelzen erforderlich sind. Diese Angaben stimmen indeß mit der Wirklichkeit nicht überein, indem man aus 100 Gewichtstheilen Gußstücken und Scheibeneisen nicht viel mehr als 67 Stabeisen erhält, so daß der Abgang etwa 33 Procent beträgt, wobei jedoch auf den Eisengehalt des Lech, welches von den Löschfeuern an die Schmelzöfen zurück gegeben wird, nicht Rücksicht genommen ist. Der Kohlenverbrauch ist mit Zuverlässigkeit gar nicht anzugeben, indeß scheint es, daß 100 Preuß. Pfunde Stabeisen über 30 Preuß. Kubikf. Holzkohlen erfordern. — Wöchentlich liefert ein Löschfeuer 50 bis 60 Centner Stabeisen von vorzüglich guter Beschaffenheit. Die Frischmethode ist höchst kostbar, und eine nach der Beschaffenheit des Roheisens gehörig eingerichtete Einmalschmelzarbeit, würde aus so gutem Roheisen gewiß eben so gutes Stabeisen mit größerem Vortheil liefern.

Quanz a. a. O. 110--119. — Rinman a. a. O. I. 582—586. — Karsten, Archiv. VIII. 239.

4. Die Steyersche Einmalschmelzarbeit.

§. 920.

Bei der Steyerschen Einmalschmelzerei wird gutartiges, leicht frischendes Roheisen über und vor der Form (Eßeisen) langsam gaar eingeschmolzen, ohne daß es aufgebrochen wird. Das Gaarwerden des Eisens wird durch gaare Zuschläge befördert, welche man in der Periode des Schmiedens nach Umständen anwendet. Man hat diese Schmiedemethode auch wohl Steyersche Wallonenschmiede genannt, von welcher sie sich aber dadurch unterscheidet, daß sie Luppen und nicht, wie diese, bloß einzelne Kolben liefert. Die Wallonenschmiede, welche bei der Verarbeitung von ungaarem weißem Roheisen nicht aufbricht, oder frischt, sondern ebenfalls bloß einschmelzt, kommt mit der Steyerschen Einmalschmelzerei freilich, bis auf die Größe der Luppen, völlig überein — Der Heerd ist aus einem Boden und zuweilen auch aus den gewöhnlichen Frischzacken zusammengesetzt, und hat eine Länge von 30, eine Breite von 24, und eine Tiefe von 20 Zoll; indeß wird der ganze Raum so mit Lösche ausgefüllt, daß nur eine Grube von 12 bis 14 Zoll im Durchmesser und 8 bis 9 Zoll tief übrig bleibt, weshalb man in der Regel ausgemauerte und mit Kohlenlösche ausgefutterte Gruben statt des aus eisernen Platten zusammengesetzten Kastens anwendet. Man giebt der Form eine ungemein starke Neigung von 25 bis 30 Graden, welche Neigung indeß nicht durchgängig stattfindet, sondern nach der Gewohnheit und Ueberzeugung der Frischer oft nur 5 Grad beträgt.

Das Roheisen (die Flossen) wird nicht in Gestalt von Gänzen, sondern von Scheiben oder Platten angewendet, von denen 1½ bis 2 Centner in drei bis 4 Zangen gepackt, und mit dem Spannring festgehalten, so vor die Form gebracht werden, daß sich das abschmelzende Roheisen in solchen Paqueten (Garben) 5 Zoll über und 4 Zoll vor der Form befindet.

Weil man bei der Gicht keinen Raum zum Nachschieben des einzuschmelzenden Roheisens nöthig hat, und weil auch das Arbeiten mit der Brechstange bei der Gicht hier nicht vorkommt, so sind die Feuer (Weichzerrennfeuer) auch auf der Gichtseite durch eine senkrechte Mauer geschlossen. Zu jeder Luppe, oder zu jeder Einrenne werden 160 bis 200 Pfd. Flossen angewendet. Die Arbeit fängt mit dem Ausheizen der Kolben (Masseln) von der vorigen Luppe (Daichel oder Teichel) an, und wenn man bis über die Hälfte des Ausschmiedens gekommen ist, so wird bei der Gicht die erste Zange mit Flossen eingehalten. So wie der Raum im Feuer beim fortschreitenden Ausschmieden größer wird, setzt man die zweite Zange bei der Gicht an und rückt die erste bis in die Mitte des Feuers vor. Endlich wird die erste ganz vor den Wind gebracht, die zweite in die Mitte und die dritte bei der Gicht angesetzt. Ist die erste ab= und niedergeschmolzen, so rückt die zweite an die Stelle der ersten, die dritte an die Stelle der zweiten u. s. f., bis auch die letzte Zange vor dem Winde ganz abgeschmolzen ist. So wie das Einschmelzen beendigt ist, wird das Feuer abgeräumt, die Luppe ausgebrochen, zerschroten, die Masseln werden zum Ausheizen eingehalten und die Arbeit für die zweite Luppe fängt wieder an, nachdem das Feuer vorher gereinigt worden ist. Beim Ausschmieden werden die Kolben sehr häufig mit gaaren Zuschlägen (Schwal) bestreut, wodurch das demnächst niederschmelzende Roheisen zugleich mit zur Gaare gebracht wird. Das Roheisen muß sehr langsam einschmelzen, weil dadurch und durch die hohe Lage über der Form das Gaarwerden befördert wird. Der Zusatz von gaaren Zuschlägen ist bei dieser Frischmethode von Wichtigkeit, weil dadurch der gaare Grund gebildet wird, den das Roheisen beim Niederschmelzen finden muß. Sollte ein Stück Scheibeneisen von der Zange abspringen, so hat der Frischer vorzüglich darauf zu sehen, daß es vor die Form gebracht, und mit den gaaren Zu=

schlägen gut durchgearbeitet wird, weil sonst rohe Stellen in der Luppe entstehen. Nach dem Einrennen der Garben muß die Luppe fertig seyn; ist sie noch zu weich, so wird sie mit Wasser begossen und dann aus dem Heerd gebrochen.

Durch das gehörige Ausheizen in der gaaren Schlacke erhalten die Kolben erst eine recht gaare Beschaffenheit, und das Wärmen muß daher mit besonderer Vorsicht geschehen. Das Ausschmieden geschieht indeß nur zu starken Stäben unter dem gewöhnlich sechs Centner schweren sogenannten Groß- oder Weichzerrennhammer, indem die Stäbe unter dem Streckhammer zu feineren Stäben ausgezogen werden.

Die Steyersche Einmalschmelzerei, so wie sie hier vorgetragen ist, erfordert ein sehr leicht gaarendes Roheisen, weshalb man auch nur die luckigen Flossen anwendet. Fällt das Roheisen beim Blauofen nicht luckig, sondern blumig aus, so bedient sich diese Frischmethode desselben nicht unmittelbar, sondern es muß dann erst durch Glühen (Braten) vorbereitet werden.

Hr. Schindler giebt den wahren Roheisenabgang bei dieser Frischerei zu noch nicht 8 Procent an, indem der Schmidt satzmäßig aus 336 Ctr. Roheisen 304 Ctr. Stabeisen liefern muß, und dabei noch viel ausschmiedet. Wenn auch diese Angabe nicht ganz richtig ist, so ist doch so viel gewiß, daß der Eisenabgang selten über 17 Procent steigt. Ferner sollen nach Hrn. Schindler zur Verfrischung von einem Centner Roheisen 38 Wiener Kubikfuß Holzkohlen verwendet werden, weil das Einschmelzen sehr langsam erfolgen muß. Wöchentlich werden indeß 50 Ctr. Stabeisen geschmiedet, weshalb der große Kohlenverbrauch wohl in der Verbreitung des Windes in dem nicht gehörig geschlossenen Feuer seinen Grund haben mag. Es scheint aber auch nach den mir an Ort und Stelle zugekommenen Nachrichten, daß der Kohlenverbrauch zu hoch angegeben ist, und daß er auf 100 Preuß. Pfund Stabeisen, mit Einschluß des Kohlenverbrauchs beim Braten, wo man nicht luckige, sondern blumige Flossen anwendet, etwa 36 Preuß. Kubikfuß beträgt.

Daß zu dieser Frischmethode ein vorzüglich gutes, reines Roheisen gehört, ist einleuchtend; der große Kohlenverbrauch gereicht ihr nicht zur Empfehlung.

Schon seit einigen Jahren hat der Steyersche Frischhüttenbetrieb dadurch eine wesentliche Abänderung erhalten, daß die Luppen sämmtlich in Heerden auf Schlackenböden erzeugt werden, und daß man Heerde mit Löschböden nur allein für die Stahlluppen anwendet. Wegen dieses aus gaaren Frischschlacken (Schwal) angefertigten Frischbodens, wird das Steyersche Frischverfahren dort auch die Schwal-Manipulation oder die Schwall-Arbeit genannt. Der Heerd wird, wie gewöhnlich, aus eisernen Zacken zusammengesetzt, dem Formzacken (Abbrand), dem Gichtzacken (Voreisen), dem Hinterzacken (Wolfseisen) und dem Vorderzacken (Sinterblech). Der Heerdboden besteht aus Gaarschlacken und ist 15 Zoll dick. Die Gaarschlacken werden in Wallnußgröße eingetragen und geebnet. Sie liegen auf einer Lehmschicht. Seit der Einführung der Schwalböden soll es ausführbar geworden seyn, auch blumige und strahlige Flossen, wenigstens in einem größeren Verhältniß als früher, mit den luckigen Flossen zu verarbeiten. Aber der eigentliche Vorzug dieser Böden vor den ehemaligen Löschböden, soll in der äußerst bedeutenden Kohlenersparung bestehen. Man rechnet jetzt bei der sogenannten Schwal-Manipulation auf ein Ausbringen von 86 Procent Grobeisen aus den Flossen, welches zur weiteren Verarbeitung an die Reckhämmer (Zainhämmer) abgegeben wird. Der Kohlenverbrauch für 100 Preuß. Pfund Grobeisen beträgt 23—24 Preuß. Kubikfuß aus Nadelholz. In einem Feuer können jährlich 2600 Ctr. Grobeisen dargestellt werden. Früher rechnete man, nach allgemeinen Durchschnitten, ein Ausbringen von 89 Procent Grobeisen und einen Kohlenverbrauch von 38 Preuß. Kubikfuß Holzkohlen zu 100 Pfunden Preuß. Der Eisenverlust ist also bei den Schlackenböden zwar gestiegen, aber der Kohlenverbrauch hat sich um mehr als 33 Procent vermindert. Außerdem soll das Grobeisen auf den Schlackenböden eine bessere Qualität besitzen, als das früher auf Löschböden dargestellte. Diese, durch Durchschnitte in langen Zeitperioden constatirten Resultate sind höchst auffallend und beweisen nur, daß mit der Einführung der Schlackenböden zugleich eine wirthschaftlichere Benutzung der Holzkohlen eingetreten ist, und daß man jetzt mehr Aufmerksamkeit als früher darauf verwendet, die Kohlen im Feuer zusammen zu halten und nicht ohne Effekt verbrennen und verglimmen zu lassen. Erwägt man, daß die deutsche Frischerei ganz fertige Stäbe, oft nach ziemlich schwachen Dimensionen ausgereckt, abliefert, und daß sie ein ungleich weniger zum Verfrischen geeignetes Roheisen verarbeiten muß, so ist der Kohlenverbrauch von 23 Kubikf. zu 100 Pfd. Grobeisen noch so außerordentlich groß, daß der Verbrauch nicht in der Methode, sondern in der immer noch nicht gehörig haushälterischen Anwendung der Kohlen gesucht werden muß. Die Schlackenböden dürften daher die Ersparung nicht veranlaßt haben, wenn auch ihre Anwendung statt der Löschböden an sich sehr zweckmäßig ist.

Schindler, in den drei Preisfragen über den Unterschied zwischen Roheisen und Stabeisen. S. 148. 170—186. — v. Marcher, Beiträge zur Eisenhüttenkunde. II. 1ster Bd. S. 160—175. — Karsten, metallurgische Reise u. s. f. S. 400—406.

5. Die Siegensche Einmalschmelzerei.

§. 921.

Von der Steyerschen Einmalschmelzerei ist die Siegensche nur dadurch unterschieden, daß das bei der Siegenschen Frischmethode niederschmelzende leichtfrischende Roheisen mehrentheils in Gestalt von Gänzen auf die Gichtseite gelegt, und nur in einigen Fällen mit der Zange vor die Form gehalten wird; vorzüglich aber dadurch, daß sehr große Luppen angefertigt werden, welche oft 3½ bis 4 Ctr. schwer sind, und daß häufig Schlacke abgelassen wird, welches bei der Steyerschen Arbeit gar nicht geschieht. Das Einschmelzen erfolgt auch über und vor dem Winde, und die gaaren Zuschläge, welche während des Ausschmiedens in großer Menge gegeben werden, müssen das Gaarwerden des Eisens im Heerd ebenfalls befördern. Das Roheisen ist so leichtfrischend oder gaarschmelzend, daß alle drei Stunden eine 3½ bis 4 Ctr. schwere Luppe fertig ist. Die Ursache dieses Verhaltens liegt darin, daß das Roheisen bei leichtflüssigen Beschickungen, in nicht besonders hohen Oefen und aus Erzen, die mehrentheils viel Mangan enthalten, geschmolzen wird. Sehr manganreiche Erze bewirken immer einen flüssigen Gang im Ofen und geben dabei ein gaarschmelzendes (leicht zum Weißwerden geneigtes) Roheisen, welches nur wenig Silicium, besonders bei einem nicht zu heißen Gange, aufnimmt und daher ohne Gefahr für die Beschaffenheit des Stabeisens im Frischfeuer schnell zur Gaare gebracht werden kann. Das Gebläse, welches aus ein Paar einfachen ledernen Balgen besteht, kann so stark wechseln, daß es zuweilen, bei sehr gaarschmelzendem weißem Roheisen möglich wird, zur Beschleunigung der Arbeit, Roheisen in den Heerd zu setzen. Hrn. Eversmann's Angabe, daß man bei einem zu großen Gaargange genöthigt sey, rohen Schraat (Bruchroheisen) in den Heerd zu setzen, so wie im entgegengesetzten Fall gaaren Schraat (Abgänge und Abschnittel von Stabeisen) in die Arbeit zu bringen, findet keine allgemeine Anwendung.

Die Einrichtung eines Siegenschen Frischfeuers geht aus den Zeichnungen Taf. XL. Fig. 4—6. hervor. Das Feuer ist 24 Zoll lang, Hinter- und Formzacken hängen 3 Zoll in den Heerd, und beide machen einen spitzen Winkel mit einander; der Boden fällt nach dem Vorheerd und Gichtzackenwinkel zuweilen um $\frac{1}{4}$ Zoll. Ein Gichtzacken ist in den meisten Fällen nicht vorhanden, indem der Heerd mit Lösche angefüllt ist. Das Schlackenloch steht sehr weit von dem breiten Vorheerd zurück, und erschwert die Arbeit. Die Form ist halbrund, etwa $\frac{3}{4}$ Zoll breit und $\frac{5}{4}$ Zoll hoch, und mit einem eisernen Schwanz zum Festhalten versehen. Gewöhnlich wird sie so gestellt, daß sie mit dem in das Feuer hängenden Formzacken einen rechten Winkel bildet. Das Roheisen wird etwa auf 9 Zoll genähert, und liegt über dem Windstrom, der zuweilen so geneigt geführt wird, daß er die Mitte des Bodens trifft. Die Düsen der beiden Balgen haben $\frac{3}{4}$ Zoll im Durchmesser, und liegen 3 Zoll von der Formöffnung zurück; die Form steht nur 1 bis $1\frac{1}{2}$ Zoll in den Heerd hinein.

Das Ausschmieden dauert fast so lange, als das Einschmelzen selbst, obgleich das Eisen nur zu 3zölligen groben Quadratstäben ausgereckt wird, indem die Siegener Einmalschmelzarbeit, eben so wie die Steyersche, nur Grobeisen liefert, welches unter Kleinhämmern (oder Walzwerken) weiter verarbeitet wird. Durch das Wärmen entstehen große Pausen, weshalb ein Hammer auch füglich 2 Feuer versehen kann, wie dies in wasserreichen Jahreszeiten der Fall ist.

Man wendet sehr (7 Centner) schwere geschmiedete Hämmer mit scharfer (2 Zoll breiter und 14 Zoll langer) Bahn, so wie gegossene Ambösse mit halbrunder Bahn, an. Das halbirte Roheisen wird besonders vorgezogen, weil das weiße Roheisen zu hartes Eisen geben soll, und das ganz graue die Arbeit zu wenig fördert. Flaches oder plattes Roheisen (Kruschen, oder Roheisen, welches, theils wegen des starken Zusatzes von Spatheisenstein und der daraus entspringenden Leichtflüssigkeit der Beschickung, theils wegen des Begießens mit Wasser jederzeit weißes, oder höchstens weiß halbirtes Roheisen ist) wird theils vor der Gicht aufgesetzt, theils in Zangen gepackt, vor der Gicht angewärmt, und nach dem Ausschmieden vor die Form gebracht und schnell niedergeschmolzen. In drei Stunden sind 350 bis 400 Pfund Stabeisen im Heerde geschmolzen, worauf die Luppe ausgebrochen, unter dem Hammer nach der Richtung der Länge ausgezogen, und durch den Hammer selbst in zwei Theile zerschroten wird. Der eine derselben wird mit einer großen Zange ergriffen und vor der Form, etwas über derselben, gewärmt. Das zweite Stück wird mehr nach dem Gichtzacken zu gelegt und mit der Zange festgehalten, wenn das erste Stück zum Schmieden herausgenommen ist. Jedes Stück giebt bei großen Luppen zwei Stäbe; es wird dann zur Hälfte ausgeschmiedet, abgelöscht, und die zweite Hälfte in das Feuer gelegt, wo das zweite Stück vorher lag, welches nun in der Zange befestigt ist. So wie dieses aus dem Feuer genommen ist, kommt das erste Stück wieder über die Form, um völlig ausgereckt zu werden. Die Luppe mag groß oder klein seyn, so wird sie immer in zwei Theile zerschroten.

Beim Ausschmieden werden gaare Zuschläge nicht gespart, damit die Kolben gut gewärmt werden können, und damit das niedergehende Roheisen gaare Zeuge im Heerde findet und anfrischt. Dagegen wird aber auch beim Wärmen fast unaufhörlich Schlacke wieder abgelassen, welche ein sehr gaares Ansehen hat. Der Vorheerd ist mit Lösche zugemacht. Die Arbeit ist wegen des Wärmens und Schlackenstechens, auch Zusammenhaltens des Feuers und Nachfahrens des Roheisens, ziemlich beschwerlich; im Heerde arbeitet man aber nicht weiter, als daß das Eisen, welches sich an den Rändern in die Höhe baut (indem sich der Wind in der Mitte eine Oeffnung macht), immer heruntergestoßen werden muß. Wenn so viel eingeschmolzen ist, daß der Heerd voll ist, wird das Roheisen abgerückt, und es werden Maaßregeln getroffen, alle zerstreuten Eisentheile in den Heerd eingehen zu lassen. Oft kommen viele gaare Brocken zum Vorschein, welche entweder niederschmelzen müssen, oder aus dem Feuer genommen, und zu Anfang der nächsten Luppe in den Heerd gesetzt werden, wodurch das Gaaren befördert wird. Der Heerd ist so voll gaarem Eisen, daß sich dasselbe hoch über die Form erhebt; auch setzt sich die Schlacke, welche zuletzt nicht mehr abgelassen wird, zwischen der Luppe und dem Schlackenloch so fest, daß sie losgebrochen und aus dem Heerd genommen werden muß.

Der Feuerbau und die Arbeit tragen nicht besonders viel dazu bei, daß das Roheisen gleich beim ersten Niederschmelzen gaar wird; die eigenthümliche Beschaffenheit desselben ist dazu wohl die vorzüglichste Ursache, so wie auch, daß die Schlacke unaufhörlich abgelassen und bei dem stark geneigten Winde die Entstehung von neuem Eisenoxydul veranlaßt wird. Das bei einer strengflüssigen Beschickung und bei einem hitzigen Ofengang erblasene graue Roheisen, würde auf solche Weise nicht zum Gaarwerden gebracht werden können. Die Feuer sind mit vier Mann, nämlich mit 2 Meistern und 2 Gehülfen besetzt, die sich in etwa 3stündigen Schichten abwechseln; denn in dieser Zeit ist jedesmal eine Luppe fertig. Beim Zängen der Luppe sind alle Arbeiter zugegen. Die Produktion ist sehr bedeutend, und kann wöchentlich auf 180 bis 200 Ctr. steigen; indeß wird das Stabeisen nur zu dicken, unansehnlichen und schiefrigen Quadratstäben ausgezogen.

Nach Hrn. Eversmann sollen in 24 Stunden aus 3200 Pfd. Roheisen 2700 Pfd. Stabeisen geschmiedet werden, welches aus 100 Roheisen etwa 84 Stabeisen, folglich etwa 16 Procent Abgang geben würde. Den Kohlenverbrauch giebt derselbe zu 11 Zain (den Zain zu 18 rheinl. Kubikfuß) auf 2700 Pfd. Stabeisen an, so daß zu 100 Berl. Pfunden Stabeisen etwa 7½ Kubikfuß Holzkohlen erforderlich seyn würden.

Nach den von mir selbst eingezogenen Nachrichten beträgt der Abgang beim Roheisen in der Regel 18 Procent. Der Holzkohlenaufwand scheint sehr verschieden zu seyn: in einigen

Hütten machte man bei 10 Zain Kohlen über 3500, und in andern Hütten nicht über 2000 Pfd. Stabeisen. Der Kohlenverbrauch scheint daher über 9 Kubikf. für den Preuß. Centner nicht zu betragen, wohl aber häufig nur 6 bis 7 Kubikf. zu seyn. Die Kohlen sind aber sämmtlich von hartem Holz und von vorzüglicher Güte. Genaue Angaben über den Kohlenverbrauch lassen sich, wegen der dort bestehenden eigenthümlichen Einrichtungen, welche keine große Zuverlässigkeit bei der Ausmittelung der Verbrauchssätze gestatten, nur schwer erhalten.

Eversmann a. a. O. 50—53.

6. Die Osemundschmiede.

§. 922.

Die Osemundschmiede schmelzt, wie die Wallonenschmiede, jedesmal nur so viel gaarschmelzendes Roheisen von der über dem Hinterzacken vor der Form liegenden Ganz gaar ein, als zu einem Kolben erforderlich ist. Der Kolben wird aber nicht in einem besonderen Heerd ausgereckt, sondern er wird mit der Anlaufstange aus dem Heerd genommen und sogleich unter dem Hammer ausgezogen. Diese Frischarbeit ist also eine wahre Anlaufarbeit, bei welcher das Roheisen aber sogleich gaar niedergehen und sich mit dem Anlaufkolben verbinden muß. Die Osemundschmiede erfordert daher ebenfalls ein vorzüglich reines, sehr gaarschmelzendes Roheisen, und verursacht eine angestrengte Arbeit, weil das Anlaufenlassen und Ausschmieden ununterbrochen wechseln.

Die gaaren Zuschläge sind für die Osemundfrischerei nothwendig, und die Arbeit kann, eben so wie bei der Löschfeuerschmiede, nicht eher beginnen, als bis der Heerd voll flüssiger Gaarschlacke ist. Zu Anfang des Schmelzens verschafft man sich die gaarende Grundlage im Heerd durch den sogenannten Kloot (Schwahl und gaare Hammerbrocken), die zuerst geschmolzen werden müssen. Gaare Schlacke wird aus einleuchtenden Gründen ebenfalls nur sehr selten abgestochen.

Die Breite des Heerdes vom Form- zum Gichtzacken ist 12 Zoll, die Länge 27 Zoll; der Boden ist aber nur 16 bis 17 Zoll lang, indem der ganze Vorheerd mit Lösche ausgelegt wird. Das Feuer ist 7 Zoll tief und die Form 7 Zoll vom Hinterzacken entfernt. Sie steht 2 Zoll in den Heerd und hat eine sehr starke Neigung. Man wendet einen heftigen Wind an und läßt das Roheisen 5 bis 6 Zoll über der Form schmelzen, um es flüssig vor den Windstrom zu bringen. Der obere Rand des Gichtzackens ist deshalb auch 7 Zoll höher als die Form. Beim Schmelzen wird die Ganz der Form bis auf 6 Zoll genähert, und die niedergehenden Roheisentropfen erhalten, theils durch den Windstrom, theils durch die gaaren Zuschläge im Heerde, die nöthige Gaare. Deshalb backen sie bald zu mehren kleinen Brocken zusammen, welche mit einem Handspieß gelüftet und vor den Wind geführt werden müssen, während man eine Anlaufstange in das Feuer bringt, um die kleinen Frischklumpen an der Anlaufstange anschweißen zu lassen. Diese Operation geschieht unter ununterbrochenem Umdrehen der Anlaufstange in dem Windstrom, um das Roheisen recht durcharbeiten und von allen Seiten anschweißen zu lassen. Sind auf diese Weise etwa 20 Pfund Eisen angelaufen, so wird der Kolben aus dem Feuer genommen, sogleich ausgeschmiedet, von der Anlaufstange abgehauen, und diese wieder zum Anlaufen eingehalten. Mehrentheils ist jedesmal in einer Viertelstunde ein Anlaufkolben fertig, weshalb mehre Anlaufstäbe im Gebrauch sind. Je flüssiger durch gaare Schlacke es im Heerde, und je größer die Hitze ist, in welcher das Eisen durchgewirkt wird, desto vorzüglicher wird es in der Güte ausfallen. Die kleinen Kolben und das beständige Durcharbeiten derselben in der gaaren Schlacke und vor dem Winde, lassen erwarten, daß das Eisen rein und gut ausfallen muß.

Das märkische Osemundeisen steht in dem Ruf der vorzüglichsten Güte, und soll ein sehr weiches und zugleich außerordentlich zähes Eisen liefern. Zu dieser Vorzüglichkeit trägt nicht allein die Eigenschaft des Roheisens, sondern auch die Art der Bearbeitung bei, obgleich die Wallonenschmiede in der Güte des Produkts der Osemundschmiede nicht nachstehen darf. Diese ist aber zugleich ökonomisch vortheilhafter, weil zum Ausstrecken der Kolben kein besonderes Feuer nöthig ist. Nach Herrn Eversmann soll der Roheisenabgang 25 Procent betragen und zu 1352 Pfund Osemund sollen 25 märkische Zain (zu $11\frac{3}{8}$ Preuß. Kubikf.), also zu 1 Preuß. Centner etwa $23\frac{1}{2}$ Preuß. Kubikf. Holzkohlen erforderlich seyn. Dieser Kohlenverbrauch ist im Verhältniß mit dem bei der Siegenschen Einmalschmelzerei ungemein groß.

Zum Ausrecken der Anlaufkolben bedient man sich in der Grafschaft Mark in der Regel leichter Schwanzhämmer. Die 10 bis 12 Fuß (unter 7 Fuß sollen sie vorschriftsmäßig nicht seyn) langen Stäbe von dem zum Drathzug bestimmten Osemundeisen werden nicht abgeschlichtet; der Osemund hingegen, welcher nicht zum Drathzug genommen wird, und den Namen Land- oder Knüppeleisen führt, wird in kurzen Schienen von $2\frac{1}{2}$ bis 3 Fuß lang und 20 Pfund schwer geschmiedet.

Eversmann a. a. O. 215—226. — Rinman a. a. O. I. 556—562.

§. 923.

Rinman erwähnt in seiner Geschichte des Eisens noch einer Frischmethode, welche er die Schwedische Osemundschmiede nennt, die aber eigentlich eine Wallonenschmiede oder Einmalschmelzerei ist. Es wird dabei nämlich Roheisen in Körnern (Wascheisen) mit einmaligem Einschmelzen gaar eingelassen, und die Luppe demnächst aufgebrochen und gezängt, auch in Schirbel zerhauen, welche indeß nicht gänzlich getrennt werden, sondern an einem Ende noch an einander hängen bleiben. Dies Eisen wird demnächst in Frischheerden zu Breitwaaren weiter verarbeitet. Den Abgang an Roheisen giebt **Rinman** zu 37 Procent an. Der Feuerbau ist sehr einfach, indem der Heerd nur einen Boden und einen Formzacken hat, und übrigens ganz aus Lösche besteht. Die größte Sorgfalt hat man darauf zu verwenden, daß das Wascheisen nicht in ungeschmolzenen Körnern durch die Kohlen fällt, sondern flüssig eingeht, und durch die gaaren Zuschläge, welche es im Heerde findet, zur Gaare kommt. Dies Gaaren, oder Vereinigen zu einem Frischstück, muß durch Arbeiten mit der Brechstange befördert werden. Statt des Wascheisens bedient man sich zuweilen auch des Roheisens in Gänzen.

Rinman a. a. O. I. 553—556.

7. Die Bratfrischschmiede.

§. 924.

Die Bratfrischschmiede ist nichts weiter als eine Steyersche Einmalschmelzerei, bei welcher man, statt des gewöhnlichen Scheibeneisens, wenn dasselbe nicht aus luckigem, sondern aus blumigem Floß besteht, zur Ersparung an Zeit und Kohlen, gebratenes, d. h. vor dem Verfrischen stark geglühetes Scheibeneisen, welches durch den Zutritt der Luft beim Braten schon einen Theil Kohlenstoff verloren hat, anwendet. Deshalb kann sie auch eigentlich nicht als eine besondere Frischmethode, sondern nur als diejenige Art der Steyerschen Einmalschmelzerei betrachtet werden, welche weißes, unmittelbar vom Blauofen abgeliefertes Roheisen verarbeitet, nachdem dasselbe vorher durch Glühen oder Braten vorbereitet worden ist. Seitdem man in Steyermark die Schwalmanipulation (§. 920) eingeführt hat, scheint das Braten der Flossen, vor dem Einschmelzen und Frischen, nur noch zu Neuberg statt zu finden. — Für den Betrieb der Bratfrischschmiede ist es einerlei, ob das Roheisen (Scheibeneisen) bei einem solchen Verhältniß des Erzsatzes zum

Kohlensatz erblasen ist, daß es als Spiegelfloß, oder, wie es häufiger der Fall ist, als blumiges Floß zum Verfrischen abgeliefert wird; oder ob man den Erzsatz beim Blauofen so führt, daß graues Roheisen entsteht, welches dann durch besondere Operationen (Blattlheben, oder Scheibenreißen) bei dem Blauofen selbst, in weißes Roheisen umgeändert und an die Frischhütte abgegeben wird. In beiden Fällen erhält die Frischhütte weißes Scheibeneisen, welches, weil es nicht so gaar einschmelzen würde, wie das luckige Floß, vor dem eigentlichen Verfrischen durch Glühen (Braten) vorbereitet wird. — In anderen Fällen erhält der Frischer das Roheisen von dem Blauofen in solchem Zustande, daß er selbst die Operation des Blattlhebens vor dem Braten vornehmen muß. Diese Frischmethode hat andere Namen erhalten (Hart= und Weich=Zerrennarbeit, Kartitscharbeit), obgleich sie sich im Wesentlichen der Operation, nämlich in dem eigentlichen Frischverfahren, von der Bratfrischschmiede, folglich auch von der Steyerschen Einmalschmelzerei, nicht unterscheidet. Der Unterschied bei diesen drei Frischmethoden besteht nur darin, daß die ächte Steyersche Einmalschmelzerei luckige, obgleich in der neueren Zeit, wie bereits erwähnt, auch schon blumige Flossen unmittelbar verfrischt, ohne sie durch Braten vorzubereiten; daß die Bratfrischschmiede weiße Flossen unmittelbar vom Blauofen erhält, mit welcher sie keine andere Vorbereitung vor dem Verfrischen als das Braten anwendet, und daß die Hart= und Weich=Zerrennarbeit, so wie die Kartitscharbeit, graues Roheisen von den Blauöfen erhalten, welches vor dem Braten noch durch einen besonderen Schmelzprozeß in denjenigen Zustand versetzt werden muß, in welchem die Bratfrischschmiede ihr Material vom Blauofen erhält.

Weil das Verfahren beim Braten des Scheibeneisens bei der Bratfrischschmiede von demjenigen nicht abweicht, welches bei der Hart= und Weich=Zerrennarbeit stattfindet; so soll der

Bratprozeß demnächst bei der Hart- und Weich-Zerrennarbeit näher beschrieben werden.

Obgleich es hiernach scheint, daß es überflüssig wäre, die Bratschmiede von der Hart- und Weich-Zerrennarbeit noch besonders zu unterscheiden; so findet doch in der That ein wesentlicher Unterschied beider Methoden darin statt, daß die Bratfrischschmiede ihr Material so verarbeitet, wie sie es vom Blauofen erhält, ohne dasselbe vor dem Braten noch einmal umzuschmelzen. Dieses Umschmelzen kann aber nicht ohne einen Einfluß auf die Beschaffenheit des Roheisens und des daraus zu erzeugenden Stabeisens seyn.

Wenn der Betrieb der Blauöfen auf die Erzeugung von blumigen Flossen eingerichtet ist, so wird dieses sogleich in Gestalt von Scheiben oder Platten (Scheibeneisen) abgestochen, und der Bratfrischschmiede zum Braten und Verfrischen übergeben. Wenn aber bei den Blauöfen nicht weißes, sondern graues Roheisen erblasen wird, so wird die Roheisenmasse bei jedem Abstich in einen trichterförmigen Sumpf, welcher auf der Hüttensohle, nahe bei der Abstichöffnung, in Sand geformt ist, geleitet, und in diesem Sumpf in Scheiben gerissen, welche in der äußeren Gestalt ganz mit den Gaarkupferscheiben übereinstimmen. Der Sumpf wird zu jedem Abstich in dem Formsande neu angefertigt, oder wenigstens ausgebessert. Zuerst werden die Schlacken von der Oberfläche des in dem Sumpf befindlichen Roheisens rein abgezogen, und wenn das Eisen ganz gereinigt ist, wird zum Scheibenreißen geschritten. Weißes Roheisen würde sich nicht in Scheiben reißen lassen, und das halbirte Roheisen giebt sehr dicke und unförmliche Scheiben. Bei dem grauen Roheisen fallen die Blattln oder Scheiben um so dünner aus, je leichtflüssiger die Beschickung war, und je leichter das Roheisen sich bei dem plötzlichen Erstarren abschreckt und weiß wird. Deshalb würde sich auch das bei sehr strengflüssigen Beschickungen und bei einem sehr heißen Ofengange über hohen Obergestellen erblasene graue Roheisen zum Blattlheben oder Scheibenreißen nicht eignen, weil es wenig geneigt ist, durch plötzliches Erstarren weiß zu werden, und sich daher nicht so leicht in dünnen Scheiben von der darunter befindlichen flüssigen Eisenmasse trennt. Dagegen läßt sich aber das bei einer leichtflüssigen Beschickung erblasene Roheisen sehr leicht in Scheiben reißen, und von der darunter befindlichen flüssigen Eisenmasse abheben. Zum Blattlreißen bedient man sich einer leichten Brechstange, um die durch das starke Begießen mit kaltem Wasser zum Erstarren gebrachte Scheibe, auf der Oberfläche des Roheisenbades, von der darunter befindlichen flüssigen Eisenmasse etwas zu heben; und einer Ofengabel, um die glühenden Scheiben vollends abzuheben. Die Arbeit geht sehr schnell, indem ein Abstich von 5 Centnern in kaum zehn Minuten in Scheiben gerissen werden kann. Je nachdem die Scheiben stärker oder schwächer ausfallen, wiegen sie 20 bis 30 Pfund; die zuletzt gehobenen natürlich viel weniger, weil der Sumpf nach unten kegelförmig zuläuft, und die Scheiben daher von oben nach unten einen immer kleineren Durchmesser erhalten.

Die auf diese Art aus dem grauen Roheisen erhaltenen Blattln oder Scheiben sind nach dem Abheben noch glühend heiß. Wenn man sie nach dem völligen Erkalten zerschlägt, so haben sie auf der Bruchfläche das Ansehen der blumigen Flossen. Sie werden dann eben so wie die blumigen Flossen, welche unmittelbar vom Blauofen fallen, zum Braten und Verfrischen an die Bratfrischschmiede abgegeben.

Karsten, metallurgische Reise u. s. f. S. 328 und an mehren Stellen.

8. Die Müglafrischschmiede, oder die Brockenschmiede.

§. 925.

Diese Frischmethode, welche man in Kärnthen Mügla- oder Brockenschmelzen nennt, besteht darin, daß das Roheisen — es habe die Gestalt von Scheiben oder von Flossen, oder es sey Bruch- und Wascheisen — im Frischheerd mehr roh als gaar eingeschmolzen, nach dem Einschmelzen mit gaarem Schwahl, mit Hammerschlag, Stockschlacke u. s. w. vermengt und in Brocken zertheilt wird, welche aus dem Heerd genommen und alsdann gaar eingeschmolzen werden. Durch den Zusatz der gaaren Zuschläge und durch das Durchrühren derselben in dem eingeschmolzenen Roheisen, soll das letztere dem gefrischten Zustande nahe gebracht, die vollständige Abscheidung der Kohle demnächst aber durch das Niederschmelzen des Gemenges vor der Form bewirkt werden.

Das aus Boden und Zacken zusammengesetzte Feuer ist 24 Zoll lang und breit, 10 bis 11 Zoll tief; die Form ist 8 bis 9 Zoll vom Hinterzacken entfernt, und neigt sich etwa 10 Grad in den Heerd. Auf die Dimensionen des Heerdes kommt es nicht so sehr an, weil das Feuer mit Lösche zugebaut wird. Der Boden ist etwa 2 Zoll hoch mit Lösche bedeckt. Beim Anfang der Arbeit wird das Feuer gereinigt, so daß nur wenig gaare Schlacke darin zurück bleibt, und mit trockenen Kohlen angefüllt. Das einzuschmelzende Roheisen wird der Form in einer Entfernung von etwa 5 Zoll genähert, mit Kohlen bedeckt und das Gebläse langsam angelassen. Die Kolben des vorigen Frischens werden während der Zeit des Einschmelzens ausgeschmiedet. Häuft sich zu viel rohe Schlacke an, so muß sie abgestochen werden. Nach dem Einschmelzen werden Kohlen und Lösche abgeräumt, und die wenige auf dem Eisen etwa schwimmende rohe Schlacke wird mit der Schaufel abgeschöpft. Das meist flüssige Eisen wird dann mit einigen Schaufeln gaarem Hammerschlag und Stockschlacke vermengt, und mit einer hölzernen Stange so lange gerührt, bis alles ein trockenes Gemenge geworden ist, wobei die einzelnen Stücken 1 Loth bis $\frac{1}{8}$ Centner wiegen. Alles Eisen wird nun mit Schaufeln auf die Gicht gebracht, das Feuer von aller Lösche, Schlacke und Eisen gereinigt, alsdann mit frischen Kohlen angefüllt, die größten Eisenstücken werden an der hinteren Seite, die kleineren aber an der Gichtseite auf die Kohlen gebracht, und überhaupt etwa die Hälfte des ganzen ausgebrochenen Eisens, doch fürs erste die größten Stücke, in Arbeit genommen. Sie werden wieder mit Kohlen beschüttet, und das Gebläse wird langsam in Gang gesetzt.

Der nächste Zweck der jetzt beginnenden Frischarbeit ist nun dahin gerichtet, die Brocken gaar niedergehen zu lassen, und sie so lange vor dem Winde zu erhalten, bis sie die gehörige Gaare erlangt haben, welches sich durch die gewöhnlichen Kennzeichen an der Brechstange zu erkennen giebt. In demselben Verhältniß, als die Brocken gaar niedergehen, setzt man von den auf der Gicht befindlichen kalten Eisenbrocken nach, und trägt jedesmal frische Kohlen mit auf.

In einigen Gegenden wird alles gaar eingehende Eisen zu einer einzigen Luppe vereinigt, die demnächst ausgebrochen, gezängt, in Schirbel zerhauen, und beim künftigen Einschmelzen zu Stäben ausgeschmiedet wird. In anderen Gegenden frischt man gar keine Luppe, sondern nimmt alles Eisen als Anlauf aus dem Feuer. Sobald nämlich das Gaaren des ersten eingehenden Brockens anfängt, bringt man den mit einem hölzernen Stiel versehenen Anlaufkolben ins Feuer, steckt ihn dicht unter die Form, etwa 2 Zoll unter dem Rüssel derselben, bis an den Hinterzacken, dreht ihn anfangs, lüftet ihn zuletzt, zieht ihn dann, nachdem die darüber befindliche Eisenmasse mit der Brechstange gehoben worden, aus dem Feuer, und läßt ihn unter den Hammer zusammenschlagen. Der Anlauf wird zu einem Kolben ausgeschmiedet, welcher beim künftigen Einschmelzen zu Stäben ausgezogen wird. Mit dem Anlaufen wird so lange fortgefahren, als sich noch Eisen im Heerde befindet. Die Geschicklichkeit des Frischers besteht darin, kein gaares Eisen auf den Boden niedergehen, sondern alles anlaufen zu lassen.

Beim Anlaufnehmen ist der Abgang bei dieser Frischmethode größer, als wenn bloß eine Luppe gefrischt wird. Im ersten Fall kann er oft 30 und mehr Procente betragen; das Eisen ist aber von vorzüglicher Güte. Im letzten Fall beträgt der Abgang oft nur 9 Procent, auch wohl noch weniger. Der Kohlenaufwand ist aber sehr groß, und beträgt oft über 36 Preuß. Kubikfuß auf den Centner Stabeisen.

Dies Frischverfahren stimmt im Wesentlichen ganz mit demjenigen überein, welches auf einigen Eisenhüttenwerken in Frankreich unter dem Namen der Bergamaskischen Frischmethode angewendet wird. Man nennt dort die Vorbereitung des Roheisens zum Frischprozeß, nämlich die Umänderung desselben in kleine halbgaare Massen, mazéage.

v. Marcher a. a. O. 290 u. f. — Gueymard, mémoire sur un perfectionnement de la méthode dite bergamasque, pour l'affinage de la fonte; im journal des mines, No. 197, p. 327—338. — Prechtl, ein Vorschlag zur Verbesserung des Eisenfrischprozesses; — in Schweigger's neuem Journal f. Chemie u. Physik. X. 96—107.

9. Die Brechschmiede.

§. 926.

Von der Mügla- oder Brockenfrischschmiede weicht die Brechschmiede nur in dem einzigen Punkt ab, daß bei der Brechschmiede kein Einrühren der gaaren Zuschläge in das eingeschmolzene Roheisen stattfindet, sondern daß dem Roheisen gleich beim Einschmelzen eine solche Gaare gegeben wird, daß es sich in viele Stücken zertheilt aufbrechen läßt. Diese Stücken erhalten durch die im Heerde befindlichen gaaren Zuschläge schon einen ziemlichen Grad von Gaare.

Es giebt bei dieser Brechschmiede, welche auf einigen Hüttenwerken in Frankreich ebenfalls unter dem Namen der Bergamaskischen Frischmethode in Anwendung kommt, mehre abweichende Verfahrungsarten.

Die in Böhmen und Mähren übliche Anlauffrischarbeit besteht darin, daß das Roheisen erst halbgaar eingeschmolzen, dann ganz aufgebrochen und in einzelnen Brocken auf die Gicht gelegt wird. Alsdann wird der Heerd voll Kohlen gefüllt, und die halbgaaren Brocken werden einzeln vor den Wind ins Feuer gelassen, und zum Anlaufen an den Anlaufstab gebracht. Es läßt sich bei dieser Methode viel Roheisen mit Einemmal einschmelzen, weil die halbgaaren Brocken nur nach und nach ins Feuer gebracht werden. Das Ausschmieden geschieht beim Anlaufen oder Gaareingehen ununterbrochen, und beim Einschmelzen würde der Hammer ganz ruhen, wenn nicht die Anlaufkolben dann mehrentheils zu Stäben ausgezogen würden. Bei dieser Methode erfolgt gutes Eisen, auch ist der Eisenabgang nicht größer als bei der deutschen Frischarbeit; aber der Kohlenaufwand ist größer.

Eine dieser Methode ähnliche Frischarbeit findet in Ungarn statt, indem das Roheisen bei meist harten Kohlen (weshalb die Produktion auch nicht bedeutend ist) halbgaar eingeschmolzen, dann das Feuer ausgeräumt, das halbgaare Eisen auf die Gicht gelegt, und ohne Anlaufen in einzelnen Brocken gaar gemacht wird. Solche gaare Brocken heißen dort Juden, und man schweißt einen so lange an den andern an, bis man so viel Eisen beisammen hat, als zu einem Stabe nöthig ist. Daß man nicht anlaufen läßt, ist der einzige Unterschied, welcher von den harten Kohlen von Buchenholz herrührt, die man dort größtentheils verarbeiten muß, wobei das Anlaufen nicht gut von statten geht.

Jars erwähnt einer Frischmethode in Norwegen, bei welcher von dem einschmelzenden Roheisen sogleich kleine halbgaare Frischklumpen gemacht, diese aus dem Heerd gebracht und bei Seite gelegt werden. Wenn alles zu einer Luppe einzuschmelzende Roheisen zu solchen kleinen Frischmassen gefrischt worden ist, wird das Feuer mit Kohlen angefüllt, und alle die halbgaaren Frischmassen werden durch Gaareingehen zu einer gaaren Luppe vereinigt. Das Ausschmieden geschieht beim Einschmelzen.

Mit dieser Methode ziemlich übereinstimmend scheint diejenige zu seyn, welche in Toscana gebräuchlich ist und welche durch Hrn. Garella bekannt geworden ist.

Nach Rinman ist ein ähnlicher Prozeß zu Småland üblich, nur mit dem Unterschied, daß alles eingeschmolzene Roheisen einmal roh aufgebrochen, und daß beim Eingehen des roh aufgebrochenen Eisens absichtlich dahin gearbeitet wird, kleine halbgaare Frischeisenstücken zu erhalten, welche einzeln aus dem Heerde genommen, und dann zusammen gaar eingelassen werden.

Ueberhaupt aber stehen die Müglafrischschmiede und die Brechschmiede einander so nahe, daß sie sich eigentlich nur durch den unwesentlichen Umstand unterscheiden, daß die erstere eine sehr angestrengte Arbeit beim Durchrühren des eingeschmolzenen Roheisens mit gaaren Zuschlägen erfordert, die letztere aber den halbgaaren Zustand des Roheisens auf eine, für den Arbeiter bequemere Weise herbeizuführen sucht. Beide schmelzen aber das ausgebrochene halbgaare Eisen zu einzelnen Frischstücken wieder ein, welche entweder sogleich ganz gaar gemacht und einzeln aus dem Heerd genommen, oder nicht völlig zur Gaare gebracht und dann noch einmal, bald einzeln und für sich allein gaar niedergeschmolzen, oder bei diesem abermaligen Niederschmelzen zu einer einzigen Luppe vereinigt werden.

Beide Frischmethoden erfordern viel Kohlen, nehmen die

Kräfte der Arbeiter sehr in Anspruch und gestatten nur eine geringe Produktion, weshalb man sie auch nur sehr selten mehr antrifft.

Jars a. a. O. I. 280 u. f. — Rinman a. a. O. I. 576 u. f. — Garella, mémoire sur la fabrication de la fonte et du fer en Toscane; in den Ann. des mines. 3 Série. XVI. 68.

10. Der Sinterprozeß.

§. 927.

Auf einigen Hüttenwerken im Salzburgischen, in Kärnthen und in Berchtolsgaden, ist ein eigenthümliches Frischverfahren üblich, welches sich von der Müglafrischerei und von der Brechschmiede dadurch unterscheidet, daß das Roheisen nicht in der Gestalt von Flossen oder in ganzen Stücken, sondern im gepulverten Zustande eingeschmolzen wird. Wo die Frischfeuer in der Nähe des Blauofens vorhanden sind, da werden die abgestochenen Flossen, sogleich nach dem Erstarren, aber noch im glühenden Zustande, unter einen Hammer mit breiter Bahn gebracht und so lange gepocht, bis sie eine pulverartige Masse bilden. Befinden sich die Frischfeuer nicht in der Nähe des Ofens, so müssen die Flossen erst in einem besonderen Feuer stark rothglühend gemacht und dann unter dem Pochhammer zu Pulver gestampft werden. Man wendet dazu graues, oder halbirtes Roheisen an, weil das weiße Roheisen sich nicht fein zerpulvern läßt.

Das Roheisenpulver wird mit Glühspan und mit gepulverter Gaarschlacke (Schwahl und Stockschlacke aus dem Feuer und vom Hammer) gemengt, und dies Gemenge wird dann durch langsames Niederschmelzen im Feuer zur Gaare gebracht.

Der Heerd des Frischfeuers ist aus Eisenplatten oder Frischzacken zusammengesetzt, hat aber einen aus Ziegeln gemauerten Boden, welcher mit Kohlenlösche bedeckt wird, so daß das Ausschmieden und das Frischen auf einem Löschboden stattfindet.

Die Breite von der Form bis zur Gicht- oder Windseite beträgt 22, die Länge 24 bis 26 Zoll. Die hintere, oder die Aschenseite, so wie die Windseite, sind durch besonders aufgesetzte Platten erhöhet, um die Kohlen im Feuer hoch aufstürzen zu können, indem die aufgegebene Beschickung durch Kohlen langsam niederschmelzen muß. Der Löschboden liegt etwa 7 Zoll von der stark geneigten Form entfernt, durch welche nur ein sehr schwacher Windstrom geführt wird, um die Masse möglichst langsam niedergehen, und überall vom Winde berühren zu lassen, indem ein heftiger Wind mehr ein Niederschmelzen, als ein gleichzeitiges Frischen der niedergehenden Masse bewirken würde.

Den Anfang der Arbeit macht das Ausheizen der beiden Luppenstücke von der vorigen Luppe, von denen ein jedes einzeln in den Frischheerd gebracht wird und die Schweißhitze erhält, um unter dem Hammer zu Kolben ausgezogen zu werden. Gleichzeitig mit dem Einhalten des ersten Luppenstückes streut der Frischer schon schaufelweise etwas von der, aus gepochtem Roheisen und Glühspan u. s. f. bestehenden Beschickung über die Kohlen, welche zwischen der Aschen- und Windseite aufgehäuft worden sind. Mit diesem Eintragen der Beschickung wird immer fortgefahren, sobald die vorige niedergegangen ist. Der aus dem ersten Luppenstück erhaltene Kolben wird in einem besonderen Wärmefeuer ausgeschmiedet, worauf das zweite Luppenstück eingehalten, ebenfalls zu einem Kolben ausgezogen und dann zum weiteren Ausschmieden an das Wärm- oder Schmiedefeuer abgegeben wird. Das Ausschweißen der Luppenstücke und das Ausziehen derselben zu Kolben, ist daher auch früher beendigt als das Niederschmelzen der zu einer Luppe bestimmten Beschickung. Gewöhnlich werden 140 bis 150 Pfund Beschickung zu einer Luppe genommen und nach und nach langsam eingerennt. So wie das letzte, zu einer Luppe bestimmte Quantum von der Beschickung niedergegangen ist, wird das

Feuer abgeräumt, die kleine, etwa 100 Pfund schwere Luppe ausgebrochen, und unter dem Hammer in zwei Stücken zerschroten, mit deren Ausschweißung zu Kolben die Anfertigung einer neuen Luppe beginnt. Das Feuer ist mit zwei Arbeitern besetzt, welche in 12stündigen Schichten arbeiten, und in dieser Zeit vier Luppen anfertigen müssen.

Das Wärm- oder Schmiedefeuer streckt während dieser Zeit die Kolben zu Stäben aus. Die Kolben erhalten zu dem Ende eine neue Schweißhitze; indeß bringt der Heizer gleichzeitig auch etwas von der Beschickung ins Feuer, und macht jedesmal bei zwei auszuheizenden Kolben eine kleinere Luppe, die nur ein Luppenstück giebt, welches mit den beiden Kolben der folgenden Hitze gleichzeitig ausgeschmiedet wird. Das Schmiedefeuer ist ebenfalls mit zwei Arbeitern besetzt, welche auch das Zerpochen der Flossen besorgen müssen.

Aus den vier größeren Luppen des Frischheerdes und aus den vier kleineren, welche das Schmiedefeuer liefert, werden täglich, nämlich in 12 Stunden, 450 bis 500 Pfund Stabeisen geliefert, so daß zwei Feuer wöchentlich nur 28 bis 30 Centner Eisen geben.

Bei dieser Frischmethode findet, wenn man den Eisengehalt der gaaren Zuschläge unberücksichtigt läßt, kein bedeutender Eisenverlust statt, indem derselbe nur 13 bis 15 Procent beträgt. Dagegen ist der Kohlenverbrauch ungemein groß, indem zu 100 Preuß. Pfunden Stabeisen über 45 Preuß. Kubikf. Holzkohlen verbraucht werden, wobei diejenigen Kohlen nicht gerechnet sind, welche zum Glühen des Roheisens für den Fall erfordert werden, daß dasselbe nicht unmittelbar beim Blauofen zerpulvert werden kann.

Karsten, metallurgische Reise u. s. f. S. 149.

11. Die Hart- und Weich-Zerrennschmiede.

§. 928.

Dies Frischverfahren ist eigentlich die Steyersche Einmalschmelzerei, und zwar diejenige Abart derselben, welche nicht luckige Flossen, sondern blumige Flossen verarbeitet, und diese vor dem Verfrischen durch Glühen oder Braten vorbereitet, um sie dadurch etwa in denselben Zustand zu versetzen, in welchem sich die luckigen Flossen unmittelbar vom Blauofen schon ohne Braten befinden. Das Frischverfahren würde also mit demjenigen, welches vorhin unter dem Namen der Bratfrischschmiede betrachtet worden ist, übereinstimmen, wenn sich die Bratfrischschmiede nicht der blumigen Flossen unmittelbar vom Blauofen, oder auch des grauen und bloß durch Begießen mit Wasser weiß gemachten und dann in Scheiben gerissenen Eisens vom Blauofen (Scheibeneisen) bediente; wogegen die Hart- und Weichzerrennarbeit die Flossen vom Blauofen noch einmal in einem besonderen Feuer einschmelzt, das eingeschmolzene Roheisen eben so in Scheiben reißt, wie dies bei dem grau geblasenen Roheisen unmittelbar beim Blauofen geschieht, die erhaltenen Scheiben bratet und diese dann in einem zweiten Feuer, in dem eigentlichen Frischheerd, nach Art der Steyerschen Einmalschmelzerei dem Frischprozeß unterwirft.

Zu dieser Frischmethode sind zwei Heerde erforderlich, einer um die Flossen vom Blauofen einzuschmelzen und die geschmolzene Roheisenmasse, in diesem Heerde selbst, in Scheiben zu reißen; der andere, um die gebratenen Scheiben zu verfrischen. Man nennt den ersteren in einigen Gegenden den Hart-, den anderen den Weich-Zerrennheerd. In Kärnthen heißt dies Frischverfahren: das Verfrischen des gebratenen Scheibeneisens nach vorhergegangenem Plattlheben am Zerrennheerd.

Die Hart- und Weichzerrennfrischarbeit kann nur graues, bei einer leichtflüssigen Beschickung erblasenes Roheisen gebrauchen, weil sich das weiße Roheisen in dem Hartzerrennheerde (Umschmelzfeuer) nicht flüssig einschmelzen und nicht in Scheiben reißen lassen würde. Dies Frischverfahren scheint beim ersten Anblick sehr unvortheilhaft zu seyn, indem man die zum Umschmelzen des Roheisens im Hartzerrennheerd erforderlichen Kohlen sparen könnte, wenn man, nach Art der Bratfrischschmiede, entweder weiße Flossen unmittelbar vom Blauofen, oder die aus dem grauen Roheisen zu reißenden Scheiben oder Blattln, unmittelbar vom Abstich aus dem Blauofen, anwendete. Dies mögte auch allerdings da geschehen können, wo es auf die vorzügliche Beschaffenheit des zu erzeugenden Stabeisens so sehr nicht ankommt, oder wo man sehr gutartige Erze bei leichtflüssigen Beschickungen in niedrigen Oefen verschmelzt; allein wo beide Verhältnisse nicht vorhanden sind, da wird man das Umschmelzen des grauen Roheisens nicht umgehen können, weil bei diesem Umschmelzen ein großer Theil der fremdartigen Beimischungen des Roheisens durch Verschlackung abgeschieden wird. Die Hart- und Weichzerrennfrischarbeit liefert daher ein ungleich besseres Product, als die Bratfrischschmiede, welche sich übrigens eines ganz gleichen Verfahrens bedient.

§. 929.

Die Zerrennheerde zum Umschmelzen des grauen Roheisens sind aus eisernen Platten zusammengesetzt und haben gewöhnlich einen steinernen oder gemauerten, aber hoch mit Kohlenlösche bedeckten Boden. Der Form giebt man eine so starke Neigung, daß der Wind fast die Mitte der Löschgrube auf dem Boden trifft. Ihre Entfernung vom tiefsten Punkt der Grube beträgt 9 Zoll. Die Arbeit des Einrennens oder des Hartzerrennens geht Tag und Nacht fort, und obgleich in 24 Stunden nur einige 30 Centner Flossen eingeschmolzen und zu Scheiben gerissen werden können, so liefert ein Zerrennfeuer doch mehr Blattln, als zwei Frischfeuer oder Weichzerrennheerde verarbeiten können.

Zuschläge werden beim Einschmelzen nicht angewendet, weil es nicht die Absicht ist, dem Eisen Kohle zu entziehen, sondern nur dasselbe umzuschmelzen. Die Flossen sind daher auch immer mit Kohlen bedeckt und man wendet eine schnelle Schmelzung mit scharfem Winde an, um das Eisen möglichst roh niederzuschmelzen. Ist der Heerd voll Eisen, so wird mit dem Gebläse sogleich eingehalten, es werden die Kohlen abgeräumt, die Oberfläche des Eisens wird von aller Schlacke sorgfältig gereinigt, das flüssige Roheisen durch Begießen mit Wasser auf der Oberfläche zum Erstarren gebracht, und die sich bildenden festen Scheiben werden, durch Hülfe einer Brechstange und einer Ofengabel, in derselben Art abgehoben, wie die Scheiben unmittelbar beim Blauofen gerissen werden.

Schlacken werden bei dieser Umschmelzarbeit nicht abgelassen, indem dabei nicht mehr Schlacke entsteht, als diejenige, welche nach erfolgtem Einschmelzen, beim Abräumen und Reinigen der Oberfläche des geschmolzenen Eisens, mit der Schaufel abgehoben und aus dem Heerde geworfen wird. Die wenige Schlacke dient als Decke für das eingeschmolzene Eisen und als Schutz gegen den Windstrom

Um das Roheisen recht hitzig einschmelzen zu können, wendet man Formen mit engen Mündungen und ziemlich enge Feuer an.

Die abgehobenen Scheiben werden alsdann dem Prozeß des Bratens, oder Glühens, in derselben Art, wie die unmittelbar beim Blauofen gehobenen Scheiben, oder auch wie das unmittelbar vom Blauofen erfolgende weiße Roheisen (Hartfloß oder Scheibeneisen) unterworfen.

§. 930.

Das Braten des weißen Roheisens aus dem Blauofen, oder auch des durch Scheibenreißen weiß gemachten grauen, umgeschmolzenen und nicht umgeschmolzenen Roheisens, geschieht entweder in Bratöfen, oder auf Bratheerden.

Die Bratöfen (Taf. XLII. Fig. 5—7.) sind gemauerte, backofenartige Gewölbe, welche unten auf der Sohle mit einigen Zuglöchern, und oben mit einer Oeffnuug zur Abführung des Rauches und der Dämpfe versehen sind. Die Zuglöcher werden indeß nur sehr wenig geöffnet, weil man ein starkes Glühen vermeidet, theils um das Zusammensintern der Scheiben zu verhindern, theils weil überhaupt der Prozeß des Bratens langsam ausgeübt werden muß, um die Scheiben durch Cementiren mit Luft zur Verfrischung vorzubereiten. Bei diesem Braten des weißen Roheisens wird ein großer Theil des Kohlegehaltes abgeschieden und verbrannt, wobei jedoch, weil der Zutritt der atmosphärischen Luft zu den glühenden Scheiben noch immer sehr stark ist, gleichzeitig eine Orydation des Eisens auf der Oberfläche stattfindet, so daß die gut gebratenen Blattln oder Scheiben eine halb gefrischte, auf der Oberfläche mit einer starken Glühspandecke versehene Eisenmasse darstellen.

Auf der Sohle des Bratofens wird zuerst eine Schicht von Kohlenlösche ausgebreitet, der man eine Höhe von etwa 6 Zollen giebt. Die Größe der Bratöfen selbst ist sehr willkürlich und richtet sich nach der Größe der Fabrikation. Wo aber die Frischarbeiter den Materialien-Aufwand beim Braten der Scheiben mit zu vertreten haben, da pflegen wohl diejenigen Feuer, welche unter einem Meister stehen, ihren besonderen Bratofen zu erhalten, welcher für zwei Feuer etwa 6 Fuß lang und breit, und vom Mittelpunkt des Gewölbes bis zur Sohle eben so hoch ist. Die Scheiben werden, mit ihrer hohen Kante, auf die Schicht von Kohlenlösche dergestalt neben einander gestellt, daß sie sich nicht unmittelbar berühren, welches man durch zwischen gestreute Kohlenlösche zu verhindern sucht. In den Oefen von der angegebenen Dimension werden drei Reihen Scheiben auf solche Art neben einander gestellt und bilden die erste Schicht, welche wieder 6 Zoll hoch mit Kohlenlösche bedeckt wird, worauf man zum Aufstellen einer zweiten, ebenfalls aus drei Reihen bestehenden Schicht, schreitet, welche wieder einige Zoll hoch mit Kohlenlösche bedeckt wird. Nach Umständen kann noch eine dritte Schicht von Scheiben aufgestellt werden. Häufig läßt man es nur bei einer einzigen Schicht bewenden. Zum Eintragen der Scheiben ist die vordere Wand des Ofens zuweilen mit einer Thüröffnung versehen, oft sind aber zwei Seiten des Ofens ganz offen, um der Luft einen ungehinderten Zutritt zu gestatten. Die unterste Schicht von Kohlenlösche wird durch die Zugöffnungen angezündet, zu welchem Zweck man mehre Kanäle, mit groben Kohlen ausgesetzt, unter der Lösche durchgehen läßt.

§. 931.

Statt der Bratöfen bedient man sich auf den mehrsten süddeutschen Eisenhütten, wo man das Braten anwendet, der Bratheerde, welche sich etwa mit einem Saigerheerde zum Aussaigern des silberhaltigen Bleies aus den Kupferfrischstücken vergleichen lassen. Diese Heerde unterscheiden sich von den gewöhnlichen Frischheerden nur dadurch, daß sie keine Heerdgruben haben, sondern aus einem langen, bald gemauerten, bald aus losen Steinen und Schlackenstücken zusammengesetzten Kanal bestehen, welcher, seiner ganzen Länge nach, von dem Winde aus der Form bestrichen wird. Dieser 6 und mehre Fuß lange und etwa 8 Zoll tiefe Kanal wird, um das Feuer anzufachen, mit Kohlen beschüttet, auf welche platte Roheisenstücken (schon gebratene Scheiben, weil diese nicht springen) gelegt werden, welche aber noch Zwischenräume zwischen sich lassen. Auf diese Roheisenstücken stellt man die zu bratenden Flossen oder Blattln, mit ihrer hohen Kante von der Form bis zur entgegengesetzten Seite derselben, also längs dem ganzen Heerde, dergestalt auf, daß sie die breiten Flächen nicht der Vorderseite, sondern der Formseite des Heerdes zukehren. Zwischen den Scheiben, die sich ebenfalls nicht berühren dürfen, wird Kohlenlösche geschüttet und die ganze Schicht alsdann mit Kohlen bedeckt. Um diese zusammen zu halten, wird die ganze Masse zuweilen (gerade so wie bei den Kupfersaigerheerden) mit Vorhangblechen an den beiden langen Seiten des Heerdes geschlossen. Sehr oft fehlen aber diese Vorhangbleche, und man läßt die Masse entweder ganz frei, oder umstellt sie mit angefeuchteten Brettern und Kohlenstaub, und nimmt die Bretter demnächst wieder weg, wenn die Hitze zu groß zu werden anfängt, so daß sie durch Besprengen mit Wasser nicht länger gegen das Verbrennen geschützt bleiben können. Zu einer Bratung werden 20, 30 bis 40 Centner Flossen genommen, je nachdem der Heerd kürzer oder länger ist. Sobald die zu bratende Masse aufgeschichtet, mit Kohlen bedeckt ist u. s. f., werden die in dem Kanal befindlichen Kohlen angezündet, und das Gebläse wird langsam angelassen. Die Hitze darf die Rothglühhitze niemals bedeutend übersteigen. Die Zeit des Bratens dauert 12 bis 15 Stunden.

§. 932.

Das Verfrischen der gebratenen Scheiben oder Blattln im Weichzerrennheerde, weicht von dem Verfahren nicht ab, dessen sich die Steyersche Einmalschmelzarbeit beim Verfrischen der ungebratenen luckigen Flossen bedient. Man nimmt an, daß beim Braten nicht allein kein Verlust, sondern sogar eine Gewichtszunahme stattfindet. Der Abgang von den Flossen bis zum fertigen Grobeisen, also der Gewichtsverlust beim Hart- und Weichzerrennen, wird nur zu 15 bis 16 Procent angegeben, obgleich bei dem Hartzerrennen ein Abgang von 6 und mehren Procenten entsteht, welcher dem Abgange in den Weichzerrennheerden hinzugefügt werden muß, indem das beim Hartzerrennen und Braten erhaltene Scheibeneisen sich etwa in demselben Zustande des Kohlegehaltes befindet, wie die unmittelbar beim Blauofen fallenden luckigen Flossen. — Der Kohlenaufwand ist bei der Hart- und Weichzerrennarbeit bedeutend größer, als bei der Steyerschen Einmalschmelzerei, oder auch als bei der einfachen Bratfrischschmiede, weil der Kohlenverbrauch im Hartzerrennfeuer noch hinzutritt. Man kann diesen Mehrverbrauch beim Hartzerrennen und beim Braten füglich zu 13 bis 15 rheinl. Kubikfuß für 100 Pfd. Stabeisen anschlagen, so daß bei dieser Frischmethode vielleicht 40 Kubikfuß Holzkohlen zu 100 Pfund Stabeisen verwendet werden, ein Verbrauch, der sich gewiß durch größere Wirthschaftlichkeit bedeutend vermindern läßt.

Jars, metallurg. Reisen. I. 79. — Herrmann, Nachricht von der Eisen- und Stahlmanipulation bei den Gräflich Lodronschen Eisenhütten in Kärnthen; in dessen Beiträgen zur Physik, Oekonomie, Technologie u. s. f. II. 95 u. f. — Dessen Reisen durch Oestreich, Steiermark u. s. f. I. 133. — Derselbe, in den drei Preisfragen u. s. f. 92. — Beschreibung vom Eisen- und Stahlschmelzen in Steiermark; in Ferber's phys. metall. Abhandl. 273. — Klinghammer, von Eisenwerken und Stahlfabriken in Steiermark; im Bergmänn. Journ. I. 224 u. f. — v. Marcher a. a. O. II. 1ster Bd. 282 u. f. — Rambourg, sur la fabrication du fer dans les forges de la Styrie; im Journ. des Mines. No. 90. p. 436—445. — Karsten, metallurg. Reise. 179. 191. 297. 335. 400.

12. Die Kartitschschmiede.

§. 933.

Ein eigenthümliches Frischverfahren, welches in einigen Gegenden ebenfalls den Namen der Hart- und Weichzerrennfrischerei erhalten hat, ist die Kartitscharbeit, oder die so genannte Schwäbische Frischmethode.

Von der Hart- und Weichzerrennarbeit unterscheidet sich die Kartitscharbeit dadurch, daß sie das eingeschmolzene Roheisen nicht in Scheiben reißt und diese bratet, sondern daß das Roheisen in dem Hartzerrennheerde sogleich mit gaarenden Zuschlägen zu einem einzigen Klumpen (Kartitsch, Kortitsch, Hase) eingeschmolzen, daß dieser aus dem Feuer ausgebrochen, im noch glühenden Zustande zerschlagen und dann, nach Art der Steyerschen Einmalschmelzerei, in dem Weichzerrennheerd verfrischt wird. Niemals wird das umgeschmolzene Roheisen, oder der Hase, gebraten, sondern jederzeit im ungebratenen Zustande und zu solchen Stücken zerschlagen, daß er sich zwischen den Zangen einspannen läßt, dem Weichzerrennheerde übergeben.

§. 934.

Die Hart- und Weichzerrennarbeit kann nur graues, oder allenfalls halbirtes Roheisen anwenden, weil dasselbe in dem Hartzerrennheerd so flüssig eingeschmolzen seyn muß, daß es sich in Scheiben reißen läßt. Bei der Kartitscharbeit läßt sich aber auch weißes Roheisen (blumiges Floß) einschmelzen, welches man durch Anwendung von gaarenden Zuschlägen beim Umschmelzen noch mehr zu entkohlen sucht. Bedient sich die Kartitscharbeit des grauen Roheisens, so wendet sie verhältnißmäßig mehr gaarende Zuschläge an, als beim Umschmelzen des weißen Roheisens. — Die Kartitscharbeit steht in dem Ruf, ein vorzüglich festes und zähes Stabeisen zu liefern, welches sich auch wohl erwarten läßt, weil das Roheisen durch das Umschmelzen mit gaarenden Zuschlägen zum Verfrischen sehr gut vorbereitet wird. Der Frischprozeß im Weichzerrennfeuer ist übrigens ebenfalls die Steyersche Einmalschmelzerei.

Die Feuergrube in dem Hartzerrennfeuer ist in der Regel ausgemauert und mit Kohlenlösche ausgestampft. Die Form hat nur eine geringe Neigung in den Heerd. Die Arbeit selbst ist sehr einfach, indem das Roheisen, in großen Zangen gepackt, bei einem ziemlich schnellen Wechsel des Gebläses eingeschmolzen wird. Man schmelzt jedesmal 3 bis 4 Centner Roheisen ein, und richtet sich mit dem Zusatz der Gaarschlacke nach der Beschaffenheit des Roheisens. Wenn alles Roheisen eingeschmolzen ist, läßt man den Hasen etwa eine halbe Stunde im Feuer stehen, ehe er ausgebrochen wird. Durch dieses Umschmelzen, in Verbindung mit den gaarenden Zuschlägen, bekommt das Roheisen, woraus der Hase besteht, etwa die Beschaffenheit des luckigen Flosses. Nach dem Ausbrechen wird der Hase noch glühend mit großen Schlägeln zerschlagen, und liefert so die Stücken, welche im Weichzerrennheerd, in Zangen gepackt, völlig ausgefrischt werden.

Herr Berthier hat die Schlacken untersucht, welche beim Hartzerrennen in den verschiedenen Perioden des Prozesses erhalten wurden. Die Schlacke a ist vom Anfange der Arbeit, b von der mittleren Periode und c von dem Ende der Arbeit.

	a.	b.	c.
Kieselerde	23	19,0	18,0
Kalkerde	2	17,0	14,5
Thonerde	1	1,0	1,0
Bittererde	1	1,0	1,0
Manganoxydul	29	10,5	9,5
Eisenoxydul	45	51,5	61,0
	101	100	105.

Alle diese Schlacken sind Gaarschlacken, und die Schlacke c ist fast ein reines Subsilikat. Interessant ist es, durch die Analyse nachgewiesen zu sehen, daß der Gehalt der Schlacken an Kieselerde und Manganoxydul zu Anfange der Arbeit am größten und zu Ende derselben am geringsten ist. Hr. Berthier bemerkt, daß das Roheisen, welches an die Hartzerrennfeuer abgegeben war, etwa 2 Procent Mangan enthielt, wogegen sich in dem Roheisen vom Hartzerrennen (Hase) nur ein Mangangehalt von höchstens 0,4 Procent befand. Dies stimmt mit allen Erfahrungen überein, daß von den fremdartigen Bestandtheilen des Roheisens, in der ersten Periode der Frischarbeit, besonders beim Einschmelzen (nämlich bei den Frischmethoden, welche das Roheisen nicht gleich gaar niederschmelzen, sondern dasselbe vorher entweder in besonderen Heerden umschmelzen, oder das Umschmelzen im Frischheerd selbst verrichten, und das eingeschmolzene Eisen durch Aufbrechen gaar machen), am mehrsten abgeschieden wird.

Obgleich man der Kartitscharbeit einräumen muß, daß sie sehr gutes Stabeisen liefert, so ist der Kohlenverbrauch doch sehr bedeutend und wenigstens nicht geringer, als bei der Hart- und Weichzerrennarbeit; vielleicht etwas größer. — Der Eisenabgang dürfte bei beiden Frischmethoden ziemlich gleich seyn, aber eher noch zum Vortheil der Kartitscharbeit ausfallen, denn der Abgang, den das Roheisen beim Umschmelzen in dem Hartzerrennfeuer erleidet, wird zum großen Theil durch den Eisengehalt in den gaarenden Zuschlägen wieder ersetzt, deren sich die Hart- und Weichzerrennarbeit in ihren Hartzerrennfeuern nicht bedient.

Berthier, Archiv u. s. f. VII. 338. — Karsten, metallurgische Reise. 419. 432.

13. Die Läuterfrischschmiede.

§. 935.

Von der Hart- und Weichzerrennfrischerei und von der Kartitscharbeit unterscheidet sich die Läuterfrischschmiede nur dadurch, daß bei derselben zwar ebenfalls graues Roheisen in einem besondern Heerd — Läuterheerd — eingeschmolzen, aber das eingeschmolzene Roheisen durch den Windstrom des Gebläses in einen halbgaaren Zustand, nämlich etwa in den Zustand der luckigen Flossen, versetzt wird. Man bricht die erhaltene halbgaare Eisenmasse aus dem Heerd, zerschlägt sie, und das weitere Verfahren im Frischheerd ist dann mit dem der Steyerschen Einmalschmelzerei (der jetzt so genannten Schwal-Manipulation) ganz übereinstimmend.

Der Läuterheerd, wie ihn die Zeichnungen Taf. XLII. Fig. 1—4. darstellen, ist aus vier gegossenen eisernen Zacken zusammengesetzt, der Boden wird aber aus einem Gemenge von Lehm und Sand bereitet, auf welchem zerkleinerte Kohlen und

Kohlenlösche festgestampft werden. Das einzuschmelzende Roheisen wird mit Zangen festgehalten, um es nach und nach anwärmen zu können. Zu jeder Zange werden etwa 180 Pfd. Roheisen, und zu jeder Operation 3 Zangen angewendet. Das Einschmelzen ist in etwa 1½ Stunden beendigt und dann tritt die Läuterungsperiode ein, welche ½ Stunde dauert. Dazu werden fast gar keine frische Kohlen angewendet, sondern man läßt in der Regel die im Feuer, nach dem Einschmelzen, noch vorhandenen abbrennen. Beim Läutern werden die Kohlen durch die Schlacke, welche in der Höhe der Formöffnung im Heerde steht und während der Operation nicht abgelassen wird, stets gehoben, weshalb sie mit einem eisernen Haken ununterbrochen zusammengebracht und oft mit Wasser begossen werden müssen. Sobald sich am Schlackenspieß ein dünnes, stahlgraues Schlackenhäutchen ansetzt, sieht man die Operation als beendigt an, stellt das Gebläse ein, zieht die auf der Oberfläche des Eisens sich bildenden Schlackenkrusten wiederholt ab, bis endlich die reine Eisenfläche mit Funkensprühen zum Vorschein kommt. Gewöhnlich ist das halbgaare Eisen dann auch so weit abgekühlt, daß es aus dem Heerd gebrochen werden kann. — Bei der Läuterarbeit erleidet das Roheisen einen Gewichtsverlust von 7 bis 9 Procent, und 100 Pfund Preuß. erfordern einen Kohlenaufwand von 7 bis 8 Kubikf. Preuß. Nun erst befindet sich das Roheisen in demselben Zustande, in welchem bei der Steyerschen Einmalschmelzerei die luckigen Flossen angewendet werden, weshalb zu dem bei dieser Frischmethode angegebenen Eisen- und Kohlenverbrauch (§. 926) noch der Verlust an Eisen und der Aufwand an Kohlen, welche durch die Läuterungsarbeit veranlaßt werden, hinzugerechnet werden müssen, um den Verlust an Eisen und den Bedarf an Kohlen bei der Läuterfrischschmiede zu ermitteln. Die Läuterfrischschmiede liefert zwar gutes Eisen, aber mit einem sehr großen Aufwand von Eisen und Kohlen.

§. 936.

Vergleicht man die verschiedenen Frischmethoden, so ergiebt sich sogleich, daß sie nur Modifikationen eines und desselben Verfahrens (der Einmalschmelzarbeit) sind, deren Zweck auf die Vorbereitung des Roheisens zum Frischprozeß gerichtet ist. Bei der Brockenschmiede und bei der Brechschmiede, welche in Frankreich unter dem gemeinschaftlichen Namen Affinage bergamasque bekannt sind, erfolgt die Vorbereitung des Roheisens und das Frischen der vorbereiteten Eisenmasse in einem und demselben Heerd. — Bei der Hart- und Weichzerrennschmiede, bei der Kartitschschmiede und bei der Löschfeuerschmiede wird die Vorbereitung des Eisens in einem besondern, und das Frischen des vorbereiteten Roheisens in einem zweiten Heerd vorgenommen. Diese drei Verfahrungsarten werden in Frankreich unter dem gemeinschaftlichen Namen Affinage nivernais in Anwendung gebracht. Oft besteht die Vorarbeit, welche mit dem Roheisen in dem Schmelz- oder Vorbereitungsheerd vorgenommen wird, nur in einer einfachen Umschmelzarbeit, wobei das Roheisen in einem so flüssigen Zustande eingeschmolzen wird, daß es durch die Schlackenöffnung aus dem Heerde abgelassen und in dem noch flüssigen Zustande mit Wasser begossen wird. Dies Verfahren kann man füglich mit demjenigen bei der Hart- und Weichzerrennschmiede vergleichen, nur daß hier das Roheisen nicht im flüssigen Zustande aus dem Heerd genommen, sondern im Heerd selbst mit Wasser begossen und in einzelnen Scheiben herausgehoben wird. — In anderen Fällen wendet man eine Art von Kartitsch- oder auch von Läuterarbeit an. — Zuweilen wird das aus dem Vorbereitungsheerd abgelassene umgeschmolzene Roheisen, nach dem Zerschlagen, gebraten; zuweilen unterläßt man das Braten. Die Operation des Bratens findet ebenfalls entweder in Oefen, oder in Heerden, zuweilen wohl nur zwischen den glühenden Hohofenschlacken statt, wodurch der Zweck ebenfalls vollständig erreicht wird.

Die deutsche Frischschmiede bereitet das Roheisen durch ein= oder mehrmaliges Rohaufbrechen und daher bei ungestörtem Fortgang des Prozesses vor. Dies Verfahren ist offenbar das vollkommenste und dasjenige, durch welches der geringste Verlust an Eisen und der kleinste Aufwand an Brennmaterial veranlaßt wird.

Le Cocq, sur l'affinage de la fonte au charbon de bois par la methode nivernaise; in den Ann. des mines. 3 Série. XIV. 197.

14. Die Südwalliser Frischschmiede.

§. 937.

Diese Frischmethode ist ziemlich zusammengesetzt und wird in Südwallis nur zu dem besonderen Zweck angewendet, um Materialeisen für die Fabrikation von verzinnten Eisenblechen zu erhalten, indem das Eisen durch diese Behandlung eine größere Festigkeit und besonders eine größere Härte und eine weniger fasrige Textur erhalten soll Wegen des hohen Preises der Holzkohlen in England, hat man die eigentliche Frischarbeit, welche bei Holzkohlen vorgenommen wird, von der Vorbereitungsarbeit und von der Schweiß= und Ausreckarbeit getrennt, zu welchen Arbeiten man sich der Koaks bedient. Man erlangt dadurch den Vortheil, die eigentliche Frischarbeit, mit einem sehr geringen Aufwand an Brennmaterial, bei Holzkohlen stattfinden lassen zu können, worauf man einen großen Werth legt und ein besseres Material für die Blechbereitung darstellt. Auch nach Deutschland ist dies Frischverfahren, für die Eisenbereitung zu verzinnten Eisenblechen, jetzt übergegangen.

Das graue Roheisen wird zuerst in besondern Heerden, — Fineries, oder Feineisenfeuern, welche demnächst beschrieben werden sollen, — bei Koaks umgeschmolzen und in weißes Roheisen umgeändert Dies umgeschmolzene Roheisen wird, großentheils unmittelbar und im noch flüssigen Zustaande, aus dem

Feineisenfeuer in den Frischheerd geleitet, zuweilen aber auch im erkalteten Zustande angewendet und im Frischheerd verarbeitet. Im Frischheerd, der in gewöhnlicher Art eingerichtet ist, wird das umgeschmolzene Roheisen brockenweise und ununterbrochen mit der Brechstange gegen die Form geführt, um in dem Windstrom cementirt zu werden. Man erhält dabei keine zusammenhängende Luppe, sondern einzelne kleine Frischstücken von 10 bis 12 Pfunden an Gewicht, welche unter einem Hammer zu Kuchen, oder zu flachen Scheiben zusammengeschlagen werden. Diese Kuchen sind noch keinesweges gaares Stabeisen, sondern sie befinden sich etwa in dem Zustande der Gaare, wie das gefrischte Eisen aus den Stücköfen. Die Arbeit im Frischheerd geht sehr schnell, und es werden zu 100 Pfunden von dem stahlartigen Produkt etwa 1½ bis 1¾ Kubikfuß Holzkohlen aus hartem Holz verbraucht.

Diese noch nicht ganz gaaren Kuchen erhalten ihre völlige Gaare durch Cementiren in glühender Luft auf eine eigenthümliche Weise in Schweiß- oder Wärmöfen (Hohlfeuern, Hollow-fire). In diesen Oefen kommt das Eisen mit dem Brennmaterial nicht mehr in unmittelbare Berührung, sondern es wird nur der glühend heißen Luft ausgesetzt, die durch Verbrennen von Koaks vor einem Gebläse entwickelt wird. Bei diesem Cementiren mit Luft wird dem Eisen, entweder durch den Sauerstoff der noch unzersetzt gebliebenen atmosphärischen Luft, oder vielleicht auch durch das erzeugte kohlensaure Gas, welches sich in der Glühhitze in Kohlenoxydgas umändert, der Gehalt an Kohlenstoff vollständig entzogen. Diese Schweißöfen dienen nicht bloß dazu, stahlartiges und noch rohes Eisen vollständig zu entkohlen, und es dabei zugleich in Schweißhitze zu versetzen; sondern man wendet sie auch dazu an, altes Stabeisen, Abschnitte von Blechen u. s. f. mit geringem Verlust an Eisen, bis zur Schweißhitze zu bringen und dann unter dem Hammer, oder unter Walzen, zu einer Masse zu vereinigen. Die Einrichtung der Schweißöfen für die Kuchen von der Wallifer Frischmethode, wie die Herren Verdonnet und Coste sie beschrieben haben (Ann. des mines. 2 Série. V. 173.), geht aus den Zeichnungen Taf. XLII. Fig. 8 — 10. hervor. Der Schweißofen besteht aus zwei Abtheilungen, von denen die erste mit zwei Thüren versehen ist, durch welche das auszuschweißende Eisen in den Glühraum gebracht wird. In diesem Raum findet das Verbrennen der Koaks statt, zu welchem Zweck derselbe an der einen Seite mit einer Formöffnung versehen ist. Der zweite Raum wird durch die Flamme oder durch die glühende Luft aus dem ersten Raum erhitzt, weshalb beide Räume oder Abtheilungen des Ofens durch eine oder durch mehre Oeffnungen mit einander in Verbindung stehen. Dieser zweite Raum dient zum Anwärmen der Kuchen oder des zu schweißenden Eisens. Wenn in diesen Oefen gearbeitet werden soll, so wird der erste Raum bis zur Höhe der beiden Thüröffnungen mit Koaks angefüllt, die sich allmälig entzünden. Sobald sie in Gluth gekommen sind, legt man 3 oder 4 von den kuchenartigen Scheiben auf einen geschmiedeten eisernen Stab, von denen jedesmal zwei zugleich in den Ofen geschoben werden. Hat das Eisen eine starke Schweißhitze erhalten, so wird es unter einem schweren gegossenen eisernen Hammer zusammengeschlagen und zu etwa 4 Zoll breiten, 2 Zoll dicken und 3 Fuß langen Stäben ausgereckt. — Eine andere Einrichtung eines solchen Schweißofens zeigen die Zeichnungen Taf. XLVII. Fig. 1 — 4. Man setzt diese kleinen Schweißöfen aus feuerfesten Ziegeln zusammen, welche auch wohl einen Mantel von Gußeisen erhalten oder auf andere Weise verankert werden. Wenn das zu schweißende Eisen auf eine breite Stange von Stabeisen gelegt ist, so wird es mit derselben in den Ofen geschoben und dann werden die Thüren geschlossen. Weil der Eisenstab auf einem Vorsprunge in der Hinterwand des Ofens ruht, so wird das zu schweißende Eisen auf diese Weise über den Koaks, schwebend erhalten und kommt mit ihnen nicht unmittelbar in Berührung. Ist die Schweißhitze erreicht, so wird zum Zusammenschweißen des Eisens unter dem Hammer geschritten.

Das bei dieser Frischarbeit erhaltene Stabeisen wird, in dem Verhältniß von 7 zu 4, theurer als das im Flammenofen bereitete Stabeisen bezahlt.

Man rechnet, daß aus 100 Gewichtstheilen Roheisen 72 Stabeisen erhalten werden, daß also der Gewichtsverlust, den dasselbe bei den verschiedenen Arten der Bearbeitung erleidet, zusammen nicht mehr als 28 Procent betragen soll.

Die unter dem schweren Hammer ausgestreckten Stäbe werden oft wieder in einen gewöhnlichen Schweißofen gebracht, in welchem sie die zur weitern Bearbeitung unter den Walzen erforderliche Hitze erhalten.

Von den Verfahrungsarten, das Roheisen zum Verfrischen vorzubereiten.

§. 938.

Um das Roheisen zum Verfrischen vorzubereiten, ist, nach Rinman, an einigen Orten in Schweden, vorzüglich in Wermeland, die Festsetzung getroffen, das Roheisen sogleich nach dem Abstechen aus den Hohöfen, sobald es in der Sandform erkaltet ist, rothglühend in einen Wassersumpf zu werfen, dadurch zu härten und dann zu zerschlagen, damit die Käufer und Frischer sogleich aus dem Bruchansehen auf den Gang im Frischheerde schließen können. Dies Verfahren ist nur da anwendbar, wo das Eisen aus gutartigen Erzen, bei leichtflüssigen Beschickungen erblasen wird, und wo das bei einem etwas übersetzten Gange des Ofens erzeugte Roheisen weniger nachtheilig auf die Beschaffenheit des darzustellenden Stabeisens wirkt. Auf den Hütten, welche sehr ungleichartige Erze verschmelzen, würde dies Ablöschen zu mancherlei Beschwerden der Käufer und Arbeiter Veranlassung geben.

Rinman a. a. O. II. 692.

§. 939.

Die Anwendung des bei stark übersetztem Ofengange erblasenen weißen Roheisens zum Verfrischen ist nur dann rathsam, wenn das Roheisen keine der Güte des zu erzeugenden Stabeisens nachtheiligen Bestandtheile, oder diese nur in so geringer Menge enthält, daß sie auch bei einem schnellen Gaarwerden des Roheisens im Frischheerd, ohne daß dasselbe wiederholt vor der Form niedergeschmolzen werden müßte, abgeschieden werden. Bei allem Roheisen, aus welchem fremdartige Beimischungen durch einen rohen Gang im Frischfeuer abgesondert werden müssen, wird der Uebergang des weißen Roheisens in den gefrischten Zustand wenigstens nicht durch gaare Zuschläge zu sehr beschleunigt werden dürfen.

Der Zusatz von gaaren Zuschlägen ist das eigentliche Mittel, den Uebergang des Roheisens in Stabeisen zu bewirken. Diese Zuschläge werden dann am wirksamsten seyn, wenn das eingeschmolzene Roheisen noch einen gewissen Grad von Flüssigkeit besitzt, und sich nicht zu sehr zu einer gefrischten Masse zusammengezogen hat. Das graue Roheisen sollte daher (bei einerlei Kohlegehalt mit dem weißen) durch den Zusatz von gaaren Zuschlägen schneller, als das weiße, in den gefrischten Zustand übergehen, weil man vermuthen sollte, daß es wegen seiner Flüssigkeit vollständiger mit dem Eisenoxyd in Berührung gebracht werden könne. Aber der flüssige Zustand des geschmolzenen grauen Roheisens veranlaßt, daß nur auf der Oberfläche des Metallbades eine Berührung mit den gaarenden Zuschlägen und mit der atmosphärischen Luft stattfindet, wogegen das in einem teigartigen Zustande befindliche Roheisen weit mehr Berührungsflächen darbietet. Außerdem muß man sich erinnern, daß das graue Roheisen unmittelbar aus dem starren in den tropfbar flüssigen Zustand übergeht, und daß die Schmelzung erst in einer Temperatur erfolgt, in welcher sich die Kohle des an Kohle reichen Roheisens beim Erstarren schon wieder als

Graphit ausscheidet. Deshalb kann das bei einer strengflüssigen Beschickung erblasene Roheisen, obgleich es unter allen grauen Roheisenarten am wenigsten Kohle enthält, am schwierigsten in den Zustand des gefrischten Eisens gebracht werden. Diese Schwierigkeit hat nur darin ihren Grund, daß dieses Roheisen, wegen seiner großen Strengflüssigkeit, die stärkste Hitze zum Flüssigwerden erfordert, daß es aber, wenn es diese Temperatur einmal erlangt hat, plötzlich völlig dünnflüssig wird und die Kohle mit einer größeren Kraft bindet, als in der niedrigeren Temperatur, welche schon hinreicht, um das weiße Roheisen in einen erweichten Zustand zu versetzen. Wenn der Verbindungszustand der Kohle mit dem Eisen in dem grauen Roheisen es gestattete, daß dasselbe vor dem Flüssigwerden ebenfalls erst einen teigartigen Zustand annähme, so würde auch der Uebergang in Stabeisen schneller erfolgen. Dieser Uebergang wird jedoch bei dem weißen Roheisen genau eben so wie bei dem grauen, verzögert werden können, wenn das weiße Roheisen einer so hohen Temperatur ausgesetzt wird, daß es einen hohen Grad von Dünnflüssigkeit erhält und sich dadurch zugleich nach dem langsamen Erstarren in graues Roheisen umändert.

Durch die Zerstörung des Graphits, oder durch die Umänderung des grauen in weißes Roheisen, nämlich durch das sogenannte Weißmachen des grauen Roheisens, soll also in der Hauptsache der Zweck erreicht werden, das Roheisen in nicht zu hohen Graden der Schmelzhitze in einen teigartigen Zustand, nämlich in einen Mittelzustand zwischen dem starren und dem tropfbar flüssigen versetzen zu können, weil dies derjenige Zustand ist, in welchem theils die Kohle von dem Eisen weniger stark gebunden wird, theils das bis zum Schmelzen erhitzte Eisen die größte Oberfläche darbietet, welche sich durch Umrühren außerdem noch beständig erneuern läßt.

§. 940.

Aus diesem Verhalten des weißen Roheisens in der Schmelzhitze wird es erklärbar, warum dasselbe dem grauen Roheisen bei dem Frischprozeß vorzuziehen ist, wenn es bloß darauf ankommt, seinen Uebergang in den Zustand des Stabeisens zu beschleunigen. Einer solchen Beschleunigung sucht man aber dann absichtlich entgegen zu arbeiten, wenn das Roheisen fremdartige Beimischungen (besonders Silicium) enthält, welche bei einem zu schnellen Uebergang in den gefrischten Zustand nicht vollständig abgesondert werden können und ein mürbes und wenig festes Eisen geben würden. In solchen Fällen ist man genöthigt, den Vortheil des schnelleren Gaarwerdens in den Frischheerden aufzugeben. Die deutsche Frischschmiede bedient sich aus diesem Grunde fast immer des grauen Roheisens, welches sie erst durch das Einschmelzen, während der Schmiedeperiode, in den Zustand des Kohlengehaltes versetzt, in welchem sich das weiße Roheisen von einem etwas übersetzten Ofengange (das blumige Floß) schon ursprünglich befindet. Das langsame Niederschmelzen vor der Form, in einem mit gaarenden Zuschlägen angefüllten Heerd, vermindert den Kohlegehalt des Roheisens, bewirkt aber vorzüglich eine Absonderung der fremdartigen Beimischungen aus dem tropfenweise vor der Form niederschmelzenden Roheisen, welches unter der Form zugleich wieder so stark abgekühlt wird, daß eine Ausscheidung der Kohle als Graphit beim Erstarren der Roheisenmasse in dem Frischheerd vor dem ersten Aufbrechen (Rohaufbrechen), nicht mehr erfolgen kann.

Der Vorzug des grauen Roheisens vor dem weißen, bei den Frischprozessen in Heerden, besteht mithin darin, daß das graue Roheisen tropfenweise vor der Form niederschmelzt, daß es in diesen einzelnen Tropfen von dem Windstrom des Gebläses getroffen wird, wobei sich die am leichtesten oxydirbaren Bestandtheile, der Phosphor, der Schwefel, das Silicium und das Mangan, am vollständigsten durch Verschlackung abscheiden und die Rohschlacke bilden, und daß das im Frischheerde erhaltene, weiße Roheisen nun zwar nicht so arm an Kohle ist, als das bei einem übersetzten Gange des Ofens erhaltene, welches häufig ungleich weniger Kohle enthält; daß es aber von fremdartigen Bestandtheilen mehr gereinigt ist, als dieses. Das weiße Roheisen gestattet diese Reinigungsarbeiten in den Frischheerden deshalb nicht, weil es schon in einem teigartigen Zustande niedergeht, folglich dem Winde beim Niederschmelzen vor der Form die geringste Oberfläche darbietet und überhaupt durch den schnellen Uebergang in den gefrischten Zustand, eine Einwirkung der atmosphärischen Luft in das Innere der teigartigen Masse unmöglich macht.

§. 941.

Es ist bekannt, daß man den Gang des Ofens bei strengflüssigen Erzen und bei der Anwendung von Koaks als Brennmaterial, nicht anhaltend so einrichten kann, daß immer gaares weißes Roheisen erfolgt, und daß es kaum möglich seyn würde, einen unter solchen Umständen betriebenen Hohofen in einem fortwährenden Rohgange zu erhalten. Dies ist für die Frischarbeit in Heerden häufig einen Grund mehr, sich des grauen Roheisens zu bedienen, obgleich dasselbe an sich immer mehr Silicium enthält, als das weiße Roheisen vom gaaren Gange (Spiegeleisen) und als das weiße Roheisen vom übersetzten Gange, von den blumigen Flossen bis zu dem luckigsten Floß. Um sich daher die Vortheile, welche der gaare Ofengang gewährt, anzueignen, zugleich aber auch das erhaltene graue Roheisen nicht unmittelbar verfrischen zu dürfen, hat man verschiedene Methoden eingeführt, um das graue Roheisen, durch Umwandlung in weißes, zum schnelleren Gaarwerden vorzubereiten. Diese Methoden sind nicht alle gleich zweckmäßig, wenn es die Absicht ist, Stabeisen von vorzüglich guter Beschaffenheit darzustellen.

Bei nicht Phosphorsäure haltenden, sehr leichtflüssigen Erzen, bei welchen sich das Eisen leicht von der Schlacke scheidet, wird man, wenn das Roheisen bloß zum Verfrischen bestimmt ist, immer mit Vortheil die Erzsätze so stark einrichten, daß das entstehende weiße Roheisen nur noch eine hinreichende Flüssigkeit behält, um nicht in der Stichöffnung zu erstarren. Bei der Anwendung der Koaks als Brennmaterial und bei Erzen, die durch viele Zuschläge erst leichtflüssig gemacht werden müssen, muß der Gang des Ofens auf die Erzeugung von grauem Roheisen gerichtet seyn, weil unter solchen Umständen theils nur ein vortheilhafter Betrieb des Ofens überhaupt möglich ist, theils aber auch das selbst bei einem Rohgange dargestellte Roheisen noch immer viel Silicium aufnimmt, welches sich demnächst im Frischfeuer nicht abscheiden lassen würde. Das Roheisen muß daher unter solchen Umständen bei der Heerdfrischerei im Zustande des grauen Roheisens angewendet werden. Dagegen ist das graue Roheisen, welches bei sehr strengflüssigen Beschickungen erblasen worden ist, für das unbrauchbarste zum Verfrischen zu halten, weil es am mehrsten Silicium enthält und wegen seiner großen Strengflüssigkeit und des dadurch veranlaßten starken Rohganges, einen großen Zeit- und Kohlenverlust verursacht. Das weiße, körnige Roheisen, welches bei einem Gaargange des Ofens erblasen, aber nicht so viel Hitze erhalten hat, um sich in graues Roheisen umzuändern, sollte niemals in Heerden verfrischt werden, wenn man ein mittelmäßig gutes Produkt gewinnen will.

§. 942.

Die bis jetzt bekannten Methoden, das graue Roheisen durch Weißmachen zum Verfrischen vorzubereiten, sind folgende:

1) Das Ablöschen des in Gestalt von Gänzen oder von Scheiben aus dem Ofen abgelassenen Roheisens mit Wasser. Dieses Verfahrens ist oben (§. 924) gedacht. Das graue Roheisen ändert sich dabei um so vollständiger in weißes um, je

leichtflüssiger die Beschickung war, bei welcher es erblasen ward, und je schneller die Abkühlung vor dem völligen Erstarren bewirkt wird. Bei grauem Roheisen von strengflüssiger Beschickung würde diese Methode unanwendbar seyn, und selbst das graue Roheisen von leichtflüssiger Beschickung wird auf diese Art nicht vollständig geweißt werden können, weil die Graphitausscheidung, vorzüglich wenn das Roheisen in starken Gänzen abgelassen wird, nicht gänzlich unterdrückt werden kann. Das Roheisen behält bei dieser Weißmethode alles Silicium und alle Kohle, die es im grauen Zustande enthielt. Sie ist daher nur bei reinen, gutartigen Erzen anwendbar und trägt zur Beschleunigung des Frischprozesses außerdem nur wenig bei, weil das Roheisen, wegen seines großen Kohlegehaltes, sehr geneigt ist, sich wieder in graues Roheisen umzuändern, wenn es bei einem scharfen und schnellen Winde im Frischheerd eingeschmolzen wird.

2) Das Granuliren des Roheisens. Das Weißwerden läßt sich dadurch zwar vollständiger bewirken, als durch das bloße Ablöschen des schon halb erstarrten Roheisens; allein der Silicium- und der Kohlegehalt desselben können durch das Granuliren ebenfalls nicht vermindert werden. Man bediente sich früher in England zuweilen dieses Verfahrens, um das Roheisen in den Puddlingöfen vorzubereiten, und nannte das granulirte Eisen Wassereisen (Water iron), d. h. durch Hülfe des Wassers weiß gemachtes Eisen. Es schmelzt gaarer, als das graue Roheisen, oder es gelangt zuerst in einen breiartigen Zustand, ehe es tropfbar flüssig wird; allein es bedarf einer sorgfältig regulirten Hitze, um wegen des großen Kohlegehaltes nicht wieder tropfbar flüssig zu werden, und erfordert wegen des großen Kohlegehaltes eine längere Bearbeitung als dasjenige Roheisen, welches beim Weißmachen schon Kohle verloren hat.

3) Das Scheibenreißen oder das Blattlheben, unmittelbar beim Blauofen. Obgleich man dabei ein etwas abgeändertes Verfahren, als bei den eben erwähnten beiden Methoden, anwendet, so ist der Erfolg dieses Prozesses doch ganz mit dem bei den Verfahrungsarten 1 und 2 übereinstimmend. Durch das Braten des erhaltenen weißen Scheibeneisens wird zwar der Kohlegehalt bedeutend vermindert, folglich der Gaargang im Frischheerd ungemein befördert; allein der Siliciumgehalt des Roheisens läßt sich auf diese Weise nicht abscheiden, weshalb das Scheibenreißen beim Blauofen und das Braten der erhaltenen Scheiben, nur dann anzuwenden sind, wenn die Beschaffenheit der Erze und die zu wählende leichtflüssige Beschikkung, die Ueberzeugung gewähren, daß das Roheisen bei der Reduktion im Schmelzofen nur wenig Silicium aufnimmt. Bei grauem Roheisen, welches viel Silicium enthält, würde das Weißmachen durch Scheibenreißen unmittelbar beim Schmelzofen, und das Braten der erhaltenen Scheiben, nur anwendbar seyn, wenn die Beschaffenheit der Erze und die zu wählende leichtflüssige Beschickung die Ueberzeugung gewähren, daß das Roheisen bei der Reduktion im Schmelzofen wenig Silicium aufnimmt. Bei grauem Roheisen, welches viel Silicium enthält, würde das Weißmachen durch Scheibenreißen unmittelbar beim Schmelzofen, und das Braten des erhaltenen Scheibeneisens, zwar zur Beschleunigung des Frischprozesses, aber zur Erzeugung von weichem und mürbem Stabeisen Veranlassung geben. Weil das bei einer leichtflüssigen Beschickung erblasene graue Roheisen fast eben so viel Kohle enthält, als das Spiegeleisen, so ist das aus dem grauen Roheisen erhaltene Scheibeneisen als ein künstlich bereitetes Spiegeleisen anzusehen, mit welchem es auch in Rücksicht des Verhaltens in der Schmelzhitze nahe übereinstimmt.

4) Die Umänderung des grauen Roheisens in dem sogenannten Läuterheerd (§. 935) durch die Einwirkung des Wind=

stroms auf das flüssige Roheisen. Eine gute aber kostbare Methode, den Gehalt des Roheisens an Kohle und zugleich an fremden Beimischungen zu vermindern.

5) Das Weißmachen des grau erblasenen Roheisens in dem Schmelzraum, oder im Untergestell des Ofens selbst, und zwar:

a) durch Einwirkung des oxydirten Eisens, oder der reinen Eisenerze, auf die im Gestell befindliche flüssige Roheisenmasse;

b) durch den Windstrom des Gebläses, welches in einer gewissen Zeitperiode auf das flüssige Roheisen geleitet wird.

6) Das Umschmelzen des Roheisens in einem besonderen Schmelzheerd bei Holzkohlen, und das Abkühlen desselben durch Wasser. Dies ist die oben (§. 928) erwähnte Hartzerrennarbeit, oder das Blattlheben am Zerrennheerd, und eine von den (§. 936) Modifikationen der Methode von Nivernais. Im Erfolg ist dies Verfahren wesentlich von dem der Methode 3 verschieden. Das Umschmelzen des Roheisens, oder das Niederschmelzen desselben vor der Form, hat weniger den Zweck, den Kohlegehalt des Eisens zu vermindern, als Phosphor, Schwefel, Mangan und Silicium zum großen Theil abzuscheiden, so daß das im Heerd niedergeschmolzene Roheisen, welches durch plötzliches Abkühlen in weißes Roheisen umgeändert wird, wirklich ein viel reineres Eisen ist, als dasjenige, welches der Schmelzofen unmittelbar an den Zerrennheerd ablieferte. Es befindet sich nach dem Scheibenreißen fast in demselben Zustande, in welchem die deutsche Frischschmiede das graue Roheisen durch das Einschmelzen vor dem Rohaufbrechen versetzt, nur daß es noch etwas reicher an Kohle geblieben ist. Der Kohlegehalt wird demnächst durch das Braten der Scheiben vor der eigentlichen Frischarbeit vermindert. — Wenn diese Methode nicht mit einem großen Aufwand von Holzkohlen beim Hartzerrennen verbunden wäre, so würde sie in allen Fällen zu empfehlen

seyn, weil die gebratenen Scheiben ein reines, gaarschmelzendes Roheisen sind, welches an Reinheit und geringem Kohlegehalt dem luckigen Roheisen aus gutartigen Spatheisensteinen und reinen natürlichen Eisenoxyden vom Betriebe niedriger Blauöfen sehr nahe steht.

7) Das Schmelzen des Roheisens bei Holzkohlen, mit einem Zusatz von gaarenden Zuschlägen, zu einer halb gefrischten Eisenmasse, welche nach dem Erstarren noch weißglühend aus dem Heerd gebrochen, zerschlagen und dann zur eigentlichen Frischarbeit abgegeben wird. Dieser Vorbereitung des Roheisens zur Frischarbeit ist schon oben (§. 933) bei der Kartitscharbeit gedacht; aber auch die Brockenschmiede (§. 925) und die Brechschmiede (§. 926) beruhen auf demselben Princip. Das Roheisen wird durch das Umschmelzen gereinigt und befindet sich, wegen der gaaren Zuschläge, die man anwendet, in der niedergeschmolzenen Eisenmasse in demselben Zustande, in welchen die deutsche Frischschmiede das Roheisen vor und bei dem Rohaufbrechen versetzt. Der Unterschied der Kartitscharbeit von der deutschen Frischarbeit besteht nur darin, daß jene zwei besondere Heerde zu den Arbeiten erfordert, welche diese in einem und demselben Heerd verrichtet, und daß jene das Umschmelzen und das Frischen als ganz abgesonderte Prozesse behandelt, diese aber das Frischen unmittelbar auf das Einschmelzen folgen läßt. Die Kartitscharbeit hat daher vor der deutschen Frischarbeit keine Vorzüge; sie steht vielmehr gegen diese im Nachtheil, weil sie die eingeschmolzene Eisenmasse erst erkalten läßt und bei der eigentlichen Frischarbeit wieder anwärmen muß, weshalb sie zu einer größeren Kohlenverwendung Veranlassung giebt. — Die Brockenschmiede und die Brechschmiede sind aber von der deutschen Frischmethode, bei welcher gaarende Zuschläge angewendet werden, kaum verschieden.

8) Das Umschmelzen des Roheisens auf flachen Flammenofenheerden, mit gaarenden Zuschlägen, und das Ablassen des

weiß gemachten Roheisens, welches dann zur eigentlichen Frischarbeit abgegeben wird.

9) Das Umschmelzen des Roheisens in Schmelzheerden bei Koaks, ohne gaarende Zuschläge, und das Ablassen des umgeschmolzenen Roheisens.

Die Methoden 5, 8 und 9 erfordern eine besondere Auseinandersetzung.

§. 943.

Das Weißmachen des grauen Roheisens im Gestell des Hohofens, durch Hineinbringen von reinen Eisenerzen, ist derselbe Prozeß, welcher schon früher (§. 711) beschrieben ist. Man wendet indeß das sogenannte Füttern des Ofens weniger zu dem Zweck an, das graue Roheisen in weißes zu verwandeln, als dazu, einen Theil der Kohle abzuscheiden und ein Gemenge von grauem Roheisen und von weißem Roheisen mit geringem Kohlegehalt zu erhalten, welches sich zu Gußwaaren besser als das graue Roheisen eignet. Welche Beschaffenheit das Roheisen im Gestell nach der Behandlung mit Eisenerzen besitzen soll, ist ganz davon abhängig, wie oft man das Füttern wiederholen will. Das graue Roheisen läßt sich dadurch in vollkommen luckiges weißes Roheisen umändern und nähert sich zuletzt dem gefrischten Zustande so sehr, daß es nicht mehr hinreichende Flüssigkeit zum Ablassen behält. — Es ist einleuchtend, daß dies Verfahren des Weißmachens, als Vorbereitung für den Frischprozeß, nur bei sehr gutartigem und wenig Silicium enthaltendem Roheisen anwendbar seyn würde, weil sich dadurch zwar der Kohlegehalt vermindert, das Roheisen folglich sehr gaarschmelzend wird, aber eine Abscheidung des Silicium und des Mangan nicht erfolgen kann. Diese Methode des Weißmachens des Roheisens würde also nur auf die Fälle beschränkt seyn, in denen auch das Scheibenreißen unmittelbar beim Schmelzofen zulässig ist, nur daß das Scheibeneisen die ganze Quantität Kohle behält, welche sich in dem grauen Roheisen befand, wogegen das durch das Füttern erhaltene weiße Eisen einen großen Theil des Kohlegehaltes verloren hat. Von dem luckigen Floß unterscheidet es sich dagegen durch den größeren Gehalt an Silicium, welcher bei der Frischarbeit um so unvollkommener abgeschieden werden kann, je mehr sich der Kohlegehalt vermindert hat und je mehr das Eisen daher zum Gaargange geneigt ist.

§. 944.

Das Verfahren beim Weißmachen des grauen Roheisens im Gestell des Hohofens, durch den auf die Oberfläche desselben geleiteten Windstrom des Gebläses, ist am vollständigsten und gründlichsten von Herrn Fulda beschrieben worden. Diese Methode wird vorzüglich in der Eiffel angewendet und ist dort unter dem Namen des Läuterns oder des Destillirens des Eisens bekannt. Nach der Angabe des Hrn. Fulda ist die Arbeit folgende:

Sobald das Gestell bis auf 2 Zoll unter der Form mit Roheisen angefüllt ist, wird, unmittelbar über der Formöffnung, eine künstliche Nase, entweder durch einen Lehmklumpen, oder durch weiche und gaare, bald erstarrende Hohofenschlacke, gegen 2 Zoll lang gebildet und dadurch der volle Windstrom auf die Oberfläche des flüssigen Eisens geleitet, zugleich aber die Schlacke im Gestell möglichst rein abgezogen. Durch das Einschieben eines schon vorher in Bereitschaft gehaltenen erkalteten Schlakkenkuchens zwischen dem Tümpel und dem Wallstein, soll verhindert werden, daß flüssiges Eisen über den Wallstein geworfen wird, welches bei der Führung des Windes auf die Oberfläche des flüssigen Eisens leicht stattfinden könnte. Der Wind wird durch einen lebhafteren Gang des Gebläses verstärkt und das flüssige Eisen dadurch in einer wallenden Bewegung erhalten, die zurückgebliebene oder die nachschmelzende Schlacke aber von der Form weg und nach dem Tümpel hin getrieben. Die Gichtflamme behält während dieser Arbeit ihre Farbe unverändert, ihre Intensität aber nimmt beträchtlich ab. Ein roher Gang tritt dabei keinesweges ein, vielmehr behält die Schmelzmasse über dem Gestell ganz ihre frühere Leichtflüssigkeit. Das Niedergehen der Gichten wird durch diese Arbeit nicht unterbrochen, aber vermindert, indem sie während der ganzen Zeit des Läuterns langsam in das Gestell einrücken. Man kann für diese Retardirung gegen den gewöhnlichen Gang des Gichtenzuges das Verhältniß von 3 zu 5 annehmen. Die Schlacke, welche sich während der Läuterungszeit nach und nach im Gestelle neu erzeugt, aber fortwährend weich und breiartig bleibt, wird mehre Male abgezogen, ohne jedoch den Vorheerd beim Tümpel von Schlacke zu entblößen. Später wird die Schlacke so dünnflüssig, daß sie unter der, durch Erstarren der Oberfläche im Vorheerd sich bildenden dünnen Schlackenrinde, von selbst über den Wallstein hinwegläuft. Man läßt diese rindenartige Decke als Schutz gegen die Abkühlung des Vorheerdes gerne stehen, und hebt sie nur dann ab, wenn sie zu hart und zu dick geworden ist. Nach dem Abwerfen bildet sich sogleich wieder eine neue Decke. — Die erkaltete Schlacke ist poröse, leicht und hat das Ansehen einer rohen Frischschlacke, mit welcher sie noch mehr Aehnlichkeit haben würde, wenn nicht die stets nachschmelzende Hohofenschlacke ihre Beschaffenheit änderte.

Das flüssige Roheisen im Gestell ändert allmählig seine Farbe und wird immer heller, statt daß das Roheisen vorher eine rothe Farbe im Gestell zeigte. Theils das Hervortreten dieser lichten Farbe, theils und hauptsächlich das Eintreten eines feinen Funkensprühens aus dem Gestell in die Form, ist das Kennzeichen, daß der Läuterungsprozeß sein Ende erreicht hat. Früher darf man nicht zum Abstechen schreiten, aber auch nicht länger damit säumen, weil jene Funken schon eintretendes Verbrennen von Eisen andeuten. Die Dauer der Läuterungszeit ist verschieden, je nachdem das Gestelle noch eng, oder nach längerer Betriebszeit des Ofens schon weiter geworden ist. Zu

Anfange der Campagne geht eine Stunde darauf hin; gegen das Ende der Hüttenreise, bei schon erweitertem Gestell, sind aber wohl 3 bis 4 Stunden erforderlich.

Das Eisen wird auf einen Heerd abgelassen, welcher aus kleinen Schlackenstücken, mit etwas Sand vermengt und sehr angefeuchtet, geschlagen wird. Reinen, angefeuchteten Sand wendet man deshalb nicht an, weil das Weißeisen dann zu leicht zerspringt und zufällig Beschädigungen veranlassen könnte. Beim Abstechen zeigt sich ein sehr lebhaftes Sprühen von weißen und hellblauen Funken. Das geläuterte Eisen ist silberweiß und in der Regel luckig, mit ebner Bruchfläche. Ungeläutert, wie das Roheisen zu Hüttengußwerk verwendet wird, ist es von grauer Farbe, dicht und grobkörnig.

Nach beendigtem Abstich wird, ohne sorgfältiges Ausräumen des Gestelles, nur der Vorheerd von der angesetzten Schlakkenkruste gereinigt, die Stichöffnung mit angefeuchtetem Kohlengestübbe geschlossen, es werden einige Schaufeln klein geschlagener Läuterungsschlacken in das Gestell geworfen und der Vorheerd wird dann mit Kohlenlösche bedeckt. Alsdann wird die Nase hinter der Form abgestoßen, die Form selbst von dem angesetzten Frischeisen gereinigt und sogleich, jedoch zuerst nur bei schwachem Gebläse, mit dem Schmelzen wieder angefangen. Dieser langsamere Gang dauert nur so lange, bis der Heerd wieder mit Schlacken angefüllt ist, indem alsdann der Wind mit gewöhnlicher Pressung gegeben wird und überhaupt das Schmelzen ganz so wie vor der Läuterungsarbeit, wieder eintritt.

Es ist nicht zu läugnen, daß dies Verfahren des Weißmachens des grauen Roheisens sehr einfach ist, daß es kaum einen Kohlenaufwand verursacht und nur einigen Zeitverlust beim Hohofenbetrieb veranlaßt, der aber beim Frischprozeß reichlich wieder eingebracht wird. — Anwendbar ist diese Methode jedoch nur bei sehr leichtflüssigen Beschickungen, beim

Betriebe der Oefen mit Holzkohlen, oder höchstens mit sehr leicht entzündlichen Koaks, so wie bei Erzen, die keine Phosphorsäure enthalten und bei denen die Scheidung des Roheisens von der Schlacke nicht durch starke Zuschläge befördert werden muß, weil das Roheisen dann immer mehr geneigt ist, Silicium aufzunehmen. Dieses wird zwar durch den Windstrom viel vollkommener abgeschieden, als durch das Füttern des Gestelles mit reinen Eisenerzen, aber doch niemals so vollkommen, als wenn das Roheisen durch einen besonderen Umschmelzprozeß vor der Form des Gebläses, zum Verfrischen vorbereitet wird. Bei allen leichtflüssigen und gutartigen Erzen ist daher diese Läuterungsmethode zu empfehlen und in aller Rücksicht dem Scheibenreißen unmittelbar beim Schmelzofen vorzuziehen, weil das Eisen von Silicium mehr gereinigt, und weil es in den Zustand des luckigen Flosses ohne Kohlenaufwand versetzt wird, welches bei der Methode des Scheibenreißens erst durch das Braten der Scheiben bewirkt werden muß.

de Bonnard, sur un procédé particulier en usage dans l'Eiffel, pour l'affinage de la fonte; im Journal des Mines No. 102. p. 455—469. — Fulda, Darstellung des Hohofen- und Frischfeuer-Betriebes auf den Eisenwerken des Schleidener Thales in der Eiffel. Archiv f. Bergbau. VII. 9—30.

§. 945.

Ein anderes, der eben beschriebenen Läuterungsmethode sehr ähnliches Verfahren, das Roheisen unmittelbar im Hohofen weiß zu machen, findet auf mehren Hohöfen von Berry statt. Die Oefen sind mit zwei Formen versehen, von denen die eine von Zeit zu Zeit eine in das Gestell geneigte Richtung erhält, wenn sich das Gestell schon ziemlich mit Roheisen angefüllt hat, so daß der Wind unmittelbar auf das flüssige Metall strömt. Die andere Form behält stets, und auch während der Läuterungsarbeit durch jene erste Form, ihre gewöhnliche Lage, so daß das Schmelzen ununterbrochen fortgeht und die Gichten in derselben Zeit nachrücken, während das Roheisen im Gestell durch die erste Form entkohlt wird. — Dies Verfahren weicht also von dem in der Eiffel üblichen nur dadurch ab, daß das Nachrücken der Gichten weniger verzögert wird.

Auch diese Methode ist bei gutartigen Erzen und bei sehr leichtflüssigen Beschickungen wohl zu empfehlen, obgleich sie ebenfalls nicht anwendbar ist, wenn gutes Stabeisen aus nicht gutartigen Erzen bereitet werden soll.

Mit einem größeren Kohlenaufwand und mit einem geringeren Eisenausbringen aus den Erzen, würde sich zwar durch einen absichtlichen Rohgang des Ofens derselbe Zweck, den man bei diesen beiden Läuterungsmethoden erreichen will, ebenfalls erlangen lassen, weil diese Läuterungsmethoden ebenfalls nur in den Fällen anwendbar sind, wenn auch der Rohgang des Ofens für die Beschaffenheit des Eisens nicht sehr nachtheilig wird; allein man erhält durch den Gaargang des Ofens, außer dem Gewinn an Kohle und Erz bei der Schmelzung, noch den Vortheil, daß der Ofen in einem gleichmäßigen Gange bleibt und daß man Versetzungen, die mit der Erzeugung des luckigen Eisens beim Rohgange immer verbunden sind, nicht zu befürchten hat. Uebrigens wird aber das luckige Eisen vom Rohgange immer noch reiner, und von Silicium freier seyn, als das luckige Eisen, welches durch das Läutern oder Weißmachen des grauen Roheisens im Gestell des Hohofens erzeugt wird.

Verfahren, das Roheisen unmittelbar im Hohofen weiß zu machen. Archiv f. Bergbau. XIII. 207.

§. 846.

Abweichend von diesen Methoden des Weißmachens des grauen Roheisens ist das Verfahren, dasselbe im Flammenofen einzuschmelzen und auf dem Flammenofenheerd, durch Zusatz von gaarer Frischschlacke, in weißes Roheisen umzuändern.

Die Flammenofen zum Weißmachen des grauen Roheisens stimmen mit den Flammenöfen mit nicht geneigten Heerden zum Umschmelzen des Roheisens überein. Der Schmelzheerd muß möglichst flach seyn und in der Mitte keine muldenartige Vertiefung erhalten, damit das eingeschmolzene Roheisen eine große Oberfläche darbietet und sich über den ganzen Heerd ausbreitet, ohne einen tiefen Sumpf zu bilden, weil dadurch das Weißwerden des Eisens verzögert wird. Deshalb muß auch von dem zum Weißmachen bestimmten Roheisen, bei gleichen Dimensionen des Ofens, ungleich weniger eingeschmolzen werden, als wenn das Roheisen für die Gießerei umgeschmolzen werden soll, wobei ein tiefes Metallbad, in so fern es nur hinlänglich erhitzt werden kann, das Graubleiben des Roheisens, der Absicht gemäß, befördert. — Ein flacher Heerd und ein flacher Stand des geschmolzenen Roheisens auf dem Heerde, tragen wesentlich dazu bei, das Eisen von unten abzukühlen und dadurch das schnellere Erstarren beim Abstechen, welches der Graphitbildung entgegen wirkt, zu befördern.

Die Konstruktion eines Flammenofens, welcher mit Steinkohlen geheizt wird, weicht von derjenigen nicht ab, welche die Flammenöfen zum Umschmelzen des Roheisens für die Gießerei erhalten. Der eigentliche Schmelzheerd bei solchen Weißöfen besteht aus einer 8 bis 12 Zoll dicken Schicht von reinem Sande, der nur locker eingestampft wird. Man bildet mit diesem Sande den ebenen und flachen Heerd, und zieht ihn nur gegen die Fuchsöffnung und gegen die Einsetzthür dammartig in die Höhe. Der gegen die Einsetzthüre zu aufgeschüttete Sanddamm, welcher das Uebersteigen der Schlacke und des Eisens verhindern soll, wird nach jedem Abstechen wieder weggebrochen, theils um den Ofen zu reinigen, theils um zu verhindern, daß beim Einsetzen des Roheisens nicht etwas von dem Sanddamm auf den Schmelzheerd gebracht wird. Sobald eingesetzt ist, wird wieder ein neuer Damm angeschüttet. Weil die Sandheerde indeß die Bildung von Silikaten sehr befördern, so wendet man auch Heerde von Thon an, denen durch Einstampfen des Thons die erforderliche Gestalt gegeben wird. — Zum Abstechen des geweißten Roheisens ist unter der Einsetzthüre eine Oeffnung in der Umgebungsmauer des Flammenofens angebracht, welche mit dem Sande, der den Schmelzheerd bildet, oder mit einem Thonstöpsel verschlossen wird. Das einzuschmelzende Roheisen wird über den ganzen Heerd ausgebreitet. Während des Einsetzens ist die Esse oben, wie gewöhnlich, vermittelst der Klappe geschlossen. Die Einsetzthüre wird nur in dem Augenblick des Einsetzens eines Stückes Roheisen geöffnet, und jedesmal wieder geschlossen, um den Ofen nicht abzukühlen. Man sorgt dafür, daß der Rost, zur Zeit des Einsetzens, mit glühenden Kohlen, welche keinen starken Dampf mehr verbreiten, angefüllt ist. Nach dem Einsetzen wird mit vollem Zuge geschmolzen.

Auf einigen Würtembergischen Hüttenwerken, — wo man sich des Torfes als Brennmaterial bedient, — hat man, mit großem Erfolg, außer den gaarenden Zuschlägen, auch einen Windstrom aus dem Gebläse angewendet, welcher, sobald das Roheisen vollkommen geschmolzen ist, auf den Roheisenspiegel geführt wird, in derselben Art, wie es bei den Treiböfen oder bei den Oefen zum Kupfergaarmachen der Fall ist. Der Wind muß aber nicht kalt, sondern erhitzt durch die Form einströmen. Die Zeichnungen auf Taf. XLII. Fig. 11. 12. stellen den zu Königsbronn bei Aalen befindlichen Weißofen dar. In der neuesten Zeit bedient man sich, — mit größerem Vortheil, — statt des Torfes der Hohofengase zur Erhitzung der Weißöfen.

§. 947.

Wenn ein Ofen zuerst in Betrieb gesetzt wird, so pflegt er, ungeachtet des vorhergegangenen Abwärmens, noch so kalt zu seyn, daß das Eisen zum Frischen oder zum Erstarren geneigt ist, und auf dem Heerd nicht recht flüssig wird. Dann ist man genöthigt, zu dem zweiten Einsatz, Roheisen ohne alle Zusätze anzuwenden, um die Masse wieder flüssig zu machen.

Zwar erhält man nun gewöhnlich nur graues Roheisen, allein die Anordnung zum dritten Einsatz und Abstich ist nun dadurch getroffen und der Ofen kann dann ununterbrochen, so lange als es der Bedarf an Weißeisen nöthig macht, oder so lange keine Beschädigungen am Gewölbe oder andere Hindernisse vorfallen, mehre Wochen lang im Betrieb erhalten werden. Bei solchen Oefen, die mit reichen gaarenden Zuschlägen versorgt werden, oder die mit einem Gebläse versehen sind, dessen erhitzter Windstrom auf die Oberfläche des flüssigen Roheisens wirkt, kommen solche Hindernisse bei dem Anfang des Betriebes jedoch nicht vor.

Die gaaren Frischschlacken, welche das Weißmachen des grauen Roheisens bewirken sollen, können entweder mit demselben zugleich eingesetzt, oder erst später, wenn das Eisen in Fluß gekommen ist, eingetragen und eingerührt werden. Setzt man die Frischschlacken gleichzeitig mit ein, so ist das Durchrühren nicht erforderlich, weil sie früher, als das Roheisen, in Fluß kommen und dann von dem geschmolzenen schweren Roheisen wieder in die Höhe gedrängt werden, wobei sie also vollständig mit dem Eisen in Berührung kommen. Man hat versucht, der Frischschlacke Kalk und etwas Kohlenstaub zuzusetzen, wodurch eine vollständigere Zersetzung der Frischschlacken bewirkt, aber ein größerer Rückhalt von Kohle im Eisen veranlaßt worden ist.

Setzt man die Frischschlacke nach dem erfolgten Einschmelzen des Roheisens zu, so muß der Zusatz periodenweise geschehen, und das Umrühren der Masse mit hölzernen Rührstäben kann erst nach vollständig erfolgter Schmelzung der jedesmal eingesetzten Frischschlacke vorgenommen werden. Der Schlackenzusatz findet gewöhnlich in 3 bis 4 Perioden statt.

Gewöhnlich werden 15 bis 18 Centner Roheisen mit einem Male zum Weißmachen eingesetzt, welche eine Quantität von 3 bis 4 Centnern Frischschlacke zum Weißwerden erfordern

Die Eisenfrischschlacken werden bei dieser Operation zuweilen in Bisilikate umgeändert und erhalten dann das Ansehen von Hohofenschlacken. Diese Umänderung erfolgt vorzüglich durch die Aufnahme der Kieselerde aus dem Sande des Schmelzheerdes, denn das Roheisen allein würde sie nicht in Bisilikate umändern können. Durch die Anwendung des Windes wird es möglich, den Zusatz von gaarenden Zuschlägen bedeutend zu vermindern.

Schöpfproben, welche von Zeit zu Zeit unter der Schlakkendecke vorgenommen werden, müssen entscheiden, ob das Roheisen schon weiß geworden ist, oder ob es noch länger stehen und vielleicht neue Schlackenzusätze erhalten muß. Eine Quantität von 15 bis 18 Centner Roheisen erfordert eine Zeit von etwa 3 bis 4 Stunden, um so weiß zu werden, daß es das Ansehen der luckigen Flossen erhält. — Beim Abstechen läßt man die Schlacken mit ab. Man setzt eine mit Lehm ausgestrichene eiserne Rinne an der Abstichöffnung an, um das Eisen auf die Hüttensohle zu leiten und stößt die Rinne allenfalls weg, sobald das Eisen zu laufen aufgehört hat und bloß Schlacken nachfolgen. Das Eisen wird sogleich mit einer reichlichen Menge Wasser begossen. Die Schlacken enthalten noch Eisenkörner und müssen, um diese zu gewinnen —, gepocht werden.

Der Eisenabgang bei dieser Weißarbeit ist wenig bedeutend und beträgt 5 bis 6 Procent, weil das Roheisen einen Theil des in der zugesetzten Frischschlacke befindlichen Eisenoxyduls reducirt und aufnimmt. Der Steinkohlenverbrauch auf 100 Pfd. Weißeisen ist etwa zu einem Kubikfuß anzunehmen. Statt der Frischschlacken, wenn diese in zureichender Menge nicht zu erhalten sind, kann man sich mit gutem Erfolge der Eisenerze selbst bedienen. Je reicher die Zuschläge an Eisenoxyd sind, desto mehr wird die Weißarbeit beschleunigt und desto vollkommener die Umänderung des grauen in weißes Roheisen bewirkt.

Die Methode des Weißmachens des grauen Roheisens durch Umschmelzen mit Frischschlacken auf dem Flammenofenheerd ist, wegen des geringen Materialienverbrauchs, eine sehr vortheilhafte Operation. Außerdem zeigt sich durch die Analyse des Roheisens, vor und nach dem Umschmelzen desselben im Weißofen, daß es nicht bloß Kohle verloren hat, sondern daß dabei auch ein Theil Silicium durch Verschlackung abgeschieden wird. Aus den Analysen, welche ich angestellt habe, ergiebt sich aber auch, daß der Phosphorsäuregehalt der Frischschlacken, — welcher fast niemals fehlt, wenn er zuweilen auch nicht bedeutend ist, — an das Roheisen zwar nicht übergeht; daß aber das weiß gemachte Roheisen auch nicht weniger Phosphor enthält als das graue, aus welchem es bereitet ward. Anders und günstiger wird das Verhalten unbezweifelt seyn, wenn außer den gaarenden Zuschlägen auch der Windstrom zur Entkohlung des Roheisens angewendet wird. Die Anwendung des Windes ist überhaupt eine große und sehr wesentliche Vervollkommnung des Prozesses der Weißeisenfabrikation im Flammenofen, theils weil die Entkohlung in einem höheren Grade vorschreitet, theils und vorzüglich, weil die fremdartigen Beimischungen des Roheisens nur durch den Windstrom, nämlich durch freien und ungebundenen Sauerstoff, oxydirt und verschlackt werden können. Zwar wird durch die Anwendung des Windes ein Gewichtsverlust von etwa 8 bis 10 Procent Roheisen unvermeidlich seyn, allein dieser Verlust wird durch die Verbesserung des Eisens reichlich übertragen und bei der nächstfolgenden Frischarbeit wieder gewonnen. Wenn es früher, ohne Anwendung von Gebläseluft, nur möglich war, ein mittelmäßig gutes Weißeisen darzustellen, so wird jetzt die Weißarbeit in Flammenöfen als die vollkommenste und vortheilhafteste betrachtet werden können.

de Billy, sur un procédé suivi a l'usine de Koenigsbronn pour blanchir et décarburer en partie la fonte destinée a l'affinage; in den Ann. des mines. 3 Série. XIV. 87.

§. 948.

Ein Verfahren, welches man fast überall zum Weißmachen des grauen Roheisens auf den Hütten anwendet, wo das Frischen des Roheisens nicht in geschlossenen Heerden oder in Feuern, sondern in Flammenöfen stattfindet, ist das Einschmelzen desselben bei Koaks in geschlossenen Feuern vor dem Gebläse. Dies Verfahren hat Aehnlichkeit mit demjenigen beim Hartzerrennheerd, indem das Roheisen auf eine übereinstimmende Weise zum Verfrischen vorbereitet wird. Der Unterschied besteht nur darin, daß das bei Koaks umgeschmolzene Roheisen im flüssigen Zustande abgestochen wird, wie dies aber auch bei einer Modifikation der Methode von Nivernais (§ 936) der Fall ist, mit welcher Methode die jetzt zu beschreibende überhaupt vollkommen übereinstimmt, nur mit dem Unterschiede, daß dort Holzkohlen und hier Koaks zum Schmelzen angewendet werden.

Diese Methode des Weißmachens des Roheisens ist zuerst in England ausgeübt worden, wo man dem Schmelzheerd den Namen Feineisenfeuer oder Raffinirfeuer (Finery oder Refining furnace) gegeben hat, indem das daraus erhaltene Produkt: Feineisen oder Feinmetall (Fine iron oder Fine metall) genannt ward. Dies Verfahren, das graue Roheisen in weißes umzuändern, besitzt die schon früher entwickelten Vorzüge vor denjenigen Methoden, bei welchen die Umänderung nicht gleichzeitig durch die Einwirkung eines Windstroms, sondern nur allein durch Abkühlung mittelst des Wassers, oder durch gaarende Zusätze bewirkt wird. Hr. Berthier hat die Schlacke aus den Feineisenfeuern untersucht und gefunden, daß sie eine bedeutende Menge Phosphorsäure enthält, während sich diese in der Schlacke, die bei dem Verfrischen des Feineisens erhalten wird, nicht mehr auffinden läßt. In ähnlicher Art, wie der Phosphor bei der Feineisenbereitung in Phosphorsäure umgeändert und in die Schlacke gebracht wird, werden auch das Mangan und das Silicium oxydirt und verschlackt. Denn obgleich aus den Analysen des Hrn. Berthier hervorgeht, daß die Frischschlacke aus den Puddlingsfrischöfen mehr Kieselerde enthält, als die Schlacke aus dem Feineisenfeuer; so rührt der größere Kieselerdegehalt der ersteren doch nur von den Heerden und vielleicht auch von den Umfassungswänden der Flammenöfen her, wogegen die Kieselerde in der Schlacke aus den Feineisenfeuern zum großen Theil das Resultat der Orydation des Siliciums in dem Roheisen ist, welches bei der Feineisenbereitung zerstört und in die Schlacke geführt wird. Die Schlacke aus den Feineisenfeuern ist folglich mit der Rohschlacke zu vergleichen, welche bei der deutschen Frischmethode bei dem Einschmelzen des Roheisens vor dem Rohaufbrechen erhalten wird.

Eigene Untersuchungen, welche nicht mit den Schlacken aus den Feineisenfeuern, sondern mit dem Feineisen selbst und mit dem (bei Koaks erblasenen) Roheisen angestellt worden sind, aus welchem das Feineisen dargestellt ward, haben folgende Resultate ergeben: der Gehalt an Kohle im Feineisen wird nur selten vermindert, gewöhnlich bleibt er vor und nach der Operation fast unverändert, zuweilen ist er im Feineisen sogar größer als in dem Roheisen, welches als Material für die Feineisenbereitung diente. Feineisen aus bei Holzkohlen erblasenem Roheisen im Feineisenfeuer dargestellt, habe ich nicht Gelegenheit gehabt zu untersuchen. Es ist nicht zu bezweifeln, daß bei diesem Roheisen eine Verminderung des Kohlengehaltes bei der Umänderung in Feineisen wirklich stattfindet. Das luckige Ansehen des aus grauem Koaksroheisen verfertigten Feineisens führt leicht zu Täuschungen, weil die luckige Beschaffenheit nicht durch den Cohäsionszustand und durch das Verhalten beim Erstarren des Roheisens mit geringem Kohlegehalt, sondern durch die starke Entwickelung von Wasserdämpfen beim Begießen des abgelassenen Feineisens mit Wasser, herbeigeführt wird. Die luckige Beschaffenheit des durch häufiges Begießen mit Wasser zur Erstarrung gebrachten Feineisens mit großem

Kohlegehalt beweist nur, daß die Neigung der Kohle, sich beim Erstarren als Graphit auszusondern, wirklich vollständig unterdrückt worden ist. Auf den Gehalt an Kohle im Feineisen hat die Beschaffenheit des umzuschmelzenden Roheisens nicht weniger Einfluß, als die der Koaks, welche bei der Feineisenbereitung angewendet werden. Das Feineisen, dessen Kohlegehalt ich untersucht habe (welcher etwa 4 Procent, und nicht weniger betrug, als der des angewendeten grauen Koakroheisens, obgleich in einem anderen Verbindungszustande), war bei festen und dicht liegenden Koaks aus Sinterkohlen bereitet worden. Es ist wohl zu glauben, daß bei der Anwendung von lockeren Koaks, aus nicht zu stark backenden Steinkohlen, wirklich eine bedeutende Verminderung des Kohlegehaltes bei der Umänderung des grauen Roheisens in Feineisen stattfinden könne. So weit aber die eigenen Erfahrungen reichen, kann ich behaupten, daß sich das Feineisen zu dem grauen Koaksroheisen, aus welchem es bereitet ward, hinsichtlich des Kohlegehaltes eben so verhält, wie das Scheibeneisen (Blattleisen), welches unmittelbar bei den Blauöfen dargestellt wird (§. 924), zu dem grauen Roheisen, aus welchem es durch plötzliches Erstarren entstanden ist.

Den Gehalt an Schwefel im Feineisen habe ich niemals vermindert, sondern jederzeit erhöhet gefunden, eine Erfahrung, die Herr Thomas auch schon gemacht hat, und welche ich durch eigene Versuche vollkommen bestätigen kann. Der Schwefelgehalt erhöhet sich im Feineisen in einem sehr veränderlichen Grade; zuweilen beträgt er nicht viel mehr als der Schwefelgehalt des grauen Roheisens selbst; zuweilen übertrifft er den letzteren um mehr als das Dreifache. Es ist einleuchtend, daß die Ursache dieser Veränderlichkeit in dem zufälligen Umstande zu suchen ist, ob die Steinkohlen mehr oder weniger mit Schwefelkies verunreinigt waren, und ob die Zersetzung des letzteren beim Verkoaken mehr oder weniger vollständig erfolgt ist

Der Gehalt des grauen Roheisens an Silicium wird bei der Feineisenbereitung sehr wesentlich vermindert. Fast niemals beträgt die Verminderung weniger als 75 Procent, so daß diese fremdartige Beimischung des grauen Roheisens zum großen Theil abgesondert wird. — Eben so wie mit dem Silicium verhält es sich auch mit dem Phosphor. Die Umänderung des grauen Roheisens in Weißeisen oder in Feineisen ist daher ein kräftig wirkendes Mittel zur Verminderung seines Gehaltes an Silicium und an Phosphor, aber sie veranlaßt eine neue Verunreinigung des Roheisens mit Schwefel und trägt (wenigstens in vielen, wenn auch vielleicht nicht in allen Fällen) nichts zur Verminderung des Gehaltes an Kohle bei, obgleich sie eine Veränderung in dem Verbindungszustande der Kohle mit dem Eisen bewirkt, und dadurch dem Zweck für die künftige weitere Behandlung des Roheisens bei dem eigentlichen Verfrischungsprozeß ziemlich vollständig entspricht.

Das Mangan wird in den Feineisenfeuern fast ganz von dem Eisen abgeschieden, wenigstens haben meine Untersuchungen ergeben, daß das Roheisen mehr als 80 Procent seines Mangangehaltes bei der Umänderung in Feineisen verliert.

Alles Roheisen, welches wegen der natürlichen Beschaffenheit der Erze, oder wegen der großen Strengflüssigkeit der Beschickung, oder wegen der großen Höhe der Oefen und der Obergestelle, oder aus jenen Ursachen zusammen genommen, viel Silicium und Mangan und auch Phosphor enthält, würde ein sehr schlechtes und mürbes Stabeisen geben, wenn es bloß durch gaarende Zuschläge zum Verfrischen vorbereitet und in Weißeisen umgeändert wird. Ein solches Roheisen muß nothwendig vor dem Winde niedergeschmolzen werden, ehe es zur eigentlichen Frischarbeit abgegeben wird. Ein großer Gehalt des Roheisens an fremdartigen Beimischungen kann zwar durch das Hartzerrennen so wenig als durch die Feineisenarbeit, so vollkommen abgeschieden werden, daß man sich aus dem erhaltenen

Produkt ein tadelfreies Stabeisen versprechen könnte; allein man wird daraus doch ein Stabeisen von mitlerer Güte darstellen, während es in einem hohen Grade schlecht und brüchig seyn würde, wenn das Roheisen nicht durch Niederschmelzen vor dem Windstrom, sondern durch Anwendung gaarender Zuschläge vorbereitet wird.

Berthier, Untersuchung der Schlacken, welche beim Verfrischen des Roheisens im Flammenofen erfolgen. Archiv für Bergbau. XI. 351 u. f.

§. 949.

Die Umänderung des bei Koaks erblasenen grauen Roheisens in weißes, durch das Einschmelzen in den Feineisenfeuern, ist nicht ohne Schwierigkeiten. Am vollkommensten und leichtesten gelingt der Prozeß bei der Anwendung desjenigen grauen Roheisens, welches bei einer möglichst leichtflüssigen Beschickung erblasen und welches daher noch reich an Kohle ist. Graues Roheisen von sehr strengflüssigen Beschickungen, welches nur wenig Kohle enthält, bleibt grau und läßt sich nur sehr schwer in weißes Eisen umändern. Das sogenannte halbirte Roheisen ist zur Feineisenbereitung am anwendbarsten. Ist es bei einer leichtflüssigen Beschickung im Schmelzofen erblasen, so läßt sich daraus auch beim Verfrischen des erhaltenen Feineisens ein sehr gutes Stabeisen erwarten. Höchst verschieden ist das Verhalten des bei Holzkohlen und des bei Koaks erblasenen grauen Roheisens in den Feineisenheerden. Das Holzkohlenroheisen ändert sich sehr leicht in weißes Roheisen um, und verändert sich sogar zu einer halbgefrischten Masse, die kaum mehr hinreichende Flüssigkeit beim Ablassen aus dem Heerde behält. Das graue Koaksroheisen widerstrebt der Umänderung in weißes Roheisen in demselben Verhältniß stärker, als es weniger Kohle (Graphit) enthält, und wenn es sich in weißes Roheisen umändert, so vermehrt sich zugleich sein Gehalt an Kohle. — Das bei Holzkohlen erblasene Roheisen erhält indeß jetzt, weder in Frankreich, noch in Belgien, noch in Deutschland, in den Feineisenfeuern eine Vorbereitung zum Verfrischen, wenigstens können die wenigen Fälle, wo es noch geschieht, nur als seltene Ausnahmen betrachtet werden.

§. 950.

Statt der gewöhnlichen eisernen Platten bedient man sich bei den Feineisenfeuern gegossener, hohler, eiserner Kasten, in welchen fortwährend kaltes Wasser circulirt, theils um das Schmelzen der Platten zu verhindern, theils um das Feuer möglichst kühl zu erhalten und das niederschmelzende Eisen in einem weniger stark erhitzten Raum niedergehen zu lassen. Der Boden besteht entweder aus einer 12 bis 15 Zoll starken Schicht von fettem Sand, oder auch aus zerstoßenem Quarzgeschiebe, oder aus Kalkstein; am mehrsten zu empfehlen ist es aber, den Boden aus feuerfestem Thon anzufertigen. Das in dem Feuer niedergeschmolzene Eisen wird beim Abstechen in eiserne Formen geleitet, unter welchen ebenfalls ein Wasserstrom circulirt, um sie kühl zu erhalten. Die Zeichnungen Taf. **XLII.** Fig. 13—17. stellen einen Feineisenheerd mit einer Formreihe, Taf. **XLIII.** Fig. 1—5. aber einen Feineisenheerd mit doppelter Formreihe dar. Die letzte Einrichtung muß bei größeren Heerden stets gewählt werden, um die Umänderung des grauen Roheisens in weißes zu befördern.

Die Feineisenfeuer erfordern vielen und starken Wind, den man durch mehre, — wenigstens durch 2, oft aber durch 3 bis 8, — Düsen in das Feuer leitet. Kleinere Feineisenfeuer mit 2 oder 3 Formen müssen mindestens 600 Kubikfuß Wind in der Minute erhalten. Größere Heerde, welche auf den beiden einander gegenüberstehenden Seiten mit Formen versehen sind und mindestens 4 Formen haben, können nicht weniger als 800 Kubikfuß, und noch größere Heerde, mit 6 und mehr Formen, müssen 1000 bis 1200 Kubikfuß Luft in der Minute zugetheilt erhalten. Die Pressung des Windes muß 2 bis 2½

Pfund auf den Quadratzoll betragen. Alle diese Angaben beziehen sich nur auf Koaksroheisen (§. 949). Um das in dem Heerd niedergeschmolzene Eisen der Wirkung des Luftstroms auszusetzen, giebt man den Düsen, also auch den Formen oder Formöffnungen, eine Neigung von 30 bis 40 Graden in den Heerd.

Das zum Weißen bestimmte Roheisen wird gewöhnlich in Stücken von 3 Fuß Länge und von 90 bis 110 Pfund an Gewicht (Pigs) angewendet. Koaks aus Sandkohlen sind für die Feineisenfeuer fast eben so unbrauchbar, als die Koaks und Steinkohlen, welche viel Asche beim Verbrennen hinterlassen. Fest liegende, schwer entzündbare und an Asche sehr reiche Koaks verstopfen das Feuer, hemmen den Abzug der Flamme und erfordern einen so starken und heftigen Wind, daß das Weißwerden des Eisens dadurch verhindert wird. Koaks aus nicht zu stark backenden Kohlen, welche das Feuer locker erhalten, sind am mehrsten für die Feineisenbereitung geeignet, wenn sie nicht viel Asche hinterlassen. Die in Oefen bereiteten Koaks sind nur dann für den Betrieb der Feineisenfeuer anwendbar, wenn die Steinkohlen keinen Schwefelkies enthalten. Bei einer Verunreinigung der Steinkohlen mit Schwefelkies ist es aber rathsam, die in offenen Meilern bereiteten Koaks aus Stückkohlen anzuwenden, weil sich voraussetzen läßt, daß bei diesen Koaks der Schwefelkies am vollständigsten zersetzt seyn wird. Der mehr oder minder gute Erfolg bei der Feineisenbereitung ist von der Beschaffenheit der Koaks im hohen Grade abhängig.

Man füllt das Feineisenfeuer mit Koaks an, welche erst vollständig in Gluth gerathen seyn müssen, ehe das Roheisen auf den Koakhaufen gelegt wird. Wenn die Arbeit schon im Gange ist, so wird das Feuer, unmittelbar nach jedem Abstich wieder mit frischen Koaks angefüllt, die sich dann sehr schnell entzünden. Nach der Größe des Feuers werden 20 bis 25

Centner Roheisen für einen Abstich mit einemmale durchgeschmolzen, welche nach und nach aufgetragen und niedergeschmolzen werden. Beim Abstechen läuft die schwarze, glasige, zuweilen krystallinische Schlacke mit ab, trennt sich aber beim Begießen des Feineisens mit Wasser sehr leicht und springt von der Oberfläche des Eisens ab, so daß sie mit leichter Mühe abgekehrt werden kann.

Die Arbeit geht schnell und man kann im Durchschnitt annehmen, daß eine Quantität von 20 Centner Roheisen in einer Zeit von 3 Stunden niedergeschmolzen ist. Aus $22\frac{1}{2}$, höchstens aus 23 Centner Roheisen erfolgen 20 Centner Feineisen, so daß der Abgang 12, höchstens 15 Procent beträgt. Das bei einer leichtflüssigen Beschickung erblasene Roheisen erleidet zuweilen nur einen Abgang von 9 bis 10 Procenten, in so fern nicht dicht liegende und schwer verbrennliche Koaks in Anwendung kommen. Der Verbrauch an Koaks läßt sich bei guten und locker liegenden Koaks zu $1\frac{1}{2}$ bis $1\frac{7}{8}$ Kubikfuß, oder zu 45 bis 50 Pfund zu 100 Pfund Preuß. Feineisen, und bei dicht liegenden Koaks zu 2 Kubikfuß, oder zu 60 bis 65 Pfund annehmen. — Beim Niederschmelzen der Roheisenstäbe ist dahin zu sehen, daß sie nicht zu schnell durch die Koaks fallen, weshalb sie von Zeit zu Zeit mit Brechstangen gehoben und über der Form erhalten werden müssen, bis sie schmelzen. Auch frische Koaks müssen nach und nach in kleinen Quantitäten nachgesetzt werden. Weil sich durch das Arbeiten im Feuer nur sehr wenig nachhelfen und die Masse nicht lockerer erhalten läßt, so hängt der gute Erfolg des Prozesses fast allein von der Beschaffenheit des Eisens und der Koaks und von der Menge des Windes ab, welche man anwendet. Dabei ist es aber nothwendig, die Umfassungswände des Feuers möglichst kühl zu erhalten. Zur Beförderung des Weißwerdens wendet man häufig gaarende Zuschläge, besonders Glühspan, Abfälle vom Walzwerk u. s. f. an. Zusätze von Kalkstein geben eine strengflüssige, steife Schlacke, welche das Feuer versetzt, die Arbeit verzögert, den Materialienaufwand vermehrt und die Umänderung des grauen Roheisens in weißes erschwert. — Ein Zusatz von Braunstein, wenn er nicht zu kostbar wäre, würde das Mittel seyn, den Kohlegehalt des Roheisens bedeutend zu vermindern und zugleich einen guten, flüssigen Gang im Heerde hervorzubringen. In Ermangelung des Braunsteins würde auch Roheisenstein oder ein anderes an Eisenoxyd reiches Eisenerz, mit etwas Kalkmehl beschickt, sehr gute Dienste leisten.

Notice sur le traitement du fer par la houille, pratiqué en Angletterre. Bulletin de la Société d'Encouragement pour l'industrie nationale XVII. 322—331. — af Uhr, Archiv f. Bergbau. XI. 331. — Thomas, mémoire sur l'affinage de la fonte par la méthode anglaise, et sur les moyens que l'on peut employer, en grand, pour diminuer le déchet de cette opération; in den Ann. des mines. 3 Série. III. 433.

§. 951.

Die Umänderung des grauen Roheisens in Weißeisen in den Feineisenfeuern ist bis jetzt nur bei demjenigen Roheisen in Anwendung gebracht worden, welches nicht in Heerden bei Holzkohlen, sondern in Flammenöfen verfrischt wird. Auch ist dieser Prozeß nur auf das bei Koaks erblasene graue Roheisen beschränkt worden, weil das graue Holzkohlenroheisen dieser Vorbereitung für die Flammenofenfrischerei weniger bedarf. Das in den Feineisenheerden bei Koaks bereitete Weißeisen würde für den Frischprozeß in Heerden bei Holzkohlen nicht zu empfehlen seyn, weil das Feineisen immer unreiner ist, wie das bei Holzkohlen bereitete Weißeisen. Bei dem Verfrischen des Roheisens in Flammenöfen treten andere Verhältnisse ein, weil theils durch den Frischprozeß selbst, theils durch den darauf folgenden Schweißprozeß, ein weniger gereinigtes Eisen mit einem besseren Erfolge angewendet werden kann.

Bei allen Frischprozessen in Heerden, welche sich zur Abkürzung der eigentlichen Frischarbeit, des weißen, sey es des bei einem Rohgange des Ofens erzeugten, oder des durch einen besonderen Prozeß weiß gemachten und durch Braten mehr entkohlten Roheisens, bedienen, bleibt es Hauptsache, das gaarschmelzende weiße Roheisen in bedeutender Höhe über der fast horizontal liegenden Form langsam niederzuschmelzen, um das Eisen in der Glühhitze und umgeben mit Kohlen, gewissermaßen mit dem Luftstrom aus dem Gebläse zu cementiren. Dadurch bewirkt man die Entkohlung und schützt das Eisen zugleich durch die dasselbe umgebenden Kohlen gegen die Oxydation. Der Prozeß ist also ein fortgesetztes Braten, wobei der Kohlegehalt des Eisens immer mehr abnimmt, so daß dasselbe, wenn es in der höchsten Schmelzhitze, nämlich vor der Form angelangt ist, schon so viel Kohle verloren hat, daß es nicht mehr in einen flüssigen Zustand gerathen kann.

Die unmittelbare Einwirkung der atmosphärischen Luft auf das halb geschmolzene Eisen muß daher in der letzten Periode der Frischarbeit im Heerde, die Wirkung der gaarenden Zuschläge unterstützen. Diese würden zur völligen Abscheidung der Kohle nicht mehr zureichend seyn, weil sie zu langsam wirken. Der freie und ungebundene Sauerstoff der atmosphärischen Luft wirkt kräftiger auf den noch zurückgebliebenen Kohlegehalt des in voller Schweißhitze befindlichen Eisens, welches durch die dasselbe umgebenden Kohlen gegen die Wirkungen des Windstroms geschützt wird. Deshalb ist auch das Anlaufeisen, welches dem heftigen Windstrom unmittelbar ausgesetzt ist, immer am reinsten und weichsten, und deshalb werden alle Frischmethoden, bei welchen nur kleine Kolben dargestellt werden, ein besonders gutes Eisen liefern können.

Die vereinigte Wirkung der gaaren Zuschläge und des Windstroms geben sich beim Frischen des Eisens durch ein Aufbrausen, oder durch ein Aufkochen und Aufgähren, mit einem Geräusch von bratendem Speck, deutlich zu erkennen, und zwar um so deutlicher, je stärker die Wirkung des Windes auf das gaarende Eisen ist. Man hat daher die deutsche Schmiede, weil sie von gaaren Zuschlägen häufig Anwendung macht, und das Gaarwerden des Eisens, sowohl durch gaare Zuschläge, als durch den Wind des Gebläses bewirkt, **Kochschmiede** genannt; indeß ist diese Benennung deshalb nicht bezeichnend genug, weil das Aufkochen bei jeder Frischarbeit stattfindet, obgleich es bei allen Frischmethoden, die ein weniger entkohltes Roheisen anwenden, in einem stärkeren Grade stattfinden muß, als bei denjenigen, bei welchen nicht aufgebrochen, sondern gleich gaar niedergeschmolzen wird.

Die gaarenden Zuschläge sind in der ersten Periode des Frischens, wenn das Roheisen noch reich an Kohle und zum Flüssigwerden geneigt ist, am wirksamsten. Die Gebläseluft würde einen zu starken Eisenverlust verursachen. Neigt sich das Eisen aber schon zur Gaare, so leisten die gaarenden Zuschläge keine schnelle Wirkung mehr, sondern die völlige Entkohlung muß dann entweder durch den, auf das mit glühenden Kohlen umgebene Eisen geleiteten Windstrom (in den Frischheerden), oder durch einen schwachen Zutritt von atmosphärischer Luft (in den Flammenöfen) bewirkt werden. Deshalb leisten die gaarenden Zuschläge auch um so weniger Dienste, je gaarschmelzender sich das Roheisen verhält.

Der Sauerstoff des Windes oder der atmosphärischen Luft hebt die Verbindung des Eisens mit der Kohle auf eine sehr merkwürdige Weise auf, indem er den Kohlegehalt des Eisens auch in der Mitte der ganzen Masse vermindert, obgleich er nur auf der Oberfläche desselben wirken kann. Indem er nämlich, zuerst unmittelbar, und dann durch das sich gleichzeitig auf der Oberfläche des Eisens bildende Oxydul, die Kohle im gasartigen Zustande entfernt, strebt diese, sich wieder mit der ganzen Eisenmasse in ein Gleichgewicht zu setzen und wird immer wieder auf der Oberfläche durch den Sauerstoff der Luft und des sich bildenden Oxyduls zerlegt, so daß man sich das

Gaarwerden des in einem glühenden Zustande befindlichen Eisens, als eine auf der Oberfläche der Masse stattfindende Abscheidung von Kohle zu denken hat, welche aus dem Inneren der Masse immer, und zwar so lange wieder ersetzt wird, als noch Kohle vorhanden ist, weil die noch nicht abgeschiedene Kohle sich immer wieder mit der ganzen Masse des Eisens zu verbinden strebt.

§. 952.

Ueberblickt man die Verfahrungsarten bei den verschiedenen Frischmethoden in den Heerden bei Holzkohlen, so ergiebt sich, daß sie sich nur dadurch von einander unterscheiden, daß einige sehr gaarschmelzendes Roheisen, ohne alle Vorbereitung, anwenden; andere hingegen ein rohschmelzendes Roheisen verarbeiten, welches sie zur eigentlichen Frischarbeit, entweder durch einen besonderen und mannigfaltig abgeänderten Prozeß, oder durch das Einschmelzen vor dem Frischen, in der ersten Periode der ununterbrochen fortgehenden Arbeit, vorbereiten. Der Frischprozeß, welcher die Anwendung eines guten und sehr gaarschmelzenden Roheisens ohne alle Vorbereitung gestattet, ist für den vollkommensten zu halten, wenn er zugleich wegen der untadelhaften Beschaffenheit des Roheisens ein festes Stabeisen liefern kann, weil er zu dem geringsten Verbrauch der Kohlen Veranlassung giebt. Dieser Gewinn ist jedoch nur dann als ein wirklicher anzusehen, wenn er dem aus dem Rohgange im Schmelzofen entspringenden Verlust an Eisenerzen und Kohlen, wenigstens gleich kommt.

Alle Frischmethoden, welche das Roheisen mittelbar oder unmittelbar zum Verfrischen vorbereiten müssen, scheinen keiner wesentlichen Verbesserung, außer derjenigen, welche aus einer haushälterischen Benutzung der Materialien durch eine sachkundige Leitung der Arbeit selbst entspringt, fähig zu seyn. Die Hauptverbesserung scheint nur aus dem Gewinn an Zeit hervorzugehen, und würde sich daher darauf zurückführen lassen, den eigentlichen Frischprozeß durch Anwendung von zweckmäßig vorbereitetem (weiß gemachtem und so viel als möglich in den luckigen Zustand versetztem) Roheisen zu beschleunigen, und daher auch das Ausschweißen und Ausstrecken des Stabeisens von der Frischarbeit zu trennen.

Es läßt sich nicht läugnen, daß sich das in den Frischheerden bei Holzkohlen dargestellte Stabeisen bis jetzt noch immer fester und geschmeidiger verhalten hat, als das in den Flammenöfen gewonnene, und daß es daher in manchen Fällen nur schwer durch das letztere zu ersetzen seyn würde. Die Flammenofenfrischarbeit ist jedoch fortwährend im Fortschreiten begriffen und dürfte bald dahin gelangen, das bei Holzkohlen gefrischte Stabeisen völlig entbehrlich zu machen. Der Frischprozeß im Flammenofen ruht auf sicheren und richtigen Grundsätzen, er gestattet einen überwiegenden Gewinn an Zeit, macht folglich eine große Produktion zulässig, und gewährt dabei den Vortheil, daß sich aus schlechtem Roheisen leichter, als bei den Frischprozessen in Heerden, ein mittelmäßig gutes Stabeisen darstellen läßt. Es ist daher mit Zuverlässigkeit vorauszusehen, daß die Frischarbeit bei Holzkohlen in Heerden in kurzer Zeit nur auf die Gegenden beschränkt seyn wird, welche nicht so glücklich sind, sich Steinkohlen zu wohlfeilen Preisen verschaffen zu können.

§. 953.

Die Vorbereitungsarbeiten für das in Frischheerden zu verfrischende Roheisen sind so sehr mit der eigenthümlichen Fabrikationsmethode verflochten, daß sie sich nicht füglich davon trennen und auf ein anderes Frischverfahren anwenden lassen. Wollte man z. B. für das deutsche Frischverfahren statt des grauen Roheisens ein daraus bereitetes luckig-weißes Roheisen mit dem geringsten Kohlegehalt anwenden, so würde eine ganz andere Methode befolgt werden müssen, und das ursprüngliche

Verfahren würde in dem neuen untergehen. Unbezweifelt können die Fortschritte in der Technik auch nur dahin gerichtet seyn, das zweckmäßigste Material für die beabsichtigte Operation zu wählen, und nicht das Material von der Methode des Verfahrens, sondern die letztere von derjenigen Beschaffenheit des Materials abhängig zu machen, welche der Absicht des Prozesses am vollkommensten entspricht. Der Frischprozeß mag in Heerden oder in Flammenöfen vorgenommen werden, so kann darüber kein Zweifel seyn, daß entweder das vom Schmelzofen unmittelbar erhaltene weiße, oder das durch einen Vorbereitungsprozeß veränderte graue Roheisen, das zweckmäßigste Material seyn wird. Die Schwierigkeit in der Anwendung desselben liegt mehrentheils nur darin, daß es in wenigen Fällen zulässig ist, weißes Roheisen unmittelbar im Schmelzofen zu erzeugen, und daß es zu der Umänderung des grauen Roheisens in weißes an einer allgemein anwendbaren und zweckmäßigen Methode fehlt. Keiner von den (§§. 942—950) betrachteten Methoden kann man eine allgemeine Anwendbarkeit zugestehen, mit Ausnahme der einen (§. 946), bei welcher das weiße Roheisen im Flammenofen dargestellt wird. Mit dieser Operation ist, — in so fern ein heißer Windstrom dabei angewendet wird, — die Darstellung von weißem Roheisen verbunden, welches von fremden Beimischungen sowohl als von dem Gehalt an Kohle am vollständigsten befreit werden kann. Außerdem ist der Betrieb des Flammenofens nicht auf ein bestimmtes Brennmaterial angewiesen, sondern er kann bei Steinkohlen, bei Holz, bei Torf, wahrscheinlich auch bei gut getrockneten Braunkohlen stattfinden. Er gestattet also eine ganz allgemeine Anwendung, ist jeder anderen Verfahrungsart bei der Weißeisenbereitung, wegen der Güte des Produktes und wegen des Kostenaufwandes und des Verbrauchs an Materialien, vorzuziehen, und würde zu einer allgemeinen Einführung, sowohl bei der Heerd- als bei der Flammenofenfrischerei, die sich des grauen, oder des umgeänderten grauen Roheisens bedienen müssen, anwendbar und zu empfehlen seyn.

B. Von der Frischarbeit in Flammenöfen.

§. 954.

Die schlechte Beschaffenheit des bei Koaks in Heerden oder in Feuern gefrischten Stabeisens, und der außerordentlich starke Abgang, den das Roheisen dabei erleidet, verbunden mit dem zunehmenden Holzmangel in England, gaben Veranlassung, nach der Einführung des Koakhohofenbetriebes, das Verfrischen des Roheisens bei Steinkohlen ebenfalls zu bewerkstelligen. Schon in der Mitte des siebenzehnten Jahrhunderts hatten sich englische Hüttenbesitzer Patente auf das Verfrischen des Roheisens bei Steinkohlen geben lassen; indeß gelangte man erst in der Mitte des achtzehnten Jahrhunderts dahin, die Holzkohlen bei dem Frischprozeß durch Koaks und Steinkohlen zu ersetzen. Die damalige Frischmethode, welche jetzt einer vollkommneren gewichen ist, war folgende:

Das Roheisen ward bei Koaks in gewöhnlichen Frischheerden mit einem Zusatz von gaaren Zuschlägen (etwa nach Art der Brechschmiede §. 926) eingeschmolzen und durchgebrochen. Die einzelnen Stücken wurden nach und nach vor den Wind gebracht, und statt ihnen die völlige Gaare in Holzkohlenheerden zu geben, wie es noch jetzt bei der selten in Anwendung kommenden Südwalliser Frischmethode (§. 937) geschieht, wurden die halbgaaren Frischstücken gesammelt, durch Zerstampfen zerkleinert (zu stamp-iron gemacht), und in ovale Kapseln oder Tiegel (Luppen-Tiegel) von feuerfestem Thon gepackt. Diese Kapseln hatten zuletzt die Größe, daß sie $\frac{5}{8}$ bis $\frac{3}{4}$ Centner Stampfeisen fassen konnten. Von diesen Kapseln wurden 8 bis 10 Stück auf den horizontalen Heerd eines mit Steinkohlen geheizten Flammenofens gestellt, bis zur stärksten Schweißhitze geglüht, einige Zeit in der Schweißhitze erhalten, dann heraus genommen und unter den Hammer gebracht. Das in voller Schweißhitze befindliche Stampfeisen ließ sich recht gut ausschweißen, nur ging jedesmal eine Kapsel verloren, wodurch der Prozeß vertheuert ward. Das auf diese Art im Tiegel völlig gefrischte Stampfeisen ward zu Kolben ausgeschmiedet, welche demnächst in einem Glühofen geschweißt und unter Hämmern oder Walzwerken zu Stäben ausgereckt wurden.

Diese Frischmethode verursachte einen Eisenverlust von 50 bis 60 Procent; sie war folglich sehr kostbar und gestattete keine große Ausdehnung der Fabrikation, obgleich sie ein festes und zähes Eisen lieferte.

Im Jahr 1787 gelang es den Herren Cort und Parnell, das Verfrischen des Roheisens auf Flammenofenheerden zu bewerkstelligen. Cort bediente sich bei seinen ersten Versuchen des Roheisens unmittelbar vom Hohofen, weshalb das Verfrischen auf den Flammenofenheerden nur schwierig erfolgte und schwankende, wenig zuverläsige Resultate gewährte. Später machte man den Versuch, das Roheisen in gewöhnlichen Frischheerden bei Koaks niederzuschmelzen, dann abzulassen und die erhaltenen Platten statt des grauen Roheisens in den Flammenöfen anzuwenden. Das Verfrischen dieser Platten hatte einen so günstigen Erfolg, daß man bald darauf verfiel, jene Feuer nicht mehr zum eigentlichen Frischen, wozu sie früher bei der Stampfeisenbereitung dienten, sondern zum Umschmelzen des Roheisens, oder zur Umänderung desselben in weißes Roheisen anzuwenden und dies umgeschmolzene Roheisen, welches den Namen Feinmetall erhielt, zum Frischen in den Flammenöfen anzuwenden.

§. 955.

Die Erscheinungen beim Frischen des Roheisens auf Flammenofenheerden lassen sich aus dem Verhalten der verschiedenen Roheisenarten in der Glüh- und Schmelzhitze leicht erklären. Das bei einer strengflüssigen Beschickung erblasene, dunkelgraublaue und am wenigsten Kohle (Graphit) enthaltende Roheisen, erleidet beim Zutritt der Luft in der Glühhitze keine schnelle Veränderung. Durch anhaltendes starkes Glühen wird es eine mürbe stabeisenartige Masse, welcher es wegen des beigemengten schwer zerstörbaren Graphits an Zusammenhang fehlt. Dieses Verhalten des Graphits veranlaßt, daß ein Theil des Eisens durch anhaltendes Glühen schon bis tief in die Masse hinein oxydirt wird, ohne daß der Graphit vollständig zerstört ist. Die Kohle, welche in dem grauen Roheisen zum größten Theil schon im abgesonderten Zustande (als Graphit) vorhanden ist, kann also an der Zersetzung, welche bei dem weißen Roheisen auf der Oberfläche stattfindet (§. 939) keinen Antheil nehmen. Während das weiße Roheisen in einer der Schmelzhitze sich nähernden starken Glühhitze, bei einem schwachen Zutritt von atmosphärischer Luft, mit einem geringen Eisenverlust in Stabeisen umgeändert wird, verliert das graue Roheisen nur den geringen Antheil Kohle, welcher mit dem Eisen chemisch verbunden war, und das entkohlte Eisen wird bei fortgesetztem Glühen oxydirt, ohne daß der Graphit früher zerstört wird, als bis auch die ganze Eisenmasse schon oxydirt worden ist. — Durch anhaltendes Glühen des grauen und des weißen Roheisens mit gaarenden Zuschlägen, oder mit Substanzen, die in der Glüh- und Schweißhitze ihren Sauerstoff abtreten, wird bekanntlich derselbe Erfolg, als bei dem Zutritt des freien und ungebundenen Sauerstoffes, hervorgebracht.

Obgleich sich also das weiße Roheisen, durch das bloße Glühen, beim Zutritt von Sauerstoff, selbst unter einer Decke von Kohlenstaub, vollständig entkohlen und in das reinste und geschmeidigste Eisen verwandeln läßt, während das graue Roheisen als ein pulvriges Gemenge von reinem Eisen, von Eisenoxydulorxyd und von Graphit erscheinen wird; so erfolgen doch diese Veränderungen nur langsam, so lange sich das Roheisen in schwacher Rothglühhitze befindet. Schneller treten sie ein in der fast bis zum Schmelzen erhöheten Temperatur, und zwar hier in zunehmender Progression bei dem weißen schneller als bei dem grauen Roheisen, weil jenes alle Stufengrade des Weichwerdens bis zum wirklichen Schmelzen durchgeht, also in einen Zustand versetzt werden kann, welcher die Einwirkung des Sauerstoffs auf die Kohle im Eisen befördert. Eines solchen Mittelzustandes zwischen starr und flüssig ist das graue Roheisen nicht fähig, weshalb es sich in allen Temperaturen bis zur wirklichen Schmelzhitze am wenigsten verändert.

Ist die Schmelzhitze wirklich erreicht und befindet sich das Roheisen in einem tropfbar flüssigen Zustande, so würde der Erfolg der Einwirkung des freien sowohl als des in den gaarenden Zuschlägen gebundenen Sauerstoffes, für das graue und für das weiße Roheisen ganz gleich seyn müssen, weil das geschmolzene Roheisen in beiden Fällen eine homogene Verbindung des Eisens mit Kohle ist. Dies ist auch wirklich der Fall. Aber in der hohen Temperatur, welche zum Schmelzen des Roheisens erforderlich ist, wirkt freier und ungebundener Sauerstoff zu heftig auf das Eisen, und statt daß sich dasselbe in einer niedrigeren Temperatur nach und nach entkohlt, — indem die Kohle im Eisen selbst, die Reduktion des auf der Oberfläche sich bildenden Oxyduls theilweise hervorbringt, — wird bei der beschleunigten Einwirkung des Sauerstoffs in der Schmelzhitze, mit dem Verbrennen der Kohle, zugleich die Oxydation des mit derselben verbundenen Eisens bewirkt nud das Roheisen wird verschlackt, statt gefrischt zu werden. In diesem tropfbar flüssigen Zustande kann das Frischen des Roheisens nun nicht mehr durch den freien und ungebundenen Sauerstoff, sondern es muß durch gaarende Zuschläge, oder durch den gebundenen Sauerstoff, welcher nur auf die Kohle des Eisens und nicht auf dieses selbst wirkt, bewerkstelligt werden. Diese Verschlakkung des Roheisens in der Schmelzhitze, durch Zutritt von freiem Sauerstoff, in so fern das Eisen nicht, wie in den Frischheerden, durch die Umgebung von glühenden Kohlen gegen die Oxydation geschützt ist, erfolgt bei dem grauen Roheisen schneller als bei dem weißen, weil das graue Roheisen wegen seiner größeren Strengflüssigkeit eine höhere Temperatur erfordert, ehe es flüssig wird, und diese höhere Temperatur zugleich die Einwirkung des Sauerstoffs auf das Eisen befördert.

Graues Roheisen, welches bei einer leichtflüssigen Beschikkung erblasen und reicher an Graphit ist, verhält sich in der Glühhitze nicht anders als das weniger Graphit enthaltende graue Roheisen von einer strengflüssigen Beschickung. In der Schmelzhitze wird es aber, weil es leichtflüssiger ist, weniger schnell verschlackt werden, und außerdem hat es vor jenem grauen Roheisen den Vorzug, daß es durch plötzliches Erstarren, beim Begießen mit Wasser im Ofen, in weißes Roheisen umgeändert werden kann, welches sich dann, bei einer vorsichtigen Regulirung der Hitze, in einen teigartigen Zustand versetzen läßt. Wird die Temperatur dann aber erhöhet, so wird es sehr leicht wieder tropfbar flüssig und macht daher die Behandlung mit gaarenden Zuschägen nöthig.

Das Spiegeleisen, welches unter allen Roheisenarten am leichtflüssigsten ist, nähert sich, in seinem Verhalten in der Schmelzhitze, dem grauen Roheisen von einer leichtflüssigen Beschickung, von welchem es sich nur dadurch unterscheidet, daß es weniger plötzlich als dieses, aus dem starren in den tropfbarflüssigen Zustand übergeht. Aber die Temperatur, welche bei dem Frischprozeß erforderlich ist um das Eisen in einen erweichten Zustand zu versetzen, damit die Einwirkung des Sauerstoffs auf die Kohle im Eisen nicht zu langsam erfolgt, gränzt so nahe an den Grad der Temperatur, bei welchem das Spiegeleisen schon zu schmelzen anfängt, daß auch diese Roheisenart sich zum Verfrischen auf Flammenofenheerden wenig eignet. Ein so leichtflüssiges Eisen läßt sich kaum anders als durch Behandlung mit gaarenden Zuschlägen zum Frischen bringen, weil es fast unmöglich ist, die Temperatur so genau zu reguliren, daß das erweichte Eisen nicht in einen flüssigen Zustand geräth und sich dann schnell verschlackt, wenn es nicht durch einen reichlichen Zusatz von gaarenden Zuschlägen gegen die Verschlackung geschützt wird.

Anders verhält sich das weniger Kohle enthaltende weiße Roheisen. Dies Eisen bleibt lange in einem Mittelzustande zwischen dem starren und dem tropfbar flüssigen. Es kann daher in niedrigeren Graden der Schweißhitze durch langsame Einwirkung des Sauerstoffs der atmosphärischen Luft entkohlt werden und bedarf der gaarenden Zuschläge nicht. Wenn auch der Kohlegehalt dieses Eisens sehr vermindert ist, so hat man die Verschlackung desselben doch nicht so leicht zu befürchten, wenn bei der Frischarbeit die Vorsicht begangen wird, nur wenig unzersetzte Luft durch den hinlänglich hoch mit Kohlen angefüllten Rost, oder durch die Arbeitsöffnung in der Einsetzthüre des Ofens, strömen zu lassen. Die vollständige Entkohlung dieses Eisens läßt sich durch die ununterbrochene Erneuerung der Oberfläche desselben bewerkstelligen. Das beste Material für die Flammenofenfrischerei bleibt also das luckige, oder wenigstens das demselben nahe stehende weiße Roheisen, welches, wenn es unmittelbar vom Schmelzofen nicht erfolgen kann, durch die Vorbereitung des grauen oder halbirten Roheisens bereitet werden muß.

§. 956.

Bei diesen Betrachtungen ist nur auf den einen Bestandtheil des Roheisens, auf die Kohle, Rücksicht genommen, weil die Abscheidung derselben der eigentliche Zweck der Frischarbeit ist. Aber das Roheisen enthält noch Schwefel, Phosphor, Mangan und Silicium, und zwar die letzteren beiden Körper in desto größerer Menge, je größer die Hitze war, in welcher es in den Schmelzöfen erzeugt ward. Diese Beimischungen veranlassen um so mehr, das graue Roheisen als solches, zum

Verfrischen in Flammenöfen nicht anzuwenden, weil es am unreinsten ist, und weil die nothwendige Behandlung dieses Roheisens mit gaarenden Zuschlägen, nicht dahin führt, diese Bestandtheile abzuscheiden.

Dagegen ist das gehörig vorbereitete Roheisen nicht bloß ärmer an Kohle, also anwendbarer zum Frischen, sondern auch reiner an Phosphor, Mangan und Silicium. Es würde folglich schon aus diesem Grunde mehr und besseres Stabeisen geben, als das graue Roheisen, aus welchem es erhalten ward, wenn nicht außerdem die Abscheidung jener Beimischungen auch beim Verfrischen selbst noch vollständiger erfolgte, weil das graue Roheisen durch Anwendung gaarender Zuschläge zum Frischen gebracht werden muß, deren das luckige Roheisen nicht bedarf.

Ungeachtet dieser Vorzüge des durch Vorbereitung weiß gemachten Roheisens, bedient man sich doch auf vielen Eisenhütten des unmittelbar vom Betriebe des Hohofens fallenden halbirten und grauen Roheisens bei der Flammenofenfrischarbeit. Zum Theil sucht man die Vorbereitungsarbeit und die damit verbundenen Kosten zu umgehen, zum Theil erfordert die Verarbeitung des weißen Roheisens mit geringerem Kohlegehalt eine größere Uebung und Gewandtheit der Arbeiter als die des grauen Roheisens, indem dieses durch gaarende Zuschläge nach und nach in den gefrischten Zustand gebracht wird und daher nicht so leicht den bedeutenden Verlust durch Verschlacken erleidet, welcher, bei der Anwendung des luckigen Flosses, ohne alle Zusätze, die als Schutzmittel gegen die oxydirende Einwirkung der Luft dienen könnten, unvermeidlich eintritt, wenn es den Arbeitern an Gewandtheit fehlt; theils endlich gestattet die gute Beschaffenheit des bei Holzkohlen erblasenen Roheisens es auch wirklich, die Vorbereitungsarbeiten zu umgehen und das Frischen dieses Eisens auf Flammenofenheerden durch gaarende Zuschläge zu bewerkstelligen. Selbst aus dem bei guten Koaks, aus gutartigen Erzen und bei leichtflüssiger Beschickung dargestellten grauen Roheisen, läßt sich, ohne Vorbereitungsarbeit, immer noch gutes Stabeisen darstellen; wenn aber das Roheisen starke Beimischungen von Phosphor und Silicium enthält, so kann durch Verfrischen des unmittelbar vom Schmelzofen erhaltenen halbirten oder grauen Roheisens, kein tadelloses Stabeisen dargestellt werden.

§. 957.

Man kann daher zwei Frischmethoden in den Flammenöfen unterscheiden, von denen die eine das Verfrischen des grauen und halbirten Roheisens unmittelbar vom Hohofen, und die andere das Verfrischen des durch Vorbereitung weiß gemachten Roheisens zum Gegenstande hat. Das erste Frischverfahren wird das Schlackenfrischen (Puddlage à fours bouillants) und dies das Weißeisenfrischen genannt werden können, weil man sich bei jener Frischmethode eines reichlichen Schlackenzusatzes bedient, um das Roheisen zur Gaare zu bringen, wenn gleich die gaarenden Zuschläge auch bei dem Weißeisenfrischen nicht durchaus vermieden werden.

§. 958.

Den Kohlegehalt des weiß gemachten Roheisens durch das Braten vor dem Verfrischen zu vermindern, und dadurch das Frischen in Flammenöfen zu beschleunigen, hat man bei der Flammenofenfrischerei deshalb nicht angewendet, weil das Feineisen, unter den Verhältnissen wie es auf dem Flammenofenheerd behandelt wird, dieser Vorbereitung nicht bedarf, indem man die Frischoperation selbst ein Braten des Roheisens nennen könnte. Früher hat man dagegen in England einmal versucht, die Flamme aus dem Frischofen nicht unmittelbar in die Esse, sondern durch den Fuchs über den Heerd eines zweiten Flammenofens zu leiten, welcher über dem Puddlingsofen angebracht war, und dessen Heerdsohle durch eine verschließbare Stichöffnung mit dem Gewölbe des Frischofens in Verbindung stand. Das zum Verfrischen bestimmte Roheisen ward auf den Heerd des zweiten, oder des obern Flammenofens gebracht und sollte in einen breiartig erweichten Zustand kommen, während das Roheisen von dem nächst vorhergegangenen Einsatz in dem Frischofen völlig gaar geworden war. So zweckmäßig diese Art der Benutzung der Hitze zu seyn scheint, so hat sie doch keine weitere Anwendung gefunden, weil das Roheisen in den erweichten Zustand nur durch einen übermäßigen Aufwand von Brennmaterial versetzt werden konnte. Dagegen findet man nicht selten die Einrichtung, daß dem Heerde des Flammenofens zwei Abtheilungen zugetheilt werden, von denen die erste, zunächst der Feuerbrücke, zum Puddeln, und die zweite, zunächst dem Fuchs, zum Anwärmen des für den nächsten Einsatz abgewogenen Roheisens bestimmt ist.

§. 959.

Die Flammenöfen zum Verfrischen des Roheisens bei Steinkohlen unterscheiden sich nicht von den Flammenöfen zum Roheisenschmelzen, und die Grundsätze, welche für diese im vorigen Abschnitt entwickelt sind, finden auch auf die Puddlingöfen Anwendung. Weil es indeß nicht die Absicht ist, beim Frischen eine so starke Hitze hervorzubringen, daß das Roheisen schnell in den flüssigen Zustand versetzt und demnächst noch weit über seinen Schmelzpunkt erhitzt wird, so giebt man den Puddlingöfen ungleich niedrigere, — nur etwa 40 Fuß hohe, zuweilen noch niedrigere, — Essen. Höhere Essen gewähren zwar immer große Vorzüge vor den niedrigen, indeß vermehren sie auch bedeutend die Kosten, besonders wenn jedem Ofen seine eigene Esse zugetheilt wird, welches, aus den schon früher angegebenen Gründen, jederzeit der Fall seyn sollte.

Der Heerd ist bei dem Weißeisenfrischen fast ganz horizontal; bei dem Schlackenfrischen wird er mehr muldenförmig construirt. Nur den Heerden für die Weißeisenfrischöfen giebt man zuweilen eine, obgleich nicht bedeutende Neigung gegen den Fuchs, um das Abfließen der Schlacken zu erleichtern.

Weil die Feuerbrücke bei den Puddlingöfen sehr leidet, so giebt man ihr häufig die Einrichtung, daß sie durch Luftzug abgekühlt werden kann. In neueren Zeiten hat man indeß diese Einrichtung nicht bloß auf die Feuerbrücke beschränkt, sondern auf die sämmtlichen Umfassungswände des Heerdes ausgedehnt. Diese Luftkühlung ist sehr zweckmäßig und trägt zur Conservation der Heerdwände wesentlich bei Weniger zweckmäßig hat sich die Wasserkühlung gezeigt, indem das Zerspringen der hohlen gegossenen Einfassungen des Heerdes nicht zu vermeiden ist, und die Wasserdämpfe dann in den Ofen dringen, den inneren Raum abkühlen und das Frischen erschweren.

Den Rost legt man wohl etwas tiefer als bei den Flammenöfen zum Roheisenschmelzen, um eine hohe Kohlensäule zu erhalten, damit nicht unzersetzte Luft in den Ofen gelangt, welche zu gewissen Perioden des Prozesses nachtheilig seyn würde.

Die obere Mündung der Esse mit einer Klappe zum Oeffnen und Schließen zu versehen, ist bei den Frischöfen eine ganz nothwendige Bedingung, um den Luftzug ganz hemmen zu können. Früher hatte man, statt dieser Klappe, eine verschließbare Oeffnung über dem Rost, welche geöffnet ward, wenn die Flamme vom Heerde abgeleitet werden sollte; vortheilhafter ist aber die Einrichtung, die Esse zu verschließen und dadurch den Luftzug abzuschneiden; weil die Hitze im Ofen besser erhalten und an Steinkohlen erspart, vorzüglich aber, weil durch jene ältere Einrichtung der Luftzug niemals so vollständig, als durch das Schließen der Esse, verhindert wird.

Der Zutritt der Luft über dem Rost muß, wie bei den Flammenöfen zum Roheisenschmelzen, vermieden werden. Um aber den Luftzug noch vollständiger, als es durch die Essenklappe allein geschehen kann, abzuschneiden, oder auch, um über die eine Hälfte des Heerdes einen Luftzug, der Länge des Heerdes nach, fortleiten zu können, während auf der anderen Hälfte keine Luftströmung stattfindet, hat man vorgeschlagen (London Journal. April 1839. p. 33.), den Rost unter den Roststäben mit einer aus zwei Flügeln bestehenden eisernen Klappe zu versehen, so daß entweder beide Klappen niederhängen (also ein ungestörter Luftzutritt zum Rost stattfindet), oder daß beide Klappen aufgeschlagen werden (wenn der Luftzug gänzlich gehemmt werden soll), oder daß nur eine von den beiden Klappen, und zwar an der Seite des Ofens aufgeschlagen wird, an welcher man die Luftströmung über den Heerd des Ofens ganz verhindern will.

Die Einsetzthüre an der Seite des Flammenofens muß, wie bei den Oefen zum Roheisenschmelzen, leicht auf und nieder bewegt werden können, aber auch so fest anschließen, daß keine Luft von außen einströmen kann, welches man gewöhnlich durch Bewerfen der Fugen mit Sand bewirkt. Unten ist die Einsetzthüre mit einer etwa 5 Zoll im Quadrat großen Oeffnung versehen, welche ebenfalls durch eine kleine Thüre geöffnet und geschlossen werden kann. Dies ist die Arbeitsöffnung, weil sie dazu dient, die Werkzeuge zum Bearbeiten des Eisens einzubringen, ohne die große Einsetzthüre öffnen zu dürfen.

Um das Verhalten der Eisenmasse im Heerde beobachten zu können, wenn alle Thüren und Oeffnungen des Ofens verstopft sind, ist ein kleines Spähloch von etwa 1 Zoll im Durchmesser in der Einsetzthüre angebracht, welches mit einem Thonpfropf geschlossen werden kann.

§. 960.

Die Frischöfen, welche früher aus einer massiven Mauerung bestanden, in welche das Ofenfutter eingesetzt ward, haben schon seit längerer Zeit dadurch eine dauerhaftere und einfachere Construction erhalten, daß man sie, wie bei den Flammenöfen zum Roheisenschmelzen, aus einem eisernen Mantel zusammensetzt, und diesen Mantel mit feuerfesten Ziegeln ausfüttert. Die

Futterziegel haben nur eine Stärke von 9 Zollen. Sie müssen im höchsten Grade feuerbeständig seyn, besonders diejenigen, welche zur Brücke, zum Gewölbe und zum Fuchs angewendet werden. Kann man feuerbeständige Ziegel nicht erhalten, so kann die Flammenofenfrischerei mit einigem Erfolg nicht betrieben werden.

In der Gestalt, die man dem Heerde giebt, findet keine Uebereinstimmung statt, indeß sind die Abweichungen nicht sehr wesentlich. Bei Steinkohlen, die mit langer Flamme brennen, wird man den Heerd länger und schmaler machen können, und man wird ihm eine geringere Länge und größere Breite zutheilen, wenn die Kohlen mager sind. Auch die Lage des Rostes unter der Feuerbrücke ist von der Beschaffenheit der Steinkohlen abhängig. Das Verhältniß der Fuchsöffnung zur Rostfläche sollte gleichfalls so gewählt werden, daß der Heerd auf allen Punkten gleich stark erhitzt werden kann, weil das Eisen so viel als möglich auf der ganzen Heerdfläche zu gleicher Zeit zur Gaare gebracht werden muß. — Die Einsetzthüre pflegt man nicht genau in der Mitte des Heerdes, sondern etwas weiter vom Rost und etwas näher bei dem Fuchs anzubringen, weil die Hitze, bei dem Fortgange der Arbeit, bei dem Fuchs immer etwas stärker wird, als unter der Feuerbrücke, wo man zu gewissen Zeiten nur eine strahlende Hitze zu erhalten wünscht, um das gefrischte Eisen dem Flammenstrom nicht auszusetzen.

Die Zeichnungen auf Taf. XLII bis XLV. stellen Puddlingöfen bei Steinkohlen von verschiedenen Einrichtungen dar, welche in den Erläuterungen zu den Kupfertafeln ihre Erklärung finden.

Der eigentliche Heerd des Ofens erfordert eine besondere Aufmerksamkeit. Früher gab man ihm eine massive Mauer, oder ein massives Gewölbe zur Unterlage, jetzt legt man ihn allgemein auf gegossene eiserne Platten, welche mit der Heerdmasse bedeckt werden. Die Heerdmasse, welche die Sohle des Heerdes bilden soll, auf welcher der Verfrischungsprozeß vorgenommen wird, muß jederzeit, man mag die Schlacken- oder die Weißeisenfrischerei anwenden, aus gaaren Frischschlacken bereitet werden, weil dies Material ein strengflüssiger und die Wärme schlecht leitender Körper ist. Bis jetzt hat man noch kein besseres Material ermitteln können. Kalkheerde halten nicht aus, und noch weniger Heerde aus Sand, Sandstein, Thon und feuerfesten Ziegelmassen. Auf einigen Hüttenwerken bedient man sich zwar einer Sohle von gepochtem und rein gewaschenem Quarz, jedoch nicht ohne nachtheiligen Einfluß auf die Haltbarkeit des Heerdes und auf die Güte und Menge des aus dem Roheisen darzustellenden Eisens. (Ueber Kalkheerde ist nachzusehen: Villeneuve, in den Ann. des mines. 2 Série. IV. 498).

Die unmittelbare Grundlage für die Schlackensohle bildet entweder Sand oder die eiserne Sohle des Heerdes selbst. Zu Starkrad in Westphalen besteht der ganze Heerd des Ofens aus einem einzigen Gußstück mit aufstehenden Rändern für die Seitenwände des Heerdes und des Ofens. Ein solcher Heerdboden wiegt 7 bis 8000 Pfund. Die eigentliche, aus Gaarschlacke bestehende Sohle für den Puddlingheerd wird auf diesem Heerdboden aufgeschmolzen. Man giebt demselben die Stärke von 3 bis 4 Zollen aus dem Grunde, damit er dauerhaft genug sey und keiner Einrichtung zur Abkühluug weiter bedürfe, indem die Abkühlung durch die atmosphärische Luft, sowohl an der unteren Fläche als an den Seitenflächen dieses Gußstücks stattfindet.

Gewöhnlich bedient man sich zum Boden des Heerdes aber nur gegossener eiserner Platten, welche, wenn man die Seitenwände des Heerdes mit Abkühlungsvorrichtungen versehen will, eine Umfassung von hohl gegossenen eisernen Kränzen erhalten, die man aus mehren Stücken zusammensetzen kann, und welche zugleich die Seiteneinfassung für den Heerd, so wie die Widerlagen für die Seitenwände des Ofens bilden. Die Heerdbodenplatten ruhen auf eisernen Balken oder Unterlagen, welche oft wieder durch eiserne Säulen getragen werden.

Auf diese gußeisernen Heerdplatten wird die Heerdsohle von Gaarschlacke entweder unmittelbar aufgetragen, oder man giebt dieser Sohle zuerst eine Grundlage von Sand, um eine weniger starke Sohle von Gaarschlacke anwenden zu dürfen und das Auftragen derselben zu erleichtern. Wendet man einen Sandheerd, d. h. eine Unterlage von Sand an, so ist eine große Vorsicht in der Wahl des Sandes erforderlich. Ganz reiner, und wo möglich rein gewaschener Quarzsand ist das beste Material. Aller Sand, der bei der im Frischofen hervorgebrachten Hitze in Fluß geräth, oder eine teigartige Konsistenz erhält, oder auch nur stark zusammensintert und Risse bekommt, ist zu vermeiden. Der Sandheerd erhält eine Stärke von 8 bis 10 Zollen. Ein mit dem Gaarschlackenheerd versehener Sandheerd muß mehre Wochen hindurch gebraucht werden können, jedoch wird er fast nach einem jedesmaligen Frischen einer Reparatur bedürfen, indem die entstandenen Höhlungen und Vertiefungen mit reinem Sand und dann mit Gaarschlacken ausgefüllt werden. Die Sandheerde kommen, und mit Recht, immer mehr außer Gebrauch, und man wendet fast nur allein Gaarschlackenheerde an, die unmittelbar auf die eiserne Heerdsohle aufgetragen werden.

Man theilt dem Heerd bei dem Weißeisenfrischen eine kleine Neigung nach dem Fuchs zu, um den Schlackenabfluß zu befördern. Sonst entledigt man sich der Schlacken auch wohl dadurch, daß man eine wirkliche Stichöffnung unter dem Fuchs in den Heerd hinein führt. Bei dem Schlackenfrischen wird der Heerd in der Mitte immer etwas muldenförmig ausgetieft, und die Schlacken, welche bei dieser Arbeit oft in ansehnlichen Quantitäten aus dem Ofen geschafft werden müssen, wenn das Frischen beendigt ist, werden theils durch die Einsetzthüre ausgekrückt, theils durch einen unter der Einsetzthüre angebrachten Schlackenabstich fortgeschafft.

§. 961.

Aus dem oben auseinandergesetzten Verhalten des Roheisens auf dem Heerde des Frischofens geht hervor, daß man eine starke Hitze, mit geöffneter Klappe der Esse, unbedenklich geben kann, so lange das Eisen noch nicht erweicht, oder — beim Schlackenfrischen — noch nicht geschmolzen ist. Ist aber dieser Zustand eingetreten, so muß der Luftstrom bald durch Verminderung der Ausströmöffnung geschwächt, bald durch gänzliches Schliessen der Essenklappe so viel als möglich aufgehoben werden. Bei dem Schlackenfrischen kann die Regulirung des Luftstroms, durch mehr oder weniger theilweises Oeffnen, oder durch gänzliches Schließen der Essenklappe, mit einer etwas geringeren Sorgfalt geschehen, weil ein starker Luftstrom, wenigstens im ersten Anfange der Frischperiode, weniger nachtheilig wirkt.

Das Verfahren bei der Feuerung ist sehr zu berücksichtigen. Läßt man die Kohlen auf dem Rost zu tief niederbrennen, so kühlt sich nicht allein der Ofen sehr ab, wenn demnächst frische Kohlen eingetragen werden, sondern es geht auch viele Luft unzersetzt durch die Roststäbe und durch die schwache Kohlenschicht in den Heerdraum, wodurch die Oxydation des Eisens veranlaßt wird. Auch bei einem mit brennenden Kohlen stark angefüllten Rost, gelangt noch immer mehr unzersetzte Luft in den Ofen, als zum Frischen nöthig seyn würde. Deshalb ist es sehr nothwendig, durch schnelles und oft wiederholtes Eintragen von Kohlen, den Rost immer mit brennenden und glühenden Kohlen angefüllt zu erhalten; vorzüglich in den Perioden der Arbeit, wo die Arbeitsthüre geöffnet und die Essenklappe geschlossen seyn muß. — Den Ofen, wenn die Hitze auf dem Heerde zu stark ist, durch eine schwache Kohlenschicht auf dem Rost zu einer niedrigeren Temperatur zurück zu führen, ist immer ein fehlerhaftes Verfahren. Vorzuziehen ist es in solchem Fall, das Eisen durch Begießen mit Wasser abzukühlen.

Das verschiedene Verhalten des weißen und des grauen Roheisens in der Schweiß- und Schmelzhitze, macht ein etwas abgeändertes Verfahren beim Schlackenfrischen als beim Weißeisenfrischen nothwendig. Diese Verschiedenheit findet jedoch nur in der ersten Periode der Arbeit statt, indem das graue Roheisen, selbst wenn es wenig Kohle enthält, durch Einwirkung der Schlacke erst in den Zustand gesetzt werden muß, in welchem sich das weiße schon befindet, wenn es so erhitzt worden ist, daß es anfängt weich zu werden und sich mit der Brechstange bearbeiten zu lassen. Sobald das graue Roheisen, durch die Einwirkung der gaaren Zuschläge in diesen Zustand versetzt worden ist, tritt ein ziemlich gleiches Verfahren ein, weil nun das Gaarwerden nicht mehr durch die Schlacke erfolgen kann, sondern durch die Einwirkung der atmosphärischen Luft bei einer möglichst großen und stets erneuerten Oberfläche des Eisens, bewirkt werden muß. Wegen dieser beständigen Erneuerung der Oberfläche des Eisens, welche nur durch Umkehren der Eisenmasse erfolgen kann, hat man die Flammenöfen zum Frischen des Roheisens Rühr- oder Puddling-Oefen (Puddling furnaces) genannt.

§. 962.

Bei der Anfertigung des eigentlichen Schmelzheerdes, von dessen Beschaffenheit der Erfolg des Flammenofen-Frischprozesses zum großen Theil abhängig ist, verfährt man in folgender Art:

Die größten Schlackenstücken, in einer Größe, welche den Umfang einer geballten Faust übertrifft, werden möglichst dicht neben einander, rund um die Wände des Ofens auf der gußeisernen Heerdplatte aufgeschichtet. Kleinere Stücke dienen zur Ausfüllung der Zwischenräume. Zugleich wird dafür gesorgt, daß der Heerd die für das Schlackenfrischen erforderliche schwach muldenförmige Gestalt oder Concavität erhält, damit sich die zu bearbeitende Eisenmasse nicht an den Ofenwänden festsetzt. Bei dem Weißeisenfrischen ist die Concavität unbeträchtlich, und es wird bei der ersten Grundlegung für den Heerd mehr auf eine geringe Neigung zur Fuchsöffnung Rücksicht genommen. Wenn die unterste Schlackenschicht auf die Heerdplatte aufgetragen worden ist, so daß die Dicke derselben durchschnittlich 2 bis 2½ Zoll beträgt, so wird der Ofen langsam angefeuert, die Temperatur aber nach und nach immer erhöhet, bis sie nach Verlauf von 1½ bis 2 Stunden so weit gesteigert ist, daß die hervorstehenden Schlackenspitzen des Heerdes weißglühend werden. Wenn sich in den Zwischenräumen der neben einander liegenden Schlackenstücke eine noch nicht hinreichende Erhitzung der ganzen Schlackenschicht zu erkennen giebt, so wird die Temperatur im Ofen durch stärkere Heizung so lange erhöhet, bis die hervorragenden Schlackenspitzen eine abgerundete Gestalt erhalten, welches ein Zeichen des beginnenden Schmelzens ist. Dann öffnet man die Einsetzthüre des Ofens und überschüttet die ganze Schlackenmulde gleichmäßig mit Schlakkenstücken, die bis zur Wallnußgröße zerschlagen sind, so daß die innere Muldenfläche dadurch eine geebnetere Form erhält, indem diese kleineren Stücke die noch vorhandenen Zwischenräume ausfüllen. Diese Operation muß schnell geschehen, um die Temperatur des Ofens nicht zu sehr herabzustimmen. Der Ofen wird dann wieder geschlossen und mit dem Heizen so lange fortgefahren, bis die zuletzt eingetragene Schlackenlage sich zu erweichen anfängt. — Weil die Schlackenstücken in der Regel sehr porös sind, und wegen ihrer unregelmäßigen Gestalt nicht dicht an einander gelegt werden können, so müssen sie in dem erweichten Zustande, mittelst eines starken eisernen Hakens, zusammengeschlagen werden, um dem Heerd dadurch die erforderliche Dichtigkeit und gleichzeitig eine geebnete Oberfläche zu ertheilen. Man muß sich dabei zugleich die Ueberzeugung verschaffen, daß sich beide Schlackenlagen vollkommen mit einander vereinigt haben. Wäre dies nicht der Fall, so muß abermals eine starke Hitze gegeben werden. Nur wenn das Einbrennen gehörig erfolgt ist, darf man erwarten, daß bei der demnächstigen Frischarbeit nicht so leicht Eisenmassen am Heerde hängen bleiben. Dies Hängenbleiben erschwert aber die Frischarbeit in einem hohen Grade und führt dieselben Unannehmlichkeiten und schlechten Erfolge herbei, die sich bei der Heerdfrischerei zeigen, wenn der Boden vielleicht porös war, indem dann fortwährend das Eisen im Heerde anwächst.

Sind beide Lagen gut eingebrannt, so überschüttet man den ganzen Heerd nochmals mit dem feinsten Hammerschlag, nämlich mit dem so genannten Sinter, welcher bei der Walzarbeit abfällt, und berücksichtigt dabei, daß der Heerd die verlangte Form vollständig erhält. Weil dieser feine Walzsinter sehr dicht liegt und dabei ein schlechter Wärmeleiter ist, so darf die Stärke der Ueberschüttung nur etwa 2 bis 3 Linien betragen. Dann schreitet man abermals zum Schmelzen, oder vielmehr zum Erweichen der Oberfläche des Heerdes, wiederholt, sobald der erste Sinterüberwurf eingebrannt ist, die Ueberschüttung mit fein zerriebenem Walzsinter, aber nur in der Höhe von 1 bis 1½ Linien, zum zweiten Mal und bringt den Ofen in eine so starke Hitze, daß sich die feinen Fugen zwischen den Futterziegeln in den Ofenwänden nicht mehr durch ihr dunkleres Ansehen erkennen lassen, und daß die ganze Oberfläche des Heerdes in zähen Fluß geräth. Dieser flüssige Zustand verbreitet sich jedoch nicht tiefer als bis zur Tiefe von 2 bis 3 Linien; auch ist ein tiefer niederwärts erfolgendes Schmelzen nicht erforderlich, sobald die untersten Lagen gut eingebrannt worden sind. Dann ist der Heerd fertig und es kann zum ersten Einsatz des zu verfrischenden Eisens geschritten werden. Ein auf die angeführte Weise mit Sorgfalt angefertigter Heerd kann viele Wochen, sogar mehre Monate aushalten, und bedarf nur während der

Arbeit von Zeit zu Zeit kleiner Ausbesserungen, welche dann jedesmal mit feinem Walzsinter bewerkstelligt werden.

§. 963.

Bei dem Schlackenfrischen wird das Roheisen zuweilen gleich mit einem Zusatz von gaarer Frischschlacke oder auch von reichen Eisenerzen und ähnlichen oxydirenden Substanzen, in den heißen Ofen eingesetzt, und dann mit geöffneter Klappe rasch eingeschmolzen. Ist es in einen flüssigen Zustand gekommen, so schließt man die Klappe und sucht die Oberfläche des Eisens ununterbrochen zu verändern und in dem Schlackenbade in einer wellenförmigen Bewegung zu erhalten. Ist das Eisen, sey es wegen sehr großen Kohlegehaltes oder wegen der zu starken Hitze im Ofen, in einen zu dünnen Fluß gekommen, so wird es auch wohl sofort mit Wasser begossen und abgekühlt, um es mit der Schlacke durchrühren zu können. In anderen Fällen wird die Frischschlacke nicht sogleich mit eingesetzt, aber man sucht das Roheisen später durch Zusätze von Schlacke und durch Begießen mit Wasser erst in einen mehr entkohlten und breiartigen Zustand zu bringen.

Bei dem Weißeisenfrischen wird der Zusatz von Schlacke vermieden, und das Roheisen sogleich durch die erste starke Schmelzhitze, welche etwa 20 Minuten lang gegeben wird, in einen breiartig erweichten Zustand versetzt. Von Zeit zu Zeit wird der Zustand des Eisens, durch Anfühlen mit kleinen Brechstangen, welche man durch die in der Einsetzthüre befindliche Arbeitsöffnung in den Ofen bringt, untersucht. Fühlt es sich noch starr an, so wird die Arbeitsöffnung wieder geschlossen und mit dem Feuern so lange fortgefahren, bis der breiartig erweichte Zustand des Eisens eingetreten ist. Wäre das Roheisen zufällig durch zu starke Hitze im Ofen flüssig geworden, so wird es durch Begießen mit Wasser abgekühlt und in den breiartigen Zustand zurück geführt. Obgleich man die Anwendung von vielem Wasser vermeiden muß, damit der Ofen nicht zu sehr abgekühlt wird, so ist das Wasser doch ein vortreffliches Mittel, um das flüssig gewordene Eisen zum Gestehen zu bringen. Ein anderes Mittel, um das Frischen des in dem breiartigen weißwarmen Zustande befindlichen Eisens zu befördern, besteht darin, den Zutritt der atmosphärischen Luft nicht durch das Oeffnen der Klappe auf der Esse zu beschleunigen, sondern durch das halb geöffnete Schürloch, bei geschlossener Klappe der Esse, herbeizuführen. Die erwärmte Luft streicht dann in schwachem Strom über die Oberfläche des Eisens und befördert dadurch die Abscheidung der Kohle, ohne eine bedeutende Verschlackung des Eisens zu veranlassen.

Es mag die eine oder die andere Frischmethode angewendet werden, so ist es in beiden Fällen nothwendig, den Rost in dem Augenblick der beendigten Schmelzperiode, fast ganz mit glühenden, jedoch beim Verbrennen keinen Rauch mehr entwikkelnden Koaks, angefüllt zu erhalten, damit der Ofen während der Periode des Frischens hinreichend erhitzt bleibt. Befinden sich wenig Kohlen auf dem Rost, so erkaltet das Eisen bald und man würde genöthigt seyn, den Ofen wieder zu schließen, die Essenklappe zu öffnen und eine neue starke Hitze zu geben, wobei jedesmal ein starker Eisenverlust entsteht. Man hat daher solche Vorkehrungen zu treffen, daß das Nachfeuern in der Frischperiode möglichst beschränkt und nur gegen das Ende der Frischarbeit nöthig wird.

Befindet sich das Eisen entweder unmittelbar, oder durch Hülfe der gaarenden Zuschläge in einem breiartigen Zustande, so wird es aufgebrochen, gewendet und über den ganzen Heerd gleichmäßig ausgebreitet. Das Schürloch über dem Rost ist dabei mehr oder weniger geöffnet, je nachdem sich das Eisen mehr oder weniger roh verhält; die Essenklappe ist geschlossen und die Einsetzthüre ebenfalls. Nur die Arbeitsöffnung in dieser Thüre muß geöffnet seyn, weil die Bearbeitung des Eisens durch diese Oeffnung geschieht. Die Eisenmasse wird nun unaufhörlich und ununterbrochen durchgearbeitet, zertheilt, gewendet und umgerührt. Dies ist die eigentliche Frischperiode. Die Kohle entweicht als Kohlenoxydgas mit blauen Flämmchen, wobei ein Aufbrausen oder Aufkochen sichtbar und hörbar wird. Die Masse wird bei fortgesetzter Arbeit immer steifer, hat aber noch eine röthliche Farbe, welche in dem Verhältniß lichter wird, als die blauen Flämmchen weniger häufig zum Vorschein kommen und als sich das Aufbrausen vermindert. Wäre das Eisen zu kalt geworden, so müssen das Schürloch und die Arbeitsthüre geschlossen, die Essenklappe geöffnet und es muß eine möglichst schnelle Hitze gegeben werden, um die Essenklappe recht bald wieder schließen zu können. Dieses Nachheizen sollte indeß während der eigentlichen Frischperiode gänzlich vermieden werden. Die Beendigung der Frischperiode giebt sich durch einen eigenthümlich aufgelockerten Zustand der Masse zu erkennen; es geht demselben bei einer richtig geführten Arbeit immer eine große Zähigkeit der Masse voran, welche das Zertheilen, Wenden, Durcharbeiten, Zusammenbringen und Wiederauseinanderbringen der Masse sehr beschwerlich macht. Die Frischperiode dauert 40 bis 45 Minuten, während welcher Zeit der Arbeiter unaufhörlich angestrengt und fleißig arbeiten muß, um das Zusammenbacken des noch rohen Eisens zu verhindern.

Man hat vorgeschlagen (London Journal. April 1839. p. 32), die Bearbeitung des Eisens auf dem Frischheerd nicht durch Menschenkräfte, sondern durch Maschinen zu bewirken, auch Vorrichtungen zu diesem Zweck angegeben; indeß ist der regelmäßig fortschreitende Gang einer Maschinenvorrichtung nicht vereinbar mit den Arbeiten, welche die Veränderung der Lage der zu frischenden Massen, für den sehr verschiedenartigen und oft fast augenblicklich veränderten Zustand derselben erfordern und die Beurtheilung des Arbeiters in Anspruch nehmen.

Wenn sich das Ende der Frischperiode durch einen trockenen, sandigen Zustand der Masse zu erkennen giebt, so ist es nothwendig, eine schnelle und starke Hitze zu geben. Sobald diese erlangt ist, wird der Zutritt von Luft durch das Schürloch über dem Rost sorgfältig verhindert, und es tritt nun die Schweißperiode, nämlich diejenige Periode ein, in welcher sich die durch das unterbrochene Durcharbeiten getrennten Theilchen des Eisens mit einander vereinigen, oder an einander schweißen. In dieser Periode ist darauf zu sehen, daß die Eisenmasse nicht zu einem Klumpen zusammenballt. Man sucht daher einzelne Theile der Masse abzutheilen und diese zu einem Klumpen oder zu einer Kugel (Ball) mit einander zu vereinigen. Diese Arbeit ist schwierig und erfordert eine große Gewandtheit. Die Anzahl der einzelnen Frischmassen hängt von der Menge des Eisens auf dem Heerde ab. Der letzte Ball wird mehre Male über den ganzen Heerd hin und her gerollt, um die einzelnen Brocken von gefrischtem Eisen, welche auf dem Heerde liegen geblieben sind, aufzunehmen.

Die Balls sind nun das Produkt des Flammenofen-Frischbetriebes. Sie sind eine poröse Masse, die aus gefrischtem Eisen und sehr vieler Schlacke besteht, welche beim Zusammenschlagen unter dem Hammer, oder bei dem Zusammenpressen unter dem Walzwerk, zwar zum großen Theil, aber immer nur unvollständig, ausgepreßt wird. Diese zusammengepreßten gefrischten Eisenmassen lassen sich mit den, aus der Luppe des im Heerde gefrischten Stabeisens unter dem Hammer erhaltenen Schirbeln, durchaus nicht vergleichen, sondern sie müssen, um zu diesem Zustande zu gelangen, eine abermalige Schweißhitze in besonderen Schweißöfen erhalten, wobei auf verschiedene Weise verfahren wird.

Ist der letzte Ball vom Frischheerd weggebracht, so schöpft man beim Schlackenfrischen die Schlacke vom Heerde, sticht dieselbe zuweilen auch aus der dazu bestimmten Oeffnung unter der Einsetzthüre ab, reinigt den Heerd, besorgt die etwa nöthige Reparatur und schreitet zu einem neuen Einsatz. Bei der

Feineisenfrischarbeit wird der Heerd geebnet, nöthigenfalls reparirt und dann ebenfalls zu einem neuen Einsatz geschritten.

§. 964.

Zur Erläuterung des eben im Allgemeinen beschriebenen Herganges der Flammenofenfrischarbeit, soll jetzt das Verfahren nachgewiesen werden, welches bei dem Verfrischen von rohschmelzendem und bei Holzkohlen erblasenem Roheisen zu befolgen ist, indem damit, wenigstens für die spätere Periode des Prozesses, das Verfahren bei gaarschmelzendem Roheisen ganz übereinstimmt, dieses Roheisen aber für die erste Periode des Prozesses nur die schon vorhin (§. 963) angegebene sehr einfache Behandlung erfordert. Das graue, bei Koaks erblasene Roheisen würde sich aber zu rohgehend verhalten, um ohne vorherige Weißarbeit (oder höchstens nur im Gemenge mit anderem weniger rohgehendem Roheisen) verarbeitet werden zu können. Durchaus nothwendig können die Vorbereitungsarbeiten bei dem grauen Koaksroheisen allerdings nicht betrachtet werden, indeß wird der Verfrischungsprozeß, ohne Vorbereitung dieses Roheisens, ungemein verzögert und es ist immer ein sehr schlechtes Stabeisen zu erwarten. Das unvorbereitete graue Koaksroheisen verhält sich bei der Frischarbeit auf dem Flammenofenheerd ziemlich übereinstimmend mit dem grauen Holzkohlenroheisen welches wegen seines Phosphorgehaltes ein sehr kaltbrüchiges Stabeisen liefert. Beide Roheisenarten, wenn sie ohne Vorbereitung im Flammenofen verfrischt werden, erfordern sehr große Quantitäten von gaarenden Zuschlägen und dennoch erfolgt die Trennung des Eisens von der Schlacke, oder vielmehr das Gaarwerden des Eisens in der großen Schlackenmasse, nur sehr schwierig und erfordert kräftig eingreifende, chemisch einwirkende und mit Luftentwickelung verbundene Zuschläge, deren Zweck und Wirkung sogleich klar werden wird.

Die Größe des jedesmaligen Einsatzes zu einem Frischen ist nicht überall gleich. Zwar sollte sie von der Güte des

Roheisens abhängig seyn, indem ein größerer Einsatz ein ungleichartigeres Produkt erwarten läßt und umgekehrt. Aber zu größeren Quantitäten ist ein geringerer Aufwand an Zeit und Steinkohlen erforderlich. Es scheint daß 450 Pfund Roheisen unter allen Umständen als Maximum für einen Einsatz gelten können, weil bei größeren Quantitäten die menschlichen Kräfte nicht ausreichen. Ein Quantum von 300 oder von 350 Pfunden läßt sich als ein Minimum annehmen, weil schwächere Einsätze aus ökonomischen Rücksichten nicht anzurathen sind. Die äußere Gestalt der einzusetzenden Stücke ist zwar ziemlich gleichgültig, indeß muß so viel als möglich eine gleiche Größe der Stücken gewählt werden, indem nur unter solchen Umständen eine gleichmäßige Erweichung zu erwarten ist. Das Eisen wird mittelst einer Schaufel auf den Heerd gesetzt, sodann die Einsetzthüre geschlossen und in dem Rahmen, in welchem sie sich bewegt, mit eisernen Keilen unbeweglich festgekeilt. Dies ist nothwendig, weil die Thüre bei der folgenden Frischarbeit als ein Hebelspunkt für die Werkzeuge dient und daher der Bewegung des Gezähes nach allen Richtungen Widerstand leisten muß.

Nach erfolgtem Einsatz werden frische Kohlen auf den Rost gebracht. Nach Verlauf von etwa einer halben Stunde beginnt die Arbeit im Ofen damit, daß man die noch nicht in Fluß gekommenen Stücken mit einer eisernen Keule zu zerschlagen sucht. Das schon flüssig gewordene Roheisen wird sofort mit abkühlenden Zuschlägen behandelt, um die gesammte Eisenmasse möglichst gleichmäßig in einen teigartigen Zustand zu versetzen. Die Essenklappe ist so eben geschlossen worden; sie muß so fest schließen, daß die Flamme zu der kleinen Arbeitsöffnung in der Einsetzthüre, so wie zu dem Schürlochkasten, träge heraus gedrängt wird. Dies ist ein Zeichen, daß die atmosphärische Luft fast gar nicht in den Ofen einströmt, welches verhindert werden muß, um den Verbrand an Eisen möglichst zu vermindern und die Temperatur im Ofen so zu ermäßigen, daß der flüssige

Zustand des Eisens aufgehoben wird. Eine vollkommene Luftabsperrung ist fast unausführbar, auch nicht erforderlich, um ein höchst langsames Verbrennen der Kohlen auf dem Rost nicht zu unterdrücken.

Wenn das Roheisen einen tropfbar flüssigen Zustand angenommen haben sollte, so wird sofort ein Zusatz von etwa 2 Pfunden gaarender Zuschläge angewendet, die theils durch ihre niedrige Temperatur, theils durch chemische Einwirkung, das Roheisen zum Erstarren bringen, wenn sie schnell mit der ganzen Eisenmasse vermengt werden. Ist die Hitze im Ofen so groß, daß das Eisen fortdauernd flüssig bleibt, so wird es mittelst einer kleinen Quantität Wasser abgekühlt. Sind die durch den Schlackeneinsatz entstandenen Eisenklümpchen unter beständigem Umrühren der Eisenmasse wieder erweicht, so wird eine neue Quantität Zuschlag, abwechselnd mit Wasser, angewendet, bis sich ein breiartiger Zustand eingestellt hat. Das Umrühren wird ohne Unterbrechung fortgesetzt, um die Berührungsflächen beständig zu erneuern und das Gaarwerden zu beschleunigen. Die gaarenden Zuschläge welche in Anwendung kommen, sind sogenannte Stockschlacken, nämlich die oxydirten und verschlackten Eisenmassen welche unter dem Hammer oder bei den Walzwerken abfallen, unter welchen die Balls zusammengepreßt werden. Sie bestehen zum Theil noch aus kleinen Eisenstückchen, welche beim Zängen der Luppen abgefallen sind. Noch bessere Dienste leistet der Eisensinter (Hammerschlag) von den Luppenwalzen, unter welchen die gezängten Luppen zu Rohschienen ausgewalzt werden.

Wenn das eingeschmolzene Eisen etwa ½ bis ¾ Stunden lang, unter stetem Rühren mit den erwähnten Zuschlägen, — von denen etwa 10, höchstens 15 Pfund angewendet werden, — und Wasser, behandelt worden ist, so läßt sich, wie die Beschaffenheit der an den Gezähstücken sich ansetzenden Schaalen ergiebt, die Absonderung des Eisens von der geschmolzenen

Schlacke nur noch in Gestalt von runden und vollständig geschmolzenen kleinen Kugeln bemerken. Die Masse erhebt sich nun aber bald über den ganzen Ofenheerd, wie Brodteig sich aufblähend, und bei der am Gezähe hängenden Schlacke lassen sich Eisentheilchen unterscheiden, welche ein gezacktes Ansehen, aber noch eine dunkle Glühfarbe besitzen und nicht mehr als geschmolzene Körner erscheinen. Mit dem Verschwinden der geschmolzenen Eisenkörner und mit den zackenförmigen Auswüchsen welche das Eisen bildet, stellt sich die Periode der eintretenden Gaare ein und schreitet nun überraschend schnell vor. Noch ist bis jetzt die Essenklappe ganz geschlossen geblieben und bleibt es auch noch so lange, bis die in der Schlackenschaale befindlichen Eisenbröckchen eine hellweiße, also gaare Glühfarbe erhalten haben. Die Schlacke, welche jetzt deutlich noch als Decke für die Eisenmasse gedient hatte, zieht sich allmälig auf den Boden des Heerdes und es treten aus der Schlacke Eisenmassen mit gezacktem Aeußeren hervor. Wenn sich die Schlacke vom Eisen nicht scheiden will, so entsteht dies gewöhnlich dadurch, daß der Ofen zu kalt ist. Dann legt sich das Eisen auf den Heerd, statt aus der Schlacke aufzublähen und sich in die Höhe zu begeben, und die Schlacke bedeckt es. Diese theilt nun schon an sich dem Ofen nicht so viel Hitze mit als das gaarende Eisen, so daß der Ofen nur durch starke Heizung und unter fortdauerndem Rühren wieder in Hitze zu bringen ist, bis dann endlich das Eisen in die Höhe steigt, sich von der Schlacke scheidet und aufblähet. Diese Erscheinungen treten indeß beim Weißeisenfrischen schwerlich ein, und bei dem Schlackenfrischen nur bei sehr rohschmelzigem, leichtflüssigem und viele fremde Beimischungen enthaltendem Roheisen, in so fern nicht Versäumnisse, die bei der Arbeit selbst vorgefallen sind, diesen Zustand des Ofens veranlaßt haben. Das zweckmäßigste Mittel die Absonderung der Schlacke vom Eisen zu befördern, besteht unter solchen Umständen darin, Zusätze anzuwenden, die eine kräftige chemische Einwirkung veranlassen, welche mit Gasentbindungen vergesellschaftet ist, um die Masse in eine kochende Bewegung zu setzen. Das Kochsalz ist oft dazu vorgeschlagen und mit Erfolg angewendet worden. Eben so auch, und mit noch besserem Erfolge, der Braunstein, oder auch Braunstein und Kochsalz gemeinschaftlich. Auch kleine Dosen von Salpeter werden in solchen Fällen, wo die Abscheidung des Eisens nicht erfolgen will, mit Erfolg angewendet werden. Aber Zusätze von Wasser müssen bei solchem Zustande des Ofens ganz vermieden werden, weil das Uebel, wegen der Abkühlung des Ofens durch die Dampfentwickelung, nur erhöhet werden würde.

Von dem Zeitpunkt ab, wo das Eisen sich aufzublähen anfängt, bis zu den eintretenden Zeichen des Gaarwerdens desselben, ist das Bestreben des Arbeiters besonders dahin gerichtet, die unmittelbar auf dem Heerde liegenden Eisenmassen in die Höhe und mit den gaarenden gezackten Eisenklümpchen in Berührung zu bringen. Dies ist die wichtigste Periode für die Frischarbeit, und nur wenn diese Operation mit Geschicklichkeit und Ausdauer vollführt wird, kann man überzeugt seyn, ein möglichst gleichartiges Produkt zu erhalten.

Sobald sich die Schlacke auf den Heerd niederzusenken beginnt, wird eine bedeutende Erhöhung der Temperatur im Ofen nothwendig. Die Essenklappe wird daher etwas aufgezogen, und die Kohlen auf dem Rost werden gelüftet. Die Eisenmasse hat jetzt einen eigenthümlichen Zustand angenommen, der sich am besten mit einer Schneemasse vergleichen läßt, die nach eingetretenem Thauwetter lange liegen geblieben ist, indem sie einen gekörnten Zustand zu besitzen scheint, ohne dabei die Fähigkeit zu zeigen, sich zusammenzuballen.

Bis hierher ward die Arbeit lediglich mit einem, einer Hacke oder Krücke ähnlichen Gezäh dergestalt verrichtet, daß die geschärfte Bahn desselben auf der Heerdoberfläche sanft hingezogen wurde, um das Eisen abzulösen, welches die Neigung zeigte, sich an dem Boden anzusetzen. Weil aber das Eisen in jenem sandartigen Zustande eine größere Consistenz erhält, so wird nun zur leichteren Zertheilung der Masse eine Brechstange angewendet, die vorne in eine meißelartige Zuschärfung ausläuft.

Das Feuer auf dem Rost wird etwas verstärkt und die Klappe etwas mehr gelüftet. Jetzt dringt durch die während der Arbeit nothwendig geöffnet bleibende kleine Arbeitsöffnung in der Einsetz- und Arbeitsthüre mit Heftigkeit kalte Luft in den Ofen hinein, und es läßt sich deutlich bemerken, wie der Theil der Eisenmasse, über welchen die Luft hinwegstreicht, auf der Stelle ein hellweißes gaares Ansehen bekommt, und dort auch zuerst die Neigung und Fähigkeit erhält, sich als Gaareisen zusammenballen zu lassen. Dieses Bestreben zum Zusammenschweißen ist vor der Hand noch nicht zu begünstigen, sondern man sucht die gaar gewordenen Eisentheile wegzuschaffen und durch solche zu ersetzen, welche der Feuerbrücke zunächst liegen, und daher am wenigsten gaar geworden sind.

Die ganze Oberfläche des Eisens wird mit zunehmender Schnelligkeit zur Gaare gelangen, während die darunter befindliche Eisenmasse noch halb roh geblieben ist. Deshalb durchbricht man dieselbe zu wiederholten Malen, so daß die nach oben gekehrte gaare Seite auf den Heerd zu liegen kommt, und die rohen Massen an die Oberfläche gelangen. Während dieser Arbeit wird das Eisen fortwährend steifer und endlich von so gaarem Ansehen, daß jetzt starke Hitze gegeben werden muß, indem die Klappe ganz geöffnet und unverzüglich zum Luppenmachen geschritten werden muß. Die Handgriffe und Bewegungen des Arbeiters beim Luppenmachen zu beschreiben, um möglichst gleichartige Luppen zu verfertigen, würde ein erfolgloses Bemühen seyn. Im Allgemeinen gilt die Bemerkung, daß die gezackten Oberflächen der Stücken stets auf einander zu bringen sind, indem sich die einander so genäherten Stücken dann durch Zusammendrücken leicht aneinanderschweißen.

Bei dieser Operation erfolgt das Ablösen des gaaren Eisens von dem Schlackenheerd leicht und schnell, wenn während der Rührperiode (Rohfrischen) mit gehöriger Sorgfalt verfahren ist. Es würden aber bedeutende Störungen und Hindernisse eintreten, wenn bei der Rohfrischarbeit nicht mit besonderer Aufmerksamkeit dahin gearbeitet worden ist, das flüssig gewordene Roheisen (welches unter allen Umständen nicht ganz zu vermeiden ist) mit Behutsamkeit vom Heerde abzulösen.

Wenn der Schlackenheerd mit der oben (§. 962) angegebenen Vorsicht angefertigt worden ist, so behält er seine ursprüngliche Gestalt unversehrt und unverändert, indem er fortdauernd durch die aufgesetzten und bearbeiteten Eisenmassen vor dem unmittelbaren Angriff der Flamme gesichert war. Die bedeutendste Erweichung erhält der Heerd in der Gegend der Feuerbrücke, doch läßt sich ein dort etwa stattgefundenes Wegbrennen, sehr leicht durch einige Schaufeln des feinsten Walzsinters wieder beseitigen. Das Luppenmachen erfordert viel Uebung, indem es nothwendig ist diese Arbeit zu beschleunigen, um das Verbrennen des schon gaaren Eisens in der außerordentlich hohen Temperatur und bei dem nicht zu vermeidenden Luftzutritt möglichst zu vermindern.

§. 965.

Die weitere Verarbeitung welche die kleinen Luppen oder die Balls zunächst unter dem Hammer oder unter dem Walzwerk und sodann in den Schweißöfen erleiden, scheint zwar nur ein Ausschweißen des Eisens und ein Auspressen der noch mechanisch beigemengten Schlacke zu seyn; allein man muß diese Schweißarbeiten als den letzten Theil der Frischarbeit selbst ansehen, weil die Balls ein sehr ungleichartiges Gemenge von mehr und weniger gaarem Eisen sind, welches durch die folgenden Schweißarbeiten erst eine Gleichartigkeit erhält. Das Cementiren in der glühend heißen Luft durch eine wiederholte starke Schweißhitze trägt sehr wesentlich zur Verbesserung des

Eisens bei und das Eisen wird um so fester und besser, je stärker und saftiger die Schweißhitze ist, und je öfter sie wiederholt wird, obgleich mehre Schweißhitzen nothwendig einen größeren Eisenverbrand zur Folge haben. Schwache Schweißhitzen geben, besonders bei nicht hinlänglich kräftig wirkenden Walzwerken, immer ein faulbrüchiges und auch von der mechanisch beigemengten Schlacke nicht befreites Stabeisen. Solche Fehler des in den Frischöfen dargestellten Eisens, kommen in einem noch höheren Grade zum Vorschein, wenn man das fernere Ausstrecken des in der Schweißhitze befindlichen Stabeisens nicht unter dem Walzwerk verrichten kann, sondern wenn man sich dazu des Hammers bedienen muß.

Das Verfahren welches man bei der weiteren Behandlung der Balls oder der Frischluppen anwendet, hat daher auf die Beschaffenheit des darzustellenden Eisens den wesentlichsten Einfluß und es ist keinesweges gleichgültig, welche Methode man dabei befolgt.

Man bringt die Luppen entweder sofort unter große Luppenstreckwalzen, unter denen sie in einer Hitze zu Rohschienen ausgestreckt werden; oder sie werden zuerst unter einem schweren Stirnhammer zusammengepreßt (gezängt) und dann in derselben Hitze sogleich unter dem Luppenwalzwerk zuerst zu dicken Quadratstäben (Lumbs) und dann zu Rohschienen (Billets, Blooms, Millbars) ausgestreckt. Die letztere Methode der Bearbeitung ist die gewöhnlichere und bessere, und es wird dabei in folgender Art verfahren:

Aus 370 Pfund Roheisen, welche man auf den Heerd des Flammenofens bringt, werden in der Regel 5 bis 6 Luppen gemacht, welche eine unregelmäßige kugelförmige Gestalt erhalten. Bei dem Zängen unter dem schweren Hammer wird die Luppe entweder mit Zangen festgehalten und auf dem Amboß gedreht, oder es wird ein eiserner Stab (gouver, crosse, queue) an jeder Luppe angeschweißt, um die Arbeit des Zängens dadurch zu erleichtern. Im letzten Fall müssen, ehe noch die letzte Luppe fertig geworden ist, stabeiserne Ausschußstäbe über der Rostflamme durch das Schürloch gesteckt werden, um deren Enden schweißwarm zu machen. — Ist die letzte Luppe fertig, so wird die Arbeitsthüre, nach Wegschaffung der Keile welche sie eingeklemmt haben, sogleich geöffnet und die zuerst fertig gewordene Luppe mit einer großen schwachschenkeligen, fast biegsamen Stauchzange ergriffen und auf gußeisernen Laufplatten schnell zum Stirnhammer gebracht. Man legt die Luppe auf den breiten Theil der Amboßbahn, setzt den Hammer in Bewegung und dreht die Luppe nach jedem Schlage mit dem Zangenmaul mehr nach der Mitte der Bahn, wo die Hubhöhe des Hammers etwas geringer ist, die Luppe also etwas stärker zusammengedrückt wird. Sie ist eine so poröse und schwammige Masse, daß sie durch den schweren Hammer bald und vollständig zusammengedrückt wird. Nach dem vierten oder fünften Schlage wird der vorn schweißwarme Eisenstab auf die Luppe gelegt und an diese angeschweißt. Jetzt ist der Arbeiter im Stande, mittelst dieses Stabes die Luppe leicht und sicher zu handhaben. Um sie von allen Seiten zu bearbeiten, muß der Arbeiter geschickte Wendungen machen, damit die nun der Länge nach zusammengepreßte Luppe, auch in ihrer Längenrichtung zusammengestaucht werden kann. Das Ende der Luppen, an welchen der Stab angeschweißt ist, wird, wenn zuvor dieser Stab krumm gebogen worden ist, so unter dem Hammer gehalten, daß er von dem hervorragenden Theil des Kopfes des Stirnhammers mit einigen Schlägen getroffen werden kann, worauf die Luppe unter der Schlichtbahn noch einige Schläge erhält. Dann wird vermittelst eines kleinen, vorne krumm gebogenen Setzeisens der Stab abgehauen. Das Zängen muß mit 40 bis 50 Schlägen des Hammers erfolgt seyn und ist, wenn der Hammer etwa 70 Schläge in der Minute macht, etwa in einer Minute beendigt. Das Zängen mit der Zange erfordert geübtere Arbeiter, ist dann aber vorzuziehen, weil der angeschweißte Stab den der Luppe mitzutheilenden Bewegungen immer etwas hinderlich ist. Der Hammer wird mit einer eisernen Stütze aufgefangen, um zwar die denselben in Bewegung setzende Kraft fortwirken zu lassen, aber das Heben des Hammers selbst zu verhindern. Die so zusammengezängte Luppe, welche die Gestalt eines abgefaßten Schirbels erhalten hat, wird ohne Zeitverlust unter die Luppenstreckwalzen gebracht, um dort zu 3½ bis 4 Zoll breiten und ¾ bis ⅞ Zoll starken Flachstäben ausgewalzt zu werden. Bei diesen Luppenstreckwalzen können die Quadrat- und die Flachkaliber entweder in einem und demselben Walzenkörper eingedreht seyn, oder man hat ein besonderes Walzenpaar für die Quadratkaliber und ein zweites für die Flachkaliber. Die letzte Einrichtung trifft man immer auf solchen Etablissements an, wo die Luppen einer vorbereitenden Zängearbeit unter schweren Hämmern nicht unterworfen werden, sondern wo der Theil der Zängearbeit, den man unter dem Hammer verrichtet, unter den Walzen selbst vorgenommen wird. In diesem Fall bedarf man, aus einleuchtenden Gründen, mehrer und zum Theil größerer und tieferer Einschnitte, so daß der Walzenkörper einer einzigen Walze nicht ausreichend seyn würde. Ob es vorzuziehen ist, die Zängearbeit theils unter dem Hammer, theils unter dem Walzwerk vorzunehmen, oder sie bloß unter den Walzen geschehen zu lassen; darüber sind die Ansichten getheilt. Wenn indeß nur das Princip festgehalten wird, die Luppen in die Gestalt von Rohschienen zu bringen und diese durch weiteres Ausschweißen und Auswalzen in Paqueten zu verarbeiten; so scheint es ziemlich gleichgültig zu seyn, ob die Zängearbeit auf diese oder auf jene Art verrichtet wird. In der Regel besteht aber das Luppenwalzwerk, — auch selbst dann wenn der erste Theil der Bearbeitung der Luppen unter dem schweren Hammer verrichtet wird, — aus zwei besonderen Gerüsten, von denen das eine das vorbereitende Gerüst mit den Quadratkalibern, und das zweite das vollendende ist, worin sich die flachen Kaliber befinden.

Die Walzen haben, bei einem Durchmesser von 18 bis 19 Zollen, eine Umlaufsgeschwindigkeit von etwa 30 Umgängen in der Minute, wenn die Luppe vorher unter einem schweren Hammer vorbereitet worden ist. Wenn diese Vorbereitung unter dem Hammer aber nicht erfolgt, sondern wenn das Zängen der Luppen sofort unter den Walzen verrichtet wird, so dürfen diese nicht mehr als etwa 20 Umgänge in der Minute machen. Eine größere Geschwindigkeit würde beim Ausstrecken so poröser und noch sehr unzusammenhängender Eisenmassen nachtheilig werden und ein Zerreißen der Luppen herbeiführen können. Ist die Luppe zuerst durch die Quadratkaliber und dann durch die flachen Kaliber hindurchgeführt und zu den vorhin angegebenen Dimensionen ausgereckt, so sind die Rohschienen fertig, welche nun anderen Arbeitern übergeben werden, um sie zuerst noch rothglühend unter der Scheere zu einer vorgeschriebenen Länge zu zerschneiden und dadurch in der Folge Paquete zu bilden, welche durch die spätere Bearbeitung im Schweißofen und unter den Grobeisenwalzwerken ihre Vollendung zu Stäben erhalten.

Sobald die erste Luppe auf diese Weise bearbeitet worden ist, fährt man in der Verarbeitung der zweiten, dritten bis zur letzten rasch fort, um dieselben möglichst schnell der Einwirkung der Luft in dem Ofen zu entziehen. Sind endlich alle Luppen aus dem Ofen geschafft, so wird unverzüglich zu einem neuen Einsatz geschritten.

Jede Luppe hat etwa ein Gewicht von etwa 50 bis 70 Pfunden, und hiernach bestimmt sich die Länge der gewalzten Rohstäbe.

Mit der Darstellung der Rohstäbe oder Rohschienen ist der eigentliche Flammenofenfrischprozeß beendigt; es ist aber zur genaueren Beurtheilung seiner Leistungen, hinsichtlich der Beschaffenheit der Produkte welche er liefert, nothwendig, diese

Produkte näher ins Auge zu fassen. Bei genauerer Untersuchung der Rohschienen, findet sich sogleich im äußeren Ansehen eine große Verschiedenheit. Man bemerkt einzelne Stücken, welche schon aus vortrefflichem gaarem Eisen bestehen, während andere, und zwar die überwiegend größere Menge, voll von Kantenrissen und Schiefern sind. Dieses äußere Ansehen deutet schon auf große Verschiedenartigkeit der Masse, welche bei dem in Heerden gefrischten Eisen niemals, wenigstens nie in einem so hohen Grade vorkommt. Auffallend kann indeß diese große Verschiedenheit der Masse nicht seyn, denn das Gaarwerden und die damit verbundene Neigung zum Zusammenballen des Eisens, wird stets zuerst auf der Oberfläche der ganzen im Frischofen befindlichen Masse bemerkbar, und man würde schon in der letzten Periode des Rohfrischens, also noch eine geraume Zeit vor dem Luppenmachen, von dem oberen Theil der Eisenmasse gute Luppen anfertigen können, während sich die dem Boden zugekehrten Eisenmassen noch in einem völlig rohen Zustande befinden. Das Gaarwerden nimmt von diesem Augenblick an, mit solcher Schnelligkeit zu, daß es fast unmöglich ist, das Einhüllen von roheren Eisenbrocken, in schon gaare Ballen gänzlich zu verhüten. Die so eingehüllten noch rohen Eisentheilchen können nun nicht mehr denjenigen Grad der Gaare erhalten, den die Umhüllung selbst bereits erlangt hat, und dieser Umstand ist es, welcher die äußerste Sorgfalt bei der weiteren Behandlung und Verarbeitung der Luppen sowohl, als der daraus bereiteten Rohschienen, dringend erfordert, auch eine wesentliche Verschiedenheit in der Behandlung der Luppen von der Flammenofenfrischerei und derjenigen von der Heerdfrischerei herbeiführt.

Es ist eine größere Gewandtheit und eine längere Erfahrung erforderlich, um im Flammenofen möglichst gleichartige Luppen zu frischen, als bei der Heerdfrischerei. Die Vorzüge welche man der ersteren oder der letzteren beilegen mögte, können sich daher nicht auf die vollkommnere Arbeitsmethode im Flammenfrischofen beziehen, indem das ursprüngliche Produkt dieser Arbeit, die Luppen, als ein sehr unvollkommenes zu betrachten ist und zufolge des Verfahrens ohne Zweifel immer bleiben wird; sondern sie können nur für das Verfahren bei der weiteren Verarbeitung des gewonnenen Produktes, in Anspruch genommen werden, obgleich dies Verfahren nicht in der Eigenthümlichkeit der Flammenofenfrischerei beruht, sondern auf jedes andere Frischverfahren übertragen werden könnte und hier und dort wirklich schon in Anwendung gekommen ist.

Weil nun die Aufgabe bei der Puddlingfrischarbeit: den ganzen Einsatz von Roheisen in gleicher Zeit zu einem gleichen Grade der Gaare zu bringen, wohl schwerlich zu lösen seyn wird; so ergiebt sich daraus die Nothwendigkeit, durch die weitere Behandlung der Luppen in der Schweißhitze und bei den Streckarbeiten, die Mängel der Flammenofenfrischmethode auszugleichen, so wie in diesem Verhalten der Grund zu suchen ist, weshalb alles in den Flammenöfen gefrischte Stabeisen eine sehr verschiedenartige und in der Regel sehr mangelhafte Beschaffenheit, — veranlaßt durch den ungleichartigen Zustand der Eisenmasse und durch die mechanischen Schlackenbeimengungen, — behalten wird, wenn die Arbeiten des Ausschweißens und Ausstreckens der Stäbe nicht mit der äußersten Sorgfalt vorgenommen werden. Es kann daher auch nicht gebilligt werden, die Luppen, wie es wohl auf einigen Hütten geschieht, um wohlfeiles Eisen zu bereiten, unmittelbar aus dem Frischofen unter das Luppenwalzwerk zu bringen, zu etwa 2zölligen Quadratstäben auszustrecken und diese Stäbe, nachdem sie zerschnitten sind, dem Schweißofen und dann dem Grobeisenwalzwerk zum Auswalzen zu Stabeisen zu übergeben. Noch nachtheiliger wird diese Verfahrungsart, wenn, wie es zuweilen geschieht, die Luppen im Ofen selbst noch einer besonderen Behandlung unterworfen werden, um ihnen die zum Auswalzen unter dem Luppenwalzwerk erforderliche Gestalt zu geben, und sie zu diesem Zweck mit einer schweren eisernen Keule zusammenzuschlagen. Es ist einleuchtend, daß die Luppen bei dieser Bearbeitung im Ofen einen starken Eisenverbrand erleiden müssen, weil der jedesmalige ganze Eiseneinsatz, fast eine halbe Stunde lang, unter beständiger Zuströmung der oxydirenden Luft durch die Arbeitsthüre, im Ofen zurückgehalten wird.

Bei der ersten, vorhin erwähnten Art der Bearbeitung der Luppen, werden dieselben unter dem Hammer und unmittelbar von dort unter dem Luppenwalzwerk zu etwa 4 Zoll breiten und ¾ Zoll starken Rohschienen in einer Hitze ausgestreckt, und von diesen Rohschienen werden dann, je nachdem diese oder jene Stabeisensorte angefertigt werden soll, entweder 3, 4 oder 5 Stück, welche unter der Scheere eine gleiche Länge erhalten haben, über einander gelegt, in diesen so zusammengelegten Paqueten dem Schweißofen übergeben, und dort einer starken Schweißhitze ausgesetzt. Bei der zweiten Art der Bearbeitung der Luppen, nach welcher sie unmittelbar zu etwa 2zölligen Quadratstäben ausgestreckt werden, wird jeder Stab nach den vorgezeichneten Längen zu Kolben zerschnitten, und diese Kolben gelangen dann an die Schweißöfen und werden, nach erlangter Schweißhitze, unmittelbar zu Stäben ausgezogen. Die Ungleichartigkeit der Luppen, also auch die der aus denselben erhaltenen Kolben, wird daher nothwendig in demselben Verhältniß auch in den aus ihnen ausgewalzten Stäben angetroffen werden. Dagegen würde es ein bloßer Zufall seyn, wenn bei den aus 3, 4 oder 5 Rohschienen zusammengesetzten Paqueten, in jedem Theile des Querschnitts nur roh gebliebene oder nur gaar gewordene Stellen über einander gekommen wären. Die Wahrscheinlichkeit ist ungleich größer, daß rohe mit gaaren Stellen in den einzelnen Stücken abwechseln werden, und daß dadurch der eigentliche Zweck des Packwalzens wirklich erreicht werden wird. Wenn nun, bei einer fortgesetzten Bearbeitung, das einmal raffinirte Eisen in ähnlicher Weise zum zweiten Mal raffinirt wird, so wird man auf ein gleichartiges und gutes Produkt mit einer Zuverlässigkeit rechnen können, welche bei dem bloßen einfachen Ausstrecken niemals zu erlangen ist.

Es giebt noch eine dritte Art der Behandlung und Bearbeitung der Luppen, welche aber gewöhnlich nur dann angewendet wird, wenn Materialeisen zu starken und schweren Kesselblechen angefertigt werden soll. Die am mehrsten gaaren und saftigen Luppen, werden unter dem Stirnhammer zu Stücken von 12—15 Zoll Länge, 7—10 Zoll Breite und $1\frac{1}{4}$—$1\frac{1}{2}$ Zoll Stärke ausgeschmiedet und bei Seite gelegt. Hat man eine Quantität von solchen Stücken vorräthig, so werden, nach Umständen, 2 oder 3 Stücke über einander gelegt, in den Schweißofen gebracht, hier einer starken Schweißhitze ausgesetzt und dann unter dem Stirnhammer zu Platten ausgestreckt, die demnächst von den Blechwalzen erfaßt werden können. Der Stirnhammer leistet für solche Fälle vortreffliche Dienste. Befindet sich das Blechwalzwerk in der Frischhütte selbst, so dürfen die unter dem Stirnhammer zusammengeschweißten Stücken nur sogleich in den Schweißofen zurückgebracht werden, worin sie dann nur kurze Zeit verweilen dürfen, um zu den verlangten Dimensionen als starke Bleche ausgestreckt zu werden. Nur mit Hülfe eines Stirnhammers und guter Schweißöfen kann es gelingen, Kesselbleche in den stärksten Dimensionen von guter Beschaffenheit darzustellen.

§. 966.

Schweißöfen sind Flammenöfen mit einem möglichst niedrigen Gewölbe, welche so construirt seyn müssen, daß sich darin schnell eine starke und ausdauernde Schweißhitze erzeugen läßt. Die Bedingungen dazu sind ein großes Verhältniß der Roststäche zur Heerdfläche, hohe Essen und nicht zu weite Füchse. Bei den mehrsten Schweißöfen findet der Uebelstand statt, daß ihnen zu niedrige Essen zugetheilt sind, weshalb der Fuchs, um die erforderliche Schweißhitze im Ofen zu erzeugen, eine beträchtliche Weite erhalten muß. Weite Füchse halten aber niemals die Hitze im Ofen zurück; sie veranlassen also einen stärkeren Kohlenverbrauch und gestatten keine gleichmäßige Vertheilung der Hitze in alle Theile des Ofens.

Zwei Schweißöfen an einer und derselben Esse zu legen, wie bei den auf der Zeichnung Taf. XLVI. Fig. 5—9. dargestellten Schweißöfen, — ist jederzeit, auch selbst dann zu verwerfen, wenn jeder Ofen seinen eigenen Essenschacht erhalten hat.

Der Heerd der Schweißöfen ruht jetzt allgemein auf eisernen Platten, weil diese Construction die einfachste ist und eine leichte und schnelle Auswechselung der Heerde gestattet. Die Heerdmasse besteht aus Sand, und weder aus oxydirenden noch aus reducirenden Substanzen, also weder aus Gaarschlacken noch aus Kohlen Die Absicht bei der Schweißarbeit ist eine doppelte; einmal die Luppen durch das Cementiren in der heißen Luft zur völligen Gaare zu bringen, und dann sie so stark zu erweichen, daß bei dem mechanischen Zusammenpressen unter den Walzen, die dem Eisen noch in großer Menge beigemengte Schlacke ausgedrückt wird. Die Sandheerde tragen wesentlich dazu bei, der Schlacke die nothwendige Flüssigkeit zu ertheilen: Schweißöfen mit hohen Essen kann man längere Heerde zutheilen, als denen mit niedrigen Essen.

Ein Schweißofen ist für vier Puddlingsöfen hinreichend.

Bei der großen Menge von Schlacke die sich aus den noch sehr porösen Rohschienen auf dem Heerd der Schweißöfen in der Schweißhitze absondert, ist es sehr gut, dem Heerde eine starke Neigung, oder ein Abfallen nach dem Fuchs zu geben, und die Schlacke aus der Fuchsöffnung in einen Sumpf unter der Esse abfließen zu lassen, aus welchem sie von Zeit zu Zeit weggeschafft, oder auch durch eine Seitenöffnung, die in der

Essenmauer bis zu dem Sumpf geführt ist, von selbst zum Abfließen gebracht wird. Wenn der Heerd jene Neigung nicht erhält, so bricht die Schlacke durch die Feuerbrücke in den Rost hinein, der dann in sehr kurzen Zeitperioden immer gereinigt werden muß, weil die Schlacke nicht allein den Rost verstopft, sondern auch Anwüchse und erhärtete Massen an den Seitenwänden des Rostes bildet und den Luftzug hemmt. Die vollständige Reinigung des Rostes kann nur durch Herausnehmen der Roststäbe erfolgen, wodurch der Ofen ganz abgekühlt wird und die Ofenmauerung in hohem Grade leidet.

§. 967.

Nach Maaßgabe der anzufertigenden Stabeisensorten werden die zerschnittenen Rohschienen in der passenden Länge ausgesucht und es werden nach Umständen 3 oder 4 solcher Stücken zu einem Paquet über einander gelegt, welches zur weiteren Bearbeitung in den Schweißofen gebracht wird. Jedes Stück muß vorher mittelst eines Besens von dem anhängenden Sande oder anderen Unreinigkeiten befreit worden seyn. Wenn gewöhnliches starkes Reifeneisen gewalzt werden soll, — welches in der Regel das Material für die feineren Stabeisensorten ist, in so fern diese nicht unmittelbar und bei einer Schweißhitze aus den Rohschienen dargestellt werden sollen, obgleich sie dann nur von untergeordneter Güte ausfallen, — so werden 18 bis 20 Paquete mit einem Mal auf den Heerd des Schweißofens gebracht. Zuerst wird die Seite bei dem Fuchs besetzt und mit dem Einsetzen von dort in halbkreisartigen Reihen bis zur Brücke fortgefahren, so daß die concave Seite der Reihen der Arbeitsthüre zugekehrt ist. Das Einsetzen der Paquete muß schnell geschehen und die Thüre dann gut verschlossen werden. Unmittelbar an der Thüröffnung legt man einige Stücken Steinkohlen auf den Heerd, damit auch die der Arbeitsthüre zunächst liegenden Paquete gleichförmig erhitzt und nicht durch die, wenn auch möglichst gut verschlossene Thüre dringende kalte Luft, abgekühlt werden. Nach Verlauf von 30 bis 40 Minuten wird, mittelst eines Hakens, das erste der Feuerbrücke zunächst liegende Paquet aus dem Ofen genommen und auf den eisernen Laufplatten schleunigst zu den Grobeisenwalzen gebracht, welche aus zwei Walzenpaaren, den Präparir- oder Vorstreckwalzen und den Flachwalzen bestehen. Die Vorstreckwalzen oder die Vierkantkaliberwalzen haben eine abfallende Größe und das Paquet wird nach und nach bis zu demjenigen Kaliber durch die Walzen geführt, welches dem Kaliber zu den Flachwalzen entspricht, durch welches es zuerst hindurchgehen muß, um nach und nach die Dimensionen zu erhalten, welche der fertige flache Eisenstab bekommen soll. Es ist indeß sehr zweckmäßig, zwischen dem dritten und vierten, oder dem vierten und fünften Quadratkaliber, ein ovales Kaliber in die Vierkantvorwalzen eindrehen und das Paquet zuerst durch die 3 oder 4 ersten Quadratkaliber, dann durch das ovale Kaliber und demnächst durch die folgenden Quadratkaliber gehen zu lassen, weil dadurch das vollständigere Auspressen der Schlacke ungemein befördert wird. Diese Einrichtung findet nicht bei allen Präparirwalzen der Grobeisenwalzwerke statt, indem man nicht immer ein solches ovales Kaliber zur Unterbrechung der regelmäßig abfallenden Quadratkaliber einschaltet; indeß ist dies einfache Verfahren von großem Werth und trägt wesentlich zur Reinigung des Eisens von der Schlacke bei Die Seitenflächen der ersten Quadratkaliber sind häufig mit Hartmeißelhieben eingefurcht, damit die Paquete leichter ergriffen werden. Um den Inhalt des Schweißofens schnell zu verwalzen, welches nothwendig ist um die Paquete nicht lange der Schweißhitze bei dem häufigen Oeffnen und Schließen der Einsetzthüre auszusetzen, werden die unter den Vorbereitungs- oder Quadratwalzen vorgewalzten Stäbe, nicht durch dieselben Arbeiter unter den Flachwalzen ausgestreckt, obgleich beide Walzgerüste des Grobeisenwalzwerks neben einander stehen. Wenigstens ist diese Arbeitseintheilung zur Beschleunigung der Walzarbeit sehr nothwendig.

Soll das erhaltene Eisen nicht als fertiges, verkaufbares Produkt, sondern als Materialeisen zur weiteren Bearbeitung und zur Darstellung von vorzüglich guten oder von feinen Eisensorten dienen, so muß es abermals unter der Scheere zerschnitten werden. Für die daraus zu bildenden Paquete kann eine andere Arbeitseintheilung bei den Schweißöfen gewählt werden, indem während des Auswalzens der an der Feuerbrücke schweißwarm gewordenen Paquete immer wieder andere Paquete von der Seite der Fuchsöffnung nachgerückt und an die Stelle der letzteren ganz neue eingesetzt werden, so daß das Ausstrecken unter den Quadrat- und Flachwalzen von demselben Arbeiterpersonal verrichtet werden kann. Besser ist es indeß, ein solches Verfahren nicht anzuwenden, sondern jedesmal den vollen Satz des Ofens auszuarbeiten und die Walzarbeit zu theilen. Für diese Paquete bedarf es nicht der Schweißöfen mit geneigtem Heerd, weil sie schon aus festem und derbem Eisen bestehen, welches wenig Schlacke hinterläßt.

Die Grobeisenwalzen (die Vierkant und die Flachwalzen) erhalten einen Durchmesser von 14 bis 16 Zoll und eine Umlaufsgeschwindigkeit von 75 bis 85 Umdrehungen in der Minute. Man kann rechnen, daß das Auswalzen von 18 bis 20 Paqueten Rohschienen, die jedesmal eine Ofenbesetzung ausmachen, in 14 bis 16 Minuten beendigt ist.

§. 968.

Mit dem Ausstrecken der Rohschienen zu fertigen Stäben ist die eigentliche Frischarbeit in Flammenöfen erst vollendet. Die dargestellten Stäbe werden, bei einem und demselben Roheisen und bei derselben Behandlung im Flammenofen, von sehr verschiedener Güte ausfallen, je nachdem die Luppen unter den Luppenwalzen nur zu Quadratstäben ausgestreckt, zerschnitten und aus den Schweißöfen unter den Grobeisenwalzen zu fertigen

Stäben ausgewalzt; oder je nachdem sie unter den Luppenwalzen zu Schienen ausgestreckt, zerschnitten, zu Paqueten über einander gelegt (gegerbt, oder raffinirt) und aus dem Schweißofen unter den Grobeisenwalzen verarbeitet werden. Nur bei vorzüglich gutem Roheisen, oder auch bei der Weißeisenfrischarbeit, wird sich bei dem ersten Verfahren ein mittelmäßig gutes Stabeisen darstellen lassen. Aber auch selbst bei dem zweiten, wenngleich vollkommneren und mit mehr Eisenabgang verbundenen Verfahren, hat man nur Stabeisen von mittlerer Güte zu erwarten. Wird ein festes Eisen verlangt, so müssen die Eisenstäbe unter den Flachwalzen der Grobeisenwalzenpaare zu gröberen flachen Dimensionen ausgestreckt, dann zerschnitten und abermals zu Paqueten über einander gelegt werden. Die weitere Behandlung dieser, in den Schweißöfen schweißwarm gemachten Paquete kann ebenfalls unter den Grobeisenwalzen vorgenommen werden, jedoch mit dem Unterschiede, daß die ersten, größeren Quadratkaliber der Vorbereitungswalzen übersprungen werden. Gewöhnlich bedient man sich aber der Kleineisenwalzen, wegen der größeren Geschwindigkeit, die man diesen Walzen zutheilt um die Arbeit zu beschleunigen. Die Flachwalzen müssen daher, bei der bestimmten Breite der Kaliber, die richtige Stellung hinsichtlich der Stärke erhalten, zu welcher das flache Eisen ausgestreckt werden soll. Wenn kein flaches Eisen, sondern starkes Quadrateisen anzufertigen ist, so erhalten die Stäbe unter den Vorbereitungswalzen (Vierkantwalzen) ihre Vollendung nach der bestimmten Dimension.

Der Eisenverlust und der Kohlenaufwand bei dieser zweiten Schweiß- und Gerbe-Arbeit sollte eigentlich dem Flammenofenfrischbetriebe ebenfalls zur Last fallen, denn in der Regel ist erst das bei dieser zweiten Arbeit darzustellende Stabeisen, in der Güte mit demjenigen gleich zu stellen, welches die sorgfältige Frischarbeit in Heerden bei Holzkohlen unmittelbar liefert Man betrachtet indeß diese zweite Gerbearbeit als eine Verfeinerungsarbeit für das Stabeisen, und berechnet den Materialienaufwand bei der Flammenofen-Frischarbeit nach derjenigen Quantität Stabeisen, welche bei dem ersten Ausschweißen der Rohschienen und bei dem Ausstrecken unter den Grobeisenwalzen erhalten wird.

§. 969.

Um fertiges Stabeisen nach gröberen Dimensionen bei dem Flammenofenfrischbetriebe durch die Walzarbeit darzustellen, sind also Luppenwalzen und Grobeisenwalzen erforderlich. Die letzteren bestehen immer aus zwei Walzenpaaren, von welchen das erste (das vorbereitende) Paar die Quadratkaliber und das zweite (das vollendende) Paar die flachen Kaliber enthält. Auch zu den Luppenwalzen werden gewöhnlich, — auch dann wenn die Luppen vorher unter dem schweren Hammer zusammengedrückt werden, — ebenfalls zwei Walzenpaare, ein vorbereitendes mit den Quadratkalibern und ein vollendendes mit den flachen Kalibern angewendet. Nur auf solchen Etablissements, wo die Luppen zu Kolben ausgestreckt und diese nicht gegerbt, sondern nach wieder erlangter Schweißhitze unter den Grobeisenwalzen ausgezogen werden, bedarf man des Flachwalzenpaares bei den Luppenwalzen nicht. Dies fehlerhafte Verfahren wird indeß nur sehr selten noch angetroffen.

Die Walzgerüste zu den Luppenwalzen und zu den Grobeisenwalzen sind immer Ständergerüste, von denen jeder Ständer aus einem einzigen Gußstück besteht, also ohne bewegliche Sättel oder Kappen, welche nur bei den Ständergerüsten zu Eisensorten von geringeren Dimensionen angewendet werden. Man giebt diesen kleineren Ständergerüsten gerne bewegliche Kappen, um die Walzen schnell auswechseln zu können, wozu bei den gröberen Eisensorten, wegen der geringeren Anzahl der Kaliber, weniger Veranlassung vorhanden ist. Die beweglichen Kappen vermindern auch die Stabilität der Gerüste, weshalb sie bei den Walzgerüsten für die gröberen Eisensorten nicht anwendbar seyn würden. Für die Zuleitung von Wasser während der Walzarbeit, welches regenartig auf die obere Walze niederfällt, muß durch irgend eine einfache Vorrichtung gesorgt werden.

Um flache Stabeisensorten darzustellen, müssen die Luppen, die Paquete, die Kolben, oder überhaupt alles Materialeisen, immer zuerst unter den Vorbereitungswalzen, — Vierkantwalzen, oder Walzen mit Quadratkalibern, — bis zu einer solchen Dimension ausgestreckt werden, daß sie in das mit der Breite des darzustellenden flachen Eisens correspondirende Kaliber der Flachwalzen gebracht werden können. Durch die Flachwalzarbeit wird also größtentheils nur die Dicke, oder die Stärke der Stäbe bestimmt und die vorgewalzten Quadratstäbe werden zu diesem Zweck unter den Flachwalzen nach und nach durch so viele Kaliber von abnehmender Höhe, aber von gleich (oder fast gleich) bleibender Breite, geführt, bis sie die verlangte Stärke erhalten haben. Alles Vierkanteisen erhält seine Vollendung unter den Vorbereitungswalzen selbst.

Soll Rundeisen angefertigt werden, so reicht die Vorbereitung durch die Vierkantvorbereitungswalzen nicht zu, wie später bei den Verfeinerungsarbeiten des Stabeisens erwähnt werden wird.

Bei allen Walzen mit Quadratkalibern, sie mögen bloß als Vorbereitungswalzen in den Luppen- und Grobeisenwalzgerüsten dienen, oder die Bestimmung haben, fertiges Quadrateisen zu liefern, ist die eine Hälfte des Kalibers in der oberen, und die zweite in der unteren Walze dergestalt eingedreht, daß die Linie in welcher beide Walzen sich berühren, die Diagonale des Quadratkalibers bildet. Die obere Walze wird daher bei der Walzarbeit gegen die untere so fest gestellt, daß sie kaum einen Spielraum behält, um sich beim Durchführen des Eisens zu heben. Daß die Axen beider Walzen in einer lothrechten Linie zusammenfallen, dafür muß beim Stellen und Einkeilen der Lager gesorgt werden. Es ist aber auch nothwendig, daß sich beide Walzen in horizontaler Richtung nicht verschieben, indem eine sehr geringe Verschiebung schon eine unregelmäßige Gestalt des Stabes und keinen Quadratstab bilden würde. Bei den Luppenwalzen ist eine besondere Vorsicht zum Stellen der Walzen eben nicht erforderlich, wohl aber bei den Vorbereitungswalzen zu den Grobeisenwalzen und zu den Feineisenwalzen. Auch auf Abstreifmeißel, Vorlagen und Leitungen ist Rücksicht zu nehmen. Die gebräuchlichsten Vorrichtungen finden sich in den Erläuterungen zu den Zeichnungen angegeben.

Die Kaliber zu den flachen Eisensorten sind stets in der unteren Walze befindlich. Mit ihnen correspondiren die Rippen bei der oberen Walze. Am besten scheint es zu seyn, wenn den wirkenden Flächen in der unteren Walze (den Matrizen) und in der oberen Walze (den Patrizen) ein gleicher Durchmesser zugetheilt wird. Man giebt aber auch zuweilen den wirkenden Flächen einen ungleichen Durchmesser, und dann sollte den Patrizen, oder den wirkenden Flächen der oberen Walze der größere zugetheilt werden, indem das Eisen, beim Durchführen durch die Kaliber, am stärksten auf der nach oben gekehrten Fläche ausgestreckt wird und die untere Fläche in der Ausdehnung immer etwas zurück bleibt. Daher auch die Neigung des Eisens, sich um die untere Walze zu wickeln, welcher durch die Abstreifmeißel begegnet wird, und welche durch einen kleineren Durchmesser der Matrizen vermindert werden würde. Ungleiche Durchmesser gewähren indeß Unbequemlichkeiten wegen der nothwendigen Kuppelung der beiden Walzen. — Bei den Vollendungswalzen, nämlich bei den Walzen in welchen sich die Kaliber für die flachen Eisensorten befinden, würden besondere Vorkehrungen eben nicht getroffen werden dürfen, das Verschieben der Walzen nach der horizontalen Richtung zu verhindern, weil die Patrizen in die Matrizen eingreifen und dadurch das Verschieben erschweren; indeß wird dadurch eine Flächenreibung veranlaßt, welcher durch Maaßregeln zum richtigen Stellen der

Walzen vorgebeugt werden kann. — Bei den Vollendungswalzen für die Luppenwalzgerüste hat man das saubere Eindrehen der flachen Kaliber weniger sorgfältig zu berücksichtigen, als die regelmäßig abfallende Höhe dieser Kaliber. Da die geringste Stärke der Rohschienen etwa $\frac{3}{4}$ Zoll zu seyn pflegt, so wird die obere Walze mit ihrem unteren Lager so gehängt, daß das letzte Kaliber die Höhe von $\frac{3}{4}$ Zoll erhält. Die Breite der sämmtlichen Kaliber beträgt 4 Zoll, oder etwas weniger, wo schmalere Rohschienen eingeführt sind. — Die Vollendungswalzen in den Grob- und Feineisenwalzgerüsten erfordern dagegen beim Eindrehen der Kaliber eine große Sorgfalt. Die Wände der die Kaliber bildenden Einschnitte in der unteren Walze, sind in der Regel, wenigstens bei den Grobeisenwalzwerken nicht ganz senkrecht, sondern sie erhalten eine, obgleich nur geringe Erweiterung nach oben, damit die ganz senkrecht abgedreheten Rippen oder Patrizen der oberen Walze einen geringen Spielraum in den Matrizen behalten. — Ein Walzenkörper erhält die Kaliber für 2 oder für 3 Eisensorten, durch welche deren Breite bestimmt wird, und man läßt häufig in der Mitte oder an einem Ende der Walzen einen Raum ohne Einschnitte, um durch die Stellung der Walzen, nämlich durch die Entfernung der oberen von der unteren Walze, genau das Kaliber hinsichtlich der Stärke des Stabes bestimmen zu können, weshalb der Stab auf dieser Fläche auch seine Vollendung erhält und zuletzt auf dieser Fläche durchgeführt wird, um ihn genau in der verlangten Stärke darzustellen. Weil die obere Walze, wenn der nach der Richtung der Länge auszustreckende Stab durch die Einschnitte hindurch gegangen ist, mit ihrem ganzen Gewicht auf die untere Walze zurückfallen würde, so bewirkt man durch ein einfaches Hängezeug, welches das untere Lager der oberen Walze mit der Kappe des Ständergerüstes verbindet, daß das Zurückfallen nicht weiter als bis zu der jedesmaligen Stärke des Kalibers erfolgen kann. Die Stellung der oberen Walze, nämlich ihre Entfernung von der unteren Walze, wird durch die Schraube in der Kappe des Gerüstes bewirkt, welche auf das obere Lager der oberen Walze drückt, so daß sich die letztere beim Durchführen des Stabes nicht höher heben kann, als durch die Stellung der Schraube vorgeschrieben ist. Durch diese Einrichtung wird es ausführbar, flaches Eisen von einerlei Breite, aber von ganz verschiedenen Stärken, durch dieselben Kaliber darzustellen. Die Zahl der Kaliber für eine und dieselbe Breite des vollendeten Eisenstabes ist von der Stärke desselben abhängig und muß größer seyn, wenn schwaches Flacheisen gewalzt wird, als wenn stärkere flache Stäbe dargestellt werden sollen. Nach den in einem Lande üblichen verschiedenen Breiten der Eisenstäbe richtet sich die Anzahl der verschiedenen Kaliber, und weil die Walzenkörper selten mehr Kaliber, als für drei verschiedene Breitensorten erforderlich sind, erhalten können, wenn sie nicht eine zu große Länge und eine dadurch zu sehr verminderte Haltbarkeit erhalten sollen; so werden oft viele Garnituren von Flachwalzen erfordert. Es ist daher auch nothwendig, den Lagern zu den Walzen, auf welchen sie in dem Gerüst liegen, eine solche Einrichtung zu geben, daß sich die Walzen auf eine bequeme Weise aus dem Gerüst herausnehmen und gegen andere auswechseln lassen. Bei den Feineisenwalzgerüsten kann das Auswechseln durch beweglich einzurichtende Kappen erleichtert werden. Sehr rathsam ist es, auf dem Gebälk der Hütte eine einfache Hebevorrichtung anzubringen, um das Auswechseln der Walzen zu erleichtern.

Die Kuppelungsräder müssen sorgfältig und genau bearbeitet seyn, damit die Zähne ohne Zwang in einander greifen. Die Kuppelungswellen dürfen, besonders für die Vollendungswalzen, bei welchen die obere Walze, wegen der verschiedenen Stärke der darzustellenden flachen Stäbe, nicht dieselbe Lage immer behalten kann, nicht zu kurz seyn, um bei dem sich gleich bleibenden Durchmesser der Kuppelungsräder etwas nachgeben zu können. Zuweilen trifft man die Einrichtung, daß auch das obere Kuppelungsrad mittelst seines unteren Lagers etwas gehoben oder gesenkt werden kann, wenn die mit ihr durch die Kuppelungswelle und durch die Muffen verbundene obere Walze sich mehr oder weniger öffnen soll; dann müssen indeß die Zähne der Kuppelungsräder eine hinreichende Länge haben.

§. 970.

Statt die unter den Luppenwalzen dargestellten Plattinen oder Rohschienen zur Anfertigung von gröberen Eisensorten zu verwenden, streckt man die Rohschienenpaquete zuweilen wohl sogleich zu feineren Stabeisensorten aus., Dies kann indeß nur bei einer guten Beschaffenheit des Roheisens und der daraus bereiteten Luppen, mit einigem Erfolge geschehen. — Dagegen tritt auch der Fall ein, daß die Paquete nicht zu gröberen Stabeisensorten, sondern zu façonirtem Eisen ausgestreckt werden sollen. Von dem Gewicht der darzustellenden façonirten Eisenstäbe, ist dann die Zahl der über einander zu legenden zerschnittenen Rohschienen abhängig. Eben so richten sich die Größe und die Gestalt der Einschnitte oder der Kaliber in den Walzen ganz nach den Dimensionen und nach der Gestalt des Façoneisens. Hat dieses eine bedeutende Länge, oder eine beträchtliche Stärke, so muß bei dem Ausstrecken der Paquete schon bei den Vorbereitungswalzen auf eine dem Zweck angemessene Größe und Gestalt der Kaliber Rücksicht genommen werden. Ferner werden die Paquete zwar zuerst unter Quadratkaliber gebracht, weil dies das Mittel ist, die einzelnen Schienen vollständig an einander zu schweißen und zugleich die Schlacke auszupressen. Aber die Größe und die in abnehmenden Dimensionen vorhandene Anzahl dieser Quadratkaliber wird durch die Dimensionen und durch das Gewicht des fertigen Stabes bestimmt. Von den Quadratkalibern gelangen die Paquete in die Façonkaliber, deren Einrichtung oft viel Ueberlegung erfordert um dem fertigen Stabe, wenn er durch alle Kaliber hindurchgegangen ist, die verlangte Gestalt zu ertheilen. Als ein schon etwas complicirteres Beispiel kann die Anfertigung der sogenannten fischbauchartigen Schienen zu den Eisenbahnen dienen. Die Zeichnungen Taf. LXIII. Fig. 1 — 5. geben eine Darstellung von der Einrichtung der Walzen zu diesem Zweck, worüber sich in der Erläuterung zu dieser Tafel die näheren Erörterungen finden. Zwar werden die Straßschienen jetzt gewöhnlich in einer einfachen graden und auf der unteren Fläche nicht mehr bauchigen Gestalt angefertigt und angewendet, indeß ist die bauchige Gestrlt absichtlich gewählt, um zu zeigen welche Einrichtungen dazu bei dem Walzwerk getroffen werden müssen.

§. 971.

Da die unter den Luppenwalzen dargestellten Rohschienen noch weit von dem Zustande der Reinheit entfernt sind, in welchem sich das Eisen in den Luppen von der Heerdfrischarbeit befindet, so kann auch das durch das erste Ausschweißen und Ausstrecken der Rohschienen unter dem Grobeisenwalzwerk erhaltene Stabeisen, nicht auf dieselbe Festigkeit und Güte Anspruch machen, welche das aus den Luppen von der Heerdfrischarbeit bereitete Eisen besitzt. Man nennt das durch die einmalige Schweiß- und Streckarbeit aus den Rohschienen erhaltene Stabeisen in England common iron (gewöhnliches Stabeisen) oder Eisen Nr. 1. Die Güte desselben ist nicht allein von der Beschaffenheit des Roheisens und von dem Arbeitsverfahren im Frischofen, sondern besonders auch noch von der Art der Behandlung des von den Luppenwalzen erhaltenen Luppeneisens abhängig. Unter sonst gleichen Umständen wird es von ungleich größerer Güte seyn, wenn die Rohschienen gegerbt und raffinirt, als wenn sie in der Schweißhitze bloß ausgestreckt worden sind (§. 968).

Eisen von besserer Qualität (best-iron) oder Eisen Nr. 2 wird dargestellt, wenn das Eisen Nr. 1 in Gestalt von Flacheisen zerschnitten und in gewissen, jedoch sehr veränderlichen Verhältnissen, mit Rohschienen geschichtet, abermals in der Schweißhitze gegerbt oder raffinirt wird. Das bloße Ausstrecken des Eisens Nr. 1 in einer zweiten Schweißhitze würde die Güte desselben nur unbeträchtlich verbessern. Bei der Bereitung des Eisens Nr. 2 ist es entweder die Absicht, stärkere Eisensorten, aber von vorzüglicherer Beschaffenheit, oder feinere Eisensorten darzustellen. Im ersten Fall ist die Behandlung der Paquete unter dem Walzwerk gerade so wie bei der Bereitung des Eisens Nr. 1 aus den Rohschienen. — Im zweiten Fall werden die Paquete zuerst unter die Vorbereitungswalzen des Grobeisenwalzwerks (Quadratkaliberwalzen) und von diesen sogleich unter die Vorbereitungswalzen (ebenfalls Quadratkaliberwalzen, aber von geringeren Dimensionen) des Feineisenwalzwerks, und von diesen unter die vollendenden Walzen (Flachwalzen) des letzteren gebracht, wenn flache Eisensorten dargestellt werden sollen. Ist es die Absicht, feines Quadrateisen zu bereiten, so erhält dasselbe seine Vollendung schon unter den Vorbereitungswalzen des Feineisenwalzwerks. Weil man indeß die Fabrikation der stärkeren und der feineren Eisensorten gewöhnlich zu trennen pflegt, und weil man die Grob- und Feineisenwalzwerke bei jener Einrichtung zu sehr von einander abhängig machen würde, so hat man auch die Einrichtung getroffen, den Feineisenwalzwerken außer dem Flachkaliberwalzwerksgerüst zwei vorbereitende Walzwerksgerüste zuzutheilen, die Streckwalzen welche die Stelle der vorbereitenden Walzen des Grobeisenwalzwerks vertreten, und die eigentlichen Vorbereitungswalzen. Die Vorbereitungswalzen in zwei Gerüsten zu vertheilen, ist nur aus dem Grunde nothwendig, weil in einen einzigen Walzenkörper die große Menge von Quadratkalibern nicht würde eingedreht werden können, wenn die feinen Eisensorten aus Paqueten angefertigt werden sollen, welche in der Schweißhitze zugleich raffinirt werden. Die Walzgerüste für feinere Eisensorten erfordern auch eine genauere

Stellung, und gestatten eine raschere Arbeit. Wenn die feinen Eisensorten aber nicht aus Paqueten, sondern nur aus Kolben (Quadrateisen) durch eine bloße einfache Streckarbeit dargestellt werden, wie es häufig und fast gewöhnlich der Fall ist, so kann man die Dimensionen des Materials, — des anzuwendenden Quadrateisens, — gleich so wählen, daß es nur eines Paares von vorbereitenden Walzen bedarf. Die durch eine solche Ausstreckarbeit des Eisens Nr. 1, ohne gleichzeitiges Raffiniren des Materials, dargestellten feinen Stabeisensorten, können jedoch eigentlich auf die Benennung von Eisen Nr. 2 nicht Anspruch machen, obgleich sie eine zweite Schweißhitze erhalten haben.

Wird zu besonderen Zwecken Stabeisen von der vorzüglichsten Güte und Festigkeit (Best-best-iron) oder Eisen Nr. 3 verlangt, so wird ein Theil Eisen Nr. 2, welches unter den Flachwalzen zu flachen Stäben ausgestreckt worden ist, zu Platinen zerschnitten, und mit Plattinen von Rohschienen zu Paqueten zusammengesetzt, welche in den Schweißofen gebracht und dann unter den Walzen wie das Eisen Nr. 2 behandelt werden. Das Verhältniß beider Eisensorten richtet sich nach ihrer Beschaffenheit und nach der Güte die das Eisen Nr. 3 erhalten soll, welches indeß immer nur auf besonderes Verlangen angefertigt wird.

Ketteneisen und Seileisen bereitet man in England gewöhnlich durch Schweißen und Ausstrecken von altem Stabeisen und von Stabeisenabfällen. Auch wendet man bei der Bereitung von Eisen Nr. 3, statt des Eisens Nr. 2, wohl überhaupt nur Eisenschienen von anerkannt guter Beschaffenheit, ohne Rücksicht auf ihren Ursprung, an. — Zuweilen unterscheidet man auch durch die Benennungen Eisen Nr. 1 und 2 nur Eisen welches aus weißem Eisen unmittelbar vom Hohofen erfolgt ist, und solches, welches aus gutem Feineisen (§. 948) dargestellt wird.

Die fertigen Eisenstäbe müssen im rothglühenden Zustande auf einer eisernen Platte mittelst eines Hammers noch gerade gerichtet und die beiden Enden verschnitten werden. Das Abschneiden der rohen Enden unter der Scheere wird gewöhnlich erst nach dem Erkalten der Stäbe vorgenommen.

§. 972.

Die Vorzüge der Flammenofenfrischarbeit vor der Heerdfrischerei bestehen darin, daß sie eine durch die Heerdfrischerei nicht zu erreichende große Produktion möglich macht und sogar nothwendig verlangt, wenn sie mit ökonomischen Vortheilen betrieben werden soll, so wie darin, daß durch sie die Brennkräfte der Brennmaterialien vortheilhafter als durch das Heerdfrischen benutzt werden. In der Güte und besonders in der größeren Gleichartigkeit des Produktes, steht die Flammenofenfrischerei der Heerdfrischerei nach, und um eine gleiche Güte des Produktes zu erlangen, ist eine wiederholte Raffinir- und Schweißarbeit erforderlich. Das Roheisen erleidet dadurch bei dem Flammenofenfrischprozeß, wenn untadelhaftes Stabeisen dargestellt werden soll, einen größeren Gewichtsverlust als bei dem Heerdfrischen. Bei beiden Methoden wird die Beschaffenheit des Produktes durch diejenige des Roheisens bestimmt, und dieselbe Verschiedenheit im Eisenverlust welche durch die verschiedenartige Beschaffenheit des Roheisens bei der Heerdfrischarbeit veranlaßt wird, findet auch bei der Heerdfrischerei statt.

Alles bei Holzkohlen erblasene graue Roheisen frischt im Flammenofen leichter als Koaksroheisen. Das graue Roheisen läßt sich niemals ohne gaarende Zusätze verfrischen; der Prozeß ist also immer eine Schlackenfrischerei. Man hat den Gebrauch des Weißeisens bei dem Holzkohlenroheisen schon immer mehr beschränkt, wegen des großen Eisenverlustes der mit der Vorbereitungsarbeit verbunden ist und welcher durch den geringeren Abgang den das Weißeisen im Flammenofen erleidet, nicht wieder gedeckt wird. Immer beschleunigt aber die Anwendung des

Feineisens den Frischprozeß und immer liefert das Feineisen besseres Stabeisen als das graue Roheisen, in so fern nicht bei der Schlackenfrischerei durch eine sorgfältige Schweißarbeit nachgeholfen wird.

Bei gutem grauem Holzkohlenroheisen und bei einem jedesmaligem Einsatz von etwa 370 Pfunden Roheisen in den Flammenofen, können in 24 Stunden füglich 11 Einsätze gemacht werden, aus welchen etwa 88 Procent Rohschienen bei dem Luppenwalzwerk erfolgen. Rechnet man die Woche zu 6 Arbeitstagen, so wird die wöchentliche Produktion eines Flammenofens an Rohschienen etwa 200 Centner seyn. Zu 100 Pfunden Rohschienen kann im mittleren Durchschnitt ein Steinkohlenverbrauch von 1,8 Kubikfuß, oder von 90 bis 100 Pfunden angenommen werden.

Aus 100 Pfunden Rohschienen erfolgen beim Schweißen, Gerben und Ausstrecken unter den Grobeisenwalzen, im mittleren Durchschnitt 85 Pfund Stabeisen Nr. 1. Und um 100 Pfund von diesem Stabeisen darzustellen, werden im Schweißofen fast 1 Kubikfuß oder mindestens 50 Pfund Steinkohlen verbraucht.

100 Pfund gutes graues Holzkohlenroheisen lassen also 74,8 Stabeisen Nr. 1, bei einem Steinkohlenaufwande von etwa 2,8 bis höchstens 3 Kubikfuß, oder von 140 bis 150 Pfd. Steinkohlen erwarten.

Graues Koakroheisen pflegt man für sich allein nicht anzuwenden, weil es einen zu großen Rohgang im Flammenofen veranlaßt. Man bedient sich desselben indeß zuweilen als Zusatz zu weißem Roheisen, obgleich eine solche gleichzeitige Anwendung von grauem und von weißem Roheisen niemals zu empfehlen ist.

Das weiße, unmittelbar im Hohofen dargestellte Roheisen, besonders das bei Holzkohlen erblasene, eignet sich sehr gut zum Verfrischen in Flammenöfen, auch ist davon ein eben so gutes

Produkt als von der Anwendung des grauen Roheisens zu erwarten, wenn die Rohschienen einer sorgfältigen Schweißarbeit unterworfen werden. Die ununterbrochene Darstellung des weißen Roheisens bei Holzkohlen, ist nur unter günstigen Umständen ausführbar: bei den Hohöfen die mit Koaks betrieben werden, ist sie ganz unstatthaft, weshalb weißes, bei mit Erz übersetztem Gange des Hohofens mit Koaks erblasenes Roheisen, nur zufällig einmal bei der Flammenofenfrischerei in Anwendung kommt. Das weiße, ungaare Holzkohlenroheisen wird dagegen häufig angewendet.

Das gaare Roheisen, bei leichtflüssigen Beschickungen im Hohofen erzeugt, welches den Uebergang von dem weißen zum grauen Roheisen macht, ist für die Flammenofenfrischarbeit besonders geeignet, wenn die Vorbereitungsarten durch das Weißmachen des Roheisens umgangen werden sollen. Ein solches, bei Koaks erblasenes Roheisen wird sich mit einem Eisenverlust von 28 bis 30 Procent im Flammenofen verfrischen lassen und sich etwa so verhalten wie das bei Holzkohlen gewonnene graue Roheisen.

Das graue Roheisen von Holzkohlen wird durch Weißmachen in Feineisenfeuern nicht vorbereitet, weil es dadurch an Güte nicht gewinnt und weil man den Eisenverlust vermeidet, indem sich dies Roheisen unmittelbar ziemlich gut im Flammenofen verfrischen läßt. Vortheilhaft würde die Umänderung des grauen in weißes Roheisen vor der Frischarbeit, unbezweifelt dann seyn, wenn eine vortheilhaftere Methode des Weißmachens (§. 953) in Anwendung gebracht würde.

Das graue Koaksroheisen ist dasjenige, bei welchem die Vorbereitung durch Weißmachen in den Feineisenfeuern ausschließlich angewendet wird. Bei gutem Feineisen kann man in 24 Stunden wohl auf 15 bis 16 Einsätze in dem Flammenofen, und bei 6 Arbeitstagen in der Woche auf eine wöchentliche Erzeugung von 280 bis 300 Centner Stabeisen Nr. 1

rechnen. Aus 100 Gewichtstheilen Weißeisen erfolgen durchschnittlich 92 Rohschienen, und aus 100 von diesen Rohschienen etwa 86 Stabeisen Nr. 1, so daß aus 100 Weißeisen etwa 80 Stabeisen Nr. 1 dargestellt werden. Der Kohlenverbrauch im Puddlingofen ist zu 1,5 Kubikfuß, oder zu 75 bis 80 Pfd. für 100 Pfd. Rohschienen, und der im Schweißofen zu 1 Kubikfuß, oder zu etwa 50 Pfd. für 100 Pfd. Stabeisen Nr. 1 anzunehmen; so daß derselbe für 100 Pfd. Stabeisen aus Weißeisen etwa 2,5 Kubikfuß oder 125 bis 130 Pfd. beträgt. Das Eisen ist dabei von besserer Beschaffenheit als das aus grauem Roheisen ohne Vorbereitung gewonnene. — Da das graue Roheisen aber durchschnittlich 12 Procent Gewichtsverlust bei der Feineisenbereitung erleidet; so werden sich aus 100 Gewichtstheilen von grauem Koakroheisen, auf dem Wege der Weißeisenbereitung, nur etwa 70 Stabeisen darstellen lassen, und es tritt dem Steinkohlenverbrauch bei der Frischarbeit noch ein Aufwand von mindestens 1½ Kubikfuß (etwa 50 Pfund) Koaks hinzu, welcher zur Umänderung des grauen Roheisens in Feineisen erforderlich ist. — Es würde daher zu einer wesentlichen Vervollkommnung der Flammenofenfrischarbeit gereichen, wenn ein vortheilhafteres Verfahren bei der Feineisenbereitung, oder bei der Umänderung des grauen in weißes Roheisen eingeführt würde, weil dieser Prozeß, nach den Resultaten die er gewährt, als ein höchst mangelhafter angesehen werden muß.

Wenn das Stabeisen Nr. 1, in Stabeisen Nr. 2, oder dieses in Stabeisen Nr. 3 umgeändert wird, so steigt der Eisenverlust bei der Schweiß- und Raffinir-Operation bis zum völligen Ausstrecken der Stäbe, auf 10, 11 auch wohl 12 Procent, in der Art, daß aus 100 Gewichtstheilen Stabeisen Nr. 1 nur 88 bis 90 Stabeisen Nr. 2 erfolgen. Der Steinkohlenverbrauch im Schweißofen ist zu 0,9 bis 1 Kubikfuß zu 100 Pfd. des erhaltenen Produktes anzunehmen.

§. 973.

Die Schlacke, welche beim Verfrischen in den Puddlingöfen erhalten wird, sollte sich in ihrer Zusammensetzung mehr der Gaarfrischschlacke als der Rohfrischschlacke nähern. Dies ist jedoch nicht der Fall, indem sie gewöhnlich so viel Kieselerde enthält, um mit dem Eisenoxydul ein einfaches Silikat, also eine Rohfrischschlacke zu bilden. Der Heerd, so wie die Umfassungswände des Ofens treten immer so viel Kieselerde an das Eisenoxydul ab, daß daraus die Entstehung der Schlacke erklärbar wird. Bei Heerden, die eine Unterlage von Sand erhalten, nimmt die Schlacke noch mehr Kieselerde auf, als zur Bildung eines einfachen Silikates erforderlich ist. Nicht selten findet sich regelmäßig krystallisirte Schlacke in den Puddlingsöfen, welche dann sehr genau die Zusammensetzung eines einfachen Silikates besitzt. Hr. Ebelmen hat eine solche Schlacke untersucht (Ann. des mines. 3 Série. XIII. 671), welche aus 79 Eisenoxydul (15,7 Sauerstoff) und 30 Kieselerde (15,6 Sauerstoffgehalt) bestand, also genau die Zusammensetzung des Olivin besaß. — Hr. Berthier fand in einer Puddlingfrischschlacke von Dowlais 61,0 Eisenoxydul, 36,8 Kieselerde und 1,5 Thonerde. In einer Schlacke von Firmy wurden 66,5 Eisenoxydul, 31,2 Kieselerde, 0,9 Manganoxydul und 1,7 Phosphorsäure gefunden. Die Puddligfrischschlacke nähert sich also mehr oder weniger dem Zustande des einfachen Silikates.

Auch die Schlacke welche in den Schweißöfen entsteht, nähert sich in ihrer Zusammensetzung der Rohfrischschlacke und enthält oft noch mehr Kieselerde als die Schlacke aus dem Frischofen, weil man sich bei den Schweißöfen des Sandheerdes bedient. Hr. Berthier fand in der Schlacke aus einem Schweißofen zu Dowlais 52 Eisenoxydul, 42,4 Kieselerde und 3,3 Thonerde. Dies ist indeß diejenige Schlacke, welche sich auf dem Heerd des Schweißofens selbst bildet, denn die in den Rohschienen zurückbleibende Schlacke, welche unter den Vorbereitungswalzen des Grobeisenwalzwerks ausgepreßt wird, enthält wenig Kieselerde und ist ganz so wie die am mehrsten gaare Gaarfrischschlacke zusammengesetzt.

§. 974.

Um den Frischprozeß im Flammenofen zu beschleunigen und an Brennmaterial zu ersparen, hat man es nicht bei der schon früher (§. 958) erwähnten Einrichtung des Flammenofens bewenden lassen, sondern man hat auch Oefen mit größeren, — breiteren — Heerden angewendet, welche, statt mit einer, mit zwei einander gegenüberstehenden Arbeitsthüren versehen sind. Solche Oefen werden mit dem doppelten Quantum Roheisen oder Feineisen wie die gewöhnlichen Oefen besetzt und auf jeder Seite des Ofens wird gleichzeitig gearbeitet, weshalb man sie auch Doppelöfen nennt. An Lohn für die Arbeiter wird bei dieser Einrichtung nicht erspart, weil die Oefen auch eine doppelte Anzahl von Arbeitern erfordern, indem die bei den Hülfsarbeitern zur Bedienung des Ofens etwa zu bewirkende Lohnsersparung dadurch wieder absorbirt wird, daß ein Doppelofen niemals so viel leistet als zwei einfache Oefen. Die Vortheile der Doppelöfen würden daher nur in der Verminderung der Baukosten und in der Ersparung an Brennmaterial zu suchen seyn. Dieser letzte Vortheil wird jedoch durch die zu erhitzenden größeren Räume und durch die Verzögerung der Arbeit in den Doppelöfen zum größten Theil wieder absorbirt. Die Ersparung an Baukosten würde daher der eigentliche Vortheil seyn, worauf sich die Anwendung der Doppelöfen beschränkt. Berücksichtigt man indeß, daß die Luppen um so ungleichartiger ausfallen, je größer das Quantum Roheisen ist, welches zu einer jeden Besetzung angewendet wird, so ist darin der Grund zu suchen, weshalb die Doppelöfen wenig in Anwendung kommen. Die Arbeit in den Doppelöfen wird durch die Störungen, welche größere Massen, besonders beim Gaarfrischen, bei dem Zusammenbringen und bei dem Herausnehmen der Luppen veranlassen, so sehr verzögert, daß die Leistungen von 3 Doppelöfen nicht größer sind als die von 4 einfachen Oefen. Auch bei vorkommenden Reparaturen der Oefen und der Essen, wird der Betrieb des Etablissements in einem höheren Grade gestört als bei einfachen Oefen, weshalb den Doppelöfen ein Vorzug vor den einfachen nicht eingeräumt werden kann.

Sogar die Einrichtung des Flammenofenheerdes zum vorläufigen Anwärmen des Roheisens für den nächstfolgenden Einsatz, gewährt nicht ganz die Vortheile, welche man sich davon versprochen hat, weil sich die Wirkung des Brennmaterials über größere Räume verbreiten muß. Die Einschmelzarbeit wird jedoch offenbar dadurch befördert und daher an Zeit gewonnen.

§. 975

Wie bei den Flammenöfen zum Umschmelzen des Roheisens, so hat man auch bei den Frisch- und Schweißöfen, Einrichtungen in Vorschlag gebracht um die kostbaren Essen zu ersparen. Diese Einrichtungen sind entweder Gebläse, durch welche verdichtete Luft, bei ganz geschlossenem Aschenfall, unter den Rost gebracht wird; oder Exhaustoren (Ventilatoren, Ventilatorgebläse), welche die glühenden Gase, nachdem sie im Ofenraum ihre Dienste geleistet haben, aus der niedrigen Abzugsesse ansaugen und in die Atmosphäre senden. Es ist nicht zu bezweifeln, daß sowohl auf die eine als auf die andere Weise eine Esse entbehrlich gemacht werden kann, daß sich, besonders durch einen unter den Rost geführten Windstrom, der Luftzug besser als durch eine Esse reguliren läßt, und daß die strahlende Hitze im Ofen, welche in gewissen Perioden der Frischarbeit besonders benutzt werden muß, ungleich länger durch solche Vorrichtungen als durch eine Esse, in dem Ofen zurückhalten läßt. Dennoch ist bis jetzt von diesen Einrichtungen noch kaum ein Gebrauch gemacht worden, wovon der Grund wohl mehr in der Beibehaltung der vorhandenen und in ihrer Wirkung erprobten Einrichtungen, als darin zu suchen ist, daß die Gebläse, — sie mögen Wind zuführen, oder die glühenden Gase aufsaugen, — bewegende Kräfte erfordern, welche durch die Wirkungsart der Essen entbehrlich sind.

§. 976.

Obgleich die Steinkohle das eigentliche Brennmaterial ist, dessen man sich bei den Puddlings- und Schweiß-Oefen bedient, so macht man doch in Gegenden, welche sich mit Steinkohlen vortheilhaft nicht versorgen können, auch von Holz und Torf Gebrauch. Die Construction der Oefen bei Holzfeuerung ist aus den Zeichnungen Taf. XLV. Fig. 6. 7. zu ersehen. Diese Oefen unterscheiden sich von denen die mit Steinkohlen befeuert werden, nur durch das größere Verhältniß des Rostes zur Heerdfläche und durch ein flacheres Gewölbe. Man hat den Versuch gemacht, den Rost wegzulassen und dem Brennmaterial die Luft durch einzelne Oeffnungen im Niveau der Rostfläche zuzuführen, indem man glaubt, die Luftzuströmung dadurch besser abstimmen zu können. Das Holz wird in einem vollkommen lufttrocknen Zustande angewendet. Von gespaltenem, gutem Fichtenholz sind 9 bis 10 Kubikfuß, oder etwa 220 bis 240 Pfund, zum Frischen, bis zur Darstellung der Rohschienen, für 100 Pfund Luppeneisen, und wenigstens eben so viel zum Schweißen des Luppeneisens, also zur Darstellung von 100 Pfund Stabeisen Nr. 1 erforderlich. Bei den Flammenöfen zum Frischen und Schweißen des Eisens würde sich also der Effekt der Steinkohlen zum Holz, dem Volumen nach mindestens wie 3 : 18, oder wie 1 zu 6, und dem Gewicht nach wie 150 : 450, oder wie 1 zu 3 verhalten.

Die Construction der Oefen bei Torffeuerung ergiebt sich aus den Zeichnungen Taf. XLV. Fig. 8. 9 und 10. 11. Der Torf wird in einem vollkommen lufttrockenen Zustande angewendet und darf nicht zu locker seyn, also nicht aus vielen noch wenig zersetzten Pflanzenfasern bestehen. Man rechnet, daß zu 100 Pfund Stabeisen Nr. 1 gegen 25 Kubikfuß Torf in den Puddling- und Schweißöfen verbraucht werden.

Die Puddlingfrischarbeit bei Braunkohlen hat bis jetzt noch keinen günstigen Erfolg gehabt, vermuthlich weil die lufttrockene Braunkohle noch zu viel Wasser enthält. Gedörrte Braunkohle ist, so viel mir bekannt, noch nicht angewendet worden, obgleich der Anwendbarkeit dieses Brennmaterials nur allein ökonomische Rücksichten entgegenstehen würden.

Die anthracitartige Steinkohle ist zu schwer entzündbar, und brennt mit zu schwacher Flamme, um in gewissen Perioden der Frischarbeit augenblicklich eine starke Hitze hervorbringen zu können, weshalb dies Brennmaterial bei der Puddlingfrischarbeit nicht anwendbar zu seyn scheint (Robin, in den Ann. des mines. 2 Série. VI. 109).

§. 977.

Ein ganz vorzügliches und mit den größten ökonomischen Vortheilen anzuwendendes Brennmaterial bei der Frischarbeit ist das Hohofengas, dessen Anwendung zu diesem Zweck man den Bemühungen des Hrn. Faber du Faur zu Wasseralfingen verdankt. Die aus einer gewissen Höhe im Ofenschacht abgeleiteten und in diesem Zustande mit kohlensaurem Gas am wenigsten verunreinigten glühenden Gase, werden unmittelbar über der Feuerbrücke des Flammenofens auf den Frischheerd geleitet und mittelst erhitzter Gebläseluft, welche erst über der verlängerten Feuerbrücke mit den Ofengasen gemengt wird, entzündet. Das Verhältniß der heißen Luft zu den heißen Ofengasen kann so abgestimmt werden, daß die Flamme reducirende, oxydirende und ganz neutrale Wirkungen hervorzubringen vermag. Dieser Frischprozeß ist offenbar unter allen der vollkommenste. Bei der Neuheit des Gegenstandes, werde ich, aus Rücksichten gegen den höchst verdienten Erfinder, welcher sein Verfahren noch nicht öffentlich bekannt gemacht hat, verhindert, auf ein näheres Detail einzugehen. Die Construction des Flammenofens, der nur einer sehr niedrigen Esse bedarf, ist wesentlich von derjenigen der gewöhnlichen Puddlingöfen nicht abweichend. Hr. Faber du Faur beschränkt die Anwendung der Ofengase aber nicht bloß auf die Benutzung im Frischofen, sondern er bedient sich derselben auch zur Vorbereitung des Roheisens, oder zum Weißmachen desselben in Flammenöfen (§§. 946, 953), so wie zum Raffiniren und Schweißen des Luppeneisens in den Schweißöfen. Es ist sehr wahrscheinlich, daß man bald dahin gelangen wird, solche Brennmaterialien, welche wegen ihrer geringen Brennkraft, oder wegen ihres mechanischen Aggregatzustandes, zur Flammenofenfrischarbeit nicht anwendbar sind, in besonderen Vorrichtungen zu verbrennen, um das dabei erzeugte Kohlenoxydgas zum Weißmachen und Frischen des Roheisens, so wie zu den Schweißarbeiten für das gefrischte Eisen anzuwenden. Es ist sogar sehr wahrscheinlich, daß dies Gas bessere Dienste leisten wird als die Hohofengase, die nicht allein mehr Wasserdämpfe, sondern auch mehr Kohlensäure enthalten, welche theils aus den Erzen, theils aus den Zuschlägen (Kalkstein) entwickelt werden. Ueberhaupt gewährt die Anwendung des Kohlenoxydgases zur Flammenofenfrischarbeit, nach den bis jetzt schon bekannt gewordenen Resultaten, so große Vortheile und trägt zur Verminderung des Eisenverlustes, so wie zur Verbesserung der Beschaffenheit des Eisens so wesentlich bei, daß man sich bald nicht mehr auf die immer nur zufällige Benutzung des aus den Hohöfen zu entnehmenden Kohlenoxydgases beschränken, sondern ganz allgemein den Frischprozeß durch absichtlich erzeugtes Kohlenoxydgas einführen wird. Durch das Verbrennen des Brennmaterials auf dem Rost wird ja auch nur derselbe Zweck, nämlich die Erzeugung des mit Flammen zu Kohlensäure verbrennenden Kohlenoxydgases beabsichtigt; ein Zweck, der sich mit einer vollständigeren Benutzung des Brennmaterials und mit einer leichteren und vollkommneren Anwendung der hervorgebrachten Temperaturen für jede einzelne Periode des Prozesses erreichen lassen wird, wenn man nicht allein die Quantitäten der in einem gewissen Zeitraum zu verbrennenden Gase, sondern auch ihre Verhältnisse und die dadurch sich bestimmenden oxydirenden, reducirenden und neutralen Wirkungen derselben, mit Genauigkeit und mit der größten Zuverlässigkeit zu bestimmen im Stande ist. Diese, mit Gewißheit vorauszusehende Veränderung, welche bei der Flammenofenfrischarbeit eintreten wird, ist nur eine einfache und aus der Methode des Hrn. Faber du Faur von selbst hervorgehende weitere Ausführung seines Verfahrens (§. 747).

Die von Hrn. Faber du Faur mitgetheilten Resultate bestehen darin, daß 100 Theile graues, bei Holzkohlen erblasenes Roheisen, beim Weißmachen im Flammenofen, durch Behandlung mit gaarenden Zuschlägen und durch Zuleitung eines heißen Windstroms auf das eingeschmolzene Eisen, einen Abgang von 2,3 bis 2,5 Procent erleiden. In den Puddlingöfen ist der Abgang vom Weißeisen zum Luppeneisen nicht größer als 0,8 Procent, und der Abgang vom Luppeneisen zu Stabeisen Nr. 1 (welches aber die Güte des Stabeisens Nr. 2 besitzt) im Schweißofen beträgt nur 10 bis 11 Procent. Der ganze Verlust bei der Umänderung des grauen Roheisens zu Stabeisen von vorzüglicher Güte, würde folglich nur 14 bis 15 Procent betragen. Für das Brennmaterial sind keine Kosten zu berechnen, wenn die Gase aus dem Hohofen genommen werden, außer den Kosten welche der Betrieb des Gebläses und die Instandhaltung der Winderhitzungsvorrichtung erfordern, um die zum Verbrennen des Kohlenoxydgases erforderliche heiße Luft herbeizuführen. Wenn Hohofengase nicht benutzt werden können, so würden die Vortheile der Anwendung des absichtlich erzeugten Kohlenoxydgases auch dann noch sehr bedeutend bleiben, wenn zur Erzeugung des Kohlenoxydgases eben so viel Brennmaterial erforderlich seyn sollte, als jetzt bei dem unmittelbaren Verbrennen desselben auf dem Rost des Flammenofens verwendet wird. Sollte also durch die absichtliche Erzeugung und Anwendung des Kohlenoxydgases keine Ersparung an Brennmaterial entstehen, obgleich eine solche allerdings zu erwarten ist; so werden die großen Vortheile der absichtlichen Gaserzeugung für die verschiedenen Operationen der Frischarbeit, immer noch in der Verminderung des Eisenverlustes und in der Gewinnung von vorzüglicherem Eisen bestehen.

§. 978.

Einen allgemeinen Begriff von dem Umfange und von der Einrichtung einer Puddlingfrischhütte giebt die Zeichnung auf Taf. LV., welche den Grundriß der Alvenslebener Frischhütte auf der Königshütte in Oberschlesien darstellt. Dieses Etablissement verfrischt bei Koaks erblasenes graues Roheisen, welches in gewöhnlichen Feineisenheerden weiß gemacht wird. Nach den, auf der Königshütte stattfindenden örtlichen Verhältnissen, befinden sich die Feineisenfeuer nicht in der Frischhütte, sondern in der Nähe der Hohöfen, indem dasselbe Gebläse die Feuer und die Oefen mit Wind versorgt. Die Luppen werden unter dem schweren Hammer gezängt, unter den Luppenwalzen zu Rohschienen ausgestreckt und dann zu Platinen zerschnitten. Diese werden in der Schweißhitze raffinirt und unter dem Grobeisenwalzwerk zu Stabeisen Nr. 1 ausgewalzt. Ob die weitere Verarbeitung des Stabeisens Nr. 1 zu feineren Eisensorten mit einer Raffinirarbeit zu verbinden ist, oder ob sie auf ein bloßes Ausheizen der Quadratstäbe von der Stabeisensorte Nr. 1 beschränkt wird, bleibt von der Beschaffenheit des Materialeisens abhängig. Es ist bei der Anlage der Hütte zugleich berücksichtigt worden, Schienen zu Eisenbahnen und schwere Maschinenbleche anzufertigen.

§. 979.

Ueberall hat die Erfahrung gelehrt, daß das Silicium und der Phosphor, beim Verfrischen des Roheisens und bei der darauf folgenden Raffinirarbeit in Flammenöfen, vollständiger abgesondert werden als bei der Heerdfrischerei. Daraus wird es erklärbar, weshalb aus gutartigem Roheisen, welches sehr wenig Silicium und noch weniger Phosphor enthält, durch den Frischprozeß im Flammenofen ein minder gutes, — nämlich ein ungleichartigeres — Stabeisen erfolgt als durch das Verfrischen in Heerden, in welchen nicht allein der Schwefel vollkommen abgesondert, sondern auch eine gleichartigere Absonderung der Kohle und der übrigen Beimischungen des Eisens bewirkt wird; auch erklärt sich aus jenem Verhalten, warum Roheisen von mittlerer oder geringer Güte, welches viel Silicium und Phosphor enthält, durch das Verfrischen in Flammenöfen ein mittelmäßig gutes Stabeisen liefern kann, wenn durch das Verfrischen in Heerden nur ein sehr brüchiges und schlechtes Stabeisen daraus gewonnen werden würde. Man kann daher mit Recht sagen, daß gutes Eisen durch die Flammenofenfrischarbeit im Vergleich zur Heerdfrischerei an Güte verliert, nicht gutartiges Roheisen aber durch jene Frischmethode verbessert wird. Selbst das Schlackenfrischen, welches am wenigsten geeignet ist, die Güte des Eisens zu verbessern, bewirkt mit geringerem Eisenverlust eine vollkommnere Absonderung des Silicium und des Phosphor als die Heerdfrischarbeit. Es versteht sich übrigens von selbst, daß durch die Flammenofenfrischarbeit, aus vorzüglich gutem Roheisen, eben sowohl als durch die Heerdfrischerei, das vorzüglichste und festeste Stabeisen dargestellt werden kann, daß aber bei jener Verfahrungsart die Gleichartigkeit des Produktes durch wiederholte Schweißarbeiten bewirkt werden muß.

§. 980.

Die Wahl der Frischmethode wird im Allgemeinen durch das zur Disposition stehende Brennmaterial bestimmt, und in der Regel können es nur ökonomische Rücksichten seyn, welche darüber entscheiden. Weil indeß die Methode der Heerdfrischarbeit eine bedeutende und ausgedehnte Eisenfabrikation nicht zuläßt, so hat man selbst in solchen Fällen, wo die Heerdfrischarbeit bei Holzkohlen ein wohlfeileres Produkt liefern würde, als die Anwendung der Steinkohlen, schon angefangen, sich wenigstens theilweise der Steinkohlen zu bedienen, um durch einen geringeren Gewinn bei stärkerer Fabrikation einen größeren Vortheil zu erlangen, als es durch einen größeren Gewinn bei einer beschränkteren Fabrikation geschehen würde. — Ueberhaupt hat man die Eisenbereitung bei Holzkohlen und bei Steinkohlen auf sehr verschiedene Weise mit einander in Verbindung zu setzen gesucht, bald indem man die Holzkohlen zur Darstellung des Roheisens in den Hohöfen benutzt und sich zum Prozeß des Verfrischens ganz oder theilweise der Steinkohlen bedient; bald indem man das Roheisen bei Koaks erzeugt und das Koaksroheisen in Heerden bei Holzkohlen verfrischt, oder auch den Frischprozeß theilweise bei Holzkohlen und theilweise bei Steinkohlen ausführt. Auf solche Weise sind schon jetzt verschiedene Modifikationen des Frischprozesses eingetreten, deren Ausübung zwar größtentheils ökonomische Rücksichten zum Grunde liegen, bei welchen man aber auch theilweise eine größere Güte des Eisens zu bewirken die Absicht gehabt hat. Außer den schon bekannten und in Ausführung gebrachten Modifikationen, lassen sich noch mehre ersinnen, und da sie immer nur Combinationen derselben Verfahrungsarten sind, so können sie insgesammt unter dem allgemeinen Namen der gemischten Frischmethoden hier angeführt werden. Als gemischte Frischmethoden können übrigens diejenigen Verfahrungsarten nicht betrachtet werden, bei welchen man sich eines anderen Brennmaterials als dessen bedient, bei welchem die Erzeugung des Roheisens in den Hohöfen stattgefunden hat. Ob z. B. die deutsche Frischmethode sich des bei Koaks oder bei Holzkohlen erblasenen Roheisens bedient, ist für die Methode ganz gleichgültig. Und eben so wenig kann die Flammenofenfrischmethode aus dem Grunde eine eigenthümliche und besondere Frischmethode genannt werden, wenn sie Holzkohlenroheisen statt des Koaksroheisens anwendet. Die englischen Frischhütten würden dem Holzkohlenroheisen, wenn es dort zu erhalten wäre, ebenfalls den Vorzug vor dem Koaksroheisen geben, ohne daß man veranlaßt wäre, diesem Verfahren einen besonderen Namen beizulegen.

Eine gemischte Frischmethode ist aber die Südwalliser (§. 937), weil bei derselben die Koaks für die Vorbereitungsarbeiten des Roheisens und für das Ausschweißen der gefrischten Masse, und die Holzkohlen für die eigentliche Frischarbeit in Heerden in Anwendung kommen. Ob man sich dabei des bei Koaks oder bei Holzkohlen erblasenen Roheisens bedient, ist an sich gleichgültig. Dieses Frischverfahren wird, weil es sehr zusammengesetzt ist, ohne dabei eine starke Fabrikation im Vergleich zu den erforderlichen Vorrichtungen zu gestatten, nur wenig Anwendung finden und ohne Zweifel nur auf den besonderen Zweck der Darstellung des Materialeisens zu Eisenblechen beschränkt bleiben. Die gerühmte feste, und dabei zackige, nicht sehnige oder fadige Beschaffenheit des Eisens, dürfte weniger eine Folge der Frischarbeit bei Holzkohlen, als des Verfahrens beim Ausschweißen des gaaren Eisens seyn. Die Frischarbeit in den Holzkohlenheerden vertritt, — nicht unwahrscheinlich mit einem sehr günstigen Einfluß auf die Güte des Eisens, — die Stelle der Roh- und Gaarfrischarbeit in den Flammenöfen. Man würde indeß vielleicht ein eben so gutes Produkt erhalten, wenn man den gewöhnlichen Puddlingfrischprozeß mit gutem Feineisen bis zur Beendigung der Gaarfrischarbeit fortsetzte und die gaaren Eisenbrocken in derselben Art ausschweißte und völlig zur Gaare brächte, wie es bei der Südwalliser Methode geschieht.

Das in der Champagne übliche Verfahren, dem man einen besonderen Namen (méthode champenoise) beigelegt hat, weicht von der gewöhnlichen Frischmethode in Flammenöfen nur darin ab, daß die Luppen nicht in Schweißöfen, sondern in Heerden ausgeschweißt werden. Da man sich zu dieser Ausschweißarbeit aber ebenfalls der Steinkohlen bedient, so ist die sogenannte Methode der Champagne nicht einmal eine gemischte Frischmethode zu nennen, sondern sie ist nur eine Modifikation der gewöhnlichen Heerdfrischerei. Die Eisenerze welche in der Champagne verschmolzen werden, enthalten so viel Phosphorsäure, daß sie ein kaltbrüchiges Eisen von sehr mittelmäßiger Güte liefern. Die Verschmelzung findet bei Holzkohlen statt und man richtet den Gang des Ofens so viel als möglich so ein, daß mehr ein weißes übersetztes, als ein halbirtes Roheisen dargestellt wird. Zur Heerdfrischerei würde dies Roheisen bei seinem Phosphorgehalt nicht geeignet seyn, oder wenigstens sehr kaltbrüchiges Eisen liefern. Es wird daher in Flammenöfen verfrischt. Ungeachtet es nicht als graues Roheisen angewendet wird, so besitzt es doch wegen des Phosphorgehaltes eine so große Leicht- und Dünnflüssigkeit, daß eine Weißeisenfrischarbeit dabei nicht stattfinden kann, sondern die Schlackenfrischerei mit starken Zusätzen von Gaarschlacke, von Eisenerzen u. s. f. in Anwendung kommen muß. Die Eigenthümlichkeit der Methode besteht daher nur allein in dem Verfahren beim Ausschweißen und Ausschmieden der Luppen. Diese werden, so wie sie aus dem Frischofen kommen, unter einem 10—11 Centner schweren Hammer gezängt, zu dicken vierkantigen Kolben zusammengeschlagen und in das Wärmfeuer gebracht. Jeder Frischofen ist mit einem Wärmfeuer versehen. Dieses besteht aus einem gewöhnlichen Frischheerd, der mit Steinkohlen angefüllt und oberhalb der Form mit einer horizontal liegenden eisernen gitterförmigen Vorrichtung versehen ist, welche den Kolben als Unterlage dient und auf welcher sie durch die aus dem Heerde sich erhebenden glühenden und brennenden Gase die Schweißhitze erhalten. Das Ausschmieden der Kolben unter dem Hammer geschieht in derselben Art wie bei der deutschen

Frischschmiede, nur mit dem Unterschiede, daß bei dieser auch feinere Eisensorten geschmiedet werden, wogegen bei der Methode der Champagne nur starkes Materialeisen erfolgt. Ein Frischofen und der zu demselben gehörende Frischheerd, sollen wöchentlich gegen 300 Centner Stabeisen in starken Dimensionen liefern; der Eisenverlust in den Frischöfen soll nur 8 bis 10 Procent (?) und der in den Schweißheerden 16 bis 17 Procent betragen. Das Eisen ist von sehr mittelmäßiger Güte, obgleich besser als es bei der Heerdfrischarbeit zu erhalten seyn würde. Es ist nicht wahrscheinlich, daß das Ausschweißen in oder über den Frischheerden, mit einer größeren Kohlenersparung verbunden sey, oder die Erzeugung von besserem Stabeisen zur Folge habe, als das Raffiniren und Ausschweißen in den Schweißöfen, weshalb man auf mehren Etablissements auch schon angefangen hat, sich der Schweißöfen zu bedienen und Walzwerke einzuführen (Coste, in den Annal. des mines. 2 Série. VI. 290).

Die Methode der Champagne wird auf einigen Hüttenwerken im Moseldepartement mit einer Modifikation angewendet, durch welche sie wirklich auf den Namen der gemischten Frischmethode Anspruch machen kann. Die Betriebsverhältnisse sind hier dieselben wie in der Champagne, obgleich zum Theil auch graues Roheisen, bei Holzkohlen mit einem Zusatz von Koaks erblasen, in Anwendung kommt. Der letzte Theil der Frischarbeit, das Ausschweißen und Ausschmieden der Luppen, wird ebenfalls in gewöhnlichen Heerden vor dem Gebläse vorgenommen, aber man wendet dabei Holzkohlen, und nicht Steinkohlen an. Die Absicht bei diesem Verfahren ist eigentlich, sich die Vortheile des Heerdfrischens bei Holzkohlen, hinsichtlich der Güte des darzustellenden Produktes, mit einem möglichst geringen Aufwande von diesem Brennmaterial, anzueignen, und wirklich scheint dies Verfahren wenigstens mehr geeignet zu seyn, die Güte des Eisens zu verbessern, als die eigentliche Methode der

Champagne. Ob es ökonomisch vortheilhafter ist, den Frischprozeß bei Holzkohlen zu beendigen, bleibt dabei von den Preisen des Holzes und der Steinkohlen abhängig. Daß durch die Ausschweißarbeit in Heerden der Eisenverlust vermindert wird, ist sehr wahrscheinlich, obgleich es eben so wahrscheinlich ist, daß ein zweimal wiederholtes Raffiniren bei der Schweißarbeit in Schweißöfen, die Güte des Eisens in einem noch höheren Grade befördern würde. — Eine andere Modifikation dieser Frischarbeit würde darin bestehen, das Frischen im Flammenofen nur bis zum anfangenden Gaarwerden des Eisens fortzusetzen, und das eigentliche Gaarfrischen (statt des Gaaraufbrechens bei der deutschen Heerdfrischerei) und das demnächstige Ausschmieden der Luppe zu Kolben, in Heerden bei Holzkohlen stattfinden zu lassen.

Auch bei der Wallonenschmiede, bei welcher bekanntlich nicht große Luppen, sondern nur kleine Kolben angefertigt und diese in besonderen Holzkohlenheerden ausgeschweißt und ausgeschmiedet werden, hat man schon eine gemischte Frischarbeit in Anwendung gebracht. Im Departement Ille und Vilaine werden die aus dem Wallonenheerd erhaltenen Kolben in Schweißöfen bei Steinkohlen ausgeschweißt und dann unter Hämmern oder Walzen ausgestreckt. Zu Larrau, im Depart. der Nieder-Pyrenäen bedient man sich, in Ermangelung der Steinkohlen, des Holzes und des Torfes zur Feuerung in den Schweißöfen, nnd streckt die vom Wallonenheerd erhaltenen und im Schweißofen schweißwarm gemachten Kolben unter einem Walzwerk zu Kolben aus.

In Schlesien und in einigen östlichen Provinzen der Preuß. Monarchie wird, in gewöhnlichen deutschen Frischheerden, bald das bei Holzkohlen, bald das bei Koaks erblasene Roheisen, bald ein Gemenge von beiden, in der gewöhnlichen Art gefrischt und ausgeschmiedet. Man hat theilweise den Frischprozeß aber in der Art modificirt, daß in den Heerden nur die Frischarbeit bei Holzkohlen bis zum Zertheilen der Luppe zu Kolben vorgenommen wird, und daß die Kolben in den Schweißöfen erhitzt und unter Walzwerken zu den verschiedensten gröberen und feineren Eisensorten ausgestreckt werden. Obgleich die Kolben bei dem Verfrischen in Heerden schon eine so gleichartige Beschaffenheit erhalten haben, daß es in den Schweißöfen einer Raffinirarbeit nicht mehr bedarf, sondern daß die Kolben nur schweißwarm unter dem Grobeisenwalzwerk ausgestreckt werden: so veranlaßt doch dieser combinirte Prozeß noch immer einen größeren Eisenverlust und einen größeren Aufwand an Brennmaterial, als die reine deutsche Heerdfrischarbeit; aber es liegt diesem Verfahren die Absicht zu Grunde, größere Quantitäten Eisen, von gleicher Güte wie in den gewöhnlichen Holzkohlenheerden, und mit Ersatz eines Theils der Holzkohlen durch Steinkohlen anzufertigen. Diese Frischmethode ist gewissermaßen die umgekehrte von derjenigen, deren bei dem Frischverfahren im Moseldepartement gedacht worden ist, indem hier der letzte Theil und in Schlesien der erste Theil der Frischarbeit mit Holzkohlen vorgenommen wird. Bei der in Schlesien angewendeten Methode, werden in den Frischheerden, gegen die gewöhnliche deutsche Heerdfrischerei, etwa 3 bis 4 Procent Eisen, und 4 bis 5 Kubikfuß Holzkohlen für 100 Pfund Kolben weniger verbraucht. Da die deutsche Frischschmiede aber ein fertiges Produkt, und das modificirte Verfahren nur Kolben liefert, welche im Schweißofen und unter Walzwerken zu Stabeisen umgeändert werden, welches ohne einen Eisenverlust von 8 Procent und ohne einen Steinkohlenverbrauch von beinahe 1 Kubikfuß, oder von etwa 50 Pfd. für 100 Pfd. fertiges Stabeisen, nicht geschehen kann; so hat dieser gemischte Frischprozeß einen größeren Eisenverlust von etwa 5 Procent zur Folge und es werden dabei nur 4 bis 5 Kubikfuß Holzkohlen durch einen Kubikfuß Steinkohlen ersetzt. In ökonomischer Rücksicht steht dies Verfahren also gegen den einfachen deutschen Frischprozeß zurück, aber es gestattet eine bedeutende Verstärkung der Produktionsmenge und gewährt daher, bei geringerem Vortheil für eine einzelne Produktionsgröße, doch einen größeren allgemeinen Gewinn. Die Vortheile welche dieser Methode durch die Anwendung eines zweckmäßig vorbereiteten Roheisens (§. 953) noch zu Theil werden könnten, würden nicht der Methode zuzurechnen seyn, sondern in gleicher Art der deutschen Heerdfrischarbeit ebenfalls zu gute kommen.

Coste et Perdonnet, in den Ann. des mines. 2 Série. VI. 29. — Dufrénoy et Elie de Beaumont, ebendas. II. 3. 177.

II. Von der Rennarbeit.

§. 981.

Die Rennarbeit ist der Prozeß, bei welchem aus den Eisenerzen unmittelbar zähes und geschmeidiges Stabeisen dargestellt wird. Dies kann entweder in niedrigen Oefen oder in Heerden geschehen, immer muß aber eine Reduktion des Erzes durch die Kohle vorhergehen, und das ausgebrachte Eisen dann der Einwirkung des Sauerstoffes, sey es des freien und ungebundenen, oder des an dem Eisen in den Erzen gebundenen, ausgesetzt werden.

Die Rennarbeit ist das älteste Verfahren bei der Eisengewinnung; sie findet noch jetzt in manchen Gegenden statt, und würde auch vielleicht nicht überall mit Erfolg durch den doppelten Schmelzprozeß der Roheisenerzeugung und der Frischarbeit ersetzt werden können.

Die Rennarbeit steht in dem Ruf, daß sie vorzüglich reines und zähes Stabeisen liefert. Dies Lob verdient sie auch in der That: theils weil das Eisen einer wiederholten Behandlung vor dem Winde ausgesetzt wird, theils weil die Erze mehr ausgesaigert als ausgeschmolzen werden, wodurch die Bestandtheile der Erze, welche nicht oxydirtes Eisen sind, nicht erst zur

Reduktion gelangen, sondern sich in der niedrigen Temperatur verschlacken, und daher mit dem Eisen nicht in Verbindung treten können. Dagegen hat man es bei der Rennarbeit selten in der Gewalt, mit gleichem Vortheil Stabeisen oder Stahl zu erzeugen, weil man gewöhnlich Beides erhält, und daher dem ausgebrachten Eisen die Härte oft durch wiederholtes Ausschweißen, welches häufig ein Umschmelzen ist, entziehen muß.

Moisson-Desroches, sur le traitement direct des minérais de fer; in den Ann. des mines. 2 Série. VI. 125.

§. 982.

Bei einigen Feuern, in denen Eisenerze zerrennt, oder auf Stabeisen verarbeitet werden, findet dasselbe Verfahren wie bei den niedrigen Oefen statt, indem die Erze ebenfalls mit Kohlen geschichtet niedergeschmolzen werden. Man würde diese Feuer daher richtiger Oefen als Feuer nennen, welches auch an einigen Orten (in Schweden u. s. f.) wirklich geschieht. Ueberhaupt besteht der Unterschied zwischen Oefen und Feuern bei der Rennarbeit nur darin, daß man die Heerde gewöhnlich schon Oefen zu nennen pflegt, bei denen das Erz mit Kohlen geschichtet vor der Form niedergeschmolzen wird, und bei denen die Form eine solche Lage hat, daß ihre Entfernung vom Boden höchstens die Hälfte der Entfernung von der Gicht oder von dem Aufgeberaum beträgt. Schon oben (§. 850) ist der theoretische Grund dieses Unterschiedes zwischen Oefen und Heerden auseinander gesetzt worden.

Bei allen Oefen und Heerden, in denen Eisenerze mit Kohlen geschichtet niedergeschmolzen werden, um auf Stabeisen benutzt zu werden, wird ein weiter Schmelzraum und Wind von geringer Geschwindigkeit erfordert. Nur bei sehr stark geneigten Formen kann der Wind mit mehr Geschwindigkeit in den Heerd gehen.

Die Vorrichtungen zum Zerrennen der Eisenerze nennt man Stücköfen, Blaseöfen oder Luppenfeuer, je nachdem man einen gemauerten Schacht anwendet, in welchem die Schmelzung geschieht, und je nachdem die Entfernung von der Gicht zur Form größer oder geringer ist, als von der Form zum Boden.

1. Die Stückofenwirthschaft.

§. 983.

Der Stücköfen ist schon oben (§. 630) erwähnt, weshalb es hier nur auf die weitere Behandlung des durch die Stückofenarbeit erhaltenen Eisens ankommt. Dies Eisen (Stück oder Gußstück) ist keinesweges ein reines, sondern ein kohlehaltendes Eisen, welches zwischen dem Roheisen und dem Stahl in der Mitte steht, und sich zuweilen sogar dem luckigen Floß nähert, obgleich einzelne Stellen aus vollkommen geschmeidigem Eisen bestehen können. Deshalb muß das zerschrotene Eisen noch einer neuen Umarbeitung vor dem Winde ausgesetzt werden. Wie dies in der Löschfeuerschmiede geschieht, ist schon vorhin (§. 919) bemerkt worden. Diese Art der Benutzung fand aber nicht überall auf dieselbe Weise statt, sondern die zerschrotenen Stücken wurden in Kärnthen und Steyermark sonst einem sehr niedrigen Feuer mit flachem Winde, welches bloß mit Lösche ausgeschlagen war, der sogenannte Halmes oder dem Halbmaaßfeuer, übergeben, und in diesen Feuern mit gaaren Zuschlägen ausgeheizt. Dies Ausheizen war aber mehr ein Schmelzen als ein Wärmen, indem die Stücken mit Zangen eingehalten wurden, und zum großen Theil abschmelzen mußten. Was in der Zange zurückblieb, ward in der Regel als Stahl benutzt und nach den vörgeschriebenen Dimensionen ausgeschmiedet. Was aber abschmolz, frischte sich im Heerde zu einer Luppe an, die ausgebrochen und als Stabeisen angewendet ward.

Es sind in neueren Zeiten Vertheidiger dieses Prozesses aufgetreten, welche zu beweisen gesucht haben, daß diese Stückofenwirthschaft, verbunden mit dem Löschfeuer, weniger Eisenverlust und weniger Kohlenaufwand veranlasse, als das Verschmelzen der Erze in hohen Blauöfen und das Verfrischen des erhaltenen Roheisens in Frischheerden. Obgleich nicht zu läugnen ist, daß durch eine Verbesserung des Stückofenbetriebes, und durch eine zweckmäßige Einrichtung der Löschfeuer, manche Ersparung an Holz und Kohlen möglich gemacht werden kann, so bleibt der Prozeß an sich doch immer sehr mangelhaft und unvollkommen, weil er nur eine äußerst beschränkte Fabrikation zuläßt und daher nur noch in solchen Gegenden ausgeübt werden kann, wo die Anwendung des Eisens zu allen bürgerlichen Gewerben noch keine Ausdehnung und Bedeutsamkeit erlangt hat. Auch ist es, bei der großen Menge von Eisen, welche sowohl beim Schmelzen im Stückofen, als beim Umschmelzen im Löschfeuer verschlackt wird, so wie bei dem großen Zeitaufwand, welcher immer die Größe des Arbeitslohns bestimmt, nicht wahrscheinlich, daß diese Hüttenwirthschaft in ökonomischer Rücksicht dem verbesserten Blauofen- und Frischprozeß vorgezogen werden könne. — Eine solche Vergleichung kann überhaupt nur bei Erzen, die bei der Reduktion wenig Schlacke geben, stattfinden. Erze, die viel Schlacke geben und dabei zugleich strengflüssig sind, lassen sich in Stücköfen nicht verarbeiten, weil die Schlacke auf Kosten des Eisens flüssig gemacht werden muß, dann aber dasselbe so umgiebt, daß es der Einwirkung der Gebläseluft zu sehr entzogen wird, so daß kein Stückeisen, sondern luckiges Floß gebildet wird. Durch öfteres Abstechen der Schlacke läßt sich dem Hinderniß zwar abhelfen, dann wird aber so viel Eisen mit verschlackt, daß die Vergleichung sehr zum Nachtheil der Stück- oder Blaseöfen ausfallen muß.

2. Die Blaseöfen.

§. 984.

Blaseöfen sind eigentlich sehr niedrige Stücköfen, bei denen die gaare Luppe oder das Frischstück oft, wie bei den Feuern oder Heerden, oben aus der Gicht gehoben wird. Eine Eigenthümlichkeit findet bei dem Verfahren des Schmelzens in Blaseöfen nicht statt, sondern der Erfolg hängt von der Stärke des Erzsatzes und von der Windführung ab. Die Beschaffenheit des Eisens ist sehr verschieden, zuweilen ist es sehr gaar und geschmeidig, zuweilen hart und stahlartig, zuweilen spröde und roheisenartig; fast immer sind alle diese Eigenschaften in einer Luppe vereinigt, so daß sie in einer Art von Löschfeuer wieder umgeschmolzen werden muß, wobei ein starker Eisenabgang und ein großer Kohlenaufwand unvermeidlich sind. In Fällen, wo keine eigentliche Umschmelzung stattfindet, muß das erhaltene Frischstück doch so stark ausgeheizt werden, daß es dabei eine Veränderung in seiner Mischung erleidet, weil das bloße Wärmen unzureichend seyn würde.

In den schwedischen und norwegischen Dalorten wird in sogenannten Bauer- oder Blaseöfen auf eine besondere Art geschmolzen, indem das Holz erst vor dem Angange des Schmelzens in dem Ofen selbst verkohlt wird. Man verarbeitet dort Raseneisenstein (unter dem Namen Yrke oder Oerke), welcher vor dem Verschmelzen auf offenen Roststätten in großen Haufen geröstet, gepocht und unter Bedachung bis zur weiteren Verarbeitung aufbewahrt wird. Die Oefen haben einen gemauerten Schacht; auch besteht der Boden aus Sandstein oder Grauwacke. Das Gestell, oder der Raum unter der Form ist 24 Zoll tief, 30 Zoll lang, 18 Zoll breit, und hat eine ovale Gestalt. Der auf diesem Gestell aufgesetzte Schacht erweitert sich kreisförmig immer mehr und mehr, so daß er bei einer Höhe von 7 Fuß, oben auf der Gicht eine Weite von 5 Fuß im Durchmesser erhält. Nicht alle Blaseöfen haben diese Höhe, indem einige nur $3\frac{1}{2}$ bis 4 Fuß hoch sind, alsdann aber auch ein verhältnißmäßig niedriges Gestell erhalten. Bei den niedrigen Blaseöfen wird die geschmolzene Masse mit Zangen oben aus der Gicht gehoben, bei größeren bleibt unten eine Oeffnung zum Ausbrechen des Eisenklumpens, wie bei den Stücköfen. Die Schächte der größeren Oefen umgiebt man zur mehren Haltbarkeit auch wohl mit Erdzimmerung, und bringt eine zur Gicht führende hölzerne Brücke an, um Erz und Holz hinaufzubringen. Zuweilen stehen zwei solche Oefen neben einander, weshalb man Einbläser und Doppelbläser (En-källing, Twåkällingar) unterscheidet.

Der Ofenschacht wird mit fein gespaltenem Holz möglichst dicht angefüllt, so daß die gespaltenen Holzscheite noch etwas über den Gichtkranz hervorragen. Alsdann wird das Holz angezündet, weshalb man beim Anfüllen des Ofens mit Holz auf das Hineinstellen einer Quandelstange bedacht seyn muß. Wenn nach einer halben Stunde die Verkohlung des Holzes größtentheils geschehen ist, wird mit dem Aufgeben des gerösteten Erzes der Anfang gemacht, das Gebläse aber noch immer nicht angelassen. Dies geschieht erst nach dem dritten oder vierten Aufgeben, wobei jedesmal 1 bis $1\frac{1}{2}$ Schaufel dann gesetzt wird, wenn das früher aufgegebene Erz niedergesunken ist. Das Gebläse geht sehr langsam, und die Menge des Erzes, welche von Zeit zu Zeit nachgesetzt wird, bleibt der Beurtheilung des Schmelzers überlassen; er darf aber nie eher Erz aufgeben, als bis das vorher aufgegebene niedergeschmolzen ist. Die Schlacke muß oft abgelassen und die Form beständig rein erhalten werden. Wenn die Eisenmasse bis an die Form in die Höhe zu steigen anfängt, wird mit dem Aufgeben des Erzes eingehalten, der Ofen niedergeblasen und das Eisen ausgebrochen. Dies ist oft mehr Roheisen als gefrischtes Eisen, und bekommt seine Vollendung erst durch Umschmelzen. Jedes Niederblasen nennt man einen Rohgang, und schreitet zum folgenden Rohgange, sobald die Temperatur des Ofens es nur irgend gestattet. Wie höchst unvollkommen diese Methöode ist, leuchtet aus der Beschreibung derselben von selbst ein.

Rinman a. a. O. I. 547—552. — Ole Evenstad's Abh. v. d. Sumpf- und Morasteisensteinen in Norwegen, und von der Methode, solche in sogenannten Bauer- oder Blaseöfen in Eisen und Stahl zu verwandeln. Aus dem Dän. v. Blumhof. — Norberg über die Stürzöfen u. s. f. 28 u. f.

3. Die deutsche Luppenfrischarbeit.

§. 985.

Die deutsche Rennschmiede oder Luppenfrischarbeit ist ebenfalls ein wirkliches Niederschmelzen des Eisenerzes zwischen Kohlen, und unterscheidet sich von der Stückofenschmelzerei nur dadurch, daß die Luppenfeuer keinen gemauerten Schacht über der Form haben. Der Heerd oder das Feuer selbst, ist entweder aus eisernen Platten zusammengesetzt, oder es ist ein gemauerter Kessel, oder irgend ein metallenes oder thönernes Gefäß, welches mit Kohlenlösche ausgeschlagen werden kann, und auf solche Art einen Kohlentigel bildet, in welchem die Schmelzung vorgenommen wird.

Die Tiefe des Heerdes, nämlich die Entfernung der Form vom Boden, ist sehr unbestimmt, und beträgt 12 bis 20 Zoll. Auch der Durchmesser der kesselförmigen Schmelzgrube ist verschieden, und richtet sich theils nach der Beschaffenheit der Erze, theils nach dem Winde, theils nach den Kohlen. Leichtflüssigere Erze, schwerer entzündbare Kohlen und stärkerer Wind verlangen weitere Feuer, weil das Eisen sonst im Zustande des Roheisens niederschmelzen würde. Die Form liegt bei den deutschen Luppenfeuern vollkommen horizontal.

Beim Anlassen des Luppenfeuers wird der Schmelzraum häufig mit Lehm bekleidet, und dann mit Kohlenlösche ausgefüttert. Oft fällt aber auch die Lehmauskleidung weg. Nachdem das Feuer sorgfältig abgewärmt ist, wird es mit neuen Kohlen gefüllt, und dann sucht man zuerst durch sehr leichtflüssiges (oder durch einen Kalkzusatz leichtflüssig gemachtes) Erz, die Wände des eigentlichen Schmelzheerdes aus verkalktem und verschlacktem Erz zu bilden, welches an den aus Lösche bestehenden Wänden des Heerdraums niederschmelzt. Man nennt dies das Ausbrennen des Heerdes, weil der Gestübbeheerd gewissermaaßen ausgebrannt, und durch einen aus reducirten Erztheilen bestehenden Ueberzug ersetzt wird. Das Eingehenlassen der Erze wird an einigen Orten das Zutreiben des Steins genannt. Das Erz wird nämlich schaufelweise auf den über dem Feuer aufgehäuften konischen Kohlenhaufen geworfen, durch welchen es sich nach und nach durchziehen oder durchschmelzen muß. Frisches Erz wird nicht eher aufgegeben, als bis sich die vorige Gicht gesenkt hat. Der Kohlenhaufen wird von Zeit zu Zeit erneuert, bis sich so viel Eisen im Feuer angehäuft hat, daß das Herausnehmen der Luppe nothwendig wird. Die Beschaffenheit des Eisens hängt nun ganz von dem schnelleren oder langsameren Senken des Erzes ab: je schneller man es zum Senken bringt, desto roher wird die Luppe; bei einem zu langsamen Senken wird aber zu viel Erz verbrannt und verschlackt, obgleich die Luppe um so gaarer ausfällt. Dem zu schnellen Senken hilft man durch Verstärkung des Erzsatzes, besonders durch den Zusatz von gaaren Zuschlägen ab. Bei einem zu kalten oder zu langsamen Gange, wobei sich die Luppe häufig an den Seiten anlegt, hat der Arbeiter dahin zu sehen, den Heerd enger auszufüttern und das Gebläse zu verstärken, zugleich aber vom Satz abzubrechen, und nöthigenfalls rohe Schlacke mit aufzugeben. Bei einem sehr matten Gange kann wohl der Fall eintreten, daß man durchaus keine Luppe, sondern bloß gaare Schlacke (Frischlech) erhält, wogegen bei einem zu rohen Gange nur sehr wenig Roheisen und sehr viel mattes Lech oder Rohschlacke entstehen kann. Das richtige Verhältniß des Erzes zu treffen, muß der Arbeiter sich daher sehr angelegen seyn lassen, und die Rohschlacke von Zeit zu Zeit abstechen, aber das Eisen nicht ganz davon entblößen. Wenn der letzte Stein aufgegeben ist, werden die an den Wänden des Schmelzraums etwa angeschmolzenen Stücken abgestoßen und mit niedergeschmolzen.

Das fertige Frischstück wird nach dem Abräumen des Heerdes ausgebrochen, und nach der Beschaffenheit desselben entweder im Löschfeuer umgeschmolzen, wobei es oft noch einen Abgang von 30 Procent erleidet, oder es wird zerhauen und bei der folgenden Luppe mit ausgeschmiedet. Die mehr oder weniger gaare Eigenschaft des Eisens hängt nämlich, wie aus der Beschreibung des Verfahrens hervorgeht, bloß von dem Verhältniß des Erzes zu den Kohlen ab. Ein gewandter Arbeiter kann daher sogleich völlig gaares Eisen darstellen, obgleich das Ausbringen dann weit geringer seyn wird, als wenn nur eine halbgaare Luppe erzeugt wird, welche im Löschfeuer wieder umgeschmolzen werden muß. Gewohnheit und einmal eingeführte Verfahrungsarten entscheiden hierbei, obgleich es in Rücksicht des Kohlenverbrauchs, wenn auch nicht des Eisenausbringens, vortheilhafter seyn wird, die vormalige Schlesische Verfahrungsart zu befolgen, und sogleich völlig gaares Eisen darzustellen, als halbgaare Luppen zu erblasen, welche in einem zweiten Feuer wieder umgeschmolzen werden müssen, wie dies in den Pfälzischen Zerrennheerden geschah.

§. 986

Die eben erwähnte Verfahrungsart wird indeß bei der deutschen Luppenfrischarbeit nicht allgemein angewendet. In einigen Rennheerden — deren Tiefe ebenfalls 12 bis 15 Zoll beträgt — wird das Erz mit den Kohlen geschichtet niedergeschmolzen, wobei man eine sehr stechende Form anwendet. Die Kohlen dürfen (so wie auch bei der vorigen Arbeit) nicht zu groß seyn, damit das Erz nicht durchrollt. Um dieses noch

noch mehr zu verhüten, und die Erzschichten mit den Kohlenschichten zugleich niedergehen zu lassen, werden die Erze mit Wasser befeuchtet, und an anderen Orten wohl sogar mit Wasser zu einer breiartigen Masse gemacht, welche über die Kohlen geschüttet wird. Nach dem Gange des Schmelzens bestimmt sich die Menge des zuzusetzenden Erzes, indem die Kohlengichten immer dieselbe Größe — 3 bis 4 rheinl. Kubikf. — behalten Das Setzen des Erzes fängt erst an, wenn das Feuer abgewärmt und mit frischen Kohlen wieder angefüllt ist. Das Eisen setzt sich als ein Frischstück auf dem Boden, und wird durch einen stark geneigten Windstrom zur Gaare gebracht. Je weniger es zum Gaarwerden geneigt ist, desto öfter muß die Rohschlacke gestochen werden, und desto mehr muß der Arbeiter das Eisen vor den Wind zu bringen suchen.

Diese Art der Luppenschmiederei war vormals in Oberschlesien allgemein eingeführt, ist aber jetzt (seit 1798) durch die Hohöfen gänzlich verdrängt worden. Der Heerd des Luppenfeuers war aus feuerfestem Thon oder aus Ziegeln rund aufgeführt. Alle 6 Stunden war eine Luppe von 1¼ bis 1½ Centner fertig, so daß in 6 Arbeitstagen wöchentlich 30 bis 35 Centner Stabeisen geschmiedet werden konnten. In Ostgallicien findet diese Luppenarbeit noch jetzt statt.

§. 987.

Bei der Vergleichung der deutschen Luppenfrischarbeit mit dem Hohofen- und Verfrischungsprozeß, kommt es vorzüglich auf den Kohlenverbrauch und auf das Ausbringen des Eisens aus den Erzen an. Sehr selten können diese Vergleichungen genau angestellt werden, weil die Verarbeitung von demselben Material vorausgesetzt wird.

Man hat zum Lobe und als einen Vorzug der Luppenfeuer angeführt, daß die Kosten der Anlage unbedeutend wären, in Vergleich mit den Anlagekosten eines Hohofens und der dazu gehörigen Frischfeuer. Dies ist allerdings gegründet, besonders wenn die Produktion der Frischfeuer die der Luppenfeuer nicht sehr übertrifft, um durch einen Gewinn an Zeit, die Anlagekosten, bei einem gleich starken Materialverbrauch für beide Methoden, wieder bezahlt zu erhalten. Bei der gewöhnlichen deutschen Frischmethode ist dies aber sehr wenig der Fall, und die ganze Vergleichung muß daher auf den Materialienverbrauch bei beiden Methoden beschränkt werden.

In Oberschlesien sind Tarnowitzer Erze (mit sehr viel Kieselthon gemengte Braun-Eisensteine) verluppt worden, und eben diese Erze werden noch jetzt in Hohöfen verschmolzen. Im Luppenfeuer verbrauchte man zu $1\frac{1}{2}$ Centner Preuß. Stabeisen 90 Kubikf. Preuß. Holzkohlen, also zu 1 Centner Stabeisen 60 Kubikf. Kohlen, und erzeugte im großen Durchschnitt aus 8 Centner Erz einen Centner Stabeisen, hatte also ein Ausbringen von $12\frac{1}{2}$ Procent Stabeisen aus den Erzen.

Nach mehren Durchschnitten werden aus jenen Erzen zur Darstellung von 1 Ctr. Roheisen 16,74 Kubikf. Preuß. Kohlen erfordert. Rechnet man dazu $\frac{2}{7}$, als den gewöhnlichen Abgang, den das Roheisen beim Verfrischen erleidet, so sind zu 1 Ctr. Stabeisen $1\frac{2}{5}$ Ctr. Roheisen erforderlich und man erhält daher $16{,}74 + \frac{16{,}74 . 2}{5} = 23{,}44$ rheinl. Kubikf. Holzkohlen, als den Bedarf zu so viel Roheisen, als zu 1 Centner Stabeisen erforderlich ist. Der Kohlenverbrauch im Frischfeuer beträgt zu 1 Centner Stabeisen höchstens 22,9 rheinl. Kubikfuß, folglich würden zu 1 Centner Stabeisen auf dem Wege der Roheisenerzeugung und Verfrischung $23{,}44 + 22{,}9 = 46{,}34$ rheinl. Kubikf. Holzkohlen, bei den Tarnowitzer Oberschlesischen Erzen erforderlich seyn. — Das mittlere Roheisenausbringen aus den Tarnowitzer Erzen ist 24 Procent, und da das Roheisen beim Verfrischen einen Abgang von $\frac{2}{7}$ erleidet, so würde das Stabeisenausbringen auf dem Wege der Roheisenerzeugung noch immer über 17 Procent betragen.

Aus dieser Vergleichung beider Methoden geht also hervor, daß die Luppenfeuer weit unvortheilhafter arbeiten, indem sie 4½ Procent Stabeisen weniger aus den Erzen geben, und zu jedem Centner Stabeisen 13,66 Kubikfuß Holzkohlen mehr verbrauchen. Es ist indeß nicht unwahrscheinlich, daß bei reicheren Erzen das Verhältniß für die Luppenfeuer günstiger ausfällt.

v. Voith, über die Oberpfälzischen Zerrennheerde oder Luppenfeuer in Rücksicht der Hüttenwirthschaft; im Neuen bergmännischen Journal. II. 357 u. f. — Norberg a. a. O. 28. — Rinman a. a. O. I. 533 u. f.

4. Die französische Luppenfrischarbeit.

§. 988.

Abweichend von der deutschen ist die französische Luppenfrischarbeit, die in der Hauptsache darin besteht, daß die Erze unter einer Decke von Kohlenstaub zuerst stark gebraten und dabei schon reducirt werden, ehe sie zum Schmelzen kommen. Das Braten geht dem Schmelzen voran, indeß folgt das letztere unmittelbar nach dem Braten der Erze, und diese werden nicht vorher wieder aus dem Feuer genommen. Die Erze (Spatheisenstein) haben aber schon vorher, ehe sie an die Luppenfeuer abgegeben werden, die gewöhnliche Vorbereitung durch das Rösten erhalten. Das Rösten geschieht gewöhnlich in Stadeln (in runden, von einer Mauer umgebenen Räumen). — Diese Frischmethode findet vorzüglich in den Pyrenäenländern statt, woselbst man sich in den verschiedenen Provinzen größerer und kleinerer Feuer bedient. Die Heerde oder die eigentlichen Schmelzräume werden aus steinernen Platten, wozu in der Regel Glimmerschiefer genommen wird, zusammengesetzt; häufig bedient man sich aber auch, wenigstens auf der Form- und auf der Windseite, gegossener eiserner Platten. Der Sohlstein ist zuweilen ein eiserner Boden, zuweilen eine steinerne Platte.

Die kleinsten Feuer, welche man die Katalonischen nennt, welche in der Mitte der Pyrenäenländer und in den östlichen Theilen derselben gebräuchlich sind, sind 20 Zoll lang und breit, und 16 Zoll tief; die Form steht etwa 9 Zoll über dem Boden. Die Zeichnungen Taf. XLV. Fig. 12—16. stellen ein Katalonisches Rennfeuer und die Dispositionen, welche bei deren Anlage gewöhnlich getroffen werden, dar.

Im französischen und spanischen Navarra und in Guipuscoa sind die Feuer etwas größer. Man nennt sie Navarrische Luppenfeuer. Ihre Länge beträgt 30 Zoll, die Breite 23 bis 24 Zoll, und die Tiefe ebenfalls 24 Zoll. Die Form steht 14 bis 16 Zoll über dem Boden.

Die Biscayischen Feuer, welche in Biscaya und in einem großen Theile von Navarra angewendet werden, sind die größten, indem sie eine Länge von 40 Zoll, eine Breite von 30 bis 32 Zoll, und eine Tiefe von 27 Zoll haben. Die Form befindet sich 16 Zoll über dem Boden des Feuers.

Alle diese Feuer sind bloß in ihren Dimensionen verschieden, und müssen daher um so größere Gebläse haben, je größer sie selbst sind. Das Verfahren bei der Arbeit ist ganz dasselbe.

In den katalonischen Feuern werden zu einem Schmelzen 3 bis 4 Preuß. Centner Erze genommen. Die Navarrischen Feuer verarbeiten 5 bis 6 Centner, und die Biscayischen 7 bis 8 Centner vorher aufs beste gerösteter Erze. Oft werden die gerösteten Erze vor der Verarbeitung mehre Monate lang der Witterung ausgesetzt, auf einem freien Platze ausgebreitet, von Zeit zu Zeit mit Wasser begossen und umgewendet, damit die aus dem Schwefelkies der Erze gebildete Säure auswittert und ausgewaschen werde.

Die Form hat bei den französischen Rennheerden eine so starke Neigung, daß der Windstrom fast die Mitte des Bodens trifft.

Peirouse, Muthuon, Gueymard, Combes, Marrot, François, und besonders Richard, haben die Rennarbeit sehr genau beschrieben; sie stimmen im Wesentlichen überein. Wenn mit der Schmelzung angefangen werden soll, muß der Heerd mit feuchter Kohlenlösche einige Zoll stark ausgefüttert und dann bis über der Form ganz mit Kohle angefüllt werden. Das zu einer Luppe bestimmte geröstete Erz wird herbeigebracht; es besteht aus $\frac{2}{3}$ gröberen Erzstücken und $\frac{1}{3}$ Erzstaub, welcher durch ein nicht zu feines Sieb gegangen ist. Das feine Erz wird erst beim Schmelzen selbst zugesetzt, das gröbere aber sogleich in den Heerd gebracht. Es werden nämlich $\frac{2}{3}$, auch wohl die Hälfte von der Breite des Heerdes mit Kohlen, und das dritte Drittel oder die andere Hälfte, und zwar der Theil des Heerdes, welcher zunächst der Gichtseite befindlich ist, mit dem gröberen Erz angefüllt, bis das Erz im Heerde einer Mauer gleich aufgeführt ist, worauf es mit Kohlen und dann mit einem Gemenge von Kohlenstaub und von angefeuchtetem, durchgesiebtem Erzstaub bedeckt wird. Diese Mauer geht oben in einer Schärfe zu, so daß eine ihrer Böschungsebenen gegen die Windseite, die andere gegen die Form geneigt ist. Ihre größte Höhe ist an der Rückseite; ihre kleinste bei der Schlackenplatte. Der Raum zwischen der Erzmauer und der Form ist also nur mit Kohlen ausgefüllt, welche die zum Reduciren und Schmelzen erforderliche Hitze hergeben müssen; auch werden hier die Schirbel oder Kolben von der vorigen Luppe vor der Form zum Ausschmieden gewärmt. Die Erzmauer darf sich nicht verrücken, und wird daher mit angefeuchteter Kohlenlösche unterstützt. Jedesmal wenn die Flamme oben durch den Erzhaufen durchbrennen will, wird frischer, angefeuchteter und durchgesiebter Erzstaub aufgetragen, um die Hitze mehr im unteren Theile des Heerdes zu concentriren und das zu schnelle Niedergehen der Erzmauer zu verhindern. Das Gebläse muß in den ersten zwei Stunden sehr schwach gehen, wobei mit einem Eisen immer in dem Kohlenschacht gerührt wird, damit die Kohlen die Lücken wieder ausfüllen, die beim Verbrennen entstehen, und dadurch zugleich das Herunterfallen des Erzes verhindern, welches noch nicht geschmolzen, sondern nur reducirt werden soll. Schwacher Wind ist auch deshalb nothwendig, damit die Schmelzung nicht zu früh eintritt, und nur glühende Kohlen, aber kein Wind, mit dem Erz in Berührung kommen.

Etwa nach 2 Stunden fängt man an, mit vollem Winde zu arbeiten. Man sticht vorher die im Heerd befindliche flüssige Schlacke ab, welche dem in das Feuer gebrachten Erzstaub vorzüglich ihre Entstehung verdankt, und sucht, sobald die Schlacke abgelaufen ist, das Erz dadurch näher gegen die Form zu rücken, daß eine Brechstange zwischen dem Erzhaufen und der Gichtwand niedergestoßen, und mittelst derselben die ganze Erzmasse der Form genähert wird. Alsdann wird das untere, musig gewordene Erz allmählig losgebrochen und gegen die Form gebracht, wodurch das obere Erz, ohne herabzurollen, nach und nach zum Niedersenken veranlaßt wird. Diese Arbeit geht langsam, und wird so lange fortgesetzt, bis alles Erz niedergegangen ist. So oft im Lauf des Prozesses das Erz näher an die Form gerückt wird, muß jedesmal vorher nach der Schlacke gestochen werden, welches außerdem auch dann geschieht, wenn sich viel flüssige Schlacke im Heerde anhäuft, welche die Einwirkung des Windes auf das reducirte Erz verhindern würde. Das Anrücken des Erzes gegen die Form richtet sich nach der Beschaffenheit der Schlacke im Heerde. Je flüssiger sie ist, desto mehr hält man das Erz von der Form entfernt, und umgekehrt. Ist sie zu steif, so bringt man noch wohl etwas Erzstaub ins Feuer, aber ungleich weniger als zu Anfang der Arbeit. Das Feuer wird während dieser Arbeiten immer voll Kohlen gehalten. Das Stauberz dient weniger dazu, das Schmelzprodukt zu vermehren, sondern es soll vorzüglich der

Schlacke die gehörige Beschaffenheit geben. Mit dem Setzen des Stauberzes wird schon in der ersten Viertelstunde nach dem Angange des Schmelzens der Anfang gemacht, weshalb dasselbe auch schon verbraucht ist, wenn noch nicht zum Anrücken des gröberen Erzes gegen die Form geschritten worden ist. Bei stärkerem Winde und härteren Kohlen wird weniger Stauberz verbraucht, und umgekehrt.

Wann es die rechte Zeit ist, das Schmelzen der Erzmauer vorzunehmen, ergiebt sich aus dem musigen Zustande des Erzes selbst, der zuerst unten im Heerde anfängt. Der Kohlenschacht muß dann nur immer voll Kohlen gehalten, und das Umfallen der Erzwand dadurch verhindert werden. Von dieser wird, wie bereits bemerkt, so oft sie der Form näher gerückt und vorher die Schlacke abgelassen worden ist, nur der untere musig gewordene Theil mit der Brechstange abgestoßen und vor den Wind geführt, welche Arbeit nicht übereilt und erzwungen werden muß. Sobald die ganze Erzmauer niedergeschmolzen ist, werden alle im Heerd zerstreuten Erztheile noch zusammengebracht und dem Winde ausgesetzt, alsdann das Gebläse in Stillstand gesetzt und die Luppe ausgebrochen. Diese wird unter dem Hammer zerschroten, und die Schirbel werden beim nächsten Schmelzen ausgeheizt und ausgeschmiedet.

Die Arbeit in den Luppenfeuern zerfällt folglich in zwei Theile. In der ersten Periode, die 1½ bis 2 Stunden dauert, wird das oxydirte Eisen im Erz reducirt; in der zweiten Periode wird das reducirte Erz geschmolzen. Dies kann aber bei der Temperatur im Heerde nur dadurch geschehen, daß sich Silikate und zum Theil Subsilikate bilden, an deren Zusammensetzung das oxydirte Eisen einen großen Antheil nehmen muß, weil die Schlacke sonst nicht flüssig genug seyn und sich nicht von dem Eisen scheiden würde.

Bei der ersten Reduktion des Erzes nimmt das dem Kohlenhaufen zunächst liegende reducirte Eisen im Erz auch schon wirklich etwas Kohle auf und wird stahlartig. Dies Kohleeisen wird dann theils durch den Windstrom aus dem Gebläse, theils durch die Einwirkung des Erzstaubes oder auch des noch nicht zur Reduktion gelangten Erzes, wieder zersetzt

Hr. Berthier hat verschiedene Luppenschlacken analysirt und dabei gefunden, daß sie größtentheils Gemenge von Silikaten und Subsilikaten sind, sich jedoch dem Silikatzustande am mehrsten nähern, folglich mit den Rohfrischschlacken am mehrsten übereinstimmen. Dies ist also dieselbe Zusammensetzung, welche auch die Schlacke zeigt, die in den Stücköfen erhalten wird. Die von Hrn. Combes analysirte Luppenschlacke enthält in 100 Theilen:

Kieselerde	26,4
Manganoxydul	11,6
Kalkerde	16,2
Bittererde	1,8
Eisenoxydul	42,4
Thonerde	Spur
	98,4.

Hr. Berthier hat die Analyse von zwei Schlacken mitgetheilt, von denen die erste zu Anfange und die zweite in der Mitte der Operation gefallen ist (Ann. des mines. 3 Série. III. 512):

Kieselerde	31,1	28,7
Manganoxydul	27,4	0,8
Kalkerde	3,2	2,6
Bittererde	2,4	0,2
Eisenoxydul	31,4	63,6
Thonerde	3,6	6,0
	99,1	97,5.

Hr. Richard hat als eine mittlere Zusammensetzung aller bei dem Prozeß fallenden Schlacken, die folgende angegeben:

Kieselerde	33,542
Manganoxydul	12,310
Kalkerde	8,541
Bittererde	1,321
Eisenoxydul (nebst regulinischen Eisenkörnern)	41,771
Thonerde	1,905.

Ein Luppenfeuer ist mit 8 Arbeitern, einem Heerdmeister (Foyer), einem Hammermeister (Maillet), zwei Schmelzern (Escolas), zwei Gehülfen (Miaillous) und zwei Erzpochern (Pique-mines) besetzt. Kleinere Feuer haben nur eine Besetzung von 6 Arbeitern, einem Meister (Heerd- und Hammermeister), zwei Schmelzern, zwei Schmieden und einem Erzpocher. — Die Erze werden etwa zu 33 Procent ausgebracht, so daß man alle 4 bis 6 Stunden (denn so lange dauert jede Schmelzung, je nachdem kleinere oder größere Heerde angewendet werden) 1 bis 3 Centner Stabeisen erzeugen, und in den größeren Feuern wöchentlich 70 bis 80 Centner Stabeisen darstellen kann.

Das Eisen soll von vorzüglicher Güte seyn, indeß ist es gewöhnlich in der Mitte der Luppe am weichsten, und an den Oberflächen hart und stahlartig. Wenn der Schmelzer überhaupt Stahl machen soll, so wird er, nach Peirouse und Combes, weniger Stauberz über die Kohlen schütten (also das gebildete Kohleeisen weniger durch oxydirtes Eisen zersetzen), das Erz häufiger und mit weniger Gewalt gegen die Form stoßen (also die Schmelzung befördern, ohne das reducirte Erz lange dem Winde auszusetzen), weniger Erz aufgeben (damit sich das Eisen beim Reduciren, vor dem Schmelzen, mit Kohle verbindet), die Schlacke öfter abstechen (um das völlige Gaaren durch die Gaarschlacke zu verhindern), und vor allen Dingen mehr Zeit auf Verfertigung der Masse anwenden, um das Eisen nicht mit Schlacke, sondern mit Kohlen möglichst lange vor dem Winde zu cementiren. Der Form giebt man übrigens, wenn man Stahl machen will, eine fast noch größere Neigung in den Heerd als beim Bereiten des Stabeisens.

Die Herren Peirouse, du Coudray und Muthuon geben der französischen Luppenfeuerarbeit vor dem Verschmelzen der Erze in Hohöfen und vor dem Verfrischen des Roheisens, nicht allein deshalb den Vorzug, weil man durch die Luppenarbeit ein besseres Stabeisen erhält, sondern auch weil man dabei sehr bedeutend an Kohlen gewinnen soll. Daß das Eisen von vorzüglicher Güte ausfallen kann, ist keinem Zweifel unterworfen, weil die Reduktion des Eisens vollständig erfolgt ist, ehe das Erz flüssig ward, und weil die Verschlackung der übrigen Bestandtheile des Erzes, welche in jener Temperatur noch nicht zur Reduktion gelangen, sogar durch das sich beim Schmelzen wieder bildende Eisenoxydul bewirkt werden muß. Deshalb wird auch überhaupt bei allen denjenigen Prozessen zur Darstellung des Eisens, welche in den niedrigsten Temperaturen geschehen und bei welchen selbst das Eisenoxyd nicht einmal vollständig reducirt wird, auch ein großer Theil des reducirten wieder verschlackt werden muß, das festeste und beste Eisen erzeugt werden.

Eine Vergleichung des Eisenausbringens aus den Erzen und des Kohlenverbrauchs zu dem erzeugten Stabeisen, bei der französischen Luppenfeuerarbeit, mit dem Ausbringen und dem Kohlenverbrauch beim Hohofenbetrieb und Frischfeuerprozeß, ist deshalb schwierig, weil der Gehalt der Erze unbestimmt angegeben ist. Ein großer Eisenverlust beim Luppenfeuerbetriebe ist aber nicht zu bezweifeln, indem derselbe schon aus der Menge der entstehenden Schlacke und aus der Zusammensetzung derselben hervorgeht. Den Kohlenaufwand giebt Hr. du Coudray höchstens zu $3\frac{1}{3}$ Pfd. Kohlen aus hartem Holz auf 1 Pfd. Stabeisen an; dieser Angabe sind die Herren Peirouse und Muthuon gefolgt, und Hr. Richard hat sie bestätigt. — Bei weit ärmeren Erzen waren bei dem vereinigten Hohofen-

und Frischhüttenbetrieb nach der oben (§. 987) gegebenen Ausmittelung 46½ Preuß. Kubikf. Kohlen zu 110 Preuß. Pfunden Stabeisen erforderlich. Nimmt man an, daß diese zum Theil aus Kiefern-, zum Theil aus Fichtenkohlen bestanden, so wird der Kubikfuß höchstens 10 Preuß. Pfund wiegen, folglich würden zu 1 Pfund Eisen 4 Pfund Kohlen nöthig seyn. Dieser Kohlenverbrauch, welcher bei Erzen stattfindet, welche im Hohofen nur zu 24 Procent Roheisen ausgebracht werden, wird sich bei Erzen, welche in Luppenfeuern 33 Procent Stabeisen geben, gewiß so bedeutend vermindern, daß sich eine Kohlenersparung für den Hohofen- und Frischhüttenbetrieb ergeben dürfte.

Man hat wiederholte Versuche gemacht, Koaks statt der Holzkohlen beim Luppenfrischen anzuwenden, allein das Feuer ist dabei entweder zu kalt geblieben, oder zu heiß geworden. Sehr viel, aber nicht zu sehr gepreßter Wind würde vielleicht zum Zweck führen, obgleich der Aschegehalt der Steinkohlen, dessen Bestandtheil größtentheils Kieselerde und Thonerde ist, immer zu einem großen Eisenverlust Veranlassung geben wird.

Tronson du Coudray, Beschreibung der Eisenmanipulation auf der Insel Corsika; a. d. Franz. v. Wille. — Peirouse, Abhandl. über die Eisenbergwerke u. Eisenhütten in der Grafschaft Foir. A. d. Franz. v. D. L. G. Karsten. — Rinman a. a. O. I. 543 u. f. — Muthuon, traité des forges dites catalanes etc. Turin 1808. — Bemerkungen über einige Katalonische Feuer in den Departements du Lot und du Tarn befinden sich im Journ. des mines No. 11. (p. 1.) 127. (p. 12.) 129. (p. 241.) 151. (p. 7.) 159. (p. 181.). — Ueber die Anwendung der Koaks beim Katalonischen Frischprozeß ist nachzusehen Journ. des mines. No. 110. 115. — Mémoire sur les forges catalanes de Pinsot, situées dans l'arrondissement de Grenoble. Par E. Gueymard. Annales des mines. I. 385—397. — Berthier, Untersuchung der Erze, welche in den Luppenfeuern von des Arques verarbeitet und der Schlacken, welche dabei erzeugt werden. Archiv f. Bergbau VII. 323 u. f. —

Derselbe, über die Natur der Luppenschlacken und der Eisenfrischschlacken. Ebend. 356. — Combes, über die Catalonischen Frischhütten zu Gincla und Sahorre. Ebend. IX. 465. — Marrot, sur le traitement de fer dans les forges catalanes du Départ de l'Ariége; in den Annales des mines. 3 Série. VIII. 461. — François, sur l'élaboration du minerai de fer dans le traitement à la catalane. Ebendas. XIII. 535. und XIV. 95. 425. -- T. Richard, études sur l'art d'extraire immédiatement le fer de ses minerais, sans convertir le metal en fonte. Paris 1838.

5. Die italienische Luppenfrischarbeit.

§. 989.

Mit der französischen Luppenfrischarbeit stimmt eine andere Rennarbeit, welche auf der Insel Korsika, zum Theil auch in Italien ausgeübt wird, ziemlich überein, indem bei der italienischen Luppenfrischarbeit das Erz vorher ebenfalls gebraten oder vielmehr reducirt, dann aber aus dem Feuer genommen und wieder eingeschmolzen wird. Jedesmal wird so viel Erz reducirt, als zum viermaligen Schmelzen oder Frischen erforderlich ist, so daß diese vier Schmelzungen und die vorhergehende erste Reductionsarbeit jedesmal ein Tagewerk ausmachen. Die Arbeiten des Reducirens und Schmelzens, welche bei der französischen Luppenarbeit unmittelbar nach einander folgten, sind bei der italienischen Luppenarbeit in zwei Abtheilungen gebracht, wodurch Kohlen- und Zeitaufwand vergrößert werden, weshalb die französische Luppenarbeit vor der italienischen den Vorzug verdient. In 24 Stunden werden 7 bis 8 Centner Erze (Eisenglanz von Elba) geröstet, gepocht, gebraten und geschmolzen. Das erste Rösten, durch welches nur ein Mürbebrennen des Erzes bezweckt wird, geschieht nämlich gelegentlich beim Braten der Erze, und die gerösteten Erze werden alsdann für den folgenden Tag gepocht, um dann gebraten und geschmolzen zu werden.

Der Heerd besteht aus einer mit Gestübbe ausgeschlagenen und ganz flachen, höchstens 7 Zoll tiefen, halbkreisförmigen gemauerten Grube. Der Mittelpunkt dieses Halbkreises ist die Form, und der Halbmesser desselben 15 Zoll lang. Beim Anfange der Arbeit wird die Grube einige Zoll hoch mit gewaschener reiner Kohlenlösche angefüllt, so daß die Form etwa 4 Zoll vom Boden entfernt bleibt. Alsdann legt man, in einer Entfernung von 5 Zoll von der Form, eine Schicht von 4 bis 5 Zoll langen Stücken Holzkohlen, als von der Form ausgehende Strahlen, rings um dieselbe; unmittelbar hinter dieser Schicht kommt eine mehre Zoll breite Schicht von schon geröstetem und gepochtem Erz, und dann folgt eine etwa 4 Zoll starke Schicht von Kohlenlösche, welche durch eine äußere Mauer von ungerösteten Erzstücken, deren Zwischenräume statt des Mörtels mit Kohlenlösche ausgefüllt sind, eingefaßt wird, um der Schicht von Kohlenlösche Haltbarkeit zu verschaffen. Die Zeichnungen Taf. XLVI. Fig. 1 — 4. geben eine bildliche Darstellung von einem Korsikanischen Luppenfeuer. Auf die angegebene Art werden mehre solche horizontale, neben einander liegende Schichten von Kohlen, zunächst bei der Form, dann von gepochtem Erz, von Kohlenlösche und außerhalb von rohen Eisenerzen senkrecht über einander aufgeführt, so daß das ganze Gemäuer das Ansehen eines kleinen Ofens erhält, der etwa 3 Fuß hoch wird. Die Form bleibt frei, und ist gegen die Querschnitte der Kohlen der inneren Kohlenmauer gerichtet. Dieser Kohlenzirkel besteht aus Kohlen aus Kastanienholz, und man zieht die schon gebrauchten und durch Begießen mit Wasser schwer zerstörbaren Kohlen den frischen vor. Die Zwischenräume des Kohlenschachtes werden mit Lösche ausgefüllt, damit kein unzerlegter Windstrom zum Erzschacht gelangt. Durch den engen leeren Schacht, welcher zwischen der Formwand und der der Form zugekehrten Fläche des Kohlenschachts übrig bleibt, werden glühende Kohlen auf den Boden des Feuers gebracht, und dann der ganze Schacht mit Kohlen angefüllt, worauf das Gebläse langsam angelassen wird. Die in dem innersten Schacht niederbrennenden Kohlen werden sorgfältig niedergestoßen und immer durch frische ersetzt, damit der vor dem Erz liegende Kohlenschacht nicht verletzt wird. Nach einer halben Stunde ist das gepochte Erz so zusammengesintert, daß es wie eine Mauer von selbst steht; indeß ist noch immer große Vorsicht nöthig, um den Kohlenschacht nicht zu verletzen, weil von seiner Erhaltung der gute Gang der Reductionsarbeit abhängt, weshalb das Niederstoßen und Nachfüllen der Brennkohlen in dem inneren Schacht mit Sorgfalt geschehen muß. Wenn der Arbeiter nach 3 bis 4 Stunden glaubt, daß die Erze gehörig reducirt sind, wird die äußere aus den rohen Erzen bestehende Mauer eingerissen, und dies nun geröstete Erz für die künftige Reducirarbeit gepocht. Alsdann wird die äußere Kohlenlösche weggeräumt, das Gebläse in Stillstand gesetzt, der innere Kohlenschacht, welcher noch ganz unverletzt seyn muß, ausgerissen, die glühenden Kohlen werden mit Wasser gelöscht, und das reducirte Erz, welches aus reducirtem Eisen und aus Schlackentheilen besteht, auf der Hüttensohle ausgebreitet und ebenfalls mit Wasser gelöscht.

Nach dieser Reducirarbeit schreitet man zum eigentlichen Schmelzen der reducirten Erze, oder zur Anfertigung des Frischstücks. Der Heerd wird gereinigt, mit Lösche umschüttet, und bis zu einer Höhe von 18 Zoll über der Form mit frischen Kohlen angefüllt. Auf diesen Kohlenhaufen legt man der Form gegenüber einige reducirte Erzklumpen und läßt das Gebläse an. So wie die Kohlen mit dem Erz niedergehen, werden sie durch frische Kohlen und durch frische Erzklumpen ersetzt, bis man den vierten Theil der gebratenen Masse verwendet hat. Bei diesem Niederschmelzen kommt nur die Schlacke in Fluß, das reducirte Eisen setzt sich auf dem Boden zu einem Frischstück (massello) an, welches von Schlacken umgeben ist, die von

Zeit zu Zeit abgestochen werden müssen. Nach 4 bis 5 Stunden ist das zu einem Frischstück erforderliche reducirte Erz niedergeschmolzen, worauf die Schlacken rein abgelassen werden, das Gebläse in Stillstand gesetzt, das Feuer ausgeräumt und das Frischstück ausgebrochen wird. Dieses kommt unter den Hammer, und wird zu einem Kolben geformt, der beim folgenden Frischen zu einem Stabe ausgezogen wird. Das Eisen soll von vorzüglicher Güte seyn.

In 24 Stunden können aus den 8 Centnern Erz höchstens 4 Centner, also wöchentlich 24 Centner Stabeisen erfolgen. Wegen dieser geringeren Fabrikation und des größeren Kohlenaufwandes ist die französische Luppenfrischarbeit der italienischen vorzuziehen.

Rinman a. a. O. I. 537—543. — Tronson du Coudray a. a. O. 13—29. — Sagey, sur la fabrication du fer en Corse; in den Ann. des mines. 2 Série. IV. 121.

Vom Zugutemachen der Stabeisenabgänge und des alten Stabeisens.

§. 990.

Es fallen bei der Verarbeitung des Stabeisens zu Blechen, Drath, Nägeln, Schaufeln und anderen Fabrikartikeln viele Abgänge, welche für sich nicht benutzt werden können, sondern wieder zu einer Stabeisenmasse vereinigt werden müssen, um diese wieder zu Stäben ausrecken zu können. An mehren Orten wird das alte Stabeisen gesammelt und von den Fabrikbesitzern angekauft, um es zu Stäben umzuarbeiten. Nach Swedenborg waren ganz in der Nähe von Rom schon zu Anfang des 17ten Jahrhunderts mehre Hütten vorhanden, welche sich bloß mit der Zugutemachung des angekauften alten Eisens beschäftigten. Am ausgedehntesten ist diese Fabrikation zu London, woselbst eine einzige Anlage fünf Walzwerke in Thätigkeit setzt. In der Nähe von Paris sind ebenfalls bedeutende Etablissements vorhanden, welche sich mit der Vorbereitung des alten geschmiedeten Eisens beschäftigen. Daß solche Anlagen in der Nähe großer Städte am besten gedeihen müssen, ist einleuchtend. In den Preußischen Staaten, besonders in den Provinzen zwischen der Weichsel und der russischen Gränze, in der Nähe der Ostsee, so wie in Hinterpommern, werden sehr bedeutende Quantitäten von altem geschmiedetem Eisen umgearbeitet.

Swedenborg, de ferro. p. 151.

§. 991.

Die Zugutemachung der Stabeisenabgänge und des alten Eisens geschieht entweder in Heerden oder in Flammenöfen. Im ersten Fall wird das Stabeisen gewöhnlich wieder geschmolzen, im letzten Fall erhält es eine starke Schweißhitze und wird unter dem Walzwerk oder unter dem Hammer ausgereckt. Das aus altem Eisen und aus Eisenabgängen bereitete Eisen steht in dem Ruf vorzüglicher Güte, indem es ein besonders hartes und festes Eisen giebt.

Die Verarbeitung der Stabeisenabgänge durch Zusammenschweißen findet entweder in gewöhnlichen Schweißöfen bei Steinkohlen und Flammenfeuer, oder in eigenthümlichen Oefen bei Koaks mittelst eines Gebläses statt.

Das aus alten Nägeln, Beschlägen, eisernen Abfällen und Eisenbrocken aller Art bestehende Brucheisen, wird in Haufen von 8 bis 10 Zoll Höhe und 10 Zoll Länge und Breite fest zusammengelegt, welches durch Kinder und alte Leute geschieht, die das Eisen so fest in einander zu verwickeln verstehen, daß die Haufen stark angegriffen werden können, ohne daß aus denselben etwas herausfällt. Große Zwischenräme müssen dabei sorgfältig vermieden werden, auch wird das stark verrostete Eisen durch Umdrehen in einer Trommel vorher von dem größten Theil des Rostes befreit. Man nennt diese Paquete in Frankreich „ramasse" und das daraus durch Zusammenschweißen erhaltene Eisen führt auch in Deutschland den Namen Ramaßeisen. Die Paquete erhalten zuerst eine Unterlage von einer Thonplatte (alte Dachziegel oder dergleichen), und diese Unterlage wird auf ein hölzernes Brett gestellt. Die fertigen Paquete, — 18 bis 20 Stück, — werden mittelst einer eisernen Gabel auf den mit Steinkohlenstaub vorher bestreuten Heerd des Flammenofens gebracht, erhalten eine starke Schweißhitze und werden dann einzeln aus dem Ofen genommen, nachdem die hölzerne Unterlage, wie sich von selbst versteht, im Ofen verbrannt und die thönerne durch das Niederwerfen der geschweißten Paquete auf den Boden vor der Arbeitsthüre des Ofens zerschlagen und abgesprungen ist. In diesem Zustande der stärksten Schweißhitze werden sie zuerst unter einem schweren Hammer, oder unter einem Quetschwerk zusammengepreßt und dann sogleich unter den Walzen ausgestreckt. Das Ausstecken unter den Walzen wird durch besondere Arbeiter verrichtet, damit das Zusammenpressen unter dem Hammer ununterbrochen und schnell fortgehen kann. Sind alle Paquete ausgearbeitet, so wird der Schweißofen von Neuem besetzt.

Statt der Schweißöfen mit Steinkohlenfeuerung bedient man sich zur Bereitung des Ramaßeisens häufig anderer Oefen, welche mit denen übereinstimmen, in welchen das bei der Südwalliser Frischmethode erhaltene halbgaare Eisen völlig ausgeschweißt wird (§ 937). In diesen Oefen wird dem in Paqueten gebundenen Eisen die Schweißhitze durch Koaks gegeben, mit denen es aber nicht in Berührung kommt. Die Koaks werden durch ein Gebläse angefacht. Man nennt diese Oefen, wegen der Gestalt, in welcher das Eisen angewendet wird, **Fagotted iron furnaces**, wenn sie zum Schweißen des alten Eisens angewendet werden. Außer zu der Schweißarbeit bei den Walliser Frischheerden dienen diese Oefen, welche man dann **Hollow-fires** nennt, an einigen Orten (Sheffield) auch noch zum Ausrecken des Stahls, zu welchem Zweck sie dann kleiner, auch nur mit einem Raum zum Anwärmen des Eisens oder

Stahls versehen sind. Weil diese Oefen weder einer Esse, noch eines Schornsteins bedürfen, und weil sie so wenig Raum einnehmen, daß sie überall aufgestellt werden können, wo sich nur ein Blasebalg anbringen läßt, so verdienen sie deshalb, aber auch wegen des geringen Eisenverlustes, den diese Art der Schweißarbeit veranlaßt, allgemein empfohlen zu werden.

Hat man Blechabschnitte zu verarbeiten, so werden diese durch Kinder in Paquete zusammengebunden. Der Knabe sitzt auf einer Bank, auf welcher vier eiserne Stifte eingeschlagen sind, welche je zwei die Länge und die Höhe der Paquete bestimmen. Zuerst werden zwei lange Abschnittel, von möglichst gleicher Breite, ausgesucht und gegen zwei und zwei von den Stiften geschoben. Quer über diese beiden Streifen, innerhalb des Raumes, welcher durch die vier Stifte begränzt wird, werden dann die Abschnitte möglichst dicht über einander gelegt und zuletzt mit den beiden Streifen umwickelt und zusammengebunden. Ein solches Paquet ist etwa 6 Zoll breit und hoch und 12 Zoll lang. — Beim Zugutemachen der alten Stabeisenabgänge bedient man sich derselben, oder auch der vorhin angegebenen Methode des Zusammenlegens Weil man zum Zusammenbinden solcher Paquete selten Blechstreifen von der erforderlichen Länge findet, so müssen mehre einzelne Stücken zu diesem Behuf zusammengenietet werden. Man bindet die Paquete für die Blechabschnitte zuweilen mit einem, zuweilen mit zwei Bändern, außerdem auch noch wohl mit einem Bande, welches das Paquet der Länge nach umfaßt. Das Verfahren ist indeß ganz von der Gestalt des alten Eisens abhängig und man sucht nur überhaupt die größeren Stücken, welche dem Paquet einen besseren Zusammenhalt geben, nach außen zu bringen und die kleinen unfügsamen Stücken in die Mitte des Paquetes zu legen, so daß es häufig gar nicht nöthig ist, die Paquete mit Bändern zu versehen.

Der Ofen zum Zusammenschweißen des in diesen Paqueten

befindlichen Eisens, ist aus feuerfesten Ziegeln zusammengesetzt. Wegen der Construction der größern und kleinern Schweißöfen dieser Art, wird auf die Zeichnungen Taf. XLII. Fig. 8—10. und XLVII. Fig. 1—4. Bezug genommen. Das Eisen wird zuerst in die Räume zum Anwärmen und aus diesen in den eigentlichen Schweißraum gebracht. In diesen gelangen die angeglüheten Paquete einzeln mittelst langer und breiter Stabeisenstangen, mit welchen sie in den Schweißofen geschoben und worauf die Vorsetzthüren geschlossen werden. Die schweißwarmen Paquete werden zuerst unter den schweren Hämmern zusammengeschlagen und dann unter den Walzen ausgestreckt. Der Abgang an Eisen richtet sich zum Theil nach der Beschaffenheit des alten Eisens und soll zwischen 10 und 25 Procent veränderlich seyn. Wenn das erhaltene Ramaßeisen zum zweiten Mal geschweißt und dabei raffinirt, — also nicht bloß ausgestreckt wird, — so beträgt der Eisenabgang etwa 7—8 Procent und das Eisen ist dann von ausgezeichneter Güte.

Svedenstjerna's Reise durch England und Schottland. 143.

§. 992.

An einigen Orten benutzt man das alte Eisen und die Blechabschnitte auf die Weise, daß man sie in dem Augenblick, wenn die Luppe im Frischheerd gaar eingegangen ist, an derselben anzuschweißen sucht. Dies Verfahren ist sehr lobenswerth, wenn man nur sehr wenig Abfälle zu verarbeiten hat, weil Eisenabgang und Kohlenverbrauch dann sehr gering sind. Wo aber so viele Abfälle vorhanden sind, daß man das Anschweißen erzwingen muß, ist ein großer Eisenverlust unvermeidlich, weil das schon gaare Eisen in dem mit Eisen bereits angefüllten Feuer dem Windstrom gänzlich ausgesetzt wird. Durch den Zusatz von vielen Kohlen kann dem Uebel wenig abgeholfen werden, sondern das Eisen wird sich theils verkalken, theils wird es wieder roh werden, und zwar um so schneller, je mehr sich das Feuer durch Anwachsen des Deuls anfüllt. Zweckmäßiger wäre es daher, das alte Eisen und die Abgänge beim Rohaufbrechen mit zuzusetzen, wenn man nicht häufig (bei nicht gutartigem Roheisen) das zu schnelle Gaarwerden des Roheisens befürchten müßte.

Auch bei der Flammenofenfrischerei sucht man wohl die Eisenbrocken und Abfälle dadurch zu gute zu machen, daß man sie in dem Augenblick auf den Heerd bringt, wo das Roheisen erweichen will, worauf dann eine starke Hitze gegeben und sodann die Frischarbeit in gewöhnlicher Art fortgesetzt wird. Auf solche Weise lassen sich zwar die gewöhnlich vorkommenden Eisenabfälle wieder benutzen, aber dies Verfahren ist nicht anwendbar, wenn größere Quantitäten von angekauftem altem Eisen verarbeitet werden sollen.

Rinman a. a, O. I. 474.

§. 993.

Wenn die Stabeisenabgänge durch Umschmelzen in Frischheerden zu gute gemacht werden müssen, so ist es am besten, gaare Zuschläge anzuwenden, und zugleich durch einen Zusatz von etwas Roheisen für einige Schlacke im Heerde zu sorgen, damit das eingehende Eisen eine Decke erhält. Dies Verfahren ist nach Swedenborg auch in den Hütten bei Rom angewendet worden, nur daß man in zwei Feuern oder Heerden arbeitete, nämlich in dem einen das Luppenmachen, und in dem zweiten das Ausschmieden verrichtete, welches nicht nöthig ist, und einen großen Kohlenaufwand verursacht.

Man wendet zu dieser Arbeit tiefe Feuer und flachen Wind an. Die Entfernung der Form vom Boden kann 14 bis 15 Zoll betragen, und das Feuer kann 30 Zoll lang und 24 Zoll breit seyn. Nachdem das Feuer mit Lösche umstellt und mit Kohlen angefüllt ist, wird der von der vorigen Luppe im Feuer zurückgebliebene Schwahl, welcher in kleine Stücken zerschlagen seyn muß, mit Roheisen, welches den zehnten oder den zwölften Theil von dem einzuschmelzenden alten Eisen beträgt, auf die Kohlen gelegt, mit neuen Kohlen beschüttet und eingeschmolzen. Während dieser Zeit werden die Kolben vom vorigen Deul ausgeschmiedet. Durch die Stärke des Windes hat man es in der Gewalt, die niederschmelzende Masse schneller oder langsamer gaar werden zu lassen. Ist das Roheisen gaarschmelzend, so kann man stärkeren Wind geben, und umgekehrt. Bei rohschmelzendem Roheisen muß auch die Quantität des Zusatzes von altem Eisen vermindert werden. Am besten ist es, wenn die Masse beim ersten Einschmelzen schon völlig gaar eingeht. Sollte dies nicht der Fall seyn, so muß sie durch mehre gaare Zuschläge zum Gaarwerden gezwungen, auch nach erfolgtem Ausschmieden wohl sogar aufgebrochen und wieder langsam eingeschmolzen werden. Alsdann bringt man wieder einige frische Kohlen aufs Feuer, und setzt auf diese etwa die Hälfte der einzuschmelzenden Abgänge, welche man, sobald sie rothwarm sind, zusammenschlägt und dann die zweite Hälfte ins Feuer bringt. Sobald man merkt, daß das Eisen zu schmelzen anfängt, wird der Wind aufs heftigste verstärkt, um das Niedergehen zu beschleunigen. Beim Niederschmelzen muß der Wind überall durchstreichen können, weshalb die Masse nöthigenfalls von Zeit zu Zeit mit der Brechstange gelüftet werden muß. Eben so ist dahin zu sehen, daß sich das niedergehende Eisen nicht an den Zacken des Feuers anschweißt, weil dadurch das Eingehen in den Heerd verhindert, und das Rohwerden der Masse veranlaßt wird. Ein Anlaufnehmen kann nicht stattfinden, weil das Niedergehen des Eisens in den Heerd zu schnell erfolgt; auch soll das eingehende Eisen eigentlich erst im Heerd den völligen Grad der Gaare erhalten. Gewöhnlich läßt man $1\frac{1}{2}$, höchstens 2 Centner Abgänge zu einer Luppe eingehen, welche, sobald die letzten Stücken niedergeschmolzen sind, ausgebrochen, gezängt und zerschroten wird, während welcher Zeit das Feuer zum nächsten Schmelzen vorgerichtet wird.

Der Eisenabgang bei diesem Verfahren beträgt 11 bis 12

Procent; wenn die Arbeit gut geht und mit Vorsicht und Geschicklichkeit verrichtet wird, so steigt der Eisenverlust nicht über 10 Procent. Der Kohlenaufwand ist indeß sehr bedeutend, und beträgt 16 bis 18 Preuß. Kubikfuß auf 100 Pfund Preuß. fertiges Produkt.

Viel größer ist der Eisenabgang, wenn sehr fein zertheilte Sachen, z. B. feine Dreh- und Bohrspäne von geschmiedetem Eisen auf diese Art zu gute gemacht werden sollen. Diese sind dem Verbrennen und zum Theil dem Zerstäuben so sehr ausgesetzt, daß häufig 30 bis 40 Procent Verlust entstehen.

Von der Benutzung der Frischschlacken.

§. 994.

Die Frischschlacken enthalten, wenn sie nicht zu roh sind, 40 bis 50 Procent Eisen, und sind also reicher als die meisten Eisenerze. In Gegenden, wo nur gaarschmelzendes Roheisen verfrischt wird, und wo daher mehr Gaar- als Rohschlacken fallen, ist die Benutzung der Gaarschlacken noch nothwendiger, weil sie noch reicher sind als die Rohschlacken, und häufig einige 60 Procent Eisen enthalten. Wo man aber graues Roheisen verarbeitet, werden die Gaarschlacken von den Frischern selbst sorgfältig ausgehalten, um in vorkommenden Fällen den rohen Gang im Feuer zu verbessern. Für diese Gegenden bleibt also nur die Benutzung der Rohschlacke übrig, von denen indeß die vom ersten Abstechen beim Einschmelzen des Roheisens fallenden Schlacken häufig zu roh, und daher nicht werth sind, benutzt werden.

Dennoch kann man annehmen, daß bei der Verarbeitung von 100 Theilen Roheisen, in den gewöhnlichen deutschen Frischheerden wohl 20 Gewichtstheile Frischschlacke abfallen, welche, wenn ihr durch den Hohofenprozeß darstellbarer Eisengehalt auch nur zu einigen 30 Procenten in Anschlag gebracht wird, doch über 7 Centner Roheisen liefern würden, woraus sich die höchst beträchtliche Menge Eisen ergiebt, welche jährlich dadurch verloren geht, daß die Schlacken nicht zur Benutzung kommen.

Die gaaren Schlacken geben ihren Eisengehalt um so leichter her, je weniger sie in einen wirklich verglaseten Zustand übergegangen sind. Viel schwerer ist die Reduction der Rohschlacke und der Luppenschlacke, welche mit der Rohschlacke fast einerlei Verhalten zeigt. Die Gründe dieses Verhaltens der verschiedenen Schlackenarten im Schmelz- und Reductionsfeuer sind schon bei mehren Gelegenheiten erwähnt worden. Die Frischschlacke, welche der Zusammensetzung eines Silikates sehr nahe kommt, ist wegen des größeren Gehaltes an Kieselerde leichtflüssiger und schwerer reducirbar als die Gaarschlacke, die sich häufig nicht einmal im Zustande eines Subsilikates befindet, sondern noch ungleich weniger Kieselerde enthält, als dieses. Welche Temperatur erforderlich ist, um das Eisenoxydulsilikat durch reine Kohle zu reduciren, d. h. in Roheisen und in ein Eisenoxydulbisilikat zu verwandeln, bedarf noch einer näheren Bestimmung. Es scheint daß diese Umänderung selbst in der stärksten Hitze, die sich im Hohofen hervorbringen läßt, nicht erfolgen kann. Anders wird aber der Erfolg seyn, wenn in der Reductionshitze zugleich eine andere Basis als das Oxydul des Eisens zur Sättigung der Kieselerde vorhanden ist. Alsdann entscheiden lediglich die Temperatur und die Schmelzbarkeit der neu entstehenden Silikatverbindung, ob eine so große Menge von der anderen Basis, daß sich nur ein Bisilikat bilden kann, die vollständige Zerlegung des Eisenoxydulsilikates zu bewirken vermag; oder ob von jener Basis so viel angewendet werden muß, daß sich ein Silikat bildet u. s. f. — Werden daher Frischschlacken im Hohofen ohne Zuschläge verschmolzen, so kann nur so viel Eisenoxydul zur Reduction gelangen, als die Schlacke abgeben kann, um die Zusammensetzung eines Silikates zu behalten. Fast derselbe Erfolg wird eintreten müssen, wenn man der, für die Temperatur des Ofens, durch Erfahrung ausgemittelten Erzbeschickung, in demselben Verhältniß Frischschlacke zusetzt, als man von der Erzbeschickung abbricht. Diese allgemeine Betrachtung in Verbindung mit demjenigen, was im zweiten und vierten Abschnitt über die Reduction der Eisenerze vorgetragen worden ist, wird vollkommen genügend seyn, um sich das Verhalten der Frischschlacke beim Verschmelzen im Reductionsfeuer genügend zu erklären.

§. 995.

Erst seit nicht langer Zeit ist man auf die Benutzung der Frischschlacken aufmerksamer gemacht worden. Anfänglich wurden sie in gewöhnlichen Rennheerden eingerennt, und die erhaltene halbgaare Luppe ward in einem besonderen Löschfeuer wieder ausgeschweißt, oder vielmehr durchgeschmolzen, wobei häufig noch ein Abgang von 30 Procent stattfand. Die fein gepochte Schlacke ward schaufelweise aufgegeben. Man wendete zu Uslar, wo dies Verfahren zuerst in Anwendung kam, 12 Zoll tiefe, 21 Zoll breite und 26 Zoll lange Feuer, einen sehr geneigten Wind, und beim ersten Niederschmelzen ein sehr schwaches Gebläse an, welches man zu Ende der Arbeit verstärkte. Zu jeder Luppe, welche etwa 1 Centr. wog, wurden 4 Centr. Schlacke in einer Zeit von 4 Stunden durchgeschmolzen, und die Luppe demnächst im Löschfeuer umgearbeitet.

In Schweden suchte man diese Methode dadurch zu vervollkommnen, daß man auf den Zerrennheerd einen kleinen gemauerten Schacht von 6 Fuß Höhe setzte, welcher oben rund, und mit einer 10 bis 12 Zoll weiten Oeffnung versehen, unten aber bis 18 Zoll weit war. Der Heerd wird mit Lösche zugemacht, und auf der Schlackenseite die Einrichtung getroffen, daß das fertige Frischstück vorn ausgebrochen werden kann. Das Aufsetzen der kleingepochten Schlacke geschieht mit Trögen, von denen jeder etwa ½ Centr. Schlacke enthält. Von Zeit zu Zeit muß die Schlacke abgelassen werden. 6 bis 7 Gichten geben eine Luppe, die in einer Zeit von etwa 2 Stunden erfolgt und ziemlich ½ Centr. wiegt. Täglich werden 5 bis 6 Centr., oder wöchentlich 20 Centr. fertig. Die Luppe wird nach dem Ausbrechen unter den Hammer gebracht, ist aber mehrentheils noch zu spröde, und muß vorher im Löschfeuer durchgelassen werden. Nach den von Hrn. Blumhof mitgetheilten Nachrichten sollen zu Söderfors auf diese Art in 24 Stunden 3 Schmelzungen gemacht, und jedesmal eine Luppe von 2 Centr. schwer ausgebrochen werden. Das Ausbringen soll 15 bis 19 Procent betragen, und zu 1 Centr. Eisen sollen nur etwa 40 Kubikfuß Holzkohlen verwendet werden. Bei diesen Angaben liegt ohne Zweifel ein Irrthum zum Grunde, indem das Ausbringen und der Kohlenverbrauch nicht auf Stabeisen, sondern auf das aus diesen Oefen erhaltene Frischeisen berechnet werden müssen, welches häufig noch 40 Procent Abgang im Lösch- oder Frischfeuer erleidet.

Die in Schweden eingeführte Erhöhung des Rennheerdes scheint auf das größere Ausbringen aus den Schlacken und auf den geringeren Kohlenverbrauch keinen günstigen Einfluß gehabt zu haben. Weil die Schlacken nämlich schneller schmelzen als sie reducirt werden, so ist die Erhöhung ohne Zweifel zu gering gewesen, als daß sich das Eisen als Roheisen hätte reduciren können; sie war aber hoch genug, um die Schlacke zum Schmelzen zu bringen, und der Wirkung des Luftstroms schnell zu entziehen. Ein sehr langsamer Wind und weites Feuer waren deshalb auch nothwendige Bedingungen, um das Ausbringen zu vermehren. Eben dies ist auch bei der Verarbeitung der Schlakken in den gewöhnlichen Rennheerden nothwendig.

Die große Schmelzbarkeit und die Schwierigkeit, mit welcher das einmal verglasete Eisen aus den Rohschlacken reducirt wird, sind es auch, wodurch sie zur Reduction in niedrigen Heerden wenig geschickt werden. Vortheilhafter wird ihre Verschmelzung in Blauöfen — Sinteröfen — geschehen, und mit noch größerem Vortheile werden sie im Hohofen selbst verschmolzen. Auf dem Hüttenwerk zu Jedlitze in Oberschlesien sind die Zerrennungsversuche der Rohschlacke in den nach Schwedischer Methode erhöheten und verbesserten Rennheerden ein ganzes Jahr hindurch fortgesetzt worden, und man hat die Windführung dabei auf verschiedene Art abgeändert. Die Resultate waren aber sehr unvortheilhaft, indem aus der Rohschlacke nur 19 Procent Frischeisen erfolgten, welches theils in einem besonderen Löschfeuer, theils mit Zusatz von Roheisen im Frischfeuer wieder verarbeitet werden mußte, und dabei noch einen Abgang von 47 Procent erlitt, so daß die Frischschlacke nur zu $10\frac{1}{7}$ Procent Stabeisen ausgebracht ward. Zu 1 Preuß. Centr. Frischeisen wurden 44,5 Kubikf. Preuß. Holzkohlen, und zu 1 Centr. Stabeisen aus dem Frischeisen $10\frac{1}{4}$ Kubikf., also zu 1 Centr. Stabeisen aus den Frischschlacken 106 Kubf. Holzkohlen verbraucht.

Eben diese Frischschlacken gaben beim Verschmelzen im Hohofen 36 Procent Roheisen, welches mit dem gewöhnlichen Abgang von $\frac{2}{7}$ beim Verfrischen im Frischfeuer beinahe 26 Procent Stabeisen, also $15\frac{4}{7}$ Procent mehr als beim Zerrennen gegeben haben würde. Zu 1 Centr. Roheisen aus diesen Frischschlacken wurden im Hohofen beinahe 31 Kubikfuß Holzkohlen verwendet; also würde das zu 1 Centr. Stabeisen erforderliche Roheisen im Hohofen fast 40 Kubikfuß nöthig gemacht haben. Jener außerordentlich große Kohlenverbrauch beim Schmelzen der Frischschlacken im Hohofen erklärt sich nur dadurch, daß bei den damals angestellten Versuchen eine fehlerhafte Beschickung gewählt worden ist, indem man den Kalkzusatz nicht gehörig erhöhete, wodurch die Frischschlacke zu leichtflüssig blieb, und daher nur in geringer Quantität auf die Kohlen gesetzt werden konnte, um die Reduction vollständiger zu bewirken. Wäre die Beschickung durch größeren Kalkzusatz strengflüssiger eingerichtet worden, so würde man das Schmelzen der Schlacke im unveränderten Zustande, bei einem reichlicheren Verhältniß zu den

Kohlen, vermieden haben. Ferner sind zur Darstellung von 1 Centr. Stabeisen aus Roheisen im Frischheerd etwa 23 Kubikfuß Kohlen erforderlich: also würden zu 1 Centr. aus Frischschlacken, auf dem Wege der Roheisenerzeugung und des Frischprozesses, 63 Kubikf. Holzkohlen, oder 43 Kubikf. weniger als beim Zerrennungsprozeß, gekostet haben.

Auch die von Hrn. v. Marcher angeführten, in besonderen Sinteröfen (18 Fuß hohen Blauöfen) angestellten Versuche, und die Gegenversuche in Zerrennheerden, beweisen zur Genüge, daß die Zugutemachung der Frischschlacken in Heerden mit einem großen Kohlenaufwand und mit einem starken Eisenverlust verbunden ist, wogegen die Benutzung der Schlacken auf Roheisen vortheilhaftere Resultate gewährt.

Der Zusatz der Frischschlacken zur Hohofenbeschickung erfordert indeß einige Vorsicht. Bei einem zu starken Zusatz hat man ein Durchlaufen der Schlacken, und dabei zugleich ein Weißwerden des Roheisens zu befürchten, wenn man die Beschickung durch erhöheten Kalkzuschlag nicht strengflüssiger macht. Die Entstehung des weißen Roheisens erklärt sich hier durch die Einwirkung der geschmolzenen und nicht reducirten Frischschlacke auf das ausgebrachte Roheisen. Wird die Beschickung strengflüssiger gemacht, so läßt sich der Erzsatz erhöhen und doch zugleich graues Roheisen erzeugen. Hr. Ström hat darüber interessante Versuche im Großen angestellt und gezeigt, daß bei einer zweckmäßigen Beschickung, der ganze Eisengehalt der Frischschlacken als graues Roheisen dargestellt werden kann. Die mehr theoretischen Untersuchungen des Hrn. Berthier führen zu demselben Resultat.

Ein Umstand welcher indeß bei der Benutzung der Frischschlacken auf Roheisen in Hohöfen besonders berücksichtigt werden muß, ist der Gehalt an Phosphorsäure, von welchem die Frischschlacken selten frei sind. Dieser Gehalt wird oft sehr beträchtlich und weil sich das basische phosphorsaure Eisenoxydul ungemein leicht zu Phosphoreisen reducirt, so wird der ganze Phosphorsäuregehalt der Frischschlacken als Phosphoreisen in dem Roheisen concentrirt. Insofern das Roheisen grau erblasen wird, läßt es sich zu vielen Gußwaaren füglich anwenden, aber zur Stabeisenbereitung würde es ganz unbrauchbar seyn, wenn die Frischschlacken von Roheisen herrühren, welches schon Phosphor enthielt. Oefen, welche nur auf Roheisen zum Verfrischen betrieben werden, können durch diesen Umstand in den Fall kommen, gar keine Frischschlacken anwenden zu dürfen.

Bei der Gaarschlacke, und noch weniger bei dem Schwahl, bei den gaaren Hammerbrocken und bei dem Glühspan (welche zum Theil in den Sinteröfen verschmolzen werden) ist ein starker Zuschlag zur Hohofenbeschickung nicht nachtheilig. Bei einer leichtflüssigen Beschickung kann dabei aber wohl der Fall eintreten, daß man graues Roheisen und eine Hohofenschlacke erhält, welche das Ansehen einer Schlacke vom Rohgange bekommt.

Rinman a. a. O. I. 368—374. — Quanz, über die Benutzung der Frischschlacken durch das Verschmelzen im Rennheerde; in v. Crell's Annalen für 1803. I. 77—87 und 161—175. — Stünkel, Beschreib. der Eisenhütten am Harz. 164. 388. — Blumhof, über das Zugutemachen und Schmelzen der Frisch- oder Hammerschlacken im sogenannten Blauofen, nach Hrn. v. Stockenström's Erfindung; Journ. f. Fabriken, Manufact., Handlung und Mode. 1805. März. 197. — v. Marcher, Notizen und Bemerkungen über den Betrieb der Hohöfen und Rennwerke. I. 2tes Heft. 78—103. — Frischschlacken-verschmelzen im Hohofen in Sibirien, in Norberg: über die Stürzöfen. 23. — Jordan, Betrachtungen über die Natur der Eisenfrischschlacken, besonders in Hinsicht ihrer Benutzung auf Eisen, mit der Anzeige, was deswegen geschehen, und einer Beschreibung der Frischschlackenverschmelzung zu Oesterby in Upland; in Jordan's und Hesse's Magazin f. Eisenberg- und Hüttenkunde. I. 3tes Heft. 197—230. – Seffström (Ström) über die Zugutemachung der Frischschlacken in Hohenöfen, und über die Menge von Schlacken, welche jährlich bei einem

Frischfeuer abfällt. Archiv. VII. 274 u. f. — Berthier, über die Natur der Luppenschlacken u. der Eisenfrischschlacken. Ebend. 356 u. f. — Winkler, über die Schlackenöfen in Schweden; in Erdmann's Journ. f. techn. u. ökon. Chemie. V. 374.

§. 996.

Zur Verbesserung des roth- oder kaltbrüchigen Eisens, besonders des letzteren, sind viele, oft ganz unpassende Mittel vorgeschlagen worden. Obgleich der Roth- und Kaltbruch noch von anderen Substanzen als von Schwefel und Phosphor herrühren können (Abschnitt I.); so sind sie es doch in der Regel, welche dem Stabeisen diese nachtheiligen Eigenschaften ertheilen. Die Maaßregeln zur Verminderung der roth- und kaltbrüchigen Beschaffenheit des Eisens, können sich daher auch nur auf die Anwendung solcher Mittel beziehen, wodurch der Schwefel und der Phosphor entweder schon beim Verschmelzen der Erze in den Hohöfen in die Schlacken geführt, oder demnächst bei dem Prozeß des Verfrischens durch Verschlacken abgesondert werden. Zur Verminderung des Phosphorgehaltes des Roheisens bietet der Hohofenbetrieb kein Mittel dar, denn der ganze Gehalt der Erze an Phosphorsäure reducirt sich beim Verschmelzen der Erze zu Phosphor und verbindet sich mit dem Roheisen, ohne daß eine Spur von Phosphor oder von Phosphorsäure in die Schlacke gebracht werden könnte. Es scheint daher auch gleichgültig zu seyn, ob das Roheisen bei einem gaaren, oder bei einem übersetzten Gange des Ofens erblasen wird; allein es wird wesentlich zu unterscheiden seyn, ob das Roheisen in Heerden, bei Holzkohlen, oder in Flammenöfen verfrischt werden soll. Im ersten Fall wird ein übersetzter Gang des Ofens durchaus vermieden werden müssen, aus Gründen, die schon früher vollständig erörtert sind. — Zur Verminderung des Schwefelgehaltes des Roheisens kann allerdings, theils durch die Vorbereitung der Erze, theils durch einen gaaren und durch starken Kalkzuschlag herbeigeführten strengflüssigen

Gang des Ofens, viel geschehen, indem ein bedeutender Theil des Schwefels als Schwefelcalcium verschlackt wird. Das Roheisen hält indeß immer noch Schwefel zurück, welcher, wenn der Frischprozeß in Heerden stattfindet, ebenfalls die Anwendung eines grau und gaar erblasenen Roheisens nothwendig machen würde.

Erze, welche rothbrüchiges Eisen geben, müssen daher mit Sorgfalt geröstet, an der Luft ausgebreitet, lange Zeit der Einwirkung der atmosphärischen Feuchtigkeit ausgesetzt und dann beim gaarsten Gange des Ofens verschmolzen werden. Ist es auf solche Art möglich geworden, den Schwefel als Schwefelsäure zu entfernen, so kann man den Frischprozeß allenfalls durch Weißmachen des Roheisens abkürzen. Erze, die weder durch die sorgfältigste Vorbereitung, noch durch den gaaren Gang im Ofen und durch einen dadurch zu bewirkenden Rohgang im Frischheerd, brauchbares Stabeisen geben, werden durch die Heerdfrischarbeit nicht auf Stabeisen benutzt werden können. Höchstens lassen sie sich mit anderen Erzen gattirt verschmelzen, wodurch der Fehler des Rothbruchs aber nicht gehoben, sondern nur vermindert wird. — Wenn eine Beimengung von Gips oder von Schwerspath bei den Erzen, die Ursache der rothbrüchigen Beschaffenheit des Eisens ist; so läßt sich der Fehler schwer heben. Solche Erze müssen mit der größten Sorfalt ausgehalten, gepocht, mit einem starken Zusatz von Kohlenlösche geglüht oder geröstet, dann mit Wasser befeuchtet, auf Bühnen ausgebreitet, und Jahre lang der Einwirkung der Atmosphäre ausgesetzt werden, um die entstandene Schwefelleber durch atmosphärische Feuchtigkeit abzusondern. Dadurch werden aber so bedeutende Kosten veranlaßt, daß selbst die reichsten Erze einer solchen Behandlung nicht mit Vortheil unterworfen werden können. — Die Heerdfrischarbeit ist überhaupt nicht geeignet, den Schwefel vom Eisen abzusondern, indem selbst alkalische Zuschläge und Kalkzusätze wenig fruchten. Gelingt es also nicht, schon bei der Roheisenerzeugung den Schwefel in die Schlacken zu führen, so hat man beim Heerdfrischen immer ein rothbrüchiges Eisen zu erwarten, indem schon höchst unbedeutende Quantitäten Schwefel den Rothbruch veranlassen.

Erze, welche kaltbrüchiges Eisen liefern, müssen zuweilen (bei Wiesenerzen) durch Waschen (welches indeß keinen anderen Zweck hat als den Sand fortzuschaffen) vorbereitet, dann an der Luft getrocknet und durchgesiebt werden, ehe sie zur Verschmelzung kommen. Die Erze durch Rösten aufzuschließen, und im gepochten Zustande einige Zeit an der Luft liegen zu lassen, mag recht gut seyn, wenn Erze verschmolzen werden müssen, die außer der Phosphorsäure, noch Wasser, Kohlensäure, Schwefelkies u. s. f. enthalten, aber zur Verminderung des Phosphorsäuregehaltes können diese Maaßregeln nicht führen.

Das Verschmelzen des grauen, Phosphor haltenden Roheisens vor dem Gebläse in gewöhnlichen Frischheerden, mit Vermeidung aller gaarenden Zuschläge, ist ein vortreffliches, aber kostbares Mittel, den Phosphorgehalt des Roheisens zu vermindern und zum großen Theil als Phosphorsäure in die Schlacken zu bringen. Man sucht diesen Zweck im Frischheerd durch einen sehr rohen Gang und durch oft wiederholtes Rohaufbrechen zu erreichen. Vorzügliche Dienste leistet dabei ein Zusatz von 3 bis 10 Procent von dem reinsten Kalkstein, welcher in pulverartiger Gestalt über das Eisen, sogleich nach dem ersten Rohaufbrechen gestreut wird. Mit diesen Zusätzen muß dann bis zum dritten, auch wohl bis zum vierten Aufbrechen, nämlich bis zum Gaaraufbrechen, fortgefahren werden. Den Fehler des Kaltbruchs völlig zu heben, wird sich indeß bei Erzen, die viel Phosphorsäure enthalten, kaum bewirken lassen, obgleich es möglich ist, ein ziemlich gutes und zu manchen Anwendungen recht brauchbares Stabeisen zu erzeugen. Da sich das kaltbrüchige Eisen, wegen seiner Leicht-

und Dünnflüssigkeit zu verschiedenen Gußwaaren besonders eignet, so kann man von Erzen, die kaltbrüchiges Eisen geben, einen sehr guten Gebrauch machen, wenn man das Roheisen nicht zu Stabeisen benutzen darf, sondern Gelegenheit hat, es zur Gußwaarenfabrikation zu verwenden.

§. 997.

Ungleich vollständiger und mit einem geringeren Verlust an Eisen, Zeit und Brennmaterial, als es durch die Heerdfrischarbeit geschehen kann, wird der Schwefel- und Phosphorgehalt des Roheisens bei dem Verfrischen in Flammenöfen abgesondert, weil das Eisen dabei nicht mit Kohle in Berührung kommt, durch welche die schon oxydirten Beimischungen aus der Schlacke wieder reducirt werden, und von Neuem mit dem Eisen in Verbindung treten (§. 979). Die Vorbereitung des Roheisens durch Weißmachen, ist für Phosphor haltendes Roheisen ein vorzügliches Mittel, den Phosphorgehalt schon vor der Frischarbeit beträchtlich zu vermindern. Findet das Weißmachen nicht in Feineisenfeuern bei Koaks, sondern auf dem Heerd eines Flammenofens, mit einem hinzugeführten heißen Windstrom statt, so wird auch ein großer Theil des Schwefelgehaltes abgesondert werden. Die Umänderung des grauen Roheisens in weißes sollte daher bei allem Roheisen, welches Schwefel und Phosphor enthält, nothwendig vorgenommen werden, um die Güte des Stabeisens zu verbessern. Indeß wird das bei Holzkohlen erblasene graue Roheisen durch die Schlackenfrischarbeit in Flammenöfen ebenfalls schon ein mittelmäßig gutes Stabeisen geben, wenn bei der Raffinir- und Schweißarbeit mit Vorsicht verfahren wird. Man hat verschiedene Mittel in Vorschlag gebracht, durch deren Zusatz eine Verbesserung des Eisens, durch vollständigere Absonderung des Schwefels und des Phosphors verheißen ward. Diese Mittel sind Alkalien, Kalk, Braunstein, Kochsalz, Salpeter und ähnliche Substanzen. Wirklich hat man von solchen Zusätzen recht gute Wirkungen erfahren.

Aber die Wirkungsart dieser Mittel besteht nicht darin, daß sie dem Eisen den Schwefel- und Phosphorgehalt unmittelbar entziehen und sich mit diesen beiden Substanzen verschlacken, oder auch sich mit ihnen verflüchtigen; sondern darin, daß sie eine starke Luftentwickelung veranlassen, und die Absonderung der Schlacke vom Eisen befördern. Das von den Herren Böhm und Schafhäutl vorgeschlagene Mittel bei der Schlackenfrischarbeit besteht aus einem Gemenge von 1¾ Pfund Braunstein, 3¾ Pfund Kochsalz und 10 Unzen trocknem Thon, welches in 8 bis 10 Portionen vertheilt, zu einer Quantität von 4 bis 500 Pfund Roheisen, nach dem erfolgten Einschmelzen und bei dem angehenden Gaarwerden desselben, in Zwischenräumen von 1—2 Minuten, in den Frischofen gebracht und jedesmal mit der flüssigen Eisen- und Schlackenmasse schnell durchgerührt wird. Dies Mittel ist wirklich sehr empfehlenswerth und trägt zur Beschleunigung des Frischprozesses durch die Beförderung der Absonderung der Schlacke vom Eisen eben sowohl bei, als die Güte des Eisens dadurch verbessert wird; allein es leistet nicht mehr, als andere Mittel welche gerade nicht diese Zusammensetzung haben. Die Erfinder glauben, daß die Wirkungsart ihres Mittels in einer Entwickelung von Chlor bestehe, welches sich mit dem Schwefel und mit dem Phosphor des Eisens verbinde und eine flüchtige Verbindung veranlasse. Aber es entwickelt sich kein Chlor, sondern nur Salzsäure, die den zu ihrer Bildung erforderlichen Wasserstoff aus dem zufälligen Wassergehalt des Braunsteins und besonders aus dem Thon erhält. Wäre also auch die Erklärungsart nicht richtig, so würde doch dadurch der Werth des Mittels, der durch vielfache Erfahrungen erprobt worden ist, nicht vermindert werden.

Rinman a. a. O. I. 646—676. — Brandt, Versuche u. Bemerkungen über das roth- und kaltbrüchige Eisen; in den Abh. d. Schwed. Akademie. XIII. 212., und in v. Crell's N. chem. Archiv. V. 91—93. — Quanz, vom rothbrüchigen Eisen;

v. Crell's chem. Annalen. I. 240—250 und 297—305, so wie 369—377. Ueber das roth- und kaltbrüchige Eisen, und über die Mittel, es zu verbessern; Annales des arts et manufactures. XXXVI. 210. XXXVIII. 225 u. f. XXXIX. 85 u. f. — Verglichen Journal des mines, No. 63. 75. 79. 100. — Karsten, über die Erzeugung und Verarbeitung des Roheisens aus Wiesenerzen. Archiv f. Bergbau. XV. 3—66. — Lampadius, über die Verbesserung des Eisens durch Kochsalz; in Erdmann's Journal für praktische Chemie. IX. 324. — Ueber das Schafhäutl'sche Verbesserungsmittel des Eisens; ebendas. VII. 247.

Zweite Abtheilung.

Von der Verfeinerung des Stabeisens.

§. 998.

Das bei der Heerdfrischarbeit zu Stäben geschmiedete Eisen ist zwar fertige Kaufmannswaare, und die weitere Verarbeitung desselben ein Gegenstand für den Künstler und Handwerker; allein nicht zu allen Anwendungen ist das Stabeisen in der Form, wie es gewöhnlich vom Stabeisenhammer geliefert wird, geeignet, indem es durch den Handwerker erst zu kleineren Dimensionen zurückgeführt werden müßte, um für seine Zwecke anwendbar zu seyn. Deshalb wird die Darstellung des Stabeisens in kleineren Dimensionen schon auf den Hüttenwerken selbst vorgenommen, wo diese Verfeinerung im Großen, mit geringeren Kosten als in den kleinen Werkstätten des Schmiedts und des Handwerkers, geschehen kann.

Die Dimensionen, nach welchen das Stabeisen aus den Frischhütten abgeliefert wird, sind in verschiedenen Ländern verschieden. Die deutsche Frischschmiede ist diejenige Heerdfrischarbeit, bei welcher das geschmiedete Eisen in Dimensionen dargestellt wird, welche dasselbe bei anderen Heerdfrischmethoden erst durch eine spätere Bearbeitung in besonderen Feuern erhält. Die deutsche Frischschmiede und die Wallonenschmiede sind die einzigen Heerdfrischschmieden, welche sich nicht auf die Anfertigung von sogenanntem Grobeisen beschränken, sondern Stabeisen liefern, welches bei den anderen Heerdfrischmethoden schon in den sogenannten Kleineisenfeuern bereitet werden muß.

Wird die Streckarbeit nicht unter Hämmern, sondern unter Walzwerken verrichtet, so trennt man die Bereitung des Eisens nach gröberen und nach feineren Dimensionen, weil die feinen Eisensorten eine andere Behandlung unter den Walzwerken verlangen, und weil es bei der Flammenofenfrischerei theils nicht rathsam, theils nicht ausführbar seyn würde, die Rohschienen in einer Hitze zu raffiniren und zu den feinsten Dimensionen auszustrecken.

Die Bereitung des Kleineisens unter den Kleinhämmern bei der Einmalschmelzarbeit in Heerden, fällt häufig mit der Bereitung des Feineisens zusammen, indem das Grobeisen aus den Frischhütten bald zu Stabeisen von kleineren Dimensionen, wie es die deutsche Frischschmiede und die Wallonenschmiede unmittelbar liefern, bald zu ganz feinen Eisensorten ausgestreckt wird. Diese Eisensorten sind es aber nur allein, welche in den Gegenden, wo die deutsche oder die Wallonenfrischschmiede eingeführt sind, in den Kleineisenfeuern bereitet werden.

Die Bereitung des Klein- und des Feineisens mag unter Hämmern oder unter Walzwerken geschehen, so unterscheidet man doch immer Quadrateisen, flaches Eisen, Rundeisen und Façoneisen. Was unter den 3 ersten Eisensorten zu verstehen ist, geht schon aus der Benennung hervor. Das Façoneisen kann im Querschnitt sehr verschiedenartige Flächen zeigen, wie es der Bestimmung, die das Eisen erhalten soll, angemessen ist. Solches Eisen wird gewöhnlich nur auf besondere Bestellungen angefertigt.

In den Königl. Preuß. Staaten sind die Dimensionen, nach welchen die Eisenstäbe aus den Frischhütten, von den Frischern, unter dem Hammer geschmiedet, abgeliefert werden müssen, folgende:

Für das Quadrateisen: 4 Zoll, $3\frac{1}{2}$, 3, $2\frac{7}{8}$, $2\frac{3}{4}$, $2\frac{5}{8}$, $2\frac{1}{2}$, $2\frac{1}{4}$, 2, $1\frac{7}{8}$, $1\frac{3}{4}$, $1\frac{1}{2}$, $1\frac{1}{4}$, 1, $\frac{7}{8}$, $\frac{3}{4}$ und $\frac{5}{8}$ Zoll. Schwächeres Quadrateisen als das von $\frac{5}{8}$ Zoll, sind die Frischer nicht verpflichtet abzuliefern, und die feineren Sorten werden unter leichteren Hämmern ausgereckt.

Für das flache Eisen: 6 Zoll breit und $\frac{1}{2}$ Zoll stark, $5\frac{1}{2}$ br. u. $\frac{1}{2}$ st., 5 br. u. $\frac{1}{2}$ st., 4 br. u. $\frac{1}{2}$ bis $\frac{3}{8}$ st., $3\frac{1}{2}$ br. u. $\frac{1}{2}$ st., 3 br. u. $\frac{3}{8}$ st., $2\frac{7}{8}$ br. u. $\frac{3}{4}$ bis $\frac{3}{8}$ st., $2\frac{3}{4}$ br. u. $\frac{5}{8}$ bis $\frac{3}{8}$ st., $2\frac{1}{2}$ br u. $\frac{3}{4}$ bis $\frac{3}{8}$ st., $2\frac{1}{4}$ br. u. $\frac{5}{8}$ bis $\frac{3}{8}$ st., $2\frac{1}{8}$ br. u. $\frac{1}{2}$ bis $\frac{3}{8}$ st., 2 br. u. $\frac{1}{2}$ bis $\frac{3}{8}$ st., $1\frac{7}{8}$ br. u. $\frac{5}{8}$ bis $\frac{3}{8}$ st., $1\frac{3}{4}$ br. u. $\frac{5}{8}$ bis $\frac{3}{8}$ st., $1\frac{5}{8}$ br. u. $\frac{3}{8}$ st., $1\frac{1}{2}$ br. u. $\frac{5}{8}$ bis $\frac{3}{8}$ st., $1\frac{3}{8}$ br. u. $\frac{1}{2}$ bis $\frac{3}{8}$ st., und $1\frac{1}{8}$ Zoll breit und $\frac{3}{8}$ Zoll stark. Ferner 3″ bis $1\frac{1}{2}$″ br. u. $\frac{3}{16}$″ st. (Reifeneisen) u. endlich $1\frac{3}{8}$″ bis 1″ breite und $\frac{3}{16}$″ starke, so wie auch $\frac{7}{8}$″ bis $\frac{3}{4}$″ breite und $\frac{1}{4}$″ starke Stäbe. Diese letzten Sorten führen den Namen Hufstabeisen.

Je feiner die Sorten sind, welche von dem Frischer verlangt werden, desto größer ist nicht allein der zum Schmieden nöthige Zeitaufwand, folglich desto geringer die wöchentliche Produktion, weil das Einschmelzen des Roheisens durch die zum Ausschmieden erforderliche längere Zeit verzögert wird; sondern auch der Aufwand an Eisen und Kohlen, weil die feineren Eisensorten ein öfteres Wärmen der Kolben nothwendig machen.

§. 999.

Soll das Eisen geringere als die angegebenen oder die sonst den Frischern vorgeschriebenen Dimensionen erhalten, so wird es immer aus gröberen Eisensorten dargestellt, weil es einen unnöthigen Aufwand an Zeit, Eisen und Kohlen veranlassen würde, wenn man das Material schon in feineren Dimensionen ausgestreckt anwenden wollte. Die auszustreckenden Stäbe müssen in besondern Hütten geglühet und ausgestreckt werden. Nach der Form, welche die feinen Eisenstäbchen durch die Bearbeitung bekommen, erhält das Eisen verschiedene Namen. Wird es zu feinen Quadratstäben oder zu Rundeisen (bis zu einer Stärke von 3 Linien) ausgezogen, so nennt man es Reckeisen, das flache Eisen (welches oft nur ¾ Zoll breit und 1 bis 2 Linien dick seyn kann) wird Bandeisen, und das feine Quadrateisen mit eingekerbten Kanten Krauseisen oder Zaineisen genannt.

Die Verfeinerung des Eisens in den hüttenmännischen Werkstätten erstreckt sich aber nicht bloß auf die Verminderung der Dimensionen der Stäbe, sondern auch auf das Ausziehen des Eisens zu Drath und auf das Ausbreiten zu Blechen. Dagegen ist die Anfertigung von Schaufeln, Sägen, Sensen, Sicheln, Nadeln, Messern, Feilen, Nägeln, Hufeisen, Ankern, vertieften Blecharbeiten, und überhaupt von allen fertigen Eisen- und Stahlfabrikaten, ein Gegenstand für den Fabrikanten, weil es dabei vorzüglich auf technische Handgriffe ankommt, und weil der Hüttenmann dem Fabrikanten nur das fertige Material zu seinen Arbeiten zu liefern hat. Die Schaufel-, Sägen-, Sensen-, Nägel-Hämmer, die Nadel- und Messerfabrik, die Feilenhauerei, die Amboß- und Ankerschmiede und die Zeughämmer sind daher von den folgenden Betrachtungen, welche sich nur auf die Darstellung der feinen Eisensorten, des Drathes und der Bleche, als Material für die Fabrikanten und Handwerker erstrecken, gänzlich ausgeschlossen.

A. Die Anfertigung der feineren Eisensorten.

§. 1000.

Das Ausrecken des Stabeisens zu feinen Stäben geschieht entweder unter leichten Hämmern, welche gewöhnlich Schwanzhämmer sind, oder unter Walz- und Schneidewerken.

a. Die Anfertigung der feineren Eisensorten unter Hämmern.

§. 1001.

Den Schwanzhämmern, oder den leichten Hämmern zum Ausstrecken des Eisens, giebt man, nach der Sorte von Eisen welche darunter geschmiedet wird, den Namen Reckhämmer, Bandhämmer, Zainhämmer. Die Construction dieser Hämmer und Hammergerüste ist von derjenigen der gewöhnlichen Schwanzhämmer für Grobeisen (§. 857) nicht abweichend, nur sind sie, weil die Hämmer leichter sind und mehr Hübe in einer gewissen Zeit verrichten, leichter gebaut. Die Zeichnungen Taf. XXXV. stellen zwei Reckhammergerüste dar. Weil bei diesen Hämmern die Einrichtung getroffen ist, daß die Bahnen im Hammer und im Amboß, zwischen denen das Schmieden geschieht, durch Gesenke eingelassen sind, also jederzeit schnell eingesetzt und wieder herausgeschoben werden können, so läßt sich dem Eisen, unter einem und demselben Hammer, eine sehr verschiedenartige Gestalt geben, je nachdem man die Gesenke im Hammer und im Amboß verändert. Cylindrische Eisenstäbchen würden z. B. eine cylindrische Aushöhlung der Gesenke, im Hammer und im Amboß; halbrundes Eisen eine cylindrische Aushöhlung des einen von beiden Gesenken; kugelförmig gestaltetes Eisen (Kartätschkugeln) eine halbkugelförmige Aushöhlung beider Gesenke verlangen u. s. f. Die Zeichnungen auf Taf XXXIII. und XXXVII. geben Andeutungen über die Art des Schmiedens in Gesenken.

Je schmaler die Bahnen des Ambosses und des Hammers sind, desto stärker reckt oder streckt der Hammer das darunter zu verarbeitende Eisen, desto mehr wird folglich die Arbeit gefördert. Ein geschickter Reck- und Zainschmied wendet daher möglichst schmale Bahnen an; indeß dürfen diese natürlich nicht schmaler seyn, als die Stärke des Reckeisens selbst ist, weil sich die dünnen Stäbchen sonst nicht sauber abschlichten lassen würden. Der Zainschmied kann eine etwas schmalere Bahn anwenden; bei der Anfertigung des Bandeisens werden aber etwas breitere Bahnen erfordert. Beim Band- und Reckeisen müssen die Flächen der Stäbe möglichst scharfe und vollkommen rechte Winkel mit einander bilden, indem darauf nicht allein die Schönheit, sondern oft auch die größere Brauchbarkeit des Eisens beruht. Beim Zaineisen müssen die Einschnitte oder die Einkerbungen, Winkel von gleicher Größe gegen einander erhalten, weil nur dadurch eine gleiche Stärke des Stabes und ein schönes Ansehen desselben bewirkt werden kann. Der Zainschmied muß daher eine große Gewandtheit im Drehen und Wenden des Stabes besitzen. Durch die Anfertigung des geschnittenen Eisens unter den Schneidewerken ist das Zaineisen schon ziemlich allgemein verdrängt. Die unbequeme Gestalt des Zaineisens hat sich nur durch Gewohnheit und Herkommen so lange im Gebrauch erhalten können.

Die Anfertigung der Hammer- und Amboßbahnen muß mit großer Sorgfalt aus gutem, nicht zu hartem, aber gut gehärtetem Stahl geschehen, und die gegen einander wirkenden Flächen müssen gut abgeschliffen seyn.

Je mehr Schläge der Hammer in einer gewissen Zeit thun kann, desto mehr wird die Arbeit beschleunigt, und desto längere Enden kann der Schmidt bei einer Hitze ausrecken, desto weniger bedürfen die Stäbe des wiederholten Wärmens, desto geringer sind also Eisenverbrand, Zeit- und Kohlenaufwand. Die Hülsen des Hammers dürfen nicht zu kurz seyn, um die Bahn desselben recht genau auf die Bahn des Ambosses stellen zu können, worauf sehr viel ankommt, wenn das Eisen schön und gleichförmig geschmiedet seyn soll. Das Verhältniß der beiden Hebelsarme macht man nicht gern größer als 6 zu 1, weil man dem Hammer sonst keine genaue Stellung geben kann; die nöthige Geschwindigkeit sucht man deshalb lieber durch größere Kränze auf der Hammerradwelle, in welcher sich die Hebedaumen befinden, zu erhalten.

§. 1002.

Die Arbeit des Schmiedens unter dem Hammer, auch beim besten Gange desselben, geht noch immer zu langsam, als daß man sich mit Vortheil der Flammenöfen zum Glühen des auszureckenden Stabeisens bedienen könnte. Das Wärmen des Eisens geschieht daher in einer gewöhnlichen Schmiedeesse, entweder bei Holzkohlen oder bei Steinkohlen. Auch die Torfkohle leistet, wenn sie nicht zu viele Asche hinterläßt, gute Dienste. Eine sehr gewöhnliche Einrichtung solcher Glühessen zeigen die Zeichnungen Taf. XLVII. Fig. 5—8., welche eine doppelte Esse (Doppelesse) darstellen. Man führt den Wind lieber durch zwei Düsen als durch eine in den Heerd, um eine größere Länge der Eisenstäbe erhitzen zu können. Aus diesem Grunde sind zuweilen auch wohl drei Formen neben einander angebracht. Erhitzter Wind ist bei dieser Glüharbeit besonders zu empfehlen. Der Raum unter der Form dient als Reservoir für die Kohlen, indem das Eisen niemals unter oder vor, sondern stets über der Form die Glühhitze erhält. Der Raum für die Kohlen wird außerdem durch die der Form gegenüber aufgeführte Mauer, welche man der Reinlichkeit wegen mit einer eisernen Platte bedeckt, möglichst begränzt. Eine Oeffnung in der Rückwand der Esse dient dazu, um Raum für lange Stäbe zu erhalten, von welchen nur der jedesmal zu erhitzende Theil über der Form liegt. Diese Oeffnung kann wegfallen, wenn nur kurze Stäbe erhitzt und weniger der Richtung der

Länge, als der Richtung der Länge und der Breite nach erhitzt werden sollen. Den Eisenstäben giebt man eine Unterlage von gegossenen eisernen Platten. Zur Ersparung an Kohlen trägt es sehr bei, wenn die Feuer, oder der ganze Glühraum über den Formen, mit einem gemauerten Gewölbe geschlossen ist. Wo man sich der backenden Steinkohlen bedient, die beim Verbrennen ein natürliches Gewölbe bilden, würde ein solches künstliches Gewölbe nur hinderlich seyn. Die Einrichtung der Esse zum Abziehen des Rauchs und der glühenden Gase, stimmt mit der einer gewöhnlichen Schmiedeesse, oder eines gewöhnlichen Frischheerdes überein. Bei vorsichtigem Wärmen darf kein Eisen verschlackt werden, sondern der ganze Gewichtsverlust, den das Eisen bei diesem Ausschmieden zu dünneren Stäben erleidet, muß bloß durch den Glühspan, welcher während der Arbeit entsteht, veranlaßt werden. Das Eisen wird nämlich nicht bis zur Schweißhitze erhitzt, folglich kann auch keine eigentliche Verschlackung stattfinden; nur ungeschickte Schmiede sind genöthigt, den Abbrand durch Bestreuen mit Schlacke oder fettem Sande (Schweißsand) zuweilen zu vermindern.

Statt die Kohlen mit einem Gebläse anzufachen, ist es, auch bei der Anwendung der Hämmer zum Ausrecken des Stabeisens zu feineren Eisensorten, vortheilhaft, sich der backofenartigen Glühöfen, welche nicht selten bei der Bereitung der Eisenbleche angewendet werden (in der Art, wie die Zeichnungen Taf. XLVII. Fig. 9—11. zeigen), zu bedienen. Diese Oefen sind mit einem Rost versehen, auf welchem die Kohlen durch schwachen natürlichen Luftzug in Gluth erhalten werden. Das Eisen, welches eine starke Rothglühhitze erhalten soll, liegt unmittelbar auf den Kohlen. Die vordere Arbeitsöffnung, durch welche die Kohlen und das Eisen in den Glühraum gebracht werden, und aus welcher das glühende Eisen wieder herausgenommen wird, läßt sich durch eine vor derselben angebrachte Hängethüre, nach Umständen mehr oder weniger verschließen.

Bei der Anwendung von Steinkohlen läßt man diese erst abflammen, ehe man das Materialeisen einträgt.

§. 1003.

Ein einfach besetzter Hammer erfordert zwei Arbeiter, den Meister und den Auswärmer. Jener schmiedet die glühenden Stäbe, welche der Gehülfe ihm zureicht, ununterbrochen aus. Das Wärmen, welches häufig zu wenig erfahrnen Arbeitern überlassen wird, erfordert große Aufmerksamkeit und Vorsicht, um die Stäbe weder übermäßig zu erhitzen und sie dem Winde dabei zu sehr auszusetzen, noch das Eisen zu kalt werden und den Hammer zu lange warten zu lassen. Die Kohlen müssen daher weder zu fest oder zu dicht liegen und dem Winde den Durchgang hemmen, noch zu sehr aufgelockert seyn, um das Eisen vom Winde nicht angreifen zu lassen. Vorzüglich ist es nothwendig, nicht zu viel Stäbe zu gleicher Zeit zu stark zu erhitzen, sondern immer nur einen Stab in dem Zustande der Temperatur zu erhalten, daß er ausgereckt werden kann, die übrigen Stäbe aber während der Zeit anzuwärmen, und nach und nach einer größeren Hitze auszusetzen. Der zum Ausrecken erforderliche Grad der Temperatur liegt in der Mitte zwischen der Roth= und Weißglühhitze, und läßt sich nur durch ein geübtes Auge genau treffen.

Bei doppelter Besetzung wechseln 2 Meister mit ihren Gehülfen in 12stündigen Schichten ab.

Das Materialeisen für den Reck=, Band= oder Zainhammer besteht gewöhnlich aus 3 Fuß langen und $\frac{3}{4}$ bis $1\frac{1}{2}$ Zoll dicken Quadratstäben, — Prügeleisen, Zagel=, Knoppereisen, — welche zuerst in der Mitte geglüht und ausgereckt werden, worauf das Ausrecken der beiden Enden (Kolben) folgt. Jeder Stab erhält daher wenigstens drei Hitzen; oft müssen aber auch mehre gegeben werden. Der Meister sitzt auf einer beweglichen Bank quer gegen den Hammer, und faßt das auszureckende Eisen zuerst mit einer Zange, demnächst aber mit bloßen Händen. 5 bis 6 Stäbe oder Kolben befinden sich immer zugleich im Feuer, um nach und nach angewärmt zu werden. Der Gehülfe hat auch das Richten der fertig geschmiedeten Stäbe über einem Amboß zu besorgen, und nach einem ununterbrochenen Schmieden von 2 Stunden, oder noch längerer Zeit, wird eine Pause gemacht, welche zur genauen Untersuchung der geschmiedeten Stäbe angewendet wird, um die schiefrigen auszusuchen und zu verbessern.

Man unterscheidet gewöhnlich drei Sorten, nämlich feines und ordinaires Zain-, Band- und Reckeisen. Auf den Königl. Preuß. Eisenhütten finden dabei folgende Dimensionen statt:

Ordinaires Bandeisen. Das flache Eisen von $\frac{7}{8}''$ bis $\frac{5}{8}''$ breit und $\frac{1}{4}''$ bis $\frac{1}{8}$ stark; so wie von 3″ bis $\frac{3}{4}''$ breit und $\frac{1}{8}''$ stark.

Feines Bandeisen. Von 3″ bis $\frac{1}{2}''$ breit und $\frac{1}{12}''$ bis $\frac{1}{16}''$ stark.

Ordinaires Reckeisen Das $\frac{1}{2}$zöllige Quadrateisen und das Rundeisen von $\frac{5}{8}''$ bis $\frac{1}{2}''$ im Durchmesser.

Feines Reckeisen. Quadratstäbe von $\frac{7}{16}''$ bis $\frac{1}{4}$ Zoll. Rundeisen von $\frac{7}{16}''$ bis $\frac{1}{4}''$ im Durchmesser.

Diese Dimensionen gelten sowohl für das unter dem Hammer geschmiedete, als für das unter den Feineisenwalzwerken ausgestreckte Eisen.

Alle feineren Eisensorten werden in Gebunden eingebunden, das zum Bande dienende Eisen aber mit gewogen. Mit dem Gewicht eines solchen Gebundes richtet man sich nach dem Gebrauch und nach der Sitte des Landes.

Ein geschickter Auswärmer kann zur Ersparung des Brennmaterials und zur Verminderung des Eisenabgangs viel beitragen. Bei der Anwendung von Holzkohlen rechnet man acht Preuß. Kubikfuß zu einem Centner Reckeisen; bei der Anwendung von Steinkohlen sollten höchstens 0,9 Kubikf. verbraucht werden. Bei diesen Verbrauchssätzen können Ersparungen gemacht werden, wenn nicht sehr feine Eisensorten anzufertigen sind. Der Abgang vom Materialeisen (Prügeleisen) zu Reckeisen sollte niemals 5 Procent übersteigen, womit auch bei den feinsten Sorten auszureichen ist. Bei gröberen Reckeisensorten beträgt der Verlust durch den Abbrand $2\frac{1}{2}$, oft nur $1\frac{1}{2}$ Procent. Die Größe der wöchentlichen Produktion richtet sich sehr nach der Sorte des Reckeisens und nach der Beschaffenheit des Materials. Unter günstigen Umständen kann ein einfach besetzter Hammer wöchentlich 36 Centner von dem feinsten Reckeisen, ein doppelt besetzter gegen 60 Centner abliefern. Von einer guten Torfkohle, welche, wie schon erwähnt, beim Glühen im Heerde sehr anwendbar ist, müssen zu 1 Centner Reckeisen ebenfalls nicht mehr als höchstens 8 Kubikfuß verbraucht werden.

b. Die Anfertigung der feineren Eisensorten unter Walzwerken.

§. 1004.

Je langsamer die Arbeit des Ausreckens unter dem Hammer verrichtet wird, desto größer ist der Kohlenverbrauch, und desto größer in der Regel auch der Eisenabgang. Beim besten Gange leistet der Hammer indeß wenig, und das Eisen muß länger in dem Zustande der zum Ausrecken erforderlichen Temperatur erhalten werden, als nöthig gewesen seyn würde, wenn das Ausrecken unter dem Hammer in kürzerer Zeit erfolgen könnte. Dazu kommt noch, daß ein Stab mit einer Hitze nie ganz ausgereckt werden kann, sondern daß er mehre Mal ins Wärmfeuer gebracht werden muß, wodurch sich der Kohlenaufwand und Eisenverbrand erhöhen. Diese Hindernisse, verbunden mit der Schwierigkeit, feines Reckeisen unter dem Hammer recht schön und von ganz gleicher Stärke rechtwinklig, oder auch von ganz gleichem Durchmesser in der Länge des ganzen Stabes zu schmieden, gaben schon frühe Veranlassung, das zu feinen Stäben auszureckende Eisen unter einem Walzwerk bis zur vorgeschriebenen Stärke auszuwalzen. Die Gestalt des Zaineisens läßt sich dem Eisen hierbei freilich nicht geben, indeß sind die Einkerbungen bei der weiteren Verarbeitung desselben mehr nachtheilig als gleichgültig, und können nur von unwissenden Arbeitern gewünscht werden.

Die Anfertigung der feineren Stabeisensorten unter den Feineisenwalzwerken bezieht sich daher auf die Darstellung des flachen Eisens (Bandeisens), des Quadrat- oder Vierkanteisens (Reckeisens) und der Rundstäbe (des Rundeisens) in den vorhin (§. 1003) angegebenen Dimensionen. Quadrateisen von weniger als $\frac{1}{4}$ Zoll Stärke wird nicht mehr unter den Quadrateisenwalzen ausgestreckt, sondern aus breiten oder flachen Eisenstäben, unter den sogenannten Schneidewerken, gespalten oder geschnitten. Eben so wird Rundheisen von weniger als $\frac{1}{4}$ Zoll im Durchmesser nicht mehr unter dem Rundeisenwalzwerk ausgewalzt, sondern durch Oeffnungen von dem vorgeschriebenen Durchmesser, welche in einer Stahlscheibe (Zieheisen) angebracht sind, zu Drath gezogen. Geschnittenes Eisen ist also das feinste Quadrateisen und Drath das feinste Rundeisen. Flache Eisenstäbe, deren Länge nicht mehr in solchem Verhältniß zu ihrer Breite steht, daß dadurch der gewöhnliche Begriff, den man mit der Gestalt eines Stabes verbindet, gerechtfertigt würde, nennt man Blech, obgleich die Stärke der Bleche, — welche sowohl unter Hämmern als unter Walzwerken dargestellt werden, — oft ungleich größer seyn kann, als die Stärke der flachen Eisensorten, welche zu den feineren Eisensorten und zu deren mittlerer Feinheit gerechnet werden. Das Verfahren bei der Bereitung des geschnittenen Eisens, des Drathes und der Bleche, ist folglich von den Verfahrungsarten zu trennen, welche bei der Anfertigung des feinen Flacheisens, des feinen Vierkanteisens und des feinen Rundeisens unter den Feineisenwalzwerken angewendet werden.

§. 1005.

Nur bei der Anfertigung der flachen feinen Eisensorten, des sogenannten Bandeisens, — wendet man eigenthümliche Einrichtungen bei den Walzwerken an, und giebt den Walzen auch eine geringere Umlaufsgeschwindigkeit als bei der Anfertigung der feinen Quadrat- und Rundstäbe. Die flachen Eisenstäbe, bis zu einer Stärke von 3, oder auch wohl von 2½ Linien werden unter den Feineisenwalzen dargestellt, unter welchen auch das Reckeisen (Quadrat- und Rundeisen) von den feinsten Dimensionen angefertigt wird.

Es würde also nur noch eine Gränze zu ziehen seyn, zur Bestimmung der Dimensionen des flachen und des Quadrat- oder Rundeisens, bis zu welcher die verschiedenen Eisensorten unter den Grobeisenwalzwerken, und von welcher ab sie unter den Feineisenwalzwerken dargestellt werden. Diese Gränze ist indeß ziemlich willkührlich und richtet sich vorzüglich nach der Güte und Beschaffenheit des Eisens. Gutes Eisen läßt sich bei einem schnelleren Umgange der Walzen ausstrecken, ohne ein Zerreißen desselben befürchten zu dürfen. Man wird sich daher der schneller umlaufenden Feineisenwalzen vorzugsweise bedienen, um die Streckarbeit zu beschleunigen.

Wenn die feineren Eisensorten aus Kolben (Vierkanteisen) durch eine bloße Ausstreckarbeit angefertigt werden, so wendet man unmittelbar die Feineisenwalzgerüste an, unter welchen die Kolben zuerst vorgestreckt und dann vollendet werden. Erfolgt die Darstellung des Feineisens aus über einander gelegten flachen Schienen vom Grobeisenwalzwerk, welche dabei zugleich raffinirt werden, so kann zuweilen der Fall eintreten, daß man sich der Vorbereitungswalzen (Quadratwalzen) des Grobeisenwalzwerks bedient, und die Paquete nach dieser Vorbereitung sogleich unter die Vorbereitungs- und darauf unter die Vollendungswalzen des Feineisenwalzwerks bringt; indeß tritt ein solcher Fall selten ein, weil auch die Vorbereitungswalzen der Feineisenwalzwerke in der Regel schon mit so großen Kalibern versehen sind, daß die Vorbereitung der Paquete darunter geschehen kann.

Die Klein- und Feineisenwalzgerüste unterscheiden sich von den Grobeisenwalzgerüsten nur durch eine sorgfältigere Ausführung und Stellung der Kaliber, durch geringere Dimensionen der Walzen (10 bis 12 Zoll im Durchmesser), durch eine bewegliche Kappe bei den Walzwerkgerüsten, durch sorgfältig angebrachte Leitungen zum Durchführen der Stäbe, durch gute Abstreifvorrichtungen und besonders durch eine bedeutend größere Geschwindigkeit der Walzen. Auch wendet man sehr häufig drei über einander liegende Walzen an, um den Stab, nachdem er von der vorderen Seite des Walzwerkes durch die Kaliber gegangen ist, nicht wieder zurückgeben zu dürfen, sondern ihn auch beim Zurückgeben durch die Kaliber gehen lassen zu können. Dieses Ausstrecken bei dem Hin- und Rückgange des Stabes wird indeß bei dem Flacheisen nicht, sondern nur bei dem Reckeisen angewendet. Die Umlaufsgeschwindigkeit der Walzen beträgt 130—200 Umdrehungen in der Minute.

Soll flaches Feineisen, sey es aus Kolben oder aus Paqueten, dargestellt werden, so wird das in voller Weißglühhitze befindliche Eisen aus dem Glühofen zuerst, wie gewöhnlich, unter die Vorbereitungswalzen gebracht, und unter denselben durch die verschiedenen Kaliber bis zu der Stärke der Quadratstäbe ausgestreckt, welche der Dimension der Breite des flachen Stabes entspricht. Hat der Stab diese Stärke erlangt, so wird er durch die verschiedenen flachen Kaliber von der entsprechenden Breite geführt, bis er die verlangte Stärke erhalten hat.

Bei der Anfertigung des feinen Quadrateisens und des Vierkant-Reckeisens muß man, wenn sehr feine Dimensionen verlangt werden, die Kaliber in 2 Walzenkörper vertheilen, also 2 Walzwerksgerüste anwenden, von denen das erste die gröberen (vorbereitenden) und das zweite die feineren (vollendenden) Kaliber enthält.

Für die Anfertigung des Rundeisens befolgt man zwei verschiedene Methoden. Die eine besteht darin, daß man das weißwarme Eisen durch Quadratkaliber von abnehmender Größe so lange hindurchführt, bis die Diagonale des Quadratstabes die Dimension des Durchmessers des Rundstabes erhalten hat, worauf man den vorbereiteten Quadratstab zuerst durch ein ovales Kaliber und dann durch das Rundkaliber von dem verlangten Durchmesser gehen läßt. Diese Methode ist die schnellste und giebt vorzüglich gute Rundstäbe, wenn das Verhältniß des ovalen zum kreisrunden Kaliber gut getroffen ist. Dies verursacht jedoch einige Schwierigkeiten, indem selbst die verschiedenartige Beschaffenheit des Stabeisens ein etwas verschiedenes Verhältniß des elliptischen zum kreisrunden Kaliber zu erfordern scheint. Nach der zweiten Methode wird das vorbereitete (Quadrat-) Eisen durch kreisrunde Kaliber von abnehmender Größe so lange geführt, bis es den verlangten Durchmesser erhalten hat. Dies Verfahren liefert in der Regel keine sauberen und von Näthen ganz freien Rundstäbe, auch findet dabei ein viel größerer Aufwand an Zeit (also auch an Eisen und Brennmaterial) statt, und es ist daher dabei eine geringere wöchentliche Produktion zu erwarten, als bei dem ersten Verfahren.

Sechskant- und Achtkant-Eisensorten werden in Quadratkalibern vorgewalzt, und dann in die entsprechenden Kaliber von abnehmender Dimension geführt. Die Kaliber zu diesen kantigen Eisensorten müssen, eben so wie die Kaliber zu dem Quadrat- und zu dem Rundeisen, zur Hälfte in der unteren und zur Hälfte in der oberen Walze eingedreht seyn, so daß die Linie, in welcher sich beide Walzen berühren, einen von den großen Durchmessern des Polygons bildet.

Man wendet bei der Feineisenbereitung dieselben Glühöfen an, welche bei der Darstellung der gröberen Eisensorten unter den Walzwerken gebräuchlich sind. Nur wenn man sich der Kolben bedient und eine einfache Ausstreckarbeit stattfinden läßt, kann man Oefen mit höheren Feuerbrücken, mit schwächerem Zug und mit einer Sohle von feuerfesten Ziegeln anwenden, weil es nur einer angehenden Weißglühhitze, und nicht einer vollständigen Schweißhitze bedarf, wenn das Eisen unter die Vorbereitungswalzen gebracht wird. Alles Eisen welches die Weißglühhitze, oder die Schweißhitze erhalten soll, wird nicht unmittelbar auf die Heerdsohle, sondern auf eine Unterlage (von Stein oder von geschmiedetem Eisen) gelegt, damit es auch von unten erwärmt werden kann.

Die Größe der wöchentlichen Produktionen ist von den Dimensionen des Eisens abhängig. Feineisen (feines Stabeisen) von allen Kalibern, zu dessen Darstellung, wie immer, wenigstens zwei Walzgerüste, ein vorbereitendes und ein vollendendes, erforderlich sind, läßt sich ungleich schneller vollenden als Reckeisen. In einer Zeit von 6 Arbeitstagen können wöchentlich 1300 bis 1400 Centner feines Stabeisen, 1000 bis 1100 Centner grobes Reckeisen und 350 bis 400 Centner feines Reckeisen von allen Kalibern unter zwei mit einander verbundenen Walzgerüsten angefertigt werden.

Der Eisenabgang ist von dem Verfahren bei der Arbeit in so fern abhängig, als dieselbe entweder bloß eine Ausstreckarbeit, oder zugleich eine Schweißarbeit ist. Wird fertiges Kolbeneisen ausgestreckt, so wird der Eisenverlust oft nur 3 bis 4 Procent betragen. Findet aber zugleich ein Raffiniren statt, und ist eine vollkommene Schweißarbeit nöthig, so steigt der Eisenverlust bis zu 8 — 9 Procent.

Der Steinkohlenverbrauch ist bei der einfachen Streckarbeit zu 0,75 Kubikfuß, und bei der Schweißarbeit zu 0,9 Kubikfuß für 100 Pfund fertiges Produkt anzunehmen.

§. 1006.

Die Bereitung des Bandeisens findet stets aus fertigen Kolben statt, und niemals wird damit eine Schweißarbeit in Paqueten verbunden. Oft bedient man sich des flachen Stabeisens, welches fast die Dimension der Breite des Bandeisens in den Kalibern erhalten hat, so daß es nur des Ausstreckens unter den Bandeisenwalzen bedarf. Wendet man Kolben oder Quadratstäbe an, welches gewöhnlich der Fall zu seyn pflegt, so müssen diese zuvor unter dem Kleineisenwalzwerk vorbereitet werden, ehe sie durch die Bandeisenwalzen geführt werden. Die Arbeit unter den Vorbereitungswalzen, besonders unter den flachen Kalibern, ist möglichst zu beschleunigen.

Die Walzen für Bandeisen sind ganz glatt, ohne alle Einschnitte oder Kaliber. Walzen aus weichem Roheisen sind fast unanwendbar; es müssen daher nur Hartwalzen (§§. 783. 784.) angewendet werden. Auf der Zeichnung Taf. LVIII. Fig. 1—4. ist ein Bandeisenwalzwerk dargestellt. Es ist ein gewöhnliches Ständergerüst, welches immer nur zwei Walzen aufnimmt. Die Vorrichtungen zum Durchführen der Eisenstäbe sind nothwendig, damit nicht immer dieselben Stellen der Walzenfläche von dem Eisen getroffen werden. Zur Darstellung einer reinen, glatten und sauberen Oberfläche des Bandeisens ist es nothwendig, eine Vorrichtung zum Abschaben des Glühspans anzubringen, welche in demselben Augenblick die Oberflächen des Stabes reinigt, wo dieser die Walzen verläßt. Diese Abschabevorrichtung macht besondere Abstreifer überflüssig. Der Stab wird zuweilen mehre Male durch die Walzen geführt. Der fertige Stab wird auf der Richtplatte gerade gerichtet.

Die Bandeisenwalzen erhalten einen Durchmesser von 12 bis 13 Zollen und machen 40 bis 80 Umgänge in der Minute. Eine 80malige Umdrehung setzt jedoch schon eine sehr gute Beschaffenheit des Eisens voraus. Die Entfernung der beiden Walzen von einander, wodurch die Stärke des Bandeisens bestimmt wird, wird durch die Schrauben in gewöhnlicher Art regulirt.

Zum Wärmen des Materialeisens bedient man sich der gewöhnlichen Glühöfen, welche jedoch, weil nur eine schwache Weißglühhitze und keine Schweißhitze erforderlich ist, eine kleinere Rostfläche als die Schweißöfen, eine engere Fuchsöffnung und eine höhere Feuerbrücke erhalten. Die Heerdsohle besteht aus feuerfesten Thonziegeln. Man besetzt den Heerd nicht weiter als etwa bis zur Hälfte seiner Länge von der Feuerbrücke an gerechnet, weil das Eisen auf der zweiten Hälfte des Heerdes, zunächst der Fuchsöffnung, dem Luftstrom zu sehr ausgesetzt seyn würde. Die Thüre zum Einsetzen des kalten und zum Herausnehmen des heißen Eisens wird zweckmäßiger der Brücke gegenüber, als in der Seitenwand des Glühofens angebracht. — Statt dieser Glühöfen wendet man aber auch der schon oben (§. 1002) erwähnten Glühöfen an, bei welchen das Materialeisen unmittelbar auf glühenden Kohlen liegt. Diese Oefen sind bei der Anfertigung des Bandeisens ganz zweckmäßig.

Die fertigen, 18 bis 20 Fuß langen Stäbe werden gewöhnlich einmal umgebogen, und in Bunden von $\frac{1}{4}$ oder $\frac{1}{2}$ Centner gebunden. Die Bänder bestehen aus denselben Eisensorten, indem man die schadhaften (schiefrigen oder mit Langrissen versehenen) Stäbe unter der Scheere in der zu den Bändern erforderlichen Länge zerschneidet.

Der Eisenverlust beträgt selten unter 5 Procent; er steigt aber bei mangelhaften Glüheinrichtungen, oder bei einer nicht gehörig aufmerksamen Behandlung im Glühofen, bis zu 8 Procent. — Der Steinkohlenverbrauch ist zu 0,5 bis 0,6 Kubikfuß, zuweilen auch noch etwas höher anzunehmen. Er ist größer, wenn vierkantige Kolben und nicht schon fertiges Flacheisen, als Material angewendet wird.

Die allgemeine Regel, daß das zu erhitzende Eisen niemals in einen kalten Ofen gebracht werden darf, sondern sich der Ofen bei dem ersten Besetzen schon in voller Glühhitze befinden muß, darf auch bei der Bandeisenbereitung nicht vernachlässigt werden.

B. Die Anfertigung des geschnittenen Eisens unter Schneidewerken.

§. 1007.

Die Schneidewerke scheinen in der Mitte des 17ten Jahrhunderts zuerst in Lothringen aufgekommen zu seyn. Zur Verarbeitung unter den Walz- und Schneidewerken wird nur flaches Eisen angewendet, weil man bei der Anwendung von Quadratstäben genöthigt seyn würde, eine Vorbereitung des Materialeisens durch Quadrat- und Flachwalzen vorzunehmen, wodurch die zu zerschneidenden Platinen zu sehr abgekühlt werden würden. Das flache Eisen hat in der Regel schon beinahe die Breite, mit welcher die Platinen unter das Schneidewerk kommen, allein es ist dicker und wird unter den Flachwalzen bis zu der Stärke ausgestreckt, welche das darzustellende geschnittene Eisen erhalten soll. Ein Schneidewerk besteht daher aus einem Ausstreckwerk und dem eigentlichen Schneidewerkgerüst. Das Ausstreckwerk (Espatard) ist ein einfaches, aus zwei glatten Walzen bestehendes Gerüst, welches ganz wie ein Bandeisenwalzwerk construirt ist, aber weder der Durchführ- noch der Abschabevorrichtungen bedarf. Das Ausstreckwerk ist mit dem Schneidewerk an einer und derselben Welle gekuppelt; man kann sich auch des Bandeisenwalzwerks bedienen, um die Platinen für das Schneidewerk vorzubereiten und ihnen die verlangte Stärke zu geben. Die Vorbereitungswalzen und die Schneidescheiben erhalten eine und dieselbe Geschwindigkeit, nämlich eine gleiche Anzahl Umdrehungen (45 bis höchstens 80) in der Minute. Der Durchmesser der Walzen ist 10 bis 12 Zoll.

Wenn man Kolben zur Schneideeisenfabrikation anwendet, muß das Schneidewerk mit einem Feineisenwalzwerk in Verbindung stehen und die gewalzten flachen Stäbe müssen unmittelbar vom Walzwerk unter das Schneidewerk gebracht werden. Je größer die Anzahl der Stäbe ist, in welche die ausgewalzte Platine zerschnitten werden soll, desto breiter muß dieselbe natürlich seyn, und deshalb muß das zu verarbeitende Materialeisen auch eine um so größere Breite haben, aus je mehr Scheiben das Schneidewerk zusammengesetzt ist. Eine große Anzahl von Scheiben oder Schneiden ist indeß nicht zu empfehlen, weil sich die Schneiden dann nur schwierig ganz feststellen lassen. Man übergiebt den Schneidewerken niemals das ganz fertige, nämlich das bis zur erforderlichen Stärke ausgereckte Materialeisen, um die Stärke der Platine genau einzuhalten, sondern man bewirkt dies durch das Hindurchführen des weißwarmen Eisens durch genau gestellte Glattwalzen, vor dem Zerschneiden auf dem Schneidewerk.

Ein Schneidewerk besteht aus einer Reihe von abwechselnd kleineren und größeren eisernen und verstählten Scheiben und Schneiden, welche auf geschmiedeten eisernen Spindeln oder Wellen so an einander gereihet sind, daß sie weder ausweichen, noch sich verschieben können. Die auf Wellen an einander gereiheten und gehörig befestigten Schneiden und Scheiben, haben alsdann das Ansehen einer mit Einschnitten versehenen Walze, indem die Scheiben mit kleinerem Durchmesser als die Einschnitte, und die Scheiben mit größerem Durchmesser als die in die Einschnitte eingreifenden Rippen anzusehen sind, nur mit dem Unterschiede, daß sich bei dem Schneidewerke die Einschnitte und die Rippen sowohl unten als oben befinden, und daß die Rippen als wirkliche Schneiden wirken. Die Breite oder die Dicke der Schneiden bestimmt sich nach der Breite, welche das zu zerschneidende Eisen erhalten soll. Soll z. B. Schneideeisen von $\frac{3}{8}$ Zoll breit und $\frac{1}{4}$ Zoll stark angefertigt werden, so müssen $\frac{1}{4}$ Zoll stark gewalzte Platinen unter ein Schneidewerk gebracht werden, dessen Schneiden eine Dicke von $\frac{3}{8}$ Zoll haben. Soll 3 Linien im Quadrat starkes Reckeisen geschnitten werden, so müssen die zu zerschneidenden Platinen 3 Linien dick seyn, und die Schneiden des Schneidewerks müssen ebenfalls eine Dicke von 3 Linien haben. Es versteht sich von selbst, daß die Scheiben dieselbe Dicke erhalten wie die Schneiden, weil die letzteren genau in die Zwischenräume passen sollen, welche durch die ersteren gebildet werden.

Man giebt den Schneiden einen Durchmesser von 10 bis 12 Zollen, den Scheiben (Mittelscheiben) einen Durchmesser von 6 bis 8 Zollen, und läßt die Schneiden etwa $\frac{3}{4}$ Zoll in die von den Scheiben gebildeten Zwischenräume hineingreifen, so daß die Schneiden um eben so viel über einander greifen. Die Oberfläche der Schneiden bleibt von der der Scheiben alsdann noch etwa $1\frac{1}{2}$ Zoll entfernt, welcher Zwischenraum aber nöthig ist, weil in die, durch die Mittelscheiben gebildeten Kaliber, sowohl auf der oberen als auf der unteren Welle, noch Abstreifmeißel (sogenannte Brillen) greifen müssen, um das geschnittene Eisen von den Mittelscheiben abzustreifen und das Umwickeln desselben zu verhindern. Kleinere Scheiben lassen sich mit mehr Genauigkeit und in größerer Güte anfertigen; größere Scheiben haben den Vorzug, daß sich das geschnittene Eisen weniger krumm zieht, und daß die Arbeit schneller von Statten geht, allein sie lassen sich schwieriger anfertigen, indem sie sich leicht krumm ziehen.

Aus der Einrichtung des Schneidewerkes geht hervor, daß die Schneiden der oberen Welle genau in die durch die Mittelscheiben der unteren Welle gebildeten Zwischenräume passen müssen, und umgekehrt. Weil die Schneiden nur das Zertheilen des Eisens bewirken und die Mittelscheiben bloß dazu dienen, die Zwischenräume zu bilden, so müssen die Schneiden auch mit der vorzüglichsten Sorgfalt angefertigt werden. Zu den Mittelscheiben könnte man sich sauber gegossener und glatt abgeschliffener Scheiben mit Vortheil bedienen.

Die Anzahl der Schneiden richtet sich, bei vorhandener Kraft, nach der Breite des zu schneidenden Eisens. Es müssen nämlich bei jedem Schneidewerk Sätze von Schneiden und Scheiben von eben so verschiedener Stärke, als verschiedene Dimensionen in der Breite des zu schneidenden Eisens üblich sind, vorhanden seyn. In einer größeren Breite als in der von 5 Zollen, werden die Platinen wohl schwerlich jemals unter das Schneidewerk gebracht, weil die aus sehr vielen Schneiden und Scheiben zusammengesetzten Schneidewerke, nicht mit der erforderlichen Genauigkeit auf die Spindeln oder Wellen befestigt werden können. Soll also die Breite des zu zerspaltenden Eisens (bei einer Breite der Platine von 5 Zoll) einen Zoll betragen, so muß die Platine zu fünf Stäben zerspalten werden. Dazu sind 3 Zwischenräume an der oberen und 2 Zwischenräume an der unteren armirten Welle erforderlich. Um die drei oberen Zwischenräume zu bilden, sind vier Schneiden und drei Mittelscheiben, eine jede von der Stärke eines Zolles, nöthig, und um die beiden unteren Zwischenräume zu bilden, werden drei Schneiden und zwei Mittelscheiben erfordert. Die Anzahl der Scheiben wird also immer unpaar seyn, und man theilt gewöhnlich der oberen Welle die Mehrzahl zu. Die obere Welle erhält alsdann eben so viele kleinere Scheiben, als die untere Welle größere, oder schneidende Scheiben hat. Man zertheilt oder zerspaltet die Platinen daher auch nicht in 6, 8, 10, 12 u. s. f., sondern in 5, 7, 9, 11, 13 u. s. f. Stäbchen. Zusammengehalten werden die Schneiden und Scheiben auf jeder Spindel durch ein paar Seitenscheiben, welche selbst ihre Befestigung auf der Welle oder Spindel, aber auf eine sehr verschiedene Weise erhalten können.

Die Zeichnungen Taf. **LIX** und **LX.** stellen ein paar Schneidewerke dar, welche vorzüglich gut construirt sind. Bei der Vollständigkeit der Zeichnungen wird hier auf die Erläuterung der Kupfertafeln verwiesen.

Die Schneiden sind von geschmiedetem Eisen, an den Rändern und verstählt, bis zur blauen Anlauffarbe angelassen, und sehr genau abgedreht. Auch die Brillen sind an der eigentlichen Arbeitskante verstählt.

So wie man beim Stabeisenwalzen eine Vorlage anbringt, durch welche der auszuwalzende Stab jedesmal geführt wird, um ihm die gerade Richtung anzuweisen, so hat man eine ähnliche Vorlagenvorrichtung auch vor den Schneiden befestigt, um den Arbeitern es zu erleichtern, der glühenden Platine stets eine gleiche Richtung zu geben.

§. 1008.

Die Arbeit unter dem Walz- und Schneidewerk ist einfach. Das fast bis zur Weißglühhitze erwärmte Materialeisen oder die Platinen werden unter dem Streckwerk zu der verlangten Stärke ausgestreckt und die fertigen Platinen alsdann in dem Augenblick, wenn sie aus dem Walzwerk kommen, also bei derselben Hitze, unter das Schneidewerk gebracht, und beim Durchgange durch die Schneiden zerspalten. Die zerspaltenen Stäbchen müssen in dem Augenblick, wo sie zwischen den Schneiden zum Vorschein kommen, mit einem Haken aufgefangen und zusammengehalten werden. Man legt sie auf einen Haufen, sondert die unganzen Ruthen ab, schlägt die Ruthen mit einem Handhammer gerade, und bindet das geschnittene Eisen, nach dem Erkalten, in Bunde von $\frac{1}{4}$, $\frac{1}{2}$ und 1 Centner. Die Länge der Ruthen beträgt 6 bis 7 Fuß, wenn sie nicht etwa nach einer größeren oder geringeren Länge bestellt werden.

Bei ununterbrochenem Gange der Arbeit kann ein Walz- und Schneidewerk wöchentlich 7 — 800 Centner geschnittenes Eisen liefern.

Das Ausstrecken der Platinen erfolgt gewöhnlich zuerst unter einem Feineisenflachwalzwerk und dann unter den Hartwalzen mit einer Abstreifvorrichtung für den Glühspan, zuweilen aber auch nur unter einer von den genannten beiden Vorrichtungen.

§. 1009.

Das Glühen des Materialeisens geschieht entweder in Flammenöfen, oder in Glühöfen auf Kohlen. Die Flammenöfen müssen keinen zu starken Zug haben und so construirt seyn, daß die atmosphärische Luft so wenig als möglich hinzu treten kann. Man bewirkt dies durch ein vermindertes Verhältniß der Rostfläche zur Heerdfläche und durch enge Fuchsöffnungen, weil dadurch die Hitze im Ofen zusammengehalten, und der Zug der aus dem Rost über den Heerd des Ofens strömenden unzersetzten Luft vermindert wird. Um den Grad der Hitze bei dickeren und dünnen Stäben bestimmen zu können, wendet man eiserne Schieber an, durch welche sich der Fuchs mehr oder weniger verengen, auch wohl ganz verschließen läßt. Letzteres geschieht gewöhnlich dann, wenn die Stäbe die Glühhitze erhalten haben, und so viel als möglich in strahlender Hitze erhalten werden sollen, weshalb man den Rauch entweder aus der Arbeitsthür, oder aus einem, zur Erleichterung der Arbeiter neben der Thür angebrachten Schlitz entweichen läßt. Das Zuströmen der frischen Luft zum Rost wird dann ebenfalls möglichst vermindert. Die Arbeitsöffnung oder die Thür zum Einlegen der zu glühenden und zum Herausnehmen der geglüheten Stäbe, wird bei diesen Oefen am zweckmäßigsten der Feuerung oder der Rostfläche gegenüber angebracht, so daß die Stäbe nach der Richtung der Länge des Ofens auf der aus feuerfesten Thonsteinen bestehenden Heerdsohle liegen. Die eiserne Thüre, welche die Arbeitsöffnung verschließt, bewegt sich, wie bei den Flammenöfen, in einem eisernen Falz, und ist mit Gegengewichten versehen, um mit Leichtigkeit geöffnet und geschlossen werden zu können. Das Gewölbe des Ofens muß, besonders wenn die Feuerung mit Holz geschieht, möglichst niedrig seyn, um die Hitze nicht zu sehr zu zerstreuen, und von den auf dem Heerd des Ofens liegenden Stäben abzuleiten. Die Oeffnung für den Fuchs wird so nahe als möglich an der Vorder- oder Arbeitsseite des Ofens angebracht, damit die Flamme über den ganzen Heerd streichen kann. Zur gleichförmigeren Vertheilung und Verbreitung der Flamme sind die Oeffnungen für den Fuchs auf beiden Seiten des Heerdes befindlich, und vereinigen sich in einem gemeinschaftlichen Kanal, der zu der Esse führt. Häufig leitet man den Fuchs auch noch um das Gewölbe oder um die Seitenstöße des Ofens, um die Hitze besser zu benutzen.

Die zu glühenden Stäbe dürfen nicht unmittelbar auf dem Heerde des Ofens liegen, weil sie sonst zu kalt bleiben würden. Man legt sie entweder auf gemauerte, oder auf geschmiedete eiserne Böcke von 3 Zoll Höhe, welche in einer Entfernung von 12 zu 12 Zoll, quer über den Heerd des Ofens, in paralleler Richtung neben einander liegen.

Statt der Flammenöfen wendet man auch Glühöfen an, deren vorhin (§. 1002) gedacht worden ist. Wenn man sich der Steinkohlen, als des gewöhnlichen Brennmaterials für diese Glühöfen bedient, so müssen die Oefen zur Ableitung des Rauches beim Abflammen der Kohlen, unter einer Esse, oder unter einer Rauchschlotte stehen. Das Materialeisen liegt unmittelbar auf brennenden Kohlen, und die Oeffnung in der vorderen Wand des gewölbten Raums dient sowohl zum Hineinlegen und Herausnehmen des Materialeisens, als zum Eintragen der Kohlen und zum Auslassen des Rauches und der Flamme. Je niedriger das Gewölbe geführt wird, desto mehr Wirkung leisten die Kohlen. Der Eisenverlust durch Glühspan ist bei dieser Glühmethode zwar noch bedeutend, weil es sich nicht vermeiden läßt, daß unzersetzte Luft durch den Rost dringt und unmittbar an das glühende Eisen tritt; allein die Orydation ist bei dieser Glühmethode weniger bedeutend, auch wird durch dies Verfahren nicht mehr an Brennmaterial verbraucht als bei dem Glühen in Flammenöfen.

§. 1010.

Wenn die Arbeit beginnen soll, muß der Flammenofen vorher stark abgewärmt seyn, und den zur Erhitzung der Stäbe erforderlichen Glühgrad erhalten haben. Dann legt man so viele Stäbe neben einander auf die Böcke, als unter dem Walz-

und Schneidewerk demnächst schnell verarbeitet werden können, welches die Erfahrung bestimmen muß. Die Füchse werden durch den Schieber so weit geöffnet, als nöthig ist, um die Stäbe schnell bis zur anfangenden Weißglühhitze zu erhitzen, worauf man sie dicht verschließt, und den Schlitz neben der Arbeitsthüre öffnet, um den Rauch langsam abziehen zu lassen. Der Luftzug wird durch Verschließung des Aschenfalls (aber niemals durch das Oeffnen des Schürlochs, oder der zum Einbringen des Brennmaterials auf den Rost vorhandenen Thüre) gemäßigt, die Arbeitsthüre so wenig als möglich geöffnet, nach dem Herausnehmen eines Stabes jedesmal wieder herunter gelassen, und ein Stab nach dem andern aus dem Ofen genommen und unter das Walz- und Schneidewerk gebracht. Weil durch den schwachen Luftzug und durch das wiederholte Oeffnen der Arbeitsthüre die Temperatur im Ofen immer mehr abnimmt, so kann nur eine gewisse Quantität von Stäben gleichzeitig eingelegt werden, wenn die letzten Stäbe nicht zu kalt werden sollen. Die Dicke der Stäbe, also die anzufertigenden Sorten von geschnittenem Eisen, und der Effekt des Walz- und Schneidewerks müssen folglich bestimmen, wie viele Stäbe zu gleicher Zeit zum Glühen eingelegt werden können. Sind alle Stäbe verarbeitet, so werden eben so viele neue eingelegt, der Fuchs wird wieder geöffnet, der Luftzutritt zum Rost, durch Oeffnung des Aschenfalls, befördert, der Schlitz neben der Arbeitsthüre geschlossen, und eine möglichst schnelle Hitze gegeben u. s. f. Während dieser Zeit ruht das Walz- und Schneidewerk, und die Pause wird von den Arbeitern benutzt, um das geschnittene Eisen durchzusehen und zu sortiren. Je schneller die Hitze gegeben werden kann, und je mehr der Luftzug beim Auswalzen und Schneiden verhindert wird, desto vortheilhafter ist der Gang der Arbeit. Ohne Unterbrechung fortzuarbeiten, um die herausgenommenen glühenden Stäbe jedesmal durch kalte zu ersetzen, welche sich wieder erwärmen sollen, ist aus einleuchtenden Gründen ein fehlerhaftes und tadelnswerthes Verfahren.

Einfacher ist die Arbeit in den Glühöfen, indem nach erfolgtem Abflammen der Steinkohlen jedesmal so viel Materialeisen auf die in Gluth befindlichen Kohlen gebracht wird, als sich zufolge der gemachten Erfahrung in einer Hitze, ohne frische Kohlen aufzutragen, unter dem Bandeisenwalzwerk ausrecken und unter dem Schneidewerke schneiden läßt. Der Ofen wird dann wieder mit frischen Kohlen besetzt u. s. f.

§. 1011.

Rothbrüchiges Eisen ist zur Verarbeitung unter dem Schneidewerke ganz unbrauchbar. Das kaltbrüchige giebt seine Eigenschaften bald zu erkennen, allein das geschnittene kaltbrüchige Eisen hat immer ein recht schönes äußeres Ansehen, ist auch, weil es sich leicht schweißen und in der Hitze bearbeiten läßt, zu manchen Anwendungen, z. B zur Nägelbereitung, recht anwendbar, weshalb auf vielen Hüttenwerken kaltbrüchiges Eisen zu den Schneidewerken angewendet wird. Das geschnittene Eisen sollte indeß billig niemals so kaltbrüchig seyn, daß es nicht ein zweimaliges Hin= und Herbiegen unter einem rechten Winkel erträgt, obgleich man nicht selten geschnittenes Eisen antrifft, welches kaum ein einmaliges Biegen aushält.

Bei einer vollkommenen Arbeit, bei guten Einrichtungen und bei einer guten Beschaffenheit des Materialeisens, beträgt der Eisenabgang bei den mit Glühöfen versehenen Walz= und Schneidewerken nicht über 3 Procent, bei den mit Flammenöfen versehenen Walz= und Schneidewerken aber wohl 5 — 6 Procent. Der Kohlenverbrauch kann zu 0,5 bis 0,66 Kubikfuß zu 100 Pfd. geschnittenem Eisen angenommen werden.

C. Die Drathfabrikation.

§. 1012.

Zur Anfertigung des Draths wird ein zähes, etwas hartes, aber festes Eisen erfordert. Alles Eisen, welches faulbrüchig ist, oder schlecht schweißt und sich stark schiefert, kann zur Drathfabrikation nie mit Vortheil angewendet werden. Ein geringer Grad von Rothbruch ist weniger nachtheilig als Kaltbruch, weil das im geringen Grade rothbrüchige Eisen oft sehr zähe und fest seyn kann. Das weiche und sehnige Eisen scheint zur Anfertigung des Draths weniger geschickt zu seyn, als das harte und dabei feste Eisen, weil die Sehnen leicht zum Spalten des Eisens und zum Abreißen des Fadens Anlaß geben. Das feste sehnige Eisen, dessen Sehnen eine sehr helle Farbe haben, ist auch ein gutes Material für allen Drath, von welchem keine große Elasticität verlangt wird. Aber das sehnige Eisen, dessen Sehnen eine dunkle Farbe haben, welche immer auf mürbes Eisen deutet, darf zur Drathfabrikation nicht gewählt werden. Sehr gutes und festes hartes Eisen, aus welchem sich ein sehr fester und elastischer Drath darstellen läßt, verlangt bei der Bearbeitung eine größere Aufmerksamkeit und ein öfteres Ausglühen als das feste, weiche und zur sehnigen Structur mehr geneigte Eisen, weil es beim Ziehen, wegen seiner Härte, schneller Sprödigkeit erlangt, und dadurch leichter zum Reißen Anlaß giebt.

§. 1013.

Guter Drath muß auf der Bruchfläche eine helle Farbe haben und zackig seyn. Eine dunkle Farbe und eine konische Höhlung auf der einen Bruchfläche, welcher eine konische Spitze auf der zugehörigen Bruchfläche des anderen Bruchstücks entspricht, sind immer ein Beweis von mürbem Eisen. Dies Eisen giebt beim Ausziehen zu Drath viel Stumpen oder Bruchenden, und läßt sich mit Vortheil nicht anwenden. Guter Drath muß außerdem ungeglühet oft hin und her gebogen werden können, ohne zu brechen; auch darf er sich nicht spalten. Eisen, welches nicht gut schweißt, oder welches viele faule Adern beim Ausrecken bekommt, pflegt den Fehler zu besitzen, daß es, zu Drath gezogen, leicht spaltet; und solches Eisen ist daher ebenfalls unbrauchbar. Nur das weiche und zähe, aber nicht das weiche und mürbe Eisen ist für die Drathhütte tauglich. Ungleiche, härtere und weichere Stellen im Drath sind immer ein Beweis von schlechtem Materialeisen. Der Drath muß aber auch vollkommen rund und glatt, und nicht gestreift seyn, welches auf unvollkommene Löcher in dem Zieheisen hindeuten würde. Alles mürbe Eisen giebt nicht allein einen weichen, nicht hinlänglich elastisch biegsamen, sondern auch einen mürben Drath, welcher zu den meisten Anwendungen unbrauchbar ist.

§. 1014.

Auf den Drathhütten von der alten Einrichtung wendete man das Materialeisen in der Gestalt von Zaineisen an, obgleich diese Form die unpassendste ist, welche man wählen konnte, indem die vom Zainhammer gemachten Einkerbungen wieder weggenommen werden müssen, wodurch die Textur des Eisens oft gestört, und zu Schiefern oder zu unganzen Stellen Anlaß gegeben wird. Man bediente sich daher des geschnitten Eisens, welches möglichst geringe Dimensionen in der Dicke erhielt. Statt eines besseren Erfolgs, war die Vergrößerung des Ausschusses durch kurze Enden oder Stumpen das Resultat, und man war genöthigt, zu dem unter dem Hammer bereiteten Reckeisen zurückzugehen. Die Ursache dieses Verhaltens erklärt sich durch das beim Auswalzen des Eisens gestörte Gefüge desselben, indem sich die Platinen nicht bloß nach der Richtung der Länge, sondern auch nach der der Breite ausdehnen mußten. Ward das geschnittene Eisen daher wieder unter den Hammer gebracht und nach der Richtung der Länge ausgereckt, so verhielt es sich zum Drathziehen weit besser, und dies Verfahren wird auch noch jetzt auf den Drathhütten angewendet, welche sich des geschnittenen Eisens als Material zu Drath bedienen. Um die doppelte Arbeit des Walzens und Schneidens und des Hämmerns zu vermeiden, ist es vorzuziehen, das zu Drath zu ziehende Eisen bloß nach der Richtung der Länge auszuwalzen, und kein geschnittenes, d. h. vorher unter den Streckwalzen gebreitetes Eisen, zu wählen. Zu diesem Ende wird flaches Vierkanteisen zu schwachen runden Stäben und endlich zu grobem Drath unter kleinen Gerüsten, deren Walzen eine sehr große Umlaufsgeschwindigkeit erhalten, ausgewalzt, ein Verfahren, welches auf den neueren Drathhütten überall befolgt wird.

§. 1015.

Der Mechanismus des Drathziehens auf den Drathhütten von der alten Einrichtung ist sehr einfach, und besteht darin, daß das zugespitzte dünne Materialeisen, oder der zugespitzte gröbere Drath, durch eine in einer harten stählernen Platte — Zieheisen — befindliche, vollkommen kreisförmige Oeffnung, deren Durchmesser mit der Dicke des gewünschten Draths völlig übereinstimmt, gesteckt und mit Gewalt durchgezogen wird. Je leichter das Eisen nachgiebt, ohne zu reißen, desto weicher und zäher ist es.

Durch das Durchziehen erlangt das Eisen eben die Sprödigkeit und Härte, wie durch lange fortgesetztes kaltes Hämmern. Diese müssen wieder weggenommen werden, um das Eisen zum Ausziehen zu feinerem Drath geschickt zu machen. Nur wenn der Drath schon bis zu einer gewissen geringen Stärke gezogen ist, kann man ihn, ohne vorhergehendes Ausglühen, öfter durch die Zieheisen gehen lassen und zu dünnern Drathsorten ausziehen. Wie oft dies Ausglühen, auch bei der Anfertigung der feineren Drathsorten, erforderlich ist, richtet sich theils nach der Feinheit des Drathes, welche man verlangt, theils nach der Beschaffenheit des Eisens. Ein von Natur härteres Eisen kann nicht mit derselben Zahl der Ausglühungen zu dem feinsten Drath gezogen werden, wie das weiche und dabei feste Eisen.

Durch die Löcher in dem Zieheisen, durch welche der Drath gezogen wird, bestimmt sich die Dicke des Draths. Die feinsten Drathsorten müssen erst durch alle die vorhergehenden größeren Löcher gezogen worden seyn, deshalb erfordert der feinste Drath viel Arbeit und verursacht, theils durch das wiederholte Ausglühen, theils durch den bei jeder Drathsorte stets fallenden Ausschuß an Stumpen und abgerissenen Drathenden, große Fabrikationskosten. Der feinste Klavierdrath und der gröbste Kettendrath sind, dem Gewicht nach, im Preise ungemein verschieden.

§. 1016.

Schon Rinman war bemüht, alle correspondirenden Drathsorten, welche in den verschiedenen Drathhütten angefertigt werden, auf ein mit ihrer Dicke im Verhältniß stehendes Gewicht zurückzuführen; allein er fand, daß selbst aus einer und derselben Fabrik, bei angeblich gleicher Stärke des Draths, die Längen und Gewichte desselben nicht gleichbleibend waren. Noch größer waren die Unterschiede der Gewichte bei gleichen Längen gleich starker Dräthe aus verschiedenen Fabriken. Diese Differenz der Gewichte ist theils in der Verschiedenheit des specifischen Gewichts des Eisens selbst, theils in den Veränderungen des specifischen Gewichts durch das stärkere oder schwächere Ziehen und durch das stärkere oder geringere Glühen, theils und vorzüglich darin zu suchen, daß die Löcher in den Zieheisen niemals vollkommen genau mit einander übereinstimmen, und sich auch beim Gebrauch erweitern, wodurch Ungleichheiten in der Dicke des Draths entstehen, welche dem Auge zwar kaum bemerkbar sind, aber doch bedeutende Gewichtsdifferenzen herbeiführen. Bei bekannten Längen und Gewichten des Draths wird sich daher mit großer Genauigkeit nicht auf die Dicke desselben schließen lassen.

Rinman, vom Drathmaaße, a. a. O. I. 643.

§. 1017.

Fast jede Drathhütte hat für die verschiedenen Drathsorten, welche sie anfertigt, eigenthümliche Benennungen. Dadurch wird die Vergleichung der Dicke der Drathsorten aus den verschiedenen Drathfabriken ganz unmöglich; sie kann nicht anders als durch unmittelbares Nachmessen oder Kalibriren angestellt werden. Sehr wünschenswerth wäre es, die Drathsorten bloß mit fortlaufenden Nummern zu bezeichnen, und jeder Nummer auf allen Drathhütten eine gleiche Dicke zuzutheilen. Fabriken, die besseres und zäheres Eisen verarbeiten, würden dann zwar eine größere Anzahl von Drathnummern haben, weil sie feinere Dräthe liefern können, als die Hütten, welche mürberes Eisen zu verarbeiten genöthigt sind; allein die gleichnamigen Drathnummern würden dann wenigstens auf allen Fabriken eine gleiche Dicke haben. Die Benennungen: Ketten, Schlappen, Rinken, Malgen, Memel, Klink, Natel; oder Kupferschmiedendrath, Kesseldrath, Glaserdrath, Drechslerdrath, Riemerdrath, Leuchterdrath für die gröberen; ferner Mitteldrath, Schilling, Riggen oder Band; oder Hackendrath, Schleppdrath, Dorndrath, Mauscheldrath, Feuerzangendrath, Böhm, Schlingendrath für die mittleren, und Stahlen, Garinge Hohl; oder ein, zwei, drei u. s. f. Blei für die feinsten Drathsorten, welche Benennungen in den verschiedenen Provinzen schon so sehr das Bürgerrecht erlangt haben, daß sie nicht füglich abgeschafft werden können, mögen immer beibehalten werden, allein durch die Bezeichnung mit fortlaufenden Nummern würde auch zugleich die Stärke oder die Dicke des Draths angegeben werden können, wenn jeder Nummer ein bestimmter Durchmesser, in Hunderttheilen eines rheinländischen Zolles ausgedrückt, zugetheilt würde.

Ein genauer Drathmesser ist für jede Drathhütte ein wesentliches Bedürfniß, um die Dicke des Draths, also die Richtigkeit der Löcher in den Zieheisen, mit Genauigkeit bestimmen zu können. Auf den wenigsten Drathhütten wird dies sorgfältig genug beobachtet, und daher entstehen die oft sehr bedeutenden Abweichungen bei angeblich einer und derselben Drathsorte. Ein Drathmesser besteht aus einer sehr genau gearbeiteten Zange oder Scheere, zwischen deren kürzeren Schenkeln der zu messende Drath eingespannt ist, während die längeren Schenkel die Dicke des Draths an einer Skale, nach vergrößertem Maaßstabe angeben. Das Charnier, in welchem sich die Schenkel des Drathmessers bewegen, muß sehr genau gearbeitet seyn, damit nicht die geringste Verrückung entsteht. Das Verhältniß der Länge der kürzeren zu den längeren Schenkeln würde wenigstens wie 1 zu 10 seyn müssen, damit ein $\frac{1}{100}$ Zoll dicker Drath an der Skale noch zu $\frac{1}{10}$ Zoll angegeben werden kann. — In den deutschen Drathhütten bedient man sich um die Stärke des Drathes zu messen, der sogenannten Drathklinken, nämlich eines breiten, etwa eine halbe Linie dicken Eisens, in dessen schmalen Seiten Kerben eingesägt oder eingefeilt worden sind, in welche der Drath genau einpassen muß. Bei jeder Kerbe ist die Nummer des Drathes eingeschlagen oder eingestampft, dessen Dicke durch die Dimension der Einkerbungen bezeichnet wird. Diese Drathklinken gewähren den Drathziehern zwar ein Anhalten, gestatten aber keine Genauigkeit in der Bestimmung der Größe des Durchmessers der feineren Drathsorten.

§. 1018.

Außer von der Beschaffenheit des Eisens hängt die Schönheit und die Vollkommenheit des Draths von der Beschaffenheit der Zieheisen sehr wesentlich ab. Je härter das Zieheisen, und je vollkommener kreisrund das in demselben befindliche Loch ist, durch welches der Drath gezogen wird, desto gleichförmiger in der Dicke, und desto glatter wird der Drath ausfallen. Man giebt den Löchern in den Zieheisen eine konische Gestalt, um das erste Durchstecken des zugespitzten und von der Zange zu ergreifenden Draths minder mühsam zu machen. Die Zieheisen selbst werden aus dem härtesten Stahl angefertigt, welcher, um seine Sprödigkeit zu vermindern, und ihm die gehörige Gestalt geben zu können, in einem Kasten oder in einer Form von geschmiedetem Eisen geschmolzen wird. Diese Eisenform ist etwa 12 Zoll lang, 3 Zoll breit, ½ Zoll dick, und hat einen 1 Zoll hohen Rand, wodurch ein Kasten gebildet wird, den man mit zerschlagenen, vorher mit etwas Borax bestreuten Stücken von sehr hartem, oder sogenanntem wilden Stahl anfüllt. Auf einigen Hütten bedient man sich, so wie früher überall, auch noch jetzt, statt des wilden Stahls, des durch plötzliche Abkühlung weiß gemachten Roheisens, und es würde in der That zu untersuchen seyn, ob die aus gutem und vollkommen weiß gemachtem Roheisen angefertigten Ziehscheiben nicht härter und dauerhafter sind, als diejenigen, zu deren Bereitung wilder Stahl angewendet worden ist.

Die mit dem wilden Stahl, oder mit dem weißen Roheisen möglichst dicht angefüllten Eisenkasten werden mit nasser oder vielmehr mit dickem Lehmwasser angefeuchteter Leinewand bedeckt, und in einer Esse vor dem Gebläse so stark erhitzt, daß der Stahl oder das Roheisen flüssig wird. Die Leinewand bildet eine Decke zur Abhaltung der Kohle, und das dicke Lehmwasser mit welchem sie angefeuchtet war, verursacht, daß sich die Leinewand erst sehr spät zerstört, und daß sich, wenn dieses geschehen ist, eine dünne Schlackenkruste bildet, welche man beim Herausnehmen des Eisens sorgfältig abzieht. Oft ist man genöthigt, das Eisen vor dem Schmelzen des Stahls oder Roheisens mehre Mal aus dem Feuer zu nehmen, und die einzelnen Stücken Stahl oder Roheisen mit dem Hammer auf einem Amboß fest zusammenzuschlagen. Wenn das stahlartige Roheisen oder der roheisenartige Stahl völlig geschmolzen sind und sich aufs genaueste mit dem Eisenkasten verbunden haben, nimmt man das Eisen aus dem Feuer, um es auszurecken. In dem Zustand der völligen Flüssigkeit pflegt das Roheisen oder

Stahl nur selten zu kommen, obgleich die Masse vollkommen weich und leicht verschiebbar wird. Die ganze Masse wird dann bis zur doppelten Länge ausgeschmiedet, und die Zieheisen sind bis zum Einbohren der Löcher fertig. Diese Bereitungsart setzt eine genaue Kenntniß des Verhaltens des wilden Stahls, oder des Roheisens beim Zusammenschmelzen auf einer Grundlage von geschmiedetem Eisen, und eine große Gewandtheit voraus, um bei der Operation stets auf gleiche Weise zu verfahren. Es ist nämlich einleuchtend, daß ein größeres oder geringeres Verhältniß des Stahls oder des weißen Roheisens zu dem geschmiedeten Eisen der Form, so wie auch ein, längere oder kürzere Zeit fortgesetztes Glühen und Schmelzen der roheisen- oder stahlartigen Masse, bei einem größeren oder geringeren Luftzutritt, einen großen Einfluß auf die Beschaffenheit der geschmolzenen oder zusammengeschweißten Masse haben muß. Zieheisen, die wegen ihrer zu großen Sprödigkeit und Härte unbrauchbar wären, würden sich durch anhaltendes Glühen unter einem dünnen Thonüberzuge, oder unter einer anderen Decke, welche den unmittelbaren Zutritt der Luft abhält, wesentlich verbessern lassen. Zu weich ausgefallene Zieheisen sind aber unbrauchbar, und dürfen nie angewendet werden.

Beim Einbohren der Löcher bleibt die größte Fläche der konischen Oeffnung auf der Seite der Zieheisen, welche aus der Stabeisenmasse des eisernen Kastens besteht, und die eigentliche Oeffnung, durch welche der Drath gezogen wird; muß durch die Oberfläche der geschmolzenen Rohstahlmasse gebohrt werden. Gewöhnlich werden die konischen Oeffnungen nur bis auf eine gewisse Dicke der Zieheisen eingebohrt, und das eigentliche Durchlochen geschieht auf den Drathhütten kurz vor dem Gebrauch der Zieheisen, um den zu dem jedesmaligen Kaliber erforderlichen Bohrer wählen zu können. Das erste Vorbohren sollte billig immer kalt geschehen, damit die Zieheisen durch das wiederholte Glühen nicht an Güte verlieren; das Durchlochen muß mit der größten Schnelligkeit im rothglühenden Zustande der Zieheisen, mit einem spitzen, stählernen, kegelförmigen, aber vollkommen concentrischen Stift geschehen, welcher nur gerade so weit durchgeschlagen wird, als nothwendig ist, um dem Loch das erforderliche Kaliber zu geben. Jede Drathsorte verlangt daher auch einen besonderen Stift, der vorn ganz spitz zuläuft, und sich dann in einem Cylinder endigt, welcher ganz genau das Kaliber des Draths erhalten muß. Häufig verläßt man sich aber mit Unrecht auf das Augenmaaß, und wendet einen und denselben Stift zu mehren, wohl gar zu allen Drathsorten an, indem man ihn mehr oder weniger weit durchschlägt, und daher das Loch, wegen der konischen Beschaffenheit des Stifts, enger läßt oder mehr erweitert.

Auf die Güte der Zieheisen und auf die vollkommene Concentricität, so wie auf die Richtigkeit des Kalibers der Oeffnungen, kann eine Drathhütte nicht Aufmerksamkeit genug verwenden, weil ihr guter Ruf zum großen Theil davon abhängt. Die zu große Härte der Zieheisen ist ein Fehler, der sich sehr leicht verbessern läßt; dagegen muß man die zu geringe Härte sehr vermeiden. Bei einer guten Beschaffenheit der Masse würden Abweichungen im Kaliber, oder eine nicht vollkommene Kreisfläche der Oeffnungen, jedesmal einen Beweis von sehr nachlässiger Bearbeitung der Zieheisen geben. — Aber auch selbst die aus dem besten und härtesten Stahl angefertigten Zieheisen werden durch längeren Gebrauch so abgenutzt und erweitern sich so sehr, daß die Oeffnungen nicht mehr mit dem Hammer zusammengetrieben werden können, welches überhaupt ein sehr mangelhaftes Verfahren ist, um die aufgeweiteten Oeffnungen wieder zu verengen. Hr. Brookedon bemerkt daher, daß er sich statt der stählernen Zieheisen, die überhaupt nur selten die Darstellung eines vollkommenen cylindrischen Drathes gestatteten, der Diamanten, Saphire, Rubine oder anderer harter Steine zum Drathziehen mit dem besten Erfolge bediene.

Die Steine werden mit konischen Löchern versehen, und obgleich es gleichgültig seyn soll, ob der Drath durch die kleine oder durch die größere Grundfläche der konischen Oeffnung gesteckt wird, so sollen die Dräthe doch besser ausfallen, wenn man sie durch die kleine Grundfläche durchsteckt und auf der Seite, wo sich die größere befindet, auszieht.

Rinman a. a. O. II. 594 u. f. — Brookedon, Archiv VI. 427.

§. 1019.

Das Eisen wird beim Ausziehen zu Drath, und der gröbere Drath beim Ausziehen zu feinerem Drath hart und spröde, oder elastisch und brüchig zugleich. Durch das Ausglühen verliert sich die Elasticität um so mehr, je weicher das Eisen von Natur war; dagegen wird aber auch die Sprödigkeit zerstört, und das Eisen zum Ausziehen zu noch feinerem Drath geschickt gemacht. Nicht alles Eisen kann zu den feinsten Dräthen ausgezogen werden. Die größte Dehnbarkeit ohne ein öfteres Ausglühen anwenden zu dürfen, besitzt das weichste Eisen; indeß kann man auch dem härteren, aber dabei festem Eisen, eine eben so große Dehnbarkeit verschaffen, wenn man es mit Vorsicht behandelt und nach dem jedesmaligen Ausglühen nicht mit einem Mal zu stark ausdehnt. Je schneller der Uebergang aus den dickeren zu den dünneren Drathsorten stattfinden soll, desto größere Sprödigkeit wird das Eisen beim Drathziehen erlangen; eben so wird, bei gleichen Geschwindigkeiten, das schon von Natur harte Eisen spröder und mehr zum Reißen geneigt werden müssen, als das weiche. Die Geschwindigkeiten, welche für jede Nummer von Drath, bei einer und derselben Eisensorte, und die Verhältnisse der Geschwindigkeiten, welche bei verschiedenen Eisensorten, nothwendig stattfinden sollten und beobachtet werden müßten, sind noch zu wenig berücksichtigt, als daß sich darüber etwas bestimmen ließe. Unrecht würde es aber seyn, die Dräthe bei verschiedenen Eisensorten mit gleicher Geschwindigkeit auszuziehen, weil man offenbar bei dem härteren Eisen eine geringere Geschwindigkeit für die Zangen, Scheiben oder Leiern anwenden muß. Unrecht wäre es ferner, auf die Verschiedenheit der Geschwindigkeiten, mit welcher die Dräthe bei einem einzigen Zuge, nämlich durch eine stärkere oder durch eine kleinere Oeffnung des Zieheisens, zu dickeren oder dünneren Drathsorten ausgezogen werden sollen, nicht Rücksicht zu nehmen. Ein stärkerer Drath muß mit einer geringeren Geschwindigkeit durch dieselbe Oeffnung gezogen werden, als ein schwächerer, wenn das Eisen durch die zu schnelle Ausdehnung nicht leiden soll, und bei Dräthen von gleicher Dicke muß eine geringere Geschwindigkeit angewendet werden, wenn sie durch eine kleinere Oeffnung des Zieheisens gezogen werden, als wenn man sie durch eine Oeffnung gehen läßt, deren Durchmesser von dem ursprünglichen Durchmesser des Drathes weniger verschieden ist. — Außerdem hat die Erfahrung aber gelehrt, daß Dräthe, die schon einige Male durch das Zieheisen gegangen sind, nach vorhergegangenem Ausglühen mit einer größeren Geschwindigkeit durchgezogen werden können, als die Dräthe, welche zum erstenmal durch die Oeffnung eines Zieheisens geführt worden sind. Die Ursache ist theils mechanisch, indem die Textur eines schon oft durchgezogenen Draths der Ausdehnung nach einer Richtung besser folgt, theils ist sie darin zu suchen, daß der stärkere Drath eine größere Oberfläche, also auch mehr Reibung zu überwinden hat, wodurch mehr Sprödigkeit als bei feineren Dräthen veranlaßt wird. Zwar erleiden diese, im Verhältniß der Fläche ihres Querschnitts, dieselbe Reibung, allein die dadurch entstehende Erhitzung hebt bei der geringen Masse der feinen Dräthe einen großen Theil der erlangten Sprödigkeit wieder auf, welches sie bei dickeren Dräthen in dem Grade nicht zu bewirken vermag. Deshalb kann man die Geschwindigkeit bei abnehmenden Durchmessern der Dräthe immer vermehren, obgleich das Gesetz, nach welchem man zu verfahren hat, noch nicht ausgemittelt ist, und es auch noch an den nöthigen Beobachtungen dazu gänzlich fehlt.

Karmarsch, Versuche und Bemerkungen über das Drathziehen; in Prechtl's Jahrbüchern des Wiener polytechnischen Institutes. XVII. 320. — Payen, de la puissance mécanique consommée par le tirage à froid des fils de fer dans les filières; in den Ann. des mines. 3. Série. VI. 3.

§. 1020.

Das Durchziehen der Dräthe durch die Zuglöcher wird entweder durch Zangen oder durch Scheiben (Leiern, Bobinen) verrichtet. In beiden Fällen muß aber besonders darauf gesehen werden, daß bei einer vollkommen senkrechten Stellung des Zieheisens, der Drath in völlig horizontaler Richtung durchgezogen wird, oder daß überhaupt die Linie, welche der durchgezogene Drath bildet, mit der Axe der konischen Oeffnung im Zieheisen in eine Linie zusammen fällt, weil die Friktion sonst ungleich wird.

Die Zangen öffnen sich, indem sie sich gegen die Zieheisen bewegen, und schließen sich in demselben Augenblick, wenn sie bei der Oeffnung im Zieheisen angelangt sind, ergreifen den durch die Oeffnung durchgesteckten Drath, und ziehen ihn bei der rückgängigen Bewegung mit sich fort, worauf sie sich, sobald sie ihre Zuglänge zurückgelegt haben, wieder öffnen, den durchgezogenen Drath loslassen, und sich wieder gegen die Oeffnung des Zieheisens bewegen, um den Drath von Neuem zu ergreifen u. s. f. Die Zuglänge würde bei einer gehörig regulirten Geschwindigkeit der Zangen sehr gleichgültig seyn, indeß giebt man den Zangen für die dickeren Dräthe eine geringere Zuglänge, als den Zangen für die feineren Dräthe, weil man bei den letzteren das öftere Abreißen der Dräthe weniger zu befürchten hat. Bei den gröbsten Dräthen giebt man den Zangen oft nur eine Zuglänge von 8 — 9 Zoll, wogegen sie bei den feinsten Dräthen, welche durch Zangen gezogen werden, wohl 36 — 40 Zoll betragen kann.

§. 1021.

Die Zangen erhalten nach der verschiedenen Dicke des Draths, den sie ziehen, verschiedene Namen. An einigen Orten heißen die Zangen, welche den gröbsten Drath ziehen, Rumpelzangen, dann folgen Schumbank (Schindbank), Bankelzangen und Schockenzangen. An anderen Orten unterscheidet man bloß Zangenzug und Walzenzug, indem man die Zangen, welche die feineren Dräthe ziehen, den 1sten, 2ten, 3ten u. s. f. Walzenzug nennt.

Zur Verminderung der Friktion schmiert man den durchzuziehenden Drath wohl mit Talg oder mit einem fetten Oel, welches in die konische Oeffnung der Zieheisen gebracht wird.

Aller Drath, welcher mit Zangen gezogen wird (in Frankreich nennt man die Drathziehereien mit Zangen Tréfileries, und diejenigen, bei welchen der Drath auf Bobinen gezogen wird, Tireries), erhält auf den Punkten, wo die Zangen angreifen, mehr oder weniger starke Eindrücke oder Zangenbisse, wodurch der Drath unansehnlich wird. Bei den gröberen Drathsorten, welche öfter reißen, lassen sich diese Eindrücke, so lange man sich nicht des Auswalzens des Dratheisens bedient, nicht vermeiden, indem man kein anderes Mittel als die Zangen hat, um den Drath durchzuziehen. Die Anwendung des geschnittenen Eisens macht indeß auch schon bei den gröberen Drathsorten den Gebrauch der Zangen überflüssig, indem dieselben auf verschiedenen Drathhütten, auch für die stärksten Dräthe durch (eiserne) Leiern ersetzt worden sind. Bei den feineren Drathsorten wendet man niemals Zangen an, sondern bewirkt das Durchziehen des Draths durch eine ununterbrochene Bewegung vermittelst der Scheiben oder Leiern (Bobinen), welches Walzen sind, um welche sich der Drath aufwickelt. Da die Geschwindigkeit der Scheiben, außer ihrer Umdrehezeit, auch durch den

Durchmesser bestimmt wird, dieser aber veränderlich ist, je nachdem sich mehr oder weniger Drath aufgewickelt hat, so ist die Geschwindigkeit niemals ganz gleich; indeß hat man durch diese Verschiedenheiten bei den feinen Dräthen noch keine nachtheiligen Folgen erfahren.

Die Leiern werden entweder durch Maschinenkraft oder mit der Hand bewegt. Die ersteren pflegt man Wasserleiern, die letzteren Handleiern zu nennen, und auf diesen die feinsten Dräthe auszuziehen.

§. 1022.

Je geringer die Differenz der Durchmesser der Dräthe ist, desto weniger Ausschuß und abgebrochene Enden wird man, unter übrigens gleichen Umständen, beim Drathziehen erhalten. Die Vorsicht, keine sehr bedeutende Differenzen in den Drathstärken bei der Fabrikation eintreten zu lassen, ist um so mehr zu befolgen, je härter das Eisen ist, und je weniger Zähigkeit es besitzt. Bei der Anfertigung des Stahldraths darf man es noch weniger wagen, aus starken Dräthen mit einem Zuge feine Dräthe darzustellen. Billig sollte die Differenz des Kalibers von einer Drathnummer zur andern niemals über 0,01 rheinl. Zolle betragen. Bei den stärkeren Drathsorten beträgt sie aber oft 0,03 bis 0,05 Zoll, und dies ist die Ursache, warum häufig so viele Stumpen und Enden fallen, und warum der Drath mehr spaltet und schiefert, als wenn man eine größere Mühe nicht scheute, und den Drath öfter durch die Zieheisen gehen ließe. Die mehren Glüh- und Arbeitskosten würden durch die bessere Qualität des Draths und durch den geringeren Ausschuß ersetzt werden. Ein mürbes Eisen, und alles Eisen, welches zu einiger Härte geneigt ist, erfordern besonders eine große Vorsicht, und man darf das Verfahren nicht nachahmen, welches sich bei einem vorzüglich guten, weichen und zähen Eisen, z. B. bei dem Osemundeisen in der Grafschaft

Mark, mit Vortheil anwenden läßt, um sich die Mühe und die Kosten des öfteren Durchziehens zu ersparen.

§. 1023.

Wenn der Drath mehre Male durch ein neues, feineres Loch gezogen worden ist, muß er wieder geglühet werden, um nach dem Erkalten zu noch feinerem Drath ausgezogen werden zu können. Das Glühen geschieht hier aus keiner andern Absicht, als um die durch das Drathziehen entstandene Sprödigkeit des Eisens wieder aufzuheben, wogegen bei den Schmiedearbeiten der Zusammenhang der Theile durch das Glühen vermindert werden soll, weshalb das Eisen zu diesem Zweck auch im noch glühenden Zustande verarbeitet werden muß. Zur Aufhebung der Sprödigkeit reicht Rothglühhitze vollkommen hin.

Beim Ausglühen des Draths muß mit großer Vorsicht verfahren werden, um das Ansetzen des Glühspans möglichst zu vermeiden. Der Glühsan würde nämlich die Löcher in den Zieheisen ausschleifen und sogleich erweitern, weshalb er, wenn er sich wirklich angesetzt hat, sorgfältig fortgeschafft werden muß, ehe der Drath zur weiteren Verarbeitung kommt. Man hat dazu verschiedene Mittel. Das älteste Verfahren ist, den Drath durch ein Brett zu ziehen, wodurch der Zweck nur unvollkommen erreicht wird. Eine zweite Methode, welche besonders in Deutschland allgemein angewendet wird, besteht darin, den ausgeglüheten und erkalteten ringförmig zusammengelegten Drath auf die sogenannten Polterbänke zu bringen, nämlich die Drathringe an einem Ende an einem Hebelsarm zu befestigen und in die Höhe heben zu lassen, worauf sie, durch die rückgängige Bewegung des Hebelarms, gegen eine Unterlage, unter beständigem Zurinnen von Wasser, so lange geschlagen werden, bis sie von allem Glühspan befreit, und ganz blank geworden sind. Eine dritte Methode besteht darin, die Drathringe mit Kieselsteinen in eine durchlöcherte, sich stets um ihre Axe bewegende Tonne zu bringen, und während der drehenden Bewegung ununterbrochen Wasser zurinnen zu lassen. Sehr groben Drath pflegte man sonst auch wohl einige Zeit in eine Beize aus Roggenschroot zu legen, welches Verfahren aber kostbar und Zeit erfordernd ist. — Feinere Dräthe, die auf den Leiern oder Bobinen gezogen werden, scheuert man in einer Trommel von Eisenblech, welche durch eine Maschinerie um ihre Axe gedreht wird, um dadurch den Glühspan aufzulockern, worauf man denselben mit einem Stück Leder und mit feinem Sand völlig abreibt.

§. 1024.

Das Ausglühen geschieht entweder in der Esse, vor dem Gebläse, mit Holzkohlen, oder in einem Glühofen. Das Glühen vor dem Gebläse ist kostbar, und giebt zur Entstehung von vielem Glühspan Anlaß; die feinsten Drathsorten würden sogar in Gefahr gerathen, auf einzelnen Stellen geschmolzen oder verschlackt zu werden.

Die Glühöfen bestehen oft nur aus einem überwölbten Heerde mit einer Thür zum Einsetzen und Ausnehmen der Drathringe, und mit einer Oeffnung im Gewölbe, aus welcher der Rauch abziehen kann, Die Drathringe liegen in solchen Glühöfen auf gemauerten oder eisernen Böcken, und werden mit Holzkohlen ausgeglüht. Obgleich dabei etwas mehr Kohlen als beim Ausglühen vor dem Gebläse erspart werden, und obgleich sich dabei nicht so viel Glühspan an dem Drath ansetzt, so ist dies Verfahren doch immer noch mangelhaft. Statt der Holzkohlen läßt sich auch schnell brennendes Holz, Reisig u. s. f. anwenden, welches unter den Böcken in Brand gesteckt wird. Ein solcher Ofen unterscheidet sich wenig von einem gewöhnlichen Backofen, und seine Gestalt und Größe sind ziemlich gleichgültig.

Ein anderes Verfahren besteht darin, daß man die Drathringe in runden, 2 bis 4 Fuß im Lichten weiten, 8 bis 10 Fuß hohen, cylindrischen, auf der einen Seite mit einer eisernen

Thür, oben mit einem Gewölbe, und unten mit einem Rost und Aschenfall versehenen Ofen ausglühet. Der Rauchabführungskanal befindet sich oben in der Decke oder im Gewölbe des Ofens, und durch die Thür des Aschenfalls läßt sich die Stärke des Zuges reguliren. 12 bis 18 Zoll über dem Rost liegen eiserne Stäbe oder Böcke, auf welchen die Drathringe über einander in die Höhe geschichtet werden. Der unterste Ring erhält eine eiserne (gegossene) ringförmige Unterlage, um den Drath nicht der Stichflamme auszusetzen. Alle Zwischenräume zwischen der Peripherie der Drathringe und der inneren Umfassungsmauer des Ofens, so wie den durch die Drathringe selbst gebildeten inneren hohlen Cylinder, füllt man mit trockenem Holz aus, um den Drath überall gleich stark zu erhitzen. Vor dem Anzünden müssen die Seitenthüren zum Einsetzen und Ausnehmen des Draths, so wie die zum Rost führende Thür sorgfältig verschlossen werden, und die Stärke des Luftzuges wird dann durch das Zulassen von mehr oder weniger Luft zum Roste bestimmt. — Obgleich diese Art von Glühofen ökonomisch=vortheilhaft sind, so können sie das Oxydiren des Eisens, oder das Ansetzen des Glühspans, doch nicht verhindern. Sehr zu empfehlen ist es daher, die Drathringe vor dem Glühen in einen Brei von Kalk und fein geschlemmtem Lehm zu legen, und den Ueberzug, welcher sich auf den Drathringen bildet, lufttrocken werden zu lassen, alsdann aber die Drathringe mit dem Ueberzuge zu glühen.

§. 1025.

Die feineren Drathsorten lassen sich auf diese Art nicht glühen, weil sie leicht zu stark angegriffen werden könnten. Bei diesen geschieht das Ausglühen in einem gegossenen eisernen Gefäß, welches aufs sorgfältigste bedeckt und verklebt wird, um allen Luftzutritt abzuhalten.

Ueberhaupt würde es zu einer wesentlichen Verbesserung der Drathfabrikation gereichen, wenn das Ausglühen des Draths beständig in vollkommen geschlossenen Gefäßen geschähe, weil sich auch durch die sorgfältigste Behandlung der unter dem Zutritt von Luft geglüheten Dräthe, die gänzliche Reinigung von allem angesetzten Glühspan nicht vermeiden läßt. Deshalb wird die Drathfabrikation so lange immer noch unvollkommen bleiben, bis das Glühen in Heerden oder Oefen, mit Zutritt von Luft, nicht gänzlich abgeschafft ist, und das Ausglühen nicht bloß in fest verschlossenen eisernen Gefäßen geschieht. Diese können die Gestalt eines Cylinders haben, dessen äußere Flächen überall von der Flamme umspielt werden. Es müssen mehre solcher eisernen Gefäße vorhanden seyn, damit das Ausglühen ohne Unterbrechung fortgehen, und das eine Gefäß gefüllt werden kann, während das zweite so weit erkaltet, daß die geglüheten Drathringe herausgenommen werden können. Diese Cylinder z. B. von 6 Fuß Höhe und von 3 Fuß Durchmesser, stehen in einem gemauerten cylindrischen Ofen von 5 Fuß Durchmesser, so daß rings um den Cylinder ein Zwischenraum von 1 Fuß bleibt. Man stellt die Cylinder, in der Mitte des Ofens, auf ein massives Fundament, und läßt sie entweder unbeweglich darauf stehen, oder trifft die Einrichtung, daß sie durch eine Thüröffnung, in der Seitenmauer des Ofens, herausgeschoben und wieder hineingebracht werden können. Diese Oeffnung muß dann aber mit verlornen Ziegeln zugesetzt und außerdem mit einer eisernen Thüre verschlossen werden, wenn der Cylinder in den Ofen geschoben worden ist und die Glühhitze erhält. Der Cylinder selbst ist mit einer gegossenen eisernen Platte, welche sehr genau schließen muß, bedeckt. Die Fuge zwischen dem Deckel und der Cylinderwand muß entweder verschmiert oder mit Sand beschüttet werden, um das Eindringen der Luft in den Cylinder zu verhindern. Die Feuerung geschieht auf 2, 3 oder 4 Rosten, welche in gleichen Entfernungen von einander auf dem Boden des ringförmigen Zwischenraums zwischen den inneren Ofenwänden und den äußeren Cylinder=

wänden, angebracht und mit Aschenfällen versehen sind. Um den cylindrischen Ofen oben zu schließen und die Hitze zusammen zu halten, versieht man ihn mit einem Gewölbe, wozu man in der Regel eine Haube von starkem Eisenblech wählt. Dies Gewölbe, oder diese Haube ist sehr flach, so daß ihr Mittelpunkt auch nur etwa 12 Zoll von dem Mittelpunkte des Cylinderdeckels entfernt ist. Die Haube hat in der Mitte ein Abzugsrohr für die Flamme und für die Dämpfe, von 1 Fuß im Durchmesser und von beliebiger Höhe, welche sich nach dem Grade der Höhe richtet, welche man dem Cylinder mittheilen will. Die Zeichnungen Taf. XLIX. Fig. 7—9. stellen einen solchen Glühofen dar. — Das Brennmaterial wird in gewöhnlicher Art, nämlich durch verschließbare Thüröffnungen, welche über den Rosten in der Ofenmauer angebracht sind, auf den Rost gebracht. Wenn man Steinkohlenfeuerung anwendet, so stellt man den Cylinder in dem Ofen auf eine so hohe massive Unterlage, daß die Cylinderflächen zunächst dem Boden, mit den Steinkohlen auf den gefüllten Rosten nicht in Berührung kommen. Ueberhaupt muß der Cylinder immer etwas höher stehen als die Rosthöhe beträgt, damit der Cylinderboden keine kalte Luft durch die Roströffnung erhält.

Wie oft das Eisen von dem stärksten bis zum feinsten Drath geglühet werden muß, ist größtentheils von der Beschaffenheit des Eisens abhängig. Auf vielen Drathhütten läßt man den Drath 35 bis 40 Mal durch die Zieheisen mit immer abnehmender Größe der Oeffnungen gehen, und reicht mit einem 4 bis 5maligen Ausglühen vollkommen aus.

§. 1026.

Das ältere Verfahren bei der Drathbereitung, nach welchem das Eisen unter dem Hammer zu schwächeren Dimensionen ausgestreckt, dann mit Zangen zu gröberen Drathsorten ausgezogen und zuletzt auf den Bobinen zu den feinsten Dimensionen gebracht wird, ist immer sehr unvollkommen, indem der Drath unansehnlich ausfällt und ein bedeutender Eisenverlust selbst dann nicht zu vermeiden ist, wenn das Materialeisen in runden Gesenken unter dem Hammer vorbereitet wird. Auch die Anwendung des geschnittenen Eisens, selbst wenn es durch die Behandlung unter einem Hammer mehr Nerv bekommen hat, giebt immer noch zu vielem Ausschußdrath und starken Abfällen Veranlassung.

Ungleich zweckmäßiger ist die Verfahrungsweise, die gröberen Drathsorten unter kleinen Walzgerüsten anzufertigen, und die feineren aus jenen gröberen, auf den Leiern, oder auf stehenden oder liegenden Rollen darzustellen. Bei dieser Verfahrungsart ist es vorzüglich nothwendig, den Walzen eine möglichst große Geschwindigkeit zu ertheilen, um den Drath, so weit er sich unter den Walzen anfertigen läßt, in einer und derselben Hitze darzustellen. Es ist deshalb nothwendig, durch Hülfe der Vorgelege eine solche Geschwindigkeit für die Walzen zu bewirken, daß diese in der Minute 225 bis 250 Umdrehungen machen. Bei dieser Geschwindigkeit und bei einer angemessenen Construction der Walzgerüste, läßt sich das Materialeisen von 1 Quadratzoll Stärke in einer Zeit von etwa $\frac{3}{4}$ Minuten zu Drath von 4 bis $4\frac{1}{4}$ Linien im Durchmesser ganz füglich ausstrecken. Drath von dieser Stärke scheint der stärkste zu seyn, der sich mit Erfolg schon auf den Rollen oder Bobinen verarbeiten läßt.

Die Eisenstäbe, welche auf dem Walzwerk zu Drath von dieser Stärke ausgezogen werden, erhalten die Glühhitze in einem Glühofen bei Flammenfeuer. Ein solcher Flammenofen hat ein sehr niedriges Gewölbe, um die Hitze durch Zurückstrahlen vom Gewölbe auf den Glühheerd zu leiten. Das Verhältniß des Rostes zum Glühheerd ist sehr groß, indem man z. B. einen 4 Fuß langen und bei der Feuerbrücke $3\frac{1}{2}$ Fuß breiten Heerd, mit einem Rost von der Länge, die der Heerdbreite gleich kommt, und von der Breite von 3 Fuß versieht.

Der Heerd behält auf das erste Drittel seiner Länge ziemlich dieselbe Breite (von 3½ Fuß), wird dann aber mit schnell abnehmender Verjüngung ovalförmig an den Fuchs herangezogen, welcher eine Länge von 12 Zollen und eine Höhe erhält, die der Beschaffenheit des Brennmaterials angemessen ist. Das Gewölbe ist bei der etwa 6 Zoll hohen Feuerbrücke nur 16 Zoll, und bei der Fuchsöffnung etwa 12 Zoll von der ganz horizontalen Sohle des Glühheerdes entfernt.

Zu der eigentlichen Walzarbeit wendet man am zweckmäßigsten drei Walzgerüste an, welche neben einander stehen und so zusammengekuppelt sind, daß sie durch eine und dieselbe Kraft in Bewegung gesetzt werden. In dem ersten Walzgerüst befinden sich drei über einander liegende Walzen, welche als Vorbereitungswalzen dienen, indem unter ihnen das Materialeisen (Quadratstäbchen) zu feinerem Quadrat=Reckeisen ausgezogen wird. Dieses erste Walzgerüst ist also ein Feineisengerüst mit Quadratkalibern in den Walzen. An diesem Gerüst ist das zweite mit zwei Walzen, und an dem zweiten das dritte, ebenfalls mit zwei Walzen angekuppelt. Von diesen beiden Walzgerüsten enthält das erste die kleinen Vorbereitungswalzen mit Rundeisenkalibern, und das zweite die ebenfalls mit Rundeisenkalibern versehenen Vollendungswalzen. Statt der beiden letzten Gerüste würde eins ganz zureichend seyn, indeß zieht man es vor, kurze Walzen anzuwenden, die sich leichter auswechseln lassen, wenn sie schadhaft geworden sind.

Bei Materialeisen, welches z. B. aus 1 Zoll starkem Quadrateisen besteht, ist der Gang der Arbeit folgender:

Die Stäbe werden mit einer Wasserscheere zu Stücken von 2 Fuß Länge zerschnitten, und in dieser Länge auf dem Heerde des Glühofens bis zum Weißglühen erhitzt. In dem weißglühenden Zustande werden sie unter die Walzen gebracht, welche in einer Minute 220 bis 250 Umdrehungen machen müssen.

Den drei Walzen im ersten Walzgerüst sind zwölf correspondirende Einschnitte zugetheilt, von denen der erste oval ist, die andern aber viereckig und von abnehmender Größe sind. Das erste Gerüst mit drei Walzen zu versehen, ist deshalb anzurathen, damit die zu walzenden Stäbe von beiden Seiten zwischen die Walzen gesteckt werden können, und nicht wieder zurück gegeben werden dürfen, wenn sie durch die Walzen gegangen sind. Bei der großen Schnelligkeit, mit welcher die Arbeit betrieben werden muß, würde durch das Zurückreichen viele Zeit verloren gehen, und die Stäbe würden dabei sehr erkalten. Dies ist zum Theil auch die Ursache, warum man noch ein drittes Walzgerüst anwendet, und die fast fertigen Dräthe zum letzten Mal durch die Walzen im dritten Walzgerüst gehen läßt, obgleich die Walzenkörper im zweiten Gerüst groß genug seyn können, um den Drath darunter zu vollenden. Von den Vierkantvorbereitungswalzen gelangt das Eisen zuerst in elliptische oder ovale Kaliber, welche sich in den Vorbereitungswalzen des zweiten Gerüstes befinden, und aus diesen zuletzt in die runden Kaliber des dritten Gerüstes, in welchem es als starker Drath seine Vollendung erhält. Von der Glühhitze, die das Eisen erhalten hat, so wie von der härteren oder weicheren Beschaffenheit des Eisens selbst, ist es abhängig, ob die Stäbe alle Einschnitte nach der Reihe durchpassiren müssen, oder ob man einige überspringen kann, welches sich erst bei der Arbeit selbst beurtheilen läßt. Oft ist es schon genügend, wenn man das Eisen nur durch acht Einschnitte gehen läßt.

Wenn der 2 Fuß lange Stab auf diese Art etwa zehnmal durch die Walzen gegangen ist, so hat er, bei einem Durchmesser von $4\frac{1}{4}$ bis $4\frac{1}{2}$ Linien, eine Länge von 32 bis 36 Fuß erhalten, zu welcher Streckarbeit etwa 36 bis 40 Sekunden Zeit erfordert werden. Der fertige Drath kommt dann zuletzt noch glühend aus der Walze.

§. 1027.

Sollen stärkere runde Eisensorten, oder starke Dräthe von einem größeren Durchmesser als von $4\frac{1}{2}$ Linien dargestellt werden, so müssen, wie sich von selbst versteht, die Rundkaliber im dritten Gerüst darnach eingerichtet seyn. Soll der unter dem Walzwerk bereitete Drath aber zu feineren Drathsorten verarbeitet werden, so ist es gut, ihn wenigstens nicht stärker als von $4\frac{1}{4}$ Linien im Durchmesser zu lassen. Er wird dann sogleich auf eine, 2 Fuß im Durchmesser starke Trommel gewickelt und nach vorher erfolgtem Glühen an den Drathzug abgegeben. Dies weitere Ausziehen geschieht durch stehende Rollen, welche vermittelst konischer Zahnräder mit der Welle in Verbindung stehen, an welcher die Betriebskraft wirkt. Für die gröberen Drathsorten, mit Einschluß des unmittelbar aus dem Walzwerk kommenden Drathes, haben diese Rollen einen Durchmesser von 15 Zollen; für die feineren und feinsten Drathsorten giebt man den Rollen einen Durchmesser von etwa 8 Zollen.

Weil das Eisen bei dieser Operation immer nur nach einer Richtung, nämlich nach der Richtung der Länge ausgedehnt wird, so hat man dabei den geringsten Abfall an Stumpen, Enden, Schiefern, Spalten u. s. f. zu befürchten, auch behält der Drath eine größere Festigkeit, als bei der Anfertigung aus geschmiedetem oder geschnittenem Eisen. — Das Ausglühen in den vorhin erwähnten gegossenen eisernen Cylindern geschieht zum ersten Mal bei dem dicken Drath, welcher von dem Walzwerk zum Drathzug abgegeben wird, und muß demnächst bis zur Anfertigung der feinsten Drathsorten noch 3 bis 4 Mal wiederholt werden.

§. 1028.

Der Materialienverbrauch bei der Drathfabrikation ist schwer zu bestimmen. Feinere Dräthe, welche öfter geglühet werden, müssen natürlich einen größeren Eisenverlust und Brennmaterialienaufwand veranlassen. Der eigentliche Abbrand sollte indeß bei den feinsten Drathsorten nicht über $12\frac{1}{2}$ Procent seyn, sonst würde die Glühanstalt schlecht genannt werden müssen. Die Menge des Abfalls, d. h. der Stumpen und abgerissenen Enden, richtet sich nach der Beschaffenheit des Eisens, so wie nach allen den vorhin bemerkten Umständen. Sind diese ungünstig, und ist das Eisen außerdem noch mürbe und wenig zähe, so kann der Abfall größer seyn als die Produktion von gutem Drath, wenigstens bei den feineren Drathsorten. Alsdann pflegt aber eine Drathfabrik nicht mit Vortheil zu arbeiten.

Rinman, Anleitung zur Kenntniß der gröberen Eisen- u. Stahlveredlung, und deren Verbesserung. A. d. Schwed. Wien 1790. S. 199—229. — Evers mann a. a. O. S. 266 u. f. — Du Hamel, die Kunst, das Eisen zu Drath zu ziehen. A. d. Franz. von Halle. — v. Moll, Jahrbücher der Berg- und Hüttenkunde. I. 55 u. f. — Extrait du mémoire de M. Mouchel, sur la fabrication du fil de fer et d'acier; in dem Journ. des mines No. 127. p. 63—80. — Polhem, vom Eisendrathziehen; in Schreber's Sammlungen. XII. 385.

D. Die Blechfabrikation.

§. 1029.

Um das Eisen zu Blechen, nämlich nach allen Richtungen der Länge und Breite auszudehnen, während es nach der Richtung der Stärke oder der Höhe zusammengedrückt wird, muß es in den Zustand des Glühens versetzt, und glühend durch die Schläge eines Hammers oder durch ein Walzwerk ausgebreitet werden. Durch eine einmalige Erhitzung des zur Blechbereitung bestimmten Eisens würde man nur in wenigen Fällen ein ganz fertiges Blech erhalten, weil das Eisen, besonders bei großen und starken Blechen, früher erkaltet seyn würde, als das ganze Blech fertig ist. Deshalb bringt man das Eisen, eben so wie bei der Drathfabrikation, zu verschiedenen Malen in die Arbeit, um es nach und nach zu den verlangten Dimensionen auszudehnen. Nach den Vorrichtungen zum Glühen, nach der

Wirksamkeit der zum Ausdehnen anzuwendenden Kraft, und nach hergebrachter Gewohnheit, richtet sich die Menge der Blechstäbe, welche gleichzeitig in die Arbeit gegeben werden.

Nach der Verschiedenheit der Anwendung, welche von den Blechen gemacht wird, erhalten dieselben verschiedene Dimensionen der Länge, Breite und Stärke. Man pflegt die Bereitung der größeren Bleche von der der kleineren zu trennen, weil es bequemer und vortheilhafter ist, solche Bleche, die einerlei Dimensionen erhalten sollen, gleichzeitig anzufertigen, und weil für die gröberen Bleche oft andere Vorrichtungen erforderlich sind als man für die kleineren und feineren anwenden kann. Bleche von kleinen Dimensionen werden gewöhnlich verzinnt; man nennt sie dann wegen dieser verzinnten Oberfläche Weißbleche, so wie die gröberen, die nicht verzinnt werden, Schwarzbleche.

§ 1030.

Ein gutes Blech muß überall gleich stark seyn und vollkommen glatte Flächen haben. Beulen, Runzeln oder Schiefern sind nicht allein Schönheitsfehler, sondern können bei der weiteren Verarbeitung der Bleche auch wirklichen Nachtheil verursachen. Ein gutes Blech muß sich oft hin und her biegen lassen, und nicht so spröde seyn, daß es beim Biegen bald bricht. Durch häufiges kaltes Hämmern oder Walzen können indeß die Bleche aus dem besten Eisen eine Sprödigkeit erhalten, welche nicht in der Natur des Eisens liegt, weshalb die Sprödigkeit durch Ausglühen der fertigen Bleche gehoben werden kann.

Das zur Blechfabrikation anzuwendende Eisen muß möglichst weich und dehnbar seyn. Rothbrüchiges Eisen ist ganz unbrauchbar, weil es Kantenrisse und viel Ausschuß veranlaßt. Kaltbrüchiges Eisen läßt sich zwar gut schmieden, liefert aber schlechte, zur weiteren Verarbeitung unbrauchbare Bleche. Faulbrüchiges oder mürbes Stabeisen zerschlägt sich zu leicht, reißt auf, und läßt sich daher nicht mit Vortheil anwenden; auch würden die feinsten Bleche nicht aus solchem Eisen angefertigt werden können. Das zähe und zugleich weiche Eisen läßt sich zu den dünnsten Blechen ausstrecken, weil es am wenigsten spröde wird und die Bearbeitung bei abnehmender Temperatur am längsten aushält. Das zähe und zugleich harte Eisen würde dem weichen nicht nachstehen, wenn es nicht ein häufigeres Glühen erforderte, wodurch die Arbeit verzögert und der Abbrand vergrößert wird. Deshalb ist das weiche zähe Eisen jedem andern vorzuziehen.

§. 1031.

Die Form des Eisens ist zwar gleichgültig, indeß liegt es in der Natur der Sache, daß das flache Eisen zur Blechbereitung zweckmäßiger seyn muß als das Quadrateisen. Nach der Breite und nach der Stärke, welche die Bleche erhalten sollen, richtet man sich bei der Bestimmung der Breite und der Dicke des Materialeisens. Geschieht die Bereitung der Bleche unter dem Walzwerk, so darf das Eisen nicht zu dick seyn, weil man sonst die Walzen zu sehr angreifen und sie zu oft stellen müßte, weshalb man möglichst breite Eisensorten wählt. Dies ist aber auch bei der Blechfabrikation unter dem Hammer zu empfehlen, weil die Arbeit dadurch abgekürzt wird.

Das Materialeisen muß zuerst unter der Scheere zu Stücken von bestimmter Länge zerschnitten werden. Die Länge der Stücken wird durch die Breite und Stärke der Eisenstäbe, und durch die Dimensionen, welche die Bleche erhalten sollen, bestimmt. Aus jedem Ende sollen gewöhnlich zwei Bleche erfolgen; nur bei schweren und großen Blechen wird zu jedem Blech ein Sturz (Stück) angewendet. Bei dem Zerschneiden (oder bei dem Zerhauen unter dem Wasserhammer mittelst eines Setzeisens) erhielten die Stürze, bei der alten Bereitungsweise der Bleche unter den Hämmern, fast die doppelte Länge eines Bleches, indem man die Arbeit vorzüglich auf das Ausbreiten des Eisens beschränkte. Bei der Arbeit unter dem Walzwerk findet das Ausrecken nach allen Dimensionen statt, indeß wendet man doch immer möglichst breite Stäbe an, um dadurch die Ausstreckarbeit zu beschleunigen.

§. 1032.

Bei der alten Methode der Blechfabrikation unter Hämmern, ward das Glühen der zu Blechen auszubreitenden Eisenstäbe in einem gewöhnlichen Frischheerde vorgenommen. Das Glühen im Heerd ist eine sehr unvollkommene und viele Kohlen erfordernde Methode, wobei die Bleche auch häufig sehr leiden. Man legte die Stürze und die fast fertigen Bleche auf Brechstangen quer über den Heerd, beschüttete sie von allen Seiten, unten und oben mit Kohlen, und setzte die Kohlen unter den Stürzen und Blechen durch den langsamen Gang des Gebläses in Gluth. Die noch nicht ausgereckten Stürze, nämlich die nach der bestimmten Länge verhauenen Stücken des Materialeisens, wurden in Zangen gefaßt und auf gewöhnliche Art, mit Zusatz von etwas Gaarschlacke, im Heerde gewärmt. Den dabei entstehenden Schwahl benutzte man gewöhnlich beim Einschmelzen der Abschnittel, welches bei dieser alten Methode noch mit der Blechfabrikation verbunden war. Bei der Anfertigung der Bleche unter dem Hammer kann ein Glühofen die Dienste nicht leisten, welche er bei der Anwendung der Walzwerke gewährt, weil der langsame Gang des Hammers mit dem Effekt des Glühofens nicht im Verhältniß steht.

§. 1033.

Die Blechglühöfen, in denen die Feuerung bei Torf, bei Holz, oder bei Steinkohlen geschieht, und deren man sich bei der neueren Methode der Blechbereitung unter den Walzwerken bedient, haben eben die Construction wie die Glühöfen zum Glühen der Stäbe bei der Anfertigung des geschnittenen Eisens in den Walz- und Schneidewerken, nur daß die Heerde breiter sind. Den unteren Rand der Fuchsöffnung legt man, wie gewöhnlich bei allen Flammenöfen geschehen müßte, in gleichem Niveau mit der Heerdsohle, damit die Flamme die Bleche erwärmen kann. Ueberhaupt muß das Gewölbe des Ofens möglichst niedrig seyn, um die Hitze nicht zu zerstreuen. Dagegen wird der Feuerbrücke eine Höhe von 6 bis 8 Zollen zugetheilt, damit die Flamme nicht unmittelbar auf die Bleche wirken kann, sondern diese nur durch die Gluth des Ofens, oder durch die strahlende Wärme in Hitze kommen. Der Fuchs ist mit einem Schieber, oder die Esse mit einer Klappe (welche billig bei keinem Flammenofen fehlen muß) zu versehen, um die Hitze im Ofen abzustimmen und den Zug, beim Oeffnen der Arbeitsthüre, ganz hemmen zu können. Am besten sind die Glühöfen eingerichtet, bei denen die Arbeitsthüre dem Rost gegenüber liegt, so daß die Flamme, beim Oeffnen der Thür, aus derselben herausschlägt und der äußeren Luft den Eintritt erschwert. Die Bleche oder Stürze müssen dann zunächst der Feuerbrücke liegen, damit sie von dem Luftstrom nicht so leicht getroffen werden. Die Zeichnungen auf den Kupfertafeln XLVIII. und XLIX. stellen verschiedene Blechglühöfen bei Steinkohlen- und bei Holzfeuerung dar. Die Oefen Taf. XLVIII. Fig. 1—4. und Fig. 5—8. sind zur Steinkohlenfeuerung bestimmt und dienen zur Anfertigung von gröberen und feineren Blechen (Schwarzblechen und Weißblechen). Den Ofen Fig. 13—15., welcher ebenfalls mit Steinkohlen gefeuert, und welcher bei der Schwarzblechfabrikation angewendet wird, könnte man einen Doppelofen nennen. Der Ofen enthält zwei Glühräume, welche durch einen Bogen aus feuerfesten Thonsteinen, der zugleich das Gewölbe trägt, von einander getrennt sind. Jeder Glühraum ist mit einer Arbeitsthüre versehen. Der Fuchs befindet sich in der Nähe der Einsetz- und Arbeitsthüre des vorderen Glühraums, um die einströmende kalte Luft zugleich mit abzuführen. Die erste Abtheilung dieses Ofens, zunächst der Brücke, wird stärker erhitzt als die zweite. Jene kann daher zum Anwärmen der Stürze und der starken Bleche, diese für das Fertigwalzen der Bleche gebraucht werden und daher zwei Walzgerüste beschäftigen. — Der Glühofen, den die Zeichnungen Fig. 9 — 12. darstellen, wird mit Holz befeuert; er bietet keine eigenthümliche Einrichtung weiter dar, als daß er zunächst der Feuerbrücke mit einem flachen Gewölbe über der Heerdsohle versehen ist, wodurch ein gegen den Zutritt der Flamme geschützter Raum gebildet wird, in welchem die fertigen Bleche ausgeglühet werden (§. 1030). — Der Glühofen Taf. XLIX. Fig. 1 — 6. steht ganz unter der Esse und die Flamme (der Ofen ist auf Steinkohlenfeuerung eingerichtet) circulirt um und unter dem Glühheerd, ehe sie aus der Esse entweicht.

Wenn starke Bleche, z. B zu Dampfmaschinenkesseln, angefertigt werden, so reicht man mit Glühöfen allein nicht aus, sondern es ist dann auch ein Schweißofen für die erste Behandlung des Materialeisens erforderlich, indem der Sturz fast immer durch Zusammenschweißen und gleichzeitiges Raffiniren von mehren starken Eisenmassen bereitet werden muß. Der Schweißofen hat dann dieselbe Construction wie die Schweißöfen, welche zur Bereitung des Lappeneisens von der Puddlingfrischarbeit (§. 966) angewendet werden.

Beim Einsetzen der Stürze oder der fast fertigen Bleche muß ein rasches Feuer gegeben werden, um das Ansetzen des Glühspans möglichst zu verhüten. Die Menge des einzusetzenden Materials sollte nicht größer seyn, als ohne große Abkühlung des Eisens unter dem Walzwerk, bei fest verschlossenem Schürloch, Aschenfall und Fuchs, und bei von Zeit zu Zeit geöffneter Arbeitsthür, verarbeitet werden kann.

Auf mehren Blechhütten wendet man keine Flammenöfen, sondern Gewölbe mit einem Rost an, welche unter einem Feuermantel stehen. Die Construction derselben ist eben so wie die der Oefen bei den Verfeinerungsarbeiten des Stabeisens (§. 1002) oder bei den Schneidewerken. Die Platinen, Stürze oder Bleche liegen unmittelbar auf den glühenden Steinkohlen. Es ist einleuchtend, daß dabei weniger Brennmaterial als bei den Flammenöfen verbraucht wird, auch können die Bleche eben so gut als in gut construirten Flammenöfen ausfallen, bei denen der Aufwand an Brennmaterial um so größer ist, je mehr die Bleche gegen den Zutritt der Luft geschützt werden, und je besser daher die Bleche ausfallen. Die Stelle der Schweißöfen können jene Glühöfen natürlich nicht vertreten.

Die zu glühenden Bleche auf eine Unterlage von Koakstaub in den Glühofen zu bringen, ist nicht nachtheilig, und sogar zu empfehlen. Der Heerd der Glühöfen besteht aus feuerfesten Thonsteinen. Die Stürze und Bleche dürfen jedoch nicht unmittelbar auf der Heerdsohle liegen, sondern es ist wenigstens besser, sie hohl zu legen. — Die Sohle der Schweißöfen ist Sand; es ist jedoch sehr anzurathen, die zusammenzuschweißenden Paquete nicht unmittelbar auf den Sandheerd, sondern auf ein Bette von abgeflammten Steinkohlen zu legen. Häufig versieht man die Heerdsohle auch mit eingelegten starken geschmiedeten eisernen Stäben, welche den Stürzen und Blechen zur Unterlage dienen, damit sie hohl liegen und nicht verunreinigt werden.

a. Die Bereitung der Bleche unter den Hämmern.

§. 1034.

Bei der alten, noch auf einigen Hütten gebräuchlichen Methode, die gröberen Bleche, oder die sogenannten Schwarzbleche, unter dem Hammer anzufertigen, wendet man einen 4 bis 4½ Centner schweren Hammer an, dem man 22 Zoll Hub giebt. Die Hammerbahn ist etwa 14 Zoll lang und ¾ Zoll breit. Die Bahn des Amboßes ist etwas gewölbt, um das Eisen schneller auszurecken. Je schmaler die Amboßbahn ist, desto schneller läßt sich das Eisen ausdehnen, desto mehr Sorgfalt ist aber auch bei der Arbeit nöthig, um glatte und von Runzeln und Unebenheiten freie Bleche zu erhalten. Auf einigen

Hütten ist die Bahn über 4 Zoll, auf anderen nur ¾ Zoll breit. Eine breitere Bahn giebt glattere und schönere Bleche, verzögert aber die Arbeit.

Die verhauenen Stäbe oder Stürze werden im Heerde gewärmt, und dann zuerst an dem einen Ende bis auf das Doppelte ihrer anfänglichen Breite unter dem Hammer ausgedehnt, dann sogleich wieder gewärmt, um auch die zweite Hälfte auszubreiten. Ist dies geschehen, so wird der bearbeitete Sturz zur Hälfte umgebogen, und das umgebogene Ende, oder der Saum, durch einen Schlag des Hammers zusammengeschlagen. Zwei Arbeiter, von denen der eine die vordere, der andere die hintere Hälfte des Sturzes ausbreitet und zusammenschlägt, wechseln mit einander ab, so daß der Hammer so lange ununterbrochen fortgeht, bis alle Stürze ausgebreitet und zusammengeschlagen sind. Die bearbeiteten Stürze heißen Urwellstürze, so wie die Arbeit das Urwellen. Ein fertiger Urwellsturz besteht also aus zwei Hälften, von denen eine jede in der Folge ein Blech giebt. Große Bleche werden einzeln geurwellt, und nicht zu doppelten Urwellstürzen bearbeitet.

Die geurwellten Stürze werden dann sämmtlich wieder gewärmt, dann einzeln beim Saumende mit der Zange gefaßt, und das Vorderende bis zur doppelten Breite der Urwellstürze ausgebreitet, noch warm wieder ins Wärmfeuer gebracht, und dann auch beim Saumende ausgebreitet. Die fertigen Stürze werden so lange auf die Hüttensohle gelegt, bis das ganze Quantum bearbeitet ist. Man nennt diese Arbeit das Gleichen, oder auch das Stürzen, und die ausgebreiteten Urwellstürze nennt man im Allgemeinen Stürze. Bei dieser Arbeit ist große Aufmerksamkeit nöthig, um nicht zu viel Eisen in der Mitte stehen zu lassen, weil es sich sonst bei den folgenden Bearbeitungen umlegt und zu Falten in den Blechen Anlaß giebt. Die Hammerbahn muß genau die Mitte der Stürze treffen, und das Eisen nach und nach nach den Seiten treiben; umgekehrt darf aber der Hammer nicht erst die Seiten ausbreiten und das Eisen in der Mitte stehen lassen.

Die Stürze erleiden nun die dritte Bearbeitung. Dazu ist, weil immer mehre Stürze zugleich in Arbeit genommen und zusammengelegt werden, eine größere Hitze nothwendig, wobei die aus zwei zusammengebogenen Hälften bestehenden Stürze leicht an einander schweißen. Um dies zu verhindern, taucht man sie in eine wässerige Flüssigkeit, in welcher feiner Thon, Kreide und Kohlenstaub eingerührt sind. Die in dieser Flüssigkeit (Hahnenbrei) eingetauchten Stürze werden in Päcke zusammengelegt. Zu jedem Haufen nimmt man etwa 1 Centner, oder 6 bis 20 Stürze, je nachdem die Bleche stärker oder feiner sind. Jeder Haufen heißt ein Pack oder eine Zange, und die Anzahl der Zangen, welche mit Einemmal in der Arbeit sind, wird eine Zeche genannt. Jede Zange wird einzeln gewärmt und unter den Hammer gebracht Diese Arbeit ist sehr beschwerlich und erfordert Kraft und Gewandtheit, weshalb beim Schmieden oder Packschmieden auch zwei Arbeiter nöthig sind, die sich einander helfen und das Pack gehörig auf dem Amboß drehen, damit der Hammer nicht zu oft auf eine und dieselbe Stelle trifft. Zur Unterstützung beim Schmieden, und um das Pack besser auf dem Amboß halten zu können, ist auf jeder Seite desselben ein Haken, in Gestalt eines rechten Winkels --- ein sogenannter Knecht — im Hammerstock befestigt, worauf das Pack ruhen kann. Das Umwenden muß, obgleich es sehr beschwerlich ist, doch so oft als möglich geschehen, damit die eine Seite des Packes nicht mehr ausgereckt wird als die andere. Dies Umwenden ist auch beim Urwellen und Gleichen nicht zu versäumen. Da das Schmieden die letzte Bearbeitung der Blechstäbe ist, so muß sorgfältig darauf gesehen werden, daß der Hammer in die ausgereckten Bleche nicht Beulen oder Löcher schlägt. Durch das einmalige Schmieden einer Zange haben die Stürze noch nicht die volle Ausdehnung erhalten, indem das Eisen früher erkaltet, als die Bleche völlig ausgedehnt sind. Deshalb wird das Packschmieden oft drei bis vier Mal wiederholt, und die Zange eben so oft wieder gewärmt. Nach dem jedesmaligen Schmieden werden die Päcke auseinander genommen, um zu sehen, ob Stürze zusammengeschweißt sind, welche man alsdann zu trennen suchen muß. Ueberhaupt werden die Stürze in einer anderen Reihenfolge zusammengelegt, als in welcher sie gelegen haben, weil sich die in der Mitte der Zange liegenden Stürze, welche am längsten glühend bleiben, am meisten ausdehnen. Wären einige Bleche von den vorigen Zechen zu kurz geblieben, so werden diese mit in das nächstfolgende Pack gelegt und wieder mit geschmiedet, damit sie stärker ausgedehnt werden.

Wenn die Stürze nach dem dritten Schmieden die gehörige Länge erhalten haben, so wird das Pack noch einmal etwas gewärmt, um die Unebenheiten und Beulen, welche beim Schmieden unter der schmalen Hammerbahn unvermeidlich sind, auszugleichen. Dies geschieht dadurch, daß jedes einzelne Pack auf einem breiten Amboß, oder auf einer vollkommen glatten Eisenplatte, unter einem Hammer mit einer breiten Bahn, durch langsame Schläge geebnet und geglättet wird. Der Hammer heißt der Pritsch- oder Abrichthammer, und die Arbeit das Pritschen oder Abrichten der Bleche. Die Abrichtschaale muß eine vollkommen horizontale Lage haben; auch muß der Hammer so gekeilt werden, daß er die Päcke weder vorn noch hinten trifft. War beim Gleichen oder Schmieden ein Fehler begangen, so kann das Abrichten nicht viel helfen, weil die Unebenheiten dadurch nur etwas fortgeschafft werden können, aber nicht die Falten und andere Fehler, die durch mangelhafte Arbeit entstanden sind.

Nach dem Abrichten werden die Päcke noch mit einem hölzernen Hammer gepritscht, um alle Beulen auszugleichen.

Dann sind die Bleche fertig, und werden mit einer Hand- oder Wasserscheere nach dem Maaß beschnitten.

Die Maaße der Bleche sind sehr verschieden. In einem Theil von Norddeutschland werden sie 24 Zoll lang und breit verlangt, und es müssen 5 bis 50 Tafeln auf einen Centner gehen. Die feineren Bleche werden theurer bezahlt. Sehr vortheilhaft ist es für eine Blechfabrik, wenn mehre, größere und kleinere Dimensionen der Schwarz- oder Sturzbleche üblich sind, weil fehlerhafte, oder zu klein gerathene große Bleche, dann noch häufig zu kleineren Sorten angewendet werden können, wogegen sie bei einer Sorte unbrauchbar sind und ausgeschlossen werden müssen.

Die fehlerhaften Bleche, welche nicht als Ausschußbleche verkauft werden können, werden zerschnitten und mit den Abschnitteln zu gut gemacht. Bei der alten Verfahrungsart geschieht dies im Wärmheerd des Schwarzblechhammers gewöhnlich alle 3 Wochen, so daß 3 Wochen lang Bleche geschmiedet, und in der vierten Woche Abschnittel geschmolzen werden.

Außer den unbrauchbaren Blechen und den Abschnitteln, fallen auch noch kurze Enden beim Verhauen der Stäbe. Man kann im Allgemeinen annehmen, daß aus 100 Centr. Schwarzblechstäben, 60 Centr. Bleche und 30 Centr. Abschnittel erfolgen, und daß 8 bis 10 Procent Abbrand stattfinden. In den Hütten, wo die Abschnittel im Schwarzblechfeuer wieder verarbeitet werden, erfolgen gewöhnlich aus 5 Centr. Stabeisen 4 Centr. Bleche, und es werden dann zu 100 Pfd. Preuß. Blech 22 bis 24 Preuß. Kubikfuß Holzkohlen verbraucht.

Die Unvollkommenheit dieses Betriebes ergiebt sich schon aus der Beschreibung des Verfahrens, von welcher zu erwarten ist, daß sie bald nur noch als eine historische Notiz betrachtet werden darf. Sehr sorgfältige und fleißige Arbeiter können zwar zum besseren Ansehen der Bleche viel beitragen, wenn sie die Hammerschläge beim Urwellen und Gleichen recht nahe neben einander führen und die Stürze nicht durch diagonale Schläge des Hammers zugleich stark ausrecken; allein gänzlich lassen sich die Beulen niemals vermeiden. Außerdem ist die Unvollkommenheit der Methode nicht bloß in der mangelhaften Beschaffenheit des Produktes, sondern mehr noch in der Langsamkeit derselben und in dem großen Materialienaufwand zu suchen, den sie veranlaßt.

§. 1035.

Mit der zunehmenden Größe und Dicke der Bleche, steigt die Schwierigkeit der Anfertigung derselben unter den Hämmern. Große und schwere Maschinenbleche würden besondere Wärmvorrichtungen in den Heerden erfordern und einen außerordentlich großen Kohlenverbrauch veranlassen, weil die großen Eisenmassen sich nur schwierig erhitzen lassen, und weil das Ausstrecken unter den Hämmern, — selbst wenn diese ein bedeutendes Gewicht erhalten, — immer nur so langsam von statten geht, daß die starke Eisenmasse zu wiederholten Malen in das Wärmfeuer zurückgebracht werden müßte. Die alte Methode der Blechbereitung ist daher für große und starke Maschinenbleche fast unanwendbar, sowohl wegen der Schwierigkeit der Behandlung im Wärmfeuer und unter dem Hammer, als auch weil es fast nicht möglich seyn würde, dem Blech eine ganz gleiche Eisenstärke zu geben, worauf es doch bei der Darstellung der schweren Bleche zu den Dampfkesseln für Hochdruckmaschinen sehr wesentlich ankommt. Außerdem leidet die Güte des Eisens durch die häufigen trocknen Hitzen zwischen Kohlen vor dem Gebläse. Große und schwere Bleche können daher mit Erfolg nur unter Walzwerken und mit Hülfe gut construirter Glühöfen angefertigt werden.

§. 1036.

Eisenbleche von geringen Dimensionen in der Länge und Breite und von geringer Stärke, welche gewöhnlich eine Verzinnung erhalten, oder die sogenannten verzinnten Bleche (Weißbleche), werden auf einigen Hüttenwerken zwar ebenfalls noch unter Hämmern dargestellt, indeß werden auch diese Bleche fast überall schon durch die gewalzten und nach einer besseren Methode verzinnten Bleche verdrängt. Das ältere, nur noch eine beschränkte Anwendung findende Verfahren ist folgendes:

Die Fabrikation erfordert zwei Hämmer, einen Breithammer und einen Urwellhammer, welche abwechselnd aus dem Gerüst genommen und wieder hineingelegt werden. Die Bahn des Breithammers ist weniger gewölbt, und 6 bis 7 Zoll lang und breit; die des Urwellhammers ist mehr gewölbt, und etwa 1¾ Zoll breit und 9 Zoll lang. Der Breithammer ist 6 bis 7 Centr. schwer, und man giebt ihm bis 36 Zoll Hub. Der Urwellhammer ist oft nur 3 Centr. schwer, und wird nur 26 bis 30 Zoll hoch gehoben, indem man den Reitel mit einem Stück Holz — der sogenannten Premse — versieht, gegen welches der Nacken des Urwellhammers schlagen muß, um nicht den vollen Hub zu erhalten. Die Amboßbahn ist etwa 12 Zoll lang und breit, hat aber von allen Seiten eine ganz schwache Wölbung, so daß sie in der Mitte etwa ¼ Zoll höher ist als an den Seiten. Ein im Hammerstock befestigter und über die Fläche des Amboßes hervorragender eiserner Stab dient dazu, die Stürze beim Gleichen gegen ihn zu stoßen, damit sie sich nicht verschieben, sondern gerade über einander liegen bleiben.

Den Anfang der Arbeit macht das Einschmelzen der Abschnittel und des Ausschusses, wobei die Schirbel von der vorigen Luppe zu ¾zölligen Quadratstäben ausgeschmiedet werden, welche Arbeit man das Zainen nennt, und sie unter dem Breithammer verrichtet. Nach dem Zainen wird die Luppe gefrischt, ausgebrochen, gezängt, in Schirbel zerhauen und diese wieder gezaint, alsdann der Breithammer aus dem Gerüst genommen, und der Urwellhammer eingelegt. Auf einigen Hütten war diese unvortheilhafte Methode indeß abgeschafft, und man begann die Arbeit gleich mit dem Urwellen, bediente sich auch dazu zweckmäßiger des flachen Eisens. Wo aber noch die ganz alte Methode stattfand, wurden die fertigen Zaine zum Wärmen eingehalten, und das vordere glühende Ende etwas ausgebreitet, worauf mit dem Setzeisen ein Kölbchen von bestimmter Länge abgehauen, dieses wieder in den Heerd gebracht, gewärmt und an dem schon etwas ausgebreiteten Ende zu einer Breite von etwa 3 Zoll ausgereckt ward. Zwei Arbeiter wechseln auf diese Art beim Schmieden ununterbrochen mit einander ab, und ein dritter besorgt das Wärmen der Zaine und der Kölbchen, bis etwa 6 Schock (360 Stück) Urwellstürze fertig sind, welche bis zur folgenden Arbeit weggelegt werden. Weil nicht allein der Schwahl von der vorigen Arbeit im Heerde geblieben, sondern auch bei dieser noch neuer hinzu gekommen ist; so werden nach dem Urwellen wieder Abschnittel eingeschmolzen, eine Luppe gemacht, gezängt, abgedreht und in Schirbel zerhauen, welche bis zum folgenden Einschmelzen liegen bleiben, und dann gezaint werden.

Die fertigen Urwellstürze werden von zwei andern Schmieden und einem Gehülfen, in der folgenden Schicht, auch an dem andern noch nicht gebreiteten Ende ausgereckt, auf einem Handamboß zur Hälfte umgebogen, mit einem Handhammer zusammengeschlagen und als fertige Stürze weggelegt. Diese Arbeit, welche mit dem Urwellen bei der Schwarzblechfabrikation übereinstimmt, heißt das Richtheißen, und wird auch unter dem Urwellhammer verrichtet. Sind alle Stürze gerichtheißt, so werden sie paarweise zusammengelegt, und zuerst mit dem Saumende zum Wärmen eingehalten. Der eine Arbeiter faßt ein paar der gewärmten Stürze vorn mit der Zange, und streckt sie unter dem Urwellhammer beim Saumende zu einer Breite von 5 bis 6 Zoll aus, bringt sie dann wieder ins Feuer, hält sie aber mit dem noch nicht gebreiteten Vorderende ein. Der zweite Arbeiter faßt dagegen ein paar der von den ersten schon zur Hälfte gebreiteten Stürzen, beim Saumende, mit der Zange, und breitet auch das Vorderende, so daß die Stürze eine Länge von 10 bis 11, und eine Breite von 5 bis 6 Zoll erhalten. Diese Arbeit heißt das Gleichen. Es werden immer zwei Stürze mit einem Mal geglichen. Der Gehülfe hat dafür zu sorgen, daß immer eine gehörige Menge von gerichtreißten Stürzen im Heerde befindlich ist, damit bei der Arbeit kein Verzug entsteht: auch muß er die schon gegleichten Stürze sortiren, aus einander legen, und in Hahnebrei eintauchen, damt sie nicht an einander schweißen, und 50 solcher Stürze, welche eine Zange genannt werden, zusammenlegen. Vier Zangen machen gewöhnlich eine Zeche. Während des Anwärmens der Zeche wird der Urwellhammer aus dem Gerüst genommen, der Breithammer eingelegt und nun zum Schmieden geschritten.

Das Wärmen einer Zeche geschieht auf ein paar horizontal über dem Heerd gelegten Stangen, auf welche die Zeche so gestellt wird, daß die Stürze mit der langen Kante auf den Stangen ruhen, worauf hinter der zu wärmenden Zeche eine eiserne Stange senkrecht aufgerichtet wird, um dadurch die Stürze nach der Seite der Form zusammenpressen zu können, damit keine Zwischenräume entstehen. Die Zeche wird mit Kohlen beschüttet, das Gebläse angelassen, und mit dem Verbrennen der Kohlen so lange fortgefahren, bis alle Zangen glühend sind. Jede Zange wird drei bis vier Mal geschmiedet, und nach dem jedesmaligen Schmieden werden die Zangen aus einander genommen und anders geordnet, um alle Stürze gleich stark auszurecken. Wenn die Bleche durch das Schmieden die gehörige Größe erhalten haben, werden die vom vorigen Schmieden erhaltenen und schon nach dem Hüttenmaaß beschnittenen Bleche zwischen die eben geschmiedeten Zangen gelegt, und erhalten langsame Hammerschläge, damit sie glatt und eben werden, welche Arbeit das Abrichten genannt wird. Die abgerichteten Bleche — gewöhnlich Dünneisen genannt — werden dann noch einmal nach dem üblichen Maaß, welches sie als verzinnte Bleche haben sollen, beschnitten.

In mehren Hütten hatte man schon angefangen, das Richtheißen abzuschaffen, und das Urwellen und Richtheißen mit einander zu verbinden, wodurch Zeit, Eisen und Brennmaterial erspart wurden.

Auf den Hüttenwerken, wo der Weißblechmeister die Abschnittel selbst wieder verarbeitete, mußte er aus 100 Centr. Weißblechstäben 73 bis 75 Centr. Dünneisen abliefern, so daß ein Abgang von 25 bis 27 Procent gestattet war. Der Verbrauch an Holzkohlen beträgt für den Centner Dünneisen 40 bis 48 Kubikfuß. — Es läßt sich im Durchschnitt annehmen, daß aus 100 Centr. Blechstäben höchstens 46 Centr. Dünneisen und eben so viel Abschnittel, Enden und Ausschuß erfolgten, und daß ein wirklicher Eisenabgang bei der eigentlichen Blechschmiedearbeit von 8 Procent stattfindet. Zu diesem Verlust muß natürlich noch derjenige hinzugerechnet werden, welcher durch das Zugutemachen der Abschnittel und der Abfälle entsteht.

§. 1037.

Das gewöhnliche, auf den alten Blechhütten noch übliche Verfahren beim Verzinnen der Bleche ist folgendes.

Die zu verzinnenden Bleche (Dünneisen) müssen zuerst gebeizt werden, um sie vom Glühspan zu befreien, und ihnen eine reine metallische Eisenfläche zu geben, welche mit dem Zinn in Verbindung treten kann. Zur Beize bedient man sich der vegetabilischen Säure (Essigsäure), welche man durch Gährung des geschrotenen Getreides (Roggens) erhält. Die Beize befindet sich in einem eigenen Gewölbe, dem Beizgewölbe, in Tonnen. Das Gewölbe muß stets eine warme Temperatur von einigen 30° Reaum. haben, theils um die Gährung zu befördern, theils um die Wirkung der Säure auf das Eisen oder dessen Oxyd zu beschleunigen. Sechs Tonnen machen eine ganze Beize aus, und nach der Stärke der Fabrikation hat man 6, 12, 18, 24, oder auch 9, 15 u. s. f. Tonnen, indem man eine halbe Beize aus drei Tonnen bestehen läßt. Jede ganze Beize besteht aus 2 Tonnen neuer Beize, 2 Tonnen alter Beize und 2 Tonnen Hävel. Wird sie erst eingerichtet, so erhält die alte Beize 3 Scheffel, die neue Beize 4 Scheffel, und der Hävel 4 Scheffel Roggenschrot, welche mit Sauerteig und Wasser gähren. Das Nachtragen des Schrots geschieht gewöhnlich alle 8 Tage; es wird dann $\frac{1}{3}$ Scheffel zur neuen, $\frac{1}{2}$ zur alten Beize und $\frac{1}{2}$ zum Hävel gesetzt. Zuerst kommen die Bleche in die alte Beize, und zwar in jede Tonne 144 Blatt, oder ein Häufel, welche so gestellt werden, daß die Bleche wechselsweise auf der langen und auf der schmalen Seite stehen, damit die Beize überall angreifen kann. In der alten Beize bleiben die Dünneisen 24 Stunden liegen, und kommen dann eben so lange in die neue Beize, und endlich 48 Stunden in den Hävel, so daß sie im Ganzen 4 Tage in der Beize bleiben, worauf sie in eine mit reinem Wasser angefüllte Tonne gelegt werden, in welcher sie bis zum ferneren Gebrauch liegen bleiben, um keinen Rost anzusetzen. Alle 14 Tage wird die alte Beize, welche am meisten angegriffen wird, und die Bleche vom gröbsten Glühspan, so wie vom Thon des Hahnebreies befreien muß, weggeschafft (an mehren Orten als essigsaures Eisen an die Kattundrucker verkauft) und die neue Beize zur alten genommen, welche noch $\frac{1}{2}$ Scheffel Nachsatz an Schrot bekommt und wieder 14 Tage als alte Beize gebraucht wird, so daß sie 4 Wochen, nämlich 14 Tage als neue und 14 Tage als alte Beize dient. Wenn nach 14 Tagen die neue Beize wieder von neuem vorgerichtet wird, muß aus dem Hävel etwas Grund zum Gähren genommen werden, wogegen er $\frac{1}{2}$ Scheffel Nachsatz an Schrot erhält, und beständig gebraucht wird.

Nach dem Beizen kommen die Düneisen zur Reibebank, wo sie mit fein gepochter Hohofenschlacke, oder besser mit scharfem

Sande gescheuert werden, um den Glühspan fortzuschaffen. Dies Scheuern muß mit Vorsicht geschehen, weil alle Stellen, die nicht vollkommen blank gescheuert sind, unverzinnt bleiben. Die gescheuerten Bleche werden bis zum Augenblick der Verzinnung unter reinem Wasser aufbewahrt.

Das Verzinnen geschieht in einem Zinnofen, oder vielmehr in einer Zinnpfanne, die etwa 18 Zoll lang, 14 Zoll breit und 18 Zoll tief ist. Sie ist von gegossenem Eisen und in der Mitte des Zinnofens eingemauert, worin sie frei über der Flamme hängt, welche vom Rost in die Höhe schlägt und die Pfanne von allen Seiten umspielt. Die Feuerung geschieht mit Holz, Torf oder Steinkohlen. Auf dem Heerd des viereckigen Zinnofens liegen vier gegossene eiserne Platten, welche nach den Kanten der in der Mitte dieser Platten hängenden Pfanne stark geneigt sind, damit alles abtröpfelnde Zinn wieder in dieselbe zurückfließen kann. Die Zinnpfanne kann durch ein senkrecht hineinzustellendes Blech — das sogenannte Einhaltblech — in zwei Räume, einen größeren und einen kleineren, abgetheilt werden.

Die richtige Temperatur des Zinnes zu treffen, ist wichtig, weil das zu dickflüssige Zinn nicht am Eisen haftet, das zu heiße aber ebenfalls abfließt und eine schlechte Verzinnung giebt. Man nimmt gewöhnlich an, daß die Temperatur des Zinnes so beschaffen seyn muß, daß sich ein Stück Papier schnell verkohlt. Beim Verzinnen wird die Pfanne mit 10 bis 12 Centr. Zinn gefüllt und fortwährend geschmolzener Talg darüber erhalten, damit sich das Zinn auf der Oberfläche nicht oxydire. Hat das Zinn die gehörige Flüssigkeit erhalten, so trägt der Verzinner einen Satz (von 200 Blatt) Dünneisen auf der hohen Kante in die Pfanne, zieht die Bleche in Paqueten von 20 bis 25 Blatt — Böstel — nach und nach wieder heraus, und kühlt sie in einem mit Wasser angefüllten Gefäß. Diese Arbeit heißt das Einbrennen. Die Unreinigkeiten von

Talg, welche sich nicht allein bei dieser, sondern auch bei den folgenden Arbeiten des Verzinnens in die Höhe heben, werden mit einem Schaumlöffel abgenommen, und der Abschaum, welcher noch Zinnkörner enthält, in einen besonderen Napf gebracht. Die Arbeit heißt das Aufziehen oder das Abschäumen. Wenn alles zu verzinnende Dünneisen eingebrannt ist, wird das Einhaltblech in die Pfanne gesetzt und in den dadurch abgesonderten größeren Raum derselben, ein ganzer Satz von den eingebrannten Blechen, ebenfalls auf der hohen Kante, gebracht, welche, nachdem gehörig aufgezogen und abgeschäumt ist, eins nach dem andern herausgezogen werden. Diese Arbeit heißt das Abbrennen oder Einschlagen. Die herausgezogenen Bleche werden auf einem rostförmigen Rahmen — Schragen — gesetzt, damit das überflüssige Zinn abläuft; indeß dürfen sich die Bleche auf dem Schragen nicht berühren. Von dem Schragen werden die Bleche einzeln auf der hohen Kante in den kleineren, abgesonderten Raum der Pfanne gebracht, oder durchgeführt, aber sogleich wieder herausgehoben und auf einen zweiten Schragen gestellt, worauf ein zweites Blech vom ersten Schragen genommen wird u. s. f. Die Bleche vom zweiten Schragen werden untersucht, ob sie noch schwarze, nicht verzinnte Stellen haben. Diese Stellen werden bekratzt, und die Bleche noch einmal durch die Zinnpfanne gezogen, oder durchgeführt. Die verzinnten Bleche kommen in den Schwarzwischkasten, worin sie mit Sägespänen und alten Lumpen abgewischt werden, um den Talg von der Oberfläche wegzuschaffen Die Sägespäne müssen von allen Sandkörnern frei seyn, um keine Schrammen und Ritzen auf der Oberfläche des Bleches zu verursachen.

Weil die Bleche durch das Stehen auf dem Schragen beim Verzinnen eine Tropfkante von Zinn erhalten, indem das überflüssige Zinn von der Kante, mit welcher die Bleche auf dem Schragen stehen, abtröpfelt, so muß diese weggeschafft werden.

An einigen Orten werden die Bleche nach der Richtung der Diagonale aus der Pfanne gezogen, so daß nicht eine ganze Kante, sondern nur eine Ecke zuletzt aus der Pfanne kommt; auch geschieht das Herausheben der durchgeführten Bleche sehr langsam, damit sich alles Zinn nach dieser Ecke ziehen kann, und die Bleche werden dann auch nach der Richtung der Diagonale auf den Schragen gestellt, wodurch sich alles Zinn in der Ecke sammelt und einen Knoten bildet. Auf andern Hütten stellt man die herausgehobenen Bleche auf eine mit einem niedrigen Rande versehene eiserne Platte, welche bei demselben Feuer erwärmt wird, welches zur Erhitzung der Zinnpfanne dient. Zwischen den Rändern dieser Platte befindet sich flüssiges Zinn, welches das von den Blechen abtröpfelnde Zinn aufnehmen kann und es wieder in die Zinnpfanne zurückführt, so daß die Bleche keinen Saum oder Rand erhalten. Sonst wird die Zinnkante in einer besondern Abwerfpfanne weggeschafft. Diese hat die Gestalt einer abgestumpften Pyramide, ist 16 oder 20 Zoll lang, oben 4½, unten 3 Zoll breit und 4 Zoll tief, und ebenfalls aus Gußeisen angefertigt, so daß sie unmittelbar über die Flamme gehängt werden kann. Beim Abwerfen befindet sich unten in der Pfanne etwas Zinn, das stets flüssig erhalten wird, und in welches die Bleche mit der Tropfkante gestellt, dann sogleich wieder herausgenommen und mit Moos abgewischt werden, wodurch der sogenannte Rand oder Abwerfsaum der Bleche entsteht. Bei diesem Verfahren geht immer etwas Zinn verloren, welches beim Verbrennen des Mooses nicht ganz gesammelt werden kann. Außerdem erhalten die Bleche auch durch den Saum ein ungefälliges Ansehen.

Nach dem Abwerfen — wo dieses stattfindet — kommen die Bleche gewöhnlich erst in den Trockenofen, damit sie durch eine gelinde Wärme alle Feuchtigkeit verlieren, und von da zum Weißwischkasten, worin sie mit einem Gemenge von sehr feiner Kreide und Kleien abgewischt werden, damit sie eine reine und glänzende Oberfläche erhalten. Sandkörner und scharfe Körperchen müssen dabei sorgfältig vermieden werden. — Vom Weißwischkasten bringt man die Bleche zum Ueberfahren, oder zum Abwischen des Staubes, welches bloß mit Lumpen geschieht.

§. 1038.

Die fertigen Bleche werden sortirt und dann verpackt. An einigen Orten ist es noch gebräuchlich, die Bleche nicht in Kisten zu verpacken, sondern sie in runde Fässer einzuzwängen, wodurch sie leiden, indem sie krumm gebogen werden müssen. Die Verpackung in Fässern ist indeß jetzt wohl überall abgeschafft und statt derselben die Verpackung in Kisten eingeführt. Die Anzahl der Blätter oder Tafeln Weißblech, welche ein Faß oder eine Kiste enthält, ist in verschiedenen Ländern verschieden. In Frankreich enthält eine Kiste 300 Blatt. In England ist die Tafelzahl sehr unbestimmt; sie soll 110, 220 oder 440 seyn; indeß trifft man Kisten von 99—112, von 202—230, und von 430 — 450 Blatt. In Deutschland hat ein Faß 450, und eine Kiste 225 Tafeln. Von den schwächsten Blechen (Senkler) enthält aber eine Kiste oder ein halbes Faß herkömmlich 300 Blatt. Wird das nach dem Zinnmaaß beschnittene Dünneisen schwarz und unverzinnt verkauft, so enthält eine Kiste nur 150 Blatt.

Gutes Weißblech muß überall gleich stark, ohne Erhabenheiten und Beulen, und mit scharfen und gleichen Kanten versehen seyn. Die Verzinnung muß gleich, glatt, glänzend, ohne Streifen und ungleiche Stellen ausfallen. Der Abwerfsaum muß — wo er noch vorhanden ist — überall gleich breit seyn. Die Farbe der Verzinnung darf nicht ins Gelbliche, sondern sie muß mehr ins Silberweiße fallen. Unverzinnte Stellen, Gruben, Risse und Blasen sind Fehler, wodurch ein Blech zu Ausschuß geeignet wird.

Die Dimensionen, welche die Bleche erhalten, richten sich

nach der Gewohnheit des Landes. Auf vielen Hütten in Deutschland werden die Bleche $12\frac{1}{2}$ Zoll Preuß. lang und $9\frac{1}{4}$ Zoll breit gemacht, so daß ein ganzes Faß von 450 Tafeln 361 Quadratfuß $47\frac{1}{4}$ Quadratzoll Fläche besitzt. Auf den Königl. Preuß. Blechhütten in Schlesien waren drei Sorten eingeführt: die eine $12\frac{1}{4}$ Zoll lang und $9\frac{1}{4}$ Zoll breit, so daß die Kiste 177 Quadratf. $7\frac{1}{4}$ Quadratz. (oder das Faß 354 Quadratf. $14\frac{1}{2}$ Quadratz) enthält; die zweite $13\frac{3}{8}$ Zoll lang und $9\frac{3}{4}$ Zoll breit, so daß die Kiste 302 Quadratf. $102\frac{1}{4}$ Quadratzoll hat; und Pontonblech, welches 15 Zoll lang und $11\frac{1}{2}$ Zoll breit seyn muß, eine Kiste also 269 Quadratfuß $66\frac{1}{2}$ Quadratzoll Flächeninhalt besitzt.

Die dickeren und schweren Bleche werden theurer verkauft als die dünneren und leichteren, weshalb man sie auch sorgfältig sortirt. Auf manchen deutschen Hütten finden noch die Benennungen Doppelt u. Einfach Kreuzblech (XX u. X), Forderblech (F) und Senklerblech (S) statt, von denen die letzteren die leichtesten und dünnsten sind. Außerdem hat man Ausschußblech (A), von dem das Faß oder die Kiste aus Blechen von allen Gattungen bestehen kann.

In Schlesien, wo die kleinere Blechsorte die Bezeichnung F und die größere die Bezeichnung D erhalten hat, macht man von jeder Sorte 6 Abtheilungen. Viel größer sind die Unterabtheilungen bei den englischen Blechen, indem man in England sorgfältiger sortirt, und keine großen Differenzen im Gewicht bei Blechen zu einer und derselben Blechsorte gestattet.

Der Aufwand an Zinn, Beizkorn und Talg beim Verzinnen richtet sich zwar nach der Quadratfläche des Bleches; indeß erfordert ein stärkeres und größeres Blech unverhältnißmäßig mehr Zinn, Beizkorn und Talg, als ein kleineres oder dünneres. Beim Beizkorn rührt dies ohne Zweifel nur daher, daß die Beizgefäße mehr Bleche von kleineren Dimensionen enthalten können. Das Zinn muß aber bei größeren Blechen einen längeren Weg bis zum Ablaufen zurücklegen, als bei kleineren, und daher auf den größeren Blechen noch vor dem Ablaufen zum Theil erkalten. Eben so richtet sich der Talgverbrauch nach der Zeit, oder nach der Dauer der Verzinnung; von den größeren Blechen können aber weniger als von den kleineren in die Zinnpfanne gebracht werden, worin sie auch länger liegen bleiben müssen, ehe sie die Temperatur des Zinnes annehmen, als die kleineren und schwächeren.

Schriften über die ältere Methode der Blechfabrikation sind vorzüglich: Rinman, Anl. z. Kenntniß d. gröberen Eisen- u. Stahlveredlung, 99—135. — Dessen Gesch. d. Eisens. I. 60—66. II. 120—125. — Gerhard in den Anmerk zu Jars Reisen. II. 733—744. — v. Justi, Manuf. u. Fabriken. II. 346—352. — Sprengel's, Handw. u. Künste. 5te Samml. 150—156. — Reuß, mineral. Bemerk. üb. Böhmen. 654 u. f. — Jars a. a. O. I. 143. 146. — Eversmann a. a. O. 119. 247. — Proust, über Verzinnung und Verzinkung in Gehlen's N. chem. Journ. III. 146—170. — Annal. des arts et manuf. XXV. 215—219. — Reaumur, principes de l'art de faire le fer blanc; in den Mém. de l'acad. royale de sciences. 1725. p. 102. — Gravenhorst, ausführliche Anweisung zur Verzinnung der kupfernen, messingenen und eisernen Gefäße mit reinem englischen Zinn. Braunschweig 1774. — Ziegler, von der Anfertigung verzinnter Löffel; in Beckmann's Beiträgen z. Oek., Technol. u. s. f. V. 138. — Hassenfratz, Siderotechnie. III. 229—300.

b. Die Bereitung der Bleche unter Walzwerken.

§. 1039.

Bei der Bereitung der Bleche unter Walzwerken, haben die Dimensionen der Bleche nur in so fern einen Einfluß auf die Construction und auf die Art der Betriebsvorrichtungen, als man sich zu den größeren und stärkeren Blechen auch größerer und stärkerer Walzwerke bedient, und als bei der Darstellung von sehr schweren Maschinenblechen noch Schweißöfen erforderlich sind, um erst das Material zu den Blechen, durch Zusammenschweißen größerer Eisenmassen, oder auf eine andere Weise durch die Schweißarbeit darzustellen. Die Walzwerke für die größeren (Sturzbleche, Schwarzbleche) und für die kleineren Bleche (Weißbleche, Dünneisen) haben genau dieselbe Einrichtung und unterscheiden sich nur durch die Dimensionen, indem man, wenn es nur die Absicht ist Bleche von kleinen Dimensionen anzufertigen, den Walzen, — deren Preis mit dem zunehmenden Gewicht bedeutend steigt, — keine größere Länge giebt, als die Größe der Bleche es nothwendig macht.

Die Walzwerksgerüste für die Blechbereitung stimmen mit den Stabeisen-Walzwerksgerüsten überein (§. 860). Man bedient sich jedoch auch noch der Pilarengerüste, welche bei den Stabeisenwalzen ganz abgekommen sind. Die Pilarengerüste gestatten ein schnelleres und bequemeres Stellen der Walzen als die Ständergerüste, und das ist besonders der Grund, warum man sie bei der Blechwalzarbeit häufig noch anwendet. Seit einigen Jahren hat man indeß bei den Ständergerüsten das Stellen der Walzen durch Keile eingeführt, wodurch ebenfalls ein schnelles und leichtes Stellen der Walzen bewirkt werden kann, so daß die in der Anschaffung und Unterhaltung theureren Pilarengerüste mehr und mehr durch die Ständergerüste werden verdrängt werden. Ein schnelles und bequemes Stellen der Walzen ist für die Blechfabrikation von Wichtigkeit, indem die obere Walze fast nach jedem Durchgange der Blechstürze durch die Walzen, so festgestellt werden muß, daß sie sich von der unteren, stets in derselben Lage bleibenden Walze, weniger entfernen kann, oder daß sie weniger hoch gehoben wird. Bei den Stabeisenwalzen behält die obere Walze dieselbe Stellung unverändert bei, so lange Flacheisen von derselben Stärke angefertigt wird, und es findet daher kein Stellen der Walzen während der Arbeit statt. Daher ist es einleuchtend, daß Vorrichtungen zum schnellen und bequemen Stellen der oberen Walze bei der Blechbereitung von Wichtigkeit sind, und daß die Einrichtungen bei den Blechwalzgerüsten vorzugsweise auf die Erreichung dieses Zweckes gerichtet seyn müssen.

Die Blechwalzwerke sind immer nur mit zwei Walzen versehen, theils weil bei schweren Blechen die mittlere Walze dem starken Druck nicht gehörigen Widerstand würde leisten können, theils weil es fast unausführbar seyn würde, die mittlere und die obere Walze gleichzeitig zu stellen, nämlich die Entfernungen der 3 Walzen von einander, bei jedem Durchgange der Stürze abzuändern.

Weil die Blechwalzen eine ungleich größere Kraft auszuüben haben als die Stabeisenwalzen, so müssen die Gerüste stärker und dauerhafter construirt seyn. Bei den Ständergerüsten werden beide Ständer durch eiserne Anker oder Bolzen mit einander verbunden. Bei den Pilarengerüsten werden je zwei Pilaren schon vermöge der Construction der Gerüste mit einander in Verbindung gesetzt. Auch der Grundbau, oder die Fundamentirung muß mit großer Sorgfalt ausgeführt, und die Sohlplatten zu den Ständern oder Pilaren müssen durch lange und starke eiserne Bolzen so sorgfältig mit den Grundankern verbunden seyn, daß durchaus kein Verrücken der Sohlplatten stattfinden kann. Eben so ist auf die dauerhafte Verbindung der Ständer oder der Pilaren mit den Sohlplatten die größte Sorgfalt zu richten.

Bei den Blechwalzwerken ist es besonders von Wichtigkeit, solche Einrichtungen zu treffen, daß die Ständer oder die Pilaren bequem und sicher weiter von einander entfernt, oder näher an einander gerückt werden können, um längere oder kürzere Walzen einzulegen, wenn breitere oder schmalere Bleche angefertigt werden sollen.

Die Stellung der oberen Walze wird bei den Ständergerüsten entweder durch Schrauben, oder durch Keile bewerkstelligt. Die Zeichnungen auf Taf. LXI. stellen ein Blechwalzwerk mit

Ständergerüst und Schraubenstellung dar. Die Zeichnungen Taf. **LXII**. Fig 1 — 14. verdeutlichen die Einrichtung eines Ständergerüstes mit Keilstellung. Die Stellung der oberen Walze durch Keile, welche auf das obere Lager der oberen Walze drücken, läßt sich zwar noch auf andere Weise ausführen als in der Zeichnung angeben worden ist; indeß ist die hier dargestellte Einrichtung die einfachste, bequemste und eine sehr zuverlässige. Bei den Ständergerüsten mit Schraubenstellung müssen immer die beiden Schrauben gleichzeitig und gleich stark angezogen werden, damit die obere Walze bei dem Durchgehen der Blechstürze durch die Walzen eine horizontale Lage behält. Weil dabei eine große Aufmerksamkeit nöthig ist, so sucht man den unaufmerksamen Arbeitern das Stellen der Walze zwar dadurch zu erleichtern, daß man die Schraubenschlüssel beider Schrauben mittelst einer eisernen Stange mit einander verbindet, so daß die Stellung durch das Fortschieben der Verbindungsstange bewirkt werden kann; indeß ist dies Verfahren auch wenig zuläßig und bei einer gewissen Stellung der Schraubenschlüssel kaum ausführbar. Bei der Keilstellung wird die Bewegung beider Keile, nämlich der Druck der schiefen Ebene, welche die Keile bilden, auf die beiden oberen Lager der oberen Walze, gleichzeitig und in gleicher Art hervorgebracht, welches ein wesentlicher Vorzug der Keilstellung ist.

Bei den Ständergerüsten erfolgt der Druck der Schraube, — oder der schiefen Ebene des Keils, — immer nur in der Mitte des oberen Lagers der oberen Walze. Man glaubt daher daß die Pilarengerüste ein genaueres und zuverlässigeres Stellen der oberen Walze zulassen, weil hier die Stellung nicht durch zwei, sondern durch vier Schrauben geschieht. Allerdings wird der Stoß, den die obere Walze bei dem plötzlichen Heben derselben, in dem Augenblick des Durchführens der Stürze, gegen die Schraubengewinde ausübt, auf vier Schrauben vertheilt werden, während bei den Ständergerüsten zwei Schrauben diesen

Stoß zu erleiden haben; indeß ist dagegen auch die Schwierigkeit des gleichzeitigen Stellens von vier Schrauben wieder größer als bei den Ständergerüsten, und eine sorgfältige Ausführung wird zur Verminderung des nachtheiligen Einflusses des Stoßes auf die Schraubengewinde viel beitragen. Die Zeichnungen Taf. LXII. Fig. 15—21. stellen die Einrichtungen bei den Pilarengerüsten dar. Auch bei diesen Gerüsten verbindet man gewöhnlich die Schraubenschlüssel von je zwei Schrauben, um den Arbeitern das Stellen der Walzen zu erleichtern.

Auf einigen Blechhüttenwerken ist bei den Ständergerüsten mit Schraubenstellung die Einrichtung getroffen, daß die Schrauben nicht unmittelbar auf die oberen Lager der oberen Walze drücken, sondern auf ein zwischen dem Lager und der Schraube eingeschobenes Stück Gußeisen, welches mit niedrigen Füßen versehen ist (Taf. XXXVI. Fig. 10—12.), welches man die Brechbank genannt hat. Der Zweck dieser auch bei den Stabeisenwalzwerken zweckmäßig eingeführten Einrichtung besteht darin, daß bei einer Unvorsichtigkeit der Arbeiter die Brechbank zerbrochen wird, ohne daß die Walzenzapfen der Gefahr des Zerbrechens ausgesetzt werden. — Da sich die Walzen bei dem längeren Gebrauch abnutzen, und durch das Nachdrehen nach und nach einen kleineren Durchmesser erhalten, und da überhaupt der Fall vorkommen kann, daß einmal Walzen von geringerem Durchmesser als die vorher angewendeten, in die Gerüste gelegt werden; so würde die Schraubenspindel zuweilen nicht lang genug seyn, um bis auf das Lager der oberen Walze hinabzureichen. Man hilft sich dann durch gegossene Eisenplatten, durch welche das obere Lager der Walze erhöhet wird, so daß die Schraube den Druck auf diese Platten ausübt. Dabei ist die feste und unverrückbare Lage der eingeschobenen Platten nothwendig zu berücksichtigen, worauf häufig zu wenig gesehen wird.

Die Pilaren müssen in den Muffen oder Oeffnungen der

Sohlplatten, die zu ihrer Aufnahme und festen Aufstellung bestimmt sind, mit großer Sorgfalt festgekeilt werden, damit sie nicht nachgeben.

Jedes Blechwalzwerk besteht gewöhnlich, — und sollte nothwendig immer bestehen, — aus zwei Gerüsten, von denen das eine zur Vorbereitung der Stürze, oder zum ersten Ausstrecken des Materialeisens, und das zweite zum Fertigmachen der Bleche dient. Obgleich die Walzen in beiden Gerüsten eine gleiche Umlaufsgeschwindigkeit erhalten, so giebt man den Vorbereitungswalzen doch in der Regel einen geringeren Durchmesser als den Walzen zur Vollendung der Bleche. Dadurch wird, bei gleichen Umlaufsgeschwindigkeiten, die Geschwindigkeit auf der Peripherie der vollendenden Walzen etwas größer als bei den Vorbereitungswalzen. Diese strecken dagegen stärker und befördern dadurch die Arbeit.

Ein 25 — 35 maliger Umlauf der Walzen in der Minute ist für die Blechwalzen eine zweckmäßige Geschwindigkeit. Die Streck- oder Vorbereitungswalzen erhalten einen Durchmesser von 14 bis 15 Zoll; bei den vollendenden Walzen kann der Durchmesser 16 bis 17 Zoll betragen. Die Länge der Walzen ist von der Breite der Bleche abhängig. Man theilt den Walzen eine 3 — 4 Zoll größere Länge zu als die Breite der anzufertigenden Bleche beträgt, weil das Beschneiden der Bleche eine größere Breite der unbeschnittenen Bleche nothwendig macht. Die Vollendungswalzen sollten jederzeit Hartwalzen seyn, weil man durch harte Walzen nur saubere Bleche darstellen kann. Für kleine Bleche (die zum Verzinnen bestimmt sind) ist die Anwendung von Hartwalzen ganz besonders erforderlich. Ist die Blechfabrikation ganz allein auf die Anfertigung von solchen Blechen beschränkt, so ist eine Länge der Walzen von 24 Zollen ganz zureichend. Zur Anfertigung der gröberen Bleche (der sogenannten Schwarzbleche) werden in der Regel Walzen von $3\frac{1}{2}$ bis 4 Fuß Länge angewendet. Bleche von größerer Breite erfordern natürlich auch Walzen von größerer Länge, die bis zu 7 und 8 Fuß steigen kann.

Zu den Pilaren bei den Pilarengerüsten wendet man zweckmäßiger geschmiedetes als gegossenes Eisen an. Gegossene Pilaren sind dem Zerbrechen leicht ausgesetzt, wenn das Roheisen nicht große Haltbarkeit besitzt. Dennoch müssen die gegossenen Pilaren wenigstens um den dritten Theil im Durchmesser stärker seyn als die geschmiedeten.

Die Schraubenmuttern bei den Pilarengerüsten werden aus Messing, zuweilen auch wohl aus Gußeisen angefertigt. Weil bei diesen Gerüsten die Schraubenmuttern den Druck auf die Kappen, und durch diese auf die oberen Lager der oberen Walzen auszuüben haben, so muß dafür gesorgt werden, daß der Druck der unteren Fläche der Muttern auf die Kappen recht gleichartig statt finden kann.

Bei den Ständergerüsten wendet man nur Schraubenmuttern von Messing an. Die Schrauben erhalten, bei kleineren Gerüsten 4 Zoll, bei größeren 5 — 5½ Zoll Durchmesser. Die Muttern werden durch Hängeeisen, oder durch Bolzen mit Schraubenköpfen, in der Kappe des Gerüstes befestigt. Steile Gewinde sind zu vermeiden, da sie keine genaue und keine zuverläßige Stellung zulassen.

Da sich die untere Walze bei den Blechwalzwerken nur um ihre Axe dreht, übrigens aber, ebenso wie bei den Stabeisenwalzen, eine unveränderte Lage behält und weder gehoben noch gesenkt wird, so bedarf sie nur eines Lagers auf welchem die Zapfen ruhen. Für die obere Walze, welche beim jedesmaligen Durchgehen der Stürze oder der Bleche durch die Walze gehoben wird und nach erfolgtem Durchgange des Eisens wieder mit ihrem ganzen Gewicht auf die unteren Walzen zurückfällt, würde es nur des obern Lagers bedürfen, durch dessen Erhebung die Höhe bestimmt wird, bis zu welcher die obere Walze durch die Stürze oder Bleche gehoben werden kann. Diese Einrichtung ist bei kleineren Walzwerksgerüsten auch wirklich vorhanden. Dann ist es auch nicht erforderlich, die beiden Walzen durch Kuppelungsräder mit einander zu verbinden, wodurch die Construction der Walzgerüste sehr einfach wird, indem nur der Zapfen der unteren Walze mittelst einer Kuppelungswelle mit dem Rade, oder mit derjenigen Welle in Verbindung gesetzt werden darf, von welcher die bewegende Kraft ausgeht. Die obere Walze wird nämlich bei dieser Einrichtung durch die Friction in Bewegung gesetzt, welche die Stürze oder die Bleche zwischen der Oberfläche der unteren und der oberen Walze veranlassen. — Bei großen Walzwerken würde aber das Herunterfallen der oberen Walze auf die untere, leicht zu Beschädigungen der Walzenoberfläche, oder — bei sehr großen und schweren Walzen — wohl gar zum Zerbrechen der Zapfen, und in jedem Fall zu sehr starken Erschütterungen Veranlassung geben. Es müssen daher Vorkehrungen getroffen werden, die obere Walze nicht mit ihrem ganzen Gewicht niederfallen zu lassen, sondern das Gewicht derselben durch Gegengewichte aufzuheben. Zu diesem Zweck wird die obere Walze auch mit einem unteren Lager versehen, welches die Zapfen der Walze trägt, und es werden Gegengewichte mit diesem untern Lager in Verbindung gesetzt. Die Größe des Gegengewichtes wird so abgestimmt, daß es f a st dem Gewicht der Walze gleich kommt. Die Vorrichtungen zum Heben von unten oder von oben sind aus den Zeichnungen auf den Kupfertafeln LXI. und LXII. zu ersehen. Die Einrichtung mit Gegengewichten für die obere Walze verhindert zwar die eben erwähnten Nachtheile, allein sie vermindert auch die Wirksamkeit des Druckes der Walze, welche bei großen und schweren Walzen nicht unbedeutend ist, und besonders führt sie eine mehr zusammengesetzte Construction der Walzwerksgerüste herbei, weil die obere und die untere Walze nothwendig durch Kuppelungsräder mit einander in Verbindung gesetzt werden müssen. Wenn daher die Vorkehrung, die obere Walze durch Gegengewichte tragen zu lassen, nicht vermieden werden kann, so muß mit besonderer Sorgfalt dahin gesehen werden, bei den Kuppelungsrädern und Kuppelungswellen so zweckmäßige Einrichtungen zu treffen, daß durch das Heben und Sinken der oberen Walze, nicht Brüche in den Verzahnungen der Kuppelungsräder, oder Zersprengungen der Kuppelungswelle veranlaßt werden, indem die Kuppelungsvorrichtungen bei und nach jedem Durchgange der Stürze und der Bleche durch die Walzen, mehr oder weniger ihre horizontale Lage verändern müssen.

Bei dem Ausstrecken zu Blechen müssen die durch die Walzen hindurchgeführten Stürze und Bleche in einer und derselben Hitze so lange und so oft durchgesteckt werden, bis sie die für jede Hitze bestimmte Ausdehnung in der Länge und Breite erhalten haben. Die Stürze müssen daher von dem Arbeiter, welcher sie beim Durchgang durch die Walzen mit der Zange in Empfang nimmt, an den anderen Arbeiter, welcher das Durchstecken zu verrichten hat, zurück gegeben werden. Um diese, bei großen und schweren Blechen sehr mühsame Arbeit zu erleichtern, werden Träger (Tische, Böcke) an beiden Seiten des Walzwerks in der Höhe der unteren Walze dergestalt angebracht, daß sie beim Durchführen der Stürze und der Bleche als eine Unterlage für dieselben dienen, und daß sie auf der entgegengesetzten Seite das Abnehmen der schweren Bleche unterstützen. Bei den Walzwerksgerüsten zum Vorwalzen des Eisens zu gewöhnlichen Blechen, sind solche Vorrichtungen gerade nicht nothwendig, weil die Kräfte der Arbeiter zureichen um die Arbeit des Durchführens, Abnehmens und Zurückgebens der durchgewalzten Stürze zu verrichten. Aber bei schweren Maschinenblechen würden sogar die Träger allein nicht zureichen, sondern es müssen noch besondere Vorkehrungen zum Zurückgeben der schweren Massen getroffen werden Dazu dienen die auf der Zeichnung Taf. **LXIII.** Fig. 12 — 14. angedeuteten Vorrichtungen, welche sich auf mancherlei Weise modificiren lassen.

§. 1040.

Die Dimensionen des Materialeisens zu den Blechen sind zwar von der Größe der Bleche abhängig, indeß ist es immer zweckmäßig, möglichst breites Eisen anzuwenden, um dadurch die Ausstreckarbeit zu beschleunigen. Die Berechnung des kubischen Inhalts, bei gegebenen Dimensionen der Breite und der Stärke des Stabes, verglichen mit dem kubischen Inhalt der darzustellenden Bleche, giebt ein Anhalten zur Bestimmung der Länge, in welcher die Stäbe zerschnitten werden müssen. Bei der Anfertigung der gewöhnlich im Handel vorkommenden Bleche, trifft man fast überall die Einrichtung, daß aus einem Stück Eisen zwei Bleche angefertigt werden, indem die Stürze, nachdem sie unter den Walzen eine gewisse Ausdehnung erhalten haben, zur Hälfte zusammengebogen und in diesem Zustande weiter ausgestreckt werden um die Arbeit zu befördern. Der Stab wird daher die doppelte Länge erhalten, welche sich aus der Berechnung für ein einzelnes Blech ergiebt. Außerdem werden noch 25 Prozent für Abschnittel, Kantenrisse und Glühverlust hinzugerechnet. Bei großen und starken Blechen und bei allen Maschinenblechen findet das Doppeln nicht statt, sondern es erfolgt aus einem zugeschnittenen, oder durch die Walzen zu führenden Stück Eisen nur ein Blech.

Die Walzarbeit für die stärkeren Bleche, oder für die sogenannten Sturzbleche, und für die feineren, zum Verzinnen bestimmten Bleche ist kaum abweichend. Die nach dem Maaß zugeschnittenen Stücke Materialeisen müssen im Glühofen eine vollkommene Weißglühhitze erhalten, ohne jedoch die Schweißhitze zu erreichen. Die vorgewalzten Stürze dagegen, sie mögen gedoppelt (umgebogen) oder nicht gedoppelt seyn, erhalten nicht mehr die Weißglühhitze, sondern nur eine starke Rothglühhitze. Es ist daher nothwendig, zwei Glühöfen von verschiedener Heitzkraft zur Disposition zu haben.

Bei der Anfertigung der gewöhnlichen Sturzbleche wird

eine gute Weißglühhitze dahin führen, daß die Stürze in dieser Hitze unter den Vorbereitungswalzen (Sturzwalzen) recht lang ausgestreckt werden können, welches deshalb besonders vortheilhaft ist, weil sie in dieser Hitze die Länge bis zum Doppeln (Umbiegen) erhalten, so daß der folgenden Arbeit, die wegen der geringeren Temperatur der Stürze immer langsamer von statten geht, beträchtlich vorgearbeitet wird. Ein Arbeiter besorgt den Ofen und giebt die erwärmten Stürze einzeln an den Walzarbeiter. Dieser steckt die Stürze nach der Richtung der Breite des Eisenstabes durch die Walzen; ein zweiter Walzarbeiter nimmt sie in Empfang und giebt sie dem ersten zurück, der sie abermals und eben so ein drittes, viertes Mal u. s. f. durch die Walzen gehen läßt, welche bei jedem Durchgange enger zusammengeschraubt werden. Haben die Stürze eine angemessene Länge erreicht, so werden sie nach dem letzten Durchgange durch die Walzen von dem zweiten Walzarbeiter gebogen und zusammengeschlagen. Um die Arbeit durch das Biegen und Zusammenschlagen nicht aufzuhalten, wird dies Geschäft gewöhnlich durch einen dritten Arbeiter verrichtet, so daß zwei die Stürze durchführen und in Empfang nehmen und der dritte sie zusammenschlägt und zur weitern Verarbeitung abliefert.

Die umgebogenen Stürze werden in Hahnebrei (§. 1034.) getaucht, oft zwei- auch dreifach in einander gesteckt, und dann erfolgt die zweite Bearbeitung unter den Vollendungs- oder Blechwalzen

Das Abschlagen des Glühspans muß jedesmal geschehen, ehe ein Sturz durch die Walzen gelassen wird; dennoch drückt sich der Glühspan tief ein. Bei dem Auswalzen der Stürze wird das Saumende zuerst unter die Walzen gebracht, und die Ausdehnung geschieht dann vorzugsweise nach der Richtung der Länge. Die Stürze sind nach der Richtung der Breite des darzustellenden Bleches schon beim Sturzwalzen ausgedehnt worden, so daß bei den eigentlichen Blechwalzen eine Ausdehnung nach der Längenrichtung die Hauptsache bleibt.

Wenn die Bleche die vollständige Ausdehnung nach beiden Dimensionen unter dem Walzwerk erhalten haben, werden sie, nachdem sie erkaltet sind, nach dem Maaß beschnitten. Nach dem Beschneiden legt man sie in Paquete zusammen, um sie auszuglühen und dadurch die durch das Walzen erhaltene Sprödigkeit zu beseitigen. Bei dem Ausglühen, welches in schwacher Rothglühhitze statt findet, ist der Luftzutritt möglichst zu vermeiden. Die ausgeglühten Bleche werden in Paqueten (am besten unter einer Wasserpresse) gepreßt, um sie zu glätten, worauf sie verpackt werden.

Bei einer fabrikmäßigen Anfertigung der gewöhnlich im Handel vorkommenden, oder der ähnlichen Bleche, müssen aus 100 Centr. Stabeisen oder Blechstäben 75 bis 80 Centr. Blech, und 22 bis 17 Centr. Abschnittel und kurze Enden, erfolgen, so daß der wirkliche Abbrand 2 bis höchstens 3 Procent beträgt. Zu 100 Preuß. Pfunden fertigen Blechen kann man 2 Preuß. Kubikf Steinkohlen rechnen. An lufttrockenem Kiefern- und Fichtenholz werden zu 100 Pfd. fertigen Blechen etwa 8 bis 9 Kubikfuß verbraucht.

Bei der Anfertigung von Maschinenblechen findet ein größerer Materialienverbrauch statt, weil der Eisenverlust und der Brennmaterialien-Aufwand bei der Schweißarbeit hinzutritt. Aber auch bei den schwächeren und kleineren Eisenblechen (bei dem sogenannten Dünneisen, oder bei den zum Verzinnen bestimmten Blechen) ist ein größerer Abbrand eben so wenig zu vermeiden, als ein ungleich größeres Verhältniß der Abfälle zu den fertigen Blechen. Eben so ist auch der Aufwand an Brennmaterial, wegen des geringeren Gewichtes der fertigen Bleche, bedeutend größer. Aus 100 Stabeisen erfolgen etwa 50 Blech und 46 bis 47 Abschnittel und Abfall, so daß der Feuerabbrand 3 bis 4 Prozent beträgt. Zu 100 Pfunden fertigen Blechen sind 4 Kubikfuß Steinkohlen, oder auch 20 Kubikfuß Holz erforderlich.

Die gewöhnlichen im Handel vorkommenden Schwarzbleche oder Sturzbleche werden nach Landessitte nach ordinair-, Mittel-, feinen- und Ausschuß-Blechen sortirt. Die größere oder geringere Feinheit der Bleche, nämlich die Anzahl der Tafeln, welche bei einer gewissen Dimension auf den Centner gehen, giebt hierbei das Anhalten. Die Ausschußbleche haben Fehler, und sind entweder beulig oder schiefrig, oder ungleich im Eisen. Man verpackt die Schwarzbleche in ganze und halbe Centnerbunde. Modellbleche werden alle Bleche genannt, die nicht nach den gewöhnlichen, landesüblichen Maaßen geschmiedet sind, sondern nach anderen Dimensionen besonders bestellt werden.

§. 1041.

Bei den unter den Walzwerken dargestellten Eisenblechen, welche zum Verzinnen bestimmt sind, hat man jetzt wohl überall das neuere Verzinnungsverfahren eingeführt. Dieses ist zwar umständlicher und kostbarer als das ältere (§. 1037.), allein der Unterschied in der äußeren Schönheit der Bleche, nämlich in der Gleichartigkeit und in dem Glanz des Metallspiegels der verzinnten Oberfläche, auch so bedeutend, daß die nach dem älteren Verfahren verzinnten Bleche, und die Bleche mit matter Oberfläche, nur noch eine beschränkte Anwendung finden und wenig gesucht werden.

Bleche, die unter dem Hammer bereitet werden, können nie eine ganz ebene Oberfläche erhalten; bei den unter Walzwerken angefertigten Blechen ist dies, obgleich in einem geringeren Grade, deshalb ebenfalls nicht der Fall, weil durch die Beizarbeit wieder Gruben zum Vorschein kommen. Auch setzt sich der Glühspan bei den gewalzten Blechen sehr fest an, so daß er bei der gewöhnlichen Beizarbeit nicht getrennt werden kann, auch unmetallische, mit Eisenrost oder mit eingedrücktem Glühspan bedeckte Stellen zurückbleiben, welche den Zinnspiegel unansehnlich machen. Man ist bemüht gewesen, den Blechen bei der älteren Verzinnungsmethode dadurch ein besseres Ansehen zu geben, daß man eine große Sorgfalt bei der Auswahl des Zinnes anwendete, indem die wolkige, ungleiche und matte Oberfläche der verzinnten Bleche zum Theil durch das krystallinische Gefüge bewirkt wird, welches das unreine Zinn beim Erstarren anzunehmen geneigt ist. Auch ist es wirklich sehr wahrscheinlich, daß das Gefüge des Zinnes durch beigemischte fremde Metalle, obgleich sich deren Quantität durch die Analyse oft nicht einmal bestimmen läßt, ungemein verändert werden kann. Hr. Rinman (Archiv für Bergbau. XIV. 223) hat sehr geringe Beimischungen von Kupfer, Eisen, Zink und Arsenik in einer von ihm analysirten Zinnsorte gefunden, welche durch diese Beimischung für die unmittelbare Anwendung zum Verzinnen nicht brauchbar war, sondern erst durch Saigerung gereinigt werden mußte. Aber auch bei der Anwendung von ganz reinem Zinn hat man schöne Brillantbleche nicht darstellen können, zum Beweise daß der Mangel an Glanz und an Gleichartigkeit der Verzinnung, in der Beschaffenheit des Zinnes allein nicht gesucht werden könne. Eben so hat man versucht, die fertigen verzinnten Bleche durch sauber abgedrehte Walzen gehen zu lassen, um ihnen dadurch den Glanz der Brillantbleche zu geben; allein der Erfolg hat den Erwartungen durchaus nicht entsprochen. Der hohe spiegelartige Glanz der Brillantbleche läßt sich nur erreichen, wenn die Beitzarbeit in hohem Grade vollkommen ist, wenn vollkommen reines Zinn angewendet und wenn das Zinn im Augenblick des Erstarrens gegen der Zutritt der Luft geschützt wird, vielleicht um die Wirkung der Krystallisation durch eine von außen entgegenwirkende Kraft zu schwächen. Dies sucht man dadurch zu bewirken, daß man die Bleche mit dem noch flüssigen Zinn, bis zu dem völligen Erstarren des Zinnes, in eine flüssige Masse taucht, welche Luft und Wasser abhält und zugleich einen Druck gegen die Flächen des Bleches ausübt. Eine solche

Masse ist flüssiger Talg, welcher von allen Unreinigkeiten befreit und abgeschäumt sein muß.

Weil alle Säuren das regulinische Eisen stärker und schneller angreifen als das oxydirte, so bezweckt man bei der Beitzarbeit keineswegs ein Auflösen des Glühspans, sondern nur ein Mürbemachen desselben, um ihn durch das nachfolgende Reiben leichter mechanisch trennen zu können. Je fester der Glühspan haftet, desto unwirksamer ist die Säure, weil sie um so schwieriger auf die unter der Glühspanhaut befindliche Eisenfläche wirken kann. Deshalb ist auch von manchen Stellen der Glühspan durchaus nicht zu trennen, besonders in kleinen Gruben, die durch ihre Glühspandecke der Säure den Zutritt versagen. Da indeß die Wirkung der Säuren in der höheren Temperatur erhöhet, und auf das Eisenoxyd bedeutender wirkt, so kann eine vollkommne Beitzarbeit nur bei der Anwendung einer erhöheten Temperatur statt finden. Die Essigsäure ist folglich eben so wenig, wie jede andere Pflanzensäure, zu einer vollkommenen Beitzarbeit anwendbar, weil diese Säuren in der Rothglühhitze schon zersetzt werden. Nur die sogenannten mineralischen Säuren und unter diesen vorzüglich die Salzsäure (Abschnitt I.) lassen sich zu einer vortheilhaften Beitzarbeit anwenden. Soll ihre Anwendung aber ökonomisch vortheihaft sein, so müssen die Bleche einer anderen Behandlung, als bei der gewöhnlichen Beitzarbeit, unterworfen werden. Man muß die Säure in demjenigen Grade der Temperatur anwenden, in welchem sie am stärksten auf das oxydirte Eisen wirkt. Dies ist bei der Temperatur der braunrothen Glühhitze der Fall; in welcher sich die Pflanzensäuren schon zersetzen und daher zur Beizarbeit unbrauchbar werden.

Die vom Glühspan größtentheils befreiten Bleche erhalten immer — sie mögen der gewöhnlichen Beizarbeit unterworfen, oder der Rothglühhitze mit Mineralsäuren ausgesetzt gewesen sein — mehr oder weniger tiefe Gruben, welche die Oberfläche unansehnlich machen und der Verzinnung einen schlechten Spiegel geben würden. Diese Gruben können nur durch ein abermaliges Walzen der schon geglüheten Bleche in der gewöhnlichen Temperatur weggeschaft werden, damit sich nicht ein neuer Glühspan ansetzt. Durch das kalte Walzen werden die Bleche aber hart und spröde, weshalb man sie vor dem Verzinnen in ganzen Paqueten, entweder in vollkommen geschlossenen Gefäßen, oder in einem Muffelofen, in welchen keine Luft eindringen kann, durchglühen muß, welches Durchglühen indeß wegfallen kann, wenn die Beizarbeit in der Rothglühhitze vorgenommen worden ist.

Mit dem gewöhnlichen im Handel vorkommenden Zinn, lassen sich verzinnte Eisenbleche mit Spiegelglanz, oder die so genannten Brillantbleche, nicht darstellen. Bei der Anfertigung der gewöhnlichen Bleche bedient man sich zwar des ungereinigten Zinnes, aber diese Bleche sind matt, streifig, wolkig, und haben ein wenig empfehlendes äußeres Ansehen, können also nur zu solchen Zwecken verwendet werden, wo ein spiegelnder Glanz eben nicht verlangt wird.

Das reinste englische Zinn, welches aus den Seiffen-Zinnerzen geschmolzen wird, ist zur Anwendung beim Verzinnen, ohne vorhergehendes Reinigen, sehr wohl anwendbar, indem es den Blechen einen vortrefflichen Spiegel giebt; aber dies Zinn kommt fast gar nicht in den Handel. Auch die besseren Sorten des englischen Zinnes, welches aus Erzen dargestellt wird, die nicht in Seiffenwerken genommen werden, lassen sich zu eigentlichen Brillantblechen nicht anwenden. Die Hrn. Thomson und Schrader haben mehre von den reinsten bekannten Zinnsorten untersucht. Hr. Thomson fand in dem Zinn von Cornwallis nur Spuren von Kupfer und Eisen, und zwar in so geringer Menge, daß bei den unreinen Arten die Beimischung von Kupfer nur $\frac{1}{10000}$ bis $\frac{1}{500}$ betrug. Hr. Schrader fand dagegen in dem englischen Zinn 1,7 bis 10,25 Procent fremde Bestandtheile, nämlich Eisen, Kupfer, Arsenik und Wismuth; in einigen Sorten befanden sich auch Blei, Zinn und Antimon. Im spanischen Zinn ward Schwefel, im peruanischen eine Spur von Wolfram, und im Banca und Malacca Zinn etwa 1 Prozent Eisen, Kupfer und Wismuth gefunden. Ein Bleigehalt, der bei den gewöhnlicheren im Handel vorkommenden Zinnsorten sehr häufig angetroffen wird, giebt immer einen matten Spiegel beim Verzinnen. Diese Verunreinigung des Zinnes mit Blei ist deshalb vorzüglich unangenehm, weil sich das Zinn von dem Blei am schwierigsten reinigen läßt.

Ist es die Absicht, Brillantblech darzustellen, so wird man sich in den mehrsten Fällen erst reines Zinn verschaffen müssen, welches bei dem letzten Theil der Verzinnungsarbeit durchaus angewendet werden muß. Die Reinigung oder die Läuterung des Zinnes ist ein kostbarer Prozeß, weil viel Zinn in den Rückständen bleiben muß, wenn man nicht befürchten will, daß die Reinigungsarbeit nur unvollkommen ausfällt. Bei einer zu sehr erhöheten Temperatur würden die beigemischten Metalle nämlich durch das Zinn wieder flüssig gemacht werden und der Zweck der Reinigung würde unerreicht bleiben; bei einer niedrigen Temperatur kann das gegen das Ende des Läuterungsprozesses sich immer mehr verunreinigende und daher strengflüssiger werdende Zinn, nicht mehr zum Fließen gebracht werden. Die Läuterungsarbeit ist eine Aussaigerung des Zinnes, welche in kleinen Flammenöfen mit sehr stark geneigten Heerden vorgenommen wird. Zur Heerdmasse wendet man Kohlengestübbe an. Sehr unreines Zinn, so wie auch das Zinn, welches schon zur Verzinnung gedient hat und zuletzt unrein wird, so daß es einer abermaligen Läuterarbeit unterworfen werden muß, unterliegt einer mehrmals wiederholten Läuterung, wobei der Zinngehalt der Rückstände natürlich noch bedeutender und der Prozeß noch kostbarer wird. Das zu läuternde Zinn wird in der Nähe der Feuerbrücke aufgesetzt und bei einer möglichst niedrigen Temperatur auf dem steilen Heerde niedergeschmolzen. Die strengflüssigeren Metalle, mit denen das Zinn verunreinigt war, bleiben oben bei der Brücke, in Verbindung mit einer größeren oder geringeren Menge Zinn zurück. Hat sich eine bedeutende Quantität von diesen Rückständen angesammelt, so kann man dieselben bei einer etwas höheren Temperatur saigern, und dadurch ein unreines Zinn zu gewöhnlichen Weißblechen, oder zu anderem Behufe erhalten. Die dabei bleibenden Rückstände werden nur zu Metallkompositionen gebraucht werden können.

Das Verfahren, welches man anzuwenden hat, um verzinnte Bleche von einem schöneren äußeren Ansehen als gewöhnlich, darzustellen, hat Hr. Parkes beschrieben. Nach dessen Anleitung ist vorzüglich der hier folgende Vortrag entworfen worden.

Die gewalzten und nach dem Maaß beschnittenen Bleche werden in der Beizwerkstätte, eine jede Tafel einzeln, der Länge nach zeltförmig gebogen, damit sie der erhitzten Luft eine große Oberfläche darbieten können, so daß sie im Durchschnitt die Gestalt /\ erhalten. In dieser Gestalt werden sie etwa 5 Minuten lang in verdünnte Salzsäure gesteckt, welche aus 1 Theil koncentrirter Säure und aus 6 Theilen Wasser zusammengesetzt ist, worauf man sie wieder herausnimmt und sie zunächst dem Beizofen, immer drei und drei in einer Reihe, neben einander, auf der Hüttensohle hinstellt, sie mit einem eisernen Stab von unten aufhebt, und sie reihenweise, — ebenfalls 3 in einer Reihe, — auf den Heerd des bis zum Rothglühen erhitzten Ofens stellt. Auf diesem Heerd stehen, — von der Brücke bis zu der offnen Rückwand an gerechnet, — 6 solcher Reihen hinter einander; und da eine jede Reihe aus 3 Tafeln besteht, so befinden sich immer 18 Tafeln auf dem Heerd des Glühofens. Hier bleiben sie so lange stehen, bis sie rothglühend geworden sind; dann werden sie reihenweise herausgenommen, jede Reihe aber sogleich durch eine neue, aus 3 Blechen bestehende Reihe ersetzt. Die Arbeit geht, wenn die Arbeiter eine

Uebung darin erlangt haben, so schnell, daß in einer Stunde 6 bis 700 Tafeln geglüht werden können.

Der Flammenofen zum Glühen der gebogenen und mit Salzsäure angefeuchteten Bleche, hat zwar die Einrichtung der gewöhnlichen Flammenöfen zum Blechglühen, auch ist er mit einer 18 bis 20 Zoll hohen Feuerbrücke versehen; allein man giebt dem Heerde von hinten, oder von der Brücke, nach vorn, oder nach der Arbeitsseite, wo die Bleche eingesetzt und herausgenommen werden, ein Ansteigen von 6 bis 8 Zollen, und zieht das Ofengewölbe von der Brücke nach vorn so tief herunter, daß es vorn noch etwas tiefer liegt als die obere Fläche der Feuerbrücke. Rauch und Flamme ziehen durch einen Schlitz (welcher an der vorderen oder an der Arbeitsseite zwischen der Vorwand des Ofens und der Essenmauer angebracht ist) aus dem Ofen. Alle diese Einrichtungen dienen bloß dazu, das Eindringen der äußeren Luft in den Glühraum des Ofens zu erschweren, indem die vordere Seite des Ofens wegen der vorzunehmenden Arbeiten fast beständig offen bleiben muß.

Sobald die Blechtafeln die Glühhitze, welche die Rothglühhitze nicht überschreiten darf, erreicht haben, werden sie herausgenommen, auf der Hüttensohle neben einander hingestellt und jede einzelne Tafel wird dann über einem gegossenen eisernen Amboß gerade gebogen.

Durch jene Behandlung beim Geradebiegen werden die Tafeln sehr verbogen und faltig, und müssen, um ihnen ein besseres Ansehen zu geben und um die Unebenheiten auf der Oberfläche auszugleichen, die durch das Abschlagen des Glühspans entstanden sind, zum zweiten Mal unter die Walzen gebracht werden. Durch dieses kalte Durchlassen eines jeden einzelnen Bleches werden beide Flächen nicht bloß völlig glatt, sondern sie erhalten dadurch eine Art von Politur. Die Polirwalzen müssen, wenn die Arbeit ihren Zweck nicht verfehlen soll, vollkommen hart seyn, und daher in eisernen Kapseln

(§§. 783. 784.) gegossen werden. Die obere Walze wird gegen die untere fest angedrückt oder angeschraubt, weil die Bleche nur durch einen starken Druck die erforderliche Glätte erhalten können.

Wenn die Bleche aus diesem Polirwalzwerk kommen, stellt man sie in ein, mit einer vegetabilischen Säure angefülltes Gefäß. Zu den Gefäßen bedient man sich gewöhnlich gegossener eiserner Kasten, welche reihenweise neben einander gestellt und durch einen gemeinschaftlichen, unter ihnen fortlaufenden Feuerungskanal erwärmt werden. Die Flüssigkeit besteht aus Wasser und Kleyen, welche 9 bis 10 Tage lang, oder vielmehr so lange bis das Wasser hinlänglich gesäuert ist, gegohren haben muß. Man stellt die Bleche auf der hohen Kante in die Flüssigkeit und läßt sie etwa 12 Stunden lang darin stehen, während welcher Zeit sie aber einmal gewendet oder umgestellt werden.

Aus diesem Beitzwasser kommen die Bleche in eine stark verdünnte Schwefelsäure. Dieser letzte Theil der Beitzarbeit geschieht in bleiernen Gefäßen. Man wendet dazu einen langen, aus Bleiblechen zusammengesetzten Kasten an, der inwendig, durch bleierne Querwände, mehre Abtheilungen erhalten hat, von denen jede etwa 200 bis 225 Tafeln fassen kann. Die verschiedenen Abtheilungen des Bleikastens werden mit verdünnter Schwefelsäure angefüllt, worauf man die Bleche hineinstellt, und dieselben etwa eine Stunde lang, oder so lange, bis sie auf der Oberfläche nicht mehr die schwarzen Flecken zeigen, mit denen sie vor dem Eintauchen in die Beitzflüssigkeit versehen waren, stehen läßt und sie von Zeit zu Zeit hin und her bewegt. — Auch die bleiernen Kasten werden durch, unter denselben angebrachte Wärmkanäle so stark erwärmt, daß die verdünnte Säure wenigstens eine Temperatur von 30 Gr. Reaum. erhält. Zuweilen kürzt man diese zweite Beitzarbeit dadurch ab, daß man nicht vegetabilische Säure und dann verdünnte Schwefelsäure anwendet, sondern daß man die unter dem Polirwalzwerk vorbereiteten Bleche ebenfalls in verdünnte Salzsäure bringt, sich dann aber nur hölzerner Gefäße, ohne äußere Erwärmung bedienen kann.

Die Beizarbeit ist der schwierigste Theil der Weißblechbereitung, und gerade derjenige, von dessen vollkommenen Ausübung die Schönheit der Verzinnung am mehrsten abhängt. Bleiben die Tafeln zu lange in der verdünnten Schwefelsäure stehen, so erhalten sie eine dunkle Farbe und bekommen Blasen, die besonders bei dem nachfolgenden Verzinnen stark zum Vorschein kommen. Es ist daher viel Erfahrung und Uebung erforderlich, um beurtheilen zu können, wie lange die Bleche in der Beizflüssigkeit stehen bleiben können. Die Blasen scheinen von der Einwirkung der Säure auf das metallische Eisen her zu rühren. Das sehnige und sehr weiche Eisen ist diesem Uebel am mehrsten unterworfen.

Aus der verdünnten Schwefelsäure kommen die Bleche in ein mit reinem Wasser, — welches sehr zweckmäßig mit etwas Kalkwasser, oder auch mit etwas Pottasche zu versetzen ist, — angefülltes Gefäß, aus welchem sie wieder einzeln herausgenommen, und mit alten Lumpen und Sand abgewischt werden. Durch das Scheuern soll aller Rost von der Oberfläche weggebracht werden, weil die Stellen, auf denen noch Rost oder auch nur etwas Schmutz zurück geblieben ist, kein Zinn beim Verzinnen annehmen. Die rein gescheuerten Bleche werden alsdann unter reinem — mit Aetzkalk, oder mit Pottasche versetztem — Wasser bis zu dem Augenblick, wo sie verzinnt werden sollen, aufbewahrt, und dadurch gegen das Rosten geschützt. Ganz reine Bleche setzen keinen Rost an, wenn sie in reinem Wasser auch ein Jahr lang liegen bleiben; dazu ist aber durchaus nöthig, daß man von Säuren oder von Salzen ganz freies reines Wasser und rein gescheuerte Bleche anwendet.

Bei dem Verzinnen der Bleche wendet man mehre mit Zinn und Fettigkeiten gefüllte gegossene eiserne Gefäße, oder

Pfannen an, von denen zwei zum eigentlichen Verzinnen, und verschiedene andere zu dem sogenannten Durchführen dienen.

Die rein gebeizten Blechtafeln werden zuerst Stück für Stück in eine Talgpfanne getaucht, ehe sie zur Verzinnung abgegeben werden. Ist die Talgpfanne ganz mit Blechen angefüllt, so bleiben sie darin etwa eine Stunde stehen, wenigstens fällt die Verzinnung dann weit besser aus, als wenn man die Bleche nur kurze Zeit in der Talgpfanne verweilen läßt. Die Pfanne wird etwas stärker erhitzt als zum Flüssigbleiben des Talges erforderlich ist. Man trocknet die Bleche nicht vorher, sondern bringt sie ganz naß in die Talgpfanne, so daß beim Eintauchen jedesmal eine Dampfentwickelung entsteht.

Aus der Talgpfanne werden die Bleche, mit allem auf der Oberfläche anhängenden Fett, in die mit Talg bedeckte Zinnpfanne gebracht, in welcher sie senkrecht aufgestellt werden, und wenigstens ½ Stunde, zuweilen auch noch länger stehen bleiben, um die Verzinnung vollständiger zu bewirken. Gewöhnlich bringt man 340 Blatt mit einem Male in die Zinnpfanne, welche mit gewöhnlichem Zinn angefüllt ist, und möglichst stark erhitzt werden muß, nämlich so stark, daß die Temperatur nur nicht bis zum Verbrennen der über dem Zinn befindlichen Fettdecke steigt. Ranziger Talg leistet eben so gute Dienste als der frische.

Ist die Verzinnung erfolgt, so nimmt man die Bleche Stück für Stück aus der Zinnpfanne und stellt sie auf einen eisernen Schragen, um das anhängende überflüssige Metall abtröpfeln zu lassen. Die erkalteten Bleche halten aber noch immer viel Zinn zurück, wodurch sie nicht allein ein schlechtes Ansehen erhalten, sondern auch zu einem großen Zinnverlust Anlaß geben. Das überflüssige Zinn soll durch die Durchführarbeit entfernt werden.

Zum Durchführen ist zuerst eine mit dem reinsten Zinn angefüllte Durchführpfanne, dann eine Talgpfanne, in welcher reiner geschmolzener Talg befindlich seyn muß, ferner eine leere Pfanne, über welcher ein Schragen steht, und endlich eine Zinnpfanne nothwendig, in welcher aber nur eine etwa ¼ Zoll hohe Schicht von geschmolzenem Zinn befindlich ist.

Die sämtlichen hier genannten Pfannen zum Verzinnen und zum Durchführen, stehen in der Verzinnungswerkstätte neben einander in einem Ziegelheerde eingemauert, in der Anordnung wie die Zeichnung Taf. XLIX. Fig. 18. zeigt. Die Sternchen bedeuten die Stellen, wo die Arbeiter stehen, und zugleich diejenigen Pfannen, welche von unten erhitzt werden. Die Bearbeitung der Bleche erfolgt von der rechten zur linken Hand. Der eigentliche Verzinnungsheerd und der Heerd, auf welchem das Durchführen der verzinnten Bleche geschieht, sind ganz von einander abgesondert, weil die Zinnpfannen zum Durchführen der schon verzinnten Bleche, nur sehr schwach erhitzt werden müssen, indem das Zinn in diesen Pfannen keine Decke erhält. Auf der Zeichnung bedeutet:

a die Talgpfanne
b die Zinnpfanne } bei der eigentlichen Verzinnung;

c—f die verschiedenen Pfannen bei der Durchführarbeit, und zwar:

c die Durchführzinnpfanne, mit einer besonderen darin befindlichen Abtheilung, um das an den verzinnten Blechen noch anhängende unreine Zinn von dem Theil der Durchführpfanne, in welchem die Bleche ihre letzte Vollendung bekommen, abzuhalten, indem in b nur gewöhnliches, in c aber völlig gereinigtes Zinn angewendet wird. Deshalb wird auch das in der ersten Abtheilung der Pfanne c befindliche Zinn, wenn es einige Zeit zum Durchführen gedient hat, zu der Pfanne b genommen; das Zinn in der zweiten Abtheilung von c in die erste Abtheilung gebracht, und die zweite Abtheilung von c wieder von neuem mit ganz reinem Zinn gefüllt:

d die Talgpfanne;

e eine leere Pfanne, über (oder auch zuweilen in) welcher sich ein eiserner Schragen befindet: diese Pfanne wird nicht geheizt;

f die Abwerfpfanne.

Bei der Durchführarbeit werden die verzinnten Bleche zuerst in die erste größere Abtheilung der Pfanne c gebracht, um das auf der Oberfläche der verzinnten Bleche befindliche Zinn, durch die große Masse von flüssigem Metall, zum Schmelzen zu bringen. Haben die Bleche die Temperatur des Metallbades angenommen, so nimmt der Arbeiter zuerst eine Anzahl von Blechen aus der Pfanne, legt sie in solchen Paqueten vor sich auf den Heerd, faßt mit einer Zange, die er in der linken Hand hält, jede einzelne Tafel, und streicht mit einer zu diesem Zweck besonders bestimmten Flachsbürste, welche der Arbeiter in der rechten Hand hält, zuerst die eine Seite des Bleches, wendet die Tafel um, streicht auch die andere Seite derselben ab, und taucht das abgestrichene Blech sogleich in die zweite, kleinere Abtheilung der Pfanne c, in welcher sich keine Bleche befinden, läßt jedoch das Blech mit der Zange nicht los, sondern zieht es unmittelbar nach dem Eintauchen wieder heraus, und stellt es augenblicklich in die mit d bezeichnete Talgpfanne. Die beim Abstreichen zum Vorschein kommenden Streifen gehen bei dem Durchführen durch die kleine Abtheilung der Pfanne c gänzlich wieder weg.

Dieser Theil der Durchführarbeit erfordert, wegen der Schnelligkeit, mit welcher sie verrichtet werden muß, geübte und gewandte Arbeiter. Es scheint, daß das Abstreichen der Bleche mit dem Pinsel durchaus nothwendig ist, um den Blechen den Spiegelglanz zu geben.

In der Talgpfanne d sollen die Bleche von dem überflüssigen Zinn befreit werden. Weil das Zinn, in dem Augenblick wenn die Bleche in die Talgpfanne kommen, sich in einem geschmolzenen, oder fast geschmolzenen Zustande befindet, so würde es sich durch zu langes Verweilen der Bleche in der Pfanne zum Theil, und zwar in um so größerer Menge ablösen, je länger die Bleche in dem Talgbade stehen bleiben, und es würde zu wenig Zinn auf der Oberfläche haften. Ließe man die Tafeln zu kurze Zeit in der Talgpfanne stehen, so würden sie zu viel Zinn zurück halten, und durch ungleiche Verzinnung ein schlechtes und streifiges Ansehen bekommen. Es kommt daher auf den Grad der Hitze des Talges viel an. Stärkere oder schwächere Tafeln erfordern eine geringere oder größere Temperatur des Talges. Talg, welches für dünne Bleche eine angemessene Temperatur hat, würde Veranlassung geben, daß starke Bleche beim Herausziehen mit einer goldgelben Farbe zum Vorschein kämen. Weil ein starkes Blech nämlich mehr Hitze zurück hält, als ein schwaches, so darf der Talg für das erstere auch nicht so stark erhitzt seyn. Brächte man umgekehrt dünne Bleche in eine für starke Bleche zubereitete Talgpfanne, so würde man den Zweck verfehlen und die Abtrennung des überflüssigen Zinnes nicht bewirken können. Es ist daher viel Erfahrung nöthig, um die Temperatur des Talges in jedem Fall richtig zu bestimmen.

In der Talgpfanne sind durch eiserne Zinken einzelne Abtheilungen gebildet, damit die Bleche einander nicht berühren. Sobald der Arbeiter fünf Blatt in der kleineren Abtheilung der Zinnpfanne c durchgeführt, und aus derselben in die Talgpfanne gebracht hat; nimmt ein Knabe die ersten von diesen fünf Tafeln und stellt sie auf den Schragen, welcher sich in, oder über der leeren Pfanne e befindet, damit das Blech auf dem Schragen erkalte, und das noch anhängende flüssige Talg abtröpfeln kann. Die Stelle dieses fünften Blattes wird von dem Durchführer sogleich durch ein sechstes ersetzt. Dann nimmt der Knabe das zweite Blatt, welches der Durchführer durch ein siebentes ersetzt, und auf diese Art geht die Arbeit so lange, bis das ganze Quantum von Blechen durchgeführt ist, regelmäßig fort.

Weil die Blechtafeln immer senkrecht in die Pfannen gestellt werden, so behalten sie, nach dem Erkalten, an ihrem nach unten gekehrten Seitenrande einen Saum von Zinnknoten, welcher fortgeschafft werden muß. Ein Knabe nimmt zu dem Ende die auf dem Schragen über oder in der Pfanne e erkalteten Bleche, und stellt sie Stück für Stück auf ihrer unteren Kante in die Abwerfpfanne f, welche nur ¼ Zoll hoch mit Zinn angefüllt ist. Wenn der Zinnsaum durch dies letzte Eintauchen abgeschmolzen ist, nimmt der Knabe die Blechtafel ab, und giebt ihr einen starken Schlag mit der Ruthe. Durch die dadurch veranlaßte Erschütterung wird alles überflüssige Zinn abgetrennt, und es bleibt nur noch eine kaum bemerkbare Spur von dem Saum übrig.

Später hat man die Arbeit des Durchführens der verzinnten Bleche, — und, wie es scheint, mit günstigem Erfolg, — dadurch sehr abgekürzt, daß man die aus der eigentlichen Zinnpfanne in Paqueten herausgehobenen Bleche, in der vorhin angegebenen Art, jedes Blatt einzeln mit der Flachsbürste streicht und die gestrichenen Bleche sogleich in die Durchführpfanne bringt, worin das Zinn rein und mit vollkommen metallischer Oberfläche, ohne Bedeckung, eingeschmolzen ist. Bei dem Bestreichen der Bleche mit der Flachsbürste leistet ein Anstäuben des Flachspinsels mit Salmiakstaub vortreffliche Dienste.

Den Beschluß der Arbeit macht das Reinigen der Blechtafeln von dem anhängenden Fett, wozu man Kleye anwendet.

Alsdann werden die Bleche in hölzernen oder auch in blechernen Kasten verpackt (§. 1038).

S. Parkes, Beschreibung des bei der Weißblechfabrikation in England üblichen Verfahrens; Archiv für Bergbau III. 134—156. — Eckardt und Krigar, über die englische Weißblechfabrikation; a. a. O. 157—167.

§. 1042.

Die Anfertigung von starken und schweren Maschinenblechen erfordert Vorbereitungsarbeiten zur Anschaffung des Materials, woraus die Bleche, von oft sehr bedeutendem Gewicht, dargestellt werden können. Die Heerdfrischerei liefert Luppen, deren Größe und Gewicht nach Maaßgabe des Gewichts des Bleches eingerichtet werden können. Die zu einem Bleche bestimmte Luppe wird unter einem möglichst schweren Frischhammer gezängt und zu einer dicken, scheibenartigen Masse ausgebreitet, ohne sie zu Schirbeln oder Kolben zu zerhauen. Diese kuchenartig ausgehämmerte und ausgedehnte Eisenmasse erhält dann im Schweißofen eine vollkommene Schweißhitze und wird unter dem Blechwalzwerk bearbeitet. — Mit weniger ökonomischen Vortheilen können aber auch mehre, scheibenartig unter dem Hammer ausgereckte Eisenmassen über einander gelegt, in den Schweißofen gebracht und dann unter den Blechwalzen zuerst zusammengeschweißt und demnächst weiter ausgestreckt werden. Dies ist eine Art von Raffinirarbeit größerer Eisenmassen unter Blechwalzen.

Am vortheilhaftesten ist es, wenn die Anfertigung so schwerer Bleche mit der Puddlingfrischarbeit verbunden werden kann. Man bildet dann Paquete von großen Luppen, welche unter dem Stirnhammer eine flache, scheibenartige Gestalt erhalten haben, und von Stabeisen (besonders von Ramaßeisen [§. 990 u. f.], welches dazu vorzüglich geeignet ist, und die vortrefflichsten Bleche liefert), welchem unter dem Stirnhammer dieselbe Gestalt zugetheilt worden ist. Nach Beschaffenheit des Eisens werden zu einem Blech entweder eine Scheibe Luppeneisen und eine Scheibe Stabeisen, oder auch wohl 2 Scheiben Luppeneisen angewendet, zwischen welchen eine Scheibe Stabeisen gelegt wird. Diese Paquete werden in derselben Art raffinirt als wenn Stabeisen von der Sorte Nr. 2 (§. 971) dargestellt werden sollte. Wenn die Paquete eine vollkommene Schweißhitze in dem Schweißofen erlangt haben, werden sie zuerst unter dem Stirnhammer zusammengeschweißt, und dann sofort an das Blechwalzwerk zur weiteren Bearbeitung übergeben.

Sechster Abschnitt.

Stahl.

§. 1043.

Die Natur des Stahls, die Uebereinstimmung desselben bald mit dem weißen Roheisen, bald mit dem geschmeidigen Stabeisen, so wie die Eigenschaften, durch welche derselbe von den genannten beiden Eisenarten abweicht, sind in dem ersten Abschnitt schon vollständig entwickelt. Es geht daraus auch hervor, daß es zwei Methoden geben kann, den Stahl darzustellen; die eine, dem Roheisen einen Theil seines Kohlegehaltes zu entziehen; die zweite, dem Stabeisen einen Kohlegehalt mitzutheilen. Den aus Roheisen dargestellten Stahl pflegt man Rohstahl oder Schmelzstahl, und den durch das anhaltende Glühen des Stabeisens mit kohligen Stoffen erzeugten Stahl, Cementstahl oder Brennstahl zu nennen. Beide erhalten durch mechanische Bearbeitung, welche jedoch nicht ohne Einfluß auf seine physikalischen Eigenschaften ist, die Namen Gerbstahl oder raffinirter Stahl. Dem durch das Umschmelzen des Rohstahls oder des Cementstahls erhaltenen Stahl hat man den Namen Gußstahl gegeben, um dadurch die Art seiner Entstehung anzudeuten. Durch das Umschmelzen wird der Stahl in einem höheren Grade gleichartig, als durch die bloß mechanische Bearbeitung unter den Streckwerken, weshalb er im ungeschmolzenen Zustand die Eigenschaften des Stahls am vollkommensten besitzt. Dies ist auch die Ursache, warum man den Gußstahl als eine besondere Art des Stahls betrachtet, obgleich seine Eigenschaften ganz von dem Stahl abhängig sind, der zu seiner Bereitung angewendet ward.

Die große Verschiedenheit des weichsten und des härtesten, des festesten und dehnbarsten, und des mürbsten Stabeisens würde es rechtfertigen, wenn man auch verschiedene Stabeisenarten unterscheiden wollte. Dies ist aber weniger gebräuchlich, und nur in wenigen Ländern weiß man die besseren und schlechteren Stabeisenarten durch eigenthümliche Bezeichnungen und Benennungen, und durch verschiedene Preise, strenge zu sondern. Beim Stahl ist es anders. Eine fast unzählbare Menge von Namen bezeichnen den härteren oder weicheren, den gleichartigeren oder ungleichartigeren Stahl, und nur die Benennungen: Rohstahl, Brennstahl und Gußstahl, lassen auf seine Entstehungsart schließen. Wäre mit jeder Benennung zugleich die Bestimmung der Eigenschaften des Stahls, hinsichtlich seiner Härte, Stärke und Elasticität verbunden, so würde nichts wünschenswerther seyn, als die Benennungen recht genau zu sondern und zu vermehren; dies ist aber nur sehr selten der Fall, und man hat daher mehrentheils nur das Gedächtniß mit Namen anzufüllen, welche jede Fabrik ihrem Stahl giebt, dessen Eigenschaften man erst durch Erfahrungen kennen lernen muß, ohne sich in den meisten Fällen darauf verlassen zu können, daß mit derselben Benennung auch immer dieselben Eigenschaften des Stahls verbunden sind.

§. 1044.

So sorgfältig man bei dem Roh- und Cementstahl auch den Stahl sortiren und den härteren vom weicheren absondern wollte, so wenig würde diese Bemühung von Erfolg seyn, weil die Bereitungsart so unvollkommen ist, daß in einem und demselben Stück Stahl oft der härteste und der weichste Stahl, ja wohl sogar harter Stahl und weiches Stabeisen, mit einander verbunden seyn können. Deshalb ist nur in wenigen Ländern der unbearbeitete Rohstahl, und noch seltener der unbearbeitete Cementstahl, ein Handelsartikel, sondern man unterwirft beide Stahlarten noch einer mechanischen Bearbeitung, um sie gleichartiger zu machen, und die härteren und weicheren Stellen genauer mit einander zu verbinden. Dies geschieht dadurch, daß man den Stahl zu möglichst dünnen Stäben ausreckt, und die härteren und weicheren Stäbe in möglichst gleichbleibenden, oder in solchen Verhältnissen, als die Eigenschaften des darzustellenden Stahls erfordern, zusammenschweißt. Man nennt diese Arbeit das Raffiniren oder Gerben, und weil sowohl der Roh- als Cementstahl der Arbeit des Raffinirens unterworfen werden, so ist die Benennung Gerbstahl oder raffinirter Stahl ein allgemeiner Ausdruck, um die mit dem Stahl vorgenommene mechanische Bearbeitung zu bezeichnen, ohne auf die Bereitungsart des Stahls selbst dabei Rücksicht zu nehmen.

Je öfter die Operation des Raffinirens wiederholt wird, desto gleichartiger wird der Stahl, desto theurer muß er aber natürlich auch werden. Je gleichartiger der Roh- oder der Cementstahl von Natur waren, und je weniger ein wiederholtes Raffiniren nöthig ist, desto vorzüglicher ist der Stahl zu nennen, weil er desto weniger von seinen stahlartigen Eigenschaften verliert.

Der Gußstahl, welcher durch das völlige Flüssigwerden den vollkommensten Grad der Gleichartigkeit erlangen kann, bedarf des Raffinirens nicht.

§. 1045.

Hatte schon bei der Stabeisenbereitung die Eigenschaft des Roheisens den wesentlichsten Einfluß auf die Beschaffenheit des darzustellenden Stabeisens, so ist dies bei der Stahlbereitung noch mehr der Fall. Die Fehler des Roheisens, so wie die daraus entspringende Mürbheit oder Brüchigkeit des Stabeisens, treten viel deutlicher und bestimmter hervor, wenn aus dem fehlerhaften Roh- oder Stabeisen, Roh- oder Cementstahl bereitet werden sollen. Die Härte und Sprödigkeit, welche der Stahl durch die Kohle erhält, werden durch die Härte und Sprödigkeit, die durch die Beimischung fremdartiger Bestandtheile veranlaßt werden, so erhöhet und vermehrt, daß der Stahl dadurch unbrauchbar und zu allen Anwendungen ungeschickt wird. Die Stahlbereitung kann daher nur aus solchem Roh- und Stabeisen gelingen, welches im höchsten Grade rein ist, und außer der Kohle sehr wenig fremdartige Bestandtheile enthält. Länder, welche nicht mit Eisenerzen versehen sind die beim übersetzten Gange des Ofens noch gutes Eisen geben, müssen daher, um das Roheisen im tropfbar flüssigen Zustande vor der Form niederschmelzen und dadurch die Oxydation der beigemischten fremdartigen Bestandtheile bewirken zu können, bei der Bereitung des Roh- oder Schmelzstahls nothwendig graues Roheisen von sehr leichtflüssiger Beschickung anwenden. Dadurch wird die Operation des Frischens aber sehr verzögert, weil das graue Roheisen, wegen der stärkeren Hitze die es zum Schmelzen erfordert, erst mühsam unter der Form in den Zustand des weißen Roheisens zurückgeführt werden muß, ehe auf die Verminderung des Kohlegehaltes hingearbeitet werden kann. Diese Umänderung des geschmolzenen grauen Roheisens in Roheisen, welches nach dem Erstarren weiß bleiben würde, kann nur dadurch geschehen, daß dem Roheisen Kohle entzogen wird, wodurch aber häufig zu viel geleistet und zu viel Kohle abgeschieden wird, so daß das Produkt welches man endlich erhält, eher ein stahlartiges Stabeisen, als wirklicher Stahl genannt werden muß. Das graue Roheisen erfordert daher eine eigenthümliche Behandlung, gewandte und der Arbeit kundige Arbeiter, und eine große Aufmerksamkeit. Diese Schwierigkeiten haben mehre Metallurgen zu der Meinung veranlaßt, daß das graue Roheisen zur Stahlbereitung nicht anwendbar sey; die Art, wie die

Kohle mit dem Eisen im grauen Roheisen, und wie sie mit diesem Metall im weißen Roheisen und im Stahl verbunden ist, und das daraus entspringende sehr verschiedenartige Verhalten dieser Eisenarten in der Schmelzhitze, reichen aber hin, die Erscheinungen bei dem Frischprozeß genügend zu erklären.

Noch mehr als der Frischprozeß würde die Rohstahlbereitung abgekürzt und erleichtert werden, wenn dasjenige Roheisen, welches, wegen der Beschaffenheit der Erze, durchaus grau und vollkommen gaar, jedoch stets bei einer leichtflüssigen Beschickung erblasen werden muß, nicht im Zustande des grauen Roheisens angewendet, sondern durch vorhergehendes Umschmelzen in Heerden bei Holzkohlen weiß gemacht wird. Das Braten des weißen Eisens, so vortheilhaft es beim Verfrischen des Roheisens ist, um den Kohlegehalt desselben zu vermindern, würde bei der Stahlbereitung unterbleiben müssen, wenn dem Roheisen durch das Umschmelzen schon zu viel Kohle entzogen ist, weil sonst der Uebergang zu gefrischtem Eisen zu schnell erfolgen würde.

§. 1046.

Weil das härteste und sprödeste weiße Roheisen, durch alle mögliche Grade der abnehmenden Härte und Sprödigkeit, bis in das weichste und dehnbarste Stabeisen übergehen kann, so sollte man meinen, es sei keine schwere Aufgabe, Stahl von allen möglichen Graden der Härte und Festigkeit darzustellen, weil nur die Quantität Kohle bekannt seyn dürfe, durch welche das Eisen diese oder jene Eigenschaft erhalte. Aber abgesehen, daß noch kein Mittel bekannt ist, den Kohlegehalt des Eisens mit der erforderlichen Genauigkeit auszumitteln, bleibt auch das Verfahren bei der Darstellung des Stahls selbst zu unvollkommen, und muß zu sehr dem praktisch geübten Auge und der Gewandheit des Arbeiters überlassen werden, als daß es möglich wäre, die Größe des Kohlegehaltes jedesmal zu bestimmen und genau zu treffen. Noch größer wird diese Schwierigkeit durch den Umstand, daß es auch bei der vollkommensten Methode, bei dem passendsten Roheisen, und bei dem einsichtsvollsten und gewandtesten Arbeiter unmöglich ist, jedes Theilchen Roheisen gleich stark zu entkohlen, oder jedes Theilchen Stabeisen mit gleich viel Kohle zu verbinden. Je gleichartiger die Abscheidung der Kohle bei dem Roheisen, oder die Verbindung derselben mit dem Stabeisen erfolgt, desto vorzüglicher wird der Stahl ausfallen. Je mehr sich das Roheisen aber zur Stahlfabrikation eignet, d. h., je weniger fremde Bestandtheile und je weniger Graphit es enthält, je weniger folglich auf die Absonderung dieser Bestandtheile durch die Gebläseluft hingewirkt werden darf, desto weniger ist auch die zu große Verminderung des Kohlegehalts des Roheisens zu befürchten, und desto gleichartiger kann die Entkohlung erfolgen. Je mehr sich ferner das Stabeisen zur Stahlfabrikation eignet, d. h., je gutartiger und härter es von Natur ist, desto gleichartiger kann die Aufnahme von Kohle stattfinden, weil das härtere Eisen eines geringeren Zuschusses von Kohle bedarf, als das weichere, um die Eigenschaften des Stahls zu erhalten. Die Ungleichartigkeit durch ein öfter wiederholtes Raffiniren oder Gerben wieder auszugleichen, ist ein um so gefährlicheres Mittel, je ungleichartiger der Stahl selbst ist, weil er durch die oft wiederholten Schweißhitzen immer mehr von seinen stahlartigen Eigenschaften verliert, und sich dem Stabeisen nähert.

§. 1047.

Von der Härte des Roheisens ist die des Stahls sehr verschieden. Obgleich der Stahl im Allgemeinen eine größere Härte besitzt als das Stabeisen, so muß er doch im ungehärteten Zustande vollkommen dehnbar, geschmeidig und durchaus nicht so hart seyn, daß er nicht mit allen Werkzeugen bearbeitet werden könnte, mit denen man das Eisen zu behandeln pflegt. Stahl, welcher nach dem Glühen und freiwilligen langsamen Erkalten nicht geschmeidig, sondern zwar weich, aber dabei spröde ist, nähert sich mehr dem Roheisen als dem Stahl;

wogegen der Stahl, welcher nach dem Glühen und plötzlichen Ablöschen im Wasser nicht viel härter wird, mehr Stabeisen als Stahl seyn würde. Der verschiedene Gehalt an Kohle ist es, wodurch diese Eigenschaften des Stahls hervorgebracht werden. Es ist schon im ersten Abschnitt gezeigt worden, daß die Art der Verbindung der Kohle mit dem Eisen in dem nicht gehärteten und in dem gehärteten Stahl wesentlich verschieden ist. Der nicht gehärtete Stahl würde, wenn er keine Geschmeidigkeit besäße, nicht mehr Stahl, sondern Roheisen genannt werden müssen. Der gehärtete Stahl würde, wenn er keine große Härte durch das plötzliche Ablöschen erlangte, nicht mehr Stahl sondern hartes Stabeisen seyn.

Die Quantität der Kohle bestimmt also den Grad der Härte des gehärteten, und den Grad der Geschmeidigkeit des nicht gehärteten Stahls im Allgemeinen; die Festigkeit und die Elasticität des gehärteten Stahls sind aber außerdem noch von der Gleichartigkeit der Masse abhängig. Aus demselben Material läßt sich, durch verschiedene Behandlung, das reinste Stabeisen und der vollkommenste Stahl, aber auch ein Produkt darstellen, welches an einzelnen Stellen im höchsten Grade hart ist, und dennoch nicht Elasticität und Festigkeit genug besitzt, um auf den Namen eines guten Stahls Anspruch machen zu können. Aller Stahl, der als ein zusammengeschweißtes Gemenge von härterem und weicherem Stahl, oder auch wohl von Stahl und von Stabeisen angesehen werden muß, kann hart seyn, ohne Festigkeit zu besitzen, oder er kann weich und doch zugleich an einzelnen Stellen wegen seiner Härte so spröde seyn, daß er, wenigstens in scharfen Spitzen, zum Ausbrechen geneigt ist. Alles Roheisen, welches viel vor dem Winde bearbeitet werden muß, und alles Stabeisen, welches sehr weich ist, und daher einer stärkeren und anhaltenderen Hitze beim Cementiren mit Kohle unterworfen wird, welche niemals ganz gleichartig ausfallen kann, geben häufig einen harten und wenig elastischen, oder einen weichen und doch spröden Stahl, der durch öfteres Raffiniren zwar verbessert werden kann, aber dadurch zugleich immer weicher und weniger elastisch wird.

§. 1048.

Von dem Einfluß des Mangan auf das Eisen ist schon im ersten Abschnitt geredet worden. Wenn gleich die Möglichkeit nicht geläugnet werden kann, daß ein Mangangehalt des Stahls zur größeren Härte und Elasticität desselben beiträgt; so ist zu dieser Annahme doch sehr wenig Wahrscheinlichkeit vorhanden, und es scheint sogar wahrscheinlicher, daß die Wirkung eines Mangangehaltes des Eisens und Stahls sich nur darauf erstreckt, denselben keine ihrer Festigkeit nachtheiligen Eigenschaften mitzutheilen. In dem, aus sehr manganreichen Erzen erzeugten Stahl, lassen sich oft kaum Spuren von Mangan auffinden und manches weiche und geschmeidige Stabeisen enthält mehr Mangan als der härteste und festeste Stahl, in welchem durch die Analyse kein Mangan aufgefunden wird. Den früher sehr allgemein verbreitet gewesenen Irrthum, daß sich aus den manganreichen Eisenerzen deshalb vorzugsweise leicht ein guter Rohstahl darstellen lasse, weil ein Theil des Mangans in den Stahl übergehe, hat die chemische Untersuchung der verschiedenen Stahlarten aufgedeckt, und eine genauere Prüfung des bei der Verarbeitung der Eisenerze eintretenden Erfolges, hat gezeigt, daß man die Ursache mit der Wirkung verwechselt hat. Die manganreichen Eisenerze, besonders die reinen Spatheisensteine, gestatten, wegen der großen Leichtflüssigkeit der Manganoxydul-Silikate, eine leichte Scheidung des Eisens von der Schlacke und geben dadurch zur Entstehung eines sehr leichtflüssigen und zugleich sehr reinen Roheisens Veranlassung. Diese leichtflüssigen und dabei gutartigen Eisenerze lassen sich daher bei einem übersetzten Gange des Ofens verschmelzen und geben ein Roheisen, welches, wegen seiner Reinheit, aber nicht wegen des Mangangehaltes, welcher bei dem

Rohstahlfrischprozeß wieder abgeschieden wird, zur Stahlbereitung vorzüglich geeignet ist. Auch selbst dann, wenn diese manganreichen Erze bei einem gaaren Gange des Ofens verschmolzen und auf Spiegeleisen, oder gar auf graues Roheisen benutzt werden, reducirt sich, außer dem Eisenoxydul, vorzugsweise nur das Manganoxydul aus der Schlacke und verbindet sich mit dem Roheisen, so daß man bei der weiteren Verarbeitung desselben zu Rohstahl, den Siliciumgehalt des aus manganreichen Eisenerzen erzeugten Roheisens ungleich weniger zu befürchten hat, als bei dem Roheisen, welches aus weniger manganreichen Erzen gewonnen wird.

J. G. Stünkel, über d. Einfluß des Braunsteins auf das Eisen; in N. bergmänn. Journ. III. 443. u. f. — Rinman a. a. O. II. 144. u. f. 524. u. f. — Hassenfratz, Siderotechnie IV. 69—81. — Gazeran, observation sur la constitution des aciers etc.; Ann. de Chimie XXXVI. 61—70. (v. Crell's Ann. f. 1801. 319.) — Herrmann, über den Stahl und die dazu besonders schicklichen Erze, in v. Crell's Ann. f. 1789. I. 195. — Derselbe über d. Erzeugung d. Stahls; in Pallas neuen nordischen Beiträgen. III. 354 u. f. — Reaumur, l'art d'adoucir le fer fondu, 1 memoire. — Quanz a. a. O. 184—194. — Karsten, über den Einfluß der Temperatur auf die Beschaffenheit der beim Verschmelzen der Eisenerze entstehenden Produkte. Archiv f. Bergbau XIII. 211.

§. 1049.

Die Güte des Stahls wird also nicht bloß durch seine Härte, sondern auch durch seine Festigkeit und Elasticität bestimmt. Von einem Stahl, der viel Festigkeit und Elasticität besitzt, pflegt man zu sagen, daß er viel Stärke oder viel Körper habe, wogegen ein harter und dabei wenig fester und spröder Stahl, wilder Stahl genannt zu werden pflegt. Das Mangan würde, wenn es überhaupt einen vortheilhaften Einfluß auf den Stahl haben sollte, demselben nur eine größere Festigkeit, aber keine größere Härte mittheilen können, weil es weiches Stabeisen giebt, welches nicht weniger Mangan enthält, als der geringe Rückhalt von diesem Metall in manchem Stahl beträgt. Diese Zunahme der Festigkeit durch Mangan ist jedoch keineswegs erwiesen, indem sogar die härtesten und dabei festesten Stahlarten aus Steyermark und Kärnthen keine Spur von Mangan enthalten. Die Quantität der Kohle im Allgemeinen bestimmt die größere und geringere Härte und Dehnbarkeit; von mehren Stahlarten, welche gleiche Quantitäten Kohle enthalten, wird diejenige die festeste, dehnbarste und am meisten elastische seyn, in welcher die Kohle am gleichförmigsten vertheilt ist. Es kann Stahl geben, der sich in einzelnen Stücken sehr hart zeigt, aber dabei spröde und wenig elastisch ist, obgleich er im Ganzen nicht mehr Kohle enthält als anderer Stahl, welcher in gleichem Grade hart ist, und dabei Festigkeit und Elasticität besitzt. Die Art der Vertheilung der Kohle allein ist die Ursache dieser Verschiedenheiten, sie selbst aber ist von der Beschaffenheit des Eisens, welches zur Stahlbereitung angewendet wird, und von dem mehr oder weniger geschickten Verfahren bei der Stahlerzeugung abhängig. Durch das Raffiniren wird der Fehler vermindert, aber niemals gänzlich aufgehoben, wenn der zu raffinirende Stahl nicht schon an sich selbst möglichst gleichartig war.

§. 1050.

Die Härte und die Stärke des Stahls können sehr verschieden seyn; denn obgleich ein zu harter Stahl immer auch zugleich sehr spröde ist, so kann ein härterer Stahl doch oft mehr Stärke besitzen als ein weniger harter; und der Stahl ist der vollkommenste, der mit der größten Härte die größte Stärke verbindet. Dies kann nur dann der Fall seyn, wenn der Stahl vollkommen gleichartig, oder wenn die Kohle mit dem Eisen überall gleichförmig verbunden ist. Die gleichförmigste Verbindung wird aber beim Gußstahl stattfinden können, weil sich die ganze Masse in einem tropfbar flüssigen Zustande befand, und dadurch eine allgemeine gleichförmige Verbindung bewirkt werden konnte, wenn der Stahl lange genug im

Zustand der Flüssigkeit erhalten ward. Die Quantität der Kohle bestimmt daher, bei einem guten Gußstahl, unmittelbar seine Härte und die davon abgeleitete Sprödigkeit. Beim Rohstahl ist eine völlige Gleichartigkeit der Masse kaum möglich, und sie wird um so weniger erreicht, je weniger sich das Roheisen zur Stahlfabrikation eignet. Deshalb wird die Güte des Rohstahls auch sehr verschieden ausfallen und es wird Rohstahl geben können, der im vollkommensten Grade hart und stark ist, während sich ein anderer Rohstahl, bei demselben Kohlegehalt, aber bei einer ungleichartigen Beschaffenheit der Masse, nur hart und spröde verhält. Am ungleichartigsten ist der Cementstahl, weil das Stabeisen nicht überall gleiche Quantitäten Kohle aufnehmen kann. Was der Cementstahl an Härte gewinnt, verliert er daher gewöhnlich an Stärke, weshalb er auch vorzüglich zu solchen Gegenständen verarbeitet wird, von denen man eine große Härte, aber keine bedeutende Stärke verlangt. Dazu pflegt er dann brauchbarer als der Rohstahl zu seyn.

Jars metallurg. Reisen. I. 46 f. — Rinman's Eisen- und Stahlveredlung 248 u. f.

§. 1051.

Stahl, der zu allen Anwendungen gleich geschickt ist, würde im höchsten Grade hart und stark seyn müssen. Beide Eigenschaften lassen sich nicht mit einander vereinigen, weil mit einem hohen Grade von Härte immer ein gewisser Grad von Sprödigkeit verbunden ist. Man kann daher von keiner Fabrik die Anforderung machen, daß sie aus einem und demselben Material Stahl bereiten soll, der sich zu jedem Gebrauch gleich gut eignet. Der Künstler und der Handwerker müssen die Eigenschaften angeben, welche sie von dem Stahl verlangen, und die Fabrik muß den Stahl nach seinen verschiedenen Eigenschaften sortiren. Unvortheilhaft wird die Fabrik betrieben werden, welche nicht Gelegenheit hat, einen Absatz für ihre verschiedenen Stahlsorten zu finden, weil es — wenigstens bei der Bereitung des Roh- und Cementstahls — unmöglich ist, jederzeit Stahl von einer und derselben Beschaffenheit, der nur zu einem Gebrauch vorzüglich anwendbar ist, darzustellen.

Guter Stahl muß vor dem Härten kalt und warm geschmeidig seyn, wie Stabeisen; auch kann man ihn eigentlich als hartes Stabeisen betrachten. Durch neues Glühen nach dem Härten muß der Stahl die Härte wieder verlieren und vollkommen geschmeidig werden, so daß er von der härtesten Stabeisensorte nicht zu unterscheiden ist. Guter Stahl erlangt also einen höheren Grad von Härte erst durch das Ablöschen im Wasser, oder durch das Härten, wodurch er sich vom brüchigen Eisen unterscheidet, welches durch das Härten zwar noch spröder aber nicht härter wird, als er vorhin war.

Rinman hat ein gutes Unterscheidungskennzeichen des Stahls vom Eisen angegeben. Alles Eisen, sagt er, welches rothglühend im kalten Wasser schnell abgelöscht, härter wird, als er vorher war, ist Stahl. Sprödigkeit und Härte sind daher wohl zu unterscheiden. Das weichste Stabeisen wird durch das Härten nicht härter, aber auch nicht spröde, wenn es nicht schon vor dem Härten spröde war. Alles Eisen, welches durch das Härten etwas härter wird, ist wirklich stahlartig, und dadurch zu manchen Anwendungen nur um so geschickter. Je mehr der Kohlegehalt zunimmt, desto größer wird die Härte nach dem Ablöschen, desto geringer darf aber auch der Grad der Hitze seyn, bei welchem der Stahl gehärtet werden muß. Je spröder der Stahl nach dem Härten wird, desto schlechter ist er. Die Ursachen der Sprödigkeit können entweder in der Beschaffenheit des Eisens, oder in der ungleichartigen Vertheilung der Kohle liegen. Im ersten Fall enthält das Eisen Bestandtheile, welche demselben schon vor dem Härten Sprödigkeit ertheilten, und dann ist aus dem Material niemals ein guter Stahl zu erhalten; im letzten Fall ist durch wiederholtes Raffiniren ein besserer Stahl zu erwarten, obgleich dadurch von der Härte leicht etwas verloren gehen kann. Der Stahl muß also der beste seyn, welcher bei dem geringsten Grade der Hitze in kaltem Wasser abgelöscht, die größte Härte bekommt, und vor und nach dem Härten die größte Stärke und Elasticität behält.

Rinman a. a. O. II. 516 u. f.

§. 1052.

Durch die beim Härten erlangte Härte wird auch der beste und in der angemessensten Glühhitze gehärtete Stahl einige Sprödigkeit erhalten, welche sich besonders bei sehr scharfen oder spitzen Werkzeugen durch Ausbrechen der Schneiden und Spitzen zu erkennen geben würde. Diese Sprödigkeit muß durch neues Erwärmen, oder durch das sogenannte Anlassen oder Anlaufen, wieder weggeschafft werden. Je weicher der Stahl ist, ein desto geringerer Wärmegrad ist nöthig, um demselben die Sprödigkeit zu benehmen; je härter er ist, desto größer muß der Wärmegrad seyn. Aber auch alle die Stahlarbeiten, von denen man mehr Festigkeit und kräftigen Widerstand gegen die Stöße und Schläge einer von außen einwirkenden Kraft verlangt, müssen in einem stärkeren Wärmegrade anlaufen. Je härter der Stahl alsdann bleibt, ohne spröde zu seyn, für desto vorzüglicher ist er zu halten. Die natürliche und die von der Härte abgeleitete Sprödigkeit des Stahls sind daher wohl von einander zu unterscheiden. Einem Stahl, die durch Kohle, und nicht etwa durch Silicium, Phosphor u. s. f. herbeigeführte Sprödigkeit zu entziehen, ist sehr leicht, weil dazu nur ein Anlaufen in erhöheter Temperatur erforderlich ist; allein es setzt einen vorzüglich guten Stahl voraus, der unter diesen Umständen die gehörige Härte behalten soll. Das Anlaufen (Ablassen oder Anlassen) ist ein Rückgang zum weichen Zustand. Stahl, welcher nach dem Härten erhitzt wird, wird zuerst blaßgelb, dann hochgelb, hierauf roth, braun, dunkelblau, hellblau und bläulichweiß, oder nach dem technischen Ausdruck: wasserfarbig. Wenn Stücke von einerlei Stahl angelassen werden, so ist das blaßgelbe am härtesten und das wasserhelle am weichsten. Jeder Stahl vermindert bei jedem Grade der Temperatur seine Härte. Stahlsorten müssen immer bei gleichen Anlaufgraden gegenseitig probirt werden. Bei dem höchsten Anlassen ist ein Stahl immer härter als ein anderer.

§. 1053.

Die Kennzeichen und das Verhalten des besten Stahls sind folgende:

1) Durch das Ablöschen in einer wässerigen Flüssigkeit nimmt er in einer dunkelrothen Rothglühhitze die größte Härte an.
2) Er bekommt durch das Härten überall eine gleichförmige Härte und keine härteren und weicheren Stellen.
3) Er verliert bei dem höchsten Anlaufgrade am wenigsten von seiner Härte.
4) Beim Schmieden läßt er sich am besten schweißen, ohne Brüche und Risse zu erhalten; auch kann er die Schweißhitze am längsten aushalten, also am öftesten raffinirt oder gegerbt werden, ohne bedeutend an seiner Härte zu verlieren.
5) Auf dem Bruch hat er das feinste und gleichste Korn und besitzt das größte specifische Gewicht, ist folglich auch am dichtesten und zu polirten Arbeiten am besten zu gebrauchen: theils weil er die wenigsten ungleichen Stellen enthält, theils weil er den höchsten Grad der Politur annimmt.

Stahl, der diese Eigenschaften im vollkommensten Grade in sich vereinigt, ist der vorzüglichste; allein sehr selten kann eine Stahlsorte alle diese Anforderungen erfüllen. Kommt es nur darauf an, recht harten und des höchsten Grades der Politur fähigen Stahl zu erhalten, so wird man oft genöthigt seyn, auf die Schweißbarkeit zu verzichten und einen äußerst harten, dem Roheisen sich nähernden Gußstahl anzuwenden.

§. 1054.

Die Farbe des Stahls darf nicht ins Bläuliche übergehen, indem ein bläuliches Farbenspiel auf die eisenartige Beschaffenheit des Stahls hindeutet. Auf der Bruchfläche darf er nicht sehnig, sondern er muß stets körnig seyn. Der ungehärtete Stahl hat stets einen körnigen, matten Bruch, der durch das Härten etwas mehr Glanz erhält, indem die Farbe lichter wird, wogegen das Korn im höchsten Grade fein, und für unbewaffnete Augen ganz unkenntlich werden muß. Korn und Farbe müssen möglichst gleichartig seyn; und ein Stahl von sonst bekannter Güte, der nach dem Härten ein grobkörniges Gefüge zeigt, ist in einer zu großen Hitze gehärtet, und hat dadurch seine Härte und seine Festigkeit großentheils verloren. Durch das Härten muß der Stahl auf der Oberfläche, in so fern keine zu starke Hitze beim Härten angewendet ist, stellenweise rein und blank werden, wogegen sich das Stabeisen dadurch nicht ganz vom Glühspan befreien läßt, weil es sich nicht so stark in der Hitze ausdehnt als der Stahl. Zwar kann der Stahl durch das Härten mit vollkommen reiner und blanker Oberfläche erscheinen; dann ist aber der Grad der Hitze für die Beschaffenheit des Stahls schon sehr groß gewesen. Durch oft wiederholtes Schweißen und Gerben wird jeder Stahl weicher und weicher, und zuletzt in reines Stabeisen umgewandelt. Der Cementstahl leidet in der Regel keine so oft wiederholte Schweißhitze als der Rohstahl. Es versteht sich von selbst, daß hier nur von den Schweißhitzen die Rede sein kann, bei welchen sich der Zutritt der Luft niemals gänzlich abhalten läßt. Gäbe es ein Mittel, dies zu bewirken, so würde der Stahl von seiner Härte nichts verlieren, sondern nur um so vollkommener und gleichartiger werden, also eine um so größere Festigkeit, Zähigkeit und Federkraft erhalten, je öfter das Raffiniren oder Gerben wiederholt wird.

Die Kenntniß von den Eigenschaften des Stahls und von

der darauf begründeten Behandlung desselben in höheren Temperaturen, ist eben so wichtig, als die Kenntniß von der Darstellung desselben. Ein unkundiger Arbeiter kann den besten Stahl verderben, oder versteht ihn wenigstens nicht so zu benutzen, als die Eigenschaften des Stahls es zulassen würden. Ein unterrichteter Künstler wird die Fehler des Stahls durch richtige Auswahl der Hitzgrade, in welchen das Härten vorgenommen wird, so wie durch Ausmittelung der zweckmäßigsten Anlaufgrade, möglichst zu vermindern suchen. Fehlerhaft und einen unwissenden Arbeiter verrathend, ist es, jede Stahlsorte auf gleiche Art zu behandeln.

§. 1055.

Weil der Stahl nur als Stabeisen mit einem größeren Gehalt an Kohle anzusehen ist, so ist es einleuchtend, daß sich fast auf demselben Wege und durch dieselben Verfahrungsarten, welche man bei der Stabeisenerzeugung anwendet, auch Schmelzstahl darstellen lassen wird. Häufig ist es sogar leichter, dem Eisen weniger Kohlenstoff zu entziehen; und es kommt nur auf die Windführung und auf die Bearbeitung des Eisens vor dem Windstrom an, ob man aus einem und demselben Material Stabeisen oder Stahl erzeugen will.

Man erzeugt den Stahl, eben so wie das Stabeisen, entweder unmittelbar aus den Erzen, oder aus Roheisen. Letzteres geschieht bis jetzt noch in gewöhnlichen Frischheerden, indem es noch nicht hat gelingen wollen, das Roheisen in Flammenöfen so zu behandeln, daß es nur einen Theil des Kohlenstoffs verliert. Ohne Zweifel liegt die Schwierigkeit darin, daß das Roheisen nicht gleichzeitig einen und denselben Grad der Gaare erlangt, und daß sich das bis zu einem gewissen Grade entkohlte Eisen daher nicht vor der gänzlichen Entkohlung schützen läßt. Durch die Anwendung des Kohlenoxydgases als Brennmaterial bei den Puddlingöfen wird man wahrscheinlich am ersten und zuverlässigsten dahin gelangen, den Stahl aus Roheisen in den Flammenöfen darzustellen.

I. Von der Schmelzstahlbereitung.

A. Unmittelbar aus den Erzen.

§. 1026.

Die Schmelzstahlbereitung unmittelbar aus den Erzen geschieht, wie bei der Stabeisenbereitung, entweder in Stücköfen oder in Heerden. — Der Betrieb der Stücköfen zu diesem Zweck hat jetzt ganz aufgehört. Früher mußte man die erhaltenen Stücke jedesmal untersuchen, ob sie sich zu Stahl oder zu Stabeisen eignen würden. Bei dem Verfahren fand also mehr Zufall als absichtliches Bemühen statt. Die erhaltenen Stücke wurden zwischen einer Zange gefaßt, und in einem Frischheerd bis zur Schmelzhitze erhitzt. Wenn nach Beschaffenheit des Eisens mehr oder weniger abgeschmolzen war, so schmiedete man den in der Zange zurückgebliebenen, nicht geschmolzenen Klumpen zu Stahl aus; das eingeschmolzene und in den Heerd eingegangene Eisen ward aber, je nachdem es mehr oder weniger Kohle verloren hatte, als Stabeisen oder als Stahl benutzt, oder, wenn es sich in einem Mittelzustande zwischen beiden befand, noch einmal etwas in die Höhe gehoben, um sich vor der Form in Stabeisen umzuändern. Bei dieser unvollkommenen Methode der Stahlerzeugung ließ sich also weder die Menge noch die Beschaffenheit des Stahls, selbst bei den am meisten dazu geeigneten Erzen, bestimmen.

Eben so ist es jetzt nur noch wenig gebräuchlich, in den Luppenfeuern oder in den Rennheerden absichtlich Stahl zu erzeugen, indem man ihn häufig genug unabsichtlich bei jener Arbeit erhält. Bei der Beschreibung der französischen Rennarbeit ist bereits des Verfahrens gedacht, welches angewendet wird, wenn man statt des Stabeisens Stahl zu erhalten bemüht ist.

Alle Mittel, welche dazu dienen können, dem Eisen nicht allen Kohlenstoff zu entziehen, müssen auch zur Stahlbereitung abzwecken. Der Zusatz von gaarer Schlacke, und die zu starke Zuströmung von Wind, ohne daß sich das Eisen gleichzeitig mit glühenden Kohlen in unmittelbarer Berührung befindet, so daß der Windstrom mehr auf die Kohlen als auf das Eisen wirkt, müssen dabei möglichst vermieden werden.

Der Stahl, den man zufällig in den Rennheerden erhält und welcher, wenn er sich durch die röthliche Farbe zu erkennen giebt, aus dem Heerde gewonnen wird, wird Wolfsstahl genannt. Dieser Stahl ist gewöhnlich sehr eisenhaltig und nur zu gröberen Sachen anwendbar. Das aus den Blaseöfen erhaltene stahlartige Eisen, welches zuweilen eher Stahl als Stabeisen giebt, nennt man Blase- und Osmundstahl. Auch dieser Stahl ist ein sehr verschiedenartiges Gemenge von hartem und weichem Stahl und von Stabeisen.

Combes, a. a. O. S. 482. — Richard, a. a. O. S. 277.

B. Aus Roheisen.

§. 1057.

Beim Verfrischen des Roheisens zu Stabeisen kommt es zuweilen vor, daß ein Theil des eingeschmolzenen und dem Windstrom am meisten ausgesetzt gewesenen Eisens, schon in den Zustand der Gaare übergeht, wenn das übrige Eisen noch völlig roh ist. Die Suluschmiede gründet sich sogar auf dem Verfahren, das eingeschmolzene Eisen theilweise gaar zu machen. Häufig ist dies gaare Eisen aber kein reines, sondern ein mehr oder weniger hartes Stabeisen, welches oft wirklicher, wenn gleich sehr ungleichartiger Stahl ist. Die Frischer nehmen diese Stahlklumpen zuweilen aus dem Feuer, um sie zum Verstählen ihrer Geräthschaften anzuwenden. Mann nennt diesen Stahl Luppstahl; er ist jedesmal ein Beweis von nicht gehöriger Aufmerksamkeit des Frischers. Es läßt sich zwar nicht immer vermeiden, daß nicht ein Theil Eisen früher anfangen sollte gaar zu werden, als ein anderer; indeß wird ein aufmerksamer Frischer dann bemüht seyn, das völlige Gaarwerden des ersteren zu verzögern. Der Luppstahl unterscheidet sich von dem gaaren Eisen im Heerde durch seine röthere Farbe, obgleich er sonst alle Zeichen des gaaren Eisens an sich trägt.

§. 1058.

Der Luppstahl ist also nur ein zufälliges, und eigentlich durch einen Fehler des Frischers entstandenes Produkt im Frischheerd. Will man aus Roheisen, welches noch viel Kohle enthält, also entweder aus Spiegeleisen, oder aus dem bei einer leichtflüssigen Beschickung erblasenen grauen Roheisen, folglich überhaupt aus demjenigen Roheisen, welches bei der Verarbeitung in den Frischheerden nothwendig erst in den tropfbar flüssigen Zustand gebracht werden muß, ehe die Abscheidung der Kohle statt finden kann, — will man also aus *solchem* Roheisen absichtlich Stahl, und nicht Stabeisen erzeugen, so ändert man die Operation im Frischheerd im Allgemeinen dahin ab:

> *daß man das Gaarwerden des Roheisens durch eine langsame Behandlung unter dem Winde zu bewirken sucht, statt daß das Roheisen beim Frischprozeß stets vor oder über dem Winde gehalten werden muß.*

Dies ist der Hauptunterschied beim Verfrischen des rohschmelzenden Roheisens zu Stahl oder zu Stabeisen. Durch die langsame Behandlung unter dem Winde soll der Kohlenstoff im Eisen nach und nach verbrennen, und man muß den Verbrennungsprozeß in demselben Augenblick aufhören lassen, wenn der Stahl die Gaare erhalten hat, welches nur durch Erfahrung und Uebung erkannt werden kann. Bei der Stabeisenerzeugung würde das Frischen unter dem Winde zu langsam zum Zweck führen, und die völlige Abscheidung der Kohle kaum bewirken. Deshalb muß der Wind das halbflüssige Eisen bei der Stabeisenbereitung unmittelbar ergreifen können, oder das Eisen muß im fast gefrischten Zustande noch einmal vor der Form und vor dem Windstrom niedergeschmolzen werden.

Wesentlich von dieser Schmelzstahlbereitung aus rohschmelzendem Roheisen, ist die Verfahrungsart verschieden, welche bei dem gaarschmelzenden weißen, seines Kohlegehaltes schon zum großen Theil beraubtem Roheisen angewendet wird. Dieses Roheisen gelangt nicht mehr in den flüssigen Zustand, sondern der Uebergang desselben in Stahl wird nur durch das Cementiren der halb geschmolzenen Roheisenmassen über dem Winde bewirkt, und es muß daher als ein schon fertiger Stahl auf den Boden des Stahlfrischheerdes niedergehen. Zwischen der Schmelzstahlbereitung aus solchem gaarschmelzenden Roheisen, und zwischen der Stabeisenfrischerei nach der Steyerschen Einmalschmelzarbeit, findet auch in der That kein Unterschied statt, und die Beschaffenheit des dargestellten Produkts richtet sich ganz allein, theils nach dem größeren oder geringeren Kohlegehalt des weißen Roheisens, theils nach der Stärke des Windes, welcher beim Niederschmelzen angewendet wird. Zur Stabeisenbereitung wendet man Roheisen an, welches schon mehr Kohle verloren hat, (luckiges Floß, oder gebratenes Scheibeneisen), zur Stahlbereitung treibt man die Vorbereitung des Roheisens nicht so weit, indem das Roheisen aus den luckigen schon in blumige (fasrige) Flossen übergehen muß. Schmelzt man mit schwächerem Winde ein, so erhält man aus demselben Material ein stabeisenartiges Produkt, welches bei stärkerem Winde einen guten Rohstahl giebt, weil im letzten Fall die Entkohlung über dem Winde nicht so vollständig erfolgen kann.

§. 1059.

Weil das zu Stahl zu verfrischende Roheisen, man mag sich des rohschmelzenden, oder des gaarschmelzenden bedienen, nicht aufgebrochen und nicht vor den Windstrom gebracht wird, so muß man das Gaarwerden des roh schmelzenden Roheisens durch den Feuerbau zu bewirken suchen; denn bei dem gaarschmelzenden Roheisen kommt es vorzüglich nur darauf an, dasselbe so lange als es nöthig ist, über dem Winde zu erhalten. Man wendet daher ein flaches Feuer an und giebt dem Wind um so mehr Neigung, je mehr das Roheisen zum Rohgange geneigt ist, weil eine geneigte Form bekanntlich beim Einschmelzen zwar einen roheren, aber beim Frischen einen gaareren Gang verursacht, als ein flach geführter Windstrom. Bei den Rohstahlfeuern, die roh schmelzendes Roheisen verarbeiten, richtet sich das Windquantum nach dem Gange der Arbeit. Bei einem gaaren Gange frischt das Roheisen schnell, weshalb ein starker Windstrom anzuwenden ist; bei einem rohen Gange kann das Roheisen nur langsam zum Gerinnen (zum Stahlwerden) gebracht werden, und daher muß der Wind schwach seyn, damit sich das flüssige Eisen nicht zu weit ausbreitet und die Ränder der Luppe (des Schreies) roh läßt. Zu gewissen Zeitperioden ist es auch nothwendig, einen scharfen Wind anzuwenden, um das Roheisen nicht schon beim Niederschmelzen halb gefrischt eingehen zu lassen, und um das gaar gewordene Roheisen wieder in einen recht flüssigen Zustand versetzen zu können, damit die Vertheilung der Kohle in der ganzen Masse möglichst gleichförmig erfolge. Wenn das Roheisen bei einem matten Winde halb gefrischt und halb flüssig eingeschmolzen wird, so würde keine gleichförmige Vertheilung der Kohle statt finden können.

Je mehr das Roheisen dagegen, durch Cementiren mit atmosphärischer Luft im halbgeschmolzenen Zustande, zum Frischen geneigt ist, desto schneller wird auch der Uebergang in Stahl erfolgen. Solches Eisen muß dann besonders schnell und hitzig eingeschmolzen und mit Vermeidung aller Zusätze von gaarer Schlacke, zur Gaare gebracht werden. Oft ist es sogar nothwendig, quarzige Zuschläge (Sand oder Lehm) anzuwenden, um eine dünnflüssige Schlacke zu erhalten, die das zu schnelle Gaarwerden verhindert. Der Wind wird dabei ganz flach geführt, damit er auf die niedergegangene Stahlmasse nicht mehr wirken kann. Das luckige Roheisen, oder das unmittelbar grell erblasene weiße Roheisen, erfordert solche Behandlung, obgleich es dennoch häufig beim Niederschmelzen keinen Stahl, sondern Stabeisen giebt. Deshalb wendet man ein so stark entkohltes Roheisen auch nicht zur Stahlbereitung an, sondern bedient sich vorzugsweise dazu des Roheisens, welches mehr Kohle enthält wie das luckige, und weniger als das blumige Floß. Bei der Anwendung des dünnflüssigen Spiegelflosses und des grauen Roheisens, ist das erste Bemühen dahin zu richten, das eingeschmolzene Roheisen zu verdicken, d. h. es in den Zustand zu versetzen, daß es bei abnehmender Temperatur nicht wieder zu grauem Roheisen erstarrt, sondern eine breiartige Masse bildet, welche sich bei dem wirklich erfolgenden theilweisen Erstarren in weißes Roheisen umändert. Diese Umänderung kann durch den Windstrom nicht bewirkt werden, weil sich das Eisen verschlacken würde. Es ist daher nothwendig, entweder gaarende Zuschläge anzuwenden, oder die Temperatur durch Zusatz von Stabeisen oder von schon fertigem Stahl zu erniedrigen. Das letzte Mittel, welches auf einigen Hütten theilweise angewendet wird, giebt einen ungleichartigen Stahl. Deshalb bedient man sich in der Regel der gaarenden Zuschläge, welche bei einem dünnflüssigen, nämlich bei dem grauen Roheisen, sehr oft eine angestrengte Arbeit herbeiführen, indem das flüssige Eisen unaufhörlich mit den gaaren Zuschlägen umgerührt, und vor dem stark geneigten Winde zum Kochen gebracht werden muß: eine Arbeit, welche schon bei der Anwendung des Spiegelflosses in einem geringen Grade vorkommt, und mit welcher der Stahlschmied, welcher nur das gaarschmelzende weiße Roheisen niedergehen lassen darf, gar nicht belästigt wird.

Diese vorläufigen Bemerkungen werden genügen, um die, bei den hier folgenden Beschreibungen des Rohstahlerzeugungsprozesses vorkommenden Erscheinungen zu erklären.

§. 1060.

In Westphalen und Schlesien, wo man graues rohschmelzendes Roheisen zur Rohstahlbereitung anwendet, sind folgender Feuerbau und Verfahrungsart üblich:

Das Rohstahlfeuer, welches durch die Zeichnungen auf Taf. XLIX. Fig. 10 — 13. dargestellt ist, unterscheidet sich von dem gewöhnlichen Frischfeuer für die deutsche Frischschmiede, wesentlich durchaus nicht.

Die Breite des Heerdes vom Form- zum Gichtzacken (Widerblase) beträgt 34 Zoll.

Die Länge desselben vom Hinterzacken bis zur Vorheerdplatte 30 Zoll.

Die Tiefe des Heerdes, vom Boden bis an den Wind, ist 5 bis 6 Zoll.

Der Formzacken hängt 8 bis 12 Grad ins Feuer, und die Form ragt 4 Zoll über den Formzacken ins Feuer hervor.

Die Entfernung vom Hinterzacken bis an den Wind ist 10 Zoll.

Der Boden ist aus Sandstein (oder aus Grauwacke), gewöhnlich aus vier einzelnen 2 bis 2½ Zoll dicken Stücken dicht zusammengesetzt, welche im Mittelpunkt, wo sie zusammenstoßen, um ½ Zoll tiefer liegen, als an den Rändern.

Der Hinter- und der Formzacken haben gleiche Höhe; Gicht und Vorheerd sind aber (umgekehrt, wie bei den Frischfeuern) 8 bis 10 Zoll höher, je nachdem die Kohlen besser oder schlechter sind, indem die letzteren ein tieferes Feuer nöthig machen.

Der Gichtzacken neigt sich 2 bis 3 Grad aus dem Feuer, um die Luppe (den Schrei) besser ausbrechen zu können. Auf diesem Zacken befindet sich noch eine Platte, welche 3 bis 4 Zoll über den Zacken hervorragend, ins Feuer gelegt wird; theils damit das Feuer geschlossener ist, theils damit sich die von Zeit zu Zeit aufzuschüttenden Kohlen nicht so fest vor der

Gicht setzen, sondern schon entzündet in das Feuer eingehen können.

Der Form (welche gewöhnlich 1½ Zoll breit und ½ Zoll hoch ist) giebt man 10 bis 12 Grad Neigung unter der Horizontalebene.

Gichtzacken und Vorheerd werden beim Angang der Arbeit mit Lösche umstellt, und das ganze Feuer wird mit Lösche geschlossen.

Das zu verarbeitende Roheisen (Stahlkuchen) ist mit solchen Einkerbungen abgegossen, daß der Stahlschmied nach Umständen Stücke von 20 bis 40 Pfund schwer, leicht abschlagen kann.

Von der Güte des Sandsteins, der zum Boden genommen wird, hängt viel ab. Er darf nicht zu grobkörnig und nicht zu sehr zum Springen geneigt seyn. Vorzüglich gute Steine halten 8 bis 10 Schreie aus; viele springen schon bei der ersten Luppe. Man muß zufrieden seyn, wenn der Boden im Durchschnitt zu 6 bis 8 Luppen gebraucht werden kann. Ein Boden von Gußeisen würde anschweißen und sich ausarbeiten; ihn durch ein festgestampftes Futter von Lösche zu sichern, ist wegen des unaufhörlichen Rührens im Heerde mit der Brechstange unthunlich.

Beim Anfange der Arbeit setzt man mit dem ersten einzuschmelzenden Roheisenstück (Heitze) etwas Hammerschlacke an, um einige Schlacke auf dem Sandsteinboden zu bekommen. Die Heitzen müssen sich alle zuerst bei der Gicht anwärmen, und werden dann einzeln nach und nach so ins Feuer gebracht, daß sie am Gichtzacken senkrecht stehen. Die Schirbel von der vorigen Luppe liegen auf der Lösche des Hinterzackens, um sich dort anzuwärmen und um die Lösche festzudrücken. Von den angewärmten Schirbeln wird einer nach dem andern mit der Schaufel hervorgezogen und auf die Form gelegt, damit er die gehörige Hitze zum Ausschmieden erhält. Das erste senkrecht bei der Widerblase angesetzte Stück Roheisen schmilzt nach und nach von selbst in den Heerd, weil der Wind sehr tief geht und die Kohlen hohl bläs't. Sollte es nicht einrücken wollen, so hilft man mit einer kleinen Brechstange nach, und rückt es etwas schief, mehr gegen die Form hin. Beim Einschmelzen muß das Gebläse schnell gehen, damit das Eisen ganz flüssig in den Heerd kommt. Fühlt man mit der Brechstange, daß es sich im vollkommen flüssigen Zustande befindet, so läßt man das Gebläse langsamer wechseln; es muß etwas Hammerschlacke aufgestreut, und die Masse mit einer kleinen Brechstange umgerührt werden. Ist das Umrühren einige Zeit fortgesetzt, so wird die Masse breiartig und erhält einige Zähigkeit, worauf dann sogleich das zweite Stück Roheisen, welches während jenes Prozesses auf der Widerblase lag und rothglühend geworden ist, so wie das erste, senkrecht beim Gichtzacken angesetzt, und bei einem stärkeren Gebläsewechsel eingeschmolzen wird. Dies zweite Stück kann schon etwas schwerer seyn und einige 30 Pfund wiegen, wogegen das erste gewöhnlich nur 24 bis 25 Pfund wiegen darf. So wie das zweite Stück schmelzt, muß das erste, welches schon breiartig geworden ist, wieder ganz flüssig werden. Sollte es sehr roh gehen, so wird wohl etwas Hammerschlag zugesetzt, welches aber möglichst vermieden werden muß. Nach dem erfolgten Einschmelzen des zweiten läßt man das Gebläse wieder langsamer gehen, um die Masse wieder mehr breiartig zu machen, wie beim ersten Stück. Das im Heerd befindliche Eisen muß sich zuletzt wie ein steifer Teig anfühlen lassen. Wäre die Masse schon so gaar geworden, daß sie sich hart anfühlen ließe, so würde sie den Boden angreifen, weshalb man dies vermeiden muß. Hierauf folgt das dritte, einige 40 bis 50 Pfund schwere Stück, welches gerade wie das vorige auf der Widerblase lag. Es wird unter einem sehr starken Gebläsewechsel eingeschmolzen, um die ganze Masse wieder flüssig zu machen. Wenn das Einschmelzen beendigt ist, streut man allenfalls etwas Hammerschlacke in den Heerd, rührt die Masse dabei stark um, und läßt das Gebläse etwas, obgleich nicht viel, langsamer gehen. Sobald man nun mit der Brechstange fühlt, daß sich die Masse auf dem Boden ansetzt, geschmeidig wird, und daß sich gaare Schlacke an der Brechstange festsetzt, läßt man das Gebläse außerordentlich schnell gehen, und rührt unter diesem schnellen Gebläsewechsel möglichst stark im Heerde, damit ein heftiges Kochen entsteht, wodurch die Masse gaarer wird und die Kohlen sogar gehoben werden. Wenn dies Rühren einige Zeit fortgesetzt ist, so setzt sich das Eisen endlich, weil der Wind sehr tief geht, auf dem ganzen Boden als ein Kuchen, den man so gaar werden läßt, daß man ihn mit der Brechstange nicht mehr durchstechen kann, sondern daß er sich ganz fest anfühlen läßt. Alsdann setzt man das vierte, einige 30 Pfund schwere Stück eben so wie das andere ein, nur etwas mehr in die Mitte des Kuchens, so daß der Rand desselben verschont bleibt, aber die Mitte durch das einzuschmelzende Stück angegriffen wird, welches den Kuchen hier bis auf den Boden durchfrißt. Das Gebläse, welches beim Einschmelzen stark wechselte, muß nun etwas langsamer gehen, wobei man mit der Brechstange in der Mitte des Kuchens rührt, um die Masse, welche wieder auffocht, gaar zu machen. Mit dem Umrühren wird so lange fortgefahren, bis sich das Eisen gesetzt hat. Auf dieselbe Art verfährt man mit dem fünften, ebenfalls einige 30 Pfund schweren Stück, welches sich ebenfalls durch die Mitte des Kuchens durchfressen muß. Oft wird noch ein solches Stück eingeschmolzen, wobei das Verfahren dasselbe ist. Das letzte Stück muß sehr stark unter schnellem Gebläsewechsel gerührt werden, damit der ganze Schrei eben wird, und in der Mitte nicht etwa ein Loch erhält. Merkt man dies, so muß das Gebläse etwas langsamer gehen.

Wenn der Stahl in diesem Zustande der Wirkung der Gebläseluft zu lange ausgesetzt bleibt, so bekommt er eine Eisenhaut, weshalb das Gebläse zur gehörigen Zeit eingestellt werden muß. Dieser Zeitpunkt läßt sich theils durch die Art wie sich die Masse anfühlen läßt bestimmen, indem dieselbe dann ganz hart wird; theils dadurch, daß sich an der Brechstange eine gaare Eisenschaale (ein kleiner weißer Vogel) ansetzt.

Nach dem Einstellen des Gebläses wird die Lösche von dem Kuchen mit einer Kratze in die Esse zurückgeschoben, und man läßt die Luppe einige Zeit stehen, damit sie sich etwas abkühlt und nichts auf dem Boden hängen bleibt Alsdann steckt man durch das Schlackenloch, zwischen dem Sandsteinboden und dem Schrei, eine Brechstange, welche man mit Hammerschlägen hineintreibt, und durch dieselbe die Luppe, die sich überall an den Zacken angelegt hat, in die Höhe hebt und aus dem Feuer nimmt.

Der ausgebrochene Schrei wird unter den Hammer gebracht und in 6, 7 oder 8 Stücken zerhauen. Weil der Schrei auswendig immer roher ist, als in der Mitte, welches nicht allein von der unmittelbaren Einwirkung der glühenden Kohlen auf das von aller Schlacke entblößte Eisen herrührt, indem die Schlacke fortwährend abgelassen wird, sondern auch daher, weil der Windstrom die Ränder der Luppe weniger bestreichen kann; so werden die Schirbel in Gestalt von Pyramiden, deren Spitzen sich im Mittelpunkte des Schreies vereinigen, ausgehauen Die Schirbel vom vorigen Schrei, welche während des Einschmelzens ausgeschmiedet werden, erhalten gewöhnlich die Dimensionen von $1\frac{1}{4}$zölligen Quadratstäben, welche in dieser Gestalt an die Raffinirhütte abgeliefert werden. Weil der zu raffinirende Stahl aber möglichst flach seyn muß, so würde es zu einer großen Zeit- und Materialersparung gereichen, und auch für die Güte des Stahls selbst sehr zuträglich seyn, wenn der Rohstahl sogleich eine andere, nämlich eine flache Form der Stäbe erhielte.

Der Kohlenaufwand bei der Rohstahlfabrikation ist sehr bedeutend, er beträgt auf den Preuß. Centner Rohstahl, bei sehr grauem Roheisen, oft 40 Kubikfuß Preuß. Holzkohlen. Der Abgang oder der Verbrand an Roheisen zu Rohstahl ist nach der Beschaffenheit des Eisens und nach der Geschicklichkeit des Arbeiters verschieden. Sehr häufig kann man zufrieden seyn, wenn aus 3 Centr. Roheisen 2 Centr. Rohstahl erfolgen. Bei besserem Eisen sollen aus 7 Centr. Roheisen 5 Centr. Rohstahl, und bei sehr gutem Roheisen aus 4 Centr. 3 Centr. Rohstahl dargestellt werden.

Wenn die Arbeit gut geht, können in einer Woche aus einem Feuer 25 Centr. Rohstahl geliefert werden.

Die Besetzung im Rohstahlfeuer besteht aus einem Meister, einem Vorschmied und einem Gehülfen, weil die Arbeit nicht ununterbrochen fortgehen kann.

Rinman a. a. O. II. 535—546. — J. G. Stünkel, Beschr. d. Eisenbergw. u. Eisenhütten am Harz. 182 u. f. 341 u. f. — Quanz a. a. O. 153—184.

§. 1061.

In der Grafschaft Mark wird auf einigen Hütten, nach dem Gaarmachen des dritten Stückes, und wenn das vierte angesetzt und eingeschmolzen ist, altes Schmiedeeisen mit in den Heerd gebracht, wodurch sich der Stahl natürlich früher zur Gaare neigt. Dies Ansetzen des alten Schmiedeeisens (gaaren Schraats) wird beim Einschmelzen des fünften und sechsten Roheisenstücks wiederholt, so daß häufig bei einem Schrei zu $\frac{2}{3}$ Rohstahleisen $\frac{1}{3}$ altes Schmiedeeisen verwendet wird. Man belegt diese Rohstahlfabrikation dort mit dem besonderen Namen Schraatschmiederei. Es ist schon vorher erwähnt, daß dies Verfahren eine sehr sorgfältige Arbeit erfordert, damit der Stahl nicht sehr ungleichartig ausfällt.

Eversmann a. a. O. 44 u. f. 208 u. f. — Quanz a. a. O. 166.

§. 1062.

Das eben angegebene Verfahren bei der Rohstahlfabrikation aus grauem Roheisen, ist im ganzen nördlichen Deutschland, so wie auch in Schweden, mit mehr oder weniger unbedeutenden Modifikationen gebräuchlich. Im westlichen Deutschland, vorzüglich im Fürstenthum Siegen, und auf einigen Hüttenwerken in Schweden und in Frankreich, wo man das leichtflüssige, reine oder schon in das graue Roheisen übergehende Spiegeleisen zur Stahlfabrikation anwendet, ist die Verfahrungsart im Allgemeinen zwar mit der eben beschriebenen übereinstimmend, aber es finden einige Abänderungen statt, welche ihren Grund in dem etwas verschiedenen Verhalten des Spiegeleisens und des bei einer leichtflüssigen Beschickung erblasenen vollständig grauen Roheisens haben. Auf allen Werken, welche sich des Spiegeleisens zur Stahlbereitung bedienen, ist das Verfahren in der Hauptsache folgendes.

Die Stahlfeuer sind aus eisernen Frischzacken zusammengesetzt und haben einen Boden von Grauwackensandstein. Der Form, welche bald von Kupfer, bald von geschmiedetem Eisen angefertigt ist, giebt man entweder eine starke Neigung in den Heerd, oder, wenn sie diese nicht bekommt, so theilt man dem Formzacken eine so starke Neigung zu, daß er sich unter einem Winkel von 20 bis 25 Graden in den Heerd neigt. Bei solchem Feuerbau reicht die Form 4 Zoll in den Heerd, und befindet sich in einer Entfernung von 5 bis 6 Zollen von dem Boden. Ein zum Gaaren leichter geneigtes, schon in blumiges Floß übergehendes Eisen, erfordert auch hier einen flacheren Wind, als ein rohschmelzendes und reines Spiegeleisen. Der Gicht- und Hinterzacken neigen sich häufig aus dem Heerde. um das Aufbrechen der Luppe zu erleichtern.

Ehe die Arbeit in einem frisch gebauten Feuer beginnt, wird der ganze Heerd mit Kohlen gut abgewärmt. Zu jedem Schrei, oder zu jeder Luppe, werden 3 bis 3½ Centr. Roheisen, in 6 bis 7 Heitzen eingeschmolzen. Die erste Heitze wiegt etwa 30 Pfund. Das Eisen wird auf der Windseite des Heerdes unmittelbar vor den Wind gesetzt und das Gebläse langsam angelassen. Bei dieser ersten Heitze werden gleich gaarende Zuschläge, vorzüglich Abfälle vom Hammer, mit angesetzt. Ist die Masse eingeschmolzen, so verstärkt man das Gebläse, um das Eisen in einen ganz dünnen Fluß zu bringen und vor dem Winde aufkochen zu lassen. Ist die Schlacke zu dick, so schlägt man Quarz, Lehm oder Sand zu, um die eingeschmolzene Masse in einem so dünnen Fluß zu erhalten, daß sie durch den Windstrom, dessen Wirkungen durch das Arbeiten mit dem Heerdspieß unterstützt werden, in eine wallende Bewegung geräth. Nachdem die Masse im Heerde vollkommen flüssig geworden ist, schwächt man das Gebläse, damit sich das Eisen setzen und verdicken kann. Tritt eine solche Umänderung der Consistenz nicht bald ein, so muß die rohe Schlacke über dem Eisen abgelassen und durch gaare ersetzt werden. Das Hineinbringen kleiner Stücke von Rohstahl oder von geschmiedetem Eisen, um das Eisen dadurch zu verdicken, vermeidet man gern und schreitet nur im äußersten Nothfall dazu. Tritt der entgegengesetzte Fall ein, erhärtet die Masse nämlich, ohne gaarer geworden zu seyn, so bleibt nichts übrig, als die folgende Heitze unter starkem Gebläsewechsel einzuschmelzen, um dadurch die Masse flüssig zu machen. Vorher muß aber die rohe Schlacke ganz abgestochen und durch gaare ersetzt werden. Ein solcher kalter Gang kommt indeß seltener vor, als der hitzige, rohe Gang, bei welchem sich das Eisen nicht verdicken will, und durch wiederholte gaarende Zuschläge, nachdem die rohe Schlacke vorher abgelassen worden, dazu gebracht werden muß.

Sobald die erste Heitze zum Gerinnen gebracht ist und sich mit dem Heerdspieß breiartig anfühlen läßt, wird die zweite, an der Gicht vorher angewärmte Heitze, sogleich nachgesetzt. Geschieht dies Nachsetzen zu früh, so bleibt die Masse zu roh, und es ist dann viel Zeit erforderlich, um diese zweite Heitze zum Verdicken zu bringen. Säumt man zu lange mit dem Nachsetzen, so wird das Eisen zu gaar, wobei auch die zweite Heitze zu schnell sich verdickt, schlechten Stahl giebt und in der Regel den Boden des Heerdes stark angreift.

Die zweite Heitze wiegt, so wie die dritte und vierte, etwa 70 bis 80 Pfund. Bei einem regelmäßigen Gange der Arbeit wird unmittelbar vor dem Einsetzen der neuen Heitze, also nach dem erfolgten Gaarwerden der vorhergehenden, die rohe Schlacke abgelassen, damit der Wind beim Einschmelzen der neuen Heitze schneller auf dieselbe wirken und sie in Fluß bringen kann. Die zweite Heitze muß die im Heerde befindliche Masse wieder so vollkommen dünnflüssig machen, daß man sie mit dem Spieße nicht mehr fühlen kann. Einzelne, noch starr gebliebene Brocken, werden vor den Windstrom gebracht, um sie in Fluß zu bringen. Man nennt diese Arbeit, den Heerd reinigen, oder fegen. Die Schlacke muß dabei ganz dünn gehalten werden und das Gebläse stark wechseln. Das Gaarblasen geschieht eben so wie bei der ersten Heitze, nur wird die Masse schon früher etwas dichter.

Bei der dritten und vierten Heitze ist das Verfahren ganz dasselbe. Das jedesmalige Zurückführen der im Heerd befindlichen Masse in den flüssigen Zustand, ist sehr nothwendig, damit der Stahl eine durchaus gleichartige Beschaffenheit erhält. Die vierte Heitze wird schon so gaar geblasen, daß sich, wenn der Zeitpunkt des Gaarwerdens eingetreten ist, die gefrischte Masse an dem Heerdspieß ansetzt und eine Schaale (Vogel) bildet. Dies Verhalten der gefrischten Masse sieht man als die Probe an, woran die eingetretene Gaare erkannt wird. Ehe die vierte Heitze diesen Punkt der Gaare erreicht hat, läßt der Arbeiter das Feuer flammen, d. h. er sticht die Schlacke rein ab und bringt bloß durch den starken Windstrom ein schnelles Kochen der ganzen Masse hervor, deren Oberfläche nur bloß mit glühenden Kohlen in Berührung ist. Durch dies Verfahren soll die Entstehung einer Eisenhaut auf der Oberfläche der größtentheils schon gebildeten Luppe, indem diese Oberfläche bei der folgenden Arbeit nicht wieder erweicht wird, verhindert werden.

Der fünften, sechsten und siebenten Heitze giebt man ein abnehmend geringeres Gewicht. Die Luppe wird dadurch nur in der Mitte erweicht und gelangt schnell zur Gaare, weshalb das Gebläse stark wechseln und die Schlacke häufig abgelassen werden muß. Es entsteht dabei häufig ein so starkes Aufkochen, daß die im Heerd befindliche Masse über die Form gehoben wird. Das Aufkochen ist eine Folge der Einwirkung des durch die Gebläseluft oxydirten Eisens auf die im Eisen befindliche Kohle, weshalb die Luppe auch in der Mitte immer eisenartiger ausfällt und einen geringern Kohlegehalt hat, als in der Nähe der Oberfläche. Deshalb zeigen sich auch bei den ausgereckten Stahlstäben immer wenigstens zwei Stahlsorten: eine bessere, von dem äußeren Umkreise, und eine schlechtere, aus dem mittleren Theil der Luppe.

Das Verfahren bei der Rohstahlbereitung aus Spiegeleisen ist also von demjenigen, bei welchem man graues Roheisen anwendet, fast gar nicht verschieden. Nur das Verhalten des Spiegeleisens, bei einem geringeren Grade der Temperatur in Fluß zu kommen und sich ungleich schneller zu verdicken, macht bei der Anwendung des Spiegeleisens eine große Beschleunigung des Prozesses möglich und verursacht zugleich, daß der Stahl gleichartiger ausfällt. Das graue Roheisen erfordert eine sehr lange und schwierige Behandlung im Feuer, wobei es sich oft kaum vermeiden läßt, daß ein Theil des Eisens beim Verdicken zu viel Kohle verliert, während ein anderer Theil noch sehr roh geblieben ist.

Im Siegenschen werden die beim Stahlfrischen aus Spiegeleisen erhaltenen ausgeschmiedeten Stäbe, noch rothglühend in fließendes kaltes Wasser geworfen, dadurch gehärtet, und nach dem Herausnehmen zerschlagen, wobei der sprödere als Edelstahl, der weniger spröde (aus der Mitte der Luppe erfolgende) als Mittelkühr angesehen wird. Bei einem guten Gange der Arbeit besteht das Produkt aus 75 bis 76 Prozent Edelstahl und aus 25 bis 24 Prozent Mittelkühr. In einem Feuer werden wöchentlich 40 bis 50 Centner Rohstahl gefrischt, welcher während des Frischens oder Schreimachens ausgeschmiedet wird. Der Eisenabgang vom Rohstahleisen zum Rohstahl beträgt 25 bis 27 Prozent, und zu 100 Pfund Rohstahl werden etwa 17 Kubikfuß Holzkohlen aus hartem Holze verbraucht.

Die sehr ungleichartige Beschaffenheit des Rohstahls aus grauem Roheisen, macht eine sorgfältigere Bearbeitung desselben beim Ausschweißen und Ausschmieden nothwendig. Der Rohstahl aus reinem Spiegeleisen schmiedet sich leicht und bekommt weniger häufig unganze und schiefrige Stellen, welche bei dem Rohstahl aus grauem Roheisen nur mit einem großen Zeitverlust beim Ausschmieden verbessert werden können, indem sie ein wiederholtes Ausschweißen erfordern. Deshalb kann ein Hammer, bei der Anwendung von grauem Roheisen, nicht mehr als ein Rohstahlfeuer versehen, wogegen man bei der Verarbeitung von gutem Spiegeleisen, sehr füglich mit einem Hammer zu zwei Feuern ausreicht. Bei grauem Roheisen, welches bei strengflüssiger Beschickung erblasen ist, würden die Schwierigkeiten beim Frischen zum Rohstahl und beim Ausschmieden desselben zu Stäben, noch ungleich größer werden, auch würde aus solchem grauen Roheisen kaum ein brauchbarer Rohstahl dargestellt werden können.

§. 1063.

Aus der ganzen Darstellung des Rohstahlfrischprozesses aus grauem Roheisen und aus Spiegeleisen, wird es einleuchtend geworden seyn, daß der Prozeß unvollkommen und mangelhaft ist, indem er sich ohne eine außerordentlich große

Fertigkeit und Uebung der Arbeiter nicht anwenden läßt. Das Verwerfen eines Arbeitsverfahrens, welches einem Lande so eigenthümlich geworden ist, daß man häufig nicht ausmitteln kann, zu welcher Zeit dasselbe zuerst seinen Anfang genommen, und das Einführen einer ganz neuen, von der älteren abweichenden Verfahrungsart, ist mit großen Schwierigkeiten verbunden und kann oft erst nach vielen Jahren zum Zweck führen. Deshalb dürfte auch die Rohstahlbereitung aus rohschmelzendem Roheisen in den Gegenden, wo sie seit Jahrhunderten ausgeübt worden ist, so bald wohl nicht durch das zweckmäßiger scheinende Verfahren verdrängt werden, sich des gaarschmelzenden Roheisens zur Darstellung des Schmelzstahls zu bedienen.

Sehr manganreiche und reine Spatheisensteine, welche wegen der Leichtflüssigkeit der Schlacke einen beträchtlichen Rohgang des Ofens zulassen und doch ein reines Roheisen geben, liefern unstreitig das beste Material für die Rohstahlfeuer. Auch die reinen Brauneisensteine sind ganz zur Darstellung eines solchen weißen Roheisens von etwas übersetztem Gange geeignet. Erfordern die Erze aber stärkere Zuschläge um eine leichtflüssige Beschickung zu erhalten; so darf man es, bei hohen Schmelzöfen, nicht wagen, einen anhaltenden Rohgang des Ofens statt finden zu lassen. Dann würde vielleicht das Verfahren den Vorzug verdienen. bei dem Schmelzofen Spiegelflossen zu erzeugen, diese in einem besondern Heerde (wie bei der Hart- und Weich-Zerrennfrischerei) umzuschmelzen und das umgeschmolzene Eisen dem Rohstahlfeuer zu übergeben.

§. 1064.

Im ganzen südlichen Deutschland wendet man weißes, von einem Theil seines Kohlegehaltes befreites Roheisen zum Rohstahlfrischen an. In dem nördlichen Steyermark, bei St. Gallen und zum Theil auch in Tyrol, bedient man sich der Flossen von einem schwach übersetzten Gange des Ofens, welches ohne weitere Vorbereitung in beträchtlicher Höhe über der Form niedergeschmolzen wird. Man nennt die Rohstahlfeuer Hartzerrennhämmer, im Gegensatz von den Weichzerrenhämmern, in welchen das Roheisen zu Stabeisen verfrischt wird, und die Methode der Stahlbereitung, die Steyersche Stahlfrischarbeit.

Im südlichen Steyermark, in Kärnthen und in Krayn, zum Theil auch in Tyrol, bereitet man das Roheisen vom Hohenofen vor, indem man es nach vorhergegangenem Einschmelzen in dem Rohstahlfeuer in Scheiben reißt, welche man, zum Unterschiede von den Scheiben (Blattln oder Plattln) aus welchen Stabeisen gefrischt wird und welche in der Regel vorher gebraten werden, — Böden, und die Arbeit des Scheibenreißens das Bodenheben nennt. Die Rohstahlfeuer haben den Namen: Brescianhämmer erhalten. Die Methode des Stahlfrischens nennt man die Brescian- gewöhnhnlich aber die Kärnthner Methode. Die Arbeit des Stahlfrischens in den Brescianhämmern ist sehr übereinstimmend mit dem Verfahren in den Hartzerrennhämmern, nur daß für diese das Material nicht vorbereitet sondern unmittelbar so angewendet wird, wie es vom Schmelzofen erfolgt. — Der Brescianschmiede muß im Allgemeinen der Vorzug vor der Arbeit in den Hartzerrenhämmern eingeräumt werden, indem sie durch die Vorbereitungsart in den Stand gesetzt wird ein besseres Produkt zu liefern, obgleich sie dagegen mit einem ungleich größeren Materialienaufwande arbeitet. Die Kärnthner Stahlfrischmethode wird in Steyermark, — in der Paal — mit einigen Modifikationen in Anwendung gebracht, und da das Fabrikat, welches von den dortigen Brescianhämmern geliefert wird, sich wegen seiner Güte einen großen Ruf verschafft hat, so ist die dort übliche modificirte Kärnthner Frischmethode mit dem Namen der Paaler Stahlfrischarbeit belegt worden.

Der einfachste Rohstahlfrischprozeß ist die Steyersche Stahlfrischmethode, welche im nördlichen Steyermark und bei St. Gallen, auch zum Theil in Tyrol angewendet wird. Der Stahl fällt aber ungleichartiger aus als bei der Brescianarbeit und er muß daher, eben so wie bei der Anwendung des rohschmelzenden Roheisens, sorgfältig sortirt werden.

§. 1065.

Die Zeichnung Taf. XLIX. Fig. 14. stellt einen Steyerschen Rohstahlheerd dar. Die Feuergrube oder der Heerd für die Hartzerrennhämmer ist stets mit Lösche und niemals mit Schwahl oder gaarer Schlacke ausgestampft. Dem Löschboden dient ein steinerner oder ein eiserner Boden zur Grundlage. Die Form liegt 8 Zoll über dem Boden und hat eine sehr geringe Neigung in den Heerd. Bei sehr gaarschmelzenden Flossen führt man einen völlig horizontalen oder flachen Wind, und giebt der Form nur dann eine Neigung, wenn das Roheisen weniger zum Gaareingehen geneigt ist. Die Umfassungswände der Heerdgrube liegen 12 bis 14 Zoll höher als die Form, um die Kohlen zusammen zu halten, indem das Roheisen über der Form zum Schmelzen oder vielmehr zum Erweichen gebracht werden muß.

Nach der Beschaffenheit der Flossen richtet sich die Stärke des Windes, welche man anwendet. Ein roherer Gang erfordert schwächeren Wind, und umgekehrt. Gaarende Zuschläge (Hammerabfälle) werden in dem Verhältniß in größerer Menge angewendet, als die Flossen weniger zum Gaargange geneigt sind.

In der Regel werden die Flossen, so wie sie vom Blauofen kommen, erst bei den Hämmern sortirt. Die luckigen Flossen bestimmt man sogleich zur Stabeisenfabrikation, weil sie zu wenig Kohle für die Hartzerrennhämmer enthalten. Spiegelflossen würden höchstens nur in Verbindung mit luckigen Flossen angewendet werden können, indeß sucht man die Erzeugung derselben beim Blauofen zu verhindern. — Das gewöhnliche Material für die Hartzerrennhämmer sind die blumigen Flossen, welche gleich anwendbar sind, Stabeisen oder Rohstahl zu liefern. Von dem Arbeiter hängt es ab, den Gang im Feuer zu beobachten, und dem Eisen behülflich zu seyn, sich in Stabeisen oder in Stahl umzuändern. Wenn das Roheisen in den Weichzerrennheerden Neigung zeigt, beim ersten Einrennen eine dichte Luppe zu bilden; so ist dies ein Beweis, daß es zur Rohstahlbildung geneigt ist, und dann vermeidet man das Eisen zu lüften und es dem Luftstrom auszusetzen, wodurch es sich in ein härteres oder weicheres Stabeisen umändern würde. Ein geübter Frischer erkennt es schon am Bruchansehen des Flossenstücks, ob es geneigt ist, sich gleich beim ersten Einrennen zu einer derben Stahlmasse zu setzen, oder ob es roh bleiben und daher noch eines Hebens vor den Wind bedürfen würde, wodurch dann aber die Stahlbildung verhindert, und zur Entstehung eines mehr oder weniger harten Stabeisens Anlaß gegeben wird. Findet er seine Vermuthung durch den Gang im Feuer bestätigt, so ist es ihm leicht, die Stahlbildung durch ein schnelles Heben der Form zu befördern und den Wind dadurch mehr von der eingeschmolzenen Masse abzuleiten.

Auf einigen Hüttenwerken in Tyrol ist es eine wirkliche Betriebseinrichtung, daß bei den Weichzerrenheerden die zweite Luppe in jeder Schicht, auf Stahl, bei demselben Feuerbau verarbeitet wird. Man sucht dazu die dünnsten (also am mehrsten Kohle haltenden) Flossen aus, welche man auch schneller einrennt und mit weniger gaaren Zuschlägen versetzt, als die Flossen zum ersten und dritten Einrennen, welche auf Stabeisen verarbeitet werden. Es findet nämlich in Tyrol, so wie fast in ganz Süddeutschland, die Einrichtung statt, daß die Arbeit in den Stabeisen- und Schmelzstahl-Feuern nicht ununterbrochen fortgeht, sondern daß täglich nur 3 Einrennen, — jede etwa zu 4 Stunden, — gemacht werden, worauf das Feuer bis zum folgenden Tage kalt stehen bleibt; eine Einrichtung, welcher, zum großen Theil, der bedeutende Kohlenverbrauch bei den Frischarbeiten zugeschrieben werden muß.

In den Steyerschen Hartzerrennhämmern kommt jedoch, bei einem richtigen Sortiren der Flossen, nicht so leicht der Fall vor, daß dieselben wegen eines zu gaaren, oder wegen eines zu rohen Ganges, (welcher letztere das abermalige Heben des niedergeschmolzenen Eisens nothwendig machen und dadurch dann die Abscheidung von einer zu großen Menge Kohle herbeiführen würde) auf Stabeisen benutzt werden müßten. In der Regel hilft man sich durch ein langsameres oder durch ein schnelleres Niederschmelzen, so wie es der rohere, oder der gaarere Gang im Feuer jedesmal eefordert.

Zuweilen werden auch die Flossen für den Harzerrennhammer gebraten, jedoch sehr wenig, nämlich nur so viel, daß sie beim Einhalten der Zange im Feuer nicht abspringen. Man faßt die Flossen auf dieselbe Weise wie in den Weichzerrennfeuern, in Zangen, und bringt diese in dem Verhältniß wie das Ausschmieden vorschreitet, ins Feuer und näher vor den Wind. Wenn die letzte, oder die dritte Zange abgeschmolzen ist, bleibt die Luppe noch eine halbe Stunde im Feuer, weil sie sonst unter dem Hammer zerfahren würde. In einer Schicht macht man drei Einrennen, jede zu 160 Pfund, so daß ein Feuer wöchentlich, oder in 6 Schichten, etwa 24 Centner Rohstahl liefert. Der Eisenverlust ist nicht größer als bei den Weichzerrennfeuern und beträgt etwa 10 Prozent von den rohen Flossen. Dagegen werden zu 100 Pfd. Preuß. Rohstahl etwa 30 — 32 Kubikf. Preuß. Holzkohlen aus weichem Holz verbraucht, ein Verbrauch, der sich bei einer ununterbrochenen Arbeit gewiß bedeutend vermindern würde.

Die von der zerschrotenen Luppe erhaltenen Stücken, werden im Rohstahlheerde ausgeheitzt und zu vierkantigen Stäben von 1½ Zoll im Quadrat ausgeschmiedet, worauf man sie sogleich in fließendes kaltes Wasser wirft um sie nach dem Ablöschen zu zerschlagen und zu sortiren. Dies muß, wegen der ungleichartigen Beschaffenheit des Stahls, mit großer Aufmerksamkeit geschehen. Man unterscheidet drei Sorten, nämlich:

1. Zwittereisen oder Hammereisen. Dies ist wirkliches, stahlartiges Stabeisen, welches besonders zu Radreifen verwendet und in den Streckfeuern zu Stäben ausgezogen wird.

2. Mock oder Sensenschmiedzeug. Ein mehr stahlartiges Eisen als das vorhergehende, welches zu rohen Schneidewaaren, zu Sensen, Sicheln, Beilen, Aexten u. s. f. verarbeitet wird, und als roher, nicht gegerbter Stahl in den Handel kommt.

3. Rauhstahl (Rohstahl) welcher zur weiteren Verarbeitung an die Raffinirfeuer abgegeben wird.

Die Stahlstäbe, welche nach dem Schmieden und Ablöschen nicht brechen, geben die erste und die zweite Sorte; diejenigen hingegen, welche leichten Schlägen nachgeben, werden als Rauhstahl angesehen. Mock und Zwittereisen werden demnächst bloß nach dem mehr oder weniger stahlartigen Ansehen auf der Bruchfläche sortirt.

Man rechnet daß aus 100 Theilen Floffen erfolgen:

Rohstahl (Edelstahl)	60
Mock (Mittelführ)	20
Hammereisen	10
Eisenabgang, oder Verlust	10.

Der Rauhstahl wird vor dem Raffiniren oder Gerben von Neuem sortirt, wobei bloß das Bruchansehen das Anhalten geben kann. Man macht folgende Sorten:

1. Zwickschmiedstahl giebt nach dem Raffiniren den weichsten Stahl, welcher indeß den Mock an Güte übertrifft.

2. Mittelzeug, ein gewöhnlicher, guter Stahl.

3. Scharsachstahl, der beste, härteste, und festeste Stahl.

4. Meißelstahl, welcher nur selten und bei einzelnen

Bestellungen, z. B. für die Münze zur Anfertigung von Münzstempeln, ausgehalten und ungegerbt, aber eben so theuer als der gegerbte Scharsach, verkauft wird.

Die Steyersche Rohstahlfrischerei aus gaarschmelzendem Roheisen ist also ebenfalls ein unvollkommner Prozeß, obgleich er wegen der guten Beschaffenheit des Materials, ein gutes Produkt liefert, dessen Zuverlässigkeit und Kredit im Handel jedoch nur allein darauf beruhet, daß beim Sortiren die größte Aufmerksamkeit angewendet wird. Die ungleichartige Beschaffenheit des Rohstahls wird durch das Gerben zwar ebenfalls etwas vermindert, immer kann man dieser Methode aber denselben Vorwurf wie der vorigen machen, daß sie nämlich mit einem ungewissen Erfolge arbeitet.

Rinman, a. a. O. II. 529. f. — Jars, metallurg. Reisen. I. 83. u. f. — Rambourg, sur la fabrication de l'acier brut dans les forges de la Styrie; im Journ. des mines No. 89. p. 380 — 389. — Karsten, metallurg. Reise S. 407. u. f.

§. 1066.

Bei der Brescianstahl-Frischarbeit, deren Produkte (mit wenigen Ausnahmen) nicht raffinirt, sondern bloß gewärmt und ausgestreckt werden, ist die Paaler Frischmethode von der eigentlichen Kärnthner Frischmethode zu unterscheiden (§. 1064.).

Ein Brescianstahlheerd ist aus vier eisernen Platten (Abbränden) zusammengesetzt. Der Boden besteht aus Sandstein, auf welchen man Kohlenlösche trägt und dann den Löschboden von groben trocknen Holzkohlen feststampft. Man wendet kupferne Formen und Balgengebläse an.

Bei der Paaler Brescianarbeit wird der Anfang damit gemacht, saure, d. h. blumige Flossen (Roheisen unmittelbar vom Blauofen) von 200 bis 250 Pfund am Gewicht, so einzuschmelzen, daß das im Heerde sich sammelnde Roheisen dünnflüssig (sauer, nämlich roheisenartig) bleibt. Hierauf werden die acht Stücke (Taichel oder Daichel) der zwei

Luppen (Cottas) vom vorhergegangenen Tage, eins nach dem anderen in die Zange genommen, im Heerd ausgeheizt, in die flüssige Schmelzmasse getaucht, einige Zeit darin erhalten, dann von den rohen und nur lose an den Taicheln haftenden Rändern befreit (geputzt), sodann unter dem Hammer etwas zusammengehämmert und an einem Ende zu einem viereckigen Stück ausgeschmiedet, um es mit der Zange besser fassen zu können. Diese Bearbeitung der geschrotenen Luppenstücke nennt man das Greifenmachen und die vorbereitete Taichel selbst, die Greife. Wenn alle acht Taichel so vorgerichtet sind, so wird zur Anfertigung der Luppe, oder zum Cottamachen geschritten. Zu diesem Zweck wird das im Heerd befindliche Schmelzgut untersucht; ist es schon hart und stahlartig geworden, so wird die Cotta (Luppe) durch Einschmelzen der Zusätze, nämlich der Böden und Blattln vollendet. Ist das Schmelzgut aber noch sehr sauer (flüssig) so wird eine Operation vorgenommen, welche das Cottakochen genannt wird. Man räumt die Kohlen aus dem Heerde, stellt das Gebläse ein, und rührt unter Hinzugeben von Hammerschlag und Stockschlacke mit einem hölzernen Stabe in der geschmolzenen Masse so lange umher, bis sie anfängt hart zu werden, worauf man die Kohlen wieder in den Heerd bringt und mit dem Einschmelzen der aus Böden und Blattln bestehenden Zusätze so lange fortfährt, bis die Cotta schwer genug geworden ist. Dann wird das Gebläse eingestellt, die Cotta wird aus dem Heerd genommen und unter dem Hammer in vier Theile (Taichel) zerschroten. Diese erste Cotta wiegt, ungeachtet der Menge von eingeschmolzenen sauren Flossen und demnächst von Böden und von Blattln, zwar nur 2½ bis 3 Centner, allein es bleibt im Feuer ein Boden (Sauerboden) zurück, von dem sich die Cotta abgehoben hat, der als Unterlage für die zweite Cotta dient. In dieser nimmt man ein mehr gaares, fast graues (weiches) Roheisen, schmelzt es mit Hammerabfällen von der vorigen Cotta und mit Stahlabfällen so ein, daß die geschmolzene Masse keine große Dünnflüssigkeit im Heerde erlangt. Hierauf wird das Ausschmiedern der acht zugerichteten und mit Greife versehenen Taichel vom den zwei Cotten des verflossenen Tages, vorgenommen. Man theilt die Taichel zuerst in Tajoli (Tajal) und diese wiedert in Kölbchen, von etwa 12 Zoll Länge, 2 Zoll Breite und 1½ Zoll Dicke, welche noch rothwarm in Wasser abgelöscht, dann zerschlagen und demnächst in einem besonderen Feuer unter dem Ausziehhammer zu verkäuflicher Waare ausgestreckt werdem. Wenn das Ausschmieden der Cottastücke vom vorigen Tage beendigt ist, werden wieder Böden und Blattln, je nachdem der Gang im Feuer es erfordert, zur Vollendung der zweiten Cotta eingeschmelzen. Die fertige Cotta wird dann aus dem Heerd genommen, unter dem Hammer in vier Theile zerschroten und diese werden, nebst den vier Theilen von der ersten Cotta, bis zum folgenden Tage zurück gelegt.

Der nach dem Ausbrechen der zweiten Cotta im Heerde zurückgebliebene Boden, von welchem sich die Cotta abgehoben hat, wird nun mit Wasser übergossen und eine Scheibe davon abgehoben, nochmals mit Wasser begossen und wieder eine Scheibe abgehoben, und so werden auf diese Weise aus der Schmelzmasse 2 bis 3 Scheiben (Böden) gebildet, welche zum Cottamachen in der angegebenen Art angewendet werden. Nachdem diese Bödem aus dem Heerd genommen sind, ist das Tagewerk vollendet. Die Arbeiter ruhen 3—4 Stunden und fangen demnächst in der beschriebenen Art wieder an.

Mittelst der Sauerböden von der ersten Cotta für die zweite, und der Scheiben oder Böden von der zweiten Cotta für die erste des folgenden Tages, reicht man bei dem Paaler Prozeß bei dem Cottakochen als Zusatz zu den sauren Flossen vollkommen aus. Wenn aber ein Mangel an Sauerböden oder an Böden eintreten, wenn nämlich der Sauer (das Roheisen) nicht Material genug hergeben sollte: so verschafft man sich Vorräthe von Böden, indem man Flossen (Roheisen) in den Stahlheerd einschmelzt und in dem Heerde selbst in Scheiben reißt. Dadurch ersetzt man die fehlenden Böden, welche bei der Stahlfrischarbeit selbst nicht abfallen. Diese Böden müssen jedoch so weit geläutert seyn, daß die durch das Besprengen des eingeschmolzenen Roheisens mit Wasser sich bildenden Scheiben schon eine feinstrahlige, fast ins Körnige übergehende Bruchfläche zeigen. Nach der Paaler Methode werden daher an einem Arbeitstage nur zwei Cottas bereitet, wozu an Zeit erforderlich ist.

Zur ersten Cotta:

Einschmelzen der Flossen	3 Stunden.
Putzen der Toichel und Greisemachen	4 —
Cottamachen	5—6 —
	12—13 Stunden.

Zur zweiten Cotta:

Einschmelzen der Flossen	2—3 Stunden.
Schmieden und Cottamachen	4 —
	6—7 Stunden.

Wöchentlich werden in einem Brescianfeuer 30 bis 35 Centner Kölbel angefertigt. Aus 100 Pfund Roheisen erfolgen 88 bis 90 Pfund Kölbchen und zu 100 Preuß. Pfund Kölbchen sind 65 bis 70 Preuß. Kubikfuß Holzkohlen aus weichem Holz erforderlich.

Die Kölbchen sind zwar ein fertiges Produkt des Brescianfeuers, allein der Stahl kommt in diesem Zustande nicht in den Handel, sondern er wird zum Ausheitzen und Ausstrecken in ein besonderes, unter einer Frischesse vorgerichtetes Feuer abgegeben. Die Einrichtung eines solchen Wärmeheerdes bei Holzkohlen ist aus den Zeichnungen Taf. XLIX. Fig. 15 — 17. zu ersehen. Es werden etwa 20 Kölbchen mit einem mal neben einander aufgesetzt und der Form nöthigenfalls in demselben Verhältniß näher gerückt, wie das zunächst an der Form befindlich gewesene zum Ausrecken weggenommen wird. Die

Kölbchen sind ganz mit Holzkohlen bedeckt und werden in einer Hitze ganz ausgeschmiedet, also nicht zum zweiten mal wieder in das Wärmfeuer gebracht. Der Reck- oder Streckhammer wiegt 140 — 150 Pfund und hat eine 12 Zoll lange und 1 Zoll breite Bahn. Es werden für jeden Besatz etwa 130 Pfund Kölbchen genommen, wozu 7, 8 Kubikfuß Holzkohlen verbraucht werden. Die Kölbchen werden zu Stangen von ½ Zoll im Quadrat ausgestreckt. Unganze Kolben zieht man aber nur bis zur Stärke von ¾ bis 1 Zoll im Quadrat aus und nennt diesen Stahl Romanstahl. Der ausgestreckte Stahl wird, nur noch schwach rothwarm, in kaltem Wasser gehärtet, mit Hammerschlag sauber abgerieben, mit Wasser abgespült, getrocknet, dann gebrochen und sortirt. Der Abgang oder der Stahlverlust beim Ausstrecken beträgt 5 bis 6 Prozent von den in die Arbeit gegebenen Kölbchen.

Der gebrochene Stahl wird in Fässern oder Kisten verpackt, auf welchen das Zeichen der Stahlsorte aufgebrannt ist.

Die erste und beste Sorte ist der lange Münzstahl $^{o}_{o}$F. S.$^{o}_{o}$ Zu diesem werden nur ganz eisenfreie, ½ Zoll im Quadrat starke, schön abgeschmiedete, völlig ganze Stäbchen, mit durchaus blanker Oberfläche, welche eine Länge von 3 Fuß haben, bestimmt. Man verpackt ihn in Kisten von 250 Pfund schwer. — Ist das Stäbchen ganz rein, aber nur 2 Fuß lang, so kommt es zur zweiten Sorte, dem kurzen Münzstahl $^{o}_{o}$F. S.$^{o}_{o}$ Er wird ebenfalls in Kisten von 250 Pfund verpackt. Noch kürzere Stückchen, so wie auch solche, welche zwar einen reinen Bruch aber kleine unganze Stellen haben, kommen zur dritten Sorte, dem Dreidupfstahl $^{o}_{o}$F. S. Er wird in Kisten (Lägel) von 125 Pfund schwer verpackt. Die Stäbchen haben ½ Zoll im Quadrat, aber ungleiche Länge.

Zweidupfstahl $^{o}_{o}$F. S. oder flachgevierter Stahl in Stäbchen von unbestimmter Länge, ⅝ Zoll breit und ½ Zoll stark. Er ist von dem Dreidupf nur in der Form, aber nicht in der Güte verschieden, und wird, wie jener, in Lägeln von 125 Pfund verpackt.

Dreidupfmock ∘∘∘ ist Stahl mit kleinen eisenartigen Theilchen und unganzen Stellen. Ist der Ausschuß vom Dreidupfstahl.

Zweidupfmock ∘∘ ist der Stahl, welcher mehr Eisentheile und unganze Stellen behalten hat. Ist der Ausschuß vom Zweidupfstahl.

Stückstahl oder *dickgevierter* Stahl; die Stäbchen sind $1\frac{1}{4}$ Zoll im Quadrat und 12 — 18 Zoll lang. Er wird auch in Fässern von 125 Pfund verpackt und ist von verschiedener Güte.

Bei guter Arbeit fallen von 10 Centnern Stahl etwa 1 Centner Münzstahl. Die Hauptproduktion ist Dreidupfstahl. Die Mocke betragen etwa $\frac{1}{8}$ der Fabrikation. Bei schlechtem Gange der Arbeit erhält man vorzüglich viel Dreidupfmock.

Sehr unganze und viel Eisentheile enthaltende Stäbchen, geben Abfälle (*Refudi*), welche wieder mit eingeschmolzen werden.

Der *Romanstahl* □ R., welcher sich unter dem Reckhammer nicht zu den angegebenen Dimensionen will strecken lassen, wird zu Stäben von 1 Zoll im Quadrat ausgereckt. Er wird in 1 bis 2 Fuß langen Stäben, in Fässer zu 125 Pfunden verpackt. Der Romanstahl kann bei einzelnen fehlerhaften Stellen zuweilen von vortrefflicher Qualität seyn und zuweilen so gut ausfallen, wie der beste Münzstahl. Die sehr harten, unganzen, aber reinen (eisenfreien) Romanstahlstücken bringt man nicht in den Handel, sondern raffinirt sie zu verkäuflicher Waare. Sie werden in 2 Linien dicken Schienen (Geiffel) geplättet. 30 — 40 solcher Schienen werden zu einer Garbe genommen, zu Kölbchen zusammengeschweißt und dann zu Stangen ausgezogen, welche gehärtet, abgerieben, zerbrochen und sortirt werden. Man erhält auf diese Weise aus dem raffinirten Romanstahl

Raffinat langer Münzstahl, oder Zwölfdupfstahl $\begin{smallmatrix}oo\\oo\\oo\end{smallmatrix}\,{}^{F.S.}_{G.}\,\begin{smallmatrix}oo\\oo\\oo\end{smallmatrix}$ Die Stäbchen sind wenigstens 26 Zoll lang, haben 8 Linien im Quadrat und völlig tadellos.

Raffinat kurzer Münzstahl, oder Sechsdupfstahl $\begin{smallmatrix}oo\\oo\\oo\end{smallmatrix}\,{}^{F.S.}_{G.}$ Dieser Stahl ist von derselben Güte wie der vorige, aber in kürzeren Stäben.

Bei dem Gerben oder Raffiniren hat man einen Abgang von 25 Procent und es werden zu 100 Pfd. fertiger Waare 22 — 24 Kubikfuß Holzkohlen aus weichem Holz verbraucht.

Das nördliche Deutschland wird nur mit Brescianstahl von der Paal versorgt, indem der Kärnthner und Krainer Brescian seinen Weg über Triest nach Italien und von dort weiter nimmt. Der Paaler Brescian wird größtentheils über Salzburg und Regensburg nach Norddeutschland gesendet. Auch im Erzherzogthum Oesterreich scheint (außer dem Steyerschen Stahl) nur Paaler und kein Kärnthner Brescian verbraucht zu werden.

Nach Herrmann's Angabe soll die Paaler Methode durch Krainer Arbeiter im Jahr 1660 nach der Paal gekommen seyn. Er bemerkt indeß nicht, ob außerdem noch andere Methoden zu jener Zeit in Krain oder Kärnthen vorhanden waren. Es ist möglich, daß man in der Paal die alte Methode unverändert beibehalten, dieselbe aber im Lauf der Zeit in Krain und Kärnthen nach und nach abgeändert hat, woraus die jetzige Kärnthner Methode entstanden ist, welche sich überall in Süddeutschland, Tyrol, Italien und Frankreich verbreitet hat. Es ist immer von Interesse, an einem einzigen Ort einen eigenthümlichen Stahlfrischprozeß zu finden, der vorzüglich gute Produkte liefert, aber auch einen so großen Aufwand von Brennmaterial erfordert, daß er nur in Gegenden ausgeübt werden kann, in welchen viel und wohlfeiles Holz zu erhalten ist.

§. 1067.

Bei der eigentlichen Kärnthner Brescianstahlarbeit bedient man sich ebenfalls eines aus 4 eisernen Platten zusammengesetzten Heerdes und eines Bodens von Stein, auf welchem der Lösch- und Kohlenboden geschlagen wird. Kupferne Formen und Balgengebläse werden ebenfalls angewendet.

Die Arbeit beginnt mit dem Einschmelzen der Flossen (des ungaaren weißen Roheisens, welches aus blumigen Flossen besteht). Man schmelzt aber nur 40 — 50 Pfund davon ein, um eine Grundlage für die Cotta zu bekommen. Ist dies geschehen, so werden die beiden Stücke von der letzten Cotta ins Feuer gebracht, geheizt und Greife (Preso) daran geschmiedet. Hierauf werden die Kohlen aus dem Heerde geräumt und der Zustand der eingeschmolzenen Masse wird untersucht. Zeigt es sich, daß sie eine flüssige Masse (Sauer) bildet, so wird etwas Hammerschlag (Skaja) eingerührt. Ist sie nicht flüssig, so ist ein Einrühren nicht erforderlich. Sodann werden die Kohlen in den Heerd gebracht, die beiden Greife (mit Griffen zum Anfassen mit der Zange versehene Luppenstücken) der vorigen Cotta zum Wärmen ins Feuer gelegt, es wird ihnen eine Schweißhitze gegeben, worauf sie zuerst zu Tajoli (grob ausgezogenen Stahlstäben mit Einkerbungen) und diese zu Kölbchen ausgeschmiedet werden, deren 24 bis 30 aus der Cotta erfolgen. Die Kölbchen werden, eben so wie bei der Paaler Methode, in einem besonderen Heerde noch einmal erhitzt und unter dem Reckhammer zu fertigen und verkäuflichen Stahlstäben ausgezogen.

Noch während des Ausschmiedens wird ein Boden so nahe an die Form gerückt, daß er abschmelzen kann, welches indeß nur langsam erfolgt. Wenn aber das Ausschmieden der Kölbchen beendigt ist, so wird schneller zum Cottamachen geschritten, und Böden und Blattln, wie der Gang im Heerde es erfordert, werden abwechselnd eingeschmolzen, bis die Cotta hoch genug im Heerde angewachsen ist. Ist die Cotta fertig, so hebt man sie aus dem Feuer, bringt sie unter den Hammer und zertheilt sie nur in zwei Theile, weil sie kleiner wie in der Paal ist und gewöhnlich nur 150 bis 190 Pfund wiegt.

Die im Heerd gebliebene Masse wird, sobald die Cotta ausgehoben ist, untersucht. Ist sie etwas starr oder steif, welches ein Zeichen einer zu weichen Cotta ist, so bleibt sie in diesem Zustande. Ist sie aber sehr dünnflüssig, wie es bei einer guten Cotta seyn soll, so rührt man etwas Skaja (Hammerschlag) ein, bringt die Kohlen wieder in den Heerd zurück und setzt das Gebläse in schwache Wirksamkeit. Nun werden die beiden Stücke der Cotta ins Feuer gebracht, gewärmt, Greife gemacht, ausgeschmiedet und die neue Cotta eben so wie die vorige gebildet. Auf dieselbe Art wird auch bei der 3ten, 4ten und wohl auch 5ten Cotta verfahren. Der Sauer bleibt die ganze Zeit im Feuer, eben so wie es nach der ersten Cotta bei der Paaler Methode der Fall war. Nach dem Herausnehmen der letzten Cotta wird ebenfalls Skaja in den Sauer gerührt und derselbe als ein Boden aus dem Heerde genommen.

Am folgenden Tage wird der Löschboden wieder zubereitet und die Arbeit fängt mit dem Einschmelzen von 40 — 50 Pfunden Flossen, wie vorhin erwähnt, von neuem an.

In einer Schicht werden 3, 4, zuweilen 5 Cotta gemacht und wöchentlich etwa 30 bis 32 Centner Kölbchen dargestellt. Eine Cotta giebt durchschnittlich $1\frac{1}{2}$ Centner oder 150 Pfund Kölbel. Zuweilen macht man größere Cottas und dann werden in einer Schicht auch wohl nur zwei Luppen fertig.

Die Böden werden, wie bei der Paaler Arbeit zufällig wohl geschieht, bei der Kärnthner Methode als ein nothwendiges Material durch Einschmelzen der Flossen im Rohstahlheerd bereitet. Wenn 3 bis $3\frac{1}{2}$ Centner Flossen eingeschmolzen sind, werden die Kohlen aus dem Heerd geräumt, 5 bis 6 Schaufeln voll Skaja eingetragen und mit einem hölzernen Hammer eingeschlagen; dann wird Wasser aufgesprengt und eine Scheibe

(Boden) abgehoben. Auf diese Art werden überhaupt 3 bis 4 Böden abgehoben. Je mehr die Böden entkohlt sind, desto dicker reißen sie und heißen dann harte Böden. Dünne scheibenartige Böden werden weiche Böden genannt. Nach dem Gange der Arbeit im Brescianheerd müssen bald mehr harte, bald mehr weiche Böden angewendet werden.

Der Abgang an Eisen von den Flossen bis zu dem ausgeschmiedeten verkäuflichen Stahl ist zwischen 15 und 25 Procent veränderlich. Im mittleren Durchschnitt sollen aus 100 Flossen 80 fertiger Stahl erfolgen, mit Einschluß des Abganges bei der Ausstreckarbeit, die eben so wie bei der Paaler Methode angegeben worden, verrichtet wird Zu 100 Pfund Preuß. fertigem Stahl sind an Holzkohlen aus weichem Holz, für die Arbeit des Bodenhebens, für das Stahlfrischen und für das Ausstrecken der Kölbchen, 50 — 54 Kubikfuß Preuß. erforderlich. Die Kärnthner Methode liefert etwa $\frac{2}{3}$ bis $\frac{3}{4}$ reinen Stahl, ohne Eisen. $\frac{1}{4}$ bis $\frac{1}{3}$ der Produktion enthalten mehr oder weniger Eisentheile. Sobald beim Sortiren, welches mit großer Sorgfalt geschieht, auf einem Stahlstück Eisentheile zu bemerken sind, wird es zum Mock gerechnet, nämlich zu dem Stahl der bei dem Ausschlagen der Stäbe nicht bricht. Der nach der Kärnthner Methode bereitete Stahl ist etwas härter, und im Allgemeinen reiner auf der Bruchfläche, als der nach Steyerscher Art bereitete, aber nicht so zähe.

Man sortirt die härteste Gattung oder Münzstahl, sodann Tannenbaumstahl, Stückstahl und Mock. Dem unganzen und sehr eisenhaltigen Stahl oder Refudi (verstümmelt von rifiuto, Ausschuß) bringt man nie in den Handel, sondern schmelzt ihn wieder ein Der Kärnthner und Krainer Brescianstahl wird in Quadratstäben von verschiedener Stärke geschmiedet und bei einer und derselben Stahlsorte durch fortlaufende Nummern unterschieden. Die Verpackung geschieht in Kisten; Sorte und Nummern werden durch eingebrannte Zeichen und Striche bezeichnet. In Krain werden auch flache Stahlsorten, — Azallone, — von 1 Zoll Breite und ¼ Zoll Dicke geschmiedet. Die ordinaire Sorte, weiß auf der Bruchfläche, nennt man Azallone di bianca, und die härtere Sorte mit der Stahlrose, Azallone di machia.

§. 1068.

Die eigentliche Kärnthner Brescianfrischarbeit und die Paaler Methode haben also die Einrichtung des Heerdes und das wesentliche Betriebsverfahren mit einander gemein, daß beide die Cottas auf einem Sauer, oder auf einer Unterlage von flüssigem Roheisen bereiten. Bei der Paaler Methode ist aber das Verhältniß des unvorbereiteten zu dem vorbereiteten Roheisen ungleich größer als bei der Kärnthner Verfahrungsart, wogegen die Böden bei der Paaler Methode, welche zum Gaarwerden des Roheisens angewendet werden, auch schon einen höheren Grad von Gaare besitzen. Bei der Paaler Methode werden die Böden, fast ohne Ausnahme, sämmtlich bei dem Cottakochen im Heerde bereitet; bei dem Kärnthner Verfahren wendet man zwar auch solche Böden, aber in einem geringeren Verhältniß an, und ersetzt sie durch die absichtlich und durch den besonderen Einschmelzprozeß bereiteten Böden. Bei der Paaler Methode tritt indeß auch zuweilen der Fall der absichtlichen Bereitung solcher Böden ein, weshalb die Modifikationen beider Verfahrungsarten gerade nicht als sehr wesentliche erscheinen. Mit der Betriebseinrichtung der Paaler Methode hängt es dagegen nothwendig zusammen, daß sie nur zwei Cottas in einer Arbeitsschicht bereitet, wogegen der Betrieb bei der Kärnthner Methode ununterbrochen so lange fortgehen könnte, als der Bodenstein aushält. Die Unterbrechung der Arbeit, nämlich die Pausen welche zwischen der vollendeten und der nächstfolgenden Schicht stattfinden, tragen sehr zur Vergrößerung des Kohlenverbrauchs bei.

Endlich scheint es nicht ohne erheblichen Einfluß auf die

Beschaffenheit des Stahls zu seyn, daß bei der Paaler Methode alle Cottastücke vor dem vollständigen Ausschmieden in das im Heerd befindliche flüssige Roheisen getaucht werden und einige Zeit darin verweilen, indem dadurch der Stahl in der That an Härte und Festigkeit gewinnen dürfte.

§. 1069.

Die Steyersche Stahlfrischarbeit ist eine ganz eigenthümliche und mit den anderen Verfahrungsarten bei der Rohstahlbereitung nicht zu vergleichende Methode, indem sie sich eines gaarschmelzenden Roheisens bedient, welches, ohne weitere Vorbereitung, nur einmal vor der Form niedergeschmolzen wird. Dies Verfahren ist nur bei der eigenthümlichen, gutartigen und gaarschmelzenden Beschaffenheit des Roheisens anwendbar, welches in den Blauöfen zu Vordernberg aus den vortrefflichen Erzen vom Erzberge gewonnen wird.

Vergleicht man das Kärnthner, oder das Süddeutsche, mit den im nördlichen und im nordwestlichen Deutschland üblichen Verfahrungsarten, so ergiebt sich, daß die letzteren Methoden in einer ununterbrochenen Folge bewirken, was bei der Kärnthner Methode in verschiedenen Perioden ausgeführt wird. Denn das Einschmelzen und nachherige Gerinnen eines jeden einzelnen Roheisenstücks (einer Heitze) bei dem norddeutschen Prozeß, bezweckt ein Läutern bis zu dem Abschnitt, wo bei der süddeutschen Methode das Rohstahleisen in Böden gerissen, oder überhaupt in den Zustand der Böden (des vorbereiteten Eisens) gesetzt wird. Während aber diese Böden wieder erkalten, um später umgeschmolzen zu werden und zur Luppe zu gerinnen, geschieht dies Gerinnen bei dem norddeutschen Verfahren durch einen ununterbrochenen Prozeß in derselben Hitze, wodurch ein Gewinn an Zeit und an Kohlen entsteht. Die norddeutsche Methode ist an der Zahl der in ununterbrochener Reihenfolge darzustellenden Luppen nicht gebunden, sondern es werden so viele Luppen bereitet, als der Frischboden es gestattet, wodurch abermals Zeit und Kohlen erspart werden. Wenn demnach der süddeutsche Stahl im Allgemeinen in einem vorzüglicheren Ruf steht, als der norddeutsche, so dürfte das nur ganz allein in der Beschaffenheit des Materials, des Roheisens, zu suchen seyn. Vergleichende Versuche haben gezeigt, daß die Methode nichts zur Erhöhung der Güte des Stahls beiträgt, und daß, bei gleicher Aufmerksamkeit, Stahl von ganz gleicher Güte aus einerlei Material dargestellt werden kann, man mag eine Methode anwenden welche man wolle.

Rinman a. a. O. II. 531 u. f. — Herrmann, Nachricht von der Eisen- und Stahlmanipulation bei den Lebronschen Eisenhütten in Kärnthen; in dessen Beiträg. zur Phys. Oek. Technol. II. 95—114. — Derselbe, mineralog. Beschreib. d. Uralischen Erzgebirges. I. 278 u. f. — Desselben Beschreib. der Manipulation, durch welche in Steiermark, Kärnthen u. Krain der berühmte Brescianstahl verfertigt wird. Wien, 1781. — Jars, metall. Reisen. I. 93 u. f.

§. 1070.

Von der Schmelzstahlbereitung im Departement de l'Isere haben die Herren Baillet und Rambourg eine Beschreibung geliefert. Das dort übliche Verfahren sowohl als auch das im Nivernais, ist theils die Schlesisch-Märkische, theils die Siegener, theils die Steyersche, theils die Kärnthner Frischmethode, wie wenigstens aus den vorhandenen, nicht vollständigen Beschreibungen dieser Prozesse hervorzugehen scheint.

Baillet et Rambourg, sur la fabrication des aciers de fonte du département de l'Isére, comparée à celle du département de la Niévre et à celle de Carinthie; im Journ. des mines. No. 4. p. 3—23. (Vergl. N. Bergm. Journ. II. 263—288, und Lampadius, Handb. d. Hüttenk. II. 4ter B. 233. u. f.) — Le Cocq, in den Ann. des mines. 3. Sér. XIV. 209.

§. 1071.

In Rußland ist es sehr gebräuchlich, die Abfälle von geschmiedetem Eisen bei großen Fabriken, z. B. bei Blechhütten,

Gewehrfabriken u. s. w., zur Stahlbereitung anzuwenden. Diese Eisenabfälle werden in einem besonderen Heerd erst geschmolzen oder eingerennt, wodurch man eine mehr roheisenartige als stahlartige Masse erhält, die bei einem langsamen Wechsel des Gebläses wieder eingeschmolzen und (wie bei der Schraatschmiede) mit einem Theil unzerrennter Eisenabfälle versetzt wird. Die Beschaffenheit des eingerennten Eisens (Dwoinoi-Tschugun) und der Zustand, in welchem es aufs Neue eingeschmolzen wird, bestimmen die Quantität der zuzusetzenden, nicht eingerennten Eisenabfälle.

Herrmann, mineral. Beschreib. d. Uralischen Erzgeb. I. 429. — Rinman a. a. O. II. 593 u. f.

§. 1072.

Eine Art Schmelzstahl, welche wegen ihrer Härte zu den Zieheisen für die Drathhütten sehr gesucht und geschätzt ist, ist der sogenannte Willerstahl oder wilde Stahl. Er ist eigentlich als eine Art von Gußstahl anzusehen, wird aber nur zu dem erwähnten Zweck angefertigt, weil er neben seiner außerordentlichen Härte weder Geschmeidigkeit noch Schweißbarkeit besitzt, so daß er einen wirklichen Uebergang von Roheisen zum Stahl bildet. Die Anfertigung dieses Stahls geschieht wie die des gewöhnlichen Rohstahls, nur daß man die Masse nicht dazu kommen läßt, sich zu setzen, sondern daß man den Stahl in dem Augenblick aus der Schlackenöffnung ablaufen läßt, wenn er eben aufzukochen und die Kohlen in die Höhe zu heben anfängt, welches jedesmal vor dem Gaarwerden geschieht. Soll wilder Stahl angefertigt werden, so ist es gut, den Bodenstein etwas nach der Schlackenöffnung hängen zu lassen, und demnächst möglichst tief abzustechen, weil sonst zu viel Rohstahl auf dem Boden zurückbleiben und erkalten würde.

Raffiniren oder Gerben des Stahls.

§. 1073.

Der Steyersche sowohl als der norddeutsche, und ein Theil des nach der Paaler Methode bereiteten Rohstahls werden erst ein Handelsartikel, wenn sie raffinirt oder gegerbt worden sind. Worin diese Operation besteht, und welches der Zweck derselben ist, ward schon früher (§. 965) erörtert. Das Raffiniren des Rohstahls und das Gerben des Cementstahls sind eine und dieselbe Operation, welcher ein und derselbe Zweck zum Grunde liegt.

Durch das Gerben soll der Stahl gleichartiger werden; er verliert dadurch seine zu große Härte auf einigen, und seine zu große Weichheit auf anderen Stellen; er gewinnt dadurch also an Stärke und Federkraft, verliert aber im Allgemeinen an Härte, je öfter das Raffiniren wiederholt wird, weil sich der Zutritt der Luft nicht ganz verhindern läßt. Je gleichartiger der zu raffinirende Stahl an sich ist, desto weniger oft darf das Gerben wiederholt werden, und desto mehr behält der Stahl seine natürliche Härte.

Man raffinirt den Stahl 1, 2 und mehre Mal, indeß ist ein zu oft wiederholtes Gerben dem Stahl nicht vortheilhaft. Zweckmäßiger ist es, die Stahlstäbe so dünn als möglich auszurecken, und sich dadurch ein öfteres Raffiniren zu ersparen. Eine Zange oder eine Garbe (ein Convolut von dünn ausgeschmiedeten und über einander gelegten Stahlstäben, welche wieder zusammengeschweißt werden sollen), welche aus 6 und zuweilen aus einer weit größeren Anzahl von über einander liegenden Stäben oder Schienen besteht, giebt beim ersten Raffiniren einen aus 6 Schienen bestehenden Stahl; beim zweiten Raffiniren wird die Stahlstange aus 12, beim dritten Raffiniren aus 24 u. s. f. zusammengesetzt seyn. Sind die Stahlstäbe aber so viel dünner ausgereckt, daß die Zange, statt aus 6, aus 8 Stäben besteht, so wird die Stahlstange beim zweiten Raffiniren aus 16, beim dritten aus 32 u. s. f. zusammengesetzt seyn. Daraus geht hervor, daß das möglichst dünne Ausrecken des Rohstahls sehr vortheilhaft ist, weil dadurch ein einmaliges Raffiniren erspart werden kann.

§. 1074.

Die erste Arbeit beim Raffiniren des Roh= oder Cementstahls ist das Plätten oder das Schienen der Stäbe. Die aus der Rohstahl= oder aus der Cementirhütte kommenden Quadratstäbe werden zu dünnen flachen Stäben von etwa zwei Fuß Länge ausgereckt, und rothglühend sogleich vom Hammer in kaltes fließendes Wasser geworfen. Die geplätteten, etwa $1\frac{1}{2}$ Zoll breiten Stahlschienen werden alsdann in eine Garbe zusammengelegt, so daß immer ein roheres und ein gaareres, oder ein härteres und ein weicheres Stück über einander zu liegen kommen. Das Zusammenlegen, oder das Setzen der Garbe, erfordert daher einen Arbeiter, welcher die genaueste Kenntniß von der Beschaffenheit des Stahls besitzt, und der die Stahlsorten nach dem Bruchansehen u. s. f. vollkommen zu unterscheiden versteht. Die beiden Stäbe auf den beiden Seiten der Garbe, nämlich die obere und die untere, müssen die ganze Länge der zu setzenden Zange haben; übrigens können die mittleren Stücken aus mehren Bruchstücken bestehen, wie es die Nothwendigkeit oder der Zufall (weil die Stahlstäbe beim Ablöschen im Wasser, nach dem Plätten, oft wider Willen in mehre Stücken zerspringen) erfordern. Die zusammengesetzte Garbe wird mit einer Zange gepackt, und zuerst in ein Rothglühfeuer gebracht, während eine andere Zange, die vorher im Rothglühfeuer war, in der Weißglühhitze liegt. Während der zu raffinirende Stahl der Weißglühhitze ausgesetzt ist, muß er mit gebranntem und fein gepulvertem Thon bestreut werden, theils damit er gegen Abbrand gesichert ist, theils damit er eine saftige Schlackenrinde erhält, welche das Verbrennen des Kohlenstoffs möglichst verhindert. Die weißglühende und möglichst saftige Stahlgarbe wird nun unter dem Hammer zu $1\frac{1}{2}$zölligen Quadratstangen ausgereckt. Soll er zweimal raffinirt werden, so wird die fertige einmal raffinirte Stahlzange mit einem

Setzeisen in der Mitte durchgehauen, umgebogen und wieder, wie vorhin, raffinirt, welches beim drei-, viermaligen Raffiniren u. s. f. ebenfalls wiederholt wird.

§. 1075.

Die Raffinirfeuer, bei welchen man Steinkohlen anwendet, sind gewöhnliche Schmiedeessen, wie man sich derselben zur Bereitung der feineren Eisensorten bedient (§. 1002), welche mehre, neben einander liegende Formen oder Zuströmungsöffnungen für den Wind erhalten, damit die Zangen eine lange Hitze bekommen können. Um die Hitze zusammenzuhalten, sind die Feuer gewöhnlich mit einem Gewölbe versehen, wodurch die Raffinirfeuer das Ansehen von langen Backöfen erhalten. Wollte man ähnliche Heerde oder Oefen zum Stahlraffiniren mit Holzkohlen anwenden, so würde man, weil die Holzkohlen eine geringere Hitze geben, die Zange mit mehren Hitzen ausrecken müssen, als bei der Anwendung von Steinkohlen. Bei sehr backenden Steinkohlen bedarf es des Gewölbes über dem Heerde weniger, weil die Steinkohlen selbst ein natürliches Gewölbe bilden, in welchem die Stahlzangen liegen. Beim Heizen sucht man die Berührung des Stahls mit den rohen und noch mit Flamme brennenden Steinkohlen möglichst zu verhüten.

Die Raffinirfeuer bei Holzkohlen, deren man sich in Steyermark bedient, haben die Einrichtung welche auf den Zeichnungen Taf. L. Fig. 9—11. dargestellt ist.

§. 1076.

Die Geschicklichkeit des Raffinirschmieds besteht darin, den Stahl möglichst fein zu plätten, die Garben gut, und dem Gebrauch, der von dem Stahl gemacht werden soll, angemessen, zusammen zu setzen; die geplätteten Stäbe möglichst dicht über einander zu legen, damit keine großen Zwischenräume entstehen, beim Heizen eine recht saftige Schweißhitze zu geben, beim Schmieden keine undichten, oder nicht zusammengeschweißten Stellen zu lassen, und den Windstrom so zu leiten, daß weder der Luftstrom, noch das Brennmaterial (wenigstens bei der Anwendung von Steinkohlen) zu sehr mit der weißglühenden Garbe in nachtheilige Berührung kommen. Ein guter Raffinirschmidt kann die Fehler eines zu harten und zu weichen Stahls durch Einsicht, Geschicklichkeit und Unverdrossenheit ansehnlich verbessern, und durch vorsichtiges Heizen viel zur Erhaltung der Härte des Stahls beitragen. Nach dem verschiedenen Gebrauch der von dem Stahl gemacht werden soll, kann er durch das Setzen der Zangen härteren und weicheren Stahl darstellen. Die von einer fehlerhaften Beschaffenheit des Eisens herrührende Sprödigkeit vermag er freilich nicht zu heben.

Der Abgang beim Raffiniren ist sehr bedeutend und beträgt beim jedesmaligen Raffiniren 7 bis 12 Procent; zum Raffiniren von 100 Preuß. Pfunden raffinirten Stahls kann man 3 bis 3½ Kubikf. Steinkohlen für das Plätten und Schweißen rechnen. — In Steyermark berechnet man beim Raffiniren des Stahls gewöhnlich 8 Procent Abgang vom Stahl und 30 bis 35 Kubikfuß Holzkohlen aus weichem Holz für 100 Pfund raffinirten Stahl.

Rinman a. a. O. II. 547 u. f. — Eversman a. a. O. 235. 241. — Jars a. a. O. I. 84. — Rinman's Eisen- und Stahlveredlung. 271 — 289. — Rambourg, sur la fabrication de l'acier raffiné dans les forges de la Styrie; im Journ. des mines. No. 89. p. 389 — 395. — Karsten, metallurg. Reise. S. 409. u. f.

II. Von der Brennstahlbereitung.

§. 1077.

Die Eigenschaft des Stabeisens: durch Glühen mit kohligen Substanzen in fest verschlossenen Räumen in der Weißglühhitze hart und stahlartig zu werden, ist schon so lange bekannt, daß es sich nicht mehr nachweisen läßt, wann und wo von derselben zuerst eine Anwendung im Großen gemacht worden ist. Ohne Zweifel beschränkte man sich zuerst darauf, kleinen

Eisen- und Stahlarbeiten durch Glühen mit kohligen Stoffen in bedeckten Gefäßen mehr Härte mitzutheilen, bis man zuletzt die Umänderung des Stabeisens in Stahl auf diesem Wege versuchte. Wie unvollkommen die ersten Versuche ausgefallen seyn mögen, ist nicht mehr auszumitteln. Als Reaumur sein vortreffliches Werk über die Brennstahlbereitung schrieb, hatte diese Fabrikation beinahe den Grad der Vollkommenheit erlangt, auf welchem wir sie noch jetzt erblicken, nur daß die Einrichtungen zur Feuerung der Oefen später mehr und mehr vervollkommnet wurden. Reaumur gebührt das Verdienst, zuerst auf die äußeren Kennzeichen der verschiedenen Arten des Stabeisens, des Stahls und des Roheisens aufmerksam gemacht, und gründlich gezeigt zu haben, wie sich die Eigenschaften dieser Eisenarten nach ihren äußeren Kennzeichen beurtheilen lassen. Die Veränderungen, welche das Gefüge des Stabeisens beim Brennen oder Cementiren mit kohligen Stoffen erlitt, mußten ihn nothwendig auf diese Untersuchungen führen, wobei ihm die großen Verschiedenheiten nicht unbemerkt blieben, welche sich in dem Verhalten der verschiedenen Stabeisen und Stahlarten zeigten. Seine Versuche, die er mit verschiedenen Cementirpulvern anstellte, gewähren nicht allein theoretisches Interesse, sondern sind auch für die Anwendung von Wichtigkeit geworden.

Reaumur, l'art de convertir le fer forgé en acier. Par. 1722.

§. 1078.

Seitdem die Verbindungen des Eisens mit Kohle näher bekannt geworden sind, lassen sich alle Erscheinungen, welche das Eisen beim Glühen und Schmelzen, ohne und mit den verschiedenartigsten Zusätzen darbietet leicht erklären. Merkwürdig bleibt es aber, daß sich das Eisen und die Kohle bloß durch anhaltendes Glühen mit einander zu Stahl verbinden, und daß sich das Stabeisen scheinbar immer nur in Stahl, und nicht in Roheisen umändert, so lange es nicht bis zum Flüssigwerden erhitzt wird. Bei einem sehr lange fortgesetzten Glühen in starker Hitze, welche die Schmelzhitze noch nicht erreicht, entsteht eine sehr spröde Verbindung, deren Zusammenhang immer lockerer wird, und welche sich in dem Augenblick, wenn die Glühhitze den Schmelzpunkt erreicht hat, nicht in weißes, sondern jederzeit in graues Roheisen umändert. Diese Erscheinung ist merkwürdig, indem sie zeigt, daß die allgemeine Verbindung des Eisens mit Kohle nur in gewissen Graden der Temperatur von Bestand ist, daß sie nicht zersetzt wird, wenn das mit Kohle verbundene Eisen plötzlich erkaltet, daß aber bei einer langsam erfolgenden Abkühlung sich andere Verbindungen des Eisens mit Kohle einleiten, welche entweder zur Entstehung eines Polykarburetes (in dem weichen Stahl) oder außerdem noch zur Ausscheidung eines Theils der Kohle als Graphit (in dem grauen Roheisen) Anlaß geben, je nachdem das kohlehaltende Eisen weniger oder mehr Kohle aufgenommen hatte, und in der erhöheten Temperatur, vor dem langsamen Erstarren, schwächer oder stärker erhitzt worden war. Damit sich aber die Kohle im reinen Zustande, als Graphit, ausscheiden könne, bedarf es jedesmal, nicht bloß eines vollkommen flüssigen Zustandes der Masse, sondern auch eines, die Schmelzhitze übersteigenden Grades der Temperatur. Könnte man die Hitze so genau reguliren, daß sie den Schmelzgrad niemals erreichte, so würde alles Eisen durch Cementiren mit Kohle in eine spröde roheisenartige Masse verwandelt werden können; denn nur dann erst, wenn die Schmelzhitze eintritt, wird durch Ueberwältigung der Kohäsionskraft, diejenige allgemeine Verbindung der Kohle mit Eisen, welche weißes Roheisen genannt wird, d. h., der sprödeste Stahl, entstehen, eine Verbindung, die sich bei dem langsamen Erstarren wieder mit sich selbst entzweit, und graues Roheisen, d. h. eine Verbindung von Eisen mit Graphit, darstellt.

§. 1079.

Die Veränderungen, welche das Stabeisen durch anhaltendes Cementiren mit Kohle erleidet, hat Reaumur am sorgfältigsten beobachtet.

Die im Cementirofen erkalteten Stahlstäbe sind nach dem Herausnehmen so brüchig als wären sie gehärtet, und an diesem Verhalten läßt sich erkennen, ob die Verwandlung des Eisens in Stahl vollständig statt gefunden hat. Der zackige Bruch macht einem blättrigen Gefüge Platz. Zuerst erscheinen diese Blättchen mit einer weißen Farbe, so daß das Eisen das Ansehen eines sehr schlechten kaltbrüchigen Eisens haben würde, wenn es sich von diesem nicht durch die größere Gleichheit und die regelmäßigere Stellung der Blättchen gegen einander unterschiede. Beim Fortgange des Prozesses nehmen diese Blättchen immer an Größe ab, verlieren aber in demselben Verhältniß ihre weiße Farbe und bekommen ein immer dunkler gefärbtes Ansehen. Zuletzt werden sie so klein, daß sie dem unbewaffneten Auge als Körner erscheinen. Ein körniges Gefüge mit weißer Farbe läßt aber zuverlässig auf eine noch nicht erfolgte Umänderung des Roheisens in Stahl schließen; denn wenn diese statt gefunden hat, so sind die Körner nicht mehr weiß, sondern sie besitzen eine graue Farbe. Ist diese Farbe erst wenig gesättigt, so zeigt sie einen sehr weichen Stahl an; mit dem zunehmenden Dunkelwerden der Farbe erlangt der Stahl eine immer größere Härte, und wenn die Körner endlich ein sehr dunkeles und sehr feines Ansehen erhalten, so daß man die dunklen Körnchen nicht mehr unterscheiden kann, sondern die Masse sich in einem fast geflossenen Zustande darstellt, so wird der Stahl so wild, daß er sich kaum noch schweißen und weiter behandeln läßt.

Das beste Eisen erhält, bei einerlei Graden der Cementationshitze, immer die größten und ausgezeichnetsten Blättchen.

Die Ursache der Brüchigkeit der bei dem langsamen Erkalten aus dem Cementirofen kommenden Stahlstäbe ist schwer zu erklären. Es scheint dabei bloß eine mechanische Ursache, nämlich eine Auflockerung und Trennung zum Grunde zu liegen; denn eine Folge der Härte ist sie durchaus nicht, weil der im Cementirofen langsam erkaltete Stahl keine bedeutend größere Härte zeigt, als das Stabeisen, welches zu seiner Bereitung angewendet worden ist. Nur dann, wenn man ihn in einem noch rothglühenden Zustande aus dem Ofen nimmt, oder wenn man ihn nach dem Erkalten wieder bis zum Rothglühen erhitzt und plötzlich in kaltem Wasser ablöscht, wird er brüchig und hart, wie es bei dem gehärteten Stahl jederzeit der Fall ist. Eine auf solche Art gehärtete Stahlstange bekommt indeß niemals das gleichartige Ansehen auf der Bruchfläche, welches derselbe Stahl zeigt, wenn er vorher durch mechanische Kraft (durch Hämmern oder durch Strecken) zusammenugepreßt worden ist.

Der Grund dieser Erscheinungen findet sich in dem Verhalten der Kohle zu dem Eisen, in den verschiedenen Graden der Temperatur. So lange das Eisen sich im glühenden oder in dem geschmolzenen Zustande befindet, kann noch keine Ausscheidung der Kohle, sey es als ein Polykarburet, oder als Graphit statt finden; plötzliche Erstarrung muß daher die Folge haben, daß sich harter Stahl oder weißes Roheisen bilden, wogegen durch langsames Erstarren die Entstehung von weichem Stahl oder von grauem Roheisen veranlaßt wird..

§. 1080.

Der härteste und sprödeste Stahl, welcher sich dem Roheisen am meisten nähert, so wie der weichste und dehnbarste Stahl, der dem Stabeisen am nächsten kommt, würden sich hiernach, wie man vermuthen sollte, auf dem Wege der Cementation bereiten lassen, sobald man den Grad der Hitze und die Dauer derselben, folglich die Quantität der aufzunehmenden Kohle genau zu bestimmen vermag. So sehr dies auch mit der Erfahrung übereinstimmt, indem die Cementation die härtesten und die weichsten Stahlarten liefert, so wenig bestätigt sie die Vorzüglichkeit des Brennstahls zu den verschiedenen Stahlarbeiten. Die Ursache liegt in dem mechanischen Hinderniß, welches die Kohle bei der Durchdringung der Eisenstäbe findet. Ganz gleichartige Verbindungen können nur bei einer vollkommenen Flüssigkeit der Masse statt finden, weshalb sich das Stabeisen, wenn es bis zum völligen Schmelzen erhitzt wird, entweder in gleichartigen Stahl, oder in Roheisen verwandelt, je nachdem es weniger oder mehr Kohle aufzunehmen Gelegenheit gehabt hat. Bei der Umänderung des Eisens in Stahl, durch das bloße Glühen mit Kohle, kann die Veränderung, welche in dem Eisen vorgeht, nicht gleichförmig geschehen, weil die Kohle das Eisen nur schichtweise durchdringt, so daß die äußersten Theilchen des Eisens schon Stahl sind, wenn der mittlere Kern noch Eisen ist; daß jene zu hartem Stahl geworden sind, wenn dieser weicher Stahl zu werden beginnt, und daß jene in den roheisenartigen Zustand übergehen, wenn dieser harter Stahl zu werden anfängt. Eine vollkommen gleichartige Masse würde sich dann nur erhalten lassen, wenn das zu Stahl cementirte Eisen geschmolzen, oder in den Zustand der Flüssigkeit gesetzt wird, wobei aber die Aufnahme von noch mehr Kohle verhindert werden müßte, in so fern das Stabeisen schon so viel Kohle aufgenommen hat, als es die verlangte Beschaffenheit des umgeschmolzenen Cementstahls erfordert.

§. 1081.

Ein leichtes Mittel, diese Ungleichartigkeit der Verbindung, wenn nicht aufzuheben, doch bis zu einem hohen Grade zu vermindern, scheint darin zu bestehen, daß man dem zu cementirenden Stabeisen eine möglichst geringe Dicke zutheilt. Obgleich dies Mittel wirklich sehr zuverlässig ist, und auch niemals unterlassen werden darf, wenn man eines guten Erfolges bei der Brennstahlbereitung gewiß seyn will, so hat die Verminderung der Stärke der Stäbe doch ihre Gränzen, weil zu dünnes Eisen zu leicht schmelzen und die Stahlerzeugung vereiteln könnte. Außerdem müssen, wenn die Brennstahlbereitung mit ökonomischen Vortheilen im Großen geschehen soll, bedeutende Quantitäten Stabeisen mit Einemmal cementirt werden, von denen ein Theil, auch bei der vollkommensten Einrichtung des Ofens und der Gefäße, jederzeit einer größeren Hitze ausgesetzt wird als ein anderer. Die Dimensionen der Stärke dürfen daher nicht zu gering seyn, wenn nicht eine Schmelzung des Eisens an den der Hitze am meisten ausgesetzten Stellen herbeigeführt werden soll.

Ein zweites Mittel, dem cementirten Stahl eine gleichartigere Beschaffenheit zu geben, besteht darin, ihn zu raffiniren oder zu gerben. Dies Mittel wirkt zwar weniger chemisch als mechanisch, allein es würde bei mehrmaliger Wiederholung gewiß vollkommen zum Zweck führen, wenn es ein Mittel gäbe, den Zutritt der atmosphärischen Luft bei Ertheilung der Schweißhitze vollkommen abzuhalten, und das Verbrennen eines Theils Kohle, also die Entstehung von immer weicherem Stahl zu verhindern.

Schon das bloße Ausrecken des cementirten Stahls ist eine wenngleich unvollkommene Art von Raffiniren desselben. Auf den Hütten, wo der Brennstahl unraffinirt verkauft wird, pflegt man die flachen Stäbe, so wie sie aus dem Cementirofen kommen, entweder im Raffinirheerd oder im Flammenofen zu glühen, und zu Quadratstäben nach den üblichen Dimensionen auszuschmieden. Insofern sich annehmen läßt, daß alle Theile des Stabes dadurch ganz gleich ausgedehnt werden, müssen die mehr oder weniger Kohle enthaltenden Schichten desselben gleichförmig dünner werden und sich einander mehr nähern, weshalb der Stahl nach dem Ausrecken feiner und gleichartiger wird, wie es die Erfahrung bestätigt. Je dünner der Stab beim Cementiren war, desto weniger stark kann er, um dieselben Dimensionen zu erhalten, ausgedehnt werden; auch wird er eine um so geringere Ausdehnung bei dem dem Raffiniren vorangehenden Pletten erleiden können. Man hat dies als einen Grund angeführt, warum es gut sei, nicht zu dünne Stäbe zum Cementiren zu nehmen; es ist indeß auch zu berücksichtigen, daß das Ausrecken und Raffiniren in demselben Grade weniger nöthig wird, als der Stahl durch dünnere Stäbe an Gleichartigkeit beim Cementiren gewinnt.

§. 1082.

Den Zutritt der atmosphärischen Luft beim Cementiren des Eisens mit Kohle vollkommen abzuhalten ist nothwendig, weil sonst die Verschlackung des Eisens unvermeidlich erfolgen würde. Bei der Umänderung des Stabeisens in Stahl durch Cementiren kommt es also darauf an, das Stabeisen in Berührung mit kohligen Substanzen, und gegen den Zutritt der Luft geschützt, einer anhaltenden Glühhitze auszusetzen, welche den Grad der Schmelzhitze des Stahls nicht erreichen darf, aber die lichte Rothglühhitze weit überschreiten muß.

Beim Stahlcementiren im Großen bewirkt man dies dadurch, daß man das zu cementirende Stabeisen in dicht verschlossenen Gefäßen, oder in Kasten, mit Kohlenstaub schichtet, und die geladenen Kasten in besonderen Oefen — Brennstahlöfen, Cementiröfen — so lange in Glühhitze erhält, bis das Eisen hinlänglich mit Kohle durchdrungen ist. Man setzt die Kasten unmittelbar mit dem Heerd des Ofens in Verbindung, und richtet sie nicht beweglich ein, weil die beweglichen Kasten nicht ohne sehr große Unbequemlichkeit und ohne Beschädigungen aus dem Ofen genommen und in denselben gebracht werden würden. Die Länge der Stäbe von 6 bis 10 Fuß, welche eine verhältnißmäßige Länge der Kasten nothwendig macht, würde das Transportiren der Kasten ungemein erschweren, besonders weil dieselben aus Massen angefertigt seyn müssen, welche keine Stöße und Schläge aushalten, und sehr leicht zerbrechlich sind

§. 1083.

Die Konstruktion der Cementiröfen, welche dazu dienen sollen, die verschlossenen Kasten, in denen sich das Eisen mit Kohle geschichtet befindet, in einer möglichst gleichen Glühhitze zu erhalten, muß im Allgemeinen so beschaffen seyn, daß keine Hitze unnöthig (durch unverhältnißmäßig zu große Weite oder Höhe des Ofens) verloren geht: daß die Kasten von allen Seiten gleich stark erhitzt werden, und daß man die Hitze durch Register zu stimmen, und nach Umständen zu schwächen oder zu verstärken im Stande ist.

Die Kasten dürfen daher niemals mit ihrem Boden auf den Heerd des Ofens gestellt werden, sondern sie müssen auf Unterlagen und jederzeit hohl stehen, damit sie von der Gluth oder von der Flamme überall getroffen und umspielt werden können. Das Gewölbe des Ofens, unter welchem die Kasten stehen, muß so niedrig als möglich seyn, damit die Kasten oben nicht zu kalt bleiben; auch dürfen die Dimensionen des Ofens nicht zu groß, oder die Entfernungen der Ofenwände von den Wänden des Kastens nicht zu bedeutend seyn, damit sich die Hitze nicht unnöthig verbreitet und vermindert.

Den Grad der Hitze pflegt man gewöhnlich durch Oeffnungen im Gewölbe des Ofens, die man noch mit sogenannten Windpfeifen versehen kann, und durch die Menge von Luft, welche man zum Brennmaterial hinzuströmen läßt, zu bestimmen.

Die Feuerung in den Oefen geschicht entweder mit Holzkohlen oder mit Holz, oder mit Steinkohlen; sie ist also entweder ein bloßes Gluthfeuer oder ein Flammenfeuer. Weil die Cementirhitze nicht so groß sein soll, daß sie die Schmelzhitze des Stahls erreicht: so bedarf es nicht des Gluthfeuers, durch welches (wegen der unmittelbaren Berührung des zu glühenden

Gefäßes mit der glühenden Kohle) der stärkste Grad der Hitze, bei der Anwendung von starkem Luftzuge, hervorgebracht werden kann; sondern das Flammenfeuer reicht hin, die Umänderung des Eisens in Stahl zu bewirken. Deshalb sind die auf Holzkohlen eingerichteten Cementiröfen nur noch höchst selten im Gebrauch. Ohne Zweifel haben die Engländer zuerst den Anfang gemacht, statt der Holzkohlen die Steinkohlen anzuwenden, und der glückliche Fortgang dieser Arbeit bewirkte dann die Anwendung des Holzes. Auch guter Torf wird bei gehöriger Einrichtung der Feuerung mit Nutzen zu gebrauchen sein.

§. 1084.

Bei den Cementiröfen welche mit Holzkohlen gefeuert werden, stehen die Kasten in der Mitte eines Gewölbes, welches den Ofen bildet, der eigentlich bloß aus einem hohlen Raum besteht, welcher, außer mit den Cementirkasten, noch mit glühenden Kohlen ausgefüllt ist. Die Kiste steht nicht unmittelbar auf der Sohle des Ofens, sondern auf einer kleinen Erhöhung, weil unten an der Sohle des Ofens die Zuglöcher zum Zuströmen der äußeren Luft angebracht sind. In dem Gewölbe des Ofens befinden sich die Zuglöcher zum Ausströmen der Flamme, von deren weiterem Oeffnen oder engerem Schließen die Stärke der Verbrennung der Kohlen, folglich der Grad der hervorzubringenden Hitze, abhängt. Man erkennt an der Farbe der Flamme und der Windpfeifen, ob alle Zugröhren einen gleich starken Zug haben, oder ob die eine mehr geschlossen, die andere mehr geöffnet werden muß; ob es überhaupt nöthig ist, die Hitze zu verstärken, oder sie zu schwächen u. s. f. Beim ersten Anfeuern ist die Farbe der Flamme immer dunkler und roth gefärbt; bei der Beendigung des Brandes müssen alle Pfeifen gleichmäßig stark erhitzt und weißglühend seyn. Eine ungleiche Hitze im Ofen bewirkt natürlich eine ungleiche Erhizung der Kasten und eine sehr ungleichartige Beschaffenheit des Stahls in einem und demselben Stabe.

Das Nachfüllen der Kohlen geschieht durch Röhren, welche unter dem Gewölbe des Ofens angebracht sind und durch welche der Ofen beständig mit Kohlen gefüllt erhalten wird. Man darf die Kohlen nicht zu tief niederbrennen lassen, weil sonst der Ofen sich zu sehr abkühlen würde, welches man zuweilen wohl absichtlich thut, wenn der Ofen gleich im Anfange des Brennens durch ein Versehen zu schnell in große Hitze gerathen ist. — Die Röhren liegen also immer voll Kohlen, welche schon vorläufig in Gluth gesetzt werden, damit sie nicht zu kalt in den Ofen kommen. Alle 2 bis 3 Stunden werden sie in den Ofen gestoßen und nachgefüllt.

Wenn die Zwischenräume zwischen den Wänden des Ofens und der Stahlkisten, welche mit glühenden Kohlen ausgefüllt sind, auch möglichst enge eingerichtet werden, so verbrennt doch immer eine große Menge von Kohlen in der oberen Höhe des Ofens ohne Wirkung, weshalb man die Holzkohlenfeuerung nur noch auf ganz alten Hütten antrifft.

§. 1085.

Die auf Holz- oder auf Steinkohlenfeuerung eingerichteten Cementiröfen haben eine und dieselbe Konstruktion, und weichen bloß darin von einander ab, daß die Steinkohlenöfen kleinere und engere, die Holzöfen größere und weitere Feuerungen erfordern. Bei einer bedeutenden Länge der Oefen und der Kisten geschieht das Eintragen des Brennmaterials auf beiden Seiten des Ofens, um die Hitze auf allen Punkten gleichmäßiger zu vertheilen.

Ein auf Flammenfeuer eingerichteter Cementirofen hat mit einem gewöhnlichen Glasofen die größte Aehnlichkeit, nur daß das Gewölbe flacher ist, und daß man ihn nicht rund, sondern viereckig einrichtet, weil die Gestalt der Eisenstäbe lange und eckige Kasten erfordert, folglich bei einer runden Konstruktion des Ofens zu viele Räume unbenutzt bleiben würden. Der Ofen besteht also aus einem Heerde, oder aus einer Sohle, welche durch den, nach der Richtung der Länge des Heerdes und des Ofens gehenden Rost, in zwei Hälften getheilt wird. Die Breite des Rostes und die Tiefe desselben unter der Horizontalfläche der Heerdsohle richten sich nach dem anzuwendenden Brennmaterial und nach der Größe des Ofens, also nach der Breite der Kasten.

Auf beiden Seiten der Feuergasse oder des Rostes steht ein Kasten, so daß ein Cementirofen gewöhnlich mit zwei Kasten besetzt ist. Wenn die Feuerung mit Holz geschieht, so muß der Rost breit seyn, um mehr Brennmaterial fassen zu können. Dadurch entsteht ein sehr weiter Raum zwischen den beiden Kasten, den Rinman dadurch benutzte, daß er noch einen dritten Kasten auf durchbrochenen gewölbten Bogen über der Feuergasse, oder auf einer sogenannten Gurtmauerung aufstellte, und die Oefen zu drei Kasten einrichtete. Diese Einrichtung ist zweckmäßig und vortheilhaft, wenn die Feuerung mit Holz geschieht, folglich eine breite Feuergasse erforderlich ist. Bei der Steinkohlenfeuerung bedarf es aber keines so breiten Rostes, weshalb der Ofen enger zusammengezogen werden kann so daß ein engerer und niedrigerer Ofen mit zwei Kasten vortheilhafter ist, als ein zur Aufnahme eines dritten Kastens absichtlich breiter gemachter und, im Verhältniß seiner größeren Breite, auch höherer Ofen. Außerdem hat die Aufstellung des dritten Kastens über dem Rost manche Schwierigkeit, und erschwert in jedem Fall die gleichförmige Cirkulation der Flamme im Ofen.

Bei einem zu drei Kasten eingerichteten Ofen würde der dritte, über der Feuergasse auf durchbrochenen gewölbten Bogen ruhende Kasten, weit stärker als die anderen beiden, auf dem Heerde des Ofens, neben der Feuergasse stehenden Kasten, erhitzt werden; und bei einem zu zwei Kasten eingerichteten Ofen würde ein großer Theil der Hitze unbenutzt verloren gehen, wenn sich die Flamme von dem Rost, oder aus der Feuergasse unmittelbar nach der Kuppel, oder nach dem Gewölbe des Ofens verbreitete. Deshalb wird die vorhin erwähnte Einrichtung getroffen, die Kasten nicht unmittelbar auf der Heerdsohle des Ofens, sondern auf Unterlagen ruhen zu lassen, so daß sich die Flamme überall zwischen der Sohle des Ofens und dem Boden des Kastens verbreiten, und die Kasten umspielen kann.

Das Gewölbe oder die Haube (Kuppel) des Ofens muß möglichst flach, aus feuerfestem Thon, oder aus feuerbeständigen Thonziegeln angefertigt, und mit gleichmäßig vertheilten Oeffnungen zum Ausströmen der Flamme versehen seyn, welche nach Erfordern mehr oder weniger geöffnet werden können. Nur bei kleineren Oefen, welche mit Steinkohlen geheitzt werden, genügt eine einzige Ausströmöffnung für Rauch und Flamme in der Mitte des Gewölbes. Weil indeß die Festigkeit des Gewölbes durch mehre in demselben anzubringende Oeffnungen leidet, so trifft man bei den neueren Oefen die zweckmäßige Einrichtung, nur eine einzige Oeffnung in der Mitte des Gewölbes anzubringen, aber zur gleichförmigen Verbreitung der Flamme in allen Theilen des Ofens über den Rost einen durchbrochenen Bogen zu spannen, durch welchen der vom Rost aufsteigende Flammenstrom auf dieselbe Weise nach beiden Seiten abgelenkt wird, als wenn ein dritter Kasten über dem Rost vorhanden wäre. Die Zeichnungen Taf. L. Fig. 1 — 4. stellen einen Cementirofen bei Holzfeuerung mit 3 Kasten, und Fig. 5 — 8. einen Cementirofen bei Steinkohlenfeuerung mit 2 Kasten dar.

In einer von den beiden kürzeren Seitenwänden des Ofens befindet sich eine Oeffnung, durch welche man in den Ofen gelangen kann, um das Eisen in die Kasten zu legen und den fertigen Brennstahl wieder herauszunehmen. Diese Oeffnung wird beim Betriebe des Ofens zugemauert. Die Eisen- und Stahlstäbe werden durch eine, unmittelbar über den Kasten, in der Mauer des Ofens befindliche Oeffnung, welche beim Brande ebenfalls verschlossen wird, in den Ofen hinein- und aus demselben wieder herausgeschoben.

§. 1086.

Die Cementirkasten sind 8 bis 10, auch wohl 15 Fuß lang, 26 bis 36 Zoll breit, und 28 bis 36 Zoll hoch. Eine zu große Breite ist nachtheilig, weil die in der Mitte des Kastens liegenden Stäbe nicht hinlänglich erhitzt werden würden, Eine größere Höhe theilt man den Kasten nicht gern zu, weil sich die Flamme bei höheren Kasten nicht so gleichförmig als bei flacheren verbreiten kann. Je niedriger und je schmaler die Cementirkasten sind, desto gleichartiger wird die Beschaffenheit des zu erhaltenden Cementstahls seyn; je breiter und je höher sie sind, desto weniger läßt es sich vermeiden, daß die den Wänden des Kastens zunächst liegenden Stäbe nicht schon zu stark gebrannt sind, wenn die in der Mitte liegenden Stäbe erst die gehörige Gaare erhalten haben.

Die Kasten werden aus feuerbeständigem Thon, oder aus feuerfesten Ziegeln angefertigt. Im ersten Fall muß die Masse nicht zu fett seyn, sondern mit so viel unschmelzbarem reinem Quarzsand versetzt werden, daß sie möglichst wenig schwindet und eine anhaltende starke Glühhitze aushält, ohne Risse und Sprünge zu bekommen. Die Wände werden einige Zoll dick gemacht, und müssen zuerst sehr vorsichtig abgetrocknet, nämlich zuerst vollkommen lufttrocken seyn, und dann mit aller Vorsicht abgewärmt werden, worauf man sie wieder erkalten läßt, um nachzusehen, ob sie Risse und Sprünge erhalten haben, welche dann sehr sorgfältig auszubessern sind. Ueberhaupt muß die Beschaffenheit der Kasten vor jedem Brande untersucht werden, weil der kleinste Riß große Nachtheile hervorbringen kann.

Am bequemsten ist es, die Kasten aus guten feuerfesten Thonziegeln zusammenzusetzen, die Ziegel so lang und hoch als möglich zu machen, und sie mit möglichst feinen Fugen zu verbinden. Man giebt den Ziegelplatten alsdann über einander greifende Falzen, um den Zutritt der Luft möglichst abzuhalten und die Ziegel genau mit einander zu verbinden.

Zuweilen setzt man die beiden kurzen Seitenwände der Kasten mit den Seitenmauern des Ofens unmittelbar in Verbindung, so daß die Kasten nur aus drei Wänden, nämlich aus dem Boden und aus den beiden langen Seitenwänden, bestehen. Oft giebt man den Kasten aber auch besondere kurze Seitenwände, und setzt sie aus 5 Flächen, nämlich aus dem Boden, aus den beiden langen und den beiden schmalen Seitenwänden, zusammen.

Kasten aus geschmiedeten eisernen Blechen, oder gegossene eiserne Kasten, würden, wenn sie auch sehr sorgfältig mit feuerfestem Thon überzogen oder beschlagen wären, nicht aushalten, sondern bald verbrennen und sich auch zu schnell krumm ziehen. Nur kleine Eisenarbeiten, denen man durch Cementiren mit Kohle, Härte und Politur ertheilen will, pflegt man in kleinen, verschlossenen eisernen Gefäßen zu glühen.

In England bedient man sich zuweilen recht feuerfester Sandsteinplatten zu den Kasten, welche durch feuerfesten Thon mit einander verbunden werden. Zu den Böden der Kasten würden solche feuerfeste Sandsteinplatten vorzüglich anwendbar seyn. — Eine gute Schmelztiegelmasse ist jeder andern vorzuziehen.

Von der Beschaffenheit der Masse hängt es ab, wie viel Brände die Kasten aushalten können. Die schon gebrauchte Cementirkastenmasse wird mit dem größten Nutzen zur Versetzung mit frischem Thon angewendet, wenn neue Cementirkasten gemacht werden müssen.

§. 1087.

Bei dem zur Brennstahlbereitung anzuwendenden Stabeisen, ist nicht allein die innere Beschaffenheit desselben, sondern auch die äußere Gestalt zu berücksichtigen.

Das harte, körnige, aber dabei feste und vollkommen zähe, dehnbare Eisen, ist dem weichen und zähen Eisen vorzuziehen, weil es mehr zum Stahlwerden geneigt ist. Eben so ist das aus manganhaltigen Erzen, oder aus sogenannten Stahlerzen, erzeugte Stabeisen zum Stahlcementiren ganz vorzüglich anwendbar. Die Gründe sind bereits früher entwickelt. Auf der Oberfläche sehr verrostetes Eisen muß zum Cementiren nicht genommen werden.

Alles Eisen, welches schon durch Risse, Schiefern und Brüche seine unganze oder fehlerhafte Beschaffenheit äußerlich zu erkennen giebt, ist durchaus zu vermeiden, weil die Brüchigkeit des Eisens durch die Umwandlung in Stahl noch vergrößert wird und einen spröden, unbrauchbaren Stahl erwarten läßt. — Langrisse deuten zwar auf zähes, aber auf weiches, sehniges Eisen, welches zur Stahlbereitung wenig geeignet ist.

Die Breite der Eisenstäbe ist ziemlich gleichgültig, gewöhnlich beträgt sie 1¼ bis 2 Zoll. Die Dicke der Stäbe sollte aber niemals über ½ Zoll betragen. Nur wenn man ganz gewöhnlichen groben und harten Stahl erzeugen, oder wenn man den Cementstahl bloß als Material zum Gußstahl anwenden will, können die Stäbe bis ¾ Zoll stark seyn. Dann erfordern sie aber auch eine länger anhaltende und stärkere Hitze, um ganz durchgebrannt zu werden, wobei der innere Kern zwar einen guten, die äußeren Flächen aber einen sehr harten und spröden Stahl geben, welcher öfter raffinirt werden muß, um einen gleichartigen Stahl zu erhalten. Dünnere Stäbe können bei einem einmaligen Raffiniren oft besseren Stahl geben, als dickere Stäbe von demselben Eisen bei einem zweimaligen Raffiniren, weshalb bei der Anwendung dünnerer Stäbe bedeutend an Kosten erspart, und wegen des Abgangs beim jedesmaligen Raffiniren mehr Stahl ausgebracht wird.

Die Länge der Stäbe richtet sich nach der Länge der Cementirkasten. Weil sich der Stahl in der Glühhitze etwa um

$\frac{1}{120}$ seiner Länge ausdehnt, so muß auf diese Ausdehnung Rücksicht genommen werden, damit die Stäbe die Kasten nicht zersprengen. Wären die Kasten z. B. 10 Fuß lang, so dürfen die Stäbe nur höchstens 9 Fuß 11 Zoll lang angewendet werden. Man nimmt sie aber gewöhnlich einige Zoll kürzer, damit sie nirgends die Wände der Kasten berühren. Wollte man sie noch kürzer anwenden, so würde ein Theil des Raums in den Kasten unnöthig verloren gehen.

§. 1088.

Das Cementirpulver, mit welchem das Stabeisen in den Kasten geschichtet wird, muß durchaus Kohle seyn oder enthalten. Zu einer Zeit, als die Theorie die Ursache der Verschiedenheit des Stahls vom Stabeisen noch nicht ins Licht gestellt hatte, waren Reaumur, und später auch Rinman, bemüht, den Einfluß mehrer Substanzen auf das Eisen auszumitteln, und durch Versuche ein Cementirpulver aufzufinden, welches das Stahlwerden des Eisens am schnellsten und und vollkommensten befördere. Da sie bei ihren Versuchen von keiner richtigen Theorie geleitet werden konnten, so wendeten sie zum Theil auch Substanzen an, durch welche sie den Zweck verfehlten, und das Stabeisen, statt demselben eine größere Härte mitzutheilen, zuweilen noch weicher machten. Aus seinen vielen und abgeänderten, sehr mühsamen Versuchen, gelangte Reaumur endlich zu dem Resultat, daß ein Gemenge aus 2 Theilen Ruß, 1 Kohlenstaub, 1 Asche und $\frac{1}{2}$ bis $\frac{3}{4}$ Kochsalz das beste Cementirpulver sey, und daß nächstdem der Graphit mit dem besten Erfolg angewendet werden könne. Daß überhaupt alle Körper, in denen Kohle befindlich war, also auch Bohrspäne von Roheisen, das Stabeisen in Stahl zu verwandeln vermögten, zeigten ihm seine Versuche ebenfalls, indem man schon früher aus Erfahrung wußte, daß der reinste Eisendrath zu Stahl ward, wenn man ihn in flüssiges Roheisen tauchte und etwas abschmelzen ließ.

Obgleich der Zusatz von Kochsalz zum Cementirpulver zur Umänderung des Stabeisens in Stahl nichts beitragen kann, so hat sich Reaumur's Angabe doch durch spätere Erfahrungen als richtig erwiesen. Ein Zusatz von 2 — 3 Procenten Kochsalz zum Cementirpulver gewährt wirklich einen Nutzen, welcher darin zu bestehen scheint, daß die Oxydhaut, mit welcher die Eisenstäbe mehr oder weniger bedeckt sind, durch das Kochsalz weggebeizt wird. Aus demselben Grunde scheint Salmiak noch wirksamer zu seyn als Kochsalz. Rinman hält sich durch seine Erfahrungen zu dem Schluß berechtigt, daß das Kochsalz dem Eisen zwar eine größere Härte mittheilt, aber einen spröden Stahl giebt, welches bei einem sehr großen Verhältniß an Kochsalz in dem Cementirpulver auch leicht denkbar ist.

Der Nutzen des Zusatzes von Asche zu dem Cementirpulver ist theoretisch nicht wohl einzusehen. Noch jetzt pflegt man dem Kohlenpulver den zehnten Theil Asche zuzusetzen, und will aus Erfahrung wissen, daß der Stahl gleichartiger und härter wird, als ohne Zusatz von Asche. Vielleicht wirkt sie bloß mechanisch, um eine schleunige Einwirkung der Kohle auf das Eisen zu vermindern und eine gleichartigere Durchdringung der vom Eisen schon aufgenommenen Kohle zu bewirken, ehe ein neuer Zuschuß von Kohle von außen erfolgen kann.

Die Kohle muß im zerpulverten, aber nicht staubartigen Zustande angewendet werden, und wird daher zerstampft und durch ein grobes Sieb geworfen. Das schon einmal angewendete Pulver soll beim folgenden Brande nur zur Hälfte wieder genommen werden können, beim dritten Brande aber nicht mehr zu gebrauchen seyn, und durch ganz neues ersetzt werden müssen. So lange die Gründe von solchen Vorschriften noch nicht eingesehen werden können, ist man genöthigt, der Erfahrung zu folgen, obgleich die Theorie keinen Aufschluß darüber giebt, warum die mehre Mal geglühete Kohle eine andere Wirkung als die nur einmal geglühete Kohle hervorbringen soll.

Die Kohle von harten Hölzern (besonders von Birken und Wacholder) ist wirksamer als die von weichen Hölzern. Gut ausgeglüheter Ruß würde wegen seiner großen Reinheit, indem er als eine völlig reine Kohle zu betrachten ist, ganz vorzüglich zu empfehlen seyn, wenn die Erfahrung zeigen sollte, daß durch die zu feine mechanische Zertheilung nicht der Nachtheil entsteht, daß er als ein zu schlechter Wärmeleiter die Erhitzung der in der Mitte der Kasten befindlichen Eisenstäbe zu sehr verhindert. Dies stimmt auch mit Reaumur's Erfahrungen überein und widerlegt zugleich die Ansicht, daß die Kieselerde in der Kohle, durch Umwandlung in Silicium, sich besonders vortheilhaft beim Stahlcementiren verhalten mögte. Wenn die in der Holzkohlenasche in sehr geringer Menge befindliche Kieselerde, wirklich als Silicium mit dem Eisen in Verbindung tritt, welches nicht geläugnet werden kann, so kann diese Verbindung gewiß keinen vortheilhaften Einfluß auf die Beschaffenheit des Stahls haben, vielmehr würde derselbe dadurch verschlechtert werden. Vielleicht besteht der Nutzen des Zusatzes von Kochsalz zum Cementirpulver und der günstige Einfluß, den das Kochsalz auf die Beschaffenheit des Stahls beim Cementiren äußert, auch noch darin, daß das Chlor die Verbindung des Siliciums mit Eisen verhindert.

Auch in den neuesten Zeiten hat man noch Zusätze von Borax, Alaun, Essig, Wein und ähnlichen Substanzen empfohlen, die, wenn sie nicht zum Theil nachtheilig auf das Eisen wirken, wenigstens füglich ganz weggelassen werden können. — Leder, Pferdehufe, blausaures Eisenkali sind ganz wirksame Dinge, die sich indeß bei einer Fabrikation im Großen nicht immer anwenden lassen. Dahin gehören auch die Zusätze von Braunstein und Salmiak.

Durch die Anwendung des ölbildenden Gases bei dem Prozeß des Stahlcementirens will man einen vorzüglich guten Cementstahl erhalten haben. Dieser Erfolg ist sehr wahrscheinlich, weil durch die Einwirkung des Gases nur ganz reine Kohle mit dem Eisen in Verbindung gebracht wird. Die durch Erfahrung vollständig bestätigte schnelle und erfolgreiche Umänderung des Eisens in Stahl durch thierische und durch einige vegetabilische unverkohlte Substanzen, läßt sich sehr wohl durch die Wirkung des Kohlenoxydgases erklären, welches aus jenen Substanzen entwickelt werden mag.

Der, in der Regel nicht unbeträchtliche Aschengehalt der Koaks, vorzüglich aber die Beschaffenheit der Steinkohlenasche (bei welcher Kiesel= und Thonerde die vorwaltenden Bestandtheile sind, statt daß die Holzkohlenasche nur höchst wenig Kieselerde enthält), sind es ohne Zweifel, wodurch die Koaks zur Anwendung beim Cementiren unbrauchbar werden, so daß man sich, in Ermangelung des Rußes, des Holzkohlenpulvers bedienen muß.

§. 1089.

Bei dem Besetzen der Kasten wird zuerst eine etwa 2 Zoll hohe Schicht Cementirpulver gleichförmig ausgebreitet und fest zusammengedrückt. Dann werden die Eisenstäbe **auf der hohen Kante** neben einander hingestellt, so daß zwischen der ersten Stange und den Wänden des Kastens ein Zwischenraum von 1 Zoll, und zwischen den Stäben selbst ein Zwischenraum von $\frac{1}{4}$ bis $\frac{1}{2}$ Zoll bleibt. Je dünner die Eisenstäbe sind, desto geringer müssen diese mit Cementirpulver auszufüllenden Zwischenräume eingerichtet werden. Zu weite Zwischenräume verzögern das Stahlwerden, ohne Zweifel, weil die Kohle ein schlechter Wärmeleiter ist, und weil die Hitze in der Mitte der Kasten daher nicht groß genug werden kann, wenn die äußere Hitze nicht so sehr verstärkt wird, daß die zunächst an den Wänden der Kasten liegenden Stäbe darunter leiden. Bei dickeren Stäben wird die Hitze in den Kasten stärker, weshalb auch die Zwischenräume größer seyn können. Ueber der ersten Schicht wird wieder eine ½ bis ¾ Zoll starke Schicht von Cementirpulver ausgebreitet, und auf dieser werden die Eisenstäbe abermals neben einander, wie bei der ersten Schicht, aufgestellt. Mit solchen abwechselnden Schichten von Cementirpulver und Eisenstäben wird so oft abgewechselt, bis die Kasten so weit angefüllt sind, daß nur noch 6 Zoll zu ihrer völligen Ausfüllung fehlen. Dieser Raum wird mit schon gebrauchtem Cementirpulver von den vorigen Bränden angefüllt, und das Gestübbe alsdann noch mit unschmelzbarem, etwas angefeuchtetem Sande bedeckt, welcher so hoch angehäuft wird, als es ohne herabzugleiten möglich ist. Wenn man aber, statt des Sandes, feste gemauerte Deckel anwendet, so müssen die Kasten mit Kohlenpulver ganz angefüllt werden und die oberste Eisenschicht muß wenigstens 6 Zoll stark mit Kohlenpulver bedeckt seyn.

Bei dem Besetzen der Kasten ist mit der größten Sorgfalt darauf zu sehen, daß sich die Eisenstäbe nirgends einander berühren, und daß sie auch von den Wänden der Kasten gehörig entfernt bleiben. — Die vorderen Enden der Stäbe, welche gewöhnlich noch roh sind, müssen verhauen und mit etwas gröberem Kohlenstaub umlegt werden.

Nach dem Besetzen werden die Oeffnungen, durch welche die Eisenstäbe in den Ofen geschoben wurden, zugesetzt, auch die Oeffnung in der Seitenwand des Ofens, durch welche der Arbeiter in den Ofen gelangen mußte, um die Cementirkasten zu besetzen, wieder zugemauert, und es wird mit dem Anfeuern des Ofens der Anfang gemacht.

§. 1090.

Der Ofen muß nicht plötzlich zu stark erhitzt werden, weil dies dem Ofen und den Cementirkasten nachtheilig seyn, und zum Reißen und Springen der Gefäße Anlaß geben würde. Deshalb muß die Anwärmung stufenweise erfolgen, und der Ofen erst nach Verlauf von zwei bis vier Tagen bis zu dem

Grade des Glühens erhitzt werden, welcher zur Stahlbereitung erforderlich ist. In dieser Hitze, welche die Temperatur der vollkommenen Weißglühhitze erreicht, muß man den Ofen ununterbrochen zu erhalten suchen, bis das Eisen durchgebrannt ist und der Ofen abkühlen kann.

Die Zeit oder die Dauer des Brandes ist von dem Feuerungsmaterial, von der Größe des Ofens, von der Stärke der Stäbe und von der Größe des Zuges, den man zur Verstärkung der Hitze anwendet, abhängig. Ein geübter Arbeiter weiß mit großer Zuverlässigkeit, wann er das Feuer abgehen lassen kann. Um indeß möglichst sicher zu gehen, legt man Probestangen in verschiedenen Höhen, auf beiden Seiten des Ofens, in die Cementirkasten. Diese Probestangen müssen beim Gange des Ofens herausgezogen werden können, und wenigstens 10 bis 15 Zoll in die Kasten hineinreichen. Die Kasten sind hierzu eingerichtet und mit einer Oeffnung versehen. Bei den Kasten, welche keine besonderen schmalen Seitenwände haben, sondern bei denen die Wände des Ofens zugleich die Seitenwände bilden, läßt sich die Vorrichtung noch leichter anbringen. — Ein größerer Ofen erfordert ein langsameres Anwärmen und ein länger anhaltendes Brennen, weil größere Räume zu erhitzen sind. Bei der Anwendung von Steinkohlen wird die Hitze im Ofen schon deshalb immer größer als bei der Anwendung von Holz, weil die Steinkohlenöfen kleiner und enger zusammengezogen sind, weshalb ein Brand bei Steinkohlen in kürzerer Zeit beendigt seyn kann, als ein Brand bei Holz, unter übrigens gleichen Umständen.

In kleineren Oefen kann ein Brand schon in 4 Tagen beendigt seyn, wogegen in größeren Oefen 10 bis 12 Tage dazu erforderlich sind. Die Menge des einzusetzenden Eisens ist von 10 bis 100 Centr. abweichend, indem es einleuchtet, daß Alles von der Größe der Kasten abhängt, die man anwenden will. Oefen von mittlerer Größe, in denen bei jedem Brande

40 bis 50 Centner Eisen cementirt werden können, scheinen die vortheilhaftesten hinsichtlich des Brennmaterialienverbrauchs zu seyn. Je schmaler und niedriger die Kasten sind, und je weniger Eisen mit Einemmal cementirt wird, desto gleichartiger wird der Stahl ausfallen.

§. 1091.

Auf die Regulirung des Feuers durch die Zugöffnungen im Gewölbe, welche nach Umständen mehr oder weniger geöffnet, auch wohl ganz geschlossen werden müssen, ist vorzugsweise Rücksicht zu nehmen. Ein zu kalter Ofen verursacht unnöthigen Brennmaterialienverbrand, weil die Stahlbildung eine um so bedeutendere Hitze erfordert, je größer die Kasten sind, und je dickere Stäbe man angewendet hat. Eine zu starke Hitze bringt das Eisen zum Schmelzen, und man würde statt des Stahls nur Roheisen, wenigstens eine roheisenartige, spröde und unbrauchbare Masse, erhalten. Jeder Stahlbrenner muß seinen Ofen kennen, um nach der Farbe der Flamme und nach dem Ansehen der Probestangen, die Dauer des Brennens und die Stärke der zu ertheilenden Hitze abzumessen. Wäre ein zweckmäßiges Pyrometer bekannt, so würde man sich den geübten Augen des Arbeiters allein nicht überlassen dürfen.

Eine heftige Hitze befördert und beschleunigt die Umwandlung des Eisens in Stahl allerdings, und es würde daher auch möglich seyn, in kürzerer Zeit bei größerer Hitze das zu erreichen, was man in längerer Zeit bei geringerer Hitze zu bewirken sucht; aber abgesehen, daß die Hitze sehr leicht bis zum Schmelzgrad steigen kann, hat die Erfahrung auch gezeigt, daß der durch plötzliche Hitze entstandene Stahl ungleichartiger ist, als der Stahl, welcher durch langsame Einwirkung der Kohle erzeugt ward. Ohne Zweifel kann die Vertheilung der Kohle bis zum Mittelpunkt des Eisenstabes in einer kurzen Zeit nicht gleichmäßig erfolgen.

Während der Dauer des Brandes sinkt die Cementmasse

in den Cementkasten etwas zusammen, weshalb die Bedeckung mit Sand nicht allein viel bequemer, sondern auch deshalb vorzuziehen ist, weil der feste Deckel nicht mit nachsinken kann, und daher leicht zur Entstehung von hohlen Räumen Anlaß giebt, durch welche die Luft eindringen und das Eisen verschlacken würde, wenn man dies nicht etwa durch eine starke Schicht von Kohlenstaub verhindert.

§. 1092.

Die Probestäbe müssen nicht allein von derselben Qualität, sondern auch von derselben Dimension angewendet werden, als das zu cementirende Eisen selbst, weil man sonst leicht irre geleitet werden würde.

Der Gang der Cementation läßt sich auf der frischen Bruchfläche der herauszunehmenden Probestäbe deutlich bemerken. Zuerst fängt die Stahlbildung an den Oberflächen an, und pflanzt sich bis zum Mittelpunkt fort, der oft noch eine eisenartige Textur und eine bläuliche Eisenfarbe besitzen kann, wenn die äußeren Eisentheile schon zu Stahl geworden sind. Wenn sich von einem Eisenkern nichts mehr bemerken läßt, so wird mit dem Nachfeuern eingehalten; der Ofen muß langsam erkalten, damit die Kasten keine Risse erhalten; und wenn er nach mehren Tagen kalt geworden ist, so macht man eine Oeffnung in der einen Seitenwand, durch welche sich der Stahlarbeiter in den Ofen begiebt, den Sand und das Gestübbe abnimmt, die Stahlstangen durch eine Oeffnung aus dem Ofen schiebt, die Kasten genau untersucht, ausbessert, von Neuem besetzt u. s. f.

Die Stahlstäbe sind überall mit Blasen bedeckt, welche um so größer sind, je weicher und je undichter das Eisen war. Hartes, festes und zähes Eisen giebt unter denselben Umständen weniger und kleinere Blasen. Sonderbar ist es, daß diese Blasen sich als Erhöhungen auf der Oberfläche des Eisens zu erkennen geben, als wenn eine elastische Flüssigkeit aus dem Eisen entwichen wäre, welche sich erst durch die Aufnahme der Kohle gebildet hätte. Wegen der Eigenschaft des Brennstahls, beständig Blasen zu zeigen, nennt man den rohen, nicht raffinirten Brennstahl, auch wohl Blasenstahl. Es ist eine sehr wahrscheinliche Vermuthung, daß diese Blasen von der dem Eisen mechanisch beigemengten und in die Eisenmasse eingepreßten Schlacke herrühren, deren Bestandtheile sich reduciren, und zur Entstehung von Kohlenoxydgas, vielleicht auch von kohlensaurem Gas, Anlaß geben.

Die Stahlstäbe müssen mit einer glatten, völlig blanken Oberfläche aus dem Ofen kommen, und bei der Anwendung von weichem Eisen muß jede Spur von sehnigem Gefüge, so wie überhaupt die bläuliche Eisenfarbe auf dem frischen Bruch, völlig verschwunden seyn. Je stärker die Eisenstäbe waren, desto gröber wird das Gefüge an den Rändern, desto matter und gelblichweißer das Ansehen, zum Beweis, daß der Stahl an den Rändern schon überbrannt werden mußte, um in der Mitte keinen Eisenkern zu behalten. — Glänzende Stellen in der Mitte der Stange deuten immer auf Eisen, wenn auch kein eisenartiges Gefüge mehr bemerkbar seyn sollte.

Das zu starke Brennen auf einzelnen Punkten der Oberfläche läßt sich niemals vermeiden, wenn kein Eisenkern zurückbleiben soll, weshalb das Raffiniren diese Unvollkommenheiten wieder ausgleichen muß. Dadurch erhält der nicht raffinirte Brennstahl aber eine Sprödigkeit, so daß die Stäbe, wenn sie aus dem Ofen kommen, sich mit einem dumpfen Laut, als wenn sie ganz mürbe wären, unter dem Hammer zerschlagen lassen müssen. Muß man starke Schläge anwenden, so ist in der Regel noch ein eisenartiger Kern zurückgeblieben. Sehr anzurathen ist es, die Stahlstäbe sogleich beim Zerschlagen sorgfältig zu sortiren, besonders weil auch die Stäbe in der Mitte der Cementirkasten in der Regel nicht so stark gebrannt sind, als diejenigen, welche zunächst an den Wänden lagen.

§. 1093

Wenn das angewendete Stabeisen von allem Glühspan frei und gut, und völlig rein ausgefrischt war, so nimmt es $\frac{1}{150}$ bis $\frac{1}{160}$ seines anfänglichen Gewichts beim Cementiren zu. In England rechnet man in der Regel $\frac{2}{3}$ Procent Gewichtszuwachs, wenn man vorzüglich gutes, starkes und zähes Eisen anwenden kann. Wenn dies nicht der Fall ist, wird weder Gewichtsverlust noch Gewichtsvermehrung angenommen.

Rinman a. a. O. II. 601 — 639. — Desselben Anleit. zur Eisen- und Stahlveredlung. S. 298 — 326. der Uebersetzung. — Swedenstjerna's Reise durch Engl. u. Schottland. Uebers. von Blumhof. 102. — Jars metallurg. Reisen. I. 363. u. II. 419. 595. — Vom Stahlbrennen; in v. Crell's chem. Ann. f. 1792. I. 554. — Ueber die Fabrikation des Cementstahls; in Scherer's chem. Journ. IX. 64. — Om järnets förwandling til stål; praes. Gadd, resp. Korsemann. Åbo 1766. — Grignon in Rozier's Observat. et mém. sur la physique XX. 184. — Guyton Morveau, sur la théorie de la conversion du fer en acier; Journ. d. phys. XXIX. 308. — Derselbe, über die Umänderung des Stabeisens in Stahl durch den Diamant; in v. Crell's Ann. f. 1800. I. 433. (Gilbert's Ann. d. Phys. III. 6.) — Derselbe, Untersuchung der Thatsachen, welche der Theorie von der Verwandlung d. Eisens in Stahl zur Grundlage dienen müssen; in v. Crell's Ann. f. 1792. II. 554. — Reaumur's oben angeführte Schrift: sur la fabrication de l'acier; in den Ann. des arts. I. 34 — 47. — Dufrénoy, sur la cémentation du fer au moyen de l'hydrogène carboné; in den Ann. des mines. 3 Sér. V. 171.

§. 1094.

Eine besondere Art von Stahlcementation ist die sogenannte Oberflächen- oder Insatzhärtung, bei welcher das Eisen nicht durchgängig, sondern nur auf der Oberfläche, in Stahl verwandelt wird. Diese Art der Cementation wird nur bei schon fertigen Eisenwaaren angewendet, denen man dadurch eine größere Härte, oder einen stärkeren Glanz und eine höhere Politur ertheilen will. Die Eisenfabrikate werden in verschlossenen eisernen (blechernen) Kasten, mit dem Cementirpulver geschichtet, stark durchgeglüht, und noch glühend schnell herausgenommen und im Wasser abgelöscht. Knöpfe, Kettenglieder, Nähnadeln u. s. f. pflegt man auf diese Art zu härten. Der gefüllte Kasten wird mit glühenden Kohlen umgeben, die man so oft erneuert, als die in die Kasten hineingesteckten und von Zeit zu Zeit herauszuziehenden und zu untersuchenden Eisendräthe zeigen, daß die Cementation noch fortgesetzt werden muß. Je länger die Cementation dauert, desto dicker wird die Stahlhaut, desto spröder und brüchiger werden aber auch die Waaren. Aus Eisendrath angefertigte, und auf diese Art cementirte Nähnadeln sind daher auch immer schlecht, weil die gehärteten Spitzen leicht abbrechen und beim Anschleifen weiche Spitzen geben, indem in der Mitte ein Einsenkern stehen geblieben ist. Bei schneidenden und spitzen Waaren sollte daher diese Härtungsmethode nicht angewendet, sondern solche Fabrikate sollten immer aus Stahl angefertigt werden. Dagegen ist sie zu bloß polirten Arbeiten, von denen man nur Härte und Politur, aber keine große Festigkeit verlangt, zu empfehlen. Vorzüglich bedient man sich der Oberflächenhärtung aber bei dem Stahl selbst, nämlich bei denjenigen Stahlwaaren, die vorher weich gemacht werden müssen, um sie mit dem Grabstichel bearbeiten (radiren) zu können, und welche nachher auf der Oberfläche eine große Härte erhalten müssen.

Nach Rinman soll ein aus 4 Theilen zerpulverten Birkenkohlen, 3 Theilen Ruß und 1 Theil verkohltem Leder bestehendes Cementirpulver die besten Dienste leisten. Es scheint überhaupt, daß die thierische Kohle das Stahlwerden mehr als die vegetabilische befördert, weshalb man sich des Leders bei den Oberflächenhärtungen mit so großem Nutzen bedient. Der Grund dieser Erscheinung ist unbekannt, und vielleicht in der Entwickelung der Gasarten zu suchen (§. 1088.) vielleicht auch in der Reinheit der thierischen Kohle und des Rußes, welche höchst wenig Asche hinterlassen.

Es versteht sich von selbst, daß der Zutritt der Luft sorgfältig abgehalten, und daß der Kasten daher gut verschlossen seyn muß. Das Oeffnen und Entleeren der Kasten muß schnell geschehen, damit die glühende Eisenwaare abgelöscht wird, ehe sie Glühspan ansetzen kann. Das zu cementirende Fabrikat muß vorher ganz rein gefeilt, und nach Umständen auch geschmirgelt seyn.

Wenn der Stahl den höchsten Grad der Feinheit des Korns behalten, und keine zu große Sprödigkeit erhalten soll, so muß er in schwacher Hitze gehärtet werden. Bei schneidenden Waaren ist diese Vorsicht um so nothwendiger, weil die Spitzen oder die feinen Schneiden leicht zu stark erhitzt werden, und dann beim Härten eine zu große Sprödigkeit erlangen. Deshalb ist die Oberflächenhärtung bei solchen Stahlwaaren ganz unanwendbar, indem das Cementirpulver bei einer zu geringen Hitze nicht wirksam werden kann, bei einer zu starken Hitze aber das Gefüge des Stahls grob wird, und beim Härten oder Ablöschen zwar eine sehr große Härte hervorgebracht, aber auch die Sprödigkeit ungemein erhöht wird. Nur bei den stählernen Feilen und Raspeln, welche den Hieb im weichen und noch nicht gehärteten Zustande des Stahls erhalten, muß man die Härte durch eine Oberflächenhärtung vermehren, weil die feinen Zähne schon die Wirkungen des Cementirpulvers erfahren, ohne daß sie über den zum Härten erforderlichen Grad des Glühens erhitzt werden dürfen. Man läßt sie in reinem Kohlenfeuer braunroth werden, reibt sie dann schnell mit Horn ab, glüht sie dann noch einmal bis zur lichtrothen Glühhitze zwischen Kohlen, und taucht sie senkrecht in kaltes Wasser. Oder man überzieht sie kalt, mit einem Brei aus verkohltem Leder und eben so viel Ruß mit Bierhefen, auch wohl mit einem Brei aus verkohltem Leder, Ruß und Milch, trocknet den Ueberberzug schnell, und glüht die Feilen in reinem Kohlenfeuer bis zur hellrothen Glühhitze, worauf man sie senkrecht in kaltem Wasser ablöscht. Ein Zusatz von einigen Procenten Kochsalz, oder auch von Salmiak, zu dem Härtepulver, ist bei dem Härten der Feilen und Raspeln sehr wirksam und kaum durch ein anderes Mittel zu ersetzen. — Zu den Härtepulvern hat man übrigens eben so wie zu den Cementirpulvern, eine Menge der verschiedenartigsten Substanzen als Zusätze empfohlen. — Ein recht wirksames Mittel soll das blausaure Eisenkali seyn. Die zu härtenden Gegenstände werden auf der Oberfläche gereinigt, dann stark rothglühend gemacht, aus dem Feuer genommen, mit zerpulvertem und an der Luft zerfallenen blausaurem Eisenkali bestreut, welches sogleich schmelzt, alsdann wieder in das Feuer gebracht, zur starken Rothgluth erhitzt und in kaltem Wasser abgelöscht.

Rinman a. a. O. II. 666—679. — Jars Reisen I. 375. 382. — Mechanics Magaz. XXXI. 372.

§. 1095.

In manchen Fällen kommt es darauf an, den Stahl recht weich zu machen, ehe er durch die Insatzhärtung den höchsten Grad der Härte erhält. Die Operation des Weichmachens des Stahls nennt man das Nachlassen desselben. Die Absicht dabei besteht darin, den Stahl oder vielmehr die daraus bereiteten Gegenstände, leicht mit der Feile oder mit andern Werkzeugen bearbeiten zu können. Man erreicht diesen Zweck durch das bloße Glühen in dicht verschlossenen Gefäßen. Um jedoch die Luft völlig abzuhalten, ist es nützlich, ihn mit einer Hülle zu umgeben, wozu man entweder ganz reine Eisenfeile, oder ein Gemenge von 2 Theilen fein geriebener Kreide und 1 Theil Kohlenpulver anwenden kann. Eine 6 bis 8stündige, jedoch nur schwache Glühhitze, welche die braunrothe Glühhitze nicht übersteigt, reicht vollkommen hin, den Stahl so weich zu machen, daß er sich mit allen Werkzeugen leicht bearbeiten läßt, und nach erfolgter Bearbeitung gehärtet werden kann.

III. Von der Gußstahlbereitung.

§. 1096.

Der durch Cementation aus Stabeisen bereitete Stahl besitzt zuweilen alle Eigenschaften des Stahls im vollkommensten Grade und kann den Schmelzstahl an Festigkeit, Härte und Federkraft übertreffen; allein er verliert den Kohlenstoff durch öfteres Glühen bei schwachem Luftzutritt ungleich schneller und ändert sich dadurch leichter in einen sehr weichen Stahl um, als der Schmelzstahl. Die Verbindung des Kohlenstoffs mit Eisen scheint daher inniger und genauer zu werden, wenn sich beide im Zustande der Flüssigkeit des Eisens mit einander verbinden, als wenn das Eisen nur im weißglühenden Zustande von Kohlenstoff durchdrungen wird. Aehnliche Beispiele einer lockereren und einer innigeren Verbindung trifft man bei der Vereinigung mehrer Substanzen mit einander; kaum ist es nöthig, an das Verhalten des sogenannten mineralischen Mohrs und Zinnobers zu erinnern, Verbindungen, bei welchen der analytische Chemiker gleiche Verbindungsverhältnisse des Quecksilbers mit Schwefel antrifft.

Schon im Jahr 1750 sind in England die ersten Versuche gemacht werden, den Brennstahl in bedeckten Tiegeln zu schmelzen, um dadurch eine genauere, innigere und gleichartigere Verbindung des Kohlenstoffs mit dem Eisen zu bewirken. Die älteste Gußstahlfabrik, deren Erzeugniß in ganz Europa im größten Ansehen steht, ist noch jetzt die von Hunzmann in Sheffield. Der Zweck der Gußstahlbereitung aus Brennstahl ist also ein doppelter: die innigere und die gleichartigere Verbindung des Kohlenstoffs mit Eisen. Wird Schmelzstahl zur Gußstahlbereitung angewendet, so bezweckt man eine gleichartigere Verbindung der Kohle mit dem Eisen, weshalb sich die Masse auch in einem vollkommen flüssigen Zustande befinden, und eine gehörige Zeit darin erhalten werden muß.

In Ostindien ist die Gußstahlbereitung schon seit sehr langer Zeit ausgeübt worden, auch ist das Verfahren, welches man dort beobachtet, jetzt völlig bekannt und sehr genau beschrieben. Der Gußstahl, welcher aus Bombay unter dem Namen von Wootz nach England kommt, ist oft im höchsten Grade hart und fest, und besitzt dann die Eigenschaften des besten bekannten Gußstahls. Daß er sich wirklich im flüssigen Zustande befunden hat, geht aus seinem äußeren Ansehen hervor.

§. 1097.

Durch die bekannte, von den Herrn Vandermonde, Berthollet und Monge entworfene Theorie des Eisens in seinen verschiedenen Zuständen als Stabeisen, Stahl und Roheisen, ward Hr. Clouet ohne Zweifel veranlaßt, die Darstellung des Gußstahls, welche man in England geheim hielt, auf einem Wege zu versuchen, zu welchem die Theorie ihn geführt hatte. Versuche, welche er zuerst in Gemeinschaft mit Herrn Chalut anstellte, und dann allein weiter verfolgte, belehrten ihn, daß sich Gußstahl auf mehre Art erhalten lasse. Es gelang ihm, Gußstahl darzustellen, indem er:

1) Stabeisen mit $\frac{1}{20}$ bis $\frac{1}{30}$ seines Gewichts an Kohle, mit oder ohne Zusatz von Glas, in einem hessischen Tiegel zum Schmelzen brachte.
2) Eisenoxydul mit dem $1\frac{1}{2}$- oder 2fachen des Volums an Kohlenstaub reducirte.
3) Einen Theil Eisenoxydul mit 4mal so viel grauem Roheisen schmolz.
4) Drei Theile Stabeisen mit 1 Theil kohlensaurem Kalk und 1 Theil gebranntem Thon (Schmelztiegelmasse) zum Schmelzen brachte.

Einige Chemiker, welche diese Versuche wiederholten, wollen sie bestätigt gefunden und dasselbe Resultat erhalten haben.

Wird die Menge des Kohlenstaubs beim ersten und zweiten, und die Menge des grauen Roheisens beim dritten Versuch vermehrt, so erhält man nicht Stahl, sondern Roheisen. Vermehrt man die Menge des Eisenoxydurs beim dritten Versuch, so ist das Resultat nicht Stahl, sondern Stabeisen.

So gut sich alle diese Erscheinungen durch die Theorie erklären lassen, eben so einleuchtend ist es, daß statt des grauen Roheisens beim dritten Versuch auch weißes, und zwar mit besserem Erfolg, angewendet werden kann. Das Resultat des vierten Versuchs ist indeß der Theorie ganz entgegen, und man darf kaum zweifeln, daß Clouet durch Anwendung von nicht völlig verschlossenen Gefäßen zu irrigen Schlüssen verleitet worden ist, oder daß eine Verwechselung von hartem Stabeisen (dessen Härte sich von seiner fehlerhaften Beschaffenheit und von der damit verbundenen Sprödigkeit ableitet) mit Stahl statt gefunden hat.

Die Versicherung einiger Metallurgen, daß der beste Gußstahl dadurch erzeugt würde, daß graues und weißes Roheisen in gehörigen Verhältnissen mit einander geschmolzen werden, ist aller Theorie des Eisens so sehr entgegen, daß es keines unmittelbaren Versuchs zur Widerlegung dieser Behauptung bedarf.

Die Darstellung des Gußstahls durch Schmelzen des Stabeisens mit Roheisen ist ein fehlerhaftes Verfahren, weil sich auf diesem Wege kein guter Gußstahl darstellen läßt, es müßte dann das Roheisen im höchsten Grade rein, und, außer mit Kohle, mit keinem anderen Körper verbunden seyn.

Mushet hat Clouet's Versuche weiter verfolgt, und vorgeschlagen, den Gußstahl durch Schmelzen des Stabeisens oder sehr reicher Eisenerze mit Kohlenstaub oder mit Graphit zu erzeugen. Er weicht von Clouet darin ab, daß er das Verhältniß der Kohle zum Eisen höchstens wie 1 zu 70 angiebt, wogegen Clouet bei dem Verhältniß von 1 zu 20 noch Stahl erhalten haben will. — In der neuesten Zeit hat Hr. Bréant wieder sehr empfohlen, sich zur Gußstahlbereitung des reinen Stabeisens zu bedienen und dasselbe mit Kiehnruß in Tiegeln zu Stahl zu schmelzen.

Bréant, Archiv für Bergbau. IX. 388. u. f. — Mushet, Ebendas. S. 397,

§. 1098.

Die von den Hrn. Clouet und Mushet angestellten Versuche zur Darstellung des Gußstahls dienen mehr dazu, die Theorie des Eisens zu bestätigen und zu berichtigen, als daß sie eine Anwendung auf die Fabrikation im Großen gestatten. Es ist kein Grund vorhanden, das strengflüssigste Material (Stabeisen) zu wählen, wenn man mit einem weniger strengflüssigen (Cement- oder Rohstahl) denselben Zweck erreichen kann. Noch weniger wird man aber dem ungewissen Erfolge beim Schmelzen des Stabeisens mit Kohle, einer sicheren Methode der Gußstahlbereitung aus schon gebildetem Stahl, den Vorzug geben. Ungewiß bleibt nämlich jener Erfolg, weil sich, auch bei möglichst genau verschlossenen Tiegeln, die Menge der Kohle, welche mit dem schmelzenden Stabeisen in Verbindung tritt, nicht bestimmen läßt. Die Ursache liegt in der außerordentlichen Hitze, welche das Stabeisen zum Schmelzen erfordert, wobei sich die Tiegel mit ihren Verkittungen ausdehnen, so wie auch in der Schwierigkeit, einen so hohen Grad von Hitze im Großen zu erzeugen, daß das Schmelzen niemals mißräth, und daß stets eine vollkommen geschmolzene Masse erhalten wird.

Eben so wenig ist mit Sicherheit darauf zu rechnen, stets ein stahlartiges Produkt, welches sich nicht entweder dem Stabeisen oder dem Roheisen mehr näherte, durch die Reduktion von reichen Eisenerzen mit wenig Kohle zu erhalten. Außer daß der auf diese Art erzeugte Stahl niemals ganz rein seyn kann, sondern stets Erdenmetalle enthalten wird, ist die Reduktion selbst mit großen Schwierigkeiten verbunden, indem es sich, wegen der zugleich entstehenden Schlacke, niemals bestimmen läßt, ob alle angewendete Kohle in Wirksamkeit treten wird. Das jedesmal zu erhaltende Produkt würde daher mehr das Resultat des Zufalls, als der Berechnung seyn.

Vorzuziehen würde das Verfahren seyn, Gußstahl durch Zusammenschmelzen des Stabeisens mit möglichst reinem weißen Roheisen zu erhalten, vorzüglich wenn das letztere durch einen Mangangehalt die Eigenschaft einer geringeren Strengflüssigkeit besitzt. Es ist nicht zu bezweifeln, daß man auf diesem Wege, auf allen Hütten, denen ein reines manganhaltiges Roheisen zu Gebot steht, sehr guten Gußstahl bereiten könnte. — Von der Beschaffenheit des Roheisens, und von der Beschaffenheit, welche der darzustellende Gußstahl erhalten soll, würde das jedesmalige Verhältniß des Roheisens zum Stabeisen abhängen. Je geringer das Verhältniß des Stabeisens zum Roheisen ist, desto roheisenartiger, d. h. desto härter und spröder wird der Stahl; je größer das Verhältniß war, desto stabeisenartiger, d. h. desto weicher und fester, muß der Stahl ausfallen. Bei der bekannten Beschaffenheit des Roheisens würde also das richtige Verhältniß desselben zum Stabeisen sehr leicht zu bestimmen seyn.

Weil indeß bei diesem Verfahren ein höchst reines Roheisen vorausgesetzt wird, welches nur selten (entweder nur durch künstliche Bereitung aus dem mit reiner Kohle geschmolzenen reinen Stabeisen, wobei also kein Gewinn für die praktische Anwendung zu erwarten ist, oder durch das Umschmelzen eines an sich schon sehr reinen Roheisens vor der Form in einem Umschmelzfeuer) erhalten werden kann; weil ferner der Erfolg der Schmelzung des Roheisens mit dem sehr strengflüssigen Stabeisen immer ungewiß bleibt; so wird die Gußstahlfabrik immer mit den größten ökonomischen Vortheilen betrieben werden, welche Cementstahl als Material anwendet. Der ganz allgemeine Gebrauch des Gußstahls in England macht es sehr wahrscheinlich, daß die Rohstahlfabrikation, welche ihren Sitz vorzüglich in Deutschland, Frankreich und Schweden hat, weil diese Länder sich vor allen andern im Besitz von reinen Spatheisensteinen befinden, in der Zukunft nur auf wenige Provinzen beschränkt bleiben wird. Aber die außerordentliche Ausdehnung der Gußstahlfabrikation in England lehrt auch zugleich, daß man sich zur Darstellung des Gußstahls mit den größten ökonomischen Vortheilen nur des Cementstahls als Material bedienen kann.

§. 1099.

Der **Wootz**, oder der ostindische Stahl, dessen Bereitung lange Zeit unbekannt war, ist ebenfalls ein Gußstahl, welcher durch das unmittelbare Zusammenschmelzen von Stabeisen mit Kohle, oder mit Pflanzen, die sich während des Prozesses verkohlen, erhalten wird. Das Eisen, welches man zum Wootz anwendet, ist unbezweifelt nur deshalb sehr rein, wenigstens von Erdenmetallen sehr befreit, weil es durch eine Art von Stückofenwirthschaft dargestellt wird. So unvortheilhaft diese Darstellungsart des Eisens in ökonomischer Rücksicht auch seyn mag, so ist es doch bekannt, daß das Stabeisen dabei immer von vorzüglicher Güte ausfällt. Dies Eisen wird in kleinen Tiegeln mit Pflanzen-Substanzen geschmolzen, so daß sich in einem Tiegel sehr selten mehr als 2 Pfund Eisen, häufig aber ungleich weniger befinden. Diese geringe Quantität trägt gewiß nicht wenig dazu bei, daß der Stahl sehr gleichartig ausfällt, obgleich der Prozeß dadurch vertheuert wird. Der geschmolzene Stahl muß in den Tiegelchen sehr langsam erkalten, ehe man ihn herausnimmt, wobei jedesmal der Tiegel verloren geht und nur zu einer Schmelzung gebraucht werden kann. Die Hrn. **Buchanan** und **Heyne** haben das Verfahren bei der Bereitung des Wootz in Ostindien sehr genau beschrieben. (§. 8.) Was den Gehalt des Wootz an Erdenmetallen betrifft, so sind darüber die im ersten Abschnitt bereits angestellten Untersuchungen nachzusehen.

Buchanan; über die Eisenbereitung in den Besitzungen des Raja von Mysore und in den von den Engländern abhängigen Ländern der Raja's in der westlichen Halbinsel Ostindiens. Archiv f. Bergbau IX. S. 272. 278. — Heyne über die Eisen- und Stahlbereitung im Carnatic in Mysore und in dem nördlichen Circars. Ebendas. S. 298. 324. — Verfahren bei der Stahlbereitung in Persien. Ebendas. S. 314.

§. 1100.

Die Schweißbarkeit ist eine Eigenschaft, welche nur dem Stabeisen, aber nicht dem Roheisen zukommt; und weil das weiße Roheisen von dem gehärteten Stahl nur durch den größeren Gehalt an Kohle verschieden ist, so wird die Schweißbarkeit in demselben Verhältniß abnehmen, in welchem der Kohlegehalt des Stahls zunimmt. Stahl erfordert im Allgemeinen eine geringere Schweißhitze als Stabeisen; auch muß beim Zusammenschweißen des Stahls mit Stahl, oder des Stahls mit Stabeisen die größte Sorgfalt angewendet werden, um den Luftzutritt zu verhüten, weshalb die zusammenzuschweißenden Stellen mit einem Ueberzuge versehen werden müssen, damit sich Schlacke bildet, welche die Luft abhält. Diese Vorsicht ist um so nothwendiger, wenn Stahl und Stabeisen zusammengeschweißt werden sollen, weil das letztere einen höheren Grad der Schweißhitze erfordert, als der Stahl, dieser also länger, als es seiner Natur nach seyn sollte, in der Hitze erhalten werden muß. — Ein vortreffliches, allen praktischen Eisen- und Stahlarbeitern bekanntes Mittel, die Verbindung des Eisens mit Stahl, oder des Stahls mit Stahl, durch das Zusammenschweißen, zu erleichtern, ist der Borax. Er gewährt eine leicht- und dünnflüssigere Decke für das weißglühende Eisen als der gewöhnliche Schweißsand und als andere, bisher in Anwendung gekommene Deckungsmittel, auch reinigt er die zusammen zu schweißenden Oberflächen und befördert dadurch deren Vereinigung. Durch die Anwendung des Borax lassen sich manche Sorten von Gußstahl, welche man für unschweißbar hielt, sowohl mit einander, als auch mit Stabeisen zusammenschweißen. Sollen zwei Stücken Gußstahl mit einander verbunden werden, so feilt man die Flächen erst ganz rein, ohne jedoch die Rauheit völlig wegzubringen und bestreicht sie mit Borax, welcher mit Wasser auf einem Reibesteine zu einem feinen Brei angerieben worden ist, legt dann die Flächen zusammen und bestreicht auch die Fugen noch mit etwas Borax. Ein Zusatz von 1 Theil Salmiack zu 3 oder zu 2 Theilen Borax ist auch mit gutem Erfolg anzuwenden. Die zusammengelegten Stücken werden dann mit Eisendraht umwickelt, damit sie sich nicht verrücken und bis zum hellen Rothglühen vorsichtig erhitzt. Bei feinen und dünnen Gegenständen ist noch die Vorsicht anzuwenden, sie auf einer stark erhitzten und wenigstens braunrothwarmen Unterlage, und nicht auf einem kalten Amboß zusammen zu schlagen, weil sie auf dem letzteren so schnell abgekühlt werden, daß die Schweißung mißlingen könnte. Der gute Erfolg hängt von der richtigen Temperatur beim Glühen und davon ab, daß die Flächen völlig rein gehalten werden. Die Hitze muß schnell gegeben werden. Zu geringe Hitze kann natürlich keine Schweißung hervorbringen; zu starke Hitze verdirbt den Stahl und erschwert das Schweißen, weil der Borax unwirksam wird.

Noch größere Vorsicht ist anzuwenden, wenn Stahl, besonders Gußstahl und Stabeisen zusammengeschweißt werden sollen. Der Borax wird dann zweckmäßiger als zerstoßenes Boraxglas und nicht in einem mit Wasser zu einem Brei geriebenen Zustande angewendet. Nachdem die zu verbindenden Flächen rein gefeilt worden sind, wird das Eisen weißglühend gemacht, dann die Schweißstelle schnell mit der Feile von dem Glühspan gereinigt und mit zerkleinertem Boraxglas bedeckt, welches augenblicklich flüssig wird und die weitere Oxydation des glühenden Eisens verhindert. Auf dieses weißwarme und mit Borax verarbeitete Eisen legt man den anzuschweißenden Stahl, welcher, weil er **kalt** auf das weißwarme Eisen gebracht worden ist, bei dem nun folgenden abermaligen Erhitzen des Eisens erst etwa die kirschrothe Glühhitze erlangt, wenn sich das Eisen schon wieder in der Schweißhitze befindet. Das Erhitzen und darauf folgende Zusammenschweißen müssen schnell und mit Gewandheit verrichtet werden.

Je mehr der Kohlegehalt des Stabeisens zunimmt, desto schwieriger wird das Zusammenschweißen desselben mit reinem Stabeisen. Je härter und spröder der Stahl ist (vorausgesetzt, daß die Härte und Sprödigkeit nur von Kohle, und nicht von fremden Bestandtheilen herrühren), desto geringer ist die Schweißbarkeit, bis endlich ein Zustand des Stahls eintritt, in welchem sie gänzlich aufhört. Ohne Zweifel geschieht dies bei einem bestimmten Gehalt an Kohle der noch nicht bekannt ist. Der erste Gußstahl, den man in England erzeugte und verarbeitete, ließ sich nicht schweißen, obgleich er die Eigenschaft der Dehnbarkeit besaß, die dem Roheisen abgeht. Er verhielt sich eben so wie der ostindische Gußstahl, oder der Wootz, den man anfänglich auch nicht zu behandeln verstand. Dieser Stahl macht also einen wirklichen Uebergang vom Stabeisen zum Roheisen. Mit dem Stabeisen hat er die Eigenschaft der Dehnbarkeit, nämlich sich im ungehärteten Zustande in der gewöhnlichen Temperatur, im glühenden Zustande aber unter allen Umständen strecken und dehnen zu lassen; mit dem Roheisen die Eigenschaft gemein, im gehärteten Zustande undehnbar und spröde zu seyn, sich nur höchst schwierig schweißen zu lassen, in der Schmelzhitze bald flüssig zu werden und sich in Formen gießen zu lassen. Es scheint, daß es in diesem Zustande nur noch eines geringen Zusatzes von Kohle bedürfe, um den Stahl in Roheisen umzuändern, so wie es nur einer geringen Verminderung des Kohle-Gehaltes oder auch nur einer anderen Vertheilung der Kohle bedürfen würde, um einen solchen unschweißbaren Stahl schweißbar zu machen.

Zu allen Stahlarbeiten, bei welchen Stahl mit Stabeisen zusammengeschweißt werden muß, ist der nicht schweißbare Stahl unanwendbar. Dagegen ist er zu solchen Arbeiten, bei denen große Härte, eine bedeutende Festigkeit und schöne Politur ein Haupterforderniß sind, ganz vorzüglich anwendbar. Indeß erfordert er die größte Sorgfalt, und eine genaue Kenntniß beim Wärmen und Ausschmieden, weil er in einer zu hohen Hitze zerfährt, und sich bei einer zu geringen Hitze nicht verarbeiten läßt, sondern spröde bleibt.

Franckland, om welding cast steel; im Repertory of arts and manufactures. V. 327 — 329. — Gill; über das Schweißen des Gußstahls; Archiv f. Bergbau. II. 174.

§. 1101.

Es ist merkwürdig, daß der Cementstahl, aus welchem ein unschweißbarer, oder doch ein sehr schwer schweißbarer Gußstahl durch Umschmelzen erhalten wird, sich oft sehr leicht, immer aber viel leichter als der Gußstahl schweißen läßt, da doch bei dem Gußstahl eine größere Schweißbarkeit erwartet werden könnte, insofern er möglicherweise durch das Schmelzen etwas Kohle erhalten hätte. Die Ursache ist unbezweifelt in der ungleichartigen Beschaffenheit des Cementstahls zu suchen, welcher immer aus härterem und weniger hartem Stahl besteht, so daß der letztere die Schweißbarkeit befördert. — Dies verschiedene Verhalten des Gußstahls von dem Cementstahls aus welchem er entstanden ist, wird noch durch eine andere, nicht minder merkwürdige Erscheinung erklärt, daß nämlich die Schweißbarkeit des Gußstahls bedeutend größer wird, wenn der Stahl einer beträchtlichen Glühhitze lange Zeit und anhaltend ausgesetzt wird und dann langsam erkaltet. Derselbe Gußstahl, welcher, in eisernen Gußformen ausgegossen, höchst schwer zu behandeln ist läßt sich viel leichter schmieden und hat an Schweißbarkeit schon gewonnen, wenn man ihn, ohne allen Luftzutritt, lange und anhaltend glühet. Um die Luft von den verschlossenen Gefäßen, worin das Glühen vorgenommen werden muß, abzuhalten, kann man sich einer Hülle und Decke von Eisenfeile, oder von einem Gemenge aus 2 Theilen gepulverter Kreide und 1 Theil Kohlenstaub bedienen. Durch das Glühen wird die Quantität der Kohle im Stahl weder vermehrt noch vermindert, aber es bilden sich Polykarburete, zu deren Bildung indeß, wenn sie ganz entschieden hervortreten sollen, ein ungleich länger anhaltendes Glühen erforderlich ist als die Glühhitze, welche man gewöhnlich anwendet, um gehärteten Stahl wieder weich zu machen. Durch das anhaltende Glühen des Gußstahls wird eine andere Vertheilung der Kohle in der Stahlmasse bewirkt, wodurch die weichere Beschaffenheit derselben hervorgebracht wird.

In dem Augenblick, wo der Stahl nicht allein schweißbar, sondern auch dehnbar zu seyn aufhört, erhält er den Namen Roheisen. Vom Gußstahl glaubte man sonst, daß er sich nicht schmieden lasse, sondern sogleich in die Form welche er erhalten soll, gegossen werden müsse. Sobald er aber im glühenden Zustande keine Dehnbarkeit mehr besitzt, hört er auf Stahl zu seyn, weil die Dehnbarkeit der einzige Unterscheidungscharakter des Stahls vom weißen Roheisen ist.

Durch den Mangel an Schweißbarkeit unterscheidet sich zwar der harte Stahl vom Stabeisen; indeß ist dies kein wesentlicher Charakter. Der dehnbare, aber nicht mehr schweißbare Gußstahl ist von allen Stahlarten der härteste und dichteste, aber auch der sprödeste und besitzt die geringste Festigkeit, weil er sich dem weißen Roheisen am meisten nähert. Ist man mit der Beschaffenheit des Materials, welches zum Gußstahl genommen wird, genau bekannt, so wird es möglich seyn, den weichsten und festesten Stahl, der sich dem Stabeisen am meisten nähert, so wie den härtesten und sprödesten Stahl darzustellen, der dem Roheisen am nächsten kommt und sich von demselben nur durch die Dehnbarkeit unterscheidet.

§. 1102.

Es ergiebt sich aus diesen Betrachtungen, daß es zweckmäßiger ist, den Gußstahl aus schon vorhandenen Verbindungen des Eisens mit Kohle darzustellen, als ihn erst aus seinen Bestandtheilen, nämlich aus Stabeisen und Kohle, durch Zusammenschmelzen beider Körper zusammen zu setzen. Außer dem Vortheil, daß man geringere Grade der Temperatur anwenden kann, läßt sich die Beschaffenheit des zu erzeugenden Gußstahls aus den bekannten Eigenschaften des umzuschmelzenden Stahls berechnen, und man kann mit ziemlicher Zuverlässigkeit bei dem Produkt die Eigenschaft voraussetzen, welche es der Berechnung nach bekommen soll. Dem schon gebildeten Stahl wird durch Umschmelzen in bedeckten Tiegeln kein Kohlenstoff entzogen, sondern die Verbindung des Eisens mit Kohle wird nur noch inniger und gleichartiger gemacht, wenn die Masse lange genug fließend bleibt; wogegen es sich beim Zusammenschmelzen des Eisens mit Kohle unmöglich bewirken läßt, alle angewendete Kohle mit dem Eisen in gleichartige Verbindung zu bringen.

Das natürlichste Material zur Gußstahlbereitung ist also Stahl. Von der Beschaffenheit des anzuwendenden Roh- oder Cementstahls wird die des Gußstahls im Allgemeinen abhängig seyn, aber er wird gleichartiger, und, bei gleicher Härte, fester und zugleich dichter werden, als er es in dem Zustande vor dem Umschmelzen war. Die Schweißbarkeit des darzustellenden Gußstahls hängt von dem Verhältniß der Kohle, also davon ab, ob das umzuschmelzende Material mehr roh- als stabeisenartig war. Eine sachkundige und verständige Auswahl des umzuschmelzenden Stahls ist folglich das erste und wesentlichste Erforderniß, wenn die Gußstahlfabrikation gelingen, und wenn der darzustellende Gußstahl die verlangte Beschaffenheit erhalten soll. Eine andere, nicht minder wesentliche Bedingung zur Darstellung eines guten Gußstahls, — er mag die Schweißbarkeit in einem geringeren oder höheren Grade, oder auch gar nicht besitzen sollen, besteht darin, eine gleichartige Masse durch die Schmelzung darzustellen. Durch die Gleichartigkeit zeichnet sich der englische Gußstahl noch immer sehr vortheilhaft vor dem französischen und dem deutschen Gußstahl aus, und die mehrsten Mängel dieser Gußstahlarten entspringen nur allein aus seiner Ungleichartigkeit. Der vollkommen flüssige Zustand des geschmolzenen Stahls allein, ist nicht hinreichend, die Gleichartigkeit zu bewirken, sondern es ist auch ein wiederholtes Umrühren des flüssigen Metalles, während es sich in der höchsten Schmelzhitze befindet, durchaus erforderlich.

§. 1103.

Die Schmelzung geschieht in Tiegeln, und zwar auf ähnliche Art, wie die Umschmelzung des Roheisens beim Tiegelguß. Die Hitze muß aber größer, folglich der Zug des Ofens stärker seyn. Man wendet zweierlei Arten von Oefen an: entweder die gewöhnlichen Tiegelöfen, bei denen der Tiegel mit glühenden Koaks unmittelbar umgeben ist; oder Flammenöfen, welche nach Art der Glasöfen konstruirt sind.

Am häufigsten bedient man sich der Tiegelöfen, denen man unter dem Rost einen möglichst starken Luftzug verschaffen, und bei welchen man die Flamme, zur Verstärkung des Zuges, in eine hohe Esse leiten muß. Holzkohlen sind zur Schmelzung wenig anwendbar, weil sie, bei gleichem Volum mit den Koaks, zu wenig Hitze geben, also sehr tiefe Oefen, vom Fuchs oder vom Flammenableitungskanal bis zum Rost gerechnet, erfordern, auch ein zu häufiges Nachschütten von Kohlen nothwendig machen, welches bei der Arbeit unbequem ist, und einen großen Aufwand von Zeit und Kohlen zur Folge hat.

Schneller und sicherer, auch wegen des nicht so häufigen Nachschüttens bequemer, ist die Anwendung von Koaks. Statt der Tiegelöfen mit einem natürlichen Luftzuge und mit hohen Essen lassen sich auch Tiegelöfen mit Gebläse anwenden und vielleicht mit einem noch besseren Erfolge (§. 427.). Die Oefen mit natürlichem Luftzuge sind indeß bis jetzt noch die gebräuchlichsten bei der Gußstahlbereitung.

Die Schächte der Oefen sind nur so groß, daß ein Tiegel mit Einem Mal eingesetzt werden kann, um die Hitze mehr zusammen zu halten und auf allen Punkten gleich stark wirken zu lassen. Man giebt den Oefen gewöhnlich solche Stellung, daß der höchste Punkt des Gewölbes oder der Kuppel, in derselben Sohle liegt wie die Hüttenräume, um das Ausgießen der gefüllten Tiegel bequemer verrichten zu können. Auf der Zeichnung Taf. LXIII. Fig. 6—11. ist eine solche Vorrichtung zur Gußstahlbereitung in Tiegeln dargestellt. Man findet diese Einrichtung fast überall in den englischen Gußstahlhütten und legt mehre Oefen in dieser Art in einer fortlaufenden Reihe neben einander, wobei das Bedürfniß, nämlich die Größe der Fabrikation, die Anzahl der Oefen bestimmt, welche in Thätigkeit gesetzt werden sollen.

§. 1104.

Wenn die Schmelzung nicht bei Gluthfeuer, sondern bei Flammenfeuer geschehen soll, so wendet man kleine Flammenöfen an, deren Heerd durch einen in der Mitte befindlichen Rost in zwei Theile getheilt seyn kann. Auf jeder Seite des Rostes werden zwei Tiegel gestellt, so daß ein solcher Flammenofen vier Tiegel enthalten kann. Das Einsetzen und Herausnehmen der Tiegel geschieht durch Oeffnungen, die in den Seitenmauern des Ofens angebracht sind, und welche beim Gange des Ofens mit einer verlorenen Ziegelwand zugemauert werden. Die Feuerung wird mit Steinkohlen verrichtet, weil das Holz einen sehr breiten Rost erfordern, und nicht Hitze genug geben würde. In den beiden Seitenwänden des Ofens, in welchen sich keine Oeffnungen zum Einsetzen und Herausnehmen der Tiegel befinden, müssen niedrigere oder höhere Essen (Kanäle) vorhanden seyn, welche die Flamme aus dem Ofen in die Kuppel leiten, damit die Tiegel auf allen Seiten von der Flamme umspielt werden. In der Kuppel des Ofens befindet sich zwar ebenfalls eine Oeffnung zum Abziehen der Flamme; indeß darf diese nicht zu groß seyn, damit die Flamme nicht aus derselben vorzugsweise abzieht. sondern genöthigt wird, durch die in den Seitenmauern des Ofens befindlichen Kanäle auszuströmen. Alle Oeffnungen zum Abziehen der Flamme können sich auch oben in der Kuppel vereinigen und dort, zur Verstärkung des Zuges, eine hohe gemauerte Rauchröhre oder Feueresse erhalten.

Das Tiegelschmelzen in solchen Flammenöfen erfordert viel Gewandtheit beim Herausnehmen und Ausgießen der Tiegel; auch geht beim Oeffnen und Vermauern der Seitenwände des Ofens viel Zeit verloren, weshalb diese Oefen wenig anwendbar und dabei zugleich sehr unbequem sind. Sehr strengflüssiger Stahl läßt sich bei Flammenfeuer nur schwierig in Fluß bringen, weshalb man bei den schweißbaren, also weniger kohlehaltigen und daher strengflüssigeren Stahlarten, Gluthfeuer anwenden muß. Außerdem leiden die Tiegel in dem Flammenstrom, der das Reißen und Springen derselben in einem höhern Grade veranlaßt, als wenn sie überall von den glühenden Koaks umgeben sind.

§. 1105.

Ein wichtiger Gegenstand bei der Gußstahlfabrikation ist die Beschaffenheit der Tiegel. Am dauerhaftesten und haltbarsten in der starken Hitze, und bei der großen Temperaturveränderung beim Ausnehmen aus dem Ofen, sind die Kohlen- oder Graphittiegel, oder die sogenannten Ipser Tiegel. Wo man diese aber nicht wohlfeil erhalten kann, muß man Tiegel aus feuerbeständigem Thon anwenden und die Thonmasse mit alter Tiegelmasse, oder mit vorher gebranntem feuerfestem Thon versetzen, damit sie nicht so stark schwindet oder zerspringt. Eine empfehlenswerthe Tiegelmasse besteht aus 2 Theilen feuerfestem Thon und 1 Theil zerpulverten Koaks, oder noch besser aus 2 Th. Thon und 1 Th. Graphit. Die Thontiegel müssen vor der Anwendung möglichst stark gebrannt seyn, damit die fehlerhaften schon vor dem Gebrauch ausgehalten werden können.

Praktische Metallurgen versichern, daß die Thontiegel, welche nach Art der Aschenkapellen mit einem Futter, nämlich mit einem Mönch und einer Nonne, angefertigt werden, dauerhafter, dichter und zu mehreren Schmelzungen brauchbar seyn sollen, als die Tiegel, welche aus freier Hand gearbeitet sind. Das Eindrücken des Mönchs in die in der äußeren eisernen Form befindliche Thonmasse, erfordert indeß eine starke Kraftanstrengung, und läßt sich ohne eine Presse kaum bewirken.

Die Größe der Tiegel ist willkührlich und kann daher sehr verschieden seyn. Man pflegt sie aber nicht größer als etwa 5 Zoll oben im Durchmesser und 10 bis 15 Zoll hoch zu machen, so daß man funfzig bis sechszig Pfund Stahl einsetzen und schmelzen kann.

§. 1106.

Aus dem Fluß, mit welchem die zu schmelzende Masse bedeckt wird, hat man sonst ein großes Geheimniß gemacht. Es ist indeß einleuchtend, daß der Fluß (oder die Decke für den geschmolzenen Stahl) solche Eigenschaften besitzen muß, daß er dem Stahl weder fremdartige Bestandtheile mittheilt, noch demselben Kohle entzieht. Reines Glas, welches zur Beförderung des Flusses mit etwas Borax versetzt seyn kann, wird die beste Decke abgeben. Nothwendig ist der Fluß oder die Decke überhaupt nicht, sobald die Tiegel durch die Deckel gehörig dicht verschlossen, und dadurch gegen das Hineinfallen von Kohlen gesichert sind. Der Fluß ist sogar beim Ausgießen des Stahls aus den Tiegeln in die Formen sehr hinderlich, und daher ist es am besten keinen Fluß anzuwenden.

Die Schmelzhitze muß zuerst nicht zu stark gegeben werden, damit die Tiegel nicht schnell in Hitze kommen und springen. Vorzüglich ist dahin zu sehen, daß die Tiegel zuerst unten stärker als oben erhitzt werden, damit die untere Masse in Fluß kommt. Wie lange die Schmelzung fortzusetzen ist, und wie oft Koaks nachgefüllt werden müssen, hängt vom Zuge des Ofens, so wie von der Schmelzbarkeit des Stahls ab, indem der schweißbare Gußstahl strengflüssiger ist, als der nicht schweißbare. Die Erfahrung ist hier die sicherste Führerin. In manchen Fällen wird eine mehre Stunden lang fortgesetzte Schmelzhitze nöthig seyn. Immer muß die Masse vollkommen tropfbar flüssig seyn, und sich mehre Minuten lang in diesem Zustande befunden haben, ehe sie umgerührt, dann wieder stark erhitzt und ausgegossen wird.

Die Tiegel mit der geschmolzenen Masse werden mit zweckmäßig eingerichteten Bauchzangen aus dem Ofen genommen, und der geschmolzenene Stahl wird dann in eiserne Formen, welche gewöhnlich vier- oder achteckig, und aus mehren Stücken, welche auseinander genommen werden können, zusammengesetzt sind, ausgegossen. Aus den Zeichnungen Taf. **LXIII.** sind diese Einrichtungen deutlich zu ersehen. Die Stahlbarren haben das Ansehen von vier- oder achtkantigen Stäben, welche demnächst mit Sorgfalt ausgeschmiedet und weiter verarbeitet werden.

Die Formen müssen nicht größer seyn, als nöthig ist, um den geschmolzenen Stahl aufzunehmen. Auch wird die Oberfläche des Stahls oben beim Einguß sogleich mit Thon, oder mit fetter Erde bedeckt, damit der Stahl beim Erkalten nicht blasig und löchrig wird.

Daß der Luftzug beim Ausheben der Tiegel aus dem Ofen gänzlich gehemmt seyn muß, versteht sich von selbst.

Will man einen Fluß zur Decke für den Stahl anwenden, so muß man, nach Clouet's Erfahrungen, nicht die Bestandtheile des Glases, sondern das Glas selbst nehmen, weil Kali und Kieselerde andere Wirkungen hervorbringen, wenn sie auch ganz in denselben Verhältnissen angewendet werden, in welchen sie sich im Glase befinden. Beide Körper scheinen sich, wenn sie vorher nicht zu Glas geschmolzen sind, zum Theil mit dem Stahl zu verbinden, und denselben spröde zu machen.

In England wendet man immer nur Cementstahl, und in denjenigen Fabriken, in welchen der Cementstahl als solcher verarbeitet wird, gewöhnlich die Enden von den cementirten Stahlstäben zur Gußstahlfabrikation an. Diese Enden sind gewöhnlich stärker gebrannt oder cementirt, als die Stäbe in der Mitte, weshalb sie einen sehr spröden unbrauchbaren Cementstahl geben würden, welcher sich zu nicht schweißbarem Gußstahl vortrefflich benutzen läßt. Bei der allgemeinen Anwendung, welche der Gußstahl in jenem Lande gefunden hat, wird die Benutzung des Cementstahls immer mehr beschränkt, und in den mehrsten Werkstätten wird daher nur Cementstahl bereitet, um Gußstahl daraus anzufertigen.

Jars Reisen. II. 422. — Svedenstjerna's Reise durch Engl. und Schottland. 96. u. f. — Sur quelques nouvelles méthodes de fabriquer l'acier fondu, et sur les moyens de fondre le fer mallée sans nuire à sa ductilité; in den Annales des arts. VII. 240 — 258. — Expérience sur l'acier fondu en France; in den Ann. des arts. XXXIII. 79 — 88. — Avis aux ouvriers en fer, sur la fabrication de l'acier; par Vandermonde, Monge et Berthollet; in den Annales de Chimie. XIX. 1 — 46. (Uebers. im N. Hann. Magazin. 1800. St. 49. 50., und im Journ. für Fabriken u. s. f. 1802. Januar, No. 11.). — Clouet observations sur la manière de produire les aciers fondus, et sur les fourneaux, qui conviennent pour cette opération; im Journ. des mines. No. 49. p. 9 — 12. — Smith, sur la fabrication de l'acier coulé; Journ des mines, No. 73. p. 59. 60. — Résultat d'une expérience qui a été faite sur l'acier fondu par M. M. Poncelet frères; Journ. des mines, No. 145. p. 35 — 42. — Gillet-Laumond, rapport fait à la société d'encouragement pour l'industrie nationale, au nom du Comité des arts chimiques, sur l'acier fondu, et sur plusieurs variétés nouvelles d'acüers: im Journ. des mines, No. 251. p. 5 — 26. — Broling, über den Gußstahl. Archiv. f. Bergbau. VIII. 342. — Winkler, die Gußstahlbereitung des Hrn. Heljestrand in Eskilstuna in Schweden; in Erdmann's Journ. f. technische und ökon. Chemie. II. 105. — Prechtl, über die Verfertigung des Gußstahls; in den Jahrbüchern des Wiener polytechnischen Institutes I. 180. — Werlisch, Beschreibung der Gußstahlfabrikation auf der Hannoverschen Eisenhütte bei Uslar im Solling; Dinglers polytech. Journ. Bd. 73. S. 417; oder Bayersches Gewerbeblatt f. 1839. S. 575.

Vom Härten des Stahls.

§. 1107.

Im Allgemeinen versteht man unter Härten das plötzliche Abkühlen des glühenden Stahls in kalten, am besten in tropfbar flüssigen Substanzen. Der geglühete und nicht gehärtete, sondern langsam und von selbst erkaltete Stahl ist wenig härter als das Stabeisen, und besitzt dieselben Eigenschaften, die er vor dem Glühen hatte, in so ferne er nicht vor dem Glühen schon gehärtet war.

Durch das Härten erleidet der Stahl folgende Veränderungen:

1) Er behält die durch die vorhergegangene Erhitzung bewirkte Vergrößerung seines Volums nach dem Ablöschen zum Theil, wogegen der erhitzte und langsam von selbst erkaltete Stahl wieder dasselbe Volum einnimmt, welches er vor der Erhitzung hatte.

2) Er bekommt daher durch das Härten eine etwas geringere Dichtigkeit, oder ein etwas geringeres specifisches Gewicht, als er vor dem Härten hatte. Bei dem freiwilligen langsamen Erkalten behält der Stahl seine ursprüngliche Dichtigkeit, welche er auch dann wieder erhält, wenn man den schon gehärteten Stahl abermals erhitzt und langsam erkalten läßt.

3) Er erhält durch das Härten eine glatte und völlig

metallisch glänzende Oberfläche, weil sich die Glühspandecke beim plötzlichen Erkalten nach anderen Gesetzen zusammenzieht, als der Stahl. Stahl, welcher durch das Härten keine metallisch-glänzende Oberfläche bekommt, ist eisenartig, indem das Stabeisen durch das Ablöschen wieder dasselbe Volum erhält, welches es vor der Erhitzung hatte, so daß der Glühspan sich mit demselben ausdehnt und wieder zusammenzieht.

4) Er leidet eine wesentliche Veränderung seines Gefüges, indem das Korn so fein wird, daß die Bruchfläche das Ansehen des feinsten Silbers erhält, und mit unbewaffneten Augen keine körnige Textur mehr sichtbar ist.

5) Er bekommt eine lichtere Farbe und erhält daher mehr Glanz als vor dem Härten.

6) Er wird durch das plötzliche Abkühlen ungleich härter, als er vor dem Glühen war, und behält diese Härte, wenn er nicht von Neuem wieder geglüht wird.

7) Er bekommt durch das Härten eine größere absolute und respective Festigkeit.

8) Bei einer zu großen und der Natur des Stahls nicht angemessenen Temperaturveränderung, nimmt die Festigkeit des Stahls ab, die Härte und Sprödigkeit aber nehmen zu. Bei einem noch größeren Grade der Temperaturveränderung nehmen Härte und Sprödigkeit so zu, daß sich der Stahl zerpulvern läßt und nur eine geringe Festigkeit behält.

Alle diese Veränderungen hängen von dem Unterschied der Temperatur, also theils von der Stärke der Erhitzung, theils von der Stärke der Abkühlung, folglich von der Temperatur und von der Wärmeleitungsfähigkeit des Mittels ab, in welchem die Abkühlung geschieht.

§. 1108.

Nach Reaumur und Rinman soll das Volumen des gehärteten Stahls das des ungehärteten etwa um $\frac{1}{48}$ übertreffen, oder das Verhältniß der Länge eines gehärteten Stahlstabes zu der eines ungehärteten, soll wie 144 zu 145 seyn. Den Stahlarbeitern ist die Eigenschaft des Stahls, nach dem Härten eine größere Ausdehnung zu erhalten, sehr wohl bekannt, indem sie zu großen Ungelegenheiten Anlaß giebt, wenn der Stahl auf der einen Seite sehr eisenartig, oder wenn er mit Eisen zusammengeschweißt ist. Das weiche Eisen erhält nämlich nach dem Ablöschen seine ursprüngliche Länge wieder, welche es vor dem Glühen hatte; und daher zieht sich die aus härterem und weicherem Stahl, oder aus Stahl und Eisen bestehende Stahlarbeit beim Härten krumm, und muß beim folgenden Anlassen erst wieder gerichtet werden. Das Richten der Stahlarbeiten ist oft eine sehr beschwerliche und mühsame Arbeit, bei welcher die eisenartige, kürzere Seite häufig durch Hämmern ausgereckt oder ausgetrieben werden muß.

Es ist indeß noch nicht entschieden, ob aller Stahl nach dem Härten ein größeres Volum einnimmt, oder weniger Dichtigkeit erhält. Rinman führt bei dem besten Rohstahl ein Beispiel vom Gegentheil an, indem der Stahl durch das Härten sein Volum um $\frac{1}{27}$ verminderte, oder etwa um $\frac{1}{81}$ kürzer ward, als vor dem Glühen. Derselbe Metallurg ist sogar der Meinung, daß der beste und am meisten elastische Stahl nach dem Härten keine Volumvermehrung, sondern vielmehr eine Volumverminderung zeigen müsse, welches auch nicht unwahrscheinlich ist.

Welchen Einfluß das Härten auf die Dichtigkeit oder auf das specifische Gewicht, folglich auch auf das Volumen der verschiedenen Stahlarten habe, verdient noch genauer untersucht zu werden. Rinman neigt sich zu der Meinung, daß aller Cementstahl beim Härten ausgedehnt, und aller Rohstahl zusammengezogen werde. Von diesem Verhalten hängt ohne Zweifel der Grad der Festigkeit und der Elasticität des Stahls sehr ab, weil der Stahl, welcher nach dem Härten am stärksten ausgedehnt bleibt, ohne Zweifel die geringste Festigkeit, vielleicht auch die geringste Elasticität, besitzt.

Die Veränderung des Volumens des Stahls beim Härten kann bei einer und derselben Stahlsorte nicht gleichbleibend seyn, sondern sie wird von dem Grade der Hitze abhängen, bei welchem die Härtung vorgenommen ward. Deshalb verliert auch der in einer zu großen Hitze gehärtete Stahl alle Festigkeit und Elasticität, und wird mürbe und spröde.

Reaumur, l'art de convertir le fer forgé en acier. p. 338. — Rinman a. a. O. I. 220. 228.

§. 1109.

Die Biegsamkeit eines Körpers ist im Allgemeinen der Zerbrechlichkeit entgegengesetzt. Daß der festeste Körper immer der biegsamste ist, wird durch die Erfahrung nicht bestätigt. Biegsames Wachs zeigt z. B. eine sehr geringe Festigkeit. Außerdem hängt die Biegsamkeit auch von der Stärke oder von der Dicke des Körpers ab. So sind Hobelspäne z. B. ungemein biegsam, obgleich das Holz in dickeren Stücken eine weit geringere Biegsamkeit äußert. Es können also nur die verschiedenen Grade der Biegsamkeit bei einem und demselben Körper, und dann auch nur bei einer und derselben Dimension, mit einander verglichen werden. Dickere Eisenstäbe müssen daher an sich weniger biegsam seyn, als aus demselben Eisen geschmiedete dünnere Stäbe.

Die Biegsamkeit des Eisens ist um so größer, je reiner das Eisen ist oder je weicher es sich zeigt, obgleich es auch weiches Eisen von geringer Biegsamkeit geben kann, welches dann ein mürbes, schlechtes Stabeisen ist. Das weiche Stabeisen wird aber niemals Elasticität, d. h. den Zustand der Biegsamkeit äußern, in welchem es seine vorige Gestalt wieder anzunehmen strebt, und beim Aufhören der drückenden Kraft auch wirklich wieder annimmt. Diese Modifikation der Biegsamkeit steht nur dem Stahl, d. h. dem harten Stabeisen zu. Die

Elasticität scheint also mit der Härte in einem gewissen Zusammenhang zu stehen, obgleich die Härte nicht die Ursache der Elasticität seyn kann, weil sonst die harten Körper auch elastisch seyn müßten. Sehr wahrscheinlich wird die Elasticität nur bis zu einem gewissen Grade durch die Härte befördert, worauf die Wirkungen der Sprödigkeit eintreten, weshalb der härteste Stahl nicht immer der am meisten elastische seyn kann. Daraus ergiebt sich, daß jeder Stahl nicht stärker gehärtet werden muß, als nöthig ist, um den ganzen Grad seiner Elasticität zu gewinnen. Je leichter der Stahl die Härte annimmt, d. h., je weniger stark er vor dem Ablöschen erhitzt werden darf, desto vollkommener ist er, und desto weniger wird er in seinem Gefüge durch die Ausdehnung, welche er beim Erhitzen erleidet, gestört. Stahl, der mit der größten Härte die größte Elasticität verbindet, ist der vollkommenste. Dies kann nur der Stahl seyn, welcher keine fremden Bestandtheile (Erdbasen, Schwefel, Phosphor oder andere Metalle) in chemischer Verbindung enthält, und bei welchem Eisen und Kohle aufs innigste und gleichartigste mit einander verbunden sind. Ertheilt man dem Stahl eine geringere Härte, als er anzunehmen fähig ist, so wird er zwar zäher und weniger zerbrechlich, aber in demselben Verhältniß auch weniger elastisch seyn.

Um also dem Stahl alle Härte und Elasticität mitzutheilen, welche er anzunehmen fähig ist, muß er bei einem seiner jedesmaligen Natur angemessenen Grade der Hitze gehärtet werden. Ist der Unterschied der Temperaturen im Zustande der Erhitzung und der Abkühlung zu groß, so wird sich zwar die Härte noch vermehren können, allein die Festigkeit und Elasticität des Stahls nehmen ab und die Sprödigkeit wird größer. Bei einer zu starken Erhitzung nimmt die Festigkeit bis zu dem Grade ab, daß der Stahl zu einer mürben, pulverisirbaren Masse umgeändert wird.

Weil es eigentlich der Unterschied der Temperatur ist,

worin der Stahl beim Härten plötzlich versetzt wird, wodurch die verschiedenen Grade der Härte eines und desselben Stahls bestimmt werden, so scheint es beim Härten nur darauf anzukommen, diese Temperaturdifferenz der jedesmaligen Bestimmung des Stahls angemessen anzuwenden. Verlangt man von dem Stahl mehr Härte und weniger Elasticität, so würden die Unterschiede der Temperatur größer seyn müssen, als wenn dem Stahl weniger Härte und mehr Elasticität zu Theil werden sollen. Diese Temperaturunterschiede würden auf doppelte Weise hervorgebracht werden können. Entweder dadurch, daß der zu verschiedenen Zwecken bestimmte Stahl, bei einerlei, und zwar bei dem seiner Beschaffenheit angemessenen Grade der Hitze glühend gemacht, und daß nur die Temperatur des Mittels, in welchem die Härtung erfolgen soll, verändert wird; oder dadurch, daß die Temperatur des Härtemittels unverändert bleibt, dem Stahl aber die ihm angemessene größte Hitze gegeben wird, wenn von aller Härte, die er anzunehmen fähig ist, Gebrauch gemacht werden soll, wogegen man ihn schwächer erhitzt, wenn man mehr von seiner Festigkeit und Elasticität, als von seiner Härte, Gebrauch machen will.

Der erste Weg würde der ungleich vorzüglichere seyn, wenn es nicht sehr große Schwierigkeiten hätte, Härtemittel von so verschiedener Temperatur anzuwenden, als durchaus erforderlich seyn würden, um einem und demselben Stahl, durch die Verschiedenheit der Temperatur der abkühlenden Medien, die für jeden Fall verlangten größeren und geringeren Grade der Härte und Elasticität mitzutheilen.

Der zweite Weg ist deshalb zu verwerfen, weil die Elasticität des Stahls zum Theil von seiner Härte abhängig ist, und ein zu geringer Grad der Hitze daher wohl dazu führen kann, einen weniger harten Stahl zu erhalten, aber auch zugleich bewirkt, daß demselben nicht der Grad der Festigkeit und Elasticität zu Theil wird, welchen derselbe anzunehmen fähig ist, wenn er bis zu dem Grade erhitzt wird, den er nach seiner Beschaffenheit, nämlich nach der Größe seines Kohlegehaltes, wirklich anzunehmen vermag.

Der Stahl muß folglich, wenn von aller Härte und zugleich von aller Elasticität, welche er überhaupt anzunehmen fähig ist, Gebrauch gemacht werden soll, immer bis zu dem Grade erhitzt werden, der seiner Beschaffenheit angemessen ist, und zugleich ist die Temperatur und Beschaffenheit der Härtemittel mit Rücksicht auf die Bestimmung des Stahls zweckmäßig abzuändern. Davon allein würde aber noch kein vollständiger Erfolg zu erwarten seyn, um dem Stahl diejenige Sprödigkeit zu entziehen, welche immer mit dem größten Grade der Härte des Stahls, selbst in dem Fall verbunden ist, wenn derselbe nicht überhärtet, d. h. bei keinem höheren Grade der Hitze, als bei demjenigen gehärtet worden ist, bei welchem sich Härte und Elasticität am vollständigsten entwickeln. Diese Sprödigkeit wird zwar um so weniger bedeutend seyn, je richtiger der Grad der Hitze des Stahls beim Härten getroffen worden ist, so daß sie in solchen Fällen unbeachtet bleiben kann; allein wegen der ungleichartigen Beschaffenheit alles nicht gegossenen Stahls, und wegen der Unvollkommenheit des Härteprozesses selbst, wird sie in den mehrsten Fällen nicht zu vermeiden seyn, sondern durch eine zweite Operation, nämlich durch das Anlassen, wieder gehoben werden müssen.

Hr. Gill hat die Erfahrung gemacht, daß es der Operation des Anlassens nicht bedürfe, wenn man den Stahl, welcher bis zu dem zum Härten erforderlichen Grade der Temperatur erhitzt worden ist, in ein geschmolzenes und bis zum Rothglühen erhitztes Metallbad, aus einer leichtflüssigen Mischung von Blei und Zinn taucht. Dies ist eigentlich der vorhin erwähnte erste Weg, welcher sich beim Härten befolgen ließe. Ob derselbe aber für alle Stahlarten und für jede Bestimmung, welche ein und derselbe Stahl erhalten soll, anwendbar ist, ist keinesweges außer Zweifel gesetzt.

Gill, über das Härten und Anlassen des Stahls. Archiv f. Bergbau. III. 81.

§. 1110.

Wenn es ein leichtes Mittel gäbe, den Grad der Hitze zu bestimmen, welcher der jedesmaligen Beschaffenheit des Stahls am angemessensten ist, so würde der Prozeß des Härtens keine große Schwierigkeit darbieten, weil man den Stahl nur bis zu jenem Hitzgrade glühend machen, und ihm dann, sey es durch Ablöschen in kaltem Wasser und durch das darauf erfolgende Anlassen, oder durch das Eintauchen in ein leichtflüssiges Metallbad, die Härte mittheilen dürfte, welche er anzunehmen fähig ist. Obgleich der weichere Stahl im Allgemeinen stärker erhitzt werden muß, als der härtere, weniger stabeisenartige, so bleibt die Bestimmung des für jeden Fall angemessenen Hitzgrades doch immer schwierig, weil man kein zuverlässiges und leicht anwendbares Mittel kennt, die Grade der Hitze in den höheren Temperaturen zu messen. Die Stärke der Erhitzung muß daher der Erfahrung und den Augen des Arbeiters überlassen bleiben, wobei durch zufällige Umstände so leicht eine Täuschung möglich ist. Diese Schwierigkeit wird durch die oft sehr verschiedenartige Beschaffenheit eines und desselben Stahls noch ungemein vermehrt. Die verschiedenen Grade des Glühens sind dem Auge nur durch die dunkleren und lichteren Farben, in denen das Eisen erscheint, bemerkbar, und diese Nuancirungen gehen so unbemerklich in einander über, daß nur ein sehr geübtes Auge sie zu unterscheiden vermag. Zwischen der braunrothen Glühhitze, in welcher das Eisen zuerst im Finstern leuchtet, und der Schweißhitze, welche der höchste Grad des Glühens ist, liegen die unendlichen Abstufungen der dunkel- und hellrothen Glühgrade, bei denen die Härtung vorgenommen werden muß. Die braunrothe Glühhitze giebt eine kaum bemerkbare

Härte, und die Schweißhitze einen unbändigen, spröden und mürben Stahl. Beide Hitzgrade liegen aber 90 Grad Wedgwood aus einander, und ungeachtet dieser außerordentlichen Verschiedenheit der Temperatur, hat man doch nur 2 Grade des Rothglühens, die kirschrothe und die rosenrothe Glühhitze, mit den Augen deutlich unterscheiden können.

Der Vorschlag, Metallgemische zu machen, welche in einer bestimmten Temperatur schmelzen, um in diesen geschmolzenen Metallgemischen den Stahl glühend zu machen, damit er, wenigstens bei feinen Sachen, immer einerlei Hitzgrad erhält, ist deshalb unausführbar, weil die meisten Metalle schon in einer geringeren Temperatur als in derjenigen schmelzen, welche der Stahl zum Härten erfordert, und weil die Gemische der strengflüssigeren und leichtflüssigeren Metalle theils unbekannt und schwierig in der Anwendung, theils sehr unvollkommen und häufig gar nicht darstellbar sind, auch schwerlich immer in einerlei Grade der Temperatur würden flüssig erhalten werden können, sondern häufig stärker als der Schmelzpunkt es gerade erfordert, erhitzt werden würden.

Bei manchen Stahlarbeiten ist es vorzuziehen, die Erhitzung nicht in einem offenen Feuer, sondern in einem glühenden Sandbade vorzunehmen, weil sich dadurch wenigstens eine gleichartige Temperatur mittheilen, auch die Temperatur des glühenden Sandes einigermaßen, mindestens aber mit mehr Zuverlässigkeit als die Temperatur des glühenden Gases bei offenem Feuer, bestimmen läßt.

§. 1111.

Es ist eine allgemeine Regel, daß das Korn desto gröber und desto weißer ist, in je größerer Hitze der Stahl gehärtet wird. Je feiner, grauer und matter das Korn, in desto geringerer Hitze erfolgte die Härtung. Nur wenn der Stahl so sehr überhitzt wird, daß er fast in den erweichten Zustand gelangt, besitzt er weder ein so weißes, noch ein so grobes Korn, als wenn die Härtung in einer etwas niedrigeren Temperatur erfolgte; aber er ist dann so mürbe und so spröde geworden, daß er nur noch eine sehr unbedeutende Festigkeit zeigt. Es müssen also Farbe, Größe und Glanz des Korns die Kennzeichen abgeben, welche bei der Bestimmung des richtigen Grades der Temperatur beim Härten die Anleitung geben.

Rinman giebt folgendes Mittel an, den rechten Grad der Hitze zum Härten auszumitteln. Ein in der Rothglühhitze spitzig geschmiedetes Stück von dem zu härtenden Stahl wird auf der äußersten Spitze weißwarm gemacht, so daß es 2 bis 3 Zoll höher herauf kaum noch sichtbar glühend ist, dann senkrecht in kaltes Wasser gesteckt, und völlig darin abgekühlt. Von dem so gehärteten Stahl wird, in möglichst geringen Entfernungen von der Spitze, ein Stück nach dem andern abgeschlagen, um nach den Abstufungen der Feinheit des Korns, verbunden mit dem Grade der Härte, welcher durch die Feile aufgefunden werden muß, den rechten Grad der Glühhitze zu beurtheilen. Der Stahl muß dann beim Härten bis zu dem Grade geglühet werden, welchen derjenige Theil des abgeschlagenen Stahls erhalten hatte, der das feinste Korn zeigte und sich am härtesten gegen die Feile verhielt.

Diese Methode erfordert aber eine große Uebung, und muß oft wiederholt werden, wobei sich der Arbeiter den Zustand des Glühens auf den verschiedenen Stellen sehr genau bemerken muß, um den Grad des Glühens, bei welchem die beste Härtung erfolgt, richtig aufzufinden.

§. 1112.

Um von aller Härte und Festigkeit des Stahls Gebrauch zu machen, muß man ihn so lange mit einem nassen Hammer schmieden, bis er aufhört braunroth zu seyn. In diesem Zustande zeigen die Stahlstäbe das feinste Korn, dessen sie fähig sind, sind aber noch weich und müssen gehärtet werden. Zu dem Ende zerbricht man den Stahl in dem weichen Zustande, in welchem er auf die eben angegebene Weise das feinste Korn erhalten hat, und mittelt nun die Temperatur aus, bei welcher das Korn, nach dem Ablöschen beim Abschlagen, zwar mit einer weißeren Farbe, aber gerade so fein zum Vorschein kommt, als im weichen Zustande. Dies ist dann derjenige Hitzgrad, bei welchem der Stahl, mit Beibehaltung der größten Festigkeit und Elasticität, die größte Härte erhält, welche er überhaupt, ohne Verlust oder Verminderung seiner Festigkeit und Elasticität, annehmen kann. — Ein gröberes Korn zeigt sogleich eine zu starke Hitze. Die Oberfläche des Stahls muß nach dem Härten nicht durchaus blank, sondern nur gesprenkelt blank erscheinen, weil ganz blanke Stellen schon auf zu starke Hitze deuten. — Wird der Stahl auf diese Art gehärtet, so ist das Anlassen nach dem Härten nur bei solchen Stahlwaaren nöthig, von denen man mehr Zähigkeit als Härte verlangt. Ueberhaupt kann das Anlassen niemals die Nachtheile des fehlerhaften Härtens verbessern, sondern nur die Sprödigkeit heben, indem die mit dem Härten in zu starker Hitze verlorene Festigkeit und Elasticität des Stahls, durch das Anlassen nicht wieder gewonnen werden. Ein zu stark erhitzter Stahl, wenn er auch nicht im Wasser abgekühlt wird, sondern langsam an der Luft erkaltet, hat schon gelitten. Man muß ihn dann noch einmal erhitzen und durch Hämmern mit einem nassen Hammer, wie vorhin erwähnt, verdichten. Dadurch erlangt der Stahl dann seine Festigkeit wieder, und zugleich das feine Korn, welches zur Beurtheilung der richtigen Glühhitze beim Härten führt.

§. 1113.

Die Flüssigkeit, in welcher die Härtung vorgenommen wird, ist gewöhnlich kaltes Wasser. Es ist indeß dahin zu sehen, daß das Wasser immer einerlei Temperatur behält, weshalb es auch in großer Masse angewendet werden muß. Fließendes Wasser von einerlei Temperatur ist beim Härten dem stehenden Wasser vorzuziehen, weil sich die Erwärmung des letzteren zuletzt doch nicht vermeiden läßt. Warmes Wasser giebt einen weicheren Stahl, als kaltes: folglich hat die Erwärmung des Wassers einen Einfluß auf die Härtung. Deshalb kann man auch den Stahl im Winter etwas weniger erhitzen als im Sommer, weil die Temperatur des Wassers im Winter niedriger ist, und weil man dann Wasser, worin Schnee und Eis liegt, anwenden kann.

In früheren Zeiten hat man geglaubt, die Güte des Stahls vorzüglich in der Beschaffenheit des zum Härten angewendeten Wassers suchen zu müssen. Obgleich es im Allgemeinen richtig ist, daß hartes Wasser, oder Wasser, welches Salze aufgelöst enthält, wahrscheinlich wegen der verschiedenen Wärmeleitungsfähigkeit, stärker härtet als sogenanntes weiches Flußwasser, so ist dieser Unterschied doch nicht sehr bedeutend, und die Temperatur des Wassers ist mehrentheils entscheidend.

Durch das Ablöschen des Stahls in Quecksilber erhält derselbe eine größere Härte, als durch das Härten im Wasser. Das Härten in Quecksilber ist bei großen Gegenständen nicht ausführbar. Bei kleinen und sauber gearbeiteten Fabrikaten ist die Anwendung des Quecksilbers wiederholt empfohlen worden Wahrscheinlich mag die viel größere Wärmeleitungsfähigkeit des Quecksilbers die Ursache seiner größeren Wirksamkeit seyn. — Leichtflüssige, starre Metallgemische, die man ebenfalls vorgeschlagen hat, sind nicht gut anzuwenden und würden wenigstens eine ungleiche Härtung veranlassen.

Geringere Grade der Härtung lassen sich schon durch das Schwingen in kalter feuchter Luft, oder vor dem Windstrome eines Blasebalgs bewirken.

Ganz feine Stahlarbeiten lassen sich auch zwischen den kalten eisernen Backen eines Schraubestocks härten.

Alle Säuren geben eine stärkere Härtung als Wasser. Man löscht daher Grabstichel und alle Stahlarbeiten, von denen eine große Härte verlangt wird, in Scheidewasser, muß sie aber nachher sogleich in reinem Wasser abspülen.

In manchen Fällen wendet man auch angefeuchtete Kohlenlösche an, z. B. beim Härten der Säbelklingen, weil sich dadurch die Hartborsten, oder die aus der Sprödigkeit des Stahls entstehenden Kantenrisse, besser als beim Ablöschen im Wasser vermeiden lassen.

Alle fettigen Substanzen, Oele, Talg, Wachs und Seife, geben eine schwächere Härtung als Wasser, weshalb man sie mit vielem Erfolge anwendet, um die Hartborsten bei feinen Schneiden zu verhüten, indem es kaum möglich ist, den dickeren Stahl und die feine Schneide so gleichartig zu erhitzen, daß die Schneide nicht schon zu sehr erhitzt seyn sollte, wenn der übrige Theil der Klinge u. s. f. erst kaum den richtigen Grad der Hitze erhalten hat.

Ueberhaupt sind, aus dem eben angeführten Grunde, alle Stahlarbeiten, welche sich mit einer scharfen Schneide endigen, sehr schwer zu härten, erfordern die größte Vorsicht, und machen die Anwendung von den sonst am meisten vorzuziehenden kalten und stärkeren Härtemitteln unanwendbar. Die Härteborsten lassen sich daher bei solchen Arbeiten nur dann möglichst vermeiden, wenn man nur schlecht wärmeleitende Substanzen (angefeuchtete Kohlenlösche, oder fettige Körper) zu Härtemitteln anwendet.

§. 1114.

Ueber die Ursache der Härtung des Stahls beim Abkühlen desselben im glühenden Zustande, sind schon im ersten Abschnitt Untersuchungen angestellt worden. Erfolgt das Abkühlen weniger plötzlich, d. h. wird das härtende Medium selbst stark erhitzt, so gewinnt die Kohle wahrscheinlich schon Zeit zu einer beginnenden Bildung eines Polykarburetes. Daß dieses aber, wenn es einmal gebildet ist, nicht so leicht wieder zerstört werden kann, zeigt eine interessante Erfahrung, welche Hr. Gill mittheilt, wornach der Stahl, welcher in schwächerer Hitze, als es die Härtehitze ist, geglühet und dann im Wasser abgelöscht wird, nicht härter, sondern sogar noch weicher als vor dem Glühen werden soll.

Gill, Archiv f. Bergbau. VIII. 192.

§. 1115.

Die Stahlschmiede halten dafür, daß die gehärteten Stahlstäbe, welche beim Zerschlagen auf dem Bruch sogenannte Rosen zeigen, die gehörige Güte besitzen. Diese Rosen sind Flecke, welche an den äußersten Rändern gelblich oder röthlich gefärbt sind, und näher nach dem Mittelpunkt zu, woselbst die Stäbe am spätesten kalt geworden sind, eine schwarzblaue oder dunkelblaue Farbe haben. Solche Blumen oder Rosen kommen dann zum Vorschein, wenn der Stahl in starken Stücken angewendet, schnell im Wasser abgelöscht, und früher wieder herausgenommen wird, als er völlig abgekühlt ist. Sie entstehen aber nur dann, wenn der Stahl durch das Härten so hart und spröde geworden ist, daß er beim Abkühlen Risse bekommt, in welche Wasser eindringen kann; denn wo sich solche Risse (die man bei schneidenden Sachen Hartborsten nennt) nicht zeigen, hat der Stahl auf dem Bruch auch keine Blumen oder Rosen. Obgleich diese Rosen also über die Güte des Stahls nichts entscheiden können, indem auch sehr schlechter und spröder Stahl Rosen auf der Bruchfläche haben kann; so beweisen sie wenigstens, daß der Stahl sehr große Härte anzunehmen fähig, und nicht mehr stabeisenartig ist. — Bei der Härtung, welche die Stahlschmiede vornehmen, ist es auch keinesweges die Absicht, dem Stahl eine nicht größere Härte zu geben, als mit seiner Zähigkeit und mit dem höchsten Grade der Elasticität, die er annehmen kann, vereinbar ist; sondern sie bezwecken im Gegentheil, den Stahl durch das Härten leichter zerschlagen zu können, weshalb er zu stark erhitzt, gehärtet und daher spröde und rissig wird.

Bei dem Härten muß der Stahl nicht zu langsam und nicht in zu geringer und langsam steigender Hitze, sondern vor einem schwachen Gebläse, in durchaus glühenden, frischen und gesunden Kohlen geglühet werden, damit er keinen Glühspan ansetzt und nicht eisenartig wird. Je schneller die Hitze erfolgen kann, desto besser ist es. Die dickeren Stellen müssen früher erhitzt und einer stärkeren Hitze als die dünneren ausgesetzt werden. Eine Ueberhitzung ist nach Möglichkeit zu vermeiden.

§. 1116.

Bei der größten Vorsicht ist es indeß kaum möglich, den Grad der Hitze, bei welchem sich Härte, Zähigkeit und Elasticität des gehärteten Stahls in der vollkommensten Uebereinstimmung befinden, so genau zu treffen, daß der Stahl nicht entweder zu wenig Härte und Elasticität, oder zu wenig Elasticität und Zähigkeit, und dagegen zu große Härte bekäme. Der erste Fall wird der seltnere seyn, weil er eine zu geringe Erhitzung voraussetzt, welcher Fehler sich durch wiederholtes Härten leicht verbessern läßt. Für den anderen Fall bleibt aber nichts weiter übrig, als einen Theil der Härte, auf dessen Kosten die Elasticität und Zähigkeit des Stahls sich vermindert haben, durch neues Erwärmen, oder durch das Anlaufen, Anlassen des Stahls, wegzunehmen. Je stärker der Stahl angelassen wird, desto mehr nimmt seine Härte ab, und seine Zähigkeit wenigstens in so fern zu, als sich die Sprödigkeit vermindert. Die Elasticität, welche von der Härte und Zähigkeit zugleich abzuhängen scheint, wird nur bis zu einem gewissen Grade größer, und nimmt dann mit der Härte zugleich ab. Stahlarbeiten, bei denen Härte das Haupterforderniß ist, müssen daher sehr schwach (oft gar nicht) angelassen werden; wird Zähigkeit vorzüglich verlangt, so muß das Anlassen in einer höheren Temperatur geschehen. Verlangt man Beides, Zähigkeit und Härte, mit einem beträchtlichen Grade von Elasticität verbunden, so kann dies fast nur bei einem sehr gleichartigen

Roh- und Gußstahl geschehen, wobei der Grad der Härtung durch Erfahrung aufgefunden und der Stahl um so weniger überhitzt werden muß, je größere Härte er anzunehmen vermag.

Die Hitze, in welcher das Anlassen geschieht, ist dieselbe, in welcher die Anlauffarben des ersten Grades (§. 90. u. f.) zum Vorschein kommen. Man unterscheidet daher auch den strohgelben, goldgelben, kupferfarbenen, purpurfarbenen, violetten und blauen Anlauf. Alle Stahlarbeiten, welche mehr Zähigkeit und Elasticität als Härte erfordern, erhalten den blauen Anlauf; die härtesten Werkzeuge, welche des Anlaufs bedürfen, läßt man bis zur strohgelben Farbe anlaufen. Die anzulassenden Stahlarbeiten müssen vor dem Anlaufen polirt seyn, oder wenigstens eine blanke Oberfläche erhalten haben. Bei einem vollkommen gleichartigen Stahl muß man indeß die richtige Härtehitze durch mehre Erfahrungen so genau und sorgfältig ausmitteln und bestimmen können, daß es gar keines Anlassens bedarf.

Das Anlassen kann entweder durch Erwärmung in offenem Feuer, oder dadurch geschehen, daß man die gehärteten und anzulassenden Gegenstände auf gegossene eiserne Platten legt, die bis zu einem gewissen Grade der Temperatur erhitzt werden.

Rinman a. a. O. I. 248 — 252. II. 648 — 666. — Desselben Anl. z. Kenntniß d. Eisen- und Stahlveredlung. 265—271.— Reaumur, l'art de convertir le fer forgé en acier. 11me et 12me mémoire. — Perret Abhandl. vom Stahl, dessen Beschaffenheit, Verarbeitung und Gebrauch. Eine gekrönte Preisschrift. A. d. Franz von Halle. Dresden 1780. — Desselben praktische Anweisnng, alle Stahlarten zu kennen, zu härten, anzulassen und vernünftig zu bearbeiten. Aus dem Franz. von Halle. Berlin 1783. — Polhem, vom Härten des Stahls; in Schreber's Sammlungen. XII. 367 u. f. — Lauräus, eine Art Stahl zu allerlei Gebrauche zu härten; in den Schwed. Abhandl. X. 68 u. f., und in v. Crell's Neuem chem. Archiv. V. 69. u. f. — Angerstein, om stalhärdning; im Hushållnings Journal. 1778. September. 35. etc. —

Guyton-Morveau, über das Härten des Stahls; in v. Crell's chem. Annalen f. 1799. I. 75 f. — Vom Anlassen des gehärteten Stahls; in Hildts Handlungszeitung. 1786. S. 172. — Camper, über d. Härten des Stahls; in dessen kleineren Schriften, a. d. Holländ. v. Herbell. I. 123. — Sur la trempe dé l'acier, in den Annales des arts. I. 133 — 147. — Observations sur la trempe de l'acier. Ebendas. II. 49—52. — Lydiatt, Versuche und praktische Resultate über das Härten des Stahls; in Schweiggers N. Journ. f. Chemie u. Physik. XI. 51. Zusätze von Nicholson u. Schweigger; Ebendas. 52 u. f. — Altmüller, über das Härten des Stahls in Quecksilber; in den Wiener Jahrbüchern XII. 1. — Prechtl, Bemerkungen über das Härten des Stahls, nebst Tafeln für die Zusammensetzung leichtflüssiger Metallgemische, zur Regulirung des Grades der Anlaufwärme beim Härten des Stahls; Ebendas. I. 194. — Damemme, essai pratique sur l'emploi où la manière de travailler l'acier. Paris 1835. Deutsch bearbeitet von Karmarsch, Quedlinburg und Leipzig 1839.

Vom damascirten Stahl.

§. 1117.

Aller Stahl, welcher, nach dem Aetzen seiner vorher polirten Oberfläche, mit verdünnten Säuren, mit Eisenvitriol oder auch mit Alaun, Schattirungen von dunklerer und hellerer Farbe zeigt, wird Damaststahl genannt. Polirt muß die Oberfläche des Stahls deßhalb seyn, damit die Nüancirungen der Farbe besser erkannt werden können.

Von dem unächten Damast, dessen im ersten Abschnitt schon erwähnt worden, welchen man durch theilweises Aetzen der mit einem Aetzgrunde bedeckten Oberfläche des Stahls erhält, ist hier nicht die Rede.

§. 1118.

Bei der ächten Damascirung sind die, durch die Einwirkung schwacher Säuren auf den Stahl entstehenden Zeichnungen, immer eine Folge der ungleichartigen Beschaffenheit des

Stahls. Je gleichartiger der Stahl ist, desto weniger ist er zur Damastbildung geeignet.

Es giebt vielleicht keinen Stahl, der so vollkommen gleichartig wäre, daß er gar keinen Damast entwickelt. Selbst der Gußstahl zeigt unter solchen Umständen, welche der Entstehung des Damastes am wenigsten beförderlich sind, noch immer dunklere oder lichtere Stellen, welche nach dem Aetzen auf seiner polirten Oberfläche zum Vorschein kommen, obgleich sie dem unbewaffneten Auge zuweilen kaum bemerkbar sind.

Je weniger Kohle der Stahl enthält, oder je weicher er ist, desto weniger stark und leicht erkennbar tritt der Damast hervor. Nur der sehr ungleichartige Roh- und Cementstahl, welcher aus Gemengen von oft sehr hartem und sehr weichem Stahl besteht, und welcher in der ganzen Masse einen nur geringen Kohlegehalt zeigt, sich also, trotz seiner Härte an einzelnen Stellen, als ein sehr weicher Stahl verhalten kann, giebt jederzeit einen starken, aber sehr groben Damast, welcher immer ein Beweis seiner schlechten Beschaffenheit ist.

Auch das Stabeisen ist selten so gleichartig, daß sich nicht auf der polirten Oberfläche desselben Damast entwickeln ließe. Man benutzt diese Ungleichartigkeit zuweilen zur Anfertigung von damascirten Gewehrläufen; in anderen Fällen schweißt man absichtlich härteres und weicheres Eisen zusammen, raffinirt die erhaltenen Stäbe mehre Male, und bereitet auf solche Weise ein Materialeisen zu Gewehrläufen, welches feine Damastzeichnungen entwickelt, die dem häufigen Umbiegen und Durcharbeiten der härteren und der weicheren Theile des Eisens ihr Entstehen verdanken. Eben dieser Erfolg tritt auch bei dem häufigen Gerben des nicht geschmolzenen Stahles ein. Man könnte diesen Damast, zum Unterschiede von dem folgenden, welcher des häufigen Gerbens nicht bedarf, um feine und regelmäßige Damastzeichnungen zu entwickeln, den künstlichen Damast nennen. Stahl, dessen Masse aus solchem künstlichen

Damast besteht, kann oft einen hohen Grad von Elasticität und Härte zeigen und vielleicht bestehen die besten orientalischen Klingen nur aus künstlichem Damast.

§. 1119.

Das ungleichartige Gemenge von hartem und weichem Stahl, welches lediglich eine Folge der Unvollkommenheit der Bereitungsmethode des Roh- und Cementstahls ist, pflegt man nicht Damaststahl zu nennen, weil ein solcher Stahl zwar mehr oder weniger hart seyn kann, aber dabei immer nur einen geringen Grad von Elasticität und Festigkeit besitzt. Die Ungleichartigkeit der Masse giebt sich durch die Bildung eines groben, und in dicken Streifen durch die ganze Masse sich fortziehenden Damastes zu erkennen, welcher niemals die Darstellung von schönen und regelmäßigen Zeichnungen oder von wolkigen Schattirungen gestattet. Ein solcher Stahl, wenn er an sich von guter Beschaffenheit ist und nur den Fehler der großen Ungleichartigkeit besitzt, durch welchen es unmöglich wird, den richtigen Härtegrad zu treffen, würde zwar, durch oft wiederholtes Umbiegen, Zusammenschweißen und Durcharbeiten, zuletzt einen sehr guten künstlichen Damast geben; allein durch das häufige Bearbeiten würde seine Härte meistentheils verloren gehen. Bei sehr feinen Schneiden würde dies Verfahren auch aus dem Grunde nicht anwendbar seyn, weil der Erfolg vom Zufall abhängt und die Schneide sehr harte und sehr weiche Stellen erhalten könnte. Deshalb schweißt man bei der künstlichen Damastbereitung lieber härteren und weicheren Stahl (statt des letzteren zuweilen Stabeisen), auf eine regelmäßige Weise, nämlich dergestalt zusammen, daß die gleichartige Masse des härteren Stahls die Schneide bildet, und der weiche Stahl im Inneren der Masse die Festigkeit des Werkzeuges erhöhet. Bei diesem künstlichen Damast ist es daher die Hauptsache, ein schon an sich gutes Material zu wählen und die Anordnung beim Zusammenschweißen zu treffen, daß die Schneide, zu welcher man den härtesten Stahl auswählt, recht gleichartig ausfällt.

Einen so großen Werth man auch auf den damascirten Stahl legen mag, so läßt es sich doch nicht läugnen, daß der Damast an sich so wenig einen Beweis von der vorzüglichen Beschaffenheit des Stahls geben kann, daß vielmehr der zur Damastbildung nicht geneigte Stahl, als der gleichartigere, immer den Vorzug verdiente, wenn es nur möglich wäre, dem Stahl den hohen Grad von Härte mit Beibehaltung des höchsten Grades der Festigkeit zu ertheilen, welcher sich bei einem guten künstlichen Damast, durch gute Auswahl und umsichtige Verbindung der härteren und weicheren Stahlarten jederzeit erlangen läßt, ohne der Feinheit des Stahls hinderlich zu werden.

§. 1120.

Ganz anders ist das Verhalten des natürlichen Damastes. Dieser kann nur auf der Oberfläche des geschmolzenen und daher möglichst gleichartigen Stahles entwickelt werden. Er ist das Resultat der in der gleichartigen Masse mehr oder weniger vollständig ausgebildeten Polykarburete. Daraus folgt, daß es bei dem geschmolzenen Stahl nur auf die Behandlung desselben beim Erstarren ankommt, ob er eine Damastentwickelung zulässig macht, oder nicht. Schnelles Erstarren (durch Ausgießen in eisernen Eingüssen) zerstört die Damastbildung; langsames Erkalten im Tiegel ruft den Damast hervor. Je mehr Kohle der Stahl enthält, oder je härter er ist, desto auffallender wird das verschiedene Verhalten eines und desselben Stahls in Hinsicht seiner Fähigkeit, Damastzeichnungen zu erhalten, oder nicht zu erhalten, je nachdem er langsam oder schnell erstarrt. Das langsame Erstarren veranlaßt aber Blasen und Höhlungen, und macht den Stahl zur Bearbeitung unter dem Hammer um so weniger geschickt, je härter und je weniger schweißbar er ist. Man wird daher genöthigt seyn, den gegossenen Stahl, welcher durch das plötzliche Erstarren beim Ausgießen zur Damastbildung unfähig geworden ist, durch ein lange anhaltendes Ausglühen in nicht zu geringer Hitze, bei gänzlichem Ausschluß der Luft, in weichen Stahl umzuändern. Dadurch bilden sich die Karburete eben so vollständig aus, als durch das höchst langsame Erstarren, und man erlangt dadurch zugleich den Vortheil der leichteren Bearbeitung des Stahls unter dem Hammer. Je vollständiger sich das Polykarburet ausgebildet hatte, desto weniger kann es durch das plötzliche Ablöschen des bloß im glühenden Zustande sich befindenden Stahls beim Härten wieder gänzlich zerstört werden, und dies ist der Grund, warum der sehr langsam erstarrte flüssige Gußstahl, oder der sehr lange und anhaltend geglühete harte und an Kohle reiche Stahl, noch schöne Damastzeichnungen zeigt, wenn der plötzlich erstarrte, oder der nur in sehr kurzer Hitze geglühete Stahl, kaum noch dem Auge bemerkbaren Damast entwickeln läßt.

Aller natürliche Damast deutet also zwar ebenfalls auf eine ungleichartige Beschaffenheit der Masse, allein die Ungleichartigkeit ist nicht so groß als die des künstlichen Damastes, weshalb auch die Grade der Härte, bei dem Härten des Stahls, nicht so auffallend verschieden sind, daß sie zu beträchtlich härteren und weicheren Stellen Veranlassung gäben.

§. 1121.

Der natürliche Damast, in so fern er bloß die Folge der mehr oder weniger vollständigen Ausbildung des Polykarburetes ist, muß natürlich mit dem jedesmaligen Umschmelzen des Stahls wieder verloren gehen, weil dann eine völlige Gleichartigkeit der Masse eintritt, von deren Behandlung beim Erstarren oder Glühen es abermals abhängen wird, ob sich Polykarburet ausbildet oder nicht, ob also der umgeschmolzene Damaststahl wieder Damast zeigen wird, oder nicht.

Es giebt aber geschmolzenen Stahl, welcher durch das

Umschmelzen seinen Damast nicht verliert, wenn er auch plötzlich erstarrt, und wenn er nach dem plötzlichen Erstarren auch nicht in anhaltender Hitze ausgeglühet wird. Dies ist der mit anderen Metallen, und vielleicht auch mit Erdbasen legirte Stahl. Die Bemühungen der Hrn. Stodart und Faraday zur Darstellung dieser legirten Stahlarten sind schon aus den im ersten Abschnitt angestellten Untersuchungen bekannt. Alle diese legirten Stahlarten, in so fern sie Damaststahl geben, sind jedoch keine Gemische, sondern bloß mehr oder weniger innige Gemenge. Deshalb bringen geringe Zusätze von anderen Metallen bei dem Stahl ganz andere Wirkungen hervor, als bei dem Stabeisen. Es dürfte sich indeß in der Folge noch mehr ergeben, daß solche Legirungen nur in seltenen Fällen die Eigenschaften eines an sich guten Stahls verbessern, einem schlechten Stahl aber niemals bessere Eigenschaften mittheilen können. In einzelnen wenigen Fällen mögen sie dazu dienen, einem sehr harten, d. h. viel Kohle enthaltenden Stahl, welcher beim Härten sehr leicht einen hohen Grad von Sprödigkeit erhält, auf eine mechanische Weise eine etwas größere Festigkeit mitzutheilen Ein viel besseres Mittel zu diesem Zweck wird das Ausglühen des Stahls in starker und anhaltender Glühhitze vor der weiteren Bearbeitung desselben seyn.

§. 1122.

Die Kunst, damascirte Arbeiten anzufertigen, ist uralt, und wahrscheinlich in Damascus zuerst betrieben worden. Es scheint, daß man sich in Klein-Asien schon seit mehren hundert Jahren des ostindischen Gußstahls zu den besten Stahlarbeiten bedient, und denselben aus Persien bezogen hat.

Rinman a. a. O. I. 104. II. 428. 439. — Hermann über d. Bereitung des Damascenerstahls; in v. Crell's chem. Ann. f. 1792. II. 99 — 108. Ebendas. f. 1802. I. 13 — 24. — Wasström, Beschreibung eines damascirten Schießgewehrs von Eisen und Stahl; in den Abhandl. der Königl. Schwed. Akad. XXXV. 290 — 296. Rinman's Zusatz zu dieser Abhandl.

Ebendas. 297 — 299. — Sur la fabrication des étoffes de fer et d'acier, ou des mélanges connus sous le nom d'acier de Damas; in den Annales des arts et manufact. II. 37 — 48. — Clouet, sur l'art de fabriquer les lames figurées, dites lames de Damas, im Journ. des mines, No. 90. p. 421 — 435. und in den Ann. des arts. XVII. 229 — 248. — Rapport fait par M. Hericart de Thury sur les lames damassées de Mr. Degrand-Gurgey. Bullet. de la Soc. d'Encourag. pour l'Industrie nationale. 1820. p. 83. etc. — Second Rapport. 1821. p. 37. etc. — Anzeige über den Fortgang der zur Verbesserung der Stahlfabrikation in Frankreich unternommenen Arbeiten. Archiv. f. Bergbau XI. 363. — Gutachten des Hrn. Héricart de Thury über den damascirten Stahl des Sir Henry. Ebend. 369. — Bréant, a. a. O. S. 888. — Barker Verfahren, den blumigen Damast auf den persischen Säbelklingen wieder herzustellen. Ebendas. S. 316. — Crivelli über die Anfertigung des Damaststahls durch Zusammenschweißen von Stahl und Stabeisen. Ebendas. S. 401. u. f. — Karmarsch über die Verfertigung damaszirter Säbelklingen, nach der Crivellischen Methode; in den Wiener Jahrbüchern IV. 463. — Stodart und Faraday; a. a. O. S. 322. u. f. — Bagnold, Bereitung des künstlichen Damastes in Ostindien. Archiv. XIV. 456. u. f. — Erzeugung und Härtung der Säbelklingen zu Cutsch; in dem Bayerschen Kunst- und Gewerbeblatt f. 1836. S. 601.

Kolibri 360 GmbH
Ferdinand-Jühlke-Straße 7
99095 Erfurt, Deutschland
produktsicherheit@kolibri360.de